中国
二十一世纪的
园林之母

第六卷

CHINA
Mother of Gardens, in the Twenty-first Century
Volume 6

马金双　主编

Editor in Chief: MA Jinshuang

中国林业出版社
CFPH China Forestry Publishing House

内容提要

《中国——二十一世纪的园林之母》为系列丛书，记载今日中国观赏植物研究成果、历史以及相关的人物与机构，其宗旨是总结中国观赏植物资源及其现状，弘扬园林之母对世界植物学乃至园林学和园艺学的贡献。全套丛书拟分卷出版。本书为第六卷，共10章：第1章，中国红豆杉属植物；第2章，中国百合科贝母属植物；第3章，中国芭蕉科植物；第4章，中国绿绒蒿属植物；第5章，遗世独立的尾囊草属植物；第6章，大麻科青檀；第7章，罗伯特·福琼在中国的植物采集之旅；第8章，传奇一生的弗兰克·金登-沃德；第9章，颐和园园林发展历程；第10章，深圳市仙湖植物园。

图书在版编目（CIP）数据

中国——二十一世纪的园林之母. 第六卷 / (美) 马金双主编. -- 北京 : 中国林业出版社, 2024. 10.

ISBN 978-7-5219-2857-0

Ⅰ. S68

中国国家版本馆CIP数据核字第2024F7B334号

责任编辑：张　华　贾麦娥
装帧设计：刘临川

出版发行：中国林业出版社
（100009，北京市西城区刘海胡同7号，电话010-83143566）
电子邮箱：43634711@qq.com
网址：https://www.cfph.net
印刷：北京博海升彩色印刷有限公司
版次：2024年10月第1版
印次：2024年10月第1次
开本：889mm×1194mm　1/16
印张：38.75
字数：1150千字
定价：498.00元

《中国——二十一世纪的园林之母》
第六卷编辑委员会

编写说明

《中国——二十一世纪的园林之母》为系列丛书，由多位作者集体创作，完成的内容组成一卷即出版一卷。

《中国——二十一世纪的园林之母》记载中国观赏植物资源以及有关的人物与机构，其顺序为植物分类群在前，人物与机构于后。收录的类群以中国具有观赏价值和潜在观赏价值的种类为主；其系统排列为先蕨类植物后种子植物（即裸子植物和被子植物），并采用最新的分类系统（蕨类植物：CHRISTENHUSZ et al., 2011；裸子植物：CHRISTENHUSZ et al., 2011；被子植物：APG IV, 2016）。人物与机构的排列基本上以汉语拼音顺序记载，其内容则侧重于历史上为中国观赏植物做出重要贡献的主要人物以及以研究与收藏中国观赏植物为主的重要机构。植物分类群的记载包括隶属简介、分类历史与系统、分类群（含学名以及模式信息）介绍、识别特征、地理分布和资源引种以及传播历史等。人物侧重于其主要经历、与中国观赏植物和机构的关系及其主要成就；而机构则侧重于基本信息、自然地理概况、历史变迁、现状以及收藏的具有特色的中国观赏植物资源及其影响等。

本丛书不设具体的收载文字与照片限制，这不仅仅是因为植物类群不一、人物和机构不同，更考虑到其多样性以及其影响。特别是通过这样的工作能够使作者们充分发挥潜力并提高研究水平，不仅仅是记载相关的历史渊源与文化传承，更重要的是借以提高对观赏植物资源开发利用和保护的科学认知。

欢迎海内外同仁与同行加入编写行列。在21世纪的今天，我们携手总结中国观赏植物概况，不仅仅是充分展示今日园林之母的成就，弘扬中华民族对世界植物学乃至园林学和园艺学的贡献；而且希望通过这样的工作，锻炼、培养一批有志于该领域的人才，继承传统并发扬光大。

本丛书第一卷和第二卷于2022年秋天出版，并得到业界和读者的广泛认可。2023年再次推出第三、第四和第五卷。2024年继续完成第六卷、第七卷出版工作。特别感谢各位作者的真诚奉献，使得丛书能够在4年时间内完成7卷本的顺利出版！感谢各位照片拍摄者和提供者，使得丛书能够图文并茂并增加可读性。特别感谢国家植物园（北园）领导的大力支持、有关部门的通力协助以及有关课题组与相关人员的大力支持；感谢中国林业出版社编辑们的全力合作与辛苦付出，使得本书顺利面世。

因时间紧张，加之水平有限，错误与不当之处，诚挚地欢迎各位批评指正。

编者

2024年中秋

前言

中国是世界著名的文明古国，同时也是世界公认的园林之母！数千年的农耕历史不仅为中国积累了丰富的栽培与利用植物的宝贵经验，而且大自然还赋予了中国得天独厚的自然条件，因而孕育了独特而又丰富的植物资源。多重因素叠加，使得中国成为举世公认的植物大国！中国高等植物总数超过欧洲和北美洲的总和，高居北半球之首，而且名列世界前茅。然而，园林之母也好，植物大国也罢，我们究竟有多少具有观赏价值或者潜在观赏价值（尚未开发利用）的植物，要比较准确或者可靠地回答这个问题，则是摆在业界面前比较困难的挑战。特别是，中国观赏植物在世界园林历史上的作用与影响，我们还有哪些经验教训值得总结，更值得我们深思。

百余年来，经过几代人的艰苦奋斗，先后完成《中国植物志》（1959—2004）中文版和英文版（*Flora of China*，1994—2013）两版国家级植物志和近百部省（自治区、直辖市）植物志，特别是近年来不断地深入研究使得数据更加准确，这使得我们有可能进一步探讨中国观赏植物的资源现状，并总结这些物种及其在海内外的传播与利用，辅之以学科有关的重要人物与主要机构介绍。这在21世纪的今天，作为园林之母的中国显得格外重要。一方面，我们要清楚自己的家底，总结其开发与利用的经验教训，以便进一步保护与利用；另一方面，我们要激发民族的自豪感与优越感，进而鼓励业界更好地深入研究并探讨，充分扩展我们的思路与视野，真正引领世界行业发展。

改革开放40多年来，国人的生活水准有了极大的改善与提高，国民大众的生活不仅仅满足于温饱而更进一步向小康迈进，尤其是在休闲娱乐、亲近自然、欣赏园林之美等层面不断提出更高要求。作为专业人士，一方面，我们应该尽职尽责做好本职工作，充分展示园林之母对世界植物学乃至园林学和园艺学的贡献；另一方面，我们要开阔自己的视野，以园林之母主人公姿态引领时代的需求，总结丰富的中国观赏植物资源，以科学的方式展示给海内外读者。中国是一个14亿人口的大国，要将植物知识和园林文化融合发展，讲好中国植物故事，彰显中华文化和生物多样性魅力以及提高国民素质，科学普及工作可谓任重道远。

基于此，我们组织业界有关专家与学者，对中国观赏植物以及具有潜在观赏价值的植物资源进行了总结，充分记载中国观赏植物的资源现状及其海内外引种传播历史和对世界园林界的贡献。与此同时，对海内外业界有关采集并研究中国观赏植物比较突出的人物与事迹，相关机构的概况等进行了介绍；并借此机会，致敬业界的前辈，同时激励民族的后人。

国家植物园（北园），期待业界的同仁与同事参与，我们共同谱写二十一世纪园林之母新篇章。

贺　然　魏　钰　马金双

2024年

目录

China

01

-ONE-

中国红豆杉属植物

***Taxus* in China**

张彦文*
（辽宁辽东学院）

ZHANG Yanwen*
(Liaodong University, Liaoning)

* 邮箱：yanwen0209@163.com

摘　要： 本章在重点概述红豆杉属植物系统学研究的基础上，分别介绍了红豆杉属植物的生态习性、种子萌发的生理特点、传粉和性逆转现象以及我国原产红豆杉的特征和分布，特别是以东北红豆杉为代表，重点介绍了我国红豆杉的栽培历程、园林园艺化现状以及品种选育成果，同时指出了红豆杉的市场化前景，为红豆杉的产业化发展提供了原动力。

关键词： 红豆杉属　濒危物种　抗癌植物　景观植物　新品种

Abstract: On the basis of summarizing the systematic review of *Taxus*, this chapter introduced the ecological habits, physiological characteristics of seed germination, pollination and sex reversal phenomena of *Taxus*, as well as the characteristics and distribution of *Taxus* in China, especially with *Taxus caspidata* as a representative provides a clear picture of the progress of its landscaping and the achievements of its selective breeding. Meanwhile it points out the market prospect of *Taxus*, which provides a driving force for its industrial applications.

Keywords: *Taxus*, Endangered species, Anticancer plants, Landscape plants, New varieties

张彦文，2024，第1章，中国红豆杉属植物；中国——二十一世纪的园林之母，第六卷：001-037页.

1 红豆杉属植物概述

红豆杉是红豆杉属（*Taxus*）植物的通称，该属植物有着古老的起源，在北美，红豆杉属植物的化石从早白垩纪到中新世中期均有记录（Hollick & Martin, 1930; Kvaček & Rember, 2000），是第四纪冰川后遗留下来的孑遗种，因此又被称为植物王国里的“活化石”，为世界公认的濒临灭绝的珍稀植物。在《濒危野生动植物种国际贸易公约》（CITES）中，我国原产的5种红豆杉均被列入附录Ⅱ名单，对贸易进行许可证管理。在2017年《世界自然保护联盟濒危物种红色名录》（IUCN）中，红豆杉属全部被列入濒危物种红色名录ver 3.1，其中东北红豆杉（*Taxus cuspidata* Siebold & Zucc.）、西藏红豆杉（*T. wallichiana* Zucc.）和云南红豆杉（*T. yunnanensis* W. C. Cheng & L. K. Fu）都被定为濒危级（EN），中国红豆杉（*T. chinensis*）和南方红豆杉（*T. wallichiana* var. *mairei*）被定为易危级（VU）（IUCN, 2017）。在国家林业和草原局、农业农村部发布的2021版《国家重点保护野生植物名录》中被列为国家一级保护野生植物。

红豆杉除了作为极小种群物种受到严格保护外，其独一无二的两大特质又使其身价倍增。

其一，红豆杉四季常青，观赏期长，树形优雅美观且易于造型，秋季红果满枝更是令人赏心悦目。红豆杉本身自然寿命长，成型后可作庭院传世之品。在崇尚园林的日、韩等国家，私人庭院及市区公园中常见各种造型的红豆杉（图1），人们将其视作园林植物中的极品树种，在日本称其为“一位”或“一品”。在英、法等国家，许多古老的城堡以及花园中都栽种有数百年生的红豆杉，一些重要场所，如英国的白金汉宫、温莎城堡，法国的凡尔赛宫御花园中就栽种着各式精致而典雅的造型红豆杉（图2、图3），因此，红豆杉也被称为园林中的瑰宝。

其二，自1992年12月美国食品和药品管理局（Food and Drug Administration, FDA）正式批准紫杉醇上市以来，红豆杉因其营养体内含有的抗癌活性成分紫杉醇被证实对多种癌症有特殊疗效而

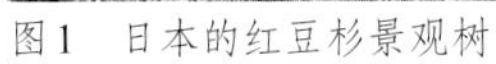

图1　日本的红豆杉景观树

图2　英国伦敦的300年红豆杉

图3　法国凡尔赛宫御花园内有许多造型红豆杉

引起轰动，成为名副其实的抗癌明星植物。从此，人们在庭院等多种环境中栽植红豆杉已经不再局限于其作为园林植物的观赏价值了，其生态和药用价值正越来越受到重视。

随着我国对生态文明建设的高度重视，城市环境建设已经不再仅仅为了满足绿化美化的要求，而是逐步向生态化、功能化发展，利用功能性植物构建城市、社区环境正在实践中（图4）。红豆杉就是最好的功能性植物之一，它不仅是重要的抗癌植物，其本身释放的负氧离子和植物精气（芬多精）以及香茅醛等驱蚊物质更是生态宜居环境中不可或缺的元素。

图4　中国丹东一处园林中的红豆杉造型树

2 红豆杉属植物的系统学评述

2.1　红豆杉属的植物学特征

红豆杉属——*Taxus* Linn.

Sp. Pl. 2: 1040, 1753.

模式种：欧洲红豆杉 *Taxus baccata* L. (LT designated by Green, Prop. Brit. Bot.: 192, 1929).

常绿乔木或灌木；小枝不规则互生，基部有多数或少数宿存的芽鳞，稀全部脱落；冬芽芽鳞覆瓦状排列，背部纵脊明显或不明显。叶条形，螺旋状着生，基部扭转排成二列，直或镰状，下延生长，上叶面脉隆起，下叶面两条淡灰色、灰绿色或淡黄色的气孔带，叶内无树脂道。雌雄异株，球花单生叶腋；雄球花圆球形，有梗，基部具覆瓦状排列的苞片，雄蕊6~14枚，盾状，花药4~9，辐射状排列；雌球花几无梗，基部有多数覆瓦状排列的苞片，上端2~3对苞片交叉对生，胚珠直立，单生于总花轴上部侧生短轴之顶端的苞腋，基部托以圆盘状的珠托，受精后珠托发育成肉质、杯状、红色的假种皮。种子坚果状，生于假种皮中，种脐明显，有短梗或几无梗；子叶2枚，发芽时出土。染色体2n=24。

现今生存的红豆杉属植物主要分布在欧亚大陆的温带、东南亚的亚热带及北美洲温带至中美洲亚热带。本属树种耐阴性强，在天然林中生长缓慢，分布星散，野生树木日渐减少。木材优良，宜造林。

2.2 红豆杉属的系统位置

按照郑万钧裸子植物分类（1975），红豆杉属（*Taxus*）隶属红豆杉纲（Taxopsida）红豆杉目（Taxales）红豆杉科（Taxaceae）；按照《中国植物志》采用的分类系统（即郑万钧修订过的裸子植物分类系统，1978），红豆杉属（*Taxus*）隶属杉松纲（Coniferopsida）红豆杉目（Taxales）红豆杉科（Taxaceae）；而按照近年来较流行的裸子植物分子分类系统，红豆杉属（*Taxus*）隶属松纲（Pinopsida）柏目（Cupressales）红豆杉科（Taxaceae）（Farjon & Filer, 2013）。

2.3 红豆杉属的系统学研究评述

2.3.1 红豆杉属的早期分类

红豆杉属自建立以来作为一个自然属是没有争议的，但因其种间的辨识度不是很高，导致其属下种的划分一直存在争议，因为该属植物物种间除了地理隔离之外，在繁殖上不存在生殖隔离（Farjon, 1998; Pilger, 1903; Silba, 1984），以至于分类学家们更多的是依据地理群来划分种或亚种。尽管存在争议，但长期以来，人们一直认为红豆杉属有7~12种或亚种（Cope, 1998; Farjon, 1998, 2001; Spjut, 1993），其中流传较广的是红豆杉属包括8个地理上确定的物种：①*T. baccata* L.分布于欧洲、非洲北部和亚洲西南部（Franco, 1964），②*T. cuspidata* Siebold & Zucc分布于温带东亚地区（Krussmann, 1985）。③*T. wallichiana* Zucc分布于喜马拉雅山脉（Krussmann, 1985）。④*T. sumatrana* (Miq.) de Laub分布于中国、菲律宾、苏拉威西和苏门答腊（de Laubenfels, 1988）。⑤*T. globosa* Schltdl-NCentral分布于美国和墨西哥（Ferguson, 1978）。⑥*T. brevifolia* Nutt分布于北美洲西北部（Ferguson, 1978; Hils, 1993）。⑦*T. floridana* Nutt. ex Chapm分布于美国佛罗里达州西部（Ferguson, 1978; Hils, 1993; Price, 1990）。⑧*T. canadensis* Marshall分布于北美洲东北部（Ferguson, 1978; Hils, 1993; Price, 1990）。曼地亚红豆杉（*T. media*）因是杂交种而没有包含在其中，该种的母本为东北红豆杉，父本为欧洲红豆杉，因此，该种也称杂种红豆杉（hybrid yews）。上述8个种除了*T. sumatrana*外，其余7个种早年也被Pilger（1903, 1916, 1926）作为欧洲红豆杉的亚种对待。这8个地理上定义的分类群虽然被视为不同的种，但物种间的形态差异并非十分清晰（Ferguson, 1978; Price, 1990）。连同后来被认可的其他几个种和变种，红豆杉属所包含的种增至15个（Farjon, 1998, 2001; Fu et al., 1999）。

2.3.2 我国红豆杉属植物种的划分

事实上，在世界范围内，红豆杉属在北美的多样性最低且分类上区别最明显，而在中国西南部的多样性最高且分类上区别最不明显（Spjut, 2007a）。这就导致中国境内的几种红豆杉属植物种的划分始终存在争议，如西藏红豆杉（*T. wallichiana*）与云南红豆杉（*T. yunnanensis*）在《中国植物志》中为两个独立的种（郑万钧 等，1978），而在另一些文献如《中国珍稀濒危植物图鉴》一书中却作为一个种，将后者作为前者的晚出名（国家林业局野生动植物保护与自然保护区管理司，中国科学院植物研究所，2013）。此源于20世纪末，傅立国在英国爱丁堡皇家植物园和邱园标本馆发现，*T. wallichiana*同号7份模式标本分为两种明显不同的红豆杉，后见到发表该种所绘的形态图才确定：叶较宽长，线形，呈弯镰状，排成疏羽状二列，上部渐窄的标本为*T. wallichiana*，《中国植物志》中的*T. yunnanensis*为其晚出名（郑万钧 等，1978）；而叶窄直，密集，排成彼此重叠的不规则二列的标本应定为新种。特别是关于南方红豆杉（*T. chinensis* var. *mairei*）的分类争议最大。1948年R. Florin研究了红豆杉属植物后，认为根据叶下中脉带上的表皮结构特征，可将原定名为红豆杉（*T. chinensis*）的植物分为两类：一类（即红豆杉）的叶下中脉带上有密生均匀而微小的圆形角质乳头状突起点，这一特征与西藏红豆杉（*T. wallichiana* Zucc.）相同，据此改红豆杉的学名为*T. wallichiana* var. *chinensis* (Pilger) Florin；另一类（即南方红豆杉）的叶下中脉带上无角质乳头状突起点，或仅有局部块状角质乳头状突起点，与红豆杉有明显的区别，因此，将这类红豆杉鉴定为新种——*T. speciosa* Florin。作者除引列了采自我国浙江、安徽、四川、云南、贵州（梵净山为模式标本原产地）、广东的标本外，还引证了O. Warburg采自印度尼西亚苏拉威西（Celebes）岛南部的16889号标本，并将O. Warburg 1900年发表的*Cephalotaxus celebica* Warburg列为这一新种的异名，但在其后加注有"部分标本除外"（Florin, 1948）。

1963年李惠林在《台湾木本植物志》中沿用了R. Florin的意见，他认为产于我国台湾、西南地区和印度尼西亚苏拉威西岛的这个复合群体，应全部视为同种，而与产于我国西部的红豆杉不同，并将这类红豆杉的学名改为*T. celebica* (Warburg) Li（Li, 1963）。随后的研究中，胡秀英没有沿用李惠林组合的名称，而将这类红豆杉的学名改为*T. mairei* (Lemee et Levl.) S. Y. Hu (Hu, 1964)。郑万钧等（1978）在编写《中国植物志》时，依据自己对众多标本的研判，主张将这类红豆杉的学名改为*T. chinensis* var. *mairei* (Lemee et Levl.) Cheng et L. K. Fu，并且经过综合考虑，将我国原产的红豆杉属植物依据其叶部和繁殖器官形态以及分布区不同，划分为4种1变种，分别为东北红豆杉、中国红豆杉、云南红豆杉、西藏红豆杉、南方红豆杉（郑万钧，傅立国，1978）。在稍后出版的中国植物志英文版（*Flora of China*）中，编著者对我国的红豆杉属划分又做了适当调整，属下分为3种2变种，即密叶红豆杉（*T. fuana*）、东北红豆杉、须弥红豆杉（*T. wallichiana*），该种除原变种外还含有两个变种，分别为红豆杉（*T. wallichiana* var. *chinensis*）和南方红豆杉（*T. wallichiana* var. *mairei*）。这种系统是在原有分类的基础上适当做了一些调整，如取消了原来的云南红豆杉，新立了密叶红豆杉。将西藏红豆杉中文名易名为须弥红豆杉，学名不变。其所包含的变种——南方红豆杉不变，另将原来的独立种红豆杉（*T. chinensis*）作为须弥红豆杉下的变种，即红豆杉（*T. wallichiana* var. *chinensis*）（Fu et al., 1999）。

2.3.3 红豆杉属的系统学研究新进展

进入21世纪以来，随着谱系地理学和分子系统学的应用，再结合形态学等相关学科的融合发展，一些属的分类已经发生了很大的变化，红豆杉属也不例外。2007年，Spjut基于每一条气孔带内气孔列数目以及叶边缘和气孔带之间缺乏乳突的表皮细胞数目的解剖特征，对该属的系统分类做了较大的修订，提出将该属划分为24个种和55个变种，其中的24个种以及26个变种处于关键位置并被分成3个群、两个亚群以及两个联合体（alliances）。在这个分类体系中，有15个种和6个变种使用了先前已存在的名称，分别是①*T. baccata* L.和其变种var. *dovastoniana* Leighton, var. *elegantissima* Hort. ex C. Lawson, var. *glauca* Jacques ex Carrière, var. *pyramidalis* Hort. ex C. Lawson, var. *variegata* Watson; ②*T. brevifolia* Nutt.; ③*T. caespitosa* Nakai; ④*T. canadensis* Marshall; ⑤*T. celebica* (Warb.) H.L.Li; ⑥*T. chinensis* (Pilg.) Rehder; ⑦*T. contorta* Griff.; ⑧*T. cuspidata* Siebold & Zucc.; ⑨*T. fastigiata* Lindl.; ⑩*T. globosa* Schltdl.; ⑪ *T. mairei* (Lemée & H. Lév.) S.Y. Hu ex T.S. Liu; ⑫ *T. recurvata* Hort. Ex C. Lawson; ⑬ *T. sumatrana* (Miq.) de Laub.; ⑭ *T. umbraculifera* (Siebold ex Endl.) C. Lawson; ⑮ *T. wallichiana* Zucc., 及其变种

var. *yunnanensis* (W.C. Cheng & L.K. Fu) C.T. Kuan。Spjut 后来又描述了6个新种：①*T. biternata* Spjut; ②*T. florinii* Spjut; ③*T. kingstonii* Spjut; ④*T. obscura* Spjut; ⑤*T. phytonii* Spjut; ⑥*T. suffnessii* Spjut以及4个新变种：①*T. brevifolia* Nutt. var. *polychaeta* Spjut; ②*T. brevifolia* Nutt. var. *reptaneta* Spjut; ③*T. caespitosa* Nakai var. *angustifolia* Spjut; ④*T. contorta* Griff. var. *mucronata* Spjut。此外，还提出了8个新组合：①*T. caespitosa* var. *latifolia* (Pilg.) Spjut; ②*T. canadensis* var. *adpressa* (Carrière) Spjut; ③*T. canadensis* var. *minor* (Michx.) Spjut; ④*T. globosa* var. *floridana* (Nutt. ex Chapm.) Spjut; ⑤*T. mairei* (Lemée &H. Lev.) S.Y. Hu ex T.S. Liu var. *speciosa* (Florin) Spjut; ⑥*T. umbraculifera* var. *hicksii* (Hort. ex Rehder) Spjut; ⑦*T. umbraculifera* var. *macrocarpa* (Trautv.) Spjut; ⑧*T. umbraculifera* (Siebold ex Endl.) C. Lawson var. *nana* (Rehder) Spjut（Spjut, 2007a, 2007b）。作者同时提出红豆杉属在北美的多样性最低且分类上区别最明显，而在中国西南部的多样性最高且分类上区别最不明显。综合考虑古植物学资料，这些结果支持以下假说，即红豆杉属在白垩纪和第三纪分别从亚洲和欧洲穿过太平洋陆地连接和北大西洋陆桥迁移到北美。白垩纪—第三纪界线绝灭事件造成了红豆杉属在北美的多样性最低。第三纪气候变化造成的绝灭和更新世发生的杂交对欧洲—地中海地区红豆杉属的演化影响更大。由于喜马拉雅山的抬升，红豆杉属的土著种和外来种在更新世的杂交比较频繁，而且在中国西南部绝灭较少，所以该属在中国西南部的多样性较高（Spjut, 2007a）。这种基于气孔带数量性状和解剖特征将红豆杉属分成3个群的观点也得到了分子证据的支持（Collins et al., 2003）。

需要说明一点，在这个系统中，作者将分布于日本鸟取、兵库一带的矮生红豆杉（中国称其为日本矮紫杉）作为*T. umbraculifera*的种下变种*T. umbraculifera* (Siebold ex Endl.) C. Lawson var. *nana* (Rehder) Spjut，而非其他文献中常用的作为东北红豆杉下的一个变种*T. caspidata* var. *nana*对待（Kitamura & Murata, 1997）。

近年来，中国科学院昆明植物研究所的研究团队基于谱系地理学及分子系统学等新证据以及先前的一些文献，支持将红豆杉属划分为15个种和变种。这里主要是将产于中国的红豆杉属植物划分为10个种，分别为密叶红豆杉、西藏红豆杉、高山红豆杉（*T. florinii*）、灰岩红豆杉（*T. calcicola*）、南方红豆杉、峨眉红豆杉（Emei Type）、秦岭红豆杉（Qinling Type）、红豆杉、台湾红豆杉（*T. phytonii*）、东北红豆杉。其中的几个型还不算正式命名，如峨眉红豆杉和秦岭红豆杉两个型（Farjon, 2010; Farjon & Filer, 2013; Möller et al., 2013; Liu et al., 2018; Möller et al., 2020; Qin et al., 2023）。

在最新的“世界植物在线”（Plants of the World Online, POWO）中，红豆杉属被划分为15个分类群，与上述文献中也有不同，没有全部接受我国产的一些红豆杉的新分类名，但增加了新的杂交种——欧美红豆杉（*Taxus* × *hunnewelliana*）以及将南方红豆杉作为一个种而非变种对待，其他分类群为曼地亚红豆杉（*T.* × *media*）、欧洲红豆杉（*T. baccata*）、短叶红豆杉（*T. brevifolia*）、加拿大红豆杉（*T. canadensis*）、密叶红豆杉、佛罗里达红豆杉（*T. floridana*）、中美红豆杉（*T. globosa*）、红豆杉、灰岩红豆杉（*T. calcicola*）、东北红豆杉、川滇红豆杉（*T. florinii*）、西藏红豆杉、南方红豆杉、矮紫杉（*T. cuspidata* var. *nana*）（POWO, 2023）。

最近，中国科学院昆明植物研究所刘杰等通过综合运用谱系地理学、物种分布区模拟以及DNA条形码等分子技术对红豆杉属进行了深入研究，构建了15个种的系统进化树和物种识别系统，并为每种红豆杉标定了DNA条形码，建立了以标准化条形码为核心并具有数据基础的数据库，突破了红豆杉属原有的系统框架，特别是对于分布在我国境内的红豆杉属植物来说，几乎是颠覆性的改变，值得关注（Liu et al., 2018; Möller et al., 2020）。此外，该团队还对横断山区红豆杉属物种形成取得新认识。新证据表明，由于物种分布区变迁导致的二次接触可能诱发种间杂交或叶绿体捕获，进而导致物种基因树的核质冲突。结果显示，横断山区异域分布的4种红豆杉存在核质冲突现象，推断高山红豆杉和峨眉红豆杉是西藏红豆杉和红豆杉之间杂交起源的种系，但其物种形成历史与机制尚不清楚（Qin et al., 2023）。这项研究提醒我们，或许在红豆杉属的历史演化中存在着复杂的分异和群体间的基因交流，从而使其传统意义上的种间距很小，甚至难以找到明确的识别特征，使该属植物的形态辨识度不高，因此在其系统分类中出现了较多的争议，这也为进一步开展相关研究留下了空间，在此不做过多的探究，详细情况可参考相关文献。

3 我国原产红豆杉属植物简介

尽管如前文所述，一些新的文献中将我国原产的红豆杉属植物划分为10个种或分类群，但一些种间缺少明确的形态学差异，更多的是依据地理分布区和分子证据，为了简明阐述我国的红豆杉属植物，特别是方便与传统文献相衔接，本章以《中国植物志》内容为基础，对分布于我国的红豆杉属植物4种1变种加以介绍，具体物种名称及划分依据见如下检索表（郑万钧 等, 1978）：

1 叶排列较密，不规则二列，常呈“Y”形开展，条形，通常较直或微呈镰状，上下几等宽，先端急尖，基部两侧对称或微歪斜；小枝基部常有宿存芽鳞 ……………………………（2）

1 叶排列较疏，排成二列，常呈条形、披针形或条状披针形，多呈镰形，稀较直，上部通常渐窄或微渐窄，先端渐尖或微急尖，基部两侧歪斜；芽鳞脱落或部分宿存于小枝基部 ……………………………………………………………………………………（3）

2 叶排列成彼此重叠的不规则二列，通常直，基部两侧常对称，下面中脉带上密生均匀细小的圆形角质的乳头状突起点；种子柱状矩圆形，上下等宽或上部较宽，上部两侧微有钝脊，种脐椭圆形（西藏南部）………………………………西藏红豆杉 *T. wallichiana*

2 叶排列成不规则二列，微呈镰状，基部两侧微歪斜或近对称，下面中脉带上无角质的乳头状突起点；种子卵圆形或三角状卵圆形，通常上部具3～4条钝纵棱脊，种脐常呈三角状或四方形，间或微扁，稀近圆形或椭圆形，上部具两条钝脊（吉林、辽宁；山东、江苏、江西有栽培）…………………………………………………东北红豆杉 *T. cuspidata*

3 叶质地薄，披针状条形或条状披针形，常呈弯镰状，中上部渐窄，先端渐尖，干后边缘向下卷曲或微卷曲，下面中脉带上有密生均匀而微小的圆形角质乳头状突起点，长1.5～4.7（多为2.5～3）cm，宽2～3mm，干后通常色泽变深（云南西北部及西部、四川西南部、西藏东南部）…………………………………………云南红豆杉 *T. yunnanensis*

3 叶质地稍厚，边缘不卷曲或微卷曲 ……………………………………………………（4）

4 叶较短，条形，微呈镰状或较直，通常长1.5～3.2cm，宽2～4mm，上部微渐窄，先端具微急尖或急尖头，边缘微卷曲或不卷曲，下面中脉带上密生均匀而微小圆形角质乳头状突起点，其色泽常与气孔带相同；种子多呈卵圆形，稀倒卵圆形（甘肃、陕西、四川、云南、贵州、湖北、湖南、广西、安徽）…………红豆杉*T. chinensis*

4 叶较宽长，披针状条形或条形，常呈弯镰状，通常长2～3.5cm，宽3～4.5mm，上部渐窄或微窄，先端通常渐尖，边缘不卷曲，下面中脉带的色泽与气孔带不同，其上无角质乳头状突起点，或与气孔带相邻的中脉带两边有1至数行或呈片状分布的角质乳头状突起点；种子多呈倒卵圆形，稀柱状矩圆形（安徽、浙江、台湾、福建、江西、广东、广西、湖南、湖北、河南、陕西、甘肃、四川、贵州、云南）………………………………………………………………南方红豆杉*T. chinensis* var. *mairei*

3.1 西藏红豆杉

Taxus wallichiana Zucc. in Abh. Math. -Phys. Cl. Konlgl. Bayer. Ackad. Wiss. 3:803. 1843.

模式标本采自印度东部：*Wallich s.n.;* India: eastern India, (M) LT designated by Spjut, J. Bot. Res. Inst. Texas 1(1): 230 (2007).

别名：喜马拉雅红豆杉（《植物分类学报》）。

识别特征：乔木或大灌木；1年生枝绿色，2～3年生枝淡褐色或红褐色；冬芽卵圆形，基部芽鳞的背部具脊，先端急尖。叶条形，较密地排列成彼此重叠的不规则二列，质地较厚，通常直且等宽或上端略窄，先端有凸起的刺状尖头，基部两侧对称，上面光绿色，下面沿中脉带两侧各有一条淡黄色气孔带，中脉带与气孔带上均密生细小角质乳头状突起点（图5）。种子生于红色肉质杯状的假种皮中，柱状矩圆形，上下等宽或上部较宽，微扁，长约6.5mm，径4.5～5mm，上部两侧微有钝脊，顶端有凸起的钝尖，种脐椭圆形。

地理分布：主要分布在云南西北部、西藏南部和四川西南部海拔2 500～3 000m地带；阿富汗至喜马拉雅山区东段（印度等）也有分布。

材质优良，可作产区的造林树种。

本种与云南红豆杉的区别主要在于叶条形，较密地排列成彼此重叠的不规则二列，质地较厚，上下几等宽，先端具凸起的刺状尖头，基部两侧对称；种子柱状矩圆形或上部稍宽。

图5 西藏红豆杉（任宗昕 提供）

3.2 东北红豆杉

Taxus cuspidata Sieb. et Zucc. in Abh. Math. Phys. Akad. Wiss. Manch. 4 (3): 232. t. 3. 1846.

模式标本采自日本：*P.F. Siebold - s.n.* (M), (LT designated by: Spjut, R. W. 2007).

历史上，该种曾作为欧洲红豆杉的东方亚种 *T. baccata* subsp. *cuspidata* 或 变 种 *T. baccata* var. *microcarpa*对待，后逐步被认定为一独立种。

别名：紫杉（《中国树木分类学》），赤柏松、米树（东北），宽叶紫杉（《东北木本植物图志》）。

识别特征：乔木，高可达20m，胸径可达1m（图6）；树皮红褐色，有浅裂纹；密生枝条平展或斜上直立；小枝基部有宿存芽鳞，1年生枝绿

图6　东北红豆杉

色，秋后呈铁锈色；冬芽淡黄褐色，芽鳞先端渐尖，背面有纵脊。叶大体排成二列，斜上伸展，条形，直或微弯，长1~4cm，宽2.5~3mm，基部窄，有短柄，先端通常凸尖，上表面深绿色，有光泽，下表面有两条灰绿色气孔带，中脉带上无角质乳头状突起点。雄球花有雄蕊9~14枚，各具5~8个花药。种子紫红色，有光泽，卵圆形，长约6mm，上部具3~4钝脊，种脐通常三角形或四方形，稀矩圆形。花期4~5月，种子9~10月成熟。

地理分布：自然分布区位于辽宁丹东北部地区、吉林长白山区、黑龙江穆棱等；日本、朝鲜、俄罗斯远东地区也有分布。生于海拔500~1 000m、气候冷湿、酸性土地带，常散生于针阔叶混交林中。

材质优良，可供多种用途。植株自然造型优美，四季常青，可作为我国东北及华北地区的庭园树及造林树种，是国际上引种最多的我国红豆杉属植物，也是园艺化程度最高的。

3.3 云南红豆杉（《中国树木学》）

Taxus yunnanensis Cheng et L. K. Fu，植物分类学报13 (4): 87.图52. 4-7. 1975. ——*Taxus yunnanensis* Cheng et L. K. Fu, nom. cum descrip. chinen., 郑万钧等, 中国树木学1: 279, 图131 (1-3). 1961. ——*Taxus chinensis* auct. non. Rehd. : Wils. in Journ. Arn. Arb. 7: 41. 1929; Orr. In Notes Bot. Gard. Edinb. 18: 124. 1933. ——*Taxus wallichiana* auct. non Zucc.: Hand.-Mzt. Symb. Sin. 7: 2. 1929; Orr, 1. c. 125; 陈嵘, 中国树木分类学7. 1959.

模式标本采自西藏察隅，海拔2 100m，张经纬916号（PE）。

别名：西南红豆杉（《中国树木分类学》）。

识别特征：乔木，高可达20m，胸径可达1m；树皮灰褐色、灰紫色或淡紫褐色，裂成鳞状薄片脱落；大枝开展，1年生枝绿色，2年生枝淡褐色、褐色或黄褐色，3~4年生枝深褐色；冬芽金绿黄色，芽鳞窄，先端渐尖，背部具纵脊，脱落或部分宿存于小枝基部。叶质地薄而柔，条状披针形，常呈弯镰状，排成二列，较疏，长1.5~4.7cm（通常2.5~3cm），宽2~3mm，边缘向下反卷，上部渐窄，先端渐尖或微急尖，基部歪斜，上面深绿色或绿色，有光泽，下面色较浅，中脉微隆起，两侧各有一条淡黄色气孔带，中脉带与气孔带上均密生均匀微小的角质乳头状突起点（图7）。雄球花淡褐黄色，长5~6mm，径约3mm，具9~11

图7 云南红豆杉（赵明旭 提供）

枚雄蕊，每雄蕊有5个花药；种子生于肉质杯状的假种皮中，卵圆形，长约5mm，径4mm，微扁，通常上部渐窄，两侧微有钝脊，顶端有小尖头，种脐椭圆形，成熟时假种皮红色。

地理分布：产于云南西北部及西部的镇康、景东，四川西南部与西藏东南部，生于海拔2 000～3 500m高山地带；不丹、缅甸北部也有分布。

材质优良，可作产区的造林树种。

3.4 红豆杉

Taxus chinensis (Pilger) Rehd. in Journ. Arn. Arb. 1: 51. 1919, pro parte, Man. Cult. Trees and Shrubs 41. 1927, pro parte, ed. 2. 3. 1940, pro parte, et Bibliogr. 3. 1949, excl syn. ——*Taxus baccata* var. *chinensis* Pigl. Pflanzenr. 4(5): 112, 1903.

模式标本采自四川巫山，海拔2 000～3 000m，*A. Henry 7155*, 1885-1888 (A)。

别名：中国红豆杉，红豆树（湖北宣恩），观音杉（湖北）。

识别特征：乔木，高可达30m，胸径可达60～100cm；树皮灰褐色、红褐色或暗褐色，裂成条片脱落；大枝开展，1年生枝绿色或淡黄绿色，2～3年生枝黄褐色、淡红褐色或灰褐色；冬芽黄褐色、淡褐色或红褐色，有光泽，芽鳞三角状卵形，背部无脊或有纵脊，脱落或少数宿存于小枝的基部。叶排成二列，条形，微弯或较直，长1～3cm，宽2～4mm，上部微渐窄，先端常微急尖，上面深绿色，有光泽，下面淡黄绿色，有两条气孔带，中脉带上有密生均匀而微小的圆形角质乳头状突起点，常与气孔带同色（图8）。雄球花淡黄色，雄蕊8～14枚，花药4～8。种子生于杯状红色肉质的假种皮中，常呈卵圆形，上部渐窄，稀倒卵状，长5～7mm，径3.5～5mm，微扁或圆，上部常具二钝棱脊，先端有突起的短钝尖头，种脐近圆形或宽椭圆形。

地理分布：为我国特有树种，产于甘肃南部、陕西南部、四川、云南东北部及东南部、贵州西部及东南部、湖北西部、湖南东北部、广西北部和安徽南部（黄山），常生于海拔1 000～1 200m以上的高山区。

图8　红豆杉（王勇 提供）

3.5 南方红豆杉（《中国树木学》）

Taxus chinensis (Pilger) Rehd. var. ***mairei*** (Lemee et Levl.) Cheng et L. K. Fu, 中国植物志7: 443. 1978. ——*Tsuga mairei* Lemee et Levl. in Monde des Pl. ser. 2. 16: 20. 1914. *Tsuga mairei* Lemee et Levl. In Monde des Pl. seri. 2, 16:20, 1914.

模式标本采自云南东川，*E. E. Maire s. n.* (E)。

别名：美丽红豆杉（《经济植物手册》），杉公子（四川南川），赤推（浙江丰阳），榧子木（福建），海罗松（江西遂川），红叶水杉（江西井冈山）。

识别特征：本变种与红豆杉的区别主要在于叶常较宽长，多呈弯镰状，通常长2～3.5（～4.5）cm，宽3～4（～5）mm，上部常渐窄，先端渐尖，下面中脉带上无角质乳头状突起点，或局部有成片或零星分布的角质乳头状突起点，或与气孔带相邻的中脉带两边有一至数条角质乳头状突起点，中脉带明晰可见，其色泽与气孔带相异，呈淡黄绿色或绿色，绿色边带亦较宽而明显（图9）；种子通常较大，微扁，多呈倒卵圆形，上部较宽，稀柱状矩圆形，长7～8mm，径5mm，种脐常呈椭圆形。

地理分布：分布于安徽南部、浙江、台湾、福建、江西、广东北部、广西北部及东北部、湖南、湖北西部、河南西部、陕西南部、甘肃南部、四川、贵州及云南东北部。垂直分布一般较红豆杉低，在多数省区常生于海拔1 000～1 200m的地方。

木材的性质与用途与其他红豆杉相同。

图9　南方红豆杉（刘杰 提供）

4 红豆杉的生态习性及野生种群现状

红豆杉属植物都是典型的阴性树种，喜欢生长在土壤湿润肥沃的河岸、谷地、漫岗等水分条件和空气湿度条件较好的地方，经常散生于海拔600～1 200m的针阔混交林内，生长很缓慢，速生期为30年后。苗喜阴，忌晒。但是生长至20年后，又转为喜光。因此，目前我国境内的几种红豆杉大多散生在针叶林中，少见块状分布，大多数是零星分布，天然条件下极少存在红豆杉纯林。不过，最近在我国陕西东南部的柞水县小岭镇胡岭村境内，发现一片红豆杉林，个体达10万多株，其中最古老的一株树龄约有1 900年，认定该种为南方红豆杉。

在正常生长条件下，红豆杉一般要求土壤pH值在5.5～7.0，东北红豆杉可耐-30℃的低温，抗寒性强，最适温度20～25℃，喜湿润但怕涝，适于在疏松湿润、排水良好的砂质土壤上种植。由于红豆杉属的种间差异不大，加之信息不多，为方便起见，以东北红豆杉为例予以介绍。

东北红豆杉在自然野生状态下生长较为缓慢，实测一株55年生东北红豆杉，胸径4.5cm，高4.73m。在原生林中，胸径达到25cm以上，树高达到7.0m以上需要150～200年，以后树体生长渐缓，进入老年状态。

在以红松、冷杉、山杨、椴树等为建群树种的针阔叶混交林中东北红豆杉不是骨干树种，其自身的弱点和历史的原因使其难以成林。目前，我国东北红豆杉相对集中的分布区位于吉林的汪清和黑龙江的穆棱，我们曾对长白山区汪清县林业局荒沟林场的一个野生东北红豆杉种群进行了实地调查。这个野生种群位于海拔1 000～1 200m处的针阔叶混交林中，在这个种群中有3株东北红豆杉古树和周边几十株低龄树组成的家系，其中1号树最大，位于海拔相对最高处，树高约24m，胸径1.68m，基干部分中空，树的原生主干在距地面约15m处折损，辅枝生长势偏弱，雄株，但发现有一枝条发生性逆转结出少量红果，当地林业部门专家估测其树龄约3 000年。2号树位于1号树西南约200m处，树高约21m，胸径1.28m，该树主干通直未折损，未见中空现象，树冠较完整，雌性植株，但结实量较少，估测树龄2 300年。3号树位于1号树的西北方约500m处，树高约20m，胸径1.16m，树干倾斜约25°，基部中空，但树势仍然中等，雄性植株，树龄估测约2 000年。这3株东北红豆杉古树附近发现几十株低龄植株，树高多在1.8～5.5m，胸径在4～8cm，估计树龄在30～100年之间，未见幼苗和胸径超过15cm的中龄和大龄植株。所有这些个体的叶片长度均为2.0cm左右，在野生种群中属于中短型叶，对上述样本的DNA分析结果表明，这些植株均属于一个家系，亲缘密切。此外，我们还在几十千米外的和龙市仙峰国家森林公园发现4号东北红豆杉古树，该树树高约18m，主干在约8m处折损，辅枝生长势中等，胸径1.06m，雄株，估测树龄1 500年，也为中短型叶，但与前述1～3号树非同一家系，此树周围也发现多棵低龄植株（图10）。与该

图10　吉林长白山区4株东北红豆杉古树生存现状

植株相距不到10m处伴生有一株山杨，其树高超过35m，胸径2.2m，树龄约200年，为当地最大的一棵树，被拜为树神。

从对该野生种群的调查结果可以得出以下几点结论：①东北红豆杉在原生地并非群落中的建群种，数量较少，即使在母树周围，也仅有少量低龄树，且树龄不连续，差异巨大，说明东北红豆杉自然繁育能力较弱，在并不缺少种子的情况下，从种子萌发到成功长成低龄树的比例极低；②东北红豆杉现存的几株树龄超千年古树相距不远，尤其是1～3号树，说明此地没有毁灭性灾害，相传清朝时长白山火山大爆发也未影响到该地，但也未发现其他现存树种有特别古老的，说明东北红豆杉相对于其他树种有极长的寿命，这几株东北红豆杉也可能是整个东北地区现存最古老的植物；③这4株东北红豆杉古树均为中短叶型，而我们在长白山区其他区域调查时发现野生种群中许多个体是长叶型，即叶片长度多在2.5～4.0cm，而野生种群中叶片长度短于1.8cm的短叶类型极少见。这也许暗示我们，在遗传特质上中短叶类型的东北红豆杉寿命比长叶类型的更长，而栽培种群中短叶类型品种过去认为多是从日本引入的品种，现在看这种观点存疑。

5 红豆杉的种子休眠与萌发生理

在对南方红豆杉和东北红豆杉种子休眠生理和萌发技术的研究中发现，该属植物种子具有深休眠特性（图11），其主要原因除胚需要后熟外，种子中含有较高浓度的ABA（脱落酸）也是重要原因，特别是种皮含有高浓度ABA，当干种子吸水膨胀时，种皮中的ABA会扩散到胚中，从而抑制种子的萌发（吴啸峰，1985; 史忠礼 等，1991; 谭一凡，1991; 独军 等，2003）。利用层积方法可以降低种子中ABA的含量，但时间要求较长，一般需要两冬一夏才能使种子内的ABA含量下降到较低水平，种子才能萌发（程广有，2004）。近年来的研究已经积累了不少打破红豆杉种子休眠的方法，包括①变温层积。层积6～8个月后，种子内部GA_3含量迅速增加，而ABA含量明显下降。说明在变温层积8个月后种子可以发芽。先暖温（15～20℃）后低温（3～5℃）效果较好（李晓琳，展晓日，2018）。②外源激素处理。用GA_3+6-BA（200+10）处理种子4小时，然后层积8个月，即可增加种子发芽率和缩短种子休眠时间（程广友，2010）。总之，解除种子休眠的技术可概括为破坏种皮结构、流水冲洗、激素处理、变温层积。不过，近年来我们在实践中发现，如果把红豆杉前期成熟的种子及时取下来，带假种皮薄层沙藏，翌年春洗净种子后播种，也有一定的萌发率。但中后期成熟的种子，利用此法则萌发率非常低。解剖种子可发现，前期成熟的部分种子胚发育较好，而后期成熟的种子，则胚发育不良，需要较长时间的沙藏才能使其胚后熟发育，因此，红豆杉种子萌发与种子内ABA浓度和胚的发育程度都相关。

图11　东北红豆杉种子形态

6 红豆杉的性表达与传粉

6.1 红豆杉的性成熟过程与性比

红豆杉是雌雄异株的裸子植物，自然状态下以有性繁殖为主。据调查，红豆杉野生种群中性比显著偏离1∶1的现象，一方面，可能是种群维持自身长期发展对遗传机制的一种适应；另一方面，在红豆杉被列入保护植物之前，由于较大径级的雌性植株大多表现出树干中空、树冠干枯、植株部分枯死等生长不良的状况，对包括红豆杉在内的非目的树种进行过伐除，这也可能是造成红豆杉现存野生种群中性比偏雄的客观因素（吴榜华 等, 1995）。

目前，对红豆杉属植物的性成熟过程的研究几乎是空白，一方面，自然种群个体数稀少，在野外，进入性成熟阶段（即开花结实）的植株一般都有数十年的树龄，个体的准确年龄难以判断。另一方面，在自然种群中也难以找到连续树龄的植株，加上生长环境的复杂影响，因此，要想准确了解红豆杉的性成熟过程几乎是不可能的。不过，由于掌握了红豆杉种子萌发技术使得红豆杉种植园可以每年播种红豆杉种子，这样使得在同质园中具有连续树龄的调查条件。我们选择了一处东北红豆杉种植基地——辽宁丹东金沟科技生态园，这里是以东北红豆杉育苗和造林为主的基地，有1～20年生连续树龄的红豆杉苗圃和林地，对了解红豆杉的性成熟过程非常有利。我们的调查表明，东北红豆杉5年生实生苗即开始有2%～3%的个体出现雌雄性特征，可开花结实，8年生的实生苗性成熟个体可达20%左右，10年生的实生苗性成熟个体比例40%左右，15年生的性成熟个体比例超过90%。10年生以前的个体雄性成熟比例略高于雌性，但到15年生以后只有极少数个体没有开花结实了。种植密度、移植次数、光照条件都对性成熟时间有一定影响。统计结果表明，东北红豆杉成熟个体的性比大约是1∶1，野外观察的性比显示雄性比例更高是由外界因素影响造成的。

6.2 红豆杉的传粉特性

红豆杉属植物的生殖结构在针叶树中比较特殊，它的传粉机制也被认为是最不特化的。影响传粉受精的因素主要有光照强度（晴天雄蕊散粉多，雌蕊胶体渗出多）、花粉的活力、柱头的活力和环境条件。活性最强的花粉为刚从花药中散发出来的，随着散发出来时间的延长，花粉的活力逐渐下降。研究表明，授粉率低确实是影响红豆杉属植物结实率的主要原因，然而，除了传粉机制之外，影响授粉率的因素还有花粉总量，即空气中花粉密度，对于以雌雄异株为主的红豆杉来说，决定空气中花粉密度的主要因素就是雄性植株的比例和密度（张彦文, 2021）。一般来说，在种植园中，红豆杉是不会受到花粉限制的，少数雄株的花粉量就可以满足更多雌株对花粉的需求。不过，野外种群则不然，由于个体密度低是普遍存在的现象，因此，野外雌株的结实率远低于种植园中雌株的结实率，甚至一些雌株仅是零星结实。

6.3 红豆杉的性逆转现象

尽管红豆杉属植物的性系统是典型的雌雄异株，但其也常出现性表达的不稳定现象，如一些雄株的个体会出现某一个枝条发生性别逆转现象，即由原来的雄性转变为雌性并结实，极个别雌性植株的个别枝条也会转变性别（比例较雄变雌低）成为雄性并产生花粉，这种部分枝条发生性别转化的植株可以称为两性植株或雌雄同株异花（monoecy）个体（图12）。由这种方式形成的

图12 东北红豆杉雌雄同株现象（注：一株东北红豆杉70年生雄株，其中的一个枝条出现性逆转并结出红色浆果，其余枝条的雄球花清晰可见，使该树呈现出雌雄同株现象）

两性植株是由于单性植株在特定条件下的表型饰变的结果，我们一般可以将红豆杉这种性别转化现象称为性逆转（sex conversition）（Nagata, 2016; DiFazio et al., 1996; 张彦文, 2021）。

研究表明，红豆杉性别进化方向是从单性向两性的，两性植株性别表型呈二态分布，即在遗传上性别可能有分化，两性植株可能是雌株和雄株在一定环境下的性表达结果，单性植株可以和两性植株相互转变，雌株和雄株间不会直接相互转化，雌株通过未知性别植株的过渡，可以转化为雄株，雄株也通过两性植株的过渡转化为雌株，转化的方向是单向不可逆的，即雄性表型需要经过两性表型才能达到雌性表型，雌性表型需要经过未知表型才能达到雄性表型（DiFazio et al., 1996）。红豆杉属植物的性别表型容易受到外界条件的影响，如两性植株中，不同性别主干在不同方向上的规律分布可能是环境因子在不同方向上连续规律分布的结果；如加拿大红豆杉的两性植株的比例会随海拔升高而升高（Allison, 1991）。我们在调查中发现，野生东北红豆杉种群中发生性逆转的频率要比栽培种群中发生的频率低（李竹月, 2022），显然，这种现象与红豆杉的遗传结构和生境条件都有关，具体的性逆转机制还有待深入研究。

红豆杉这种性逆转造成的雌雄同株现象并非真正意义上的雌雄同株，有人将这种红豆杉植株看作雌雄同株，甚至把出现这种现象的植株作为新品种或新变种看待是需要慎重的，因为这是一种不稳定现象，用发生性逆转植株的枝条扦插繁育的新个体，不能稳定呈现雌雄同株现象。不过，这种性逆转现象对于红豆杉这种极小种群的濒危物种来说有着极其重要的意义。

7 红豆杉濒危的原因

红豆杉属多数种类均属于极度濒危物种，野生种群数量有限，也被列为极小种群物种。多年来，学者们研究认为，造成红豆杉濒危的原因是多方面的，这其中既包括植物本身的内因，也包括生境破坏等外因（吴榜华, 2002; 茹文明 等, 2006; 程广友, 2010; 柏广新, 朱婉萍, 2013; 张彦文, 2021），归结起来有以下几个方面：①自然地域分布范围狭窄。只分布于温带季风气候区中的湿润地区；②结实率低。红豆杉雌雄异株，在野外自然生境中雄株个体数显著多于雌株，雌株达到性成熟的生长年份长于雄株，加之喜生于气候冷湿、郁闭度高的林分中下层，通风不佳，难以顺利授粉；③种子败育。红豆杉种群分布格局为以母树为中心的氏族聚集型分布，易导致近亲间授粉，后代明显存在退化趋势；④种子生理后熟。外表形态成熟的红豆杉果实脱落后种内胚发育仍不完全，还需至少一年的种子休眠期，长时间休眠将降低种子的存活率并增加被啃食的概率；⑤幼苗抗逆性差。红豆杉幼苗前 3 年茎生长极其缓慢，需要超过10年的生长其主根才能穿过土壤缺水层。幼苗期间还会被野生动物啃食，而且处于全光照条件会造成其组织不可逆损伤；⑥老龄个体稀少。红豆杉树干存在心腐现象，我们的调查发现，在自然种群中1m以上大径级个体心腐现象尤为严重，导致红豆杉古树稀少；⑦全球气候变化。初春的气温升高将导致地面上的植株部分迅速复苏，这时土地如还未化冻将使得植物出现生理缺水造成损害；⑧生境破坏。直到天然林保护工程实施以前，我国的森林资源一直处于过度利用状态，树木的过度砍伐导致作为伴生树种的红豆杉难以适应林分条件的变化而死亡；⑨人为直接破坏。近年来，抗癌特效药紫杉醇被热炒而导致人为趋利性盗采、盗伐，对野生红豆杉资源造成巨大破坏。

目前，将红豆杉作为储备林项目进行大面积人工造林时机已经成熟，适时开展利用速生型新品种红豆杉造林从技术上已经没有障碍。

8 红豆杉的栽培与品种化

8.1 历史和现状

红豆杉属尽管种类不多，但广泛分布于全球42个国家，特别是欧美等地栽培历史悠久，至今欧洲一些地区红豆杉古树比比皆是。在日、韩等国家，私人庭院中也多有红豆杉景观树（图13）。在长期的栽培过程中，该属的一些种已经出现了很多变异类型并被注册为不同的品种，其中欧洲红豆杉有近100个品种，北美的曼地亚红豆杉（*T. media*）有50余个品种，剩余的9种红豆杉的栽培

图13　日本一处庭院中的红豆杉景观树

品种之和约有50个（Hoffman, 2004）。有些种红豆杉栽培较少或较晚，还没有选育出栽培品种。

我国红豆杉属植物虽然分布较多较广，但并未像银杏、罗汉松、五针松、侧柏以及油松等植物那样很早就被广泛用于园林中，也未像银杏、油松、柏木那样被宗教寺庙接纳或用于古代帝王陵墓景观布置，在我国的一些植物典籍中也少有提及。这样一种四季常青、树型优美、观赏性极佳的树种历史上没有受到充分重视是令人费解的。究其原因可能主要还是来自红豆杉自身的问题，包括红豆杉本身生长较慢以及种苗难以获得，野生苗移栽成活率较低，种子萌发困难又导致人工繁育较其他园林树种困难得多，这些因素可能限制了红豆杉成为我国园林植物中的骨干树种。不过，这并不能说明我国先民没有关注到红豆杉。近年来的调查表明，我国一些省份都有栽植红豆杉的历史痕迹，如陕西秦岭张良庙附近以及蓝田县竹林沟的多株中国红豆杉古树，浙江武义县郭洞村周围的高龄中国红豆杉，贵州三都县多个村寨的南方红豆杉古树，这些历史上遗留下来的千年古木已经成为当地历史文化的一部分，谁又能说它们不是当地先民留给我们的园林作品呢！

中国东北地区是东北红豆杉的原产地，是现今栽培种的故乡，至今在吉林汪清、八家子等地的林场仍然时有发现东北红豆杉的天然群落，尽管东北红豆杉一般不成为群落的建群种和优势种，但东北红豆杉的千年古树也偶有保留完好的。

我们目前调查的资料显示，至少在唐宋时期，东北地区就有人工栽培东北红豆杉的痕迹。辽宁丹东凤城市林业局李忠宇等考证，在凤城市光荣院院内，有一株人工栽培的东北红豆杉古树（图14），该树主干已折损，副枝树高12.0m，胸围

图14　凤城市光荣院院内的东北红豆杉古树（李忠宇 提供）

2.1m，冠幅7m×7m，当地林业部门估测树龄超过800年。

此外，在凤城市大兴镇清沟村李姓村民院内，发现一雌一雄两株人工栽培的东北红豆杉古树（图15），其中的雌株树高13m，胸围1.35m，冠幅7m×8m。另一株雄株树高14m，在地上0.7m处分枝成双干，两干的胸围分别为1.26m和1.32m，冠幅为7m×9m。当地林业部门估测两株东北红豆杉的树龄超过600年。

除此之外，在凤城、宽甸等多地还发现为数不少的树龄超过百年的人工栽培的东北红豆杉植株，这些绿色文物作为活的史料，记载着一个地域的自然、历史和文化内涵，镌刻着历史的年轮和符号，见证了东北先民们崇尚自然、热爱生活的愿景。

当历史进入20世纪，随着东北地区逐渐殖民化，东北红豆杉在东北地区的栽培历史也发生了转折，日本人把日本培育的红豆杉引入东北的一些重要场所栽培，目前尚存的包括栽植于丹东锦江山公园中心花坛的灌木型植株、辽东解放烈士纪念塔两侧的乔木型植株、原丹东市政府门前两侧的乔木型植株、市职工疗养院院内灌木型植株等。其中乔木型的多为野生型东北红豆杉，而灌木型的均为日本矮紫杉（*T. cuspidata* var. *nana*）。在长期的栽培过程中，一些花工由于喜爱该树而通过扦插繁育了一些植株并逐渐流入民间，因此，丹东民间也保留有许多大龄日本矮紫杉植株。

20世纪90年代以后，红豆杉属植物因抗癌作用而备受青睐，社会上迅速掀起了栽培红豆杉的热潮，种植者相继解决了红豆杉扦插生根难的问题，大量的红豆杉扦插苗被繁育成功。此外，利用变温层积处理技术，大大提高了红豆杉的种子萌发率，人们也借此可以大量繁育实生苗，从而增加了红豆杉的树型多样性，为扩大红豆杉市场打下了坚实的基础。

随着红豆杉作为抗癌植物的热效应，我国南北各地普遍开始栽培红豆杉，但各地栽培的种类不同，如云南、四川等地栽培的是云南红豆杉，

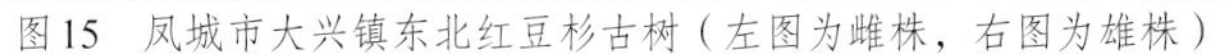

图15　凤城市大兴镇东北红豆杉古树（左图为雌株，右图为雄株）

湖北、河南、陕西等地栽培的是中国红豆杉，广东、浙江、江西、湖南等地栽培的多为南方红豆杉，而东北地区栽培的均为东北红豆杉（包括来自日本的变种——矮紫杉）。此外，作为药用原料栽培的则多为从美国等地引进的高紫杉醇含量的曼地亚红豆杉品种，其中山东、陕西、河南、浙江等地都有一定规模的公司大量栽培，并开发出了一系列红豆杉深加工产品。

8.2 红豆杉栽培过程中的变异和品种化

8.2.1 国外红豆杉品种介绍

红豆杉属植物在长期的栽培过程中，一些种已经在园林栽培中出现了很多变异类型并注册为不同的品种，其中欧洲红豆杉的栽培品种最多，有约100个。曼地亚红豆杉的栽培品种也比较多，有50余个。东北红豆杉在国外已有10多个品种，剩余的8种红豆杉品种化程度较低，一共只有30多个（Hoffman, 2004）。

东北红豆杉在美国、日本等注册的品种已有10余个（图16），如‘头状’（‘Capitata’）、‘紧凑’（‘Densa’）、‘极小’（‘Minima’）、‘矮生’（‘Nana’）、‘陆斯蒂克’（‘Rustique’）、‘绿峰’（‘Green Mountain’）、‘似金黄’（‘Aurescens’）、‘柱状’（‘Columnaris’）、‘平卧’（‘Prostrata’）、‘锦锋’（‘Kinpo’）等。总体来说，欧洲红豆杉和曼地亚红豆杉品种化程度较高，东北红豆杉也产生了较多的园艺品种，这三者构成了国际园林界红豆杉栽培品种的主流成分。也就是说，原产我国的东北红豆杉不仅在我国和日本、韩国等有着千年的栽培史，在欧美等地也被早早引入，是深受当地人们喜爱的珍贵树种而被广泛栽培驯化，其最好的例证就是在北美洲与欧洲红豆杉相遇，形成了自然杂交种——曼地亚红豆杉，并产生了众多栽培品种。因此，世界上栽培的红豆杉主流品种中近半数拥有我国东北红豆杉的血统，这也证明，该种像我国原产的许多名贵花木，如银杏、牡丹、杜鹃、山茶等一样，早已走向世界，成为世界园林的一分子。

近年来从日韩引入我国的金叶红豆杉，又称黄金杉，原品种名‘Aurescens’意为金黄色的，有文献将其中文名称为‘似金黄’（马艳彤等，2021）。乔灌木均有，叶密度和分枝系数高于本土原产的东北黄金杉。该品种在春夏季新叶色彩十分耀眼，观赏性很强（图17），但由于日韩地区的气候温暖湿润，因此，这个品种在我国东北地区冬季的耐寒性稍差，夏季在烈日下新叶会有日灼现象，需要几年适应性驯化。

8.2.2 国内红豆杉的栽培

与其他国家相比，我国红豆杉属植物的园林化栽培和新品种选育工作起步相对较晚，尽管红豆杉在我国已有上千年的栽培史，但并未像我国一些传统名花那样形成自己的品系，东西南北各地栽培的都通称红豆杉。此外，各地栽培过程中出现的许多变异类型只在民间流传，并未注册为新品种。如各种红豆杉中都发现金黄色叶片变异和黄果变异类型，但一直未见注册为新品种。我国批准的第一个红豆杉新品种是2021年年末公布的‘丹紫1号’，是作者团队从东北红豆杉的变种矮紫杉中选育的一个短叶丰果品种，适合于园林造型及作为亲本母树提供种子。

8.3 东北红豆杉的品系来源

东北红豆杉经过长期的园艺化栽培已经形成了不同的品系，作者团队近10年的研究表明，目前国内栽培的东北红豆杉可以分为3个主要来源（张彦文, 2021; Wang et al., 2024）。

8.3.1 “东北杉”品系来源

在一些种植园中，有通过各种途径得到的东北红豆杉野生植株（图18），民间称下山货，多为大中型植株，树体高多在3m以上，胸径10cm以上，树龄50～100年生为多，个别植株高可达8m，胸径20cm以上，树龄可达200年。由这些野生植株经过扦插、播种繁育来的各类植株，民间通称“东北杉”，仍然保留着野生型东北红豆杉的特性。“东北杉”的叶多为中长类型，叶色翠绿色

'Capitata'　'Nana'

'Bright Gold'　'Densa'

'Monloo' (Emerald Spreader)　'Dwarf Bright Gold'

'Rezek's Gold'　'Nana Aurescens'

图16　国外东北红豆杉部分品种

图17 日本的黄金杉（'Aurescens'）扦插苗

图18 东北红豆杉野生型植株

至深绿色，叶密度和分枝系数较其他品系低，但其主干多呈光滑的紫红色，观赏效果好，但"东北杉"在暴露环境下冬季叶色多褪色，呈铁锈色。由于原变种的树冠多呈球形，因此国外将其品种化，称为'头状'（'Capitata'），由此也衍生出一些不同类型的品种。

8.3.2 "日本杉"品系来源

20世纪初，日本人将原产于日本的矮紫杉引入到我国东北的丹东和大连地区作为重要场所的观赏树，至今在丹东地区尚保留部分来自日本、树龄均超过百年的日本杉（图19）。调查所见这些原种均为灌木型雄株，但一般老树上会有性别逆转现象，即雄株上某些枝条可以转化成雌性结果枝。从树形判断这些原种都是由扦插苗所长成，民间均称为"日本杉"。原变种在日本即称'矮生'（'Nana'）。"日本杉"以中短叶型为主，叶色深绿冬季不褪色，叶密度和分枝系数较高，冬季的观赏性较东北杉更好，主干也会呈现光滑的紫红色，但耐寒性不如"东北杉"。

图19 “日本杉”百年原株（张坤江 提供）

8.3.3 “韩杉”品系来源

“韩杉”是指从韩国传入的乔木型红豆杉（图20）。20世纪90年代以后，由于红豆杉在我国成为“黄金树”而身价倍增，一些人通过不同渠道由韩国引入了多批红豆杉，从2~3年生的小苗到成型大树。从形态上看，这些红豆杉均为种子苗长成的乔木，叶形、叶色多介于“东北杉”和“日本杉”之间，生长势一般强于“东北杉”和“日本杉”，植株稍加修剪即可形成圆锥形树冠，被形容似少女的裙摆。由于没有品种认定，按民间传统习惯，但凡从韩国引进的这类红豆杉，业界均称之为“韩杉”。近年来，作者团队采用2对红豆杉多态性EST-SSR引物对各批次引进到丹东地区的126份“韩杉”样本进行鉴定分析。结果表明，所谓“韩杉”实为一复合体，其中约78.6%为杂交种（从中鉴定出99个真杂交种），“东北杉”和“日本杉”互为亲本，其余为不同比例的“东北杉”和“日本杉”（王丹丹，张彦文，2019）。这项成果为红豆杉杂交育种提供了很好的借鉴。

上述3种来源的东北红豆杉在栽培过程中都会出现不同类型的变异，我们将上述3种来源的东北红豆杉及其变异类型归类为三大品系，其中以“日本杉”中出现的变异类型最多。

8.4 东北红豆杉的形态变异

8.4.1 树型变异

东北红豆杉野生型为大乔木，高可达20m以上。在人工扦插繁殖时，仅有顶枝插穗能成为乔木型植株，侧枝插穗长成的均为灌木或亚乔木型植株。利用种子繁殖的实生苗均能长成乔木型植株，但“日本杉”实生苗一般少见超过3m的高乔木，而以灌木或小乔木为主。“韩杉”则基本为乔木型植株。灌木型植株的枝条斜上生长的角度从近地角小于30°到大于75°，如“日本杉”中有的变异类型枝条近地角小于15°，几乎呈现平展状，这个品种在国外被称作‘平卧’

图20　典型“韩杉”植株形态

图21　东北红豆杉灌木型植株枝条生长角度（左图为平卧型；右图为凤尾型）

（'Prostrata'）（图21）。还有一种类型的枝条紧凑向上，几乎贴近植株的主干生长，国外称为‘柱状’（'Columnaris'）。甚至出现因枝条和叶片扭生而形成近似龙柏的树型。

8.4.2　叶片颜色变异

东北红豆杉的三大品系中“日本杉”的叶色最深，为墨绿色、深绿色或蓝绿色，不同变异体间有差异，但冬季均能较好地保持原色。“东北杉”叶色为翠绿色至深绿色，大树或在半遮阴生境中叶色偏深，但在冬季暴露环境下褪色呈铁锈色。“韩杉”的叶色介于两者之间，更偏向“日本杉”一些（图22），冬季要比“东北杉”观赏效果

图22 东北红豆杉多种叶色变异类型

好一些。此外，近年来发现，一些个体会出现芽变现象，不论是“东北杉”，还是“日本杉”抑或“韩杉”，其叶片都可产生叶色突变体，这些突变体的叶绿素合成受到一定程度的抑制，使叶片中叶黄素和类胡萝卜素突出，进而使得植株的叶色呈现出白色、淡黄色、金黄色甚至橘黄色等，统称为黄金杉或金叶红豆杉。最近，作者团队利用转录组测序技术研究发现，当前园艺界新宠黄金杉有不同来源，长叶类型的来自本土的“东北杉”变异，短叶类型的来自“日本杉”变异，从韩国引进的黄金杉也是来自“日本杉”的变异体，与来自日本的黄金杉同源。

8.4.3 果色变异

红豆杉属植物种子外包被的假种皮在成熟时一般是鲜红色，但不同品种的红豆杉多会出现假种皮颜色的深浅变异（图23），如“黄金杉”类的假种皮红色较“东北杉”和“日本杉”会明显浅一些，但有一类变异个体，其假种皮完全变成金黄色，有人将其称作“黄豆杉”，这样可能被误解为与红豆杉或白豆杉（*Pseudotaxus chienii*）并列的种，似有不妥。目前，红豆杉种植者多将这类变异个体称作“金豆”。我们对其不同来源的“金豆”做了转录组测序分析，发现不同来源的“金豆”并非一个品种，与黄金杉一样来源于不同类群基元个体，因此，不建议将假种皮显金黄色的红豆杉统称为“黄豆杉”，应以不同来源作为不同品种加以命名更合适。

8.4.4 叶片大小和密度

东北红豆杉叶片长度变异明显，除叶长最短的“雀舌”外（6~7mm），其余基本上分为3个群，即“东北杉”品系多为中长叶型（20~40mm），“韩杉”品系多为中叶型（22~32mm），“日本杉”系列的变异体多为中短叶型（15~28mm）（图24）。一般叶片的长宽成一定比例，总体变异不大。

“东北杉”的叶密度较低，平均每厘米小枝可生4~6片叶，而“日本杉”的叶密度较高，一般每厘米小枝可达6~8片叶，个别如种植者称作“短叶多头”的品种叶密度接近东北杉的2倍，叶片短且密集成朵，因此民间亦称“朵杉”。“韩杉”处于中间，可明显看出叶密度也高于“东北杉”。

8.4.5 分枝系数

此处的分枝系数指植株的分枝强度，即一个新枝上分化出的枝芽的数量，因这些芽能发育成小枝，能体现出植株的树型紧密程度。分枝系数高的类型，树型紧凑耐修剪，适合造型。从测量结果看，“日本杉”品系中的短叶变异类型的分枝系数超过10，远高于其余变异类型，体现在树体分枝特别密集。“东北杉”一般分枝系数在4~6，属偏低类型，树体多显得分枝稀疏（图25）。“韩杉”多介于“日本杉”和“东北杉”之间。有时营养条件和生长状态也会影响分枝系数甚至叶片密度。

图23　东北红豆杉果色的变异（左图为常见的红色果实类型；右图为黄色果实类型）

图24 “东北杉”品系中极短叶变异类型和长叶类型（左图为长叶类型，右图为极短叶类型）

图25 东北红豆杉不同分枝系数的植株类型（左图为“东北杉”品系的常见类型；右图为“日本杉”品系短叶、高分枝系数类型）

9 国内东北红豆杉优良品种介绍

目前，国内几种红豆杉虽然在各地都有栽培，但仅有东北红豆杉进入了品种化阶段，其余几种还处于野生种驯化阶段，并未形成品系，也未见品种登记。东北红豆杉包括三大来源，我们可以将其归结为三大品系，即“东北杉”“日本杉”和“韩杉”，在这三大品系的基础上，演化出各种各样的变异类型。红豆杉的变异有三种方式，即芽变、杂交和在种苗繁育过程中产生的突变。我们在此将这些变异类型作为品种看待，尽管目前许多变异类型尚在新品种审核阶段，但众多栽培者已经给出了约定的名称。我们已经确认有稳定的可识别性状的变异类型有10多个（不包括已经在国外注册过的品种），还有一些虽然种植者提出了变异特点，有的也给出了名称，但我们认为其可识别性状过于模糊，不足以认定为新品种，故未将其列入，待日后再行商榷。

红豆杉的品种差异主要体现在叶的长短、叶色、分枝系数、果实颜色和丰度、株型和枝条倾角，树干皮色有时也可以作为一个特征。

本章所列出的品种名称一般来源于种植者间的称谓，部分为作者发现或杂交培育并命名，待正式申报注册新品种时再加以详细考究。一些变异类型与国外已经注册为品种的特征非常符合的，我们没有在此进一步介绍。

优良品种

'蓝英'：属"日本杉"品系中短叶类型，叶密度和分枝系数较高，树型紧凑。该品种的突出特点是营养生长期叶片浓绿紧密，叶表可反射出浅浅的蓝绿色光泽（图26）。由于结果量较大，因此，在果实成熟期树体会因营养供应短缺而出现一定程度褪色。总体上看，该品种适合作造型树，10年以上的成熟植株自然成型，市场上很受欢迎。

'绿英'：该品种属"日本杉"品系中长叶类型，叶色浓绿紧密，叶片轮生并稍有扭曲，其叶密度和分枝系数等指标与'蓝英'近似，但叶片明显长于'蓝英'，整体看树势有向上趋势似龙柏样。该品种成株树型优美，自然成型，叶色浓绿，生长势旺盛，在冬季观赏效果尤佳，是难得的优良品种（图27）。

'短叶多头杉'（'朵杉'）："日本杉"品系，灌木型。该品种叶片是除雀舌外最短、最密的品种，叶色深绿浓密，枝条短，分枝系数高，使得整个树体的枝叶像云朵般。该品种生长较慢，树型紧凑，适合作小型地景树（图28）。

'丹紫一号'：来自"日本杉"品系，灌木型，中短叶类型，叶色浓绿，该品种叶片密度、分枝系数和叶色与'朵杉'相似，但新枝长度较'朵杉'长，因此外观上没有'朵杉'的枝叶那么密集成朵。该品种的突出特点是果实密度大、结果量多，在种苗繁育中能获得大量种子，是十分有利的经济性状（图29）。该品种在2021年12月被正式公布为东北红豆杉新品种。

'金豆'：样本来源于"韩杉"原本植株的变异体，乔木型。该品种叶片和分枝特征为典型"韩杉"，但果实成熟时假种皮显示金黄色或橘黄色（图30），有别于相同来源的植株以及其他品种红豆杉。

'雀舌'：原本植株为东北杉种子苗突变体，该品种从分枝特点、叶片排列方式和叶色看可以确认是东北杉的变异株。该品种突出特点是叶片变异成超短型（图31）。相近品种是荷兰发现的欧洲红豆杉变异品种'Amersfoort'（图32），两者形态上有差异。'雀舌'叶片长度在0.6～1.0cm，稍长于'Amersfoort'，枝条年生长长度可达

图26　东北红豆杉变异品种——'蓝英'

图27　东北红豆杉变异品种——'绿英'（张坤江 提供）

图28　东北红豆杉变异品种——‘短叶多头杉’

图29　东北红豆杉新品种——‘丹紫一号’

图30　东北红豆杉变异品种——‘金豆’

图31　东北红豆杉变异品种——‘雀舌’

15～20cm，较‘Amersfoort’快很多，DNA分析也表明两者来源不同。

‘丹金’：原植株来自“东北杉”种子苗突变体，于近年在丹东的一处种植园发现。该变异类型每年5月新发叶呈金黄色，光彩耀眼，在春、夏、秋三季观赏效果非常好（图33）。因其来源于我国东北地区，更适应本地的气候特点，冬季的耐寒性和夏季的抗日灼能力明显强于来自温暖湿润气候的日本和韩国的黄金杉（图34）。因属“东北杉”品系，所以其叶片长度、密度、果实等似“东北杉”，果实外假种皮多开裂。

‘金红颜’：近年来，作者团队利用原始变异

图32　欧洲红豆杉变异品种——‘Amersfoort’（藏德奎 提供）

株‘丹金’为基础，采用多品种间人工授粉杂交，并对种子苗进行科学选育，然后对目标变异体采用微接技术，成功繁育出颇具特色的新变异类型（图35）。该变异株初发叶为金黄色，艳丽夺目，但夏秋季新发叶在秋末冬初降温后叶色会逐步变成橘红色，可持续到寒冬前不变，在秋冬季节具有较好的观赏性。

‘黑金刚’：作者对“韩杉”品系的目标个体进行人工杂交，从后代个体中定向选育出的一种叶片大而肥厚，成熟叶长可达4cm，叶色呈墨绿色的雌性品种。该品种个体生长势较旺盛，较普通“日本杉”叶色更深且表面有明亮的光泽（图36）。据检测，在相同生境中，其叶片中叶绿素含量是各变异类型中最高的。

图33 “东北杉”变异品种——‘丹金’

图34 “日本杉”变异品种——‘Aurescens’

图35 东北红豆杉杂交新品种——‘金红颜’

图36 东北红豆杉杂交新品种——‘黑金刚’

10 红豆杉的市场分化

红豆杉在我国有相当长的栽培历史，但真正大规模种植并进入市场还是在20世纪90年代以后，其推动因素主要来自两个方面，一是随着紫杉醇的抗癌作用被发现和应用，使得人们认识到要想获得紫杉醇的制药原料，野外自然生存的红豆杉数量是远远不够的，而且，所有红豆杉属植物均被列为国家一级保护植物，严禁采伐使用，因此，大量人工栽培就成为获取原料的唯一渠道。二是随着我国城市建设升级，房地产业的发展，确实对红豆杉这款高端精品绿化树种有较大的市场需求，因此，种植红豆杉成就了很多人的财富梦想。不过，近几年来，随着房地产过热的势头消减，红豆杉的市场热度也在消减，许多种植者当下站在了产业发展的十字路口，对今后的产业形势和发展路径持观望或悲观态度。笔者认为，红豆杉的产业发展正在进入市场分化阶段，这应该是产业发展成熟的开始。种植者应根据自身的实际情况，遵循市场规律，适应和利用市场分化的良机，调整自己的产业发展布局。就东北红豆杉市场来说，目前已经分化为三个大的方向：

10.1 药用原料及深加工产品

作为紫杉醇以及其他中药的配方药，红豆杉的枝叶都有较高的市场价值，规模化种植可以满足原料市场的需求。不过，这种规模化种植需要产业政策支持，如土地、林地使用权，初加工药厂的投资，终端产品紫杉醇的制药需要批号等。大规模原料基地建设需要考虑紫杉醇高含量品种的选择，目前测试的结果，紫杉醇含量最高的红豆杉为曼地亚红豆杉中的一些选育品种，其次是东北红豆杉，如果原料基地在东北地区，东北红豆杉的生长适应性要强于曼地亚红豆杉，如果今后开展对东北红豆杉的高含量品种选育的话，相信可以选出和曼地亚红豆杉含量相当的品种。此外，大规模原料基地的建设可以和国家储备林项目结合，也可以对量产的果和木材加以开发利用，如开发出健康饮品和保健果酒（图37），或者开发出其他如红豆杉β-胡萝卜素、红豆杉花青素、红豆杉维生素E、红豆杉醇素以及红豆杉类黄酮等保健品，也可以将红豆杉木材开发成旅游产品或饮食器具等。

10.2 森林康养及特色小镇等环境提升用树

由于红豆杉能够释放优质的植物精气以及增加周围环境的负氧离子浓度，又能释放香茅醛，有防蚊驱蚊功效，其生态价值正被相关产业所重视。目前，我国已经步入老龄化社会，在14亿多

图37 利用红豆杉新鲜果肉酿造的养生果酒

人口中，老年人口已经超过2.6亿，健康养老已经成为国家战略问题。此外，结合新农村建设，新的森林康养基地及特色小镇建设正在我国各地兴起，这些项目中，红豆杉是各种备选树种中的翘楚。红豆杉不仅能够为环境提供高质量的空气，形成红豆杉氧吧，还能够提供特色旅游产品以及采摘活动等，提高园林品质，是能够吸引消费者的顶级树种。在森林康养基地或特色小镇建设中使用的红豆杉，应更多地选择适应于造林的高乔木品种，如杂交种。这样的品种生长快、抗性强、冬季颜色好。从长远看，在森林康养基地采用红豆杉造林，也可以作为国家战略储备林（图38），其远期产品红豆杉木材有巨大的市场需求。

10.3 精品绿化造园用树

红豆杉是优良的绿化树种，适用于装点高档小区、公园绿地、别墅庄园等（图39）。该市场对红豆杉品种和树型的要求较高，尤其是树型好、生命力强、叶色美观的，如灌木类型的“日本杉”系列品种、“黄金杉”类等，也可以配合使用乔木类型的造型树。

图38 利用杂交品种红豆杉营造的储备林（8年生苗冬季状态）

图39 辽宁丹东北国之春特色康养小镇中的东北红豆杉景观树

由于东北红豆杉基本属于慢生型造型树种，因此，在别墅、庭院等处的造型树都可成为传世佳品，供后代欣赏以怀念先辈。红豆杉也适合于制作中小型树桩盆景，用于庭院和室内摆设用（图40）。

图40　辽宁丹东一种植园内的东北红豆杉景观树（姜国新 提供）

目前，多数东北红豆杉种植者主要以这类市场为主。随着红豆杉市场逐渐趋于合理，精品绿化市场大有可为。

参考文献

柏广新, 吴榜华, 2002. 中国东北红豆杉研究[M]. 北京: 中国林业出版社.

陈嵘, 1959. 中国树木分类学[M]. 上海: 上海科学技术出版社.

程广有, 1999. 东北红豆杉天然群体过氧化物同工酶的遗传多样性[J]. 延边大学农学学报, 4: 245-248, 262.

程广有, 2010. 东北红豆杉[M]. 北京: 中国科学技术出版社.

程广有, 唐晓杰, 高红兵, 等, 2004. 东北红豆杉种子休眠机理与解除技术探讨[J]. 北京林业大学学报, 26(1): 5-9.

独军, 周丽芳, 赵小刚, 2003. 中国红豆杉播种育苗[J]. 林业实用技术, 17(9): 6.

国家林业局野生动植物保护与自然保护区管理司, 中国科学院植物研究所, 2013. 中国珍稀濒危植物图鉴[M]. 北京: 中国林业出版社.

郝景盛, 1951. 中国裸子植物志[M]. 北京: 人民出版社.

李晓琳, 展晓日, 2018. 红豆杉种子休眠机制的研究进展[J]. 现代中药研究与实践, 32(4): 78-81.

李竹月, 2022. 东北红豆杉性逆转机制研究[D]. 长春: 长春师范大学.

刘慎谔, 1955. 东北木本植物图志[M]. 北京: 科学出版社.

马艳彤, 张朕, 张彦文, 等, 2021. 东北红豆杉在栽培条件下的形态变异[J]. 长春师范大学学报, 40(2): 113-117.

茹文明, 张金屯, 张峰, 2006. 濒危植物南方红豆杉濒危原因分析[J]. 植物研究, 26(5): 624-628.

史忠礼, 王子卿, 1991. 南方红豆杉种子休眠的研究[J]. 浙江林业科技, 11(5): 1-6.

谭一凡, 1991. 南方红豆杉种子后熟生理的研究[J]. 中南林业科技大学学报, 11(2): 200-206.

王丹丹, 张彦文, 2019. 东北红豆杉杂交种鉴定及遗传多样性分析[J]. 东北师大学报(自然科学版), 51(1): z113-118.

吴榜华, 戚维忠, 1995. 东北红豆杉植物地理学研究[J]. 应用与环境生物学报, 1(3): 292252.

吴啸峰, 1985. 红豆杉种子抑制物质的初步研究[J]. 植物生理学报, 5(4): 23-26.

杨玉林, 宋学东, 董京祥, 2009. 红豆杉属植物资源及其世界分布概况[J]. 森林工程, 25(3): 5-10.

曾岩, 何拓, 张坤, 等, 2023.《濒危野生动植物种国际贸易公约》巴拿马大会进展评述[J]. 生物多样性, 31(2): 22687.

张彦文, 2021. 东北红豆杉——变异与品种选育[M]. 沈阳: 辽宁科技出版社.

郑万钧, 1961. 中国树木学[M]. 南京: 江苏人民出版社.

郑万钧, 傅立国, 1978. 中国植物志: 第七卷[M]. 北京: 科学出版社.

郑万钧, 傅立国, 诚静容, 1975. 中国裸子植物[J]. 植物分类学报, 13(4): 56-89.

朱婉萍, 2013. 抗癌植物红豆杉的研究与应用[M]. 北京: 科学出版社.

竹内亮, 1958. 中国东北裸子植物研究资料[M]. 北京: 中国林业出版社.

ALLISON T D, 1991. Variation in sex expression in Canada yew (*Taxus canadensis*) [J]. American Journal of Botany, 78(4): 569-578.

CHENG B B, ZHENG Y Q, SUN Q W, 2015. Genetic diversity and population structure of *Taxus cuspidata* in the Changbai Mountains assessed by chloroplast DNA sequences and microsatellite markers[J]. Biochemical Systematics and Ecology, 63: 157-164.

COLLINS D, MILL R R, MÖLLER M, 2003. Species separation of *Taxus baccata, T. canadensis*, and *T. cuspidata* (Taxaceae) and origins of their reputed hybrids inferred from RAPD and cpDNA data[J]. American Journal of Botany, 90(2): 175-182.

COPE E A, 1998. Taxaceae: The genera and cultivated species[J]. Bot. Rev., 64: 291-322.

DIFAZIO S P, WILSON M V, VANCE N C, 1996. Variation in sex expression of *Taxus brevifolia* in western Oregon[J]. Canadian Journal of Botany, 74(12): 1943-1946.

LAUBENFELS D J DE, 1988. Coniferales[J]. FI. Malesiana 10(3): 337-453.

FARJON A, 1998. World checklist and bibliography of conifers[M]. Kew: Royal Botanic Gardens.

FARJON A, 2001. World checklist and bibliography of conifers[M]. 2nd edition. The Bath Press, Bath, United Kingdom.

FARJON A, 2010. A handbook of the world's conifers: 2 vols.[M]. Leiden, The Netherlands: Brill.

FARJON A, FILER D, 2013. An atlas of the world's conifers: An analysis of their distribution, biogeography, diversity and conservation status[M]. Leiden, The Netherlands: Brill.

FERGUSON D K, 1978. Some current research on fossil and recent taxads. Rev. Palaeobot. Palynol. 26: 213-226.

FLORIN R, 1948. On the morphology and relationships of the Taxaceae. Botanical Gazette, 110(1): 31-39.

FRANCO J A, 1964. *Taxus*[J]. FI. Europaea, 1: 39.

FU L K, LI N, R R MILL, 1999. Flora of China [M]. Beijing: Science Press, and St. Louis: Missouri Botanical Garden Press.

HILS M, 1993. Taxaceae Gray: Yew family[J]. Flora of North America Editorial Committee, 2: 423-427.

HOFFMAN M H A, 2004. Cultivar classification of *Taxus* L. (Taxaceae)[C]. International Symposium on Taxonomy of Cultivated Plants, 634: 91-96.

HOLLICK A, 1930. The Upper Cretaceous floras of Alaska. With a description of the plant-bearing beds by Martin, GC[J]. US Geological Survey Professional Paper, 159: v+123.

HU S Y, 1964. Notes on the flora of China[J]. Taiwania, 10: 13-

62.

KITAMURA S G, MURATA, 1997. Colored illustrations of woody plant of Japan[M]. Tsurumi-ku, Osaka, Hoikusha publishing co., ltd.

KRÜSSMANN G, 1985. Manual of cultivated conifers[M]. Translated by M. E. E, eds. H.-D. Warda & G. S. Daniels. Timber Press, Portland.

KVACEK Z, REMBER W C, 2000. Shared miocene conifers of the Clarkia flora and Europe[J]. Acta-Universitatis Carolinae Geologica, 44(1): 75-86.

LI H L, 1963. Woody flora of Taiwan[M]. Livingston Publ. Co., Narberth, PA.

LIU J, MILNE R, MÖLLER M, et al., 2018b. Integrating a comprehensive DNA barcode reference library with a global map of yews (*Taxus* L.) for forensic identification[J]. Molecular Ecology Resources, 18(5): 1115-1131.

MÖLLER M, GAO L M, MILL R R, et al., 2013. A multidisciplinary approach reveals hidden taxonomic diversity in the morphologically challenging *Taxus wallichiana* complex[J]. Taxon, 62(6): 1161-1177.

MÖLLER M, LIU J, LI Y, et al., 2020. Repeated intercontinental migrations and recurring hybridizations characterise the evolutionary history of yew (*Taxus* L.) [J]. Molecular Phylogenetics and Evolution, 153: 10695.

NAGATA T, HASEBA M, TORIBA T, 2016. Sex conversion in *Ginkgo biloba* (Ginkgoaceae) [M]. Journal of Japanese Botany, 91: 120-127.

PILGER R, 1903. Taxaceae-Taxoideae-Taxeae. Taxus[J]. Engler, Das Pflanzenreich IV: 110-116.

PILGER R, 1916. Die Taxales[M]. Ges, 25: 1-28.

PILGER R, 1926.Taxaceae[M]// Engler, A. and K. Prantl, eds. Die natürlichen Pflanzenfamilien, 2nd ed., 13: 199-211.

Plants of the World Online (POWO), 2023. https://qr30.cn/CqHwEv.

PRICE R A, 1990. The genera of Taxaceae in the southeastern United States[J]. Journal of the Arnold Arboretum, 71(1): 69-91.

QIN H T, MÖLLER M, MILNE R, et al., 2023. Multiple paternally inherited chloroplast capture events associated with *Taxus* speciation in the Hengduan Mountains[J]. Molecular Phylogenetics and Evolution, 189: 107915.

SILBA J, 1984. An international census of the coniferae[J]. I. Phytologia Mem., 7: 1-79.

SPJUT R W, 1993. Reliable morphological characters for distinguishing species of *Taxus* (Abstract)[C]. International yew resource conference. Yew (*Taxus*) conservation biology and interactions. Berkeley, CA: 39-40.

SPJUT R W, 2007a. Taxonomy and nomenclature of *Taxus* (Taxaceae) [J]. Journal of the Botanical Research Institute of Texas, 1(1): 203-289.

SPJUT R W, 2007b. A phytogeographical analysis of *Taxus* (Taxaceae) based on leaf anatomical characters[J]. Journal of the Botanical Research Institute of Texas, 1(1): 291-332.

TOLESA G M, 2017. The IUCN red list of threatened species[J].

WANG D D, LI X H, ZHANG Y W, 2024. Comparative study of genetic structure and genetic diversity between wild and cultivated populations of *Taxus cuspidata*, Northeast China. Phyton-International Journal of Experimental Botany, DOP: 10, 32604/phyton.2024.047183.

致谢

在本章编写的过程中，作者参考了许多文献并加以引用，但限于篇幅，如有遗漏敬请谅解。文中所用图片多为作者拍摄，由他人提供的图片文中已注明，在此一并感谢。针对红豆杉在栽培中的变异以及一些品种的认定，作者请教了一些具有丰富经验的种植者。编写过程中得到了马金双老师的指导，大连自然博物馆张淑梅研究员、山东农业大学臧德奎教授、北华大学程广友教授为本章撰写提出了宝贵意见，相关研究得到了国家自然基金（23100100783）的经费支持，在此一并致谢！

作者简介

张彦文（男，辽宁丹东人，1962年5月生），1985年毕业于东北师范大学生物系，1991—1992年在北京师范大学生物系进修学习，2002—2007年就读于武汉大学生命科学学院植物学专业，获博士学位。先后任辽东学院农学院院长，农业生物技术研究所所长，二级教授，长春师范大学客座教授，东北师范大学兼职教授，博士生导师，享受国务院政府特殊津贴。从事植物学教学和研究30余年，研究兴趣包括花蜜生态学、植物性系统分化机制、生物多样性保护等。多次获国家自然基金面上项目支持，先后在*Journal of Ecology*、*Journal of Evolutionary Biology*、*Environmental Pollution*和*Annals of Botany*等刊物发表论文数十篇，出版《东北红豆杉——变异与品种选育》等专著3部，主持编写“十二五”规划教材一部，先后两次获得省自然科学奖（二等奖）和省农业科学技术贡献奖（一等奖）。

China

02

-TWO-

中国百合科贝母属植物

Fritillaria of Liliaceae in China

赵鑫磊　齐耀东[*]　蒋清恬
（中国医学科学院北京协和医学院　药用植物研究所）

ZHAO Xinlei　QI Yaodong[*]　JIANG Qingtian
(Institute of Medicinal Plant Development, Chinese Academy of Medical Sciences · Peking Union Medical College)

[*] 邮箱：ydqi@implad.ac.cn

摘　要：本章介绍了百合科贝母属的形态特征、系统分类研究，记载了23种（含2变种）分布于中国的已知贝母属植物，简要介绍了这些种的识别特征和地理分布，并给出了新编写的中国分布的贝母属植物检索表，另有5种存疑，总结了贝母的本草考证、文化价值、园艺应用、栽培方法及保育情况等。

关键词：贝母属　百合科　形态　分类　种质资源

Abstract: This chapter is an introduction on taxonomy, herbs using history, cultural value, horticultural uses, growing technique and conservation status of *Fritillaria* in China. Here we recorded a total of known 23 species (2 varieties), including their morphological description, distinguishing characters and distribution, and devised a new key for Chinese *Fritillaria* species. In addition, we also discussed 5 suspicious species of *Fritillaria* in China.

Keywords: *Fritillaria*, Liliaceae, Morphology, Taxonomy, Germplasm resource

——

赵鑫磊，齐耀东，蒋清恬，2024，第2章，中国百合科贝母属植物；中国——二十一世纪的园林之母，第六卷：039-081页.

1887年，文森特·凡·高（Vincent Willem van Gogh）的名作*Imperial Fritillaries in a Copper Vase*描绘了贝母属*Fritillaria*（拉丁词源为*fritillus*，意为“骰盅”）中的皇冠贝母（*F. imperialis*）（图1），*The Bible of Flowers*也记录了花格贝母（*F. meleagris*），西方人一直对贝母的曼妙身姿青睐有加。而在古老的东方，人们也很早就对它的药用价值深信不疑，历经千年而常用不衰。万物复苏的早春时节，它颔首低垂，典雅含蓄，若隐若现，令人流连。中国作为世界园林之母，贝母属植物分布广泛，它们或藏身于蓝天相伴的高山灌丛中，或隐匿于深山秘境的阔叶林下，不同的生境造就了异彩纷呈的花色，在青藏高原壮美的山河掩映下，峡谷中奔涌的江水，高耸入云的雪山孕育了变异式样极其复杂的贝母属植物，无不令人着迷，此文谨向大众介绍这一美丽生灵。

图1　凡·高的名作*Imperial Fritillaries in a Copper Vase*（法国奥赛博物馆 马建东 提供）

1 贝母属形态和分类概述

1.1 贝母属特征

贝母属（*Fritillaria*）隶属于百合科（Liliaceae），所有种均为多年生草本植物。

1.1.1 习性

贝母属植物从种子萌发伊始，直至正常开花结果一般需要5年的时间，若4年开花，则果实一般发育不良，民间常谓之“气死花”。

贝母属植物鳞茎能在若干年内连续形成更新芽，由此表现出多年生植物的特性。贝母属植物更新不仅是营养物质的新陈代谢，也是组织结构上的新老交替，植株逐年获得复壮，每个功能器官均在一年之后为相应新器官所代替，其生长发育式样类似于一年生植物，但其植株由更新芽发育而成，鳞茎作为延存器官，与一年生植物不同（朱四易 等，1980）。

1.1.2 根

均为须根系（图2）。种子繁殖的植株，在第一年鳞茎盘下方仅生有1条胚性根；第二年后从鳞茎盘下生出吸收根与伸缩根（王文杰，1990），吸收根细而长，根毛发达，用以吸收水分及营养物质，伸缩根粗壮，外皮具排列规则的环纹，通过收缩将鳞茎拉向较深的土层。全部须根在鳞叶更新时萎缩凋落。

1.1.3 茎

贝母属植物的茎有3种形式：鳞茎（bulb）、地下走茎（stolon）、地上茎（stem）。

鳞茎：贝母属植物均为无膜被鳞茎（non-hunicatebulbs），鳞茎具鳞片（bulbscale）和鳞茎盘（basalplate）；鳞茎盘由茎缩短、扁化而成，上面着生肥厚肉质的鳞片；鳞片是一种变态的叶，近轴面扁平，背轴面凸起。贝母属植物鳞片数量主要有3种类型，第一类仅具一枚大的肉质鳞片，鳞茎卵球形或椭圆形，外面多少具一层上年度残留的膜质鳞片，此种类型我国不产；第二类鳞茎一般由2～3枚鳞片组成，鳞茎外面残留上年度枯萎呈膜质的鳞片，一般于花期凋落，该类型是贝母属植物大多数种类所具有的类型（图3），其中

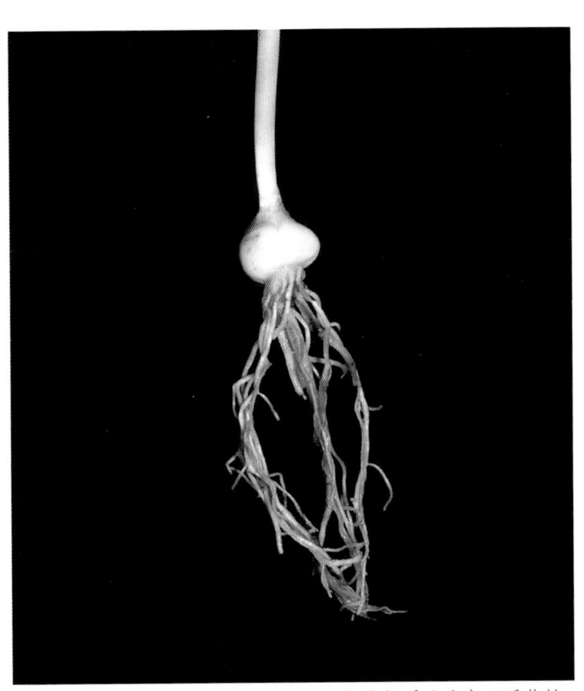

图2　太白贝母（*Fritillaria taipaiensis*）的根系（重庆巫溪栽培，赵鑫磊 摄）

图3　大多数贝母属植物的鳞茎由2～3枚鳞片组成，鳞茎外面残留上年度的鳞片（安徽芜湖，赵鑫磊 摄）

安徽贝母（*F. anhuiensis*）（图4）、鄂北贝母（*F. ebeiensis*）（图5）的鳞茎由2～3枚大鳞片包裹较多的呈米粒状或狗牙状的小鳞片而稍显特殊，1、2年生的此种鳞茎类型一般外层生有鳞片2片，大小悬殊，大鳞片紧密抱合小鳞片，内有类圆柱形、顶端稍尖的芽和小鳞叶1～2枚；三为鳞茎由多枚肉质呈覆瓦状排列的鳞片组成（图6）。

贝母属植物的鳞茎具夏季休眠特性，在地下非活动期约占全部生活周期的3/4。贝母属的鳞茎是传统药物的主要药用部位。

地下走茎：贝母属植物一些物种的1、2年生植株具地下走茎，走茎一般自鳞茎的大鳞片侧生出，大鳞片侧常呈凹槽状；走茎上一般生有珠芽，珠芽可供繁殖。暗紫贝母（*F. unibracteata*）中可见此种类型，唐心曜和岳松健（1983）曾以槽鳞贝母（*F. sulcisquamosa*）（现已被处理为暗紫贝母的异名）为例进行过讨论。地下走茎也常见于青藏高原上分布的其他物种，如甘肃贝母（*F. przewalskii*）（图7、图8）。

地上茎：贝母属植物一般1枚鳞茎只生有1株地上茎，但如鳞茎较大、营养条件好，也可长出2株地上茎。贝母属植物的茎在野生环境较好或栽培情况下，偶见分枝，分枝自茎生叶腋内发出（王文杰，1990）。地上茎节间的发育是在所有器官发育完成后由下而上开始伸长，鳞茎盘和最下一轮叶之间部分最先开始发育，顶芽出土后，以上各节间依次伸长；后来发生的节间伸长的速度要快于前面节间伸长的速度。

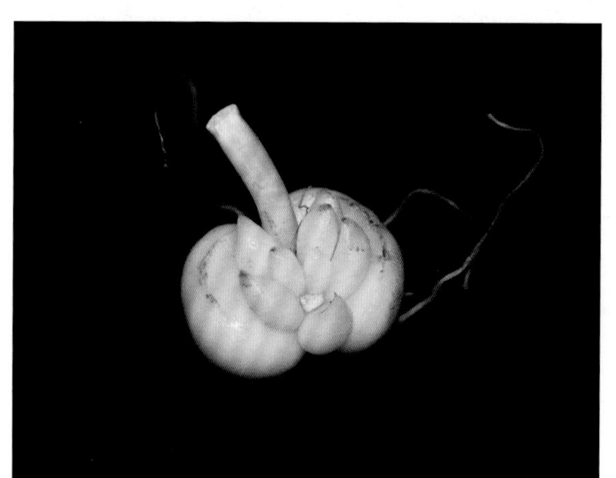

图4　安徽贝母的鳞茎（安徽舒城，赵鑫磊 摄）

图5　鄂北贝母的鳞茎（湖北随县，赵鑫磊 摄）

图6　米贝母（*Fritillaria davidii*）的鳞茎（四川宝兴，赵鑫磊 摄）

图7　甘肃贝母地下走茎上的珠芽（青海海东，赵鑫磊 摄）

图8　甘肃贝母（左：无地下走茎；中：具地下走茎且生有珠芽；右：具地下走茎，珠芽上生有叶。青海海东，赵鑫磊 摄）

1.1.4　叶

贝母属植物的叶有子叶、具柄的基生叶、无柄的茎生叶、花梗上的叶状苞片和变态的肉质鳞叶5种形式。

种子萌发后的第一年，地上部分仅具1片基生叶，由子叶直接发育而成，俗称“一根针”（图9）。在第2～3年，一般可长出1～2枚具长柄的呈倒卵形至披针形基生叶，第3年的基生叶一般比第2年的要长且宽大，俗称“一匹叶”（图10）、“双飘带”。一般自第4年开始出现地上茎，俗称“树儿子”，叶主要以无柄的茎生叶着生于茎上，茎生叶多为线形、披针形或卵形，具平行脉；地上茎基部的叶常较宽，向上的叶逐渐变窄或急剧变窄

图9 瓦布贝母（*Fritillaria wabuensis*）的“一根针”（四川松潘栽培，赵鑫磊 摄）

图10 瓦布贝母的“一匹叶”（四川松潘栽培，赵鑫磊 摄）

图11 新疆贝母（*Fritillaria walujewii*）苞片卷曲（新疆伊犁，赵鑫磊 摄）

图12 湖北贝母（*Fritillaria hupehensis*）苞片强烈卷曲，相互缠绕（湖北恩施栽培，赵鑫磊 摄）

成二型叶；叶在地上茎上着生方式为对生、轮生、散生或互生，有时同一植株叶序也具多样；地上茎的基部叶片由于茎的节间伸长速度不同，叶序较为稳定，中部及上部叶序着生方式变化较大。一般自第5年开始，贝母属植物可开花，俗称“灯笼花”，绝大多数物种在花下面具1～3枚叶状苞片（bracts），苞片先端偶有卷曲（图11），甚至强烈卷曲，与周围植物缠绕（图12），在栽培情况下，苞片偶见特化成花瓣状（图13）。

贝母属植物的鳞叶生于地下，兼具无性繁殖和贮藏养分作用；鳞片的繁殖形式有两种，其一是鳞片本身可以作为无性繁殖的材料，另一种形式是鳞片的顶端，中部和基部以及两侧的边缘，由于细胞全能性的作用，薄壁细胞发育形成米粒状小鳞茎，如平贝母（*F. ussuriensis*）（王臣 等，1995）。

图13 太白贝母苞片特化呈花瓣状（左侧植株，重庆巫溪栽培，赵鑫磊 摄）

1.1.5 花序

贝母属植物花序一般不分枝，偶见分枝。花序类型大致分为2种，一种是花单生于茎顶端（图14），有时2~4朵（图15）；第二种则花多朵，形成总状花序，一般花3~8朵，甚至更多（图16）；栽培多年的植株，可见花多朵聚成伞形，花一般7朵或更多（图17），野生植株少见。

1.1.6 花

花具花梗；一般于发育初期至始花期，花梗直立，随着花的发育花梗逐渐弯曲向下；受精后花梗又逐渐向上升起，至果期直立（段咸珍和郑秀菊，1987b）。花的数目与鳞茎大小、环境条件、发育年龄具有一定关系。

花通常钟形，花被片6枚，分离，排成2轮，内、外轮花被片形状稍有差异，花被片基部具蜜腺，蜜腺的形态影响花的形状，蜜腺较发达，蜜腺窝向外明显凸出，花呈钟形或宽钟形，反之，则花呈窄钟形或陀螺状等。

花被片的颜色变化较大，变化的式样也多。花被片内、外面常颜色不同，内面多具明显的方格状斑块，有时方格斑纹连成块状或散在斑点等。花被片颜色与花的发育时期有关，颜色呈黄、白色的类型，花后期一般呈玫红色至紫色或带紫晕（图18）；花呈绿黄色的类型，花后期花被片表面一般呈污白色等。花被片在果实成熟时完全脱落或干枯反折，宿存（图19），亦有如梭砂贝母（*F. delavayi*）的花被片至果期仍不干枯，且包裹蒴果（图20）。

图14　鄂北贝母花单生于茎顶端（湖北随县，赵鑫磊 摄）

图15　安徽贝母花2~4朵生于茎顶端（湖北红安，赵鑫磊 摄）

图16　砂贝母（*Fritillaria karelinii*）的总状花序（新疆裕民，杨宗宗 提供）

图17　栽培多年的瓦布贝母植株，花多朵聚成伞形（四川松潘栽培，赵鑫磊 摄）

图18　托里贝母（*Fritillaria tortifolia*）的花随着发育时期延长，花色逐渐加深（新疆裕民，赵鑫磊 摄）

图19　太白贝母的花被片在果期干枯反折，宿存（四川丹巴栽培，赵鑫磊 摄）

图20　梭砂贝母的花被片至果期包裹蒴果（上），仍未干枯（下）（青海囊谦，赵鑫磊 摄）

贝母属植物雄蕊6枚，2轮，每轮3枚；花丝下部一般膨大，上部尖细，一般花丝与花药近等长或更长，少数物种花丝短于花药。花丝的发育一般略晚于花药，花蕾期及初花期花丝一般比花药短，盛花期时，花丝才发育完全，达到正常的长度。花丝一般无乳突，亦有具乳突的物种，有时在同一种内其花丝具乳突和平滑者均有（罗毅波，1993）。

贝母属大多数物种的花药着生方式为基着药，花药一般为黄色或白色。贝母属植物的花粉极面观多为椭圆形或卵圆形，两侧对称，具远极单沟，沟长几达两端；花粉表面有网状纹饰，表面纹饰类型主要有环状网纹型、散网纹型和拟脑纹饰3种（李萍 等，1991）。

雌蕊柱头常3裂（图21），分裂程度不一，在栽培条件下，柱头分裂的程度往往加深，花柱长于雄蕊；子房3室，每室有2纵列胚珠，中轴胎座。

1.1.7　果实及种子

具蒴果的植株民间俗称“八卦锤”（图22），蒴果具6棱，成熟时沿果皮中肋纵裂，裂开端处形成流苏状；棱上无翅，或有翅，翅的宽窄与物种

图21　华西贝母（*Fritillaria sichuanica*）雌蕊柱头3裂（四川宝兴，赵鑫磊 摄）

图22　长腺贝母（*Fritillaria unibracteata* var. *longinectarea*）的果实（四川松潘，赵鑫磊 摄）

自身相关，翅宽不一。

成熟种子呈扁平的倒卵形，种皮棕褐色至黄棕色，边缘有狭翅。种仁内有胚乳、胚腔和微小胚，胚呈扁椭圆形，位于珠孔端，尚处于原胚状态，其子叶、胚芽和胚根及其内部组织未分化。贝母种子的休眠特性既属于种子成熟后胚未完全发育而形成的形态后熟休眠类型，又属于低温解除休眠的生理后熟休眠类型（李志亮，曹聚昌，1987）。

1.2　贝母属分类及系统学研究历史

贝母属

Fritillaria L., Sp. Pl. 1: 303 (1753). Type species: *Fritillaria meleagris* L.

贝母属是林奈（Carl von Linné, 1707—1778）在《植物属志》（Gen. PL. 1754）和《植物种志》（Sp. PL. 1753）中接受了法国植物学家图内福尔（Joseph Pitton de Tournefort, 1656—1708）于1700年描述的贝母属，并扩大了该属的范围。1874年，英国植物学家约翰·吉尔伯特·贝克（John Gilbert Baker, 1834—1920）将贝母属的范围再次扩大，根据鳞茎外面是否包被一层膜质鳞茎皮、花柱的柱头是否3裂、蜜腺的形状、花序和蒴果的形状等特征将贝母属划分成10个亚属（Baker, 1874），他所界定的贝母属范围，除少数亚属处理为单独的属以外，基本被后来的学者所接受，至此，贝母属与近缘类群的界限已经相对明确。

1929年，阿尔伯特·斯皮尔·希区柯克（Albert Spear Hitchcock, 1865—1935）和玛丽·利蒂希娅·格林（Mary Letitia Green, 1886—1978）提出把*F. meleagris*作为贝母属的后选模式（Lectotype, Dasgupta & Deb, 1986）。

2001年，爱德华·马汀·里克斯（Edward Martyn Rix, 1943—）建立了贝母属新分类系统，并认为贝母属的多样性中心在伊朗，其新分类系统属下等级划分了8个亚属，即*F.* subgen. *Davidii*、*F.* subgen. *Liliorhiza*、*F.* subgen. *Japonica*、*F.* subgen. *Fritillaria*、*F.* subgen. *Rhinopetalum*、*F.* subgen. *Petilium*、*F.* subgen. *Theresia* 和 *F.* subgen. *Korolkowia*（Rix, 2001）。2005年，分子系统学的研究表明贝母属与百合属（*Lilium*）互为姐妹群，并支持了爱德华·马汀·里克斯在2001年构建的分类系统（Rønsted et al., 2005）。Day等（2014）基于3个叶绿体片段构建了92种贝母属植物的系统进化关系，遗憾的是，大多数贝母属物种均没有得到区分，并认为贝母属植物是多系类群。在国外，尤其是中东地区，有关贝母属植物分子系统学的研究较为深入，但较少涉及分布于我国的物种（Cai et al., 1999; Rønsted et al., 2005）。

我国分布的贝母属植物的研究起步较晚，约翰·吉尔伯特·贝克（Baker, 1874）和威廉·伯特伦·特里尔（William Bertram Turrill, 1890—1961; Turrill & Robert, 1980）分别对世界范围内分布的贝母属植物进行了研究，但产于我国的种类非常少，在此期间只是零星发表过一些新名称，如御江久夫（Hisao Migo, 1900—1985; Migo, 1939）发表的天目贝母（*Fritillaria monantha*）等。1966年，我国学者李培元描述了太白贝母（*F. taipaiensis*）等物种（李培元, 1966），自此开始，我国的学者才陆续开展了贝母属的研究工作，陈心启和夏光成（1977）对中国产贝母进行了较全面的整理，共记载了20种2变种，并给出检索表；1980年，陈心启在编著《中国植物志》时，亦记载了20种2变种。自此以后，陈心启（1981, 1983）、陈心启等（1985）、段咸珍（1981）、段咸珍和郑秀菊（1987a, 1989）、唐心曜和岳松健（1983）、杨永康和吴家坤（1985）、杨永康等（1987）、殷淑芬（1983）、殷淑芬和陈心启（1985）、余国奠等（1985）我国多位学者描述了大量贝母属植物新分类群，共计约有138个名称。罗毅波和陈心启（1995, 1996a, 1996b, 1996c）对这些名称进行了初步整理，归并了大量名称，认为我国贝母属植物有24种1变种；Chen 和Helen（2000）在编写*Flora of China*时，记载了24种4变种，至此，我国的贝母属植物物种相对有了一个较为清晰的分类结果。分布于我国的贝母属物种分子系统学研究报道相对较少，Cai 等（1999）研究结果表明浙贝母（*F. thunbergii*）、安徽贝母（*F. anhuiensis*）和蒲圻贝母（*F. puqiensis*）不同于川贝母（*F. cirrhosa*）。赖宏武等（2014）利用ITS、*rpl*16和*mat*K序列联合建树进行系统发育分析，发现湖北贝母（*F. hupehensis*）与天目贝母分别位于不同的分支上，湖北贝母是一个独立的物种；Wei 等（2018）通过形态学观察发现鄂北贝母（*F. ebeiensis*）的鳞茎和叶表皮形态与安徽贝母不同，并且通过ITS、*rpl*16和*mat*K序列联合建树，两种分别位于不同的分支上，鄂北贝母应为独立的物种，由此可见，Chen和Helen（2000）将湖北贝母并入天目贝母与鄂北贝母并入安徽贝母的分类学处理的合理性有待进一步讨论。Huang 等（2018）利用3个叶绿体片段（*mat*K、*rbc*L和*rpl*16）和ITS基因序列片段对狭义百合科Liliaceae的191个物种（包括欧亚大陆范围内57个贝母属物种）进行了联合建树，结果显示中国分布的部分贝母属物种的系统位置和物种划分仍不明确，还需进一步研究。Chen 等（2019）使用了叶绿体基因组对青藏高原的贝母属物种进行了研究，然而贝母属植物的系统发育关系仍然扑朔迷离。Wu 等（2020）以川贝母及其近缘类群为研究对象，通过AFLP分子标记技术做了群体遗传学方面的研究工作，结果揭示了贝母属植物的遗传多样性极其复杂，对于川贝母及其近缘类群的物种划分还需要多方面的证据作为物种划分的依据。

1.3 中国贝母属植物的自然分布概况

世界贝母属植物约有130种，分为5个组：Sect. *Fritillaria*、Sect. *Rhinopetalum*、Sect. *Petillium*、Sect. *Theresia* 和 Sect. *Liliorhiza*。陈心启（1980）将中国分布的物种分入以下3组，即贝母组Sect. *Fritillaria*、多花组Sect. *Theresia*、多鳞片组Sect. *Liliorhiza*。

1.3.1 水平分布

我国贝母属贝母组植物在水平分布上主要分为四大区域，即西北地区的新疆贝母群、西部的青藏高原及其毗邻地区的川贝母群、东南部的长江中下游贝母群和东北地区的平贝母群。另外，还有系统位置相对孤立的多花组砂贝母（*F. karelinii*），多鳞片组米贝母（*F. davidii*）和一轮贝母（*F. maximowiczii*）。

多鳞片组Sect. *Liliorhiza*在我国仅2种。米贝母孤立地分布于四川西部的汶川县至东部的大邑县的狭长范围，海拔相对较低（1 500～2 300m），多生于潮湿的阔叶林林下，该种形态十分特殊，目前未在此区域采到果期标本。一轮贝母在我国主要分布在北京、河北北部和东北地区。

多花组Sect. *Theresia*在我国仅1种，砂贝母分布于新疆西北部的戈壁中，该种在中亚地区也有分布。

贝母组Sect. *Fritillaria*在我国青藏高原及云贵高原西北部地区已知分布有7种，然而该地区地形变化多样，地貌复杂，物种分化剧烈，可能还存在多个物种未调查清楚；该组在我国新疆天山与阿尔泰山脉分布有6种；陕西秦岭—大巴山至山西吕梁山—中条山等地分布有太白贝母；长江中下游的巫山山脉、大洪山与桐柏山、大别山、庐山、天目山等山系分布有湖北贝母、鄂北贝母、安徽贝母、天目贝母等代表种，直至江苏、浙江的宁镇山脉和四明山脉等低山丘陵分布有浙贝母。在东北地区分布有平贝母（*F. ussuriensis*）1种。值得一提的是，云南昆明的东川区分布有川贝母，这是中国贝母属植物分布纬度最低点，也是世界贝母属植物分布纬度的最低点，青藏高原及其毗邻地区的贝母以横断山区为多样性中心。

1.3.2 垂直分布

贝母属植物垂直分布海拔跨度极大，从东南部海拔数十米分布的浙贝母直至海拔4 000 ~ 5 000m的高山冰缘带流石滩（图23）分布的梭砂贝母（*F. delavayi*）、高山贝母（*F. fusca*），垂直替代现象不甚明显，其中较为特殊的是梭砂贝母，该种分布于青海、四川、云南、西藏4地，由于生境的特殊性（高山冰缘带流石滩，图24），均呈现孤立的岛状种群分布格局，分布于西藏的高山贝母与梭砂贝母亲缘关系非常接近，可能是梭砂贝母极度特化的一个类型。

图23　高山冰缘带流石滩（四川松潘，赵鑫磊 摄）

图24　梭砂贝母生境（四川松潘，赵鑫磊 摄）

2 中国已知贝母属植物种类介绍

中国已知贝母属植物检索表

1 植株具乳突状毛，花稍两侧对称，外轮1枚花被片蜜腺窝向外凸出成距状 ……………………………………………………………………………………………… 8. 砂贝母 *F. karelinii*

1 植株无乳突状毛，花辐射对称，外轮花被片蜜腺窝向外凸出程度相等 ……………………… 2

2 鳞茎由若干大小相似的鳞片组成，在周围还有许多米粒状小鳞片 ……………………… 3

3 茎上无叶，仅靠近花的下面有3～4枚苞片，具基生叶 …………… 4. 米贝母 *F. davidii*

3 茎的中部有1～2轮的轮生叶，无基生叶 ……………………9. 一轮贝母 *F. maximowiczii*

2 鳞茎外层具2～3枚较大鳞片，周围无米粒状小鳞片 …………………………………… 4

4 鳞茎仅由2～3枚大鳞片组成，或其中具1～2枚狭长的小鳞片 ……………………… 5

5 除苞片外，叶片较紧密地着生于植株中上部，花被片在果期包裹蒴果 ……………………………………………………………………………… 5. 梭砂贝母 *F. delavayi*

5 茎生叶较均匀地生于植株中上部，花被片在果期反折，宿存或脱落 ………………… 6

6 茎最下部2～3片叶散生 ……………………………………………………………… 7

7 叶线形，花被片外面深紫或黑棕色 ……………… 10. 额敏贝母 *F. meleagroides*

7 叶椭圆形或长椭圆形，花被片黄色 ………………… 12. 伊贝母 *F. pallidiflora*

6 茎最下部2片叶对生或3叶轮生 ……………………………………………………… 8

8 蒴果无翅 …………………………………………………… 19. 平贝母 *F. ussuriensis*

8 蒴果有翅 ……………………………………………………………………………… 9

9 苞片及茎中、上部叶先端螺旋状卷曲，或呈钩状 ……………………… 10

10 花大，花被片通常3cm以上 ……………………… 17. 托里贝母 *F. tortifolia*

10 花小，花被片通常2.5cm以下 ………………………………………………… 11

11 柱头分裂不明显 ……………………………… 23. 裕民贝母 *F. yuminensis*

11 柱头裂片约2mm ……………………………… 20. 轮叶贝母 *F. verticillata*

9 除苞片外，茎中、上部叶先端通常不卷曲 ……………………………… 12

12 蒴果翅宽4mm以上 ………………………………………………………… 13

13 花被片紫色 ………………………………………………………………… 14

14 茎中部叶宽小于1cm ……………………… 22. 新疆贝母 *F. walujewii*

14 茎中部叶宽1～3cm ……………………………… 7. 湖北贝母 *F. hupehensis*

13 花被片黄色，有时稍带紫晕 ………………………………………………… 15

15 花被片亮黄色，苞片先端不卷曲或稍弯 …… 11. 天目贝母 *F. monantha*

15 花被片淡黄色，或稍带紫晕，苞片先端明显卷曲 ……………………
……………………………………………………………… 16. 浙贝母 *F. thunbergii*

12 蒴果翅宽4mm以下 …………………………………………………………… 16

16 外轮花被片外侧蜜腺窝明显凸出 ………………………………………… 17

17 茎粗约1cm或以上，花被片黄色 ………………………………………… 18

18 花被片宿存至果期，蜜腺长2～4mm … 3. 粗茎贝母 *F. crassicaulis*

18 花被片在子房稍膨大时即脱落，蜜腺长5～8mm ……………………
……………………………………………… 21. 瓦布贝母 *F. wabuensis*

17 茎粗1cm以下，花被片黄绿色或具紫晕或斑格 ………………………… 19

19 花被片在子房稍膨大时即脱落，蜜腺长约2mm………………………
……………………………………………… 14. 华西贝母 *F. sichuanica*

19 花被片宿存至果期，干萎且反折，果实近成熟时凋落，蜜腺长
3～6mm ……………………………………………………………………… 20

20 内轮花被片近匙形，最宽处为花被片先端近1/6～1/5处 ………
………………………………………… 15. 太白贝母 *F. taipaiensis*

20 内轮花被片椭圆形或倒卵形，最宽处为花被片中部近1/3～1/2
处 ………………………………………………… 2. 川贝母 *F. cirrhosa*

16 外轮花被片蜜腺窝外侧平滑或稍凸出 …………………………………… 21

21 花被片外面黄色，内面具稀疏的黑紫色斑点 …13. 甘肃贝母 *F. przewalskii*

21 花被片外面紫色，内面具黄褐色小方格或无 ……………………………… 22

22 蜜腺长1～3mm ………………………………………………………… 23

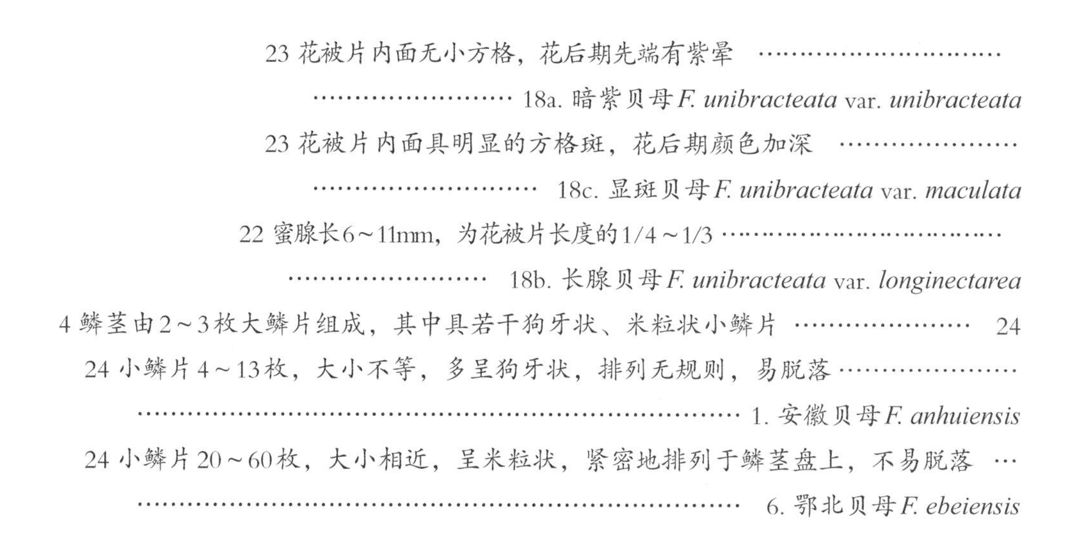

23 花被片内面无小方格，花后期先端有紫晕 ……………………………
…………………… 18a. 暗紫贝母 *F. unibracteata* var. *unibracteata*

23 花被片内面具明显的方格斑，花后期颜色加深 …………………
……………………… 18c. 显斑贝母 *F. unibracteata* var. *maculata*

22 蜜腺长6～11mm，为花被片长度的1/4～1/3 ……………………………
…………………… 18b. 长腺贝母 *F. unibracteata* var. *longinectarea*

4 鳞茎由2～3枚大鳞片组成，其中具若干狗牙状、米粒状小鳞片 ……………… 24

24 小鳞片4～13枚，大小不等，多呈狗牙状，排列无规则，易脱落 …………………
……………………………………………………………… 1. 安徽贝母 *F. anhuiensis*

24 小鳞片20～60枚，大小相近，呈米粒状，紧密地排列于鳞茎盘上，不易脱落 …
……………………………………………………………… 6. 鄂北贝母 *F. ebeiensis*

2.1 主要物种

2.1.1 安徽贝母（皖贝母）（图25）

Fritillaria anhuiensis S.C.Chen & S.F.Yin, Acta Phytotax. Sin. 21(1): 100 (1983). TYPUS: CHINA Anhui, Huo Qiu, Ye Ji, alt. 200~300m, Apr. 10 1981, *S.F. Yin & T.X. Ling 135* (Holotype Herbarium of the Institute for the Control of Pharmaceutical Products, Anhui; Isotype PE).

识别特征：植株高10～20（～50）cm。鳞茎卵球形，直径约2cm；外面为2或3枚较大的近肾形鳞片，里面含更小的小鳞片，通常6～9枚，罕有

图25 安徽贝母（A：植株；B：花内面；C：果实；D：鳞茎）（A、B、D：湖北红安，C：安徽芜湖栽培，赵鑫磊 摄）

更多，卵圆形或钝圆锥形，大小各异。叶6~18枚，基生叶通常对生或轮生，中间和上部的轮生、对生或互生；叶片长圆状披针形，10~15cm×0.5~2（~3.5）cm，先端不卷曲。单花，稀达2~3朵，下垂；苞片通常3枚少见2枚，先端通常不卷曲；花被片紫色具白色斑点或白色具紫色斑点（或小方格），内面颜色较深，3~5cm×1~1.5cm；蜜腺窝在背面明显凸出；花柱3裂，裂片长2~6mm。蒴果，具翅，宽5~10mm。花期3~4月，果期5~6月。

地理分布：安徽、湖北、河南三省交界的大别山及其毗邻地区。生于海拔200~1 000m的林下、灌丛。

2.1.2 川贝母（卷叶贝母）（图26）

Fritillaria cirrhosa D. Don, Prodr. Fl. Nepal. 51. (1825). TYPUS: NEPAL Gossain Than, 1819, *N. Wallich s.n.* (Type BM).

识别特征：植株高15~50cm。鳞茎球形或宽卵圆形，直径1~1.5cm，外面的鳞片2枚。叶通常对生，少数在中部兼有散生或3~4枚轮生的，条形至条状披针形，4~12cm×0.3~0.5（~1）cm，上部叶先端常稍卷曲。单花，极少2~3朵于茎顶呈总状花序状；每花通常有3枚叶状苞片，苞片狭长，宽2~4mm，顶端卷曲或略弯曲；花被片通常黄绿色，少见紫色，黄绿色花被两面有紫色小方格或斑纹，紫色花被两面具黄绿色小方格或斑纹，长3~4cm，外3片宽1~1.4cm，内3片宽可达1.8cm；蜜腺窝在外面明显凸出；雄蕊长约为花被片的3/5，花药近基着，花丝稍具或不具小乳突柱；花柱3裂，裂片长3~5mm。蒴果具狭翅，翅宽1~1.5mm。花期5~7月，果期8~10月。

地理分布：西藏南部至东部、云南西北部、四川西部至西南部；喜马拉雅山脉南坡的印度、巴基斯坦、尼泊尔也有分布。生于海拔1 800~3 200m的林中、灌丛下或河滩、山谷等湿地或岩缝中。

2.1.3 粗茎贝母（图27）

Fritillaria crassicaulis S.C. Chen, Acta Phytotax. Sin. 15(2): 36 (1977). TYPUS: CHINA Yunnan, Zhongdian (Shangri-la), alt. 3 000m, *T.T. Yü 11319* (Holotype PE; Isotype PE, KUN).

识别特征：植株高30~80cm。鳞茎卵球形，外面的鳞片2枚。茎较粗壮，上部常被白粉。叶10~18枚，基部2枚通常对生，中间和上部的对生或互生；叶片长圆状披针形至披针形，7~13cm×1~2.6cm，先端渐尖。单花，下垂，钟状，少见2~3朵呈总状花序状；苞片3枚，先

图26 川贝母（A：植株；B：花及苞片；C：花内面）（四川新龙，赵鑫磊 摄）

端渐尖；花梗长2～2.5cm；花被片黄色或黄绿色，内面具紫色斑点或呈棋盘格状，近长圆形；蜜腺窝在外面稍凸出，内面黄褐色。雄蕊长约2cm；花丝稍具小乳突；花药长8～10mm。花柱3浅裂，裂片2～3mm。蒴果具狭翅。

地理分布：云南西北部（丽江、香格里拉）。生于海拔2 500～3 400m的林下。

2.1.4 米贝母（图28）

Fritillaria davidii Franch., Nouv. Arch. Mus. Hist. Nat. sér. 2, 10: 93 t. 16, fig. B. (1888). TYPUS: CHINA Tibet oriental, prov. Moupine (Baoxing). Mont. au nord, Mar. 1869, *A. David s.n.* (Type P).

识别特征：植株高10～30cm。鳞茎直径

图27 粗茎贝母植株（云南香格里拉，莫海波 提供）

图28 米贝母（A：植株；B：鳞茎）（四川宝兴，赵鑫磊 摄）

1～2cm，鳞茎盘肥大，中央具多数（3～10枚）球状鳞片，外周被多达近百枚的米粒状小鳞片包围。基生叶1～4枚；叶柄细长；叶片椭圆形或卵形，3～3.5cm×2～2.8cm，先端锐尖。茎上仅见叶状苞片3～4枚，轮生。单花，钟状；花梗短，花被片黄色或黄绿色，有紫色方格斑，内面有许多小疣点，3～4cm×0.7～1.4cm，内轮稍宽于外轮，先端钝；蜜腺窝长3mm，不明显；雄蕊1.5～2cm，花药近背着；花期3～5月。

地理分布：四川西部（西至汶川，东至大邑）。生于海拔1 600～2 600m的森林中坡度较缓的草坡、林下或小溪边。

2.1.5　梭砂贝母（图29）

Fritillaria delavayi Franch., J. Bot. (Morot) 12: 222 (1898). TYPUS: CHINA Yunnan, Likiang (Lijiang), alt. 3 800m, Jul. 1884, *P. J. M. Delavay 27* (Type P).

识别特征：植株高可达35cm，地上部分较短小，常略呈倒伏状，地下部分通常比地上部分长，地上各器官表面薄被灰白色蜡质层。鳞茎近球形或卵球形，须根粗长，直径1～2cm，鳞片2～3枚，干时常具棕色斑。茎生叶3～5枚，集中生于茎中上部，上部叶互生或近对生，叶片卵形或卵状椭圆形，先端钝或圆形。花多单生，钟状，略俯垂；花梗长于着生叶的茎段；花被片淡黄，外面多少具紫色晕，内面具紫色斑点或小方格，狭椭圆形或长圆状椭圆形，2.5～4.5cm×1～2cm；蜜腺窝明显凸出；雄蕊长约为花被片的1/2，花丝不具小乳突；花柱3裂，裂片长0.5～3mm；蒴果近球形，翅狭，宽约2mm，多少藏于宿存花被中。花期6～7月，果期8～9月。

地理分布：青海南部、四川西部、西藏、云南西北部；不丹、印度。生于海拔3 400～5 000m的高山流石滩上。

2.1.6　鄂北贝母（图30）

Fritillaria ebeiensis G. D. Yu & G. Q. Ji, J. Nanjing Coll. Pharm. 16(3): 29 (1985). TYPUS: CHINA Hubei, Suizhoushi, Dahongshanqu, Sanlixiang, Jiajiawan, cult., Mar. 29 1985, *G.D.Yu et al. 8532901* (Holotype CPU).

识别特征：植株高20～40cm。鳞茎卵球形，直径1～1.5cm，外面鳞片2～3枚，近肾形，中间有20～60枚小鳞片，卵球形、狭披针形或类棱角形，较小，集生呈莲座状。叶轮生或对生，披针形、线状披针形或矩圆状披针形，9.5～12.5cm×0.5～1.8cm，先端不卷曲或有时稍弯曲。单花，稀达3～4朵，下垂，钟状；苞片1～3枚，先端不卷曲或稍弯曲；花梗长0.8～1.9cm；花被片

图29　梭砂贝母（A：生境；B：植株；C：花内面）（A、B：青海囊谦，C：四川松潘，赵鑫磊 摄）

淡黄白色，内面具紫色斑点，外轮3枚卵状披针形或狭椭圆形，4.1～5cm×0.9～1.4cm，内轮3枚近矩圆形或狭椭圆形，略宽于外轮；蜜腺窝明显凸出；雄蕊长约为花被片的1/2～3/5；花丝不具小乳突，花药近基着；柱头裂片长4～5mm。花期3～4月，果期5～6月。

地理分布：湖北随州。生于海拔300～1 000m的林下。

2.1.7 湖北贝母（图31）

Fritillaria hupehensis P.K. Hsiao & K.C. Hsia, Acta Phytotax. Sin. 15(2): 40 (1977). TYPUS: CHINA

图30 鄂北贝母（A：植株；B：花内面；C：鳞茎）（湖北随州，赵鑫磊 摄）

图31 湖北贝母（A：植株；B：花内面；C：果实）（湖北利川，赵鑫磊 摄）

Hubei, Enshi, cult., *C.T.Hsu 1* (Holotype IMD).

识别特征：植株高25~50cm。鳞茎近球形或扁球形，直径1.5~3cm，外面的鳞片2枚。叶3~7枚轮生，中间常兼有对生或散生，长圆状披针形，7~13cm×1~3cm，先端不卷曲或多少弯曲。单花，少有2~4朵呈总状花序状，叶状苞片一般3枚，极少有4枚，线状披针形，先端卷曲；花梗长1~2cm；花被片白色，有紫色小方格斑，4.2~4.5cm×1.5~1.8cm，外轮花被片较狭，蜜腺窝在背面稍凸出；雄蕊长约为花被片的1/2，花药近基着，花丝长约1.5cm，常稍有小乳突；花柱3裂，裂片长2~3mm。蒴果扁球形，棱上的翅宽4~7mm。花期4月，果期5~6月。

地理分布：湖北西部、贵州北部。生于海拔1 200~1 500m的林下、山坡草地。

2.1.8 砂贝母（图32）

Fritillaria karelinii (Fisch. ex D. Don) Baker, J. Linn. Soc., Bot. 14: 268 (1874).

≡ *Rhinopetalum karelinii* Fisch. ex D. Don, Sweet, Brit. Fl. Gard., ser. 2, t. 283. 1835. TYPUS: The illustration in Sweet's British Flower Garden, ser. 2, vol. 6, t. 283.

识别特征：植株高10~15cm，全株具乳头状腺毛。鳞茎直径约1cm，鳞片2枚。最下部叶对生或近对生，长圆形或披针状长圆形，边缘具乳头状腺毛，4~6cm×0.8~1.5cm，中上部叶条形，边缘波状，具乳头状腺毛。总状花序具几朵至十几朵花，外张呈喇叭状，下垂。苞片2枚，条形；花被片淡紫色，长椭圆形，1~1.5cm×0.3.~0.4cm，具3~5个脉纹，中部有明显的方格，基部具暗褐色斑点，内轮花被片略窄于外轮；蜜腺窝向外凸出；雄蕊着生在花被片基部，短于花被片，花丝细，花药基着，球形；花柱长于雄蕊，柱头几乎不分裂。蒴果矩圆形，无翅，先端微凹，基部收缩。花期3~4月，果期5~6月。

地理分布：新疆西北部；中亚及伊朗。生于蒿属荒漠或河滩地中。

2.1.9 一轮贝母（图33）

Fritillaria maximowiczii Freyn, Oesterr. Bot. Z. 53: 21 (1903). TYPUS: Russia Zejskaja Pristań, Jun. 1899, *F. Karo 331* (Type C).

识别特征：植株高20~50cm。鳞茎由4~6枚或更多鳞片组成，周围被更多米粒状鳞片包围，易脱落。叶3~6枚成1轮，极少2轮，向上偶有1~2枚散生叶；叶片线形至线状披针形，4.5~10cm×0.3~1.3cm，先端不卷曲。单花，少有两朵并生，下垂，钟状；苞片1枚；花梗较长；花被片相邻内轮和外轮单片之间在顶端常显著分离，外面紫红色，近花梗处中部至先端常具黄绿色斑块，内面紫红色，具黄色小方格或斑块，披针状椭圆形或卵状椭圆形，边缘啮蚀状，具小乳突；蜜腺窝凸出；雄蕊长2~2.5mm，花丝无毛；花柱3裂，裂片6~8mm。蒴果具翅。花期5~6月，果期7~8月。

地理分布：北京、黑龙江、内蒙古东北部、吉林、辽宁、河北北部；俄罗斯东西伯利亚地区。生于海拔1 400~1 500m的阔叶落叶林下，潮湿的

图32 砂贝母（A：植株；B：花及花序）（新疆裕民，杨宗宗 提供）

林缘、灌丛或草坡上。

2.1.10 额敏贝母（图34）

Fritillaria meleagroides Patrin ex Schult.f., Syst. Veg., ed. 15 bis [Roemer & Schultes] 7(1): 395 (1829). TYPUS: Russia, montibus Altaii, 1791, *E.L.M.Patrin s.n.* (Type P).

识别特征： 植株高15 ~ 30cm。鳞茎近球形，具2枚鳞片。叶通常3 ~ 7枚，互生或散生，叶片线形或条形，4 ~ 7（~ 10）cm × 0.3 ~ 0.5cm，先端不卷曲。单花，少有2朵并生，下垂，钟状；苞片单生，先端渐尖；花梗长度多变；花被片紫红色或深褐紫色，稍具棋盘格或者有斑点，外轮花被片长圆状椭圆形，2 ~ 3.5cm × 0.5 ~ 0.8cm；内轮花被片倒卵形，略狭于外轮，内面具黄绿色条斑；蜜腺窝在外面凸出不明显；雄蕊长约为花被片的2/3，花丝具小乳突。花柱3裂，裂片4 ~ 8mm。蒴果无翅。

地理分布： 新疆北部；哈萨克斯坦、俄罗斯、欧洲东部。生于海拔900 ~ 2 400m的草甸、河岸或洼地，有时也生于盐碱地带或浅水沼泽地中。

2.1.11 天目贝母（图35）

Fritillaria monantha Migo, J. Shanghai Sci. Inst. Sect. 3. iv. 139 (1939). TYPUS: CHINA Chekiang (Zhejiang) Hsi-tienmu-shan (Xitianmu shan), Apr. 23 1936, *H.Migo s.n.* (Type Herb. Inst. Sci. Shanghai*).

* 由于历史原因，目前模式标本下落不明。

识别特征： 植株高45 ~ 60cm。鳞茎球形，直径约2cm，外面的鳞片2枚。叶通常对生，有时兼有散生或3叶轮生的，矩圆状披针形至披针形，10 ~ 12cm × 1.5 ~ 2.8（~ 4.5）cm，先端不卷

图33　一轮贝母（A：植株；B：花内面）（河北兴隆，赵鑫磊 摄）

图34　额敏贝母（A：植株；B：花）（新疆额敏，赵鑫磊 摄）

曲。单花，少有2～3朵呈总状花序状，下垂，钟形；苞片1～3枚；花梗长1～3.5cm；花被片黄绿色，具浅色小方格，4.5～5cm×1.5cm；蜜腺窝在背面明显凸出；雄蕊长约为花被片的1/2，花药近基着，花丝无小乳突；柱头裂片长3.5～5mm。蒴果长、宽各约3cm，棱上的翅宽6～8mm。花期3～4月，果期5～6月。

地理分布：浙江北部、安徽南部。生于海拔100～700m的林下、溪边。

2.1.12 伊贝母（图36）

Fritillaria pallidiflora Schrenk, Enum. Pl. Nov. 5, 1841. TYPUS: U.S.S.R. Alpine region of Dschillkaragai, Jun. 20 1840, *A. G. Schrenk s.n.* (Type LE).

识别特征：植株高15～45（～60）cm。鳞茎卵球形或长圆状椭圆形，外面的鳞片2枚。叶8～13枚，互生，有时也近对生或近轮生；叶片宽披针形或长圆状披针形，5～7（～12）cm×2～4cm，

图35 天目贝母（A：植株；B：花；C：果实）（A、B：湖北红安栽培，C：浙江杭州，赵鑫磊 摄）

图36 伊贝母（A：植株；B：花内面）（北京栽培，赵鑫磊 摄）

先端钝。单花至2~5花呈总状花序，下垂，钟状；苞片1枚，先端渐尖；花梗2~4.5cm；花被片浅黄，有深色的脉和一些暗红色点，长圆状倒卵形或长方状匙形；蜜腺窝卵状长圆形，在背面明显凸出；雄蕊长为花被片的2/3，花丝光滑，花药近背着；花柱3裂，裂片约2mm。蒴果具翅，翅宽4~7mm。花期5~6月，果期6~7月。

地理分布：新疆西北部；哈萨克斯坦。生于海拔1 300~2 500m的山地草甸、草坡上。

2.1.13 甘肃贝母（岷贝）（图37）

Fritillaria przewalskii Maxim., Decas Pl. Nov. [Trautvetter et al.] 9 (1882). TYPUS: CHINA Occidentalis, Regio Tangut (prov. Kansu), 1880, *N.M.Przewalski s.n.* (Type K).

识别特征：植株高20~50cm。鳞茎球形，直径6~13mm，鳞片2枚。叶4~7枚，基部通常对生，中上部叶互生或偶有近对生；叶片线形至狭披针形，3~9cm×0.3~0.6cm，先端有时稍弯曲。单花，少有2朵，下垂，钟状或狭钟状；苞片1枚，先端稍弯曲。花被片亮黄色，内面具黑紫色斑点，狭长圆形至倒卵形；蜜腺窝在背面不明显凸出；雄蕊长约为花被片的2/3，花丝具小乳突。花柱3浅裂，裂片约1mm。蒴果具狭翅，宽约1mm。花期6~7月，果期8月。

地理分布：甘肃南部、青海东部、四川北部。生于海拔2 800~4 000m的灌丛、草地。

2.1.14 华西贝母（图38）

Fritillaria sichuanica S.C.Chen, Acta Bot. Yunnan. 5(4): 371 (1983). TYPUS: CHINA Sichuan Baoxing, *T.P.Soong 38564* (Holotype PE).

识别特征：植株高20~50cm。鳞茎球形，直径6~12mm，鳞片2枚。叶4~8枚，在茎上略平展至反折，最下面对生，上面的对生或兼互生，条状披针形或条形，3~11cm×0.2~0.8cm，先端不卷曲。单花，少2朵，下垂，钟状；苞片通常1枚，少2~3枚对生或轮生，先端直或微弯。花梗长0.8~2.5cm。花被片黄绿色，外面有或无浅紫色斑块，内面多少具紫色斑点及方格，卵形至长圆形，2.5~3.5cm×0.9~1.2cm；蜜腺窝在背面凸出。雄蕊长为花被片的1/2~3/5，花丝不具小乳突。花柱3裂，裂片2~3mm。蒴果具狭翅，宽约1mm。

地理分布：四川（西岭雪山、夹金山、巴朗山等）。生于海拔3 000~4 000m的高山灌丛中。

2.1.15 太白贝母（图39）

Fritillaria taipaiensis P.Y.Li, Acta Phytotax. Sin. 11(3): 251 (1966). TYPUS: CHINA Shensi (Shaanxi) Taipaishan (Taibaishan), near Fangyangsze (Fangyangsi), alt. 3 150m, May. 13 1959, *K.S.Yang 584* (Holotype WUK).

识别特征：植株高20~40cm。鳞茎卵球形，直径1~2cm，鳞片2枚。叶通常对生，有时中部兼有3~4枚轮生或散生，条形至条状披针形，

图37 甘肃贝母（A：植株；B：花内面）（甘肃碌曲，赵鑫磊 摄）

4～11cm×0.3～1cm，先端通常不卷曲，有时稍弯曲。单花，少2～5朵，绿黄色，无方格斑，通常仅在花被片先端近两侧边缘有紫色斑带，有的外面几乎全为紫色而略有黄色不规则斑块，内面黄色；苞片3枚，少1～4枚，先端有时稍弯曲；花被片外轮狭倒卵状矩圆形，3～4cm×0.9～1.2cm，先端钝圆，内轮近匙形，上部宽1.0～1.7cm，基部宽0.3～0.5cm，先端骤凸而钝；蜜腺窝几不凸出或稍凸出；雄蕊长约为花被片的1/2，花药近基着，花丝通常具小乳突；花柱3裂，裂片3～4mm。蒴果具狭翅，宽0.5～3mm，花被宿存，反折。花期4～5月，果期5～6月。

地理分布：陕西（秦岭及其以南地区）、重庆、四川、甘肃（东南部）、湖北、湖南、贵州、河南西部、山西等。生于海拔2 000～3 000m的林下或草甸灌丛。

2.1.16 浙贝母（图40）

Fritillaria thunbergii Miq., Ann. Mus. Bot. Lugduno-Batavi 3: 157 (1867). TYPUS: Nippon, *I.Keiske* and *P.F.Siebold*. (Type: U?)[1].

识别特征：植株高50～80cm。鳞茎扁球形，

图38 华西贝母（A、B：植株；C：花内面）（A：四川大邑，B、C：四川宝兴，赵鑫磊 摄）

图39 太白贝母（A：植株；B：花）（A：四川万源栽培，B：重庆巫溪栽培，赵鑫磊 摄）

1 采自中国的栽培植物。

直径1.5～3cm，外面的鳞片2枚。叶在最下面的对生或散生，向上常兼有散生、对生和轮生的，近条形至披针形，7～11cm×0.5～1.5cm，先端不卷曲或稍弯曲。总状花序3～9朵，花略开展呈喇叭状；顶端的花具3～4枚叶状苞片，其余的具2枚苞片，苞片先端卷曲；花被片淡黄绿色，内面有紫色脉纹和斑点，干后易褪色，2.5～3.5cm×1cm；雄蕊长约为花被片的2/5，花药近基着，花丝无小乳突；柱头裂片长1.5～2mm。蒴果具翅，宽6～8mm。花期3～4月，果期4～5月。

地理分布：江苏（南部）、浙江（北部）、安徽（东南部）。生于海拔100～600m的山丘荫蔽处或竹林下。

2.1.17 托里贝母（图41）

Fritillaria tortifolia X.Z.Duan & X.J.Zheng, Acta Phytotax. Sin. 25(1): 59 (1987). TYPUS: CHINA Xinjiang, Yumin Kuersayi, alt. 1 480m, May 9 1984,

图40 浙贝母（A：植株；B：花内面；C：果实）（江苏镇江，赵鑫磊 摄）

图41 托里贝母（A：生境；B、C：植株）（新疆裕民，赵鑫磊 摄）

X.Z.Duan 00102, 00103, 00104 (Type PE).

识别特征：植株高20~40（~100）cm。鳞茎卵球形，直径1~3cm或更宽，鳞叶2~3枚。叶8~11枚，叶片线形至条形，5~6cm×0.8~2cm，最下面的叶对生或三叶轮生，先端不卷曲，有时向外翻，中上部的叶全部先端卷曲。单花，或具更多花，下垂，宽钟状；苞片3枚，狭披针形，先端扭曲；花梗长2.5~3cm。花被片白色或乳白色及淡黄色，内面具紫色方格斑点或褐色方格斑，少数顶端为紫色，外轮近长圆形，3cm×1cm，先端急尖，内轮近倒卵形，宽于外轮，先端钝；蜜腺窝在背面呈直角凸出；雄蕊长1.8cm，花丝白色，无乳突，花药略带紫色，近基着；花柱3浅裂，裂片3mm。蒴果具宽翅。

地理分布：新疆西北部。生于海拔1 500~2 500m的灌丛、山地草原中。

2.1.18 暗紫贝母

Fritillaria unibracteata P.K.Hsiao & K.C. Hsia, Acta Phytotax. Sin. 15(2): 39 (1977). TYPUS: CHINA Sichuan, Mao Xian, *K.C.Hsia 84* (Holotype IMD).

识别特征：植株高15~40cm。鳞茎卵球状至扁球状，直径通常4~10mm，极少达2cm，外面的鳞片2枚。叶5~7枚，通常基部2枚对生，其他的互生或对生，叶片线形至线状披针形，2~8cm×0.3~0.8cm，先端不卷曲。单花，稀多花，下垂，钟形；苞片1枚，稀2枚，先端渐尖；花梗相当长；花被片外面深紫色，内面通常黄绿色，先端有紫色斑带，向下有或无紫色斑点，有的为较外面浅的紫色，2~3cm×0.6~1cm，外轮的矩圆形至矩圆状椭圆形，内轮的倒卵形、矩圆状倒卵形，略宽于外轮；蜜腺窝不明显或在背面强烈突起；雄蕊的花丝有时具小乳突；柱头几乎不裂或浅裂，裂片0.5~2mm；蒴果具狭翅，翅宽1~2mm，宿存花被反折下垂。

地理分布：四川、青海。生于海拔3 200~4 700m的灌丛草甸，较少见于林下。

2.1.18a 暗紫贝母（原变种，图42）

Fritillaria unibracteata P.K.Hsiao & K.C.Hsia var. ***unibracteata***

2.1.18b 长腺贝母（图43）

Fritillaria unibracteata var. ***longinectarea*** S.Y.Tang & S.C.Yueh, Fl. Sichuan. 7: 60 (1991). TYPUS: CHINA Sichuan, Songpa Xian (Songpan Xian), Zhangla, Jun. 21 1983, *S.Y.Tang & G.L.He 3289* (Holotype WCU).

识别特征：变种长腺贝母与原变种的区别在于蜜腺窝较长，可长达6~11mm，为花被片长的1/4~1/3。

地理分布：分布于四川理县至若尔盖一线。

2.1.18c 显斑贝母（图44）

Fritillaria unibracteata var. ***maculata*** S.Y.Tang & S.C.Yueh, Fl. Sichuan. 7: 60 (1991). TYPUS:

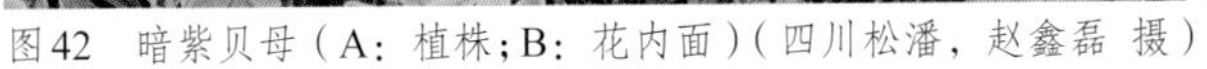
图42　暗紫贝母（A：植株；B：花内面）（四川松潘，赵鑫磊 摄）

图43 长腺贝母（A：植株；B：花内面）（四川松潘，赵鑫磊 摄）

图44 显斑贝母（A：植株；B：花内面）（四川红原，赵鑫磊 摄）

CHINA Sichuan, Aba Xian, Fenshuiling, Jun. 29 1983, *S.Y.Tang & G.L.He 3434* (Holotype WCU).

识别特征：变种显斑贝母与原变种的区别在于花被内面紫色，具明显黄绿色方格斑。

地理分布：分布于四川马尔康以西并延伸至青海玛曲境内。

2.1.19 平贝母（图45）

Fritillaria ussuriensis Maxim., Decas. Pl. Nov. 9. (1882). TYPUS: Russia Mandchouria austro-orientalis, ad Ussuri superiorem, 1860, *C.J.(I.) Maximowicz s.n.* (Type P).

识别特征：植株高50～60（～100）cm。鳞茎扁球形，比其他贝母类种类更扁，直径1～1.5cm，鳞片2枚，周围的通常具较多小珠芽，易脱落。叶14～17枚，轮生或对生，在中上部常兼有少数散生，线形至披针形，7～14cm×3～6.5cm，先端有时稍卷曲。单花，或2～3朵，下垂，管状钟形；苞片2枚，多花时顶端苞片可达4～6枚，先端明显卷曲；花梗长2.5～3.5cm；花被片紫色，内面具黄色棋盘格，长圆状倒卵形至近椭圆形，外轮花3.5cm×1.5cm，比内轮稍长而宽；蜜腺在背面呈直角凸出；雄蕊长约为花被片的3/5，花丝具小乳突；花柱3裂，裂片5mm。蒴果无翅。花期5～6月，果期7月。

地理分布：黑龙江、吉林、辽宁；朝鲜、俄罗斯。生于海拔500m以下的森林、灌丛、草甸阴湿处。

2.1.20 轮叶贝母（黄花贝母）（图46）

Fritillaria verticillata Willd., Sp. Pl., ed. 4 [Willdenow] 2(1): 91 (1799). TYPUS: Sibiria. (Type: B?).

识别特征： 植株高15～50cm。鳞茎卵球形，具鳞片2枚。基部叶2枚，对生，长椭圆形，基部半抱茎，中上部叶4～6枚轮生，叶片狭披针形至线形，5～9cm×0.2～1cm，先端有明显卷曲。单花或2～5朵生于花轴顶端，下垂，钟状或微张开呈喇叭状；苞片2～3枚，先端明显卷曲；花被片白色或者浅黄，偶尔微染浅紫色，长圆状椭圆形，1.8～3cm×0.5～1.5cm；蜜腺窝在背面呈直角凸出；雄蕊1～2.5cm，花丝下部膨大，不具乳突；柱头3裂，裂片约3mm。蒴果具翅，翅宽约4mm。

地理分布： 新疆西北部；俄罗斯。生于海拔1 300～2 000m的灌丛、砾石草甸上。

2.1.21 瓦布贝母（图47）

Fritillaria wabuensis S.Y.Tang et S.C.Yueh., Acta Acad. Med. Sichuan 14(4): 331 (1983) TYPUS: CHINA Sichuan, Heishui, Wabuliangzi, Jun. 14 1977, *E Mote 77053* (Holotype WCU).

识别特征： 植株通常高50～80cm，有时可达115cm。鳞茎扁球状，直径可达3cm，外面的鳞片常2枚。茎生叶在最下面的通常2枚对生，少

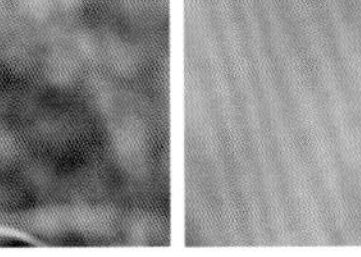

图45　平贝母（A：花与苞片；B：花）（北京栽培，赵鑫磊 摄）

图46　轮叶贝母（A：花与花序；B：花；C：花内面）（A、B：北京栽培，赵鑫磊 摄；C：新疆吉木乃，杨宗宗 提供）

轮生，上面的轮生兼互生；多数叶的两侧边缘不等长，略侧弯或近镰形，有的为披针状条形，长7～13cm×0.9～2cm，先端不卷曲。花1～2朵，稀3朵，下垂，钟形；苞片1～4枚，先端不卷曲；花被片初开时黄绿色或黄色，内面有或无黑紫色斑点，4～5天后，花被外面可出现浅紫色或浅橙色浸染，倒卵形至近矩圆状倒卵形，长3.5～5.5cm×1～1.5cm，内轮略宽于外轮；蜜腺窝背面凸出；雄蕊长2.3～3.6cm，花药近基着；花柱裂片长3mm。蒴果具翅，翅宽2mm。花期5～6月，果期7～8月。

地理分布：四川茂县、黑水和松潘。生于海拔2 500～3 000m的灌木林下。

2.1.22 新疆贝母（图48）

Fritillaria walujewi Regel, Gartenflora 28: 353 (1879). TYPUS: Tschirtschik, Alatau montains, *A.Regel s.n.* (Type K, K000900889)

识别特征：植株高20～50cm。鳞茎卵球形，鳞片2枚。基生叶对生，向外反卷，披针形或长圆形，顶端不卷，中上部叶3～4枚轮生，有时少数对生，线形至披针形，5～12cm×0.4～1.5cm，顶端卷曲或稍弯曲呈钩状。单花，或2～5朵生于茎顶端，下垂，宽钟状；苞片3枚，先端明显卷曲；花梗长2～3cm。花被片通常外面灰白色并微透出内面的紫色，内面

图47　瓦布贝母（A：生境；B：植株；C：花内面）（A：四川松潘；B、C：四川茂县，赵鑫磊 摄）

图48　新疆贝母（A：植株；B：花内面）（新疆乌苏，赵鑫磊 摄）

紫色，具乳白色星点及黄色小方格，长圆状椭圆形，3～5cm×1～1.5cm，顶端圆形；蜜腺在背面呈直角凸出；雄蕊长为花被片的1/2～2/3，花丝不具乳突；花柱3裂，裂片3mm。蒴果具宽翅。花期5～6月，果期7月。

地理分布：新疆天山以北。生于海拔1 300～2 000m的云杉森林、灌丛、草甸上。

2.1.23 裕民贝母（图49）

Fritillaria yuminensis X. Z. Duan, Acta Phytotax. Sin. 19(2): 257 (1981). TYPUS: CHINA Xinjiang, Yumin, Apr. 28 1980, *X. Z. Duan 00012* (Holotype PE).

识别特征：植株高20～40cm。鳞茎近球形，外面鳞片2枚。叶9～11枚，基部对生，中间的通常3～4枚轮生，上部的对生或互生，叶片披针形至线形，4～8cm×0.3～1.2cm，中上部叶顶端卷曲或微曲成钩状。单花，或总状花序具花5～10朵，下垂，略张开呈喇叭状；苞片3枚；花梗长1～2cm。花被片粉红色、淡蓝色或深蓝色，无方格纹，长圆形或卵形长方形，2～2.2cm×0.7～0.8cm，内轮略宽于外轮；蜜腺在背面呈直角凸出；雄蕊短于花被片；花柱几不分裂。蒴果具宽翅，翅宽约4mm。花期4月，果期5～6月。

地理分布：新疆（裕民）。生于海拔1 200～2 000m的山地草原带。

2.2 存疑种

2.2.1 大金贝母

Fritillaria dajinensis S.C.Chen, Acta Bot. Yunnan. 5(4): 369 (1983, 图50).

据《四川植物志》（唐心曜，1981）记载，本种花的颜色因开放时间的长短及生态因子影响从黄绿色变至紫褐色，仅花丝远短于花药，从我们对夹金山的贝母属植物野外居群的观察看，华西贝母（*F. sichuanica*）居群中极少花后期花被片为紫褐色的植株花丝远短于花药。据唐心曜先生描述，本种在夹金山与华西贝母居群共存。故大金贝母的分类地位有待深入研究。

2.2.2 乌恰贝母

Fritillaria ferganensis Losinsk., Fl. URSS 4: 315, 740 (1935).

据《中国植物志》（陈心启，1980）记载，本种与新疆贝母相似，形态上有区别，有时也有过渡，由于本种所采到的标本很少，我们在野外也未曾采集观察到，因此其物种分类地位有待今后进一步的采集与研究。

2.2.3 高山贝母

Fritillaria fusca Turrill, Hooker's Icon. Pl. 35: t. 3427, figs. 8-11 (1943).

图49 裕民贝母（A：植株；B：花；C：花内面）（新疆裕民，杨宗宗 提供）

据《中国植物志》(陈心启, 1980)记载，本种分布于西藏南部的高山冰缘带流石滩，我们对青海、四川、西藏、云南的梭砂贝母不同居群观察发现，不同居群均表现出差异较明显的质量性状和数量性状，由此我们做出假设，高山贝母可能是梭砂贝母极度特化的一个类型，目前正在开展实验分类学研究，以确定其分类地位。

2.2.4 中华贝母

Fritillaria sinica S.C.Chen, Acta Phytotax. Sin. 19(4): 500 (1981, 图51).

本种模式标本采自四川天全二郎山，自发表以来，仅有蒋兴麟、熊济华34237(Holotype PE)，蒋兴麟34297(PE)，王清泉、刘志安22348(CDBI)3号标本，相关区分性状不易识别，未来需对分布区内居群做全面调查分析，以期确定其分类地位。

2.2.5 榆中贝母

Fritillaria yuzhongensis G.D. Yu & Y.S. Zhou, Acta Bot. Yunnan. 7(2): 146 (1985).

据原白(陈心启 等, 1985)记载，本种仅分布于甘肃榆中县(周印锁 81613 Holotype PE)，然而Chen等(2000)认为该种广泛分布于甘肃、宁夏、河南、陕西、山西，我们对上述5地野外调查和标本分析并未发现与原白中描述相似的植株个体，猜测这可能正如原白所描述的，该种分布范围狭窄，我们还未曾观察到，或是由于该种与近缘种存在相似的形态过渡，是否代表一个与近缘种不同的分类实体尚需深入研究，这里暂且存疑。

图50　大金贝母模式标本(图片来源：中国数字植物标本馆)

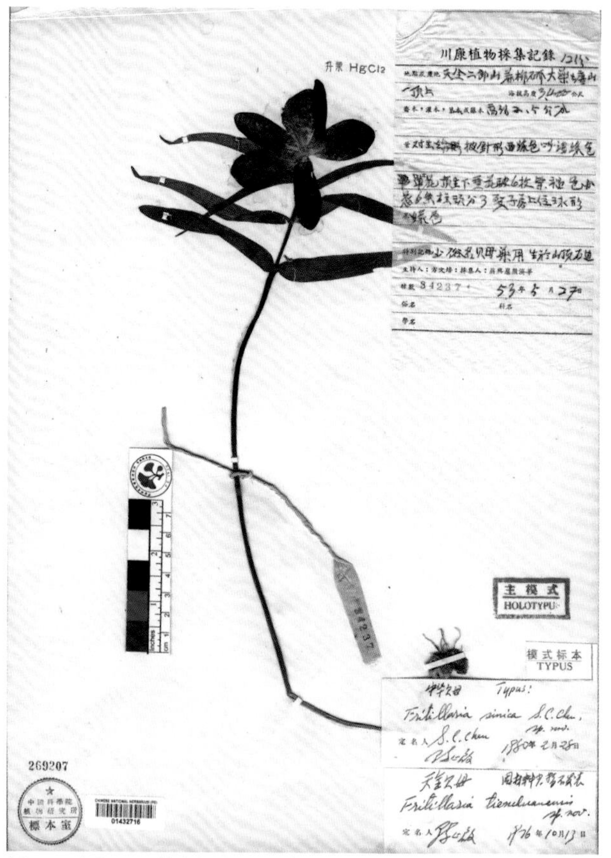

图51　中华贝母模式标本(图片来源：中国数字植物标本馆)

3 贝母的本草考证

“贝母”之名，因其鳞茎形态而得，记载于我国最早一部解释词义的专著《尔雅·释草篇》中“莔，贝母也……蝱假借字也”（郝懿行，1982）。三国时期，陆玑《毛诗草木鸟兽虫鱼疏》曰：“蝱，今药草贝母也”。而“蝱”字之名代指“贝母”，可上溯至春秋时期的《诗经·鄘风·载驰》：“陟彼阿丘，言采其蝱”。《官子·地员》亦曰：“其山之旁有彼黄蝱”（魏梦佳 等，2020）。依据《诗经·鄘风·载驰》中所言及的地域分析，汉魏经学家阐释为贝母的“蝱”可能是葫芦科的假贝母（*Bolbostemma paniculatum*）。

“贝母”作为药用，始载于我国现存最早的药学专著——汉代的《神农本草经》，别名“空草”，列为中品。苏颂在《图经本草》（图52，见《重修政和经史证类备用本草》）中详细记述了：“贝母生晋地，今河中、江陵府、郢、寿、随、郑、蔡、润、滁州皆有之。根有瓣子，黄白色，如聚贝子，故名贝母。二月生苗，茎细青色，叶亦青，似荞麦，叶随苗出。七月开花碧绿色，形如鼓子花。八月采根，晒干。又云：四月蒜熟时采之良。此有数种”。梁·陶弘景《本草经集注》中记载：“今出近道，形似聚贝子，故名贝母。”历代作为药用的“贝母”实体实际上不仅包括了百合科的贝母属植物，至少还包括了葫芦科的假贝母（图53）。直到清代《本草纲目拾遗》转引《百草镜》的记载，指出了土贝母（即假贝母）的形态和药效上的区别是“土贝形大如钱，独瓣不分，与川产迥别”“土贝专攻化脓，解痈毒”（余世春，肖培根，1990；尚志钧，刘晓龙，1995）。

3.1 川、浙贝母的分化

《本经逢原》曰：“川者味甘最佳”。《增订伪药条辨》记载：“川贝，四川灌县（今都江堰）产者……最佳，平潘县（今平武、松潘）产者……亦佳”。《药物出产辨》记载：“以产四川打箭炉（今康定）、松潘县等为正地道……”。明代末年倪朱谟在其《本草汇言》中记述最为详细，书中汇总了前人关于贝母的多种植物形态描述，并首次明确了“贝母”的产区为浙江金华和宁波象山等地，与今浙贝母产区完全一致，“李氏曰：贝母生蜀中，及晋地。又出润州、荆州、襄州者亦佳。江南诸州及浙江金华、象山亦有，但味苦恶，仅可于破血解毒药中用之。又河中、江陵、郢、

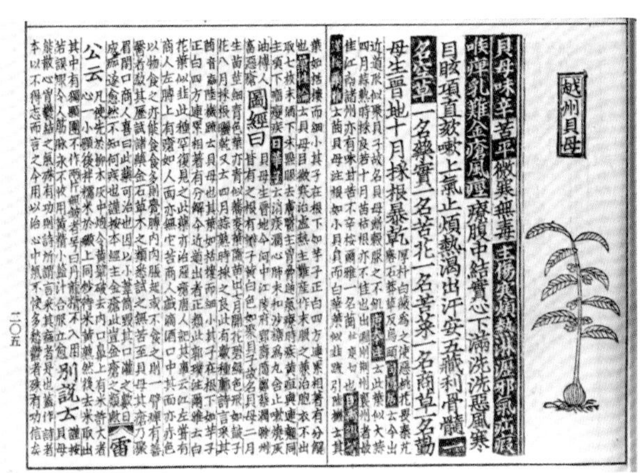

貝母 味辛苦平微寒無毒 主傷寒煩熱淋瀝邪氣疝瘕喉痺乳難金瘡風痙 療腹中結實心下滿洗洗惡風寒目眩項直欬嗽上氣止煩熱渴出汗安五藏利骨髓 一名空草 一名藥實 一名苦花 一名苦菜 一名商草 一名勤母 生晉地十月採根暴乾

圖經曰

雷公云

別說云

二〇五

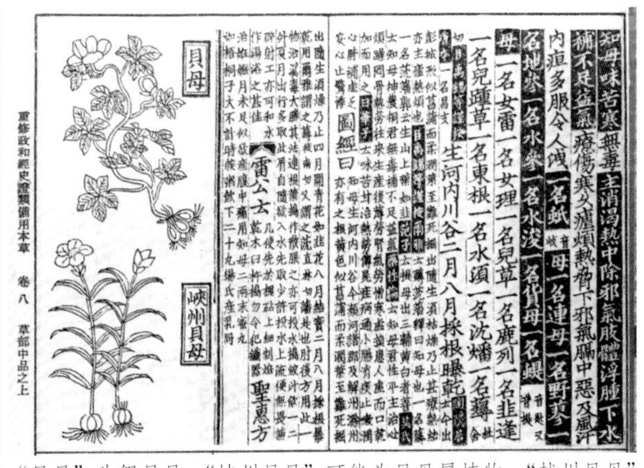

知母 味苦寒無毒 主消渴熱中除邪氣肢體浮腫下水補不足益氣 療傷寒久瘧煩熱脅下邪氣膈中惡及風汗內疸多服令人泄 一名蚳母 一名連母 一名野蓼 一名地參 一名水參 一名水浚 一名貨母 一名蝭母 一名女雷 一名女理 一名兒草 一名鹿列 一名韭逢 一名兒踵草 一名東根 一名水須 一名沈燔 一名蕁 生河內川谷二月八月採根曝乾

圖經曰

雷公云

聖惠方

重修政和經史證類備用本草 卷八 草部中品之上

图52　引自《重修政和经史证类备用本草》（晦明轩刻本）。图中“贝母”为假贝母，“峡州贝母”可能为贝母属植物，“越州贝母”不详（齐耀东 提供）

图53 假贝母（A：植株；B：鳞茎）（安徽合肥栽培，赵鑫磊 摄）

寿、隋、郑、蔡、滁州皆有”，川贝母“至于润肺消痰，止嗽定喘，则虚劳火结之证，贝母专司首剂……以上修用，必以川者为妙。若解痈毒，破症结，消实痰，傅恶疮，又以土者为佳。然川者味淡性优，土者味苦性劣，二者宜分别用。”由此可见，明代贝母类药材从临床实践中开始出现分化（赵宝林，刘学医，2011；谢俊杰 等，2022）。

明代末年，“川产贝母”已经较受医家推崇，清·顾元交《本草汇笺》记载：“历考诸本贝母产地甚多而不及川……别有象山贝大如龙眼……无川产清和之气”（顾元交，2015）。刘若金《本草述》中首次以“川贝母”“浙贝母”作正名，并言：“川贝母小而尖白者良，浙贝母极大而圆，色黄……”（刘若金，2005）。川、浙贝母即由此开始以产地冠名，并沿用至今。

川、浙贝母在功效上有不同之处，以清·赵学敏《本草纲目拾遗》为明确：“（浙贝母）今名象贝。去心炒。《百草镜》云：浙贝出象山，俗呼象贝母。皮糙味苦，独颗无瓣，顶圆心斜，入药选圆白而小者佳。叶暗斋云：宁波象山所出贝母，亦分两瓣，味苦而不甜，其顶平而不尖，不能如川贝之象荷花蕊也。土人于象贝中拣出一二与川贝形似者，以水浸去苦味，晒干，充川贝卖，但川贝与象贝性各不同。象贝苦寒，解毒利痰，开宣肺气。凡肺家挟风火有痰者宜此。川贝味甘而补肺矣，不若用象贝治风火痰嗽为佳。若虚寒咳嗽，以川贝为宜”（赵学敏，2007）。

民国时期，赵燏黄（1883—1960）在《本草药品实地之观察》内感慨“上述各种贝母，诸家记载大有出入，故吾国古代知贝母极难统一，当认为数种原植物之产生品也明矣”。赵燏黄依据1937年的调查结果，记述川贝母“为四川西北部松潘、雅安等县培植品，至野生者，虽亦有之，只因产量不丰，供不应求尔，而尤以松潘产者最佳。当地市场分6种：一曰真松贝，如罗汉肚状，如观音坐莲，平顶闭口者称最优；二曰冲松贝，尖顶开口，出产地，呼桄横子；三曰熟贝，因炕时火大致熟，带油黄色；四曰黄贝，因火大炕黄；五曰提贝，自平贝中选出较大者；六曰平贝，粒最小。（青贝）雅安产者，计分2种：一曰青贝，取圆熟而换入松贝者，北岸货佳；二曰炉贝，颗粒不大，产打箭炉，又名苍珠子，有大小之别，大者系北路货，名观音坐莲台，色白，较佳……浙贝母《本草纲目拾遗》称浙贝，所以与四川产之川贝区别之，而以产于浙之象山最为著名，故又称象贝……本品与《本草纲目拾遗》之浙贝相符，为川贝之代用品，价较廉，故销路甚大，南北药肆均备之”。此项调查结果与现今情况大体相符，唯由于产地变迁等因素致目前商品规格等级不同。

3.2 现代贝母的应用

在中国，贝母类药材主要具有清热润肺、止咳化痰的功效，常用于治疗上呼吸道疾病，包括哮喘、支气管炎、肺结核、咳嗽等。另外，贝母类药材在亚洲其他国家也广泛被用作传统药物，如中西亚的阿拉伯—尤纳尼体系（朱德伟 等，2021）、南亚的阿育吠陀体系中均有应用记载（王张，2020），但所使用的种类与中国并不相同。根据产地的不同，中国以贝母属植物为基原的贝母类药材已形成了5类，分别为川贝母、浙贝母、湖北贝母、伊贝母和平贝母，川贝母和浙贝母清代确立了药材名，而浙贝母入药历史最久，湖北贝母可能从唐代开始入药，均以“贝母”之名所用；在清代的众多本草著作中，伊贝母零星的以“西者”冠名，平贝母在历代本草中都没有记载，其作药用的历史相对较短。

历版《中华人民共和国药典》（国家药典委员会，1963, 1977, 1985, 1990, 1995, 2000, 2005, 2010, 2015, 2020）收录的浙贝母、湖北贝母、平贝母和伊贝母的药材基原未发生变化，但川贝母基原发生了较大变化。从历版《中华人民共和国药典》对川贝母正品基原收载情况来看，川贝母药材的基原经历了3个阶段变化：1963年版收录的川贝母药材基原为罗氏贝母（*Fritillaria roylei* Hook.）和卷叶贝母；1977—2005年版收录的川贝母药材基原为川贝母、暗紫贝母、甘肃贝母、梭砂贝母；2010年版收录的川贝母药材基原增加了瓦布贝母和太白贝母。其后至2020年版川贝母中药材项下均收载了这6个基原植物。

4 贝母的价值

4.1 药用

以贝母属植物为基原的贝母类药材的主要功效多有趋同现象，而又有少许不同，具体见下表。趋同现象的主要原因是其化学成分的相似性，不同的原因也是由于其物质基础含量和比例的不同所产生。甾体生物碱和核苷类是贝母类中药材的主要活性成分，甾体生物碱是其特征性成分（肖培根 等，2007）。

《中华人民共和国药典》一部（2020年版）收载的贝母类药材表

药材名	基原	性味归经	功效
川贝母	川贝母、暗紫贝母、甘肃贝母、梭砂贝母、太白贝母和瓦布贝母	苦、甘，微寒；归肺、心经	清热润肺，化痰止咳，散结消痈。用于治疗肺热燥咳，干咳少痰，阴虚劳嗽，痰中带血，瘰疬，乳痈，肺痈
平贝母	平贝母	苦、甘，微寒；归肺、心经	清热润肺，化痰止咳。用于治疗肺热燥咳，干咳少痰，阴虚劳嗽，咳痰带血
伊贝母	新疆贝母、伊犁贝母	苦，平；归肝、胃经	同平贝母
浙贝母	浙贝母	苦，寒；归肺、心经	清热化痰止咳，解毒散结消痈。用于治疗风热咳嗽，痰火咳嗽，肺痈，乳痈，瘰疬，疮毒
湖北贝母	湖北贝母	微苦，凉；归肺、心经	清热化痰，止咳，散结。用于治疗热痰咳嗽，瘰疬痰核，痈肿疮毒

5种贝母类药材的功效基本可划分为川、浙两个药用系列，与实际应用大致相同（王德群，2013）。川、浙两个系列的贝母类药材总生物碱差异显著，以浙贝母总生物碱含量为高，其中C-13，C-17双氢反式构型的浙贝甲素和浙贝乙素在浙贝母药用系列中含量较丰富，而川贝母药用系列（图54）中含量较少或没有。尿苷、鸟苷和腺苷是贝母类药材中主要的核苷类成分，不同的贝母类药材其含量较为稳定。浙贝母药用系列的总生物碱含量明显高于核苷的含量，而川贝母药用系列的总生物碱含量均小于核苷含量（张翔 等，2018）。

川贝母、湖北贝母、平贝母3种中药材是国家卫生健康委员会公布的可用于保健食品的药品，在新药研发、大健康产品研发及现代医学临床治疗、康复养生等方面具有广阔的开发价值。

4.2 园艺观赏

贝母属植物由于其花型独特，花色多样，是早春及初夏时节园林花卉中的佼佼者。近年来，贝母属植物在荷兰、英国、法国等欧美国家得到广泛的开发和利用，其中最为广泛观赏的种类为原产于土耳其北部至南亚北部地区的皇冠贝母（*F. imperialis*），并培育了多种园艺品种。我国对贝母属植物的应用主要集中在药用方面，除浙贝母以及分布于新疆等地的少数品种被栽培于庭院供观赏、湖北贝母作为切花外，大部分贝母属植物在其园艺观赏方面的开发应用较少。

4.3 民俗文化

贝母的花语含义是忍耐，代表了耐心、忍耐烦闷而乐观面对生活的美好品格。

四川西部巴朗山半山腰距山顶1/3处，有一处以贝母为名的小地点——贝母坪，此处视野开阔，植物种类繁多，成为近年来“驴友”圈和观花圈等小众群体的观景点和打卡胜地。“贝母坪”称呼来源于本地羌、藏民族口耳相传，寓意此处地势平坦，多有贝母花盛开，是一块富饶的土地。

中国人民邮政曾于1982年发行了“药用植物”系列邮票，其中也有“贝母”（图55）。

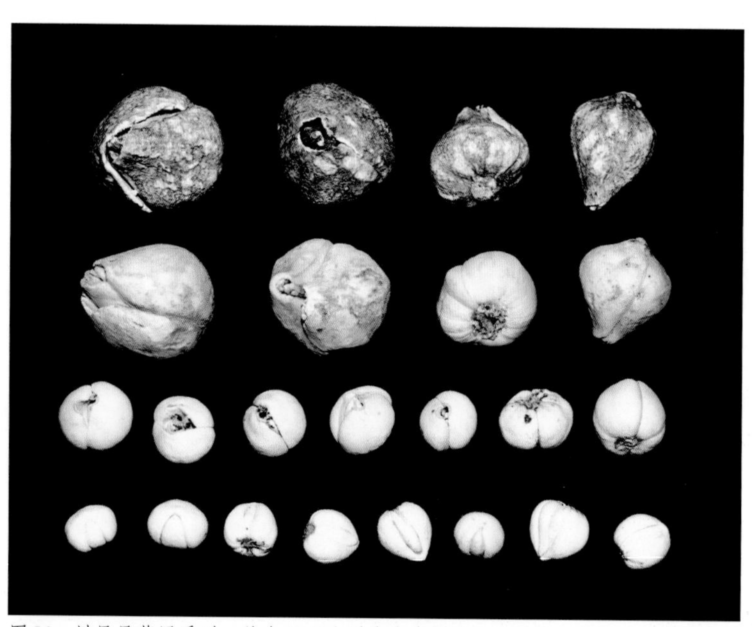

图54　川贝母药用系列，从上至下分别为虎皮炉贝、白炉贝、青贝、松贝（赵鑫磊 摄）

图55　1982年中国人民邮政发行的邮票“贝母”（赵鑫磊 提供）

5 贝母属植物的栽培

贝母属植物需选择土层深厚、土质疏松、排水良好的腐殖土或砂质壤土栽培，忌盐碱地和黏重土壤，盆栽宜采用透气良好的泥盆，夏季休眠时需减少浇水次数，具有一定遮阴条件为宜，冬季需保持80天以上5℃以下的低温环境，以利花芽分化。

在中药材种植生产实践中，川贝母类药材多采用有性繁殖，生产周期为5年以上；浙贝母类药材多采用无性繁殖，生产周期为1年。

5.1 有性繁殖

5.1.1 种子生理与发育

贝母属植物的有性繁殖占据自养生活期的大部分时间。花器官一般于出苗后20天左右达到开放程度，经虫媒异花授粉，开放2～4天后即开始凋萎。受精后子房逐渐发育成果实。当蒴果成熟时，果实沿中缝线开裂，种子以胚乳细胞增厚的半纤维素等物质组成的细胞壁贮存营养物质，其储存量可以满足连续两年周期。贝母属植物种子，当从母株上散落时其形态结构分两种类型，一类是胚不成熟种子，另一类是胚在形态上已经成熟的种子，在国产贝母属植物中，只有新疆的砂贝母和额敏贝母成熟种子中具有成熟的线形胚（张兰芳，1993）。胚不成熟种子在贝母属植物中普遍存在，不成熟胚的特征是体型比较小，分化程度低或未分化，必须进一步生长发育才能萌发。具有未成熟胚的植物，种子从母株散落后必先经过形态后熟，形成完全胚，随之需要在特定温度下，经过较长时间的生理后熟才能萌发。

贝母属植物的种子普遍具有休眠特性，其种子在土壤中完成后熟，随即进入休眠，冬季的低温促使种子解除休眠，于春季萌发出苗，生活周期与环境的冬、夏周期（温周期）相适应（伍燕华，2013）。贝母属植物的种子还存在典型的延迟萌发现象，即种子在秋季播种后，翌年春季大部分种子正常萌发，产生具有一枚子叶同化叶的幼苗，隔年即成为具有披针形基生叶的幼苗时，还能观察到一定数量的一枚针状子叶同化叶，其为经过两个冬季延迟萌发的另一类型（张维经 等，1977）。

5.1.2 栽培技术

种子采收与处理：种子采收时期为6～8月。当果实呈黄褐色时，分期分批采收后脱粒。种子处理前，需进行容器及环境消毒处理，种子需浸泡，或在流水中冲洗。种子在进行后熟时，保持种子处于半湿润状态（向丽 等，2011）。

育苗与移栽：育苗时，需施入足量的底肥，土壤有机质含量50%～80%为宜，种子秋播或春播，稍覆土，表面覆盖秸秆。春季种子开始萌动后，撤除覆盖物。

田间管理：贝母生长期应保持土壤湿润，雨季时，应注意适时排涝防止烂根，以地面不积水为宜。贝母移栽后，需进行除草处理，以直接拔除、随见随除为好（图56）。

冬季保墒：冬季需对贝母种植地进行覆盖，覆盖物以秸秆为宜，并且需对土壤灌溉保墒，确保墒情合适。

5.2 无性繁殖

贝母鳞茎的更新和生长不能直接使鳞茎的数目增加。分蘖繁殖时，发育两个更新芽，以后形成两个鳞茎，可使子代植物体数目增加1倍。贝母的自然营养繁殖方式主要有鳞茎更新繁殖、鳞茎分蘖繁殖和旁蘖茎繁殖，在特殊条件下可见气生鳞茎繁殖（朱四易，1995）。在中药材种植生产实

图56 贝母栽培时的人工除草处理（A：贝母植株与杂草；B：人工除草）（四川松潘，赵鑫磊 摄）

践中，贝母属植物可采用鳞叶及其切块繁殖，即通过发生不定芽，形成小鳞茎来增加繁殖系数。

5.2.1 切瓣繁殖

安徽贝母的生产繁育可通过切瓣繁殖，即春末至秋末可对母鳞茎进行切块。切块后及时消毒，或拌入草木灰置于地窖中形成愈伤组织，再行移栽。安徽贝母小鳞茎的发生部位常是在鳞片基部内侧，每个切块能长出4～8枚小鳞茎。

5.2.2 分瓣繁殖

以湖北贝母为例，秋季在母鳞茎的小鳞片上，通过不定芽产生有小鳞茎，这是旁蘖茎繁殖方式（朱四易，1995）。湖北贝母的小鳞茎数约是母鳞茎数目的20%以上，重量仅有母鳞茎的1%左右。小鳞茎经过一年栽培之后可达到原母鳞茎的重量。

5.2.3 子贝繁殖

平贝母鳞茎具有极强的形成小鳞茎的能力，小鳞茎发生的时间一般为5月下旬至6月上旬至植株回苗之前。小鳞茎发生的部位广泛，包括内、外层鳞片上部、中部、基部及两侧边缘，也发生于鳞茎盘上、下方。在种子繁殖第三年以后，鳞茎上均能形成许多小子贝。随着鳞茎的增大，产生的小鳞茎越多。一个较大的母鳞茎，能形成50～60个小鳞茎。栽培时，即可选用这些小鳞茎作为繁殖材料（王臣 等，1995）。

6 贝母属植物产业化发展现状

浙贝母、伊贝母药材目前栽培技术成熟，产业化发展已进入良性循环（图57）。

宋奕辰等（2021）的调查结果基本反映了目前川贝母类药材的现状，川贝母药材目前还是以野生品为主，《中华人民共和国药典》（2020版）收录的川贝母6个基原植物中，按照性状的不同分为松贝、青贝、炉贝和栽培品。近年来，制药企业需求扩张，产量有限，价格迅速上涨，产地收购量也逐年减少，供求关系日益紧张。川贝母药材传统商品规格中的松贝和青贝以暗紫贝母变种长腺贝母、显斑贝母和川贝母为主的数种野生品来源居多，其中，显斑贝母是目前流通商品中“松贝”的主流来源，产地基本已经从原来的四川省松潘县和红原县的尕里台草地迁移至若尔盖草原、阿坝县和青海省果洛藏族自治州，川贝母药材按照性状进行分级和分档，不以物种区分，以“一匹叶”所生产的“松贝”为贵，甚至以更小的产地规格“珍珠贝”为最优。据成都荷花池中药材市场川贝母专营商户反映，采药人为保证商品美观，迎合市场是需求，采用“抢青采收”，或采用高度白酒对野生的药材川贝母鳞茎进行“杀青”处理。川贝母药材传统商品规格中的“炉贝”来源于梭砂贝母的鳞茎，目前均为野生品，未见人工种植成功，炉贝在四川省境内传统产地是甘孜藏族自治州，现早已转向青海省玉树市和西藏自治区昌都市。

目前，川贝母中“栽培品”多来源于太白贝母和瓦布贝母，太白贝母产量和存量有限，目前暂未形成药材商品流通，产区以收购成熟果实供应种子、种苗为主（图58）。瓦布贝母现以公司运营为经营主体，所生产的药材商品目前均供应固定的制药企业，产地药商和中药材专业市场均无可靠的药材商品供应（图59）。

图57　用于药材生产的伊贝母栽培地（新疆昭苏，赵鑫磊 摄）

图58　太白贝母栽培地（重庆城口，赵鑫磊 摄）

图59　瓦布贝母栽培地（四川松潘，赵鑫磊 摄）

7 贝母属植物的濒危与保育方式

目前，贝母属植物已全部列入《国家重点保护野生植物名录》，保护等级为二级，尤以川贝母类药材所涉及的基原物种主要面临着生境破坏、居群数量少、更新能力差、人为采挖等受威胁因素（齐耀东，赵鑫磊，2023）。

内因：多数贝母属植物生长所需自然环境的苛刻，导致其种子萌发率比较低且生长缓慢，从种子萌发到开花结实需3～4年的周期，因此，贝母属植物的居群内个体通常分散分布。梭砂贝母的岛屿式分布格局造成适生环境有限。

外因：牧区扩大和牧业发展对环境容纳压力的增大导致青藏高原及其毗邻地区多数贝母属植物的适生环境缩小和破坏（图60）。对于广大未在保护区内的贝母属植物居群，畜牧业扩大和人为过度采挖是造成资源减少的重要原因，牧场扩大造成草地灌丛的退化，放牧对成体植株特别是对花果期植株的啃食造成资源破坏；传统意义上，川贝母商品“以小为贵”，人为采挖“一匹叶”的

图60　青藏高原贝母属植物适生环境随处可见放牧情况（A：马；B：牦牛）（A：四川康定，B：甘肃碌曲，赵鑫磊 摄）

幼苗期植株，造成种群青黄不接，过度采挖造成种群结构的破坏，对种群的健康发展影响深远。

物种层面上，野生的川贝母中药材基原植物无疑是亟须保护的物种，与传统药用需求的矛盾日益尖锐，尝试从恢复生境、持证采挖、野生抚育、采种结合4方面保护野生种群，形成保护和应用的动态平衡（宋奕辰，2021, 2022）。

8 国内贝母属植物保育现状

我国对贝母属植物的保育主要是建立在药用资源永续利用的基础上，目的是为保证贝母类药材的资源供给。

现代川贝母类药材的栽培保育大致可追溯至20世纪70年代，唐心曜先生（图61）率川西北贝母栽培研究协作组技研组成员，在四川阿坝藏族羌族自治州、甘孜藏族自治州引种了多种贝母属植物，并将引种的108株瓦布贝母作为主要繁育对象，在四川茂县开始尝试扩繁与推广。

图61　唐心曜先生（1934年生）近照（赵鑫磊 摄）

目前，川贝母中药材栽培的物种主要为暗紫贝母、卷叶贝母（川贝母）、太白贝母和瓦布贝母，其人工种植模式不尽相同，主要有大棚模式（图62）和露地模式（图63）两种。大棚模式栽培，总体呈现出鳞茎增大、花期提前和花的数量增多等形态变化，生产的药材还出现了鳞茎纵横比与传统药材性状不同的情况。露地栽培存在适宜栽培地块较少，控制生长所需的光、温、水条件困难等诸多因素。在国家大力发展中医药事业的政

图62　川贝母类中药材大棚栽培模式（四川丹巴，赵鑫磊 摄）

图63 瓦布贝母露地栽培模式（四川松潘，赵鑫磊 摄）

策支持和川贝母中药材的供求关系紧张等多种因素影响下，四川省阿坝藏族羌族自治州、甘孜藏族自治州全境，云南省丽江市、迪庆藏族自治州等地已陆续试种川贝母的药典基原种，但由于无法有效解决种源问题和栽培之后药材性状发生变化等原因还需突破瓶颈，以利于贝母属植物保育和产业化更好发展。

参考文献

陈心启, 1980. 贝母属// 中国科学院《中国植物志》编辑委员会, 中国植物志: 第十四卷[M]. 北京: 科学出版社: 97-117.

陈心启, 1981. 中国百合科新种与未详知种[J]. 植物分类学报, 19(4): 500-504.

陈心启, 1983. 中国贝母属拾遗[J]. 云南植物研究, 5(4): 369-374.

陈心启, 夏光成, 1977. 中药贝母名实考订[J]. 植物分类学报, 15(2): 31-46.

陈心启, 余国奠, 周印锁, 1985. 甘肃贝母属新植物[J]. 云南植物研究, 7(2): 146-150.

段咸珍, 1981. 新疆贝母属一新种[J]. 植物分类学报, 19(2): 257-258.

段咸珍, 郑秀菊, 1987a. 新疆贝母属植物分类研究[J]. 植物分类学报, 25(1): 56-63.

段咸珍, 郑秀菊, 1987b. 新疆贝母属植物研究初报[J]. 园艺学报, 14(4): 283-284, 232.

段咸珍, 郑秀菊, 1989. 新疆药用贝母新植物[J]. 植物分类学报, 27(4): 306-309.

顾元交, 2015. 本草汇笺[M]. 刘更生, 郭栋, 张蕾, 等, 校注. 北京: 中国中医药出版社.

国家药典委员会, 1963. 中华人民共和国药典一部[M]. 北京: 人民卫生出版社.

国家药典委员会, 1977. 中华人民共和国药典一部[M]. 北京: 人民卫生出版社.

国家药典委员会, 1985. 中华人民共和国药典一部[M]. 北京: 人民卫生出版社 化学工业出版社.

国家药典委员会, 1990. 中华人民共和国药典一部[M]. 北京: 人民卫生出版社 化学工业出版社.

国家药典委员会, 1995. 中华人民共和国药典一部[M]. 广州: 广东科技出版社 化学工业出版社.

国家药典委员会, 2000. 中华人民共和国药典一部[M]. 北京: 化学工业出版社.

国家药典委员会, 2005. 中华人民共和国药典一部[M]. 北京: 化学工业出版社.

国家药典委员会, 2010. 中华人民共和国药典一部[M]. 北京: 中国医药科技出版社.

国家药典委员会, 2015. 中华人民共和国药典一部[M]. 北京: 中国医药科技出版社.

国家药典委员会, 2020. 中华人民共和国药典一部[M]. 北京: 中国医药科技出版社.

郝懿行, 1982. 尔雅义疏[M]. 北京: 北京市中国书店: 24.

赖宏武, 齐耀东, 刘海涛, 等, 2014. 贝母类药材湖北贝母 *Fritillaria hupehensis* 系统位置的探讨——来自ITS, *rpl*16, *mat*K序列的证据[J]. 中国中药杂志, 39(17): 3269-3273.

李培元, 1966. 秦岭百合科的新植物[J]. 植物分类学报, 11(3): 251-253.

李萍, 濮祖茂, 徐珞珊, 等, 1991. 中国贝母属花粉形态的研究[J]. 云南植物研究, 13(1): 41-46, 113-115.

李志亮, 曹聚昌, 1987. 贝母种子休眠与萌发的研究[J]. 中草药, 18(1): 29-31.

刘若金, 2005. 本草述校注[M]. 郑怀林, 焦振廉, 任娟莉, 等, 校注. 北京: 中医古籍出版社.

罗毅波, 1993. 国产贝母属(百合科)的系统学研究[D]. 北京: 中国科学院.

罗毅波, 陈心启, 1995. 中国长江中下游地区贝母属的修订[J]. 植物分类学报, 33(6): 592-596.

罗毅波, 陈心启, 1996a. 新疆贝母属的订正[J]. 植物分类学报, 34(1): 77-85.

罗毅波, 陈心启, 1996b. 中国横断山区及其邻近地区贝母属的研究(一)——川贝母及其近缘种的初步研究[J]. 植物分类学报, 34(3): 304-312.

罗毅波, 陈心启, 1996c. 中国横断山区及其邻近地区贝母属的研究(二)[J]. 植物分类学报, 34(5): 547-553.

齐耀东, 赵鑫磊, 2023. 贝母属[M]// 金效华, 周志华, 袁良琛, 等. 国家重点保护野生植物: 第二卷. 武汉: 湖北科学技术出版社: 103-131.

尚志钧, 刘晓龙, 1995. 贝母药用历史及品种考察[J]. 中华医史杂志, 25(1): 38-42.

宋奕辰, 2022. 青藏高原及其毗邻地区贝母属物种分类与保护研究[D]. 哈尔滨: 东北林业大学.

宋奕辰, 车朋, 赵鑫磊, 等, 2021. 青藏高原及其毗邻地区川贝母类药材的资源调查[J]. 中国现代中药, 23(4): 611-618, 626.

唐心曜, 岳松健, 1983. 贝母属植物三新种[J]. 四川医学院学报, 14(4): 327-334.

唐心曜, 1991. 贝母属//《四川植物志》编辑委员会. 四川植物志: 第7卷[M]. 成都: 四川民族出版社: 55-82.

王臣, 刘玫, 刘鸣远, 1995. 平贝母地下器官生长发育规律的研究[J]. 植物研究, 15(4): 460-464.

王德群, 2013. 中药生物的地理分布类型与优质、地道药材的优选模式[J]. 安徽中医学院学报, 32(1): 73-76.

王文杰, 1990. 贝母[M]. 北京: 中国医药科技出版社.

王张, 2020. "一带一路" 建设背景下的中印传统医药交流与合作[J]. 南亚研究季刊, 2: 69-76.

魏梦佳, 赵佳琛, 赵鑫磊, 等, 2020. 经典名方中贝母类药材的本草考证[J]. 中国现代中药, 22(8): 1201-1213.

伍燕华, 2013. 川贝母 (*Fritillaria cirrhosa*) 栽培中关键技术的初步研究[D]. 成都: 成都中医药大学.

向丽, 韩建萍, 陈士林, 2011. 人工栽培川贝母种苗质量标准研究[J]. 环球中医药, 4(2): 91-94.

肖培根, 姜艳, 李萍, 等, 2007. 中药贝母的基原植物和药用亲缘学的研究[J]. 植物分类学报, 45(4): 473-487.

谢俊杰, 谭鹏, 郝露, 等, 2022. 基于广义中药学探讨川贝母产业发展现状、策略与方法[J]. 中草药, 53(7): 2150-2163.

杨永康, 吴家坤, 1985. 国产贝母属的新分类群[J]. 西北植物学报, 5(1): 19-47, 108-109.

杨永康, 吴家坤, 邵建章, 等, 1987. 国产贝母属的新分类群(续)[J]. 武汉植物学研究, 5(2): 125-146.

殷淑芬, 1983. 安徽贝母属新植物[J]. 植物分类学报, 21(1): 100-101.

殷淑芬, 陈心启, 1985. 药用贝母新资源[J]. 云南植物研究, 7(3): 306-308.

余国奠, 李萍, 徐国钧, 等, 1985. 中药贝母类的研究Ⅳ湖北贝母属药用植物资源[J]. 南京药学院学报, 16(3): 25-32.

余世春, 肖培根, 1990. 中药贝母的药用历史及发展方向[J]. 中国中药杂志, 15(8): 6-8, 62.

张兰芳, 1993. 伊贝母种子萌发和籽苗建立[J]. 西北植物学报, 13(2): 140-143.

张维经, 胡正海, 宇文强, 1977. 伊贝母种子休眠特性的研究[J]. 西北大学学报(自然科学版), 2: 73-79.

张翔, 李文涛, 段宝忠, 等, 2018. 基于品质特征的贝母类药材品种分类研究[J]. 中草药, 49(9): 2140-2146.

赵宝林, 刘学医, 2011. 药用贝母品种的变迁[J]. 中药材, 34(10): 1630-1634.

赵学敏, 2007. 本草纲目拾遗[M]. 闫志安, 肖培新, 校注. 北京: 中国中医药出版社.

赵燏黄, 2006. 本草药品实地之观察[M]. 樊菊芬, 校注. 福州: 福建科学技术出版社.

朱德伟, 余群, 宋欣阳, 等, 2021. 海外中草药种植问题及对策研究[J]. 中药材, 44(7): 1545-1551.

朱四易, 1995. 中国贝母属植物研究[M]. 西安: 西北大学出版社: 187.

朱四易, 胡正海, 宇文强, 1980. 伊贝母生长发育年周期的研究[J]. 植物学报, 22(1): 22-26, 108.

BAKER J G, 1874. Revision of the genera and species of Tulipeae[J]. Journal of the Linnean Society, Botany, 14: 211-310.

CAI Z H, LI P, DONG T T, et al., 1999. Molecular diversity of 5S-rRNA spacer domain in *Fritillaria* species revealed by PCR analysis[J]. Planta Medica 65: 360-364.

CHEN Q, WU X B, ZHANG D Q, 2019. Phylogenetic analysis of *Fritillaria cirrhosa* D. Don and its closely related species based on complete chloroplast genomes. PeerJ, 7: e7480.

CHEN X Q, HELEN V M, 2000. *Fritillaria*[M]// Wu Z Y, Raven, P H, Hong D Y (Eds.) Flora of China, vol. 24, Science Press, Beijing & Missouri Botanical Garden Press, St. Louis: 127-133.

DASGUPTA S, DEB D B, 1986. Taxonomic revision of the genus *Fritillaria* L. (Liliaceae) in India and adjoining regions[J]. The Journal of Indian Botanical Society, 65: 288-300.

DAY P D, MADELEINE B, LAURENCE H, et al., 2014. Evolutionary relationships in the medicinally important genus

Fritillaria L. (Liliaceae)[J]. Molecular Phylogenetics and Evolution 80(1): 11-19.

HUANG J, YANG L Q, YU Y, et al., 2018. Molecular phylogenetics and historical biogeography of the tribe Lilieae (Liliaceae): bi-directional dispersal between biodiversity hotspots in Eurasia[J]. Molecular Phylogenetics and Evolution, 122(7): 1245-1262.

MIGO H, 1939. Notes on the flora of South-eastern China IV[J]. Journal of the Shanghai Science Institute sect. Sect III, 4: 139.

RIX E M, 2001. *Fritillaria*: a revised classification together with an updated list of species[M]. UK: The *Fritillaria* Group of the Alpine Garden Society.

RØNSTED N, LAW S, THORNTON H, et al., 2005. Molecular phylogenetic evidence for the monophyly of *Fritillaria* and *Lilium* (Liliaceae; Liliales) and the infrageneric classification of *Fritillaria*[J]. Molecular Phylogenetics and Evolution, 35(3): 509-527.

TURRILL W B, ROBERT S J, 1980. Studies in the genus *Fritillaria* (Liliaceae)[J]. Hooker's Icones Plantarum, 39(1-2): 1-280.

WEI X P, LUO L, LAI H W, et al., 2018. Phylogenetic analyses reveal the Chinese medical plant "Beimu" *Fritillaria ebeiensis* as a separate species[J]. Phytotaxa, 369(1): 28-36.

WU X B, DUAN L Z, CHEN Q, et al., 2020. Genetic diversity, population structure, and evolutionary relationships within a taxonomically complex group revealed by AFLP markers: A case study on *Fritillaria cirrhosa* D. Don and closely related species[J]. Global Ecology and Conservation, 24: e01323.

致谢

感谢马金双研究员在本章修改过程中提供指导和帮助，感谢马建东、杨宗宗、莫海波提供精美照片。本研究得到中国医学科学院医学与健康科技创新工程（2021-I2M-1-032）项目支持。

作者简介

赵鑫磊（男，安徽合肥人，1991年生），副主任中药师、执业药师。2012年毕业于亳州职业技术学院，后留校任教，2015年至今在中国医学科学院药用植物研究所工作，其中2017—2019年任北京巧女公益基金会高级研究员，兼任IUCN SSC委员、中国野生植物保护协会标准工作委员会副秘书长、中国中药协会中药数字化专业委员会委员、暨南大学本草博物教育基金学术顾问等。主要从事中药资源与鉴定和植物分类等方面的研究实践。

齐耀东（男，内蒙古呼伦贝尔人，1971年生），研究员。1991年毕业于内蒙古大学生物系专科，1997年毕业于齐齐哈尔大学生物系本科，1998—2004年中国科学院植物研究所博士（硕博连读），2004—2007年中国林业科学研究院森林生态环境与保护研究所博士后，2007年至今在中国医学科学院药用植物研究所资源与保护研究中心工作，历任助理研究员、副研究员、研究员（资格）。现为资源与保护研究中心副主任（主持工作），兼任中国野生植物保护协会常务理事、中国药学会药学史专业委员会副主任委员、国家林业和草原局野生植物保护专家咨询委员会委员等。长期从事药用植物资源调查、分类鉴定与保护生物学研究。

蒋清恬（女，贵州贵阳人，2000年生），2022年毕业于上海中医药大学中药学院，获理学学士学位，现为北京协和医学院·中国医学科学院药用植物研究所中药学硕士在读（2022—）。主要研究贝母属植物的分类、鉴定和系统进化。

China

03

-THREE-

中国芭蕉科植物

Musaceae in China

陈冰燕[1] 李正红[2] 席辉辉[1] 湛青青[3] 龚 洵[1*]
([1]中国科学院昆明植物研究所；[2]中国林业科学研究院高原林业研究所；[3]中国科学院华南植物园)

CHEN Bingyan[1] LI Zhenghong[2] XI Huihui[1] ZHAN Qingqing[3] GONG Xun[1*]
([1]Kunming Institute of Botany, Chinese Academy of Sciences; [2]Institute of Highland Forest Science, Chinese Academy of Forestry; [3]South China Botanical Garden, Chinese Academy of Sciences)

[*] 邮箱：gongxun@mail.kib.ac.cn

摘　要：芭蕉科（Musaceae）植物在我国应用历史悠久，《齐民要术》《本草纲目》《群芳谱》《花镜》等古籍中均有相关记载，主要涉及园林观赏、疾病治疗和食用等方面。芭蕉科植物中应用较为广泛的为芭蕉（*Musa basjoo*），其观赏价值自汉代便已被发掘，芭蕉科植物形态各异，有的具有浓厚中国古典园林韵味，有的颇具热带风情，从古至今都是园林绿化中的常见一员，并逐渐衍生出盆栽观赏等用途；芭蕉也是传统中医中的一味常用药材，在许多病症调治上卓有成效，研究人员也在不断探索其新的药用成分；芭蕉和香蕉［*Musa acuminata* '(AAA)'］的果实酸甜可口，是优质水果，而在原产地或栽培地，人们也会将芭蕉的花、苞片等部位制作成各种美味佳肴；芭蕉也被古人赋予了深厚的文化内涵，成为绘画诗词等艺术形式中的常见题材。

当前，人们仍在不断开发芭蕉科植物的潜在价值，如地涌金莲（*Musella lasiocarpa*），因其在小乘佛教中的特殊寓意及美丽外观，当前已经培育了一些新的观赏品种；同时为响应社会发展需要，将芭蕉科植物用于工业，作为纺织材料和建筑材料等，以发挥更大的经济价值；此外，地涌金莲和小果野蕉（*Musa acuminata*）的生态价值也不容小觑，它们具有恢复生态环境、维护生态平衡的重要功能。我国的芭蕉科植物野生种质资源面临生境面积缩减和种群数量减少的困境，且有一部分芭蕉科植物资源仍未开展相应研究。

本章基于古籍等资料中芭蕉科植物的相关内容，介绍了中国芭蕉科植物识别特征、地理分布以及在园林中的造景应用、栽培繁殖技术、药用功效、食用方式和文化形象等。概述了其在医疗、工业、环保等方面的研究成果，有助于了解芭蕉科植物，并为芭蕉科植物资源的研发保护提供一定参考价值。

关键词：芭蕉科　分类　园林应用　文化

Absrtact: Musaceae plants have a long history of application in China. *Qimin Yaoshu*, *Bencao Gangmu*, *Qunfangpu*, *Huajing* and other ancient books have relevant records, mainly involving garden viewing, disease treatment and eating. *Musa basjoo* is widely used in Musaceae plants. Its ornamental value has been excavated since the Han Dynasty. The forms of Musaceae plants are different, some of them have a strong atmosphere of Chinese classical gardens, and some have tropical customs. It has been a common member of landscaping since ancient times, and has gradually derived pot ornamental and other uses; *M. basjoo* is also a commonly used medicinal material in traditional Chinese medicine. It has been effective in the treatment of many diseases, and researchers are constantly exploring its new medical components. The fruits of *M. basjoo* and *M. acuminata* '(AAA)' smell delectable, and they are high-quality fruits. In the place of origin or cultivation, many ethnic minorities also make the flowers and bracts of *M. basjoo* into various delicacies. *M. basjoo* has also been endowed with profound artistic connotation by the ancients and has become a common theme in art forms such as painting and poetry.

At present, people are still developing the potential value of Musaceae plants, such as *Musella lasiocarpa*. Because of its beautiful appearance and special meaning in Hinayana Buddhism, some new ornamental varieties have been cultivated. At the same time, in response to the needs of social development, Musaceae plants are used in industry as textile materials and building materials to exert greater economic value; in addition, the ecological value of *M. lasiocarpa* and *Musa acuminata* can not be underestimated, which has the important function of restoring the ecological environment and maintaining the ecological balance. The wild germplasm resources of Musaceae plants in China are facing the dilemma of habitat area reduction and population reduction, and some Musaceae plant resources have not been studied accordingly.

Based on the relevant contents of Musaceae plants in ancient books and other materials, this chapter introduces the identification characteristics, geographical distribution, landscaping application, cultivation and reproduction technology, medicinal efficacy, edible mode and cultural image of Musaceae plants in China. This chapter summarizes its research results in medical, industrial, environmental protection and other aspects, which is helpful to understand the Musaceae plants, and provides a certain reference value for the development and protection of Musaceae plant resources.

Keywords: Musaceae, Taxonomy, Landscape application, Culture

陈冰燕，李正红，席辉辉，湛青青，龚洵，2024，第3章，中国芭蕉科植物；中国——二十一世纪的园林之母，第六卷：083-201页.

1 引言

芭蕉是芭蕉科（Musaceae）植物的统称，其中香蕉［*Musa acuminata* '(AAA)'］是大家最熟悉的芭蕉科植物，也是栽培和利用历史最悠久的芭蕉科植物，几乎在全世界的水果市场都能见到香蕉。实际上，人们见到和食用的只是香蕉的果实，而很少见到香蕉的完整植株。香蕉是多年生丛生草本，其地上茎是由叶鞘包被形成的，通常称为假茎。假茎浓绿而带黑斑，被白粉，尤以上部为多。叶片宽大，长圆形。穗状花序下垂，花序轴密被褐色茸毛，苞片外面紫红色，被白粉，内面深红色。果序弯垂或直立，一束果实通常有10～20手（图1）。每年结果后地上部枯死，由根部长出新芽继续生长，翌年完成新一轮的开花结果。

香蕉起源于亚洲南部，原产东南亚和中国南部，其分布中心可能是马来半岛及印度尼西亚诸岛。在马来西亚的森林中，还有香蕉的野生祖先类群，如：小果野蕉（*M. acuminata*）、野蕉（*M. balbisiana*）和阿宽蕉（*M. itinerans*）。但是，野生芭蕉均为二倍体，而绝大多数香蕉品种是三倍体；一些研究表明，几乎所有的栽培香蕉品种都是野生芭蕉自然杂交或突变再经人工选育而成的，与二倍体的祖先种相比，香蕉除了外表更加诱人外，果肉里也已经没有了种子，口感更爽滑香甜。三倍体的香蕉虽然能结果，却高度不育（为营养性结实），无法通过种子繁殖下一代，只能靠无性繁殖来繁衍。香蕉适生于东、西半球南北纬度30°以内的热带和亚热带地区，世界上栽培香蕉的国家有130个，以中美洲最多，其次是亚洲。中国香蕉栽培集中在广东、广西、福建、台湾、云南和海南，贵州、四川、重庆也有少量栽培（图2）。在中国，香蕉是位于苹果、柑橘和梨之后的第四大水果，种质资源丰富，品种繁多，主要栽培品种有香牙蕉、粉蕉、大蕉、龙牙蕉和贡蕉等。

中国是香蕉原产地之一，香蕉在历史上被称为“甘蕉”，在我国已有2 000多年的栽培历史。早在战国时期的《庄子》（公元前369年后）和屈原（公元前343—前277年）的《九歌》中已记载有香蕉可作纺织用。据古籍记载，汉武帝元鼎六年（公元前111年）破南越建扶荔宫，以植所得奇花异木，有甘蕉二本（一作十二本）。晋代（公元

图1　香蕉（A：果实；B：植株；C：紫红色苞片）（陈冰燕 摄于北京国家植物园南园温室）

图2　栽培香蕉（葛学军 摄）

304年）嵇含编撰的《南方草木状》中记载芭蕉有3种。

世界上，芭蕉科有3属约94种，中国是芭蕉科植物的主要分布区之一，有3属约32种。芭蕉科植物的别名众多，如甘蕉、芭苴、天苴、板蕉、牙蕉、大叶芭蕉等。芭蕉科植物的用途很多，使用范围广，根状茎、假茎、叶、花、果，或食用或药用或观赏，自古以来便深受人们喜爱，文人墨客对其情有独钟，平民百姓也夸赞不已。

本章考证了古籍文献中芭蕉科植物的相关记载，介绍了自有文献记载以来芭蕉科植物的应用价值和方法，特别是园林园艺上的应用价值。意在让大家了解芭蕉科植物，在保护野生资源的前提下，合理开发利用芭蕉科植物。

2 中国芭蕉科植物介绍

《中国植物志》（*Flora Reipublicae Popularis Sinicae*，简称FRPS）记载原产于我国的芭蕉科植物含2亚科4属14种，分别为芭蕉亚科（Musoideae）3属12种和兰花蕉亚科（Lowioideae）2种，属于芭蕉目（Scitamineae）（李锡文 等，1981）。其中芭蕉亚科为现在《中国植物志》英文版（*Flora of China*，简称FOC）中记载的芭蕉科，且芭蕉科属于姜目（Zingiberales）（Wu et al., 2000），根据APG IV系统，兰花蕉亚科已独立为兰花蕉科（Lowiaceae）（The Angiosperm Phylogeny Group, 2016）。FOC记载中国芭蕉科植物含有3属14种，分别为芭蕉属（*Musa*）11种（含栽培3种）、象腿蕉属（*Ensete*）2种和地涌金莲属（*Musella*）1种，其中4种为中国特有种，且地涌金莲属为中国特有属（Wu et al., 2000）。分子研究显示，芭蕉属为单系群。象腿蕉属与地涌金莲属亦构成单系群，但地涌金莲属位置尚存疑，综合DNA序列与质体序列证据，两属为姐妹群（Li et al., 2010）。此后，又有红矮芭蕉（*M. rubinea*）、瑞丽芭蕉（*M. ruiliensis*）、云南芭蕉（*M. yunnanensis*）等新物种陆续发表，还发现橙苞芭蕉（*M. aurantiaca*）等中国新记录种。中国芭蕉属植物主要分布于云南、贵州、广东、广西、台湾、福建和西藏等地，多生长在峡谷、山坡、半沼泽等生境中。本章中加入了近年发表的中国（包括中国西藏南部）的芭蕉属物种，共记载3属32种（含1自然杂交种）芭蕉属植物：象腿蕉属1种和1变种，地涌金莲属1种和1变种，芭蕉属30种（含1杂交种）；及部分引种栽培物种（见附录）和观赏价值较高的品种。

芭蕉科

Musaceae Juss. in Genera Plantarum 61 (1789).

多年生粗壮草本，具有合轴分枝的根状茎或球茎。叶鞘重叠成假茎；叶螺旋状排列，具叶柄；叶全缘，羽状脉。花序顶生或很少腋生，下垂至直立。苞片螺旋状排列，通常颜色鲜艳，佛焰苞状。花单性或两性，左右对称，成列簇生于苞片底部。花被2轮；外轮花被5合生为管状；内轮1枚离生花被。雄蕊5，离生；花药2室。雌蕊1；子房下位，3室，中轴胎座。花柱单一或头状。浆果肉质或革质（部分种类果皮成熟后剥裂）。

中国芭蕉科植物分属检索表

1a 单茎，基部膨大；一次结实；种子直径大于6mm ·························· 1. 象腿蕉属 *Ensete*
1b 多茎，基部不膨大（或略粗）；多次结实；种子直径通常小于6mm ························ 2
  2a 植株高于3m；花序梗明显；苞片常脱落 ······································ 2. 芭蕉属 *Musa*
  2b 植株低于3m；花序梗无（或不明显）；苞片宿存 ·················· 3. 地涌金莲属 *Musella*

2.1 象腿蕉属

Ensete Horan. in Prodromus Monographiae Scitaminearum: 40 (1862).

LECTOTYPE: *Ensete edule* Horan. (≡ *Musa ensete* J.F. Gmelin) (designated by Simmonds 1954).

识别特征：单茎；假茎高大，基部膨大。叶大型。花序初期莲座状，后期柱状，下垂；绿色苞片宿存；每苞内花二列，下部苞片内花为雌性或两性，上部苞片内花为雄性；合生花被片3深裂，窄；离生花被片较宽；雄蕊5；子房3室，中轴胎座。浆果厚革质，种子少量。种子大，球形或多棱形，种脐明显。

本属约有8种，主要分布于非洲，延伸到南亚和东南亚。中国有1种和1变种，即象腿蕉（*E. glaucum*）和象头蕉（*E. glaucum* var. *wilsonii*），主要分布于云南南部和西部区域。

2.1.1 象腿蕉

Ensete glaucum (Roxb.) Cheesman in Kew Bulletin 2(2): 101, 1948.

≡ *Musa glauca* Roxb. in Plants of the Coast of Coromandel 3: 96, 1820. LECTOTYPE: Roxburgh, Plants of the Coast of Coromandel 3: fig. 300 (1819). (designated by Argent, 1976).

别名：雪蕉、大屁股芭蕉、灰芭蕉、贵吻、大象腿蕉、云南青象腿蕉、象脚芭蕉、大象芭蕉、胆瓶蕉、象蹄蕉、康光、桂丁掌。

识别特征：一次结实高大草本；假茎单生，高达5m，密被白色蜡粉，浆液淡橘黄色，基部呈坛状。叶片长圆形，1.4～1.8m×0.5～0.6m，先端具尾尖，基部楔形，光滑无毛；叶柄短。花序初时如莲座状，后伸长成柱状，长可达2.5m，下垂；苞片绿色，宿存，每苞片内有2列花，有花10余朵；合生花被片3深裂，离生花被片近圆形，先端微凹，凹陷处具尖头。浆果倒卵形，长约9cm，直径约3.5cm，苍白色，具瘀血色斑纹，先端粗而圆，具宿存花被，基部渐狭，圆柱状或略扁，几无柄，果内具多数种子。种子球形，黑色，平滑，直径1.2cm（图3）。

地理分布：产于云南南部、西部和西藏南部；尼泊尔、印度、缅甸、泰国、菲律宾、印度尼西亚也有。多野生或栽培于平坝、山地，尤喜生于沟谷两旁的缓坡地带，海拔800～1 100m。喜高温；生长适温为25～30℃。喜湿润、阳光充足、土层深厚、肥沃、排水良好的微酸性土壤。

主要观赏价值：植株高大挺拔，其茎膨大，花序如莲，形态有趣，可供庭院观赏和作写生素材。

假茎可作牲畜饲料。

图3　象腿蕉（A：植株；B：绿色苞片内含花；C：幼果；D：下垂的莲座状花序）（A、C和D：龚洵 摄于云南普洱；B：湛青青 摄于中国科学院华南植物园）

象腿蕉（*E. glaucum*）种下等级检索表

1a 假茎高达5m；叶片较短，1.4～2m；叶基楔形………………………… 1. 象腿蕉 *E. glaucum*

1b 假茎高不及2m；叶片较长，约3m；叶基心形近平截… 1a. 象头蕉 *E. glaucum* var. *wilsonii*

2.1.1a　象头蕉

Ensete glaucum var. ***wilsonii*** (Tutcher) Häkkinen in Adansonia; recueil (périodique) d'observations botaniques 3, 33(2): 199, 2011.

≡ *Ensete wilsonii* (Tutcher) Cheesman in Kew Bulletin 2: 103, 1948. ≡ *Musa wilsonii* Tutcher in The Gardeners' Chronicle: a Weekly Illustrated Journal of Horticulture and Allied Subjects. ser. 3, 32: 450, 1902. LECTOTYPE: Tutcher, Gardeners' Chronicle ser. 3, 32: fig. 151 (1902). (designated by Väre & Häkkinen, 2011).

识别特征：假茎圆锥形，高约1.7m（成熟时量至叶冠）。叶柄长约60cm，具深槽；叶片长圆形，3.3～4m×0.6m，基部截形或稍心形，先端锐尖。宿存苞片绿色，外苞片卵形，远短于内苞片。每苞片花15～20朵。花被片白色；合生花被片先端3浅裂；离生花被片短于合生花被片长的1/2，先端具3尖瓣，中央尖瓣线形，大。浆果金黄色，三棱棒状、桨状。种子约20粒，有角，微皱。

地理分布：中国南岭以南各地，越南、老挝亦有；多生于海拔2 700m以下沟谷潮湿肥沃土中。

假茎可作牲畜饲料。本章采用Häkkinen（2011）研究结果，将象头蕉列为象腿蕉的变种。

2.2　芭蕉属

Musa L. in Species Plantarum 2: 1043 (1753).

LECTOTYPE: *Musa paradisiaca* L. (designated by Green, 1929).

特征简述：多年生丛生草本；叶鞘重叠成假茎，真茎小；叶大型，狭长圆形；花序直立至下垂；离生花被片与合生花被片对生；雄蕊5；子房下位，3室，中轴胎座；浆果肉质。

本属约85种，分布于南亚、东南亚、澳大利亚北部；中国有约30种（含1自然杂交种），引种栽培3种，分布于广西、广东、海南、四川、台湾、西藏、云南等。

芭蕉属（*Musa*）分种检索表

1a 花序直立……………………………………………………………………………………… 2

　2a 植株高于3m ………………………………………………………………………………… 3

　　3a 吸芽多达8～22个；汁液乳白色 …………………………………………………… 4

　　　4a 叶柄基部翅紧抱假茎；叶柄中脉背面绿色；果指向下（广西）……………………………………………………………………… 26. 亮果芭蕉 *M. splendida*

　　　4b 叶柄基部翅不抱假茎；叶柄中脉背面粉红色；果垂直于花序轴（西藏）……………………………………………………………………… 16. 马库芭蕉 *M. markkui*

　　3b 吸芽少于8个；汁液水状 ……………………………………………………………… 5

　　　5a 花序梗被毛；柱头扁平；雄花每苞8朵；果指向上（西藏） ………………………………………………………………………13. 藏南粉苞芭蕉 *M. kamengensis*

　　　5b 花序梗无毛；柱头棒状；雄花每苞4～6朵；果指向下（云南）……………………………………………………………………… 19. 拟红蕉 *M. paracoccinea*

2b 植株低于3m ………………………………………………………………………… 6

6a 果序下垂…………………………………………………………………………… 7

7a 单果直径1.8cm，约40粒种子；种子圆形，表面光滑 ………21. 红矮芭蕉 *M. rubinea*

7b 单果直径2.5～3cm，约120粒种子；种子多棱形，表面皱 … 3. 银氏芭蕉 *M. argentii*

6b 果序直立或水平 ……………………………………………………………… 8

8a 果实成熟后开裂，果皮粉红色………………………………………………… 9

9a 基部花雌性；雄花合生花被片长达5.4cm；果束疏松 ………………………………………………………………… 15. 少芽芭蕉 *M. markkuana*

9b 基部花两性；雄花合生花被片长达3.5cm；果束较紧凑 … 27. 朝天蕉 *M. velutina*

8b 果实成熟后不开裂，果皮非粉红色 …………………………………………… 10

10a 植株矮小，低于1m；叶中脉两面红色 ……………………… 14. 洋红芭蕉 *M. mannii*

10b 植株通常高于1m；叶中脉两面绿色……………………………………………… 11

11a 果束较紧凑 ………………………………………………………………… 12

12a 苞片橙色，脱落；果皮无毛 ……………………… 5. 橙苞芭蕉 *M. aurantiaca*

12b 苞片红色，宿存；果皮被毛 ……………………………… 10. 红蕉 *M. coccinea*

11b 果束疏松 …………………………………………………………………… 13

13a 基部花雌性 ………………………………………………………………… 14

14a 吸芽1～2个；雄花蕾苞片黄色；花序直立后期水平 ………………………………………………… 4. 藏南芭蕉 *M. arunachalensis*

14b 吸芽4～5个；雄花蕾苞片粉色；花序直立 ……… 8. 紫苞芭蕉 *M. ornata*

13b 基部花两性 ………………………………………………………………… 15

15a 雄花蕾苞片橙黄色；果先端圆钝 ……………… 23. 瑞丽芭蕉 *M. ruiliensis*

15b 雄花蕾苞片粉色或红色；果先端钝尖 ………………………………… 16

16a 叶柄长100cm；雄花蕾苞片粉色，每苞片5～6朵雄花 ……………………………………………… 22. 阿希蕉 *M. rubra*

16b 叶柄长约40cm；雄花蕾苞片红色，每苞片2～3朵雄花 ……………………………………………24. 血红蕉 *M. sanguinea*

1b 花序水平或下垂 ………………………………………………………………… 17

17a 植株矮小，低于3m…………………………………………………………………… 18

18a 茎秆汁液乳白色；叶柄管边缘重叠；花序下垂 ………………9. 陈氏芭蕉 *M. chunii*

18b 茎秆汁液水状；叶柄管边缘直立；花序水平 ……………………………… 19

19a 叶卵形；花序梗被毛；雄花蕾苞片紫红色 ……………… 30. 再富芭蕉 *M. zaifui*

19b 叶窄长圆形；花序梗无毛；雄花蕾苞片黄绿色 ………… 28. 雅美芭蕉 *M. yamiensis*

17b 植株高大，通常高于3m……………………………………………………………… 20

20a 雄花蕾苞片橙红色或黄绿色 ……………………………………………………… 21

21a 雄花蕾苞片橙红色，雄花蕾狭披针形；果指向下 …… 17. 白背芭蕉 *M. nagensium*

21b 雄花蕾苞片黄绿色，雄花蕾狭披针形；果垂直于果序轴 ……………………… 22

22a 植株高2.5～4m；果长5～7cm，果皮绿色 ……………… 7. 芭蕉 *M. basjoo*

22b 植株高8～9m；果长10cm，果皮银灰色 ………… 21. 银果芭蕉 *M. puspanjaliae*

20b 雄花蕾苞片暗紫色 ……………………………………………………………… 23

23a 每苞片雄花少于10朵 ……………………………………………………………………24

24a 果柄长1cm，果长5～9cm；果先端瓶颈状 …………… 2. 小果野蕉 *M. acuminata*

24b 果柄长4 cm，果长10～12cm；果先端钝尖…… 11. 兰屿芭蕉 *M. insularimontana*

23b 每苞片雄花多于10朵 ……………………………………………………………………25

25a 基部花两性；成熟果皮开裂 ……………………… 29. 云南芭蕉 *M. yunnanensis*

25b 基部花雌性；成熟果皮不开裂 ……………………………………………………26

26a 子房每室胚珠2列；每苞雄花多达（10～）18朵或更多；果较长约18cm …27

27a 茎秆汁液水状；叶柄长40～60cm，管缘开展；花序梗被毛 ………………

……………………………………………………… 25. 锡金芭蕉 *M. sikkimensis*

27b 茎秆汁液乳状；叶柄长约90cm，管缘闭合；花序梗无毛………………………

……………………………………………………………8. 墨脱芭蕉 *M. cheesmanii*

26b 子房每室胚珠2列；每苞雄花多达（10～）18朵或更多；果较长约18cm …28

28a 叶柄管缘张开；花序无毛；雄花蕾披针形，苞片宿存；果序下垂 …………

…………………………………………………………………… 6. 野蕉 *M. balbisiana*

28b 叶柄管缘闭合；花序被毛；雄花蕾卵形，苞片脱落；果序水平 …………29

29a 茎秆汁液水状；叶柄长约30cm；雄花蕾苞片边缘非黄色 …………………

………………………………………………… 1. 台拔芭蕉 *M.* × *formobisiana*

29b 茎秆汁液乳状；叶柄长约60cm；雄花蕾苞片边缘黄色………………………

……………………………………………………… 12. 阿宽蕉 *M. itinerans*

2.2.1 台拔芭蕉

Musa × ***formobisiana*** H.L. Chiu, C.T. Shii & T.Y.A. Yang in Taiwania 62(2): 148, 2017.

TYPE: CHINA, Taiwan, Taichung, 16 Jul. 2014, *H.L. Chiu 19* (holotype, TNM S181216; isotypes, TNM S188067, S188068; TAI).

识别特征：吸芽3～5个；假茎高2.5m；汁液水状。叶片约1.3m×0.4m，基部钝圆至偏斜，通常在羽状脉之间撕裂。舌苞片淡红色；花序梗密被短柔毛；每苞片雌花12朵，2列；雄花每苞片12～14朵，2行，随苞片脱落，长约4.5cm。果序下垂，疏松，每束4～6手（图4）；果皮微被柔毛。种子近球形，直径约5mm，深褐色，疣状。

地理分布：中国特有，分布于台湾，生于山地阴湿地及林内。

台拔芭蕉是以台湾阿宽蕉（*M. itinerans* var. *formosana*）为母本、野蕉（*M. balbisiana*）为父本的自然杂交种。

2.2.2 小果野蕉

Musa acuminata Colla in Memorie della Reale Accademia delle Scienze di Torino 25: 394–395, 1820.

LECTOTYPE: Rumphius (1747), Herbarium Amboinense 5: t. 61 fig. 1, *M. simiarum* Pissang Jacki. (designated by Häkkinen & Väre, 2008c).

别名：阿加蕉（云南景颇语）、木桂根雷（云南傣语）、尖叶蕉。

识别特征：假茎高约4.8m，带黑斑，被有蜡粉。叶片长圆形，1.9～2.3m×0.5～0.7m，基部耳形，不对称，叶面被蜡粉；叶柄长约0.8m，被蜡粉，叶翼张开约0.6cm。雄花合生花被片先端3裂，中裂片两侧有小裂片，二侧裂片先端具钩，钩上有毛，离生花被片长不及合生花被片之半，先端微凹，凹陷处具小尖突。果序长1.2m，总梗长达0.7m，直径4cm，被白色刚毛。浆果圆柱形，长约9cm，内弯，绿色或黄绿色，被白色刚毛，具5棱角，先端收缩而延长成0.6cm的喙，基部弯，下

图4　台拔芭蕉（A：植株；B：暗红色的苞片；C：果实，果皮浅绿色）（图片来源：Chiu et al., 2017）

延长成不及1cm的柄。果具多数种子，种子褐色，不规则多棱形，直径约6mm × 3mm。

地理分布：产云南东南部至西部及广西西部，适应性强，分布广，多生于海拔1 200m以下阴湿的沟谷、沼泽、半沼泽及坡地上；印度北部、缅甸、泰国、越南、经马来西亚至菲律宾也有分布。

假茎可作猪饲料。本种是栽培香蕉的亲本之一。变种美叶芭蕉原产于印度尼西亚，其植株矮小、叶片有色斑、苞片与果实为粉色或暗红色，具有较高观赏性，在广州华南植物园等有引种栽培。

小果野蕉（*M. acuminata*）种下等级检索表

1a 植株矮小，低于3m；叶片有红色斑纹；花序直立 ……………………………………………… 1b. 美叶芭蕉 *M. acuminata* var. *sumatrana*

1b 植株较高，高于3m；叶片无红色斑纹；花序下垂 …………………………………… 2

2a 叶基不对称；花序梗被毛；每苞片雄花约8朵 ………………… 1. 小果野蕉 *M. acuminata*

2b 叶基对称；花序梗无毛；每苞片雄花约17朵 ……………………………………………… 1a. 中华小果野蕉 *M. acuminata* var. *chinensis*

2.2.2a 中华小果野蕉

Musa acuminata var. ***chinensis*** Häkkinen & H. Wang in Novon 17(4): 442–445, 2007.

TYPE: CHINA, Yunnan, Simao, Jiangcheng, 7 Dec. 2005, *H. Wang 8369* (holotype, HITBC; isotypes, H 1735115, IBSC, MO, PE, QGG).

识别特征：植株3～5个吸芽；假茎高达4m，被蜡质，汁液淡黄色。叶柄有蜡质，基部翅不抱茎；叶狭椭圆形，2m×0.6m，两面蜡质，叶基对称，两侧圆形。苞片蓝紫色；基生花两性，约7cm，合生花被片长约4cm，离生花被片船形；雄花每苞片17朵，2行。果束紧凑，5手，每手17果，2行；单果约11cm，弯曲，圆形，果梗长约1.5cm；种子扁平，皱缩，直径约4mm，每果约80粒。

地理分布：中国特有，分布于云南。从中越边界的李仙江到西双版纳，向西沿着中老边界到盈江一带大量生长。多生长于海拔300～800m的山间河流两岸山坡。

因能在树荫下生长，当地人又称之为“树香蕉”。该种通常不作为饲料种植。

2.2.3 银氏芭蕉（新拟）

Musa argentii R. Gogoi & Borah in Edinburgh Journal of Botany 71(2): 182, 2014.

TYPE: CHINA, south of Xizang (中国西藏南部), 488m, 24 May 2013, *R. Gogoi & S. Borah 30303* (holotype, CAL; isotypes, ARUN, ASSAM).

识别特征：假茎高2.2m，吸芽18～24个；汁液水状。叶柄具干燥翅，紧抱假茎。叶片椭圆形，1～1.2m×0.4m，中脉粉红色。花序梗被丝状短柔毛。雌花蕾淡紫色，苞片被丝状短柔毛；基生花两性，每苞内6～17朵花，2列；子房密被丝状短柔毛；合生花被片橙色，先端5浅裂；雄花每苞片4朵，单行。果束下垂，紧密，6~10手，每手8~12果，2行（图5）；单果8.5cm×2.5～3cm，无毛；果梗淡粉色，被柔毛。种子皱，直径约6mm，棕色，每果约121粒。

地理分布：中国西藏南部；印度也有分布。多生长于海拔600～1 200m的河流两岸山坡。

2.2.4 藏南芭蕉（新拟）

Musa arunachalensis A. Joe, Sreejith & M. Sabu in Phytotaxa 134(1): 50, 2013.

TYPE: CHINA, south of Xizang (中国西藏南部), 24 Mar. 2012, 774 m, *A. Joe & P.E. Sreejith 130835* (holotype CALI, isotypes CAL, CALI).

识别特征：吸芽1～2个，紧贴主茎。假茎高1.4～3m，汁液水状。叶片0.8～1.2m×0.4～0.5m，长圆状披针形，幼时先端有卷须状附属物，叶基不对称，一侧楔形一侧圆形。每苞片花3～5朵，单行；合生花被片5cm×1.6cm，橙黄色，背角有肋，裂片深橙色。雄花蕾披针形，先端覆瓦状，轴拱起；雄花每苞片平均4～6朵，雄蕊5，先端外伸（图6）。果束疏松，2~6手，每手3~5果，单行。

地理分布：中国西藏南部；印度也有分布。多生长于海拔600～1 200m的河流两岸山坡。

2.2.5 橙苞芭蕉

Musa aurantiaca Baker in Annals of Botany 7: 222, 1893.

LECTOTYPE: INDIA, Assam, MahuniForest, Lakhinpur, Sep. 1890, *Gustav Mann s.n.* (K 000308203) (designated by Häkkinen & Väre, 2008a).

识别特征：植株（12～）25～30个吸芽。假茎高达1.1m。叶片0.8m×0.3m，先端狭椭圆形截形，叶基部不对称，两侧圆形。花序直立，梗长达15cm（图7）；雄花平均每苞片5枚，单行。果束疏松，平均5手，4～5个果实，1行，单果长4.5cm，直立，棱角分明。种子圆形，直径约2mm，每果50～55粒。

地理分布：中国西藏；缅甸、泰国、印度也有分布。分布广泛，西北部以西藏喜马拉雅山南坡为界，东北部以中国西藏南部为界，南至印度阿萨姆邦（Assam）北部，东至缅甸北部的普陀（Putao）。主要生长在海拔300～1 200m的常绿森林的湿润沟壑和河流沿岸。

橙苞芭蕉具有低温敏感性和高度观赏性，适合作为温带地区的观赏植物。

图5 银氏芭蕉（A：果期植株；B、C：花序；D：未成熟的果束；E：近成熟的果束；F：果实纵切面；G：雄花；H：雄花和解剖部分）（图片来源：Gogoi & Borah, 2014a）

图6　藏南芭蕉（A：植株；B：假茎；C：叶背；D：现蕾期的花序；E：盛花期花序；F：苞片正面；G：苞片背面；H–K：雌花部分；H：整朵花；I：合生花被；J：离生花被；K：去掉花被的雌花，雌蕊具退化雄蕊；L–P：雄花部分；L：整朵花；M：合生花被；N：离生花被；O：去掉花被的雄花；P：雌蕊）（图片来源：Sreejith et al., 2013）

图7 橙苞芭蕉（A：植株；B：花序特写）（刘成 摄于西藏墨脱）

橙苞芭蕉（*M. aurantiaca*）种下等级检索表

1a 茎秆汁液水状；叶柄长约25cm …………………………………… 1. 橙苞芭蕉 *M. aurantiaca*

1b 茎秆汁液乳状；叶柄长60cm以上 …………………………………………………………………… 2

2a 雌花蕾基部花雌性；果长约10cm… 1a. 高大橙苞芭蕉 *M. aurantiaca* var. *homenborgohainiana*

2b 雌花蕾基部花两性；果长13.5cm …… 1b. 棒果橙苞芭蕉 *M. aurantiaca* var. *jengingensis*

2.2.5a 高大橙苞芭蕉（新拟）

Musa aurantiaca var. ***homenborgohainiana*** R. Gogoi in Nordic Journal of Botany 32: 702, 2014.

TYPE: CHINA, south of Xizang (中国西藏南部), 23 Jul. 2013, *R. Gogoi 30515* (holotype, CAL; isotypes, ASSAM, ARUN).

识别特征：植株吸芽多达10个，假茎高达2.7m，汁液乳白色；叶柄长达0.8m，叶柄紧抱假茎。雌花每苞片4～6朵，1行，长约11cm；雄花平均每苞片4～6朵，1行。果束10手，每手4～6果，单果10cm×3cm，每果种子约130粒（图8）。

地理分布：中国西藏南部；印度也有分布。多生长于海拔600～1 200m的雅鲁藏布江等河流两岸山坡。

2.2.5b 棒果橙苞芭蕉（新拟）

Musa aurantiaca var. ***jengingensis*** R. Gogoi in Nordic Journal of Botany 32: 702, 2014.

TYPE: CHINA, south of Xizang (中国西藏南部), 20 Jul. 2013, *R. Gogoi 30514* (holotype, CAL; isotypes, ASSAM, ARUN).

识别特征：植株假茎高达2m，汁液乳白色；叶椭圆形，叶柄长达1m，叶柄紧抱假茎。花序直立；苞片橙色，雌花蕾中的基生花为两性花，每苞片3～5朵花，1行；雄花每苞片2～3朵，1行。果束8手，每手3～6果，1行，单果约13.5cm×3.5cm；每果种子约127粒。种子直径约6mm（图9）。

地理分布：中国西藏南部；印度也有分布。多生长于海拔600～1 200m的河流两岸山坡。

2.2.6 野蕉

Musa balbisiana Colla in Memorie della Reale Accademia delle Scienze di Torino 25: 384–385, 1820.

LECTOTYPE: INDIA, orientalis, ex. H. Rip. 1820, *Anonymous s.n.* (TO). (designated by Häkkinen & Väre, 2008c).

别名：伦阿蕉（云南景颇语）。

识别特征：根状茎较长，假茎高约6m，假茎似“丛生”（图10）。叶片卵状长圆形，2.9m×0.9m，叶面

图8 高大橙苞芭蕉（A：花序；B：雄花；C：雌花；D：雌花及其解剖；E：雄花及其解剖；F：幼果期果束；G：果实的纵截面；H：种子）（图片来源：Gogoi, 2014）

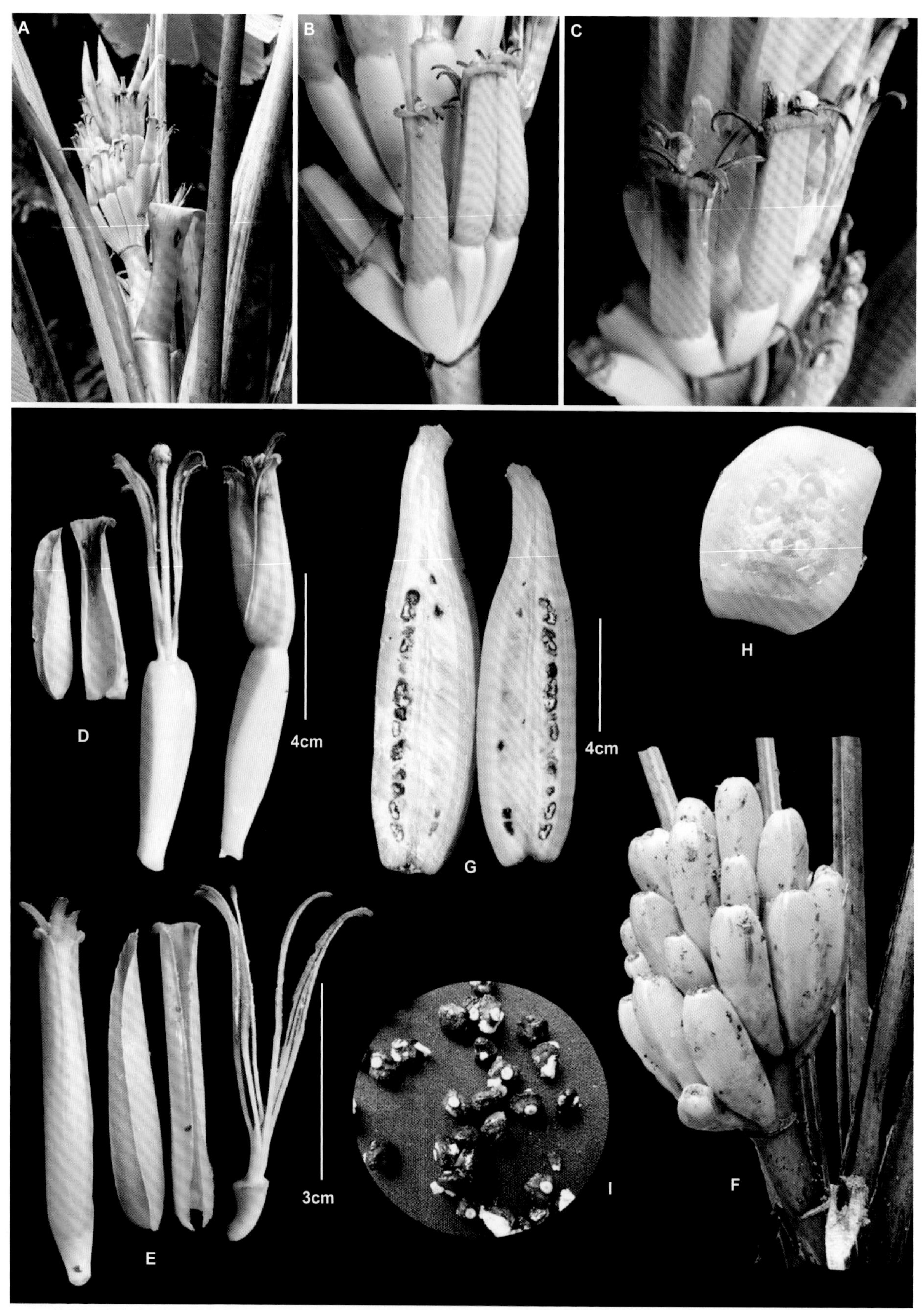

图9　棒果橙苞芭蕉（A：花序；B、C：两性花；D：两性花及其解剖；E：雄花及其解剖；F：幼果果束；G：果实的纵截面；H：子房的横截面；I：种子）（图片来源：Gogoi, 2014）

微被蜡粉；叶柄长约75cm，叶翼张开约2cm。花序长2.5m。果束共8手，每手2列，15～16根。浆果倒卵形，长约13cm×4cm。种子扁球形，褐色，具疣。

地理分布：野蕉在中国从海南到西藏均有发现，主要分布于云南西部；印度、缅甸、泰国和越南等地也有分布。生于山谷、溪边的湿润常绿林中。

本种是栽培香蕉的亲本种之一。假茎可作牲畜饲料。

图10　野蕉假茎似“丛生”（龚洵 摄于中国科学院昆明植物研究所）

野蕉（*M. balbisiana*）种下等级检索表

1a 雌花蕾基部花两性；每苞片雄花约12朵 ……………………………… 1. 野蕉 *M. balbisiana*

1b 雌花蕾基部花雌性；每苞片雄花13～18朵 … 1a. 德昌野蕉 *M. balbisiana* var. *dechangensis*

2.2.6a　德昌野蕉（新拟）

Musa balbisiana var. ***dechangensis*** (J.L. Liu & M.G. Liu) Häkkinen in Fruit Gardener. California Rare Fruit Growers. Fullerton, CA. 43(3): 14, 2011.

≡ *Musa dechangensis* J.L. Liu & M.G. Liu in Acta Botanica Yunnanica 9: 163, 1987. TYPE: CHINA, Sichuan, Dechang, Xiaogao, 1 380m, 2 Dec. 1984, *J.L. Liu & J.Q. Xiao 179* (holotype, XIAS).

识别特征：植株高5m，外被蜡粉。叶长矩形，1.6～2.4m×0.8m，基部心形，不对称，叶柄长0.6～1.2m，主脉被蜡粉，基部抱茎处的边缘干膜质。花序长卵形，下垂，连同花序轴长达1.3m；苞片肉质，外面紫色被蜡粉；每苞片内有花2列，13~18朵。浆果肉质，长倒卵状或椭圆状，7~9.5cm×3.7~6.3cm，果柄长约1cm；每果种子15~35粒。种子黑色，硬骨质。

地理分布：中国特有，分布于四川。

2.2.7 芭蕉

Musa basjoo Siebold & Zucc. ex Iinuma in Sintei Somoku Dzusetsu (ed. 2): 3, 1874.

≡ *Musa japonica* Sallier in Revue Horticole 68: 202, 1896, nom. superfl. LECTOTYPE: Somoku Dzusestsu (ed. 2): pl. 1 (1874). (designated by Häkkinen & Väre, 2008c).

别名：甘蕉、天苴、板蕉、牙蕉、大叶芭蕉、大头芭蕉、芭蕉头、芭苴。

识别特征：植株高2.5~4m。叶片长圆形，2~3m×0.3m，叶柄粗壮，长达30cm。穗状花序顶生，下垂；雄花具雄蕊5，离生，伸出花冠；雌花在下部，雌花每苞片10~16朵，排成2行。浆果三棱状，长圆形，长5~7cm，近无柄，肉质，内具多数种子。种子黑色，具疣突及不规则棱角，

图11 芭蕉（A：植株；B：幼果期果束；C：叶片；D：地上茎）（A~C：席辉辉 摄；D：龚洵 摄于云南昆明）

宽6～8mm。

地理分布：中国特有种，以四川盆地及其周边为分布中心，秦岭—淮河以南可以露地栽培，多栽培于庭园及农舍附近。在云南、广西、广东等地，因冬天比较暖和，芭蕉会持续生长，具有明显的地上茎。

主要观赏价值：可用于园林造景、庭院绿化、盆景、盆栽等。

注：《中国植物志》等记载芭蕉原产日本，但是，最新研究认为应该原产中国，且以四川盆地及其周边为原生地，而日本的芭蕉为引种栽培（Liu et al., 2002）。

芭蕉（*M. basjoo*）种下等级检索表

1a 苞片紫褐色，每苞片花少，约12朵 ………………………………… 1. 芭蕉 *M. basjoo*

1b 苞片黄绿色，每苞片花多，15～20朵 ……………………………………………… 2

2a 叶鞘翅宽0.5～2cm，叶基圆形或近圆形；果长5.5～8cm，先端钝尖；每果种子多达34粒 ………………………………………………… 1a. 芦山野芭蕉 *M. basjoo* var. *lushanensis*

2b 叶鞘翅宽1.5～3cm，叶基楔形；果长约6cm，先端圆钝；每果种子多达50粒 ………… ………………………………………………… 1b. 黄色野芭蕉 *M. basjoo* var. *luteola*

2.2.7a 芦山野芭蕉

Musa basjoo var. ***lushanensis*** (J.L. Liu) Häkkinen in Fruit Gardener. California Rare Fruit Growers. Fullerton, CA. 43(3): 14, 2011.

≡ *Musa lushanensis* J.L. Liu in Acta Botanica Yunnanica 11: 171, 1989. TYPE: CHINA, Sichuan, Lushan, Shuangshi, 700m, 3 Oct. 1987, *J.L. Liu & Z.H. Tang 181* (holotype, XIAS).

识别特征：植株无蜡粉；苞片淡黄色或绿黄色；合生花被片5裂近相等，离生花被片较大，3.7～4.8cm，先端渐尖或长渐尖；浆果直立，长倒卵状、长椭圆状，3~5棱，先端无喙，基部不弯曲。

地理分布：中国特有，分布于四川。

2.2.7b 黄色野芭蕉

Musa basjoo var. ***luteola*** (J.L. Liu) Häkkinen in Fruit Gardener. California Rare Fruit Growers. Fullerton, CA. 43(3): 14, 2011.

≡ *Musa luteola* J.L. Liu in Investigatio et Studium Naturae 10: 41, 1990. TYPE: CHINA, Sichuan, Yaan, Lushan, Shuangshi, 700m, 3 Oct. 1987, J.L. Liu & Z.H. Tang 180 (holotype, XIAS).

识别特征：高2.5～4m。叶基部楔形，叶柄两侧边缘具翅。花序先端圆。苞片外面淡黄色或绿黄色，内面淡黄色，每苞片内有花15～20朵，2行；合生花被片4.5～4.9cm×1～1.5cm，离生花被片长卵形，长4.5～6.1cm，先端尾尖。浆果较小，长约（3～）6.1cm，宽（2～）3.6～4.5cm，果柄密被短柔毛。单果种子约50粒。

地理分布：中国特有，分布于四川。

2.2.8 墨脱芭蕉

Musa cheesmanii N.W. Simmonds in Kew Bulletin 11(3): 479, 1957.

LECTOTYPE: INDIA, Assam, 7 May 1955, *Banana Expedition 90* (K 19008).

识别特征：植株吸芽7～12个；假茎高9～10m，汁液乳白色。叶柄长达0.9m，管缘闭合，基部具翅，紧抱茎。叶片长圆形，3m×1m。每苞片雌花2行16花；胚珠每室2列；每苞片雄花2行，最多23朵；花黄色。果束疏松，最多12手，每手16果，2行；果长18cm（含果柄），直径3.5cm；单果种子约97粒。种子有棱角，表面具刺突，压扁，约1cm×0.7cm（图12）。

地理分布：中国西藏南部，印度也有分布，

图12　墨脱芭蕉（A：模式标本；B：雌花；C：花序；D：假茎；E：带花序的未成熟果束；F：雌花；G：近成熟果束；H：带果束的花序；I：果实；J：种子有棱角，多刺突）（图片来源：Gogoi et al., 2014）

多生长于海拔600～1 200m的河流两岸山坡。

2.2.9 陈氏芭蕉

Musa chunii Häkkinen in Journal of Systematics and Evolution 47(1): 87–89, 2009.

TYPE: CHINA. Yunnan, Dehong, Yingjiang, Tongbiguan Nature Reserve, 1 185m, 06 Apr. 2006, *M. Häkkinen 517* (holotype, HITBC [3 sheets]; isotypes, H, ISBC, PE00935267).

识别特征：植株吸芽4～5个；成熟假茎高1.7m，汁液乳白色。叶柄长0.35m，管缘重叠，基部有翅，不抱茎；叶片1.1m×0.4m。雌花每苞片6～7个，1行；雄花平均每苞片6枚，1行。果束紧凑，平均8手，每手7果，1行（图13）；单果长7.5cm，直径3～4cm，稍呈脊状，果柄长0.6cm；单果种子60～80粒。种子黑色，具瘤，不规则成角凹陷，宽4～6mm，高2～3mm。

地理分布：中国特有种，分布于云南西部，散生于海拔600m以下的沟谷及水分条件良好的山坡上。

图13　陈氏芭蕉 苞片和果束局部（图片来源：Chen et al., 2014）

2.2.10 红蕉

Musa coccinea Andrews in Botanists' Repository, for New, and Rare Plants 1: 343, 1797.

LECTOTYPE: Andrews, Botanist's Repository 1: t. 47 (1797). (designated by Argent & Kiew, 2002).

别名：芭蕉红（云南金平）、指天蕉（云南河口）。

识别特征：假茎高1～2m。叶片长圆形，1.8～2.2m×0.7～0.8m，基部极不对称（图14）；叶柄长30～50cm，有窄翼。花序直立，苞片外面鲜红而美丽，皱褶明显，每苞片内有花一列，约6朵。果无棱（图15），10～12cm×4cm，果柄长3～3.5cm，果内种子极多。

地理分布：云南东南部（河口、金平一带）；散生于海拔600m以下的沟谷及水分条件良好的山坡上；广东、广西常栽培。老挝、越南和印度尼西亚的爪哇岛也有分布。

园林园艺价值：植株细瘦，花苞殷红如炬，十分美丽，可作庭园绿化材料，但果实、花、嫩心及根头有毒，不能食用。

2.2.11 兰屿芭蕉

Musa insularimontana Hayata in Icones Plantarum Formosanarum nec non et Contributiones ad Floram Formosanam 3: 194–195, 1913.

LECTOTYPE: CHINA, Taiwan, Kotosho Island, Aug. 1912, *Y. Tashiro s.n.* (TI). (designated by Häkkinen & Väre, 2008c).

= *Musa textilis* var. *tashiroi* Hayata in Icones plantarum formosanarum nec non et contributiones ad floram formosanam 3: 195, 1913.

识别特征：假茎近圆筒状。叶片狭窄。花序下垂，弯曲，纤细；圆柱状的轴，粗约3cm，密被短柔毛。苞片全棕红色，卵状披针形，约7cm×3cm，强烈凹陷。花无梗，每苞片约8朵，2行。雄花：合生花被片圆筒状，约3.5cm，外部裂片长圆状三角形，约5mm，先端角质；离生花被片椭圆状倒卵形，约1.5cm，先端截形或微缺，短

图14　中国科学院华南植物园栽培的红蕉（曾宋君 摄）

图15　红蕉（A：花序；B：幼果）（朱仁斌 摄于西双版纳热带植物园）

尖。浆果，圆筒状，10～12cm；柄长约4cm，不等四棱形，密被短柔毛。

地理分布：中国特有种，分布于中国台湾，近海平面到海拔100m区域。

2.2.12　阿宽蕉

Musa itinerans Cheesman in Kew Bulletin 4(1): 23-24, 1949.

LECTOTYPE: TRINIDAD and TOBAGO, Trinidad, Cult. Imp. Coll. Trop. Agric. Trinidad, 23 Jun. 1949, *R.E.D. Baker s.n.* (K H.1171/1949). (designated by Häkkinen & Väre, 2008c).

别名：黑芭蕉（云南瑞丽）、药（云南傣语）。

识别特征：假茎连叶高5～7m。叶片卵状长圆形，2.4～3.1m×0.8m。果束具5～10手，每手2列，果15～18个（图16）。浆果，12～14cm×3～3.5cm，柄长达3cm，被白色茸毛；果内种子多数。种子不规则多棱形，背腹压扁，宽约6mm，高3mm，具疣。

地理分布：中国海南、云南。老挝、孟加拉国、缅甸、泰国、印度和越南等地也有分布。

图16　阿宽蕉（A：红紫色苞片，有明显的黄色边缘；B：带花序的未成熟果束）（A：图片来源：Valmayor et al., 2005；B：图片来源：Häkkinen, 2013）

阿宽蕉（*M. itinerans*）种下等级检索表

1a 雄花排1列 ………………………………………………………………… 2

　2a 茎秆汁液乳白色；叶柄长0.5～0.7m，叶长1.7m；花序梗无毛，基部花雌性 ……………………………………………… 1a. 香阿宽蕉 *M. itinerans* var. *annamica*

　2b 茎秆汁液水红色；叶柄长1m，叶长可达5m；花序梗被毛，基部花两性 ………………………………………… 1i. 版纳阿宽蕉 *M. itinerans* var. *xishuangbannaensis*

1b 雄花排2列 ………………………………………………………………… 3

　3a 花序梗无毛 …………………… 1h. 乐昌阿宽蕉 *M. itinerans* var. *lechangensis*

　3b 花序梗被毛 ……………………………………………………………… 4

　　4a 果皮暗黑色 ……………… 1f. 海南阿宽蕉 *M. itinerans* var. *hainanensis*

　　4b 果皮浅绿色 ……………………………………………………………… 5

　　　5a 果皮黄绿色，先端无条纹 ……………………………………………… 6

　　　　6a 雄蕾苞片深紫色，边缘黄 ……… 1j. 阿宽蕉原变种 *M. itinerans* var. *itinerans*

　　　　6b 雄蕾苞片黄绿色，先端有紫红色条纹 ………………………………… 7

7a 雄蕾苞片黄绿色，先端有紫红色条纹；果柄约2.5cm ……………………………… 1b. 中国阿宽蕉 *M. itinerans* var. *chinensis*

7b 雄蕾苞片黄绿色；果柄约1.4cm … 1g. 葛玛兰阿宽蕉 *M. itinerans* var. *kavalanensis*

5b 果皮黄绿色，先端有紫红色条纹……………………………………………………………… 8

8a 雄花蕾长约18cm，苞片深紫红色；雄花合生花被片约5.5cm；果束疏松 …………………………………………………… 1e. 广东阿宽蕉 *M. itinerans* var. *guangdongensis*

8b 雄花蕾长约14cm，苞片黄绿色；雄花合生花被片约（3.5～）4.5cm；果束紧凑 … 9

9a 基部花雌性；果束水平至下斜………… 1c. 泰雅阿宽蕉 *M. itinerans* var. *chiumei*

9b 基部花两性；果束斜上或水平 ………… 1d. 台湾阿宽蕉 *M. itinerans* var. *formosana*

2.2.12a 香阿宽蕉

Musa itinerans var. ***annamica*** (R.V. Valmayor, L.D. Danh & Häkkinen) Häkkinen in Novon 18(1): 51, 2008.

≡ *Musa itinerans* subsp. *annamica* R.V. Valmayor, D.D. Lê & Häkkinen in Philipp. Agric. Science 88: 241, 2005. TYPE: VIETNAM, Nghe An, Anh Son, 4 Oct. 1994, *Le Dinh Danh VN1-026* (holotype, PHH 005).

识别特征：植株假茎高3m；汁液乳白色。叶柄长0.5～0.7m，叶片达1.7m×0.7m。雄花蕾苞片扭曲、侧卷展开。果实每手13～16根，长约15cm，微弯曲；未成熟果银色，成熟果锈褐色；果皮开裂。种子球形光滑。

地理分布：中国广东（仅在广东广州市发现小居群）；越南也有分布。

2.2.12b 中国阿宽蕉

Musa itinerans var. ***chinensis*** Häkkinen in Novon 18(1): 51–54, 2008.

TYPE: CHINA, Guangdong, Conghua, Daling Mtn., 500m, 2 Apr. 2006, *M. Häkkinen 514* (holotype, IBSC; isotypes, H 1740857, HITBC, MO).

识别特征：植株吸芽12个；假茎高4m，直径15cm；汁液乳白色。叶柄0.5m；叶片狭椭圆形，2.5m×0.5m。花序梗被微柔毛，雌花子房每室4行排列，合生花被片约4.8cm；雄花平均每苞21朵，2行，随苞而落。果束疏松，7手，平均每手17果，2行，果梗约2.5cm（图17）；每果250～270粒种子。

图17 中国阿宽蕉（A：苞片黄绿色，有紫红色条纹，果皮淡绿色，雄花可育；B：果实具浅绿色果皮，黄绿色苞片具紫红色条纹）（图片来源：Chiu et al., 2011）

种子皱缩，直径约5mm。

地理分布： 中国特有，分布于广东、广西、云南，生长于海拔2 000m以下的山地林中。

当地居民普遍将其作为饲料种植。

2.2.12c 泰雅阿宽蕉

Musa itinerans var. ***chiumei*** H.L. Chiu, C.T. Shii & T.Y.A. Yang in Taiwania 60(3): 133, 2015.

TYPE: CHINA, Taiwan, Taoyuan, 20 May 2013, H.L. Chiu 17 (holotype, TNM; isotypes, BM, G, K, L, KUN, TAI, TI, TNM).

识别特征： 植株假茎高2.3～3.5m；汁液水状。叶柄长0.4～0.5m；叶片1.8～2.3m×0.4～0.6m。花序轴密被柔毛；雌花每苞片9～11朵，2列，3室，胚珠每室4列。雄花蕾披针形，外苞片黄绿色；每苞片13～16朵，2行。果束紧凑，每束6～11手。果梗被微柔毛；果皮带粉红色条纹，微柔毛。种子深棕色，疣状，直径5.7mm，高约3.0mm。

地理分布： 中国特有，分布于台湾，常生长在海拔200～1 200m的路边、河谷和沟壑、缓坡或陡坡。

2.2.12d 台湾阿宽蕉

Musa itinerans var. ***formosana*** (Warb. ex Schum.) Häkkinen & C.L. Yeh in Acta Phytotaxonomica et Geobotanica 61(2): 44, 2010.

≡ *Musa basjoo* var. *formosana* (Warb.) S.S. Ying in Memoirs of the College of Agriculture, National Taiwan University 25: 100, 1985. ≡ *Musa formosana* (Warb.) Hayata in Icones Plantarum Formosanarum nec non et Contributiones ad Floram Formosanam 6(Suppl.): 83, 1917. ≡ *Musa* × *paradisiaca* var. *formosana* Warb. in Das Pflanzenreich (Engler) IV, 45: 21, 1900. NEOTYPE: JAPAN, Shikoku, Ehime-ken, Uchiko, 17 Sep. 1916, *B. Hayata s. n.* (TI). (designated by Häkkinen & Väre, 2008c).

识别特征： 植株高达3m；吸芽5个。叶片1.8m×0.5m。基部花两性，每苞片8～12朵，2行。雄花每苞片12～17朵，2行。果束具3～11手，平均每手8～12果，果长7cm，笔直，果柄3cm，被短柔毛；成熟果偶有纵裂。

地理分布： 中国特有种，分布于台湾及其亚热带和热带地区的近海岛屿，海拔200～1 200m，沿路边、河谷和沟壑、缓坡或陡坡分布。大种群常生长在山谷或河流沿岸。

2.2.12e 广东阿宽蕉

Musa itinerans var. ***guangdongensis*** Häkkinen in Novon 18(1): 54–56, 2008.

TYPE: CHINA. Guangdong, Conghua, Daling Mtn., 282m, 2 Apr. 2006, *M. Häkkinen 515* (holotype, IBSC; isotypes, H, HITBC, MO).

识别特征： 植株吸芽8个；假茎高4.5m。叶片狭椭圆形，3m×0.6m，花序梗长0.4m，直径5.5cm，密被柔毛；基生花雌性，胚珠每室4列，合生花被片约4.8cm；雄花平均每苞片15朵，2行。

地理分布： 中国特有，分布于广东。

2.2.12f 海南阿宽蕉

Musa itinerans var. ***hainanensis*** Häkkinen & X. J. Ge in Acta Phytotaxonomica et Geobotanica 61(2): 44, 2010.

TYPE: CHINA, Hainan, Wanning, Neitian, 200m, 4 Dec. 2007, *M. Häkkinen 645* (holotype, IBSC; isotypes, H, MO).

识别特征： 植株吸芽最多5个；假茎高4m；汁液乳白色。叶柄达0.4m；叶片狭椭圆形，2.5m×0.5m；花序梗密被短柔毛。雌花胚珠每室4列；雄花平均每苞17个，2行，花药和花柱内藏。果束疏松，9手，每手15果，2行，单果约6.5cm，梗约4.5cm，被短柔毛，成熟时变暗黑色，纵裂，每果种子80～100粒。种子扁平成棱角，直径约3.5mm。

地理分布： 中国特有，分布于海南。

假茎内部幼叶可作为蔬菜食用。

2.2.12g 葛玛兰阿宽蕉

Musa itinerans var. ***kavalanensis*** H.L. Chiu, C.T. Shii & T.Y.A. Yang in Novon 21(3): 410–411, 2011.

TYPE: CHINA, Taiwan. Yilan, 20 May 2008, *H.L. Chiu 1* (holotype, TNM S133047, 1 of 5; isotype,

TNM S133047, 2 to 5 of 5 [4 sheets]).

识别特征：植株吸芽5个；假茎高2.5～4m；水状汁液。叶1.8～2.2m×0.5～0.6m。花序梗密被柔毛；每苞片雌花11～13朵，2行，胚珠每室4列；雄花每苞14朵，2行。果束近水平，紧凑，每束3～10手；单果直，略有脊，果梗长1.1～1.4cm，微被柔毛（图18）；未成熟果皮被微柔毛，成熟时偶纵裂；种子小，深褐色，疣状，直径2.1mm×4.1～4.8mm。

地理分布：中国特有，分布于台湾。

2.2.12h 乐昌阿宽蕉

Musa itinerans var. ***lechangensis*** Häkkinen in Novon 18(1): 56–57, 2008.

TYPE: CHINA. Guangdong, Lechang, Beixiang, 343m, 1 May 2006, *M. Häkkinen 516* (holotype, IBSC; isotypes, H, HITBC, MO).

识别特征：植株吸芽4个；假茎高4m；汁液乳白色。叶下垂，叶片狭椭圆形，2.6m×0.5m，叶基对称。雌花子房胚珠每室4列；雄花平均每苞15朵，2行。果束疏松，3手，平均每手15果，2行，每果种子200～220粒。种子皱缩，直径约5mm。

地理分布：中国特有，分布于广东。

2.2.12i 版纳阿宽蕉

Musa itinerans var. ***xishuangbannaensis*** Häkkinen in Novon 18(1): 57–59, 2008.

TYPE: CHINA. Yunnan, Xishuangbanna, Jinghong, 1 154m, 20 Jul. 2005, *M. Häkkinen 510* (holotype, HITBC [12 sheets]; isotypes, H, IBSC,

图18　葛玛兰阿宽蕉（A：小生境与植株；B：带花序的未成熟果束；C：栽培植株；D：花序）（图片来源：Chiu et al., 2011）

MO, QBG).

识别特征：植株吸芽7个；假茎高12m。叶柄长至1m，叶片狭椭圆形，达5m×1m。花序梗密被柔毛；基生雌花，长12cm，子房浅绿色，胚珠每室4列；雄花平均每苞片10朵，1行。果束紧凑，每束9手，平均每手17果，2行，果梗被微柔毛；每果种子150～180粒。种子皱缩，直径6mm。

地理分布：中国特有，分布于云南。

花和假茎内部幼叶可食用。

2.2.13 藏南粉苞芭蕉（新拟）

Musa kamengensis R. Gogoi & Häkkinen in Acta Phytotaxonomica et Geobotanica 64(3): 149, 2013.

TYPE: CHINA, south of Xizang (中国西藏南部), 1 000~1 200m, 24 Dec. 2012, *R. Gogoi 21983* (holotype, CAL; isotypes, ARUN, ASSAM).

识别特征：植物吸芽2～8个；假茎高达4.3m；汁液水状。叶片椭圆形至长圆形，1.6～2.4m×0.6～0.9m。花序直立，梗被短柔毛；苞片粉红色；雌花每苞3～9朵，胚珠每室4列；柱头扁平；雄花平均每苞8个，1行。果束直立或上升，紧凑，4～8手，每手3～9果，1行；单果种子可达133粒（图19）。

地理分布：中国西藏南部；印度也有分布。

2.2.14 洋红芭蕉

Musa mannii H. Wendl. ex Baker in The Flora of British India 6(18): 263, 1892.

NEOTYPE: Hooker (1893), Botanical Magazine:

图19 藏南粉苞芭蕉（A：小生境和植株；B：花序；C：果束；D：种子；E：果实纵截面）（图片来源：Gogoi & Häkkinen, 2013）

t. 7311. (designated by Häkkinen & Väre, 2009).

识别特征：植株吸芽约5个；假茎高约0.8m；汁液水状。叶片长椭圆形，0.6 ~ 0.8m × 0.2m。花序梗被白色短毛，基部花两性，每苞片1 ~ 3朵，子房淡绿色，长2.5 ~ 3cm，每室胚珠成2列；雄花每苞片2朵，排成1行。果束疏松，3手，平均每手1 ~ 3个果，1行；单果长5.5 ~ 6cm（图20、图21）；每果种子20~30粒。种子黑色，直径4~5mm。

地理分布：中国西藏；印度也有分布。野外极为稀少。

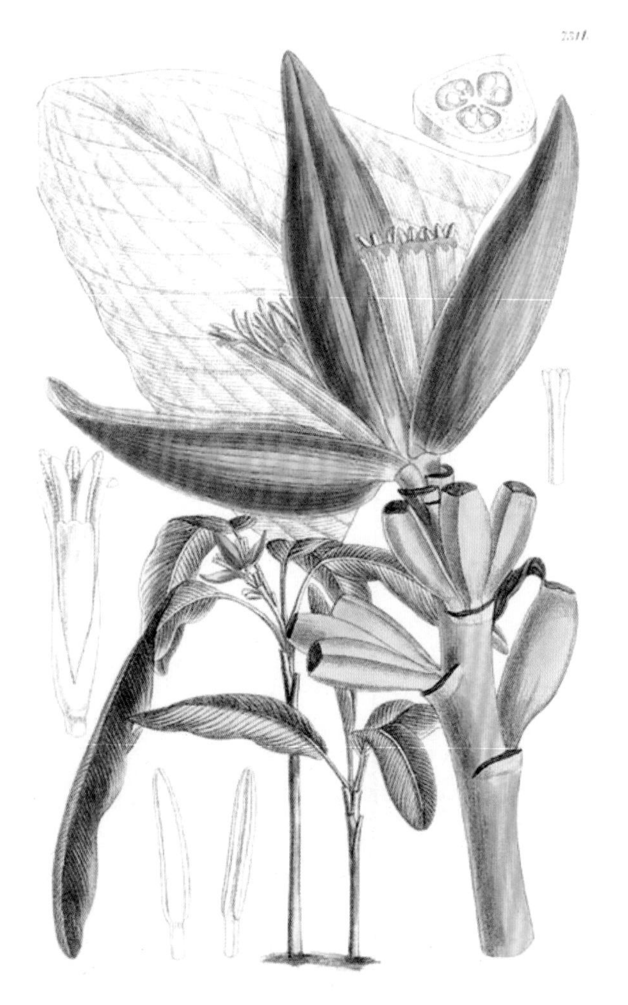

图20 洋红芭蕉（图片描绘了花期植株、花序特写、雄花、雄蕊、花柱、子房等）（图片来源：Hooker, 1893）

洋红芭蕉（*M. mannii*）种下等级检索表

1a 植株高0.6 ~ 0.8m；茎秆汁液水状；雌花蕾基部花两性 …………… 1. 洋红芭蕉 *M. mannii*

1b 植株高1 ~ 1.7m；茎秆汁液乳状；雌花蕾基部花雌性 ………………………………………………… 1a. 多芽洋红芭蕉 *M. mannii* var. *namdangensis*

2.2.14a 多芽洋红芭蕉（新拟）

Musa mannii* var. *namdangensis R. Gogoi & Borah in Taiwania 59(2): 94, 2014.

TYPE: CHINA, south of Xizang (中国西藏南部), 02 Jun. 2013, *R. Gogoi & S. Borah 30351* (holotype, CAL; isotypes, ASSAM, ARUN).

识别特征：植株吸芽12 ~ 18个；假茎高1 ~ 1.7m；汁液乳白色。叶柄长70 ~ 85cm。叶片椭圆形，0.5m × 0.4m。花序先直立后水平；花序梗被柔毛；苞片粉红色，外面稍具柔毛，脱落前不外卷；雌花子房胚珠每室2列；雄花每苞片2 ~ 3

图21 洋红芭蕉（A：植株；B：假茎上部，叶柄边缘扭曲；C：叶柄横截面；D：叶片先端；E：叶基；F：花序；G：雌花；H：去除花被的雌花；I：苞片；J～M：雄花部分：J：雄花；K：去除花被的雄花；L：离生花被片；M：雌蕊；N：果束中的一手；O：种子）（图片来源：Joe et al., 2014）

朵，1行，随苞片而落。果束稍紧凑，7手，每手4～8果，1行；单果长8～14cm（含花梗），直径2～2.5cm；每果有117粒种子。种子直径约5mm，具皱纹（图22）。

地理分布：中国西藏南部；印度也有分布。

2.2.15 少芽芭蕉（新拟）

Musa markkuana (M. Sabu, A. Joe & Sreejith) Hareesh, A. Joe & M. Sabu in Phytotaxa 303(3): 283, 2017.

≡ *Musa velutina* subsp. *markkuana* M. Sabu,

图22　多芽洋红芭蕉（A：解剖的雄花；B：解剖的雌花；C：果束特写；D：子房横截面；E：种子；F：花序；G：果束）（图片来源：Gogoi & Borah, 2014）

图23　少芽芭蕉（A：植株；B：假茎；C：叶基部；D：幼果和雄花蕾；E：雌花；F：两性花；G：雄花；H：成熟的果实；I：种子）（图片来源：Sabu et al., 2013）

A. Joe & Sreejith in Phytotaxa 92: 50, 2013. TYPE: CHINA, south of Xizang (中国西藏南部), 348m, 24 Mar. 2012, *A. Joe & P.E. Sreejith 130833* (holotype CAL; isotype CALI).

识别特征：植株吸芽2～3个；假茎高1.1～1.6m，直径6～10cm。叶片长圆披针形，1～1.3m×0.5m。花序直立，梗稍被柔毛；雌花每苞片花4～6朵，1行，子房每室2列胚珠；雄花每苞平均7朵。果束紧凑，5手，每手4～6果，1行，单果长6～10cm，花梗长1cm，无毛，未成熟果皮红褐色；每果种子70～80粒。种子疣状，直径4～6mm，高2～3mm（图23）。

地理分布：中国西藏南部；印度也有分布。

2.2.16 马库芭蕉（新拟）

Musa markkui Gogoi & Borah in Gardens' Bulletin, Singapore 65(1): 20, 2013.

TYPE: CHINA, south of Xizang (中国西藏南

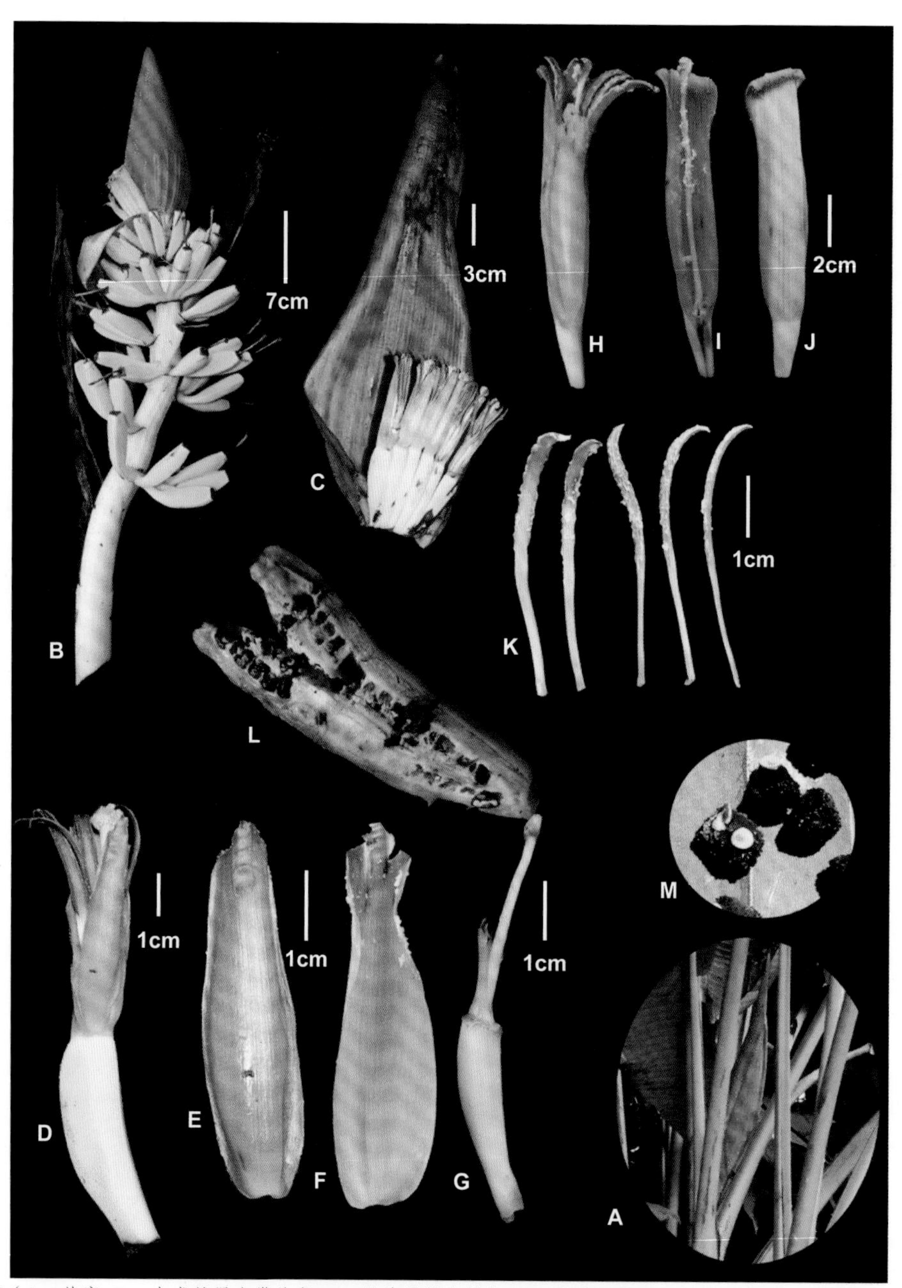

图24 马库芭蕉（A：花序；B：未成熟果束带花序；C：苞片具基生雌花；D：基生两性花；E：基生花的离生花被片背面观；F：基生花的离生花被片腹面观；G：子房，具花柱和柱头；H：雄花；I：具花柱的雄花合生花被片腹面观；J：合生花被片背面观；K：雄花的雄蕊；L：果实纵截面；M：种子）（图片来源：Gogoi & Borah, 2013）

部), 1 302m, 13 Sep. 2012, *Gogoi & Borah 21854* (holotype, CAL [3 sheets]; isotype, ASSAM).

识别特征：植株吸芽12～22个；假茎高3m；汁液乳白色。叶柄长0.5～2m；叶片2～2.4m×0.4～0.7m。花序直立（或后水平），花序梗被白色短柔毛；苞片粉红色，被白色短柔毛；每苞片雌花4～7朵，1行；每苞片雄花约6朵，1行。果束紧凑，4～7果1行，7～10手；单果长可达12cm。种子扁四棱形，约4mm，黑色，表面具瘤（图24）。

地理分布：中国西藏南部；印度也有分布。

2.2.17 白背芭蕉

Musa nagensium Prain in Journal of the Asiatic Society of Bengal 73: 21, 1904.

LECTOTYPE: INDIA, Assam, Nagaland, Joboca, 3 Sep. 1903, *Abdul Huq s.n.* (K [designated by Liu et al., 2002]; isoletotypes, BM, E).

= *Musa nagensium* var. *hongii* Häkkinen in Novon 18(3): 337–338, 2008.

识别特征：植株高大，约5个吸芽；假茎高达11m，纤细；汁液乳白色。叶柄长0.5m，管缘重叠；叶直立，狭椭圆形，2m×0.7m，背面银色，明显蜡质。花序垂直向下；花序梗长0.7m，苞片黄色至橙色；雌花胚珠每室2列；雄花平均每苞片12朵，2行。果束紧凑，7手，每手14果，2行，果向下指向雄花蕾；单果约9cm×3.5cm，花梗3.5cm，无毛，未成熟果皮蜡质银色；种子近圆形，约11mm×7mm，黑褐色，光滑或疣状（图25、图26）。

地理分布：中国西藏、云南；缅甸、印度、

图25　白背芭蕉（A：果期植株；B：假茎；C：花序；D：近成熟果束；E：果实内的种子）（图片来源：Gogoi et al., 2014）

图26　白背芭蕉（A：植株；B：雄花；C：苞片基部的两性花；D：果序）（图片来源：Gogoi, 2013）

泰国也有分布。

中国的野生种群仅见于云南西部盈江县铜壁关省级自然保护区的常绿阔叶林中。花芽可作蔬菜，口感较佳。

2.2.18 紫苞芭蕉

Musa ornata Roxb. in Flora Indica; or descriptions of Indian Plants 2: 488–489, 1824.

NEOTYPE: illustration no. 1716 of Icones Roxburghianae. (designated by Häkkinen & Väre, 2008c).

= *Musa mexicana* Matuda in Madroño 10: 167, 1950. = *Musa troglodytarum* var. *rubrifolia* Kuntze in Revisio Generum Plantarum 2: 692, 1891. = *Musa speciosa* Ten. in Index Seminum in Horto Botanico Neapolitano Collectorum: 16, 1829.

识别特征：株型较小，花序黄橙色，花每苞片3～5朵，1行（图27）；雄花花药紫色，而雌花花药绿色。染色体数为2n=22。

地理分布：中国西藏南部，广东、海南、江苏、上海、四川、云南等地有引种栽培；孟加拉国、缅甸、印度也有分布。

2.2.19 拟红蕉

Musa paracoccinea A. Z. Liu & D.Z. Li in Botanical Bulletin of Academia Sinica 43: 77, 2002.

TYPE: CHINA. Yunnan, Jinping, 5 Oct. 1998, *A. Z. Liu 98007* (holotype, KUN; isotype, PE).

识别特征：植株假茎高4～6m；叶片1.5～2.2m×0.2～0.3m；叶柄具狭窄的直立边缘（图28）。花序直立；苞片两面鲜红色，早落。雌花每苞片4～8个，1行；雄花每苞片4～6个。果长达12cm×3～4cm，有白霜，直，具宿存花被和花柱。种子钟形，6～8mm×8～10mm，边缘卷曲，黑色。

图27　紫苞芭蕉花序特写（图片来源：Valmayor et al, 2005）

图28　自然栖息地的拟红蕉（席辉辉 摄于云南河口县）

地理分布：中国云南；越南也有分布。

2.2.20 银果芭蕉（新拟）

Musa puspanjaliae R. Gogoi & Häkkinen in Nordic Journal of Botany 31: 473, 2013.

TYPE: CHINA, south of Xizang (中国西藏南部) 25° 31′41.6″ N, 91° 33′46.9″ E, 1 200m, 23 Nov. 2012, *R. Gogoi 21975A1-A5* (holotype, CAL [5 sheets], isotypes, ASSAM, ARUN).

识别特征： 植株吸芽多达8～12个；汁液乳白色。叶柄长达0.4m，叶片椭圆形或长圆披针形，1.5～2m×0.5～0.7m，基部对称，两侧圆形。花序下垂，梗被短柔毛；苞片4枚，外部黄绿色至略带紫色，宿存；雌花每苞13～16朵，2行；子房微被柔毛；每室胚珠2列；雄花每苞片42朵，2行，粉红色，长4.5cm。果束极紧凑，8手，每手约15果，2行，10cm×5cm，直；未成熟果皮银色，微蜡质。种子棱角形，长0.8cm×1cm，微皱（图29）。

地理分布： 中国西藏；印度也有分布。

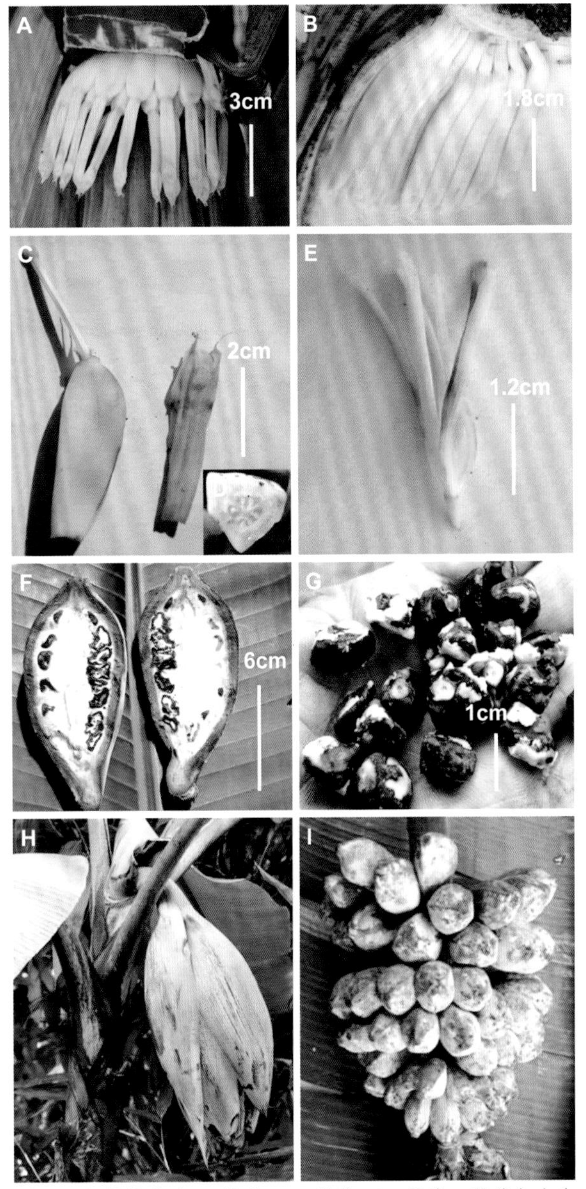

图29 银果芭蕉（A：雌花；B：雄花；C：子房、雌蕊与合生花被片；D：子房横截面；E：雄性花蕊和花柱；F：果实纵切面；G：种子；H：雌花；I：果束）（图片来源：Gogoi & Häkkinen, 2013）

2.2.21 红矮芭蕉

Musa rubinea Häkkinen & C. H. Teo in Folia Malaysiana 9(1): 24, 2008.

TYPE: CHINA, Yunnan, Menglun, Xishuangbanna Tropical Botanical Garden, 15 Jul. 2005, *M. Häkkinen 506* (holotype, HITBC).

识别特征： 植株茎细长，高达1m，叶鞘棕色，汁液水状。叶柄长达0.15m；叶片长圆状披针

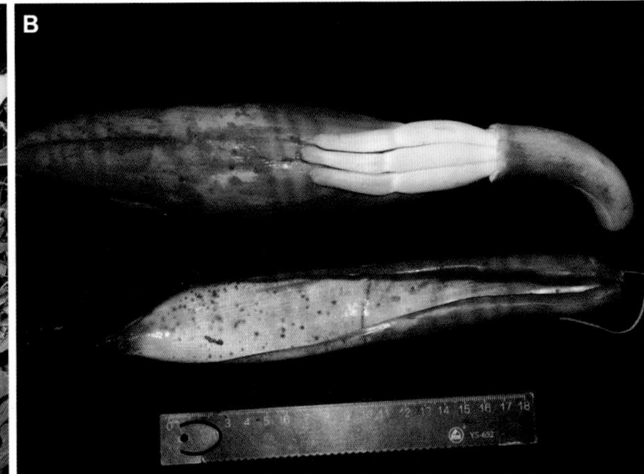

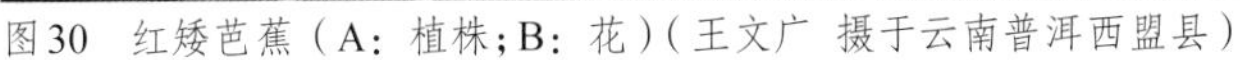

图30 红矮芭蕉（A：植株；B：花）（王文广 摄于云南普洱西盟县）

形，1.2m × 0.2m，叶基不对称，两侧圆形，花序梗具微毛，宝石红色（图30）。雌花每苞3朵，1行，每室胚珠2列；雄花每苞片2～3朵，1行。果束小，稍疏松，5～7手，平均每手2～3果；单果种子30～40粒。种子圆形，光滑，带褐色，直径约4mm（Häkkinen & Teo, 2008）。

地理分布：中国云南；缅甸也有分布。

2.2.22 阿希蕉

Musa rubra Wall. ex Kurz in Journal of the Agricultural and Horticultural Society of India 14: 301, 1867.

LECTOTYPE: MYANMAR, Rangoon, *M. Clelland* (K) (designated by Häkkinen & Väre, 2008c).

= *Musa laterita* Cheesman in Kew Bulletin 4: 265, 1949.

识别特征：假茎暗紫色，高1.5～2.4m。叶片卵状长圆形，约2m × 0.5m，基部歪斜；叶柄细，长1m，具紫色斑块。花序直立或上举，序轴有褐色微柔毛；苞片披针形，水红色，每苞花5～6朵，1行；离生花被片较合生花被片短很多（图31）。果束直立，每束果6～9手，每手5～6根，1行。浆果长7cm × 2.5～3cm，先端截形，基部渐狭；种子背腹压扁，多棱形，宽约5mm，淡褐色，具疣。

地理分布：云南西南部（瑞丽、沧源）；生于阴湿沟谷底部及半沼泽地，海拔1 000～1 270m。缅甸、孟加拉国、泰国、印度也有分布。

2.2.23 瑞丽芭蕉

Musa ruiliensis W.N. Chen, Häkkinen & X.J. Ge in Phytotaxa 172(2): 110, 2014.

TYPE: CHINA, Yunnan: Dehong, Ruili, 10 Jan. 2013, 1 055~1 460m, *X.J. Ge 2013M01* (holotype, IBSC, isotype, IBSC).

识别特征：植株吸芽8～10个；假茎高1.8～2.5m，基部直径6～9cm；叶直立，1～1.2m × 0.25～0.35m；叶柄长0.6～0.9m。花序初直立，后下垂，花序梗粉红色，密被短柔毛（图32）；苞片背面粉红色，每苞片内花4朵，1行，子房每室胚珠2列；雄花每苞片3～4花，1行；果束紧密，7～8手，每手4果，1行，果指向花序，梗弯曲；每果种子约30粒。种子黑色，具瘤，不规则成角，高2～3mm，直径约6mm。

地理分布：中国特有种，分布于云南，德宏傣族景颇族自治州瑞丽道坝村附近的山谷和溪流沿岸分布较多，该位置距离中缅边境约10km（Chen et al., 2014）。

2.2.24 血红蕉

Musa sanguinea Hook. f. in Botanical Magazine 98: pl. 5975, 1872.

LECTOTYPE: Hooker (1872), Botanical Magazine 98: pl. 5975 (designated by Häkkinen & Väre, 2009).

识别特征：假茎高1.5～2m。叶片卵状长圆形，长不及1m，基部歪斜。花序直立或上举。最后下垂，长约20cm，花序轴被褐色微柔毛（图33）；浆果长圆状三棱形，长5～7.5cm，具红斑。种子背腹压扁，不规则多棱形，宽约5mm，黑色，具疣。

地理分布：中国云南独龙江流域和西藏墨脱，生于海拔1 000m左右的沟谷底部及半沼泽地。印度北部和缅甸也有。

2.2.25 锡金芭蕉（新拟）

Musa sikkimensis Kurz in Journal of the Agricultural and Horticultural Society of India. Calcutta 5: 164. 1878.

NEOTYPE: INDIA, West Bengal, Darjeeling, 1 830m, 21 Apr. 1955, *B.E. Simmonds 79* (K, 19026 (designated by Simmonds, 1957).

= *Musa hookerii* King ex Cowan & Cowan in Trees North Bengal 135. 1929. = *Musa paradisiaca* subsp. *seminifera* var. *hookerii* King ex K. Schum. in Niedenzu in Engler, Pflanzenreich 4(45): 21. 1900. = *Musa sapientum* L. subsp. *seminifera* (Lour.) Baker f. *hookerii* King ex Baker in Annals of Botany (Oxford) 7: 214, 1893.

识别特征：假茎高5～8m，基部周长

图31　阿希蕉（A、B：野生种群和植株；C：花序；D：叶基与幼果束；E：雌花苞片的外部；F～J:雌花部分；F：全花；G：去除花被片的花；H：合生花被片；I：离生花被片；J：子房横切面）（图片来源：Joe et al., 2016b）

图32　瑞丽芭蕉（A：小生境与植株；B：果序；C：花序）（A：曾佑派 摄于云南瑞丽；B、C：葛学军 摄）

图33　血红蕉（A：花序特写；B：植物科学插画）（图片来源：Hooker, 1893）

0.4～0.7cm，汁液水状。叶片长圆形或倒卵形，1～2m×0.6～0.8m，叶柄被白霜。花序梗微被短柔毛；不育苞片深紫色，先端具叶附属物；雌苞片深紫色，先端黄色，先端钝且分裂，每苞片雌花7～11朵，2行，胚珠每室1列；雄花每苞片10～18朵，2行。果束松散，4～6手，每手7～11果，2行；果实长16～18cm，弯曲；每果种子80～250粒。种子圆形，直径约1cm，光滑（图34）。

地理分布：中国西藏；印度也有分布。

2.2.26　亮果芭蕉

Musa splendida A. Chev. in Revue de Botanique Appliquée et d'Agriculture Tropicale 14: 517, 1934.

LECTOTYPE: VIETNAM. Tonkin: de Laokay, Muong-Xen, 04 Dec. 1913, *A. Chevalier s.n.* (P: P01767056 [designated by Lý et al., 2018]).

EPITYPE: VIETNAM. Haut-Tonkin: de Laokay, Phu Lu, 6 Dec. 1935, *M. Poilane 24969* (P 00742068, 00742069 [designated by Lý et al., 2018]).

识别特征：植株吸芽约8个；成熟假茎高2.5～3.8m；汁液乳白色。叶柄长37～87cm，叶柄管宽，边缘直立，具翅，紧抱假茎。叶片长椭圆形至长披针形，1.5～2.2m×0.4～0.7m，两面无蜡。花序直立；花梗长24～30cm，直径3.5～5.2cm，淡绿色，无毛或稍被短柔毛；不育苞片通常2片，鲜红色至橙红色，先端黄绿色，迅速脱落。基部花雌性，雌花每苞3～6朵；合生花被片长圆状披针形，3.9～5.5cm×1.8～3.6cm，橙黄色，先端有5个三角形裂片，先端绿色；离生花被片几乎与合生花被片等长，子房每室2列胚珠。雄花序梗直立，35～50cm×3～3.5cm，无毛；雄花蕾卵球形至卵状披针形，9～23cm×8～14cm，苞片先端黄色至黄绿色，两面鲜红色至橙红色，基部褪色至黄色。雄花每苞5～8朵，排成1行。果束圆柱形，紧凑，有5～12手，每手3～5果；成熟果实倒圆形，4～9cm，直径1.5～3.7cm，青灰色或银绿色，无蜡；

图34 锡金芭蕉（A：栖息地；B：植株；C：叶柄基部具褶皱的边缘；D：叶柄基部具平滑的边缘；E：叶片先端；F：叶柄的横截面；G：叶基；H：花序；I：雄花；J：苞片；K~O：雄花部分；K：整朵花；L：合生花被；M：离生花被；N：雄蕊；O：雌蕊；P：成熟的第一束果实；Q：最后一束果实；R：幼果横截面；S：种子）（图片来源：Joe et al., 2016a）

图35　亮果芭蕉（A：植株；B：叶基；C：雄花；D：雌花；E：近成熟果束；F：未成熟果束和雄花序；G：去除花被的雌花，具雄蕊、花柱和柱头；H：雌花离生花被；I：雌花合生花被；J：雄花；K：雄花离生花被；L：一朵雄花的详细侧视图；M：种子）（图片来源：Ngoc et al., 2018）

果梗长2～3cm；每果种子20～45粒，青绿色，无毛。种子钟状或蘑菇状，高5.5～7mm，最宽处直径6.5～9mm，褐色，皱（图35）。

地理分布：中国南部、西南部，次生常绿阔叶林，通常散布在海拔530～700m的山丘和森林或溪流附近的开阔地带。越南也有分布。

幼嫩假茎可作蔬菜和牲畜饲料。花序可作为装饰。

2.2.27 朝天蕉

Musa velutina H. Wendl. & Drude in Gartenflora 24: 65, 1875.

LECTOTYPE: Wendland & Drude (1875), Gartenflora 65: t. 823. (designated by Häkkinen & Väre, 2008b).

= *Musa velutina* var. *variegata* A. Joe, M. Sabu & Sreejith in Plant Systematics and Evolution 300: 13, 2013.

识别特征：假茎高1.5m。花序直立，花序梗红色，被白色短柔毛，不育苞片宿存；每苞片两性花3～5朵，1行；子房密被短柔毛；雄花每苞片约5朵，1行（偶2行）。果粉色，7cm×3～4cm，被短柔毛，近无柄。果皮厚3～4mm，成熟时自然开裂（图36）。种子黑色，具瘤，不规则地具棱角

图36 朝天蕉（A：果序；B：成熟期果皮开裂的果实）（右图来源：Hareesh et al., 2017）

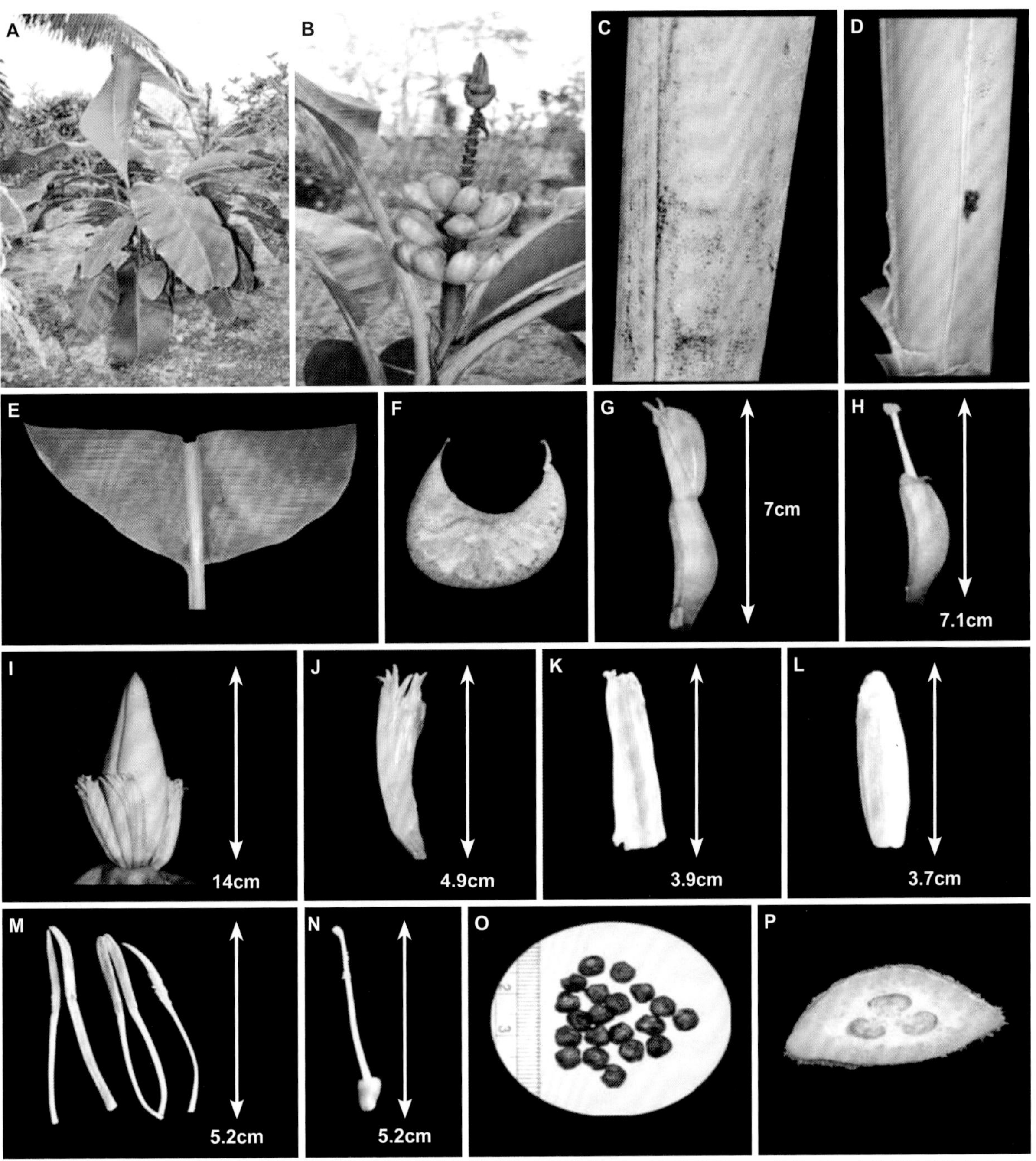

图37　朝天蕉（A：植株；B：近成熟果实；C、D：假茎外部和内部；E：叶基；F：叶柄横截面；G：雌花；H：去除花被的雌花；I：成熟的雄花蕾；J：雄花；K：合生花被；L：离生花被；M：雄蕊；N：去除花被的雄花；O：种子；P：子房横截面）（图片来源：Borborah et al., 2016）

凹陷，4 ~ 6mm宽，2 ~ 3mm高（图37）。

地理分布：中国西藏；印度也有分布。

2.2.28　雅美芭蕉

Musa yamiensis C.L. Yeh & J.H. Chen in Gardens' Bulletin, Singapore 60(1): 167, 2008.

TYPE: CHINA, Taiwan, Lanyu Island, 20 Jul. 2006, *C.R. Yeh & C.W. Hong 4096* (holotype, PPI).

识别特征：假茎高约2.5m。叶片窄长圆形，1.4 ~ 1.5m × 0.4m，基部不对称。苞片先端尾状；雄性苞片外卷，宿存，黄绿色；雄花每苞片4朵，1行。每手果8根，圆柱形，5.5 ~ 7cm × 1.5cm（图38）。种子多数，黑色，光滑。

地理分布：中国特有种，分布于台湾。

图38　雅美芭蕉的未成熟果束带花序（图片来源：Yeh et al., 2008）

2.2.29　云南芭蕉

Musa yunnanensis Häkkinen & H. Wang in Novon 17(4): 441–442, 2007.

TYPE: CHINA, Yunnan, Xishuangbanna, Jinghong, Longpa, 1 150m, 13 Nov. 2005, *H. Wang 8303* (holotype, HITBC 111442, 114501, 114580, 114581, 114582 [5 sheets]; isotypes, H, IBSC, MO, PE, QBG).

识别特征：假茎高5m。叶柄长0.7m，蜡质，叶片狭椭圆形，2.5m × 0.6m，先端截断，叶基对称。花序梗被短柔毛，苞片红紫色。雄花每苞片14个，排成2行。果束疏松，8手，每手果15根，排成2行，手指向茎部弯曲，单果约8cm，果皮纵向裂开；每果80 ~ 100粒种子。种子几乎扁平，皱，直径3.5mm。

地理分布：中国特有种，分布于云南。

备注：云南芭蕉的形态变异较大，Häkkinen和H. Wang相继发表了一些变种：多毛云南芭蕉（*M. yunnanensis* var. *caii*）、景东云南芭蕉（*M. yunnanensis* var. *jingdongensis*）、永平芭蕉（*M. yunnanensis* var. *yongpingensis*）和再富芭蕉（*M. zaifui*），这些类群都分布于云南南部和西南部，自发表以来，少有科研人员对其进行过研究。

云南芭蕉（*M. yunnanensis*）种下等级检索表

1a 吸芽少，约6个；茎基部有紫黑色斑点；一次展开多个雌蕾苞片 ………………………… 1. 云南芭蕉 *M. yunnanensis*
1b 吸芽多，15个以上；茎基部无斑点；一次展开1（~2）个雌蕾苞片 …………………… 2
　2a 果束手数较少，约3手；茎秆汁液乳状 ……… 1a. 多毛云南芭蕉 *M. yunnanensis* var. *caii*
　2b 果束手数多，约10手；茎秆汁液水状 ………………………………………… 3
　　3a 雄蕾紫红色；每手果实12个；每果种子90 ~ 100粒 ………………………… 1b. 景东云南芭蕉 *M. yunnanensis* var. *jingdongensis*
　　3b 雄蕾蓝紫色；每手果实8个；每果种子80 ~ 85粒 ………………………… 1c. 永平云南芭蕉 *M. yunnanensis* var. *yongpingensis*

2.2.29a　多毛云南芭蕉

Musa yunnanensis var. ***caii*** Häkkinen & H. Wang in Nordic Journal of Botany 26: 318–320, 2008.

TYPE: CHINA, Yunnan, Simao, Jinggu, Yongping, Bianjiang, 1 850m, 10 Aug. 2006, *H. Wang 8259* (holotype, HITBC 125195, 125201, 125207 [3 sheets], isotypes, IBSC, PE).

识别特征：植物吸芽10 ~ 15（~ 25）个，假茎高至4m；汁液乳白色。叶片狭椭圆形，2.2m × 0.7m，叶基部对称。苞片蓝紫色；雄花每苞片15朵，2行。果束紧凑，3手，每手8果，2行，果指垂直于果柄；单果长10cm × 5.5cm；每果60 ~ 65粒。种子黑色，具瘤，不规则成角凹陷，8 ~ 9mm × 5 ~ 6mm（图39）。

地理分布：中国云南，生长于海拔1 550 ~ 1 850m的路边、沟壑和陡坡上的极少数孤立野生种群中。

图39 多毛云南芭蕉（A：果束紧凑，花序带蓝紫色苞片；B：蓝紫色苞片，内含两行雄花；C：果实内含多粒不规则种子）（图片来源：Häkkinen & Wang, 2008b）

在云南西部的偏远农村地区，常栽培为牲畜饲料。

2.2.29b 景东云南芭蕉

Musa yunnanensis var. ***jingdongensis*** Häkkinen & H. Wang in Nordic Journal of Botany 26: 322, 2009.

TYPE: CHINA, Yunnan, Simao, Jingdong, 1 613 m, 19 Nov. 2007, *M. Häkkinen 642* (holotype, HITBC 125121, 125422, 125428, 126668 [4 sheets], isotypes, IBSC, PE).

识别特征：植株吸芽10～15个，假茎高达4m；汁液水状。叶柄绿色，蜡质显著；叶片狭椭圆形，2m×0.7m，两面有蜡质。苞片红紫色；雄花每苞片16朵，2行。果束紧凑，10手，每手12果，2行（图40）；单果长约10cm×4.5cm，每果种子90～100粒。种子黑色，具瘤，不规则棱角凹陷，宽5mm，高4mm。

地理分布：中国云南。

可作饲料。

2.2.29c 永平芭蕉

Musa yunnanensis var. ***yongpingensis*** Häkkinen & H. Wang in Nordic Journal of Botany 26: 320, 2008.

TYPE: CHINA, Yunnan, Simao, Jinggu, Yongping, 1 829m, 5 Nov. 2007, *M. Häkkinen 632* (holotype, HITBC 125426, 125395 [2 sheets], isotypes, IBSC, PE).

识别特征：植株吸芽15～25个，成熟假茎高达6 m；汁液水状。叶片狭椭圆形，2.5m×0.9m，两面有蜡质。苞片蓝紫色；胚珠每室2列；雄花平均每苞片15朵，2行。果束紧凑，9～10手，平均每手5～8果，2行，果指垂直于果柄；单果长14cm×5cm，种子80～85粒。种子黑色，具瘤，宽9mm，高6mm（图41）。

地理分布：中国云南，生长于云南省西部靠近中缅边境的亚热带地区，海拔1 550～2 250m，路边、沟壑、陡坡上。

图40　景东云南芭蕉（A：花序和果束；B：雌花）（图片来源：Häkkinen & Wang, 2008b）

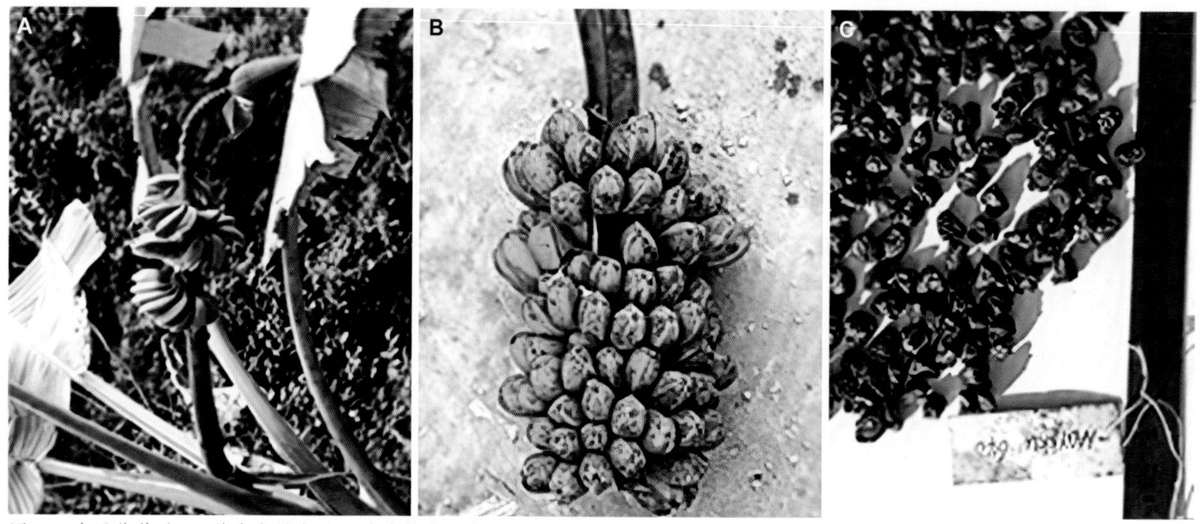

图41　永平芭蕉（A：花序和果束；B：未成熟的果束；C：成熟的种子）（图片来源：Häkkinen & Wang, 2008b）

当地农户普遍将其作为饲料进行种植。

2.2.30 再富芭蕉

Musa zaifui Häkkinen & H. Wang in Nordic Journal of Botany 26: 43, 2008.

TYPE: CHINA, Yunnan, Xishuangbanna Tropical Botanical Garden, 570m, *L.Q. He 230* (holotype, HITBC 125651; isotypes, H, IBSC, PE).

识别特征：植株吸芽7～8个；假茎高1.1m；汁液水状。叶片卵形，1m × 0.4m。花序水平；花序梗密被白色柔毛（图42）；苞片粉紫色；雄花平均每苞片6朵，1行。果束疏松，3手，平均每手4果，1行；单果长7cm，直径1.5cm，种子20～30粒。种子黑色具瘤，宽达5mm，高3mm。

地理分布：中国特有种，分布于云南。

2.3 地涌金莲属

Musella (Franch.) C.Y. Wu ex H.W. Li in Acta Phytotaxonomica Sinica 16(3): 57 (1978).

TYPE: *Musella lasiocarpa* (Franch.) C.Y. Wu.

特征简述：多年生草本，矮小。叶中等大小。

图42 再富芭蕉（A：植株；B：假茎和叶柄；C：雄花；D：两性花）（图片来源：Häkkinen & Wang, 2008a）

花序直立顶生于假茎；苞片黄色至红色，宿存；雄蕊5；子房3室；浆果三棱状卵形，密被硬毛。

地涌金莲属为中国特有单种属，仅有地涌金莲（*Musella lasiocarpa*）1种（含1原变种与1变种），分布于云南中部和西部、四川西南部和贵州南部。

2.3.1 地涌金莲

Musella lasiocarpa (Franch.) C.Y. Wu in Acta Phytotaxonomica Sinica 16(3): 56, 1978.

≡ *Ensete lasiocarpum* (Franch.) Cheesman in Kew Bulletin 2: 102, 1948. ≡ *Musa lasiocarpa* Franch. in Journal de Botanique (Morot) 3: 329, 1889. LECTOTYPE: Fig. 1 in Franchet, 1889. (designated by Häkkinen & Väre, 2008c).

= *Musella lasiocarpa* var. *rubribracteata* Z. H. Li & H. Ma in Novon 21(3): 351, 2011. = *Musella splendida* R.V. Valmayor & D. D. Lê in The Philippine Agricultural Scientist 87(1): 118, 2004.

识别特征：假茎高0.6 ~ 1m，基部叶鞘宿存。叶片长椭圆形，0.5m × 0.2m，先端锐尖，基部近圆形，两侧对称，有白粉。花序直立生于假茎上，长20～25cm，苞片黄色或淡黄色，花2行，每行4～5花。浆果三棱状卵形，3cm×2.5cm，密被硬毛；种子扁球形，径约6mm，黑褐色，光滑（图43）。

地理分布：中国特有，分布于云南、广西、

图43　地涌金莲（A：四川木里县水洛河流域的地涌金莲；B：昆明植物园栽培的地涌金莲；C：雄花解剖；D：种子，腹面有大而白色的种脐；E：果实及其纵切面；F：果实的横切面，内含种子）（A、B：龚洵 摄；C~F：席辉辉 摄）

贵州、四川。

假茎可作猪饲料；花可入药；茎汁可解酒。

尽管在云南广泛栽培，但野生居群和个体都非常少，目前，仅在四川木里县的水洛河河谷和攀枝花的金沙江岩壁上有少量野生个体。木里县的水洛河河谷的原生地涌金莲的苞片为黄绿色，云南广泛栽培的地涌金莲的苞片呈金黄色，而攀枝花原生地涌金莲的苞片和叶柄均为红色。据此，Ma等（2011）发表了一个新变种：红苞地涌金莲（*Musa lasiocarpa* var. *rubribracteata* Z. H. Li & H. Ma）（图44）。

地涌金莲（*M. lasiocarpa*）种下等级检索表

1a 植株多分蘖；叶柄背面和中脉浅绿；苞片黄色…………………… 1. 地涌金莲 *M. lasiocarpa*

1b 植株单生或4分蘖；叶柄背面和中脉近红色；苞片橙红色至红色……………………………………………………………………1a. 红苞地涌金莲 *M. lasiocarpa* var. *rubribracteata*

2.3.1a 红苞地涌金莲

Musella lasiocarpa var. ***rubribracteata*** Z.H. Li & H. Ma, NOVON 21: 349–353, 2011.

红苞地涌金莲为中国特有，与原变种地涌金莲的主要区别：苞片和叶柄均为红色，但是，红苞地涌金莲苞片的颜色并不一致，在个体间有差异，李正红等从中选育出了‘佛乐金莲’‘佛喜金莲’等6个园艺新品种。

2.3.2 地涌金莲园艺新品种

中国林业科学研究院高原林业研究所（原资源昆虫研究所）历经长期的资源调查和研究培育了5个地涌金莲新品种。

（1）‘佛乐金莲’

‘佛乐金莲’（‘Folejinlian’）是从地涌金莲野生种群中选出的变异单株经组织培养繁育而成（图45）。‘佛乐金莲’为多年生大型草本，株高

图44 红苞地涌金莲（A、B：云南华坪石壁上的野生红苞地涌金莲；C：中国林业科学研究院高原林业研究所禄丰试验站的红苞地涌金莲）（李正红 摄）

121～138cm，株型紧凑；具叶鞘连合形成的假茎，高47～58cm，基径19～26cm，绿色基部偶带红色；假茎基部偶生1～2个吸芽进而发育为丛生无性植株；叶片卵圆形，先端锐尖，偶具长芒，基部近圆形，两侧对称，背面覆有蜡质白粉，腹面中脉橙红色，极少绿色略带橙红色，背面中脉绿色；羽状侧脉凸出不明显；叶柄凹槽状，长18～28cm，凹槽两侧绿色，背腹面均为橙红色；群体花期4～10月，单株花期3～6个月；莲座状花序直立生于假茎顶端；苞片腹面黄橙色，背面橙红色，苞片边缘红色，宽约2mm；浆果三棱或四棱状卵形，密被硬毛。

该品种于2012年在云南省园艺植物新品种注册登记办公室注册登记（云林园植新登第20120039）。

（2）'佛喜金莲'

'佛喜金莲'（'Foxijinlian'）是从地涌金莲野生种群中选出的变异单株经组织培养繁育而成（图46）。'佛喜金莲'为多年生大型草本，株型伸展，株高65～70cm。具叶鞘连合形成的假茎，高17～21cm，基径15～19cm，红色；叶片卵圆形，43～49cm×29～31cm，叶形指数1.5～1.6，先端锐尖，偶具长芒，基部近圆形，两侧对称，背面覆有蜡质白粉，腹面中脉基部绿色带红色，至顶端逐渐减淡为绿色；羽状侧脉凸出明显，背面中脉基部红色，至顶端约1/2处减淡为绿色；叶柄凹槽状，长7～10cm，顶部2枚叶片的叶柄背腹面均为绿色，第三枚及以下叶片的叶柄腹面红色，凹槽两侧绿色，背面红色。莲座状花序直立生于假茎顶端；苞片卵状三角形，腹面自顶端至基部约7/10为橙红色，基部约3/10为黄橙色，背面橙红色，苞片边缘红色，宽约2mm。群体花期4～10个月，单株花期3～6个月。

该品种于2012年在云南省园艺植物新品种注册登记办公室注册登记（云林园植新登第20120037）。

（3）'佛悦金莲'

'佛悦金莲'（'Foyuejinlian'）是从地涌金

图45 '佛乐金莲'（李正红 摄于中国林业科学研究院高原林业研究所禄丰试验站）

图46 ‘佛喜金莲’（李正红 摄于中国林业科学研究院高原林业研究所禄丰试验站）

莲野生种群中选出的变异单株经组织培养繁育而成（图47）。‘佛悦金莲’为多年生大型草本，株高104～156cm，株型紧凑。具叶鞘连合形成的假茎，高46～60cm，基径19～25cm，基部红色，至顶部逐渐减淡为绿色。叶片卵圆形，61～71cm×29～37cm，叶形指数1.9～2.0，先端锐尖，偶具长芒，基部近圆形，两侧对称，背面覆有蜡质白粉，背腹面中脉均为红色；羽状侧脉凸出明显；叶柄凹槽状，长16～19cm，背腹面均为红色；莲座状花序直立生于假茎顶端；苞片卵状三角形，腹面橙色，背面橙红色，苞片边缘红色，宽约2mm。群体花期4～10月，单株花期3～6个月。

该品种于2012年在云南省园艺植物新品种注册登记办公室注册登记（云林园植新登第20120038）。

（4）‘福星’

‘福星’（‘Fuxing’）是以地涌金莲品种‘佛悦金莲’为父本、‘佛乐金莲’为母本，从杂交F_1代群体中选出的单株经组织培养繁育而成（图48）。‘福星’为多年生大型草本，假茎高约57cm，假茎粗约33cm，株型伸展；吸芽萌发极少，3年生植株平均每株吸芽萌发数量不足1株。叶片长椭圆形，叶柄长约28cm，叶片长约95cm，叶片宽约38cm，叶柄背面花青苷显色中等，为灰棕色，腹面花青甙显色弱，叶片下表面蜡粉少，上表面颜色浅绿色，侧脉中度凸起。莲座状花序直立生于假茎顶端，花序展开直径约54cm；苞片椭圆形，长约20cm，宽约10cm；苞片下表面具2种颜色：主色为橙黄色、次色为鲜红橙色；苞片上表面具2种颜色，主色为鲜橙黄色，次色为深红橙色，颜色分布式样为局部晕状斑块。群体花期3～10月，单株花期3～6个月。

该品种于2020年在云南省园艺植物新品种注册登记办公室注册登记（云林园植新登第20200021）。

（5）‘祥瑞’

‘祥瑞’（‘Xiangrui’）是以地涌金莲品种‘佛

图47 ‘佛悦金莲’（李正红 摄于中国林业科学研究院高原林业研究所禄丰试验站）

悦金莲’为父本、‘佛乐金莲’为母本，从杂交F_1代群体中选出的单株经组织培养繁育而成（图49）。‘祥瑞’为多年生大型草本，假茎高约40cm，株型伸展；有一定吸芽萌发能力，3年生植株每株吸芽萌发数量约2株。叶片长椭圆形，叶柄长约21cm，叶片长约76cm，宽约40cm，叶柄背面花青甙显色中，为灰棕色，腹面花青甙显色弱，为浅粉红色，叶片下表面蜡粉少，上表面颜色浅绿色，侧脉中度凸起。莲座状花序直立生于假茎顶端，花序展开直径约39cm；苞片卵圆形，长约15cm，宽约9cm；苞片下表面具2种颜色：主色为深橙色、次色为中度棕色；苞片上表面具2种颜色，主色为深橙色，次色为鲜黄色，颜色分布式样为近等不规则。群体花期3~10月，单株花期3~6个月。

该品种于2020年在云南省园艺植物新品种注册登记办公室注册登记（云林园植新登第20200022）。

图48 ‘福星’（李正红 摄于中国林业科学研究院高原林业研究所禄丰试验站）

图49 ‘祥瑞’（李正红 摄于中国林业科学研究院高原林业研究所禄丰试验站）

3 古代典籍中芭蕉科植物的考证

芭蕉科植物在我国已有3 000多年的栽培历史，在诸多文献古籍中都可查寻到它们的身影。根据古人的记载，今人可知芭蕉和地涌金莲两种的形态特征、药用价值、食用方式等多方面知识，也可一窥古人的生活情趣。

3.1 芭蕉

3.1.1 汉代

《三辅黄图》卷三云："扶荔宫在上林苑中。汉武帝元鼎六年破南越，起扶荔宫。以植所得奇草异木：菖蒲百本，山姜十本，甘蕉十二本，留求子十本，桂百本，蜜香指甲花百本，龙眼、荔枝、槟榔、橄榄、千岁子、甘橘皆百余本"。由此可知芭蕉在汉代已经出现，并且作为观赏植物种植于皇家园林之中。

3.1.2 晋代

嵇含的《南方草木状》卷上《草类》中记载："甘蕉望之如树，株大者一围余。叶长一丈或七八尺，广尺余二尺许。花大如酒杯，形色如芙蓉。着茎末百余子大，各为房，相连累，甜美，亦可蜜藏。根如芋魁，大者如车毂。实随华，每华一阖，各有六子，先后相次。子不俱生，花不俱落。一名芭蕉，或曰巴苴。剥其子上皮，色黄白，味似蒲萄，甜而脆，亦疗饥。此有三种：子大如拇指，长而锐，有类羊角，名羊角蕉，味最甘好；一种子大如鸡卵，有类牛乳，名牛乳蕉，味微减羊角；一种大如藕，子长六七寸，形正方，少甘，最下也。其茎解散如丝，以灰练之，可纺绩为纱绤，谓之蕉葛。虽脆而好，黄白，不如葛赤色也。交、广俱有之。"对甘蕉的形态、味道、用途等进行了详细描述，此文中的甘蕉并不是单指芭蕉，而是多种芭蕉科植物的统称。其中记载的羊角蕉和牛乳蕉，难以在今天的芭蕉科植物中找到相对应的种。

西晋左思《吴都赋》有"蕉葛升越，弱于罗执"。蕉葛为一种纺织品，在岭南地区从汉代到清代长期存在，许多文献皆有记载，并曾作为贡品上贡朝廷，清代道光后，才逐渐走向没落（陈旺南，2017）。

3.1.3 北魏

贾思勰所著的《齐民要术》是一部综合性农学著作，也是中国现存最早的一部完整的农书，被誉为"中国古代农业百科全书"。卷十中有许多关于芭蕉的记载，《广志》曰："芭蕉一曰芭菹，或曰甘蕉。茎如荷、芋，重皮相裹，大如盂升。叶广二尺，长一丈。子有角。子长六七寸，有蒂三四寸；角著蒂生，为行列，两两共对，若相抱形。剥其上皮，色黄白，味似蒲萄，甜而脆，亦饱人。其根大如芋魁，大一石，青色。其茎解散如丝，织以为葛，谓之蕉葛。虽脆而好，色黄白，不如葛色。出交阯、建安"。

《异物志》曰："芭蕉叶大如筵席。其茎如芋，取（蕉），濩而煮之则如丝，可纺绩，女工以为絺绤，则今交阯葛也。其内心如蒜鹄头生，大如合柈。因为实房，着其心齐；一房有数十枚。其实皮赤如火，剖之中黑。剥其皮，食其肉，如饴蜜，甚美。食之四五枚可饱，而余滋味，犹在齿牙间，一名甘蕉。"说明了甘蕉这个名字的来源。

顾微《广州记》载："甘蕉，与吴花、实、根、叶不异，直是南土暖，不经霜冻，四时花叶展。其熟，甘；未熟时，亦苦涩。"表明芭蕉在南方温暖地区是全年开花。

3.1.4 唐代

《南史》卷七六《隐逸列传下》书："徐伯珍，

字文楚，东阳太末人也。祖、父并郡掾史。伯珍少孤贫，学书无纸，常以竹箭、箬叶、甘蕉及地上学书。山水暴出，漂溺宅舍，村邻皆奔走；伯珍累戕而坐，诵书不辍。”提到了芭蕉叶也可作为纸张使用。

司马贞《史记索隐》卷一八《张仪列传》载：“天苴即巴苴也。按：芭黎即织木葺为苇篱也。今江南亦谓苇篱曰芭篱也”。

3.1.5 宋代

寇宗奭撰写的《本草衍义》卷十二中称：“芭蕉，三年以上即有花自心中出一茎，止一花，全如莲花。叶亦相似，但其色微黄绿。从下脱叶，花心但向上生，常如莲样，然未尝见其花心，剖而视之亦无蕊，悉是叶，但花头常下垂。每一朵自中夏开，直至中秋后方尽。凡三叶开，则三叶脱落。北地惜其种，人故少用。缕其苗为布。取汁，妇人涂发令黑。余说如经。”指出芭蕉汁可以黑发，并详细说明了花形状似莲花，花期从夏季中期持续至中秋后。

《证类本草》由北宋唐慎微于绍圣四年至大观二年撰写，汇集众多药物资料和医方，对后世本草发展影响深远。卷十一《草部下品之下》记载了芭蕉的药用价值，“甘蕉根大寒，主痈肿结热。陶隐居云：本出广州，今都下、东间并有。根、叶无异，唯子不堪食尔，根捣敷热肿甚良。又有五叶莓，生人篱支间，作藤，俗人呼为龙草。取其根捣敷痈疖亦效。唐本注云：五叶即乌蔹草也。其甘蕉根味甘，寒，不益人，无毒。捣汁服，主产后血胀闷，敷肿，去热毒亦效。岭南者子大，味甘，冷，不益人。北间但有花汁无实。今注：此药本出广州。然有数种，其子性冷，不益人，故不备载。按此花叶，与芭蕉相似而极大，子形圆长及生青熟黄。南人皆食之，而多动气疾。其根捣敷热肿尤良”。

臣禹锡等谨按，蜀本《图经》云：俗为芭蕉，多生江南。叶长丈许，阔二尺余，茎虚软，根可生用，不入方药。

《药性论》云：甘蕉，君。捣敷一切痈肿上，干即更上，无不差者。

《日华子》云：生芭蕉根治天行热狂，烦闷消渴，患痈毒并金石发热闷口干人，并绞汁服。及梳头长益发，肿毒，游风，风疹，头痛，并研罯敷。又云芭蕉油，冷，无毒。治头风热并女人发落，止烦渴及汤火疮。

由此可见，芭蕉的药用价值非常高，多个部位皆可入药。

《图经》曰：甘蕉根，旧不着所出州郡。陶隐居云：本出广州，江东并有。根、叶无异，惟子不堪食。今出二广、闽中、川蜀者有花，闽、广者实极美，可啖。他处虽多，而作花者亦少，近岁都下往往种之，其盛，皆芭蕉也。蕉类亦多，此云甘蕉，乃是有子者，叶大抵与芭蕉相类，但其卷心中抽秆作花，初生大萼，如倒垂菡萏，有十数层，层皆作瓣，渐大则花出瓣中，极繁盛。红者如火炬，谓之红蕉。白者如蜡色，谓之水蕉。其花大类象牙，故谓之牙蕉。其实亦有青、黄之别，品类亦多。食之大甘美。亦可暴干寄远，北人得之，以为珍果。闽人灰理其皮，令锡滑绩，以为布，如古之锡衰焉。其根极冷，捣汁以敷肿毒，蓐妇血妨，亦可饮之。又芭蕉根，性亦相类，俚医以治时疾，狂热及消渴，金石发动燥热，并可饮其汁。又芭蕉油治暗风痫病，涎作晕闷欲倒者，饮之得吐便差，极有奇效。取之用竹筒插皮中，如取漆法。这里已经将甘蕉和芭蕉作为两种品种，并根据花色区分出红蕉、水蕉、牙蕉等品种。并且提到古人以灰水法脱胶，制作蕉布，古代的“灰”一般是指石灰或者草木灰。

周去非《岭外代答》卷八称：“芭蕉极大者凌冬不凋。中抽一干，节节有花如菡萏。花谢有实，一穗数枚，如肥皂，长数寸。去皮取肉，软烂如绿柿，极甘冷。四季实。以梅汁渍，暴干按扁，所云‘芭蕉干’是也。鸡蕉则甚小，亦四季实。芽蕉小如鸡蕉，尤香嫩甘美，南人珍之，非他蕉比。秋初方实。”文中提到的鸡蕉较小，四季皆可结果，芽蕉比鸡蕉小，但是味道特别香甜，秋天结果。

北宋陶穀所创作的《清异录》卷上记载了许多关于芭蕉的趣事，如下。

蕉迷：南汉贵珰赵纯卿惟喜芭蕉，凡轩窗馆

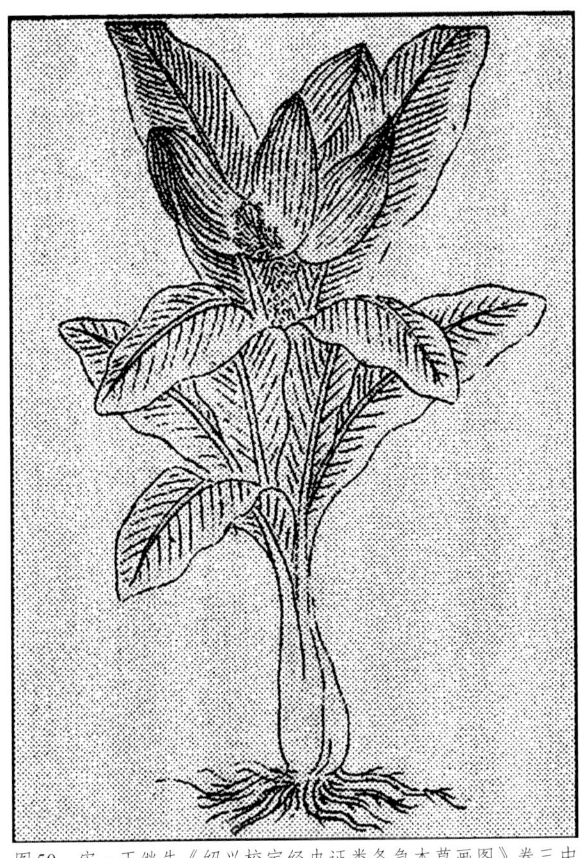
图50　宋·王继先《绍兴校定经史证类备急本草画图》卷三中所绘芭蕉

宇咸种之。时称纯卿为“蕉迷”。

草帝：青城山叟谢调《芭蕉歌》，略云：“草中一种无伦比，琐屑蒿莱望帝尊”。

绿天：怀素居零陵庵东郊，治芭蕉亘带几数万，取叶代纸而书。号其所曰“绿天庵”，曰“种纸”。厥后道州刺史追作。

绿参差：芭蕉诗最难作，胡部阳峤一篇云：“野人无帐幄，爱此绿参差。”云云。

3.1.6　元代

吴瑞《家传日用本草》：“甘蕉即芭蕉根也，味甘，大寒，冷，无毒。南人多食”。

3.1.7　明代

李时珍所著《本草纲目》为本草学集大成之作，是一部具有世界性影响的博物学著作。卷十五《草之四》云：“顾玠《海槎录》云：海南芭蕉常年开花结实，有二种：板蕉大而味淡，佛手蕉小而味甜。通呼为蕉子不似江南者花而不实。又《虞衡志》云：一种红蕉花，叶瘦，类芦箬，花色正红，如榴花，日拆一两叶，其端各有一点鲜绿尤可爱，春开至秋尽犹芳，俗名美人蕉。一种胆瓶蕉，根出土处特肥饱，状如胆瓶也。又费信《星槎胜览》云：南番阿鲁诸国无米谷，惟种芭蕉、椰子，取实代粮也。”提到了板蕉、佛手蕉美人蕉、胆瓶蕉四种品种。

王象晋《群芳谱》贞部第六册《卉谱二》云：“蕉……生中土者花苞中积水如蜜，名甘露，侵晨取食甚香甘，止渴延龄，不结实。《建安草木状》云：芭树子房相连，味甘美，可蜜藏，根堪作脯。发时分其勾萌，可别植。小者以油簪横穿其根二眼，则不长大，可作盆景。书窗左右不可无此君。此物捣汁治火鱼毒甚验。性畏寒，冬间删去叶，以柔穰裹之纳地窖中，勿着霜雪冰冻。朱蕉、黄蕉、牙蕉。皆花也。色叶似芭蕉而微小，花如莲而繁，日放一瓣，放后即结子，名蕉黄，味甘可食。《霏雪录》云：蕉黄如柿，味香美胜瓜。冬收严密，春分勾萌，一如芭蕉法。”指出芭蕉可分株繁殖，并说明了芭蕉盆景的制作方法和越冬措施。并介绍了朱蕉、黄蕉、牙蕉等几个品种。

慎懋官《华夷花木鸟兽珍玩考古》卷五：“甘蕉根种类不一，地产亦殊。川蜀者作花大萼，堪观；卷叶中抽干作花，初生大萼，如倒垂菡萏”。

3.1.8　清代

屈大均《广东新语》卷二七《草语》书：“草之大者曰芭蕉，虽复扶疏若树林，而茎干虚软，苞裹重皮，皮之中无所谓肤也。即有微心，亦柔脆不坚，盖得草之质为多，故吾以属于草。其大者兼围，高二丈余，叶长丈，广尺至二三尺，中分如幅帛，有双角。其叶必三，三开则三落，落不至地，但悬挂茎间，干之可以作书。陆佃云：‘蕉不落叶，一叶舒则一叶焦巴。’是也。花出于心，每一心辄抽一茎作花，闻雷而坼。坼者如倒垂菡萏，层层作卷瓣，瓣中无蕊，悉是瓣。渐大则花出瓣中，每一花开，必三四月乃阖。一花阖成十余子，十花则成百余子。小大各为房，随花而长，长至五六寸许，先后相次，两两相抱。其子不俱生，花不俱落，终年花实相代谢，虽历岁寒不凋，此其为异也。子以香牙蕉为美，一名龙奶。奶，乳也。美若龙之乳，不可多得。然食之寒气沁心，颇有邪甜之目。其叶有朱砂斑点。植必以木夹之。否则结实时风必吹折，故一名折腰娘。曰牛乳蕉，曰鼓槌蕉，曰板蕉，皆大而味淡。鼓槌蕉有核，如梧子大而三棱。曰佛手蕉者，子长六七寸，小而皮薄味甜，是皆甘蕉之知名者。蕉之可爱在叶，盛夏时高舒垂荫，风动则小扇大旗，荡漾翻空，清凉失暑，其色映空皆绿。其高五六尺者，叶长干小，萧疏如竹，曰水蕉。其花如莲，亦曰莲花蕉。一种瘦叶，花若蕙兰而色红，日拆一两瓣，其端有一点鲜绿，春开至秋尽犹芳，名兰蕉，亦名美人蕉。宜种水中，其最小可插瓶中者，曰胆瓶蕉。此三种皆花而不实，但可名芭蕉，不可言甘蕉。言甘蕉者，以其实，言芭蕉者，以其叶也，巴者焦也，其叶巴而不陨，焦而长悬，故合言之曰芭蕉也。粤故芭蕉之国，土人多种以为业。其根以蔬，实以糇粮饼饵，丝以布，其絺绤与荃葛同，而柔韧逊之，名布蕉。布蕉多种山间，其土瘠石多则丝坚韧，土肥则多实而丝脆，不堪为布。谚曰：'衣蕉宜瘠，食蕉宜肥。肥宜蕉子，瘠宜蕉丝。'子熟时，大小排比，或以十余二十余为一梳，彼此相饷。子瞻诗：'西邻蕉向熟，时致一梳黄。'其形如梳，子长短者如梳齿，黄时生割之，置稻谷中，数日即熟，熟乃大香，可食。增城之西洲，人多种蕉，种至三四年，即尽伐以种白蔗。白蔗得种蕉地，益繁盛甜美。而白蔗种至二年，又复种蕉。蕉中间植香牙蕉与蜜橘、芋荻等，皆得芳好。其蕉与蔗相代而生，气味相入，故胜于他处所产。予家园蕉，每生一岁即结子，花将谢，摘去花端，使滴出精液，益大结子。结子已，此株即不复结，须伐去此株，使他株萌蘖者结子。将结子时，先出一短红叶为信，夜中爆蕾声甚响，然恒不使人见。蕾出为花，花谢乃成子，子经三四月而熟。婴儿乳少，辄熟蕉子饲之。又以浸酒，味甚美，而蕉心嫩白者以为菹。"较为系统的描述了芭蕉的形态、生活习性、种植方法、增产方法等，古人已经采用轮作的方法种植甘蕉，并指出了食用果实的品种是甘蕉，而以观赏叶片为主的是芭蕉。文中还介绍了牛乳蕉、鼓槌蕉、板蕉、莲花蕉、水蕉、美人蕉、胆瓶蕉、布蕉等品种。

图51　清·陈淏子《花镜》卷五《花草类考》中所绘芭蕉

陈淏子著《花镜》卷五《花草类考》称："芭蕉一名芭苴，一名绿天……种法：将至霜降，叶萎黄后，即用稻草裹干，来春发芽时分取根边小株，用油簪脚横刺二眼，令泄其气，终不长大，可作盆玩。性最喜暖，不必肥。"说明了芭蕉的种植方法（图51）。

吴震方《岭南杂记》："蕉子最多，蕉心抽一茎，丛生一二十荚，如肥皂而三棱，剖之肉如烂瓜，味如蜜筒、香瓜，名为棒槌蕉。自夏徂冬，卖此最久。有玫瑰蕉，作玫瑰花香。又有狗牙蕉二种，小而甘，品贵于棒槌"。

黄叔璥《台海使槎录》卷三："蕉有芭蕉、金蕉。芭蕉不结子，金蕉花如莲，色紫不鲜，每花结子一梳，名蕉果。凡蕉果，一枝五六层，每层数十枚排比而生，剖食味亦甘"。

《潮州府志》（顺治）卷一书："为蕉，郭曰蕉有二种，唯牙蕉黄时味甘，苏子所谓于餐荔丹与蕉黄是也，古人云疏竹，甘蕉，牙蕉，开花如莲一瓣长尺许，花落生子食之寒沁心，颇有邪甜之目，又一种高二三尺，结子后他堀以听其熟名倒地，牙蕉味最甘，又火蕉类芭蕉，而叶缕缕如刺畜之可以辟火，又美人蕉亦名文殊蕉花，深红色结子甚坚，可为素珠又观音蕉似美人蕉，而花叶稍大，至于布蕉其蕉可以布其实不可食矣”。

《花县志》（康熙）卷三书：“蕉，株止一实，大者一园，叶长六七尺，广尺许，花当中出有百十子，大者重数十斤，有黄蕉、香芽蕉、鼓槌蕉、狗攀蕉各种，狗攀身矮，虽狗可攀也，鼓槌子大蒸熟予孩童代乳，亦曰喂仔蕉，多食不伤人，余俱性寒不宜过度。”花县隶属于广州府，可见当时广东各地的蕉类植物分布已经十分广泛，并栽有许多种类。

3.2 地涌金莲

3.2.1 明代

王世懋著《学圃杂疏》：“又有一种名金莲宝相，不知所从来。叶尖小如美人蕉。种之三四岁或七八岁始一花。南都户部、五显庙各有一株，同时作花，观者云集。其花作黄红色而瓣大于莲，故以名。至有园之者。然余童时见伯父山园有此种，不甚异也。此欲可种，以待开时赏之。”金莲宝相即为地涌金莲的别名，南都户部、五显庙的地涌金莲开花时，前去赏花的人十分多，说明在当时，地涌金莲十分稀有奇特。

唐胄纂修《琼台志》卷九《土产》云：“地涌金莲：有干如蕉，高三四尺，每寸许吐叶一层，至顶结花，状如红莲”。

《滇南本草》由兰茂编写，系论述云南地方草药的专著。卷中记载：“地涌金莲味苦涩，性寒”。

3.2.2 清代

陈淏子《花镜》卷六花草类考中书：“地涌金莲，叶如芋艿，生平地上。花开如莲瓣，内有一小黄心。幽香可爱，色状甚奇，但最难开”。

吴其濬的《植物名实图考》收载：“地涌金莲，生云南山中。如芭蕉而叶短，中心突出一花如莲色黄，日坼一二瓣，瓣中有蕤，与甘露同；新苞抽长，旧瓣相仍，层层堆积，宛如雕刻佛座”（王锦秀 等，2021）。

地涌金莲在各种府志、县志也经常出现。罗维《永昌府志》（康熙版）、陈肇奎《建水州志》（康熙版）、管学宣《石屏州志》（乾隆版）、师范《滇系》、戴炯孙《昆明县志》（道光版）、张翊辰《南宁县志》（咸丰版）、李希玲《广南府志》（光绪版）和黄炳堃《云南县志》（光绪版）均有记载。可以看出，清代时，地涌金莲在云南地区是一种常见植物。

4 芭蕉科植物的价值

芭蕉科植物种类不多，但是其中的每一种都具有不容忽视的潜力，可以在各个领域发挥作用。象腿蕉、地涌金莲、芭蕉和红蕉各有风采，用于园艺之中赏心悦目；香蕉和芭蕉的果实风靡全球，是水果中的一员大将，心灵手巧的人们还开发了芭蕉其他器官的多种食用方式；象腿蕉、地涌金莲、芭蕉和红蕉也是优良的药材，可为治疗人类疾病献力；人类的精神生活也需要芭蕉科植物增色，在许多少数民族的习俗中芭蕉都担负了很重要的责任；琴棋书画，诗酒花茶中，芭蕉也是重要素材。为了长久发展，人们也在不断开发芭蕉科植物的工业价值和生态价值。

4.1 园艺价值

"扶疏似树，质则非木。厥实惟甘，味之无足。高舒垂荫，异秀延瞩"。古往今来，芭蕉高大扶疏、青翠欲滴的俊秀形象深受人们青睐。古人经常用其装饰庭院园林，芭蕉的盎然生意为生活增添了不少活力；芭蕉为速生植物，短期便可长成茂盛的一丛，绿叶成荫，在炎炎夏日给人带来一丝清凉，所以也可以用于城市绿化；芭蕉科植物的花序奇丽，花形独特，叶片柔软，都可作为切花素材，创作出优秀的插花作品。

4.1.1 园林造景

根据文献记载，西汉时期，芭蕉开始出现在皇家园林中，但并未普遍种植；直到中唐之后，芭蕉在园林中开始得到重视，庭院中时常可见；宋元时期，芭蕉已经成为园林中的重要植物，形成了一定的种植规模和造景模式。

丛植是最常见的种植方式，三五成簇的芭蕉植于庭前院后，趣味横生。例如在墙角丛植芭蕉，婆娑蕉叶投影于粉墙之上，蕉影摇曳，诗情画意，同时蕉绿墙白，鲜亮的色彩对比，也是一道亮眼风景（图52至图54）。

江南园林相较于皇家园林，占地面积小，但在各种奇妙造园手法的加持下，布局巧妙，错落有致，不觉狭小单调，分割空间就是其中常用手法之一。唐朝姚合便曾独出心裁，以蕉为屏，"芭蕉从丛生，月照参差影。数叶大如墙，作我门之屏。稍稍闻见稀，耳目得安静"。据此诗可知，以芭蕉作为门屏，分割空间，虚实相隔，可获得不错的隔音和阻断视线的效果。芭蕉也可作为过渡、转折空间的引景者，在通往几处空间的转折处种植芭蕉，引人入胜（图55）。

蕉林也是常见的一种芭蕉造景方式。士大夫喜爱种植小片蕉林，营造蕉坞，江南地区十分常见。蕉林成片，绿叶成荫，置身林下，只觉身心宁静。清朝毛奇龄所作《蕉坞》："碧甃深成坞，丛蕉折作阿。雨馀蛛自网，梦里鹿曾过。翠影摇虚榻，冰心卷素罗。南方多草树，愁望奈君何"。此诗便介绍了蕉坞。《红楼梦》中也有蕉坞的存在，"过了荼蘼架，入木香棚，越牡丹亭，度芍药圃，

图52　昆明世界园艺博览会园中丛植的芭蕉（熊江 摄）

图53　墙角栽种的芭蕉，装饰了单调的墙面（陈冰燕 摄于江苏苏州沧浪亭）

图54　白墙搭配芭蕉，芭蕉叶也可装饰窗户（陈冰燕 摄于江苏苏州沧浪亭）

图55　过道的转折处种植的芭蕉（陈冰燕 摄于江苏苏州沧浪亭）

到蔷薇院，傍芭蕉坞里盘旋曲折”。

芭蕉喜温喜湿，可植于水边（图56至图62）。水边芭蕉，身姿窈窕，临水照镜，身影辉映，仪态万千。宋代不少文人士大夫还尝试过水芭蕉，即将芭蕉栽植于水中。芭蕉根在水中清晰可见、穿梭交织，更显芭蕉清雅姿态。水芭蕉为文人偏

图56 临水窗边种植的芭蕉（摄于 江苏苏州拙政园）

图57　小区池塘边栽培的芭蕉景观（龚洵 摄于云南昆明）

图58　小区小溪边栽培的芭蕉景观（龚洵 摄于云南昆明）

图59　小河边种植的芭蕉（潘莉 摄于云南施甸县城）

图60　鱼塘边种植的芭蕉（楚永兴 摄于云南蒙自）

图61　池塘边种植的芭蕉（莫丽文 摄于南宁植物园）

图62　河边步道旁种植的芭蕉（摄于重庆）

爱，体现了文人的高洁风姿。

除了单独造景外，还可以将芭蕉和其他植物搭配。“蕉竹双清”便是经典之作，芭蕉高大潇洒，翠竹挺拔清雅，二者生长习性、地域分布、物色神韵颇为相近（徐波，2012）（图63、图64）。还有一种搭配组合是“怡红快绿”，泛指绿色芭蕉和所有红色景象搭配，尤其与红花、红叶植物组合（丁杰，2012）。《红楼梦》中贾宝玉所居住的怡红院中，

图63　芭蕉和竹子搭配种植的景观（龚洵 摄于云南昆明）

图64　芭蕉和竹子搭配种于墙边（赵雨果 摄于浙江龙泉）

西府海棠、芭蕉左右对植，棠红蕉绿，生动活泼。据文学作品记载，除却海棠，芭蕉的常见搭配对象还有南天竹、梅花、樱桃、蔷薇、荷花等（图65、图66）。

芭蕉还可与建筑物、小品等组合。如蕉石小品，将芭蕉和太湖石、石笋等相互搭配，或将芭蕉种植于假山上（图67至图69）。留园揖峰轩后的小天井中，就在一高一低的两座太湖石中间栽植了一株芭蕉，太湖石造型幽奇，和芭蕉的亭亭身姿形成对比，更加衬托出芭蕉的幽古明快之姿，同时太湖石的灰、芭蕉的绿和景墙的白和谐相融，也使得整个空间显得灵动有趣（图70）；芭蕉也常

图65　月季的红花同芭蕉的绿叶相得益彰（陈卓 摄于陕西西安）

图66　道路的两边，芭蕉和樱花相对（陈卓 摄于陕西西安）

图67　蕉石小品（摄于浙江杭州）

图68　芭蕉种植于假山间（谭婕 摄于江苏扬州何园）

图69　院落一隅，数株芭蕉植于石头之上（摄于江苏苏州艺圃）

图70　揖峰轩小天井中的芭蕉和太湖石（王丽娟 摄于江苏苏州留园）

与亭、轩等建筑物搭配。一般选取造型别致，小巧玲珑的建筑物，在其周围种植数株芭蕉，两者结合便形成了一道优美的风景。

蕉影当窗和蕉窗听雨两种手法通常合而为一。

窗前植三五芭蕉，一可欣赏芭蕉，窗框如画框，窗外芭蕉便是画中主角，观赏者的视线被窗框引导到框中景物上。白日，明媚阳光落在郁郁葱葱的芭蕉上，光影流转，深浅变幻，明暗交织，宛如画作；夜晚，溶溶月色，蕉影映窗，微风轻掠，影随风动，若隐若现，朦胧清雅，安详宁静；大饱眼福之外，还可听自然之声（图71至图73）。现代作家周瘦鹃在《芭蕉》一诗中写道："芭蕉叶上

图71　透过窗棂可观赏到芭蕉和翠竹（陈冰燕 摄于江苏苏州沧浪亭）

图72　空窗之中看到的芭蕉（陈冰燕 摄于江苏苏州沧浪亭）

图73 恭王府听雨轩中栽植的芭蕉，可以在此轩聆听雨打芭蕉之声（陈冰燕 摄于北京恭王府）

潇潇雨，梦里犹闻碎玉声。”雨打芭蕉，犹如珠落玉盘，清脆悦耳。拙政园听雨轩的芭蕉最负盛名，是上述两种手法的经典之作，听雨轩四面为窗，轩前有碧池睡莲，轩周翠竹芭蕉，晴日芭蕉映窗，雨天静坐轩内听雨（图74）。

除了直接用芭蕉造景，还可拟态，如采取芭

图74　听雨轩窗外的大片芭蕉（钟学萍 摄于江苏苏州拙政园）

蕉的形态来制作蕉叶联（图75）。李渔在《闲情偶寄》中告知了具体做法：先在纸上画一张蕉叶，用木板模仿做出芭蕉叶，一样二扇，一正一反，这样就不会雷同。然后在木板上漆满底灰，以防碎裂。漆完后，开始在木板上写对联，并画上芭蕉叶的叶脉。叶片适用绿色，叶脉适用黑色，字最好填上石黄，这样搭配才觉得可爱，用石黄乳金更妙。挂在白墙上，承匾更为显眼，可称为"雪里芭蕉"。芭蕉联适宜挂在平坦的地方，墙壁、门都可以，是文人风雅之作。

4.1.2　寺院栽培

地涌金莲花冠硕大、花开如莲、花色金黄，被尊为佛教圣花，也是小乘佛教的五树六花之一，在信奉小乘佛教的西双版纳地区具有特殊的宗教文化价值。在傣族文学作品中，地涌金莲是善良和惩恶的化身。佛经中规定寺院里必须种植五树六花，所以在傣族、布朗族村寨的缅寺庭院里都会种植地涌金莲。可能因为气候等原因，地涌金莲在其他地区的寺庙中较为少见，但也有佛寺会

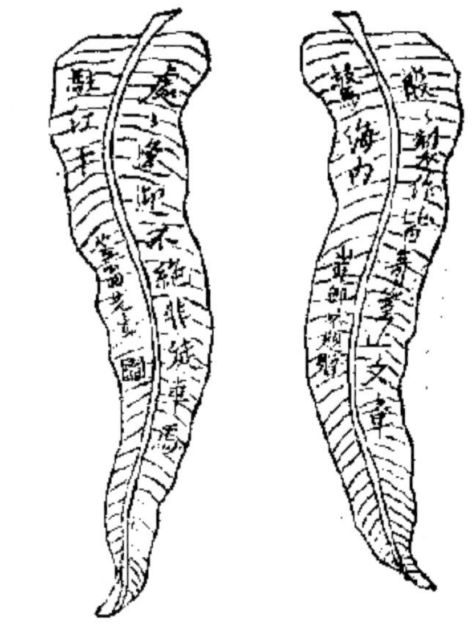

图75 《闲情偶寄 · 居室部》中记载的蕉叶联

栽培以增加寺庙的文化内涵（图76、图77）

芭蕉类植物在信仰南传佛教的傣族的许多法事活动中是不可或缺的，如在升和尚和赕佛仪式中，芭蕉往往代表祈福纳吉的愿望。2007年5月，西双版纳勐泐大佛寺举行吉祥佛奠基仪式中，便种植了芭蕉树（李伟良，2018）。

图76　灵隐寺中地栽的地涌金莲（摄于浙江杭州）

图77　北京广济寺中盆栽的地涌金莲（邱楚瑶 摄）

4.1.3 园林绿地

芭蕉属植物广泛应用于绿地造景中，在许多小区、公园、校园、私人住宅中都是常客（图78至图88）。此外，地涌金莲属于绿地造景中的新宠。地涌金莲整体株型端庄挺拔，高雅优美，花期长，耐干旱瘠薄，适应性强，具有浓郁的南国情调，绿化和观赏效果极佳，具备良好的园林应用前景。可列植于园路两侧，形成美丽的花径；也可植于庭院内，与山石配植或基础种植；丛植或散植于草坪上，金黄的花序和绿色的草坪相映生辉，丰富景观（图89、图90）。

图78　草坪上丛植的芭蕉（莫丽文 摄于南宁植物园）

图79　青龙湖湿地公园草坪上多丛芭蕉（摄于四川成都）

图80　小区绿地成片栽培的芭蕉（龚洵　摄于云南昆明）

图81　小区中，芭蕉和各色灌木搭配的景观（龚洵 摄于云南昆明）

图82　校园中人行道旁的绿地中营造的芭蕉景观（郑颖 摄于浙江农林大学校园）

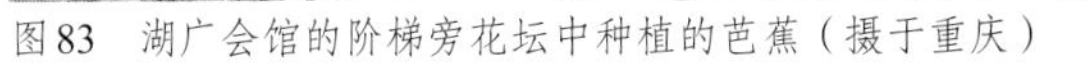

图83　湖广会馆的阶梯旁花坛中种植的芭蕉（摄于重庆）

图84　芭蕉和竹子、棕榈等搭配种植于草坪上（龚洵　摄于云南昆明）

图85　院子中丛植的三五芭蕉（郑颖　摄于浙江宁波）

图86 房屋旁栽种的芭蕉（欧晓昆 摄于浙江丽水）

图87 民居旁栽种的芭蕉（陈冰燕 摄于四川绵阳）

图88 房屋门口栽种的芭蕉（摄于海南万宁）

图89　草坪上丛植的地涌金莲（龚洵　摄于昆明植物园）

图90　宾馆会议室窗外栽种的地涌金莲（龚洵　摄于云南昆明）

4.1.4 盆景

芭蕉和红蕉都可作盆玩，广受文人欢迎。宋代苏轼的《格物粗谈》中就有记载如何制作芭蕉盆玩，“芭蕉初发分种，小者以油簪横插其根二眼，则不长大，可作盆景。”意为当芭蕉还是幼苗时，用簪子或粗针在其茎秆基部横刺两眼，能抑制芭蕉的生长，这种小芭蕉十分适合制作盆景。宋代温革《分门琐碎录》中也详细描述了如何矮化芭蕉小苗及使其根附石的技巧，“种水芭蕉法：取大芭蕉根，平切作两片，先用粪、硫黄、酵土，须十分细，却以芭蕉所切处向下，覆以细土，当年便于根上生小芭蕉，芽长二三寸，取起作骰子块切，切下逐根种于石上，棕榈细缠定，根下著少土，置水中，候其土渐去，其根已附石矣”（图91）。周瘦鹃先生著作《盆栽趣味》中记载芭蕉盆景的制作方法：用一长方盆栽1～2株茎叶婆娑的芭蕉幼苗，蕉下置石，再配以抚琴、听琴的人物，即成“蕉下操琴”盆景。清陈淏子《花镜》则说道：“（红蕉）叶瘦似芦箬，花若兰状，而色正如红榴。日折一两叶，其端有一点鲜绿可爱。夏开至秋尽犹芳，堪作盆玩”。此外，地涌金莲也是制作盆景的好用材，在花卉市场中十分常见（图92）。

4.1.5 盆栽

芭蕉属为多年生常绿草本植物，生长快速，叶片舒展翠绿，柔软婀娜，十分适合作为室内观

图91　清·汪承霈《画万年花甲》中绘制的芭蕉盆景

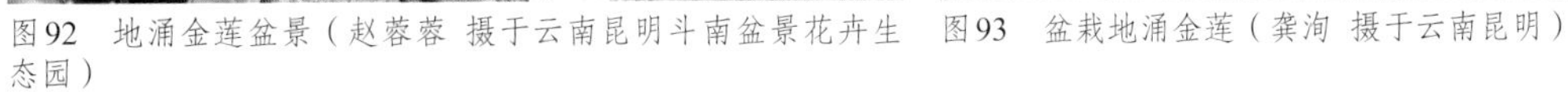

图92　地涌金莲盆景（赵蓉蓉 摄于云南昆明斗南盆景花卉生态园）

图93　盆栽地涌金莲（龚洵 摄于云南昆明）

叶植物；尤其是在北方，盆栽有利于进行冬季养护。如芭蕉属的红蕉，植株挺拔，叶片硕大，苞片色彩鲜艳，殷红如炬，观赏价值极高。地涌金莲属身形较为矮小，花期长，花色艳丽，花形特别，非花期，也可作为观叶植物（图93）。此外，其抗性强，不易生病，养护简单，即使空气温度和湿度低于其原产地，也无损生长。将芭蕉类植物盆栽可以使更多人欣赏到它们的风采。

4.1.6　街道绿化

街道绿化是城市形象的重要组成部分，和城市居民生活水平密切关联。市区内街道环境条件差，来往车辆大量排放废气，土壤坚实。需要选择符合适应道路环境条件、生长稳定、观赏价值高、无须过多管理、病虫害少、抗性强等条件的植物。地涌金莲就是一个优质选择，地涌金莲粗生易长，可粗放管理，无须过高养护成本，花形别致，外观独特，可种植于街道分车带和花坛。目前最为常见的还是芭蕉，街道花坛、绿化带、步行街等多地均可见（图94至图100）。

图94　商店门外栽培的芭蕉景观（龚洵 摄于昆明月牙塘公园）

图95 建筑墙角种植的几株芭蕉（摄于重庆）

图96　绿化隔离带中种植的芭蕉（潘莉　摄于云南施甸县城）

图97　人行道旁种植的一片芭蕉（陈卓　摄于陕西西安）

图98　人行道边绿地上栽培的一丛芭蕉（郑颖 摄于浙江农林大学校园）

图99　花坛中栽培的芭蕉（郑颖 摄于浙江温州）

图100　加油站花坛中列植的芭蕉（陈冰燕 摄于云南昭通）

4.1.7 切花

芭蕉科植物的叶片宽大柔韧性好，易卷曲进行造型，叶色鲜嫩，十分适宜作为插花背景，尤其是夏季，给人一种清凉之感，是插花常用叶材（图101）。许多芭蕉科植物的花序和果序也适合用于插花（图102、图103）。地涌金莲的花序庄重大方，花期绵延数月，可将其切取作为大型切花材料，适合装饰会展等大场景（图104）。假茎粗壮疏松，富含水分，将花序连同假茎一同切取，假

图101　芭蕉的叶片参与制作的花艺作品（杨玲　摄于北京）

图102　芭蕉的花序和果序参与制作的花艺作品（王婷婷　摄于上海）

图103　数枝亮果芭蕉的花序插于花瓶，古朴自然（陈冰燕　摄于云南红河河口）

图104　地涌金莲和芭蕉果序参与制作的大型花艺作品（刘红　摄于上海）

图105　芭蕉同多种植物搭配制作的大型花艺作品（陈冰燕 摄于云南昆明）

茎可提供水分，并作为天然的插花基质使用，观赏期可达40~60天；如放入水中，观赏期则可延长至80~100天（关文灵和邓晓秋，2001）。红蕉的花序挺拔纤细，色红如火，妩媚动人，也是良好的切花材料（何雪娇 等，2011）。此外，也可整株与各类植物搭配，达到错落有度、清新亮眼的效果，因其体量较大，装饰大型建筑较为合适（图105）。

4.2　食材

芭蕉科的许多植物可食用，主要包括芭蕉属的芭蕉、小果野蕉、香蕉和大蕉（*Musa* × *paradisiaca*）以及象腿蕉属的象腿蕉。芭蕉类植物在少数民族饮食文化中占有重要的地位，芭蕉花、芭蕉果和芭蕉茎都是他们饭桌上常见的食物。此外，花朵中的甘露也可以食用，《汝南圃史》中记载："遍地芭蕉皆生甘露。民间取以和饭，以喂小孩，取其甘甜也。"由此可知，古人很早就会取芭蕉花里的甘露，直接食用或拌饭喂给小孩食用；芭蕉根在清代则时常作为蔬菜食用。《群芳谱》载："芭树子房相连，味甘美，可蜜藏，根堪作脯。"这里说明了芭蕉根可以腌制食用。明代《野菜博录》中也记载了芭蕉根的食用方法："采根肉切片，灰汁煮熟，去汁再煮，油、盐调食"。

芭蕉、香蕉、大蕉的果实可作为水果食用，其营养丰富，不仅能充饥，还可助消化，治疗便秘（图106）；而象腿蕉和小果野蕉的果实内含较多种子，果肉较少，口味不佳，不作食用。除了直接食用外，果实还能用来酿酒或者酿醋，或者做成香蕉干保存。傣族人民会以芭蕉果为原材料制作特色风味小吃，其中有一种小吃在傣语中称为"真贵"，即油煎芭蕉果，味道香甜软糯；还有一种小吃"毫冻桂"，则是用芭蕉叶包裹糯米和芭蕉果制成的。此外，贵州布依族也会用芭蕉果制作一种名为"褡裢粑"的小吃，芭蕉果去皮后加上熟芝麻粉舂成蓉状，一半作馅，一半加入糯米粉和成面团揉成饼状，再用芭蕉叶包裹后蒸熟即可。褡裢粑吃法多样，可冷吃，也可炸、蒸、烤、煎、烙，甜糯细嫩，具有芭蕉果和芭蕉叶的清香。

芭蕉类植物的假茎也是良好的食材，富含水分，口感柔嫩（图107）。通常可将其切丝后，用清水洗去黏丝，再和其他食材一同炖煮，甜嫩适口；也可和肉丝或肉片一起爆炒，味道清香爽口。在云南许多少数民族中，还会将芭蕉茎用作牲畜饲料，将芭蕉茎切碎后，加上糠麸、泔水及其他饲料，便可直接或煮熟后饲喂家猪。

芭蕉花的品质以花苞最佳，结果初期的次之，结果后的则不宜食用（图108）。烹饪时，剥去老苞片，剩下的芭蕉花切碎，素炒或者炒以肉末或豆豉，都十分可口（图109、图110）。芭蕉花除了炒，还可以用于煲汤，傣族人民通常将芭蕉花和

图106　香蕉（左）和芭蕉（右）（龚洵 摄于昆明某农贸市场）

图107　芭蕉芯（嫩叶）（左）和展开后的状态（右）（龚燕雄 摄于云南景洪农贸市场）

图108　芭蕉花序（左图下方和右图）和叶片（左图上方）（龚燕雄 摄于云南景洪农贸市场）

图109　炒芭蕉花（潘莉 摄于云南普洱）

图110　腊肉炒芭蕉花（左）；红烧芭蕉花（苞片+花）（右）（潘莉 摄于云南普洱）

图111　腊肉炖野芭蕉花（龚燕雄 摄于云南景洪）

肉片、番茄或臭菜一同煮汤（图111）。傣族人民也会用包烧或者包蒸的方式烹饪芭蕉花，将芭蕉花煮熟后加盐揉捏，挤掉涩水，再加上葱花、蒜泥、辣椒等佐料，用芭蕉叶包起来，放在甑子里蒸，就是包蒸芭蕉花；放在火炭里烧，则是包烧芭蕉花。冬季是地涌金莲的盛花期，彝族人民会采花用于做汤，一般会与火腿肉、蚕豆同煮，或将苞片切丝，焯水滤干后，加入辣椒、花椒、葱花、食盐拌匀，作为凉菜食用。他们还会将花做成腌菜后加腊肉爆炒或素炒。

芭蕉叶不能直接食用，但可以作为烹饪器具使用，傣族和哈尼族的饮食文化中的包烧、包蒸，即使用芭蕉叶包裹食材蒸或烧，例如包烧鱼、包烧金针菇、包烧罗非鱼等（图112至图114）。傣族人家也会将芭蕉叶作为桌布使用，孔雀宴、手抓

图112　用芭蕉叶包烧的臭豆腐（左）和牛肉（右）（龚燕雄 摄于云南景洪）

图113　芭蕉叶包裹蒸煮的泼水粑粑（龚燕雄 摄于西双版纳泼水节）

饭的制作，就是将新鲜的芭蕉叶放在篾桌上（图115）。傣族人民喜爱野炊，在河边或者溪边野炊时，会将随处可见的野芭蕉树的叶子砍下，铺在地上，将美食放在上面，十分方便。除了傣族外，其他民族也会使用芭蕉叶（图116），例如布朗族的卵石煮鲜鱼，烹饪时，用芭蕉叶覆盖盛器底部，装上清水和收拾好的鲜鱼，再将烧得滚烫的卵石放入水中加热，这种鱼汤鲜美可口。还有景颇族著名的绿叶宴，其中的“绿叶”即为芭蕉叶。云南基诺族也会使用芭蕉叶包裹新鲜茶叶后放在火中烧烤，后直接冲饮或晾干后再冲泡，茶香混合了芭蕉叶的清香（朱映占，李艳峰，2019）。云南德昂族具有悠久的种茶、制茶、饮茶历史，该族特有的酸茶风味特殊，约有2000年历史，传统制作主要包括土坑制作和竹筒制作：①用新鲜芭蕉叶包裹新鲜茶叶，埋入深坑密封7天左右，取出茶叶，在阳光下揉晒，茶叶稍干后，包裹密封3天，取出晒干，即可泡饮；或是在坑底和周围放上芭蕉叶，然后一层新鲜茶叶一层芭蕉叶地堆放，最上层用芭蕉叶覆盖，再用石板和泥土封顶，发酵时间依温度、湿度等条件调整。②竹筒制作则是将茶叶揉捻，放入竹筒，压实后，用新鲜芭蕉叶封口，再用竹笋叶包裹封口，在土坑底部和四周铺垫新鲜芭蕉叶和其他植物叶片，竹筒封口朝下直立放入土坑，封口下方和竹筒上方各垫一层石板，坑里塞实泥土，保证密封（何声灿 等，2022）。

图114　芭蕉叶包烧的鸡、鱼、猪肉、牛肉……（龚燕雄 摄于西双版纳夜市）

图115　以新鲜的芭蕉叶作为垫材的傣味手抓饭（席辉辉 摄）

图116　以芭蕉叶片作为食品垫材和包裹材料的西双版纳基诺族宴席（曾艳梅 摄于西双版纳基诺山基诺族民族乡）

地涌金莲除了直接食用外（周翊兰和龙春林，2019），还可作为蜜源植物为我们提供美味的蜂蜜。彝族地区盛行土法养蜂，冬季寒冷，开花植物较少，缺少蜜源，而地涌金莲花期为秋冬季节，并且花期长达250天左右，可为蜜蜂提供大量蜜源。云南紫溪山一带的村民很早就认识到地涌金莲的价值并在生产中应用，已经成为传统农耕文化的一部分，“果树/天然林+农作物+地涌金莲+蜜蜂”的传统混农林模式在紫溪山地区随处可见（龙春林 等, 1999）。

4.3 药用

4.3.1 芭蕉

芭蕉自古以来就是我国民间广泛流传的一种药食同源的优良植物，花、叶、根、果、种子等都具有较高的药用价值。芭蕉花具有化痰消痞、平肝、和瘀、通经等功效，可适用于胸膈饱胀、脘腹痞疼、吞酸反胃、呕吐痰涎、头目昏眩、心痛怔忡、风湿疼痛、痢疾、妇女经行不畅等症；芭蕉叶性甘淡，寒，具有清热、利尿、解毒的功效，治热病、中暑、脚气、痈肿热毒、烫伤；芭蕉根为芭蕉的干燥根茎，作为苗族的习用药材，具有清热解毒、止渴、利尿等功效，临床上常用于治疗风热头痛、水肿脚气、血淋、肌肤肿痛、丹毒等（孙宜春, 2009）；芭蕉种子生食，止咳润肺，蒸熟后食用令口开。春取仁，食之，通血脉，填骨髓；芭蕉油，又名芭蕉汁，是芭蕉茎中的汁液。在芭蕉茎近根部处切出一个直径5cm左右的小孔，即有灰黑色汁液流出，插上导管，引流到容器中供用。或取嫩茎捣烂后，绞出汁液。治头风热并女人发落，止烦渴及汤火疮。止暗风癫痫，涎作晕闷欲倒者，饮之得吐便瘥。

在传统中医的基础上，现代研究人员使用新技术进一步探索了芭蕉的药用价值，从芭蕉的各个部位提取了多种化合物。不同化合物具有不同药理活性，可以治疗不同病症。

芭蕉的花和根茎中均含有丰富的挥发油，挥发油具有抗炎、抗过敏、抗氧化、抗病毒、抗突变、驱虫等功效（王雅琪 等, 2018），目前通过GC-MS法从芭蕉中共分离得到辛烷、正己醛、青叶醛、肉豆蔻醛等71个挥发油类化合物（王祥培 等, 2011; Huang et al., 2016; 王祥培 等, 2012）。

酚类成分具有抑菌、抗氧化、抗肿瘤等作用（Norman et al., 2019; Li et al., 2017; Macabeo et al., 2020），目前从芭蕉中分离得到了27个酚类化合物，包括8个简单酚类化合物，3个含萘环的酚类化合物，2个酚苷类化合物，5个黄酮类化合物，4个姜黄素类化合物，5个其他化合物（Tai et al., 2014; Jiang et al., 2021; 张倩和康文艺, 2010; 蒋礼 等, 2019; 付思红 等, 2018; Ma et al., 2021）。

phenalenone类化合物是3个苯环两两骈合的植物抗毒素（Norman et al., 2019; Li et al., 2017; Macabeo et al., 2020），从芭蕉中分离得到12个具有抗菌、杀虫、降糖、抗氧化、抗病毒等活性的phenalenone类化合物（Jiang et al., 2021; 张倩和康文艺, 2010; 蒋礼 等, 2019; 付思红 等, 2018）。

萉是一种用途广泛的有机合成原料，其化学性质活泼，萉的衍生物常用作杀菌剂、杀虫剂和还原染料等（李浩 等, 2016）。目前，已从芭蕉的根茎中分离得到8个该类化合物（Jiang et al., 2021; 蒋礼 等, 2019; 付思红 等, 2018），包括3个新化合物和5个已知化合物。

生物碱是存在于生物体内的一类含氮碱性有机化合物，生物碱的药理活性多样，具有抗肿瘤、抗炎镇痛、抗菌、抗病毒、保护心血管作用、杀虫等作用（Mondal et al., 2019）。目前，从芭蕉中可分离得到4个生物碱，分别是3-吲哚乙酸、3-吲哚丁酸、腺苷、尿苷（Liu et al., 2007; 蒋礼 等, 2019）。

除上述化合物，芭蕉中还分离得到9个其他类型化合物（方紫岑 等, 2017; 王祥培 等. 2012; 张倩和康文艺, 2010; 蒋礼 等, 2019; 付思红 等, 2018; Liu et al., 2007; Ho et al., 2007），包括4个三萜类化合物，1个倍半萜类化合物，4个芳香酯。

此外，芭蕉的花、假茎、根均含有丰富的氨基酸，包括天冬氨酸、苏氨酸、异亮氨酸、亮氨酸、缬氨酸等7种必需氨基酸以及组氨酸、精氨酸、谷氨酸等10种非必需氨基酸（王祥培 等, 2010; 马博 等, 2018）；含有糖类、维生素、胡萝卜素、凝集素及微量元素等物质（Ho et al., 2007; 孙宜春 等, 2009; 田学军 等, 2012）。

4.3.2 地涌金莲

地涌金莲夏季采花晒干后入药可收敛止血，能治疗白带、红崩及大肠下血，血症日久欲脱，用后亦有固脱之功效（春风, 2008）。茎汁可用于解酒醉及草乌中毒（江苏新医学院, 1993），还具很强的利尿作用，对治疗慢性气管炎、止咳、祛痰和平喘均具有较好的作用，对降低胆固醇、治疗高血脂和抗动脉粥样硬化具有显著疗效（巩江 等, 2010）。此外，研究发现该药还可用于治疗宫颈癌及皮肤溃疡（李晓江, 2001）。

地涌金莲的茎秆被西南地区少数民族的民间医生当作骨折夹板来使用，一是房前屋后均有种植地涌金莲，取材方便；二是地涌金莲茎秆呈半圆筒形，软硬适宜，便于包扎固定；三是茎秆渗湿性好，可以让所敷药物保持湿度，让患者感觉更舒适并利于药效发挥；四是民族医药认为地涌金莲茎秆有止血消炎的功用，夹板本身又是药物，治疗效果更好（董广平 等, 2020）。

4.3.3 红蕉

红蕉的根状茎和花皆可入药。根状茎可补虚弱，主治虚弱头晕、虚肿、血崩、白带；花可止鼻血。

4.3.4 象腿蕉

象腿蕉在傣医学中主要用其假茎与根，并用鲜品，常常随用随采。根汁用于全身发肿，孕妇发肿，腿部发肿。假茎味苦、涩，性寒，能收敛止血，常用于崩漏、便血、带下病。

4.4 民族文化

在中国，各民族以不同方式利用芭蕉科植物，最有代表性的是居住在热带的傣族和壮族。

4.4.1 傣族

在傣族的宗教活动中，芭蕉科植物至关重要。傣族祭寨心时，要砍两株芭蕉和一束甘蔗，用棉线拴起，立在寨心石旁。甘蔗汁液甘甜，象征家庭美满。芭蕉硕果累累，象征着财运旺盛。在一些重要的节日中，人们要制作赕佛篮子，篮子底部铺上芭蕉叶，再将水果、糖果、糯米饭、“考糯索”（傣族著名小吃，用糯米粉和云南石梓花干粉做成的粑粑，外面会用芭蕉叶进行包裹）和现金放在篮中，也会插几片小芭蕉叶作为装饰，提到佛寺中去“赕”（李伟良, 2018）。而赕佛的物品中，“考糯索”和芭蕉果是很常见的。此外，人们也常用纸片做成“芭蕉树”，供献到佛寺中去。

在民俗活动中，芭蕉科植物也时常出现。傣族人会在新房落成后，举行“贺新房”仪式之后乔迁新居。西双版纳勐罕镇曼春满村傣族的“贺新房”需要准备5个“刀董哈”、9个“诗董约”、1个“梅卡西利龙”。其中，“刀董哈”由芭蕉树皮做成，底部插以竹竿，再插在新房大院门口的泥土中。意即告诉天上的五位神灵，新房已建好。“诗董约”是由芭蕉树皮做成的小格子，外观呈正方形，底部用芭蕉叶铺垫，在其中，放上泥巴捏成的猪、牛、鸡，还有剁碎的生芭蕉颗粒、甘蔗块和糯米饭团等。亲朋好友都来参加“贺新房”仪式，祝贺乔迁新喜，并等待佛爷来念经。佛爷在柱子旁念经，并从柱子上削下一小块木屑，用火钳夹进“诗董约”里。之后众僧还要到二楼诵经，事毕，仪式完成，宾客方入席用餐（龚锐, 2008）。傣族建房筑火塘，从芭蕉秆上剥取假茎皮，放在火塘底下，用以镇邪。总之，芭蕉类植物寄托着傣家人的精神世界，在一些佛事活动中，象征着美好、祈福、祝愿，而在一些民俗仪式中，象征着驱鬼、除秽、禳灾（李伟良, 2018）。

壮族青年男女会通过唱歌来展示自我，表达爱意，寻找意中人。芭蕉时常出现在壮族民歌中，如“天星不比月亮明，妹是不比哥心平，不信但看芭蕉树，从头到尾一条心”。“十二早晨去理坟，越想越使哥伤心；两边栽起芭蕉树，不给牛马来踏坟”。“送哥送到芭蕉林，满山芭蕉绿茵茵；蔸蔸芭蕉都是果，芭蕉结果一条心”等。在这些情歌中，芭蕉是一心一意的代表，通过自喻芭蕉，表达心中炽热诚挚的爱意。除了情歌，在许多蕴含教育意义的壮族民歌中也用芭蕉来表示团结。“盘古子孙好相爱，同时芭蕉一条心；盘古子孙好相爱，远近团结一家亲！”（范西姆，2009）。“芭蕉结个一排排，一条圆茎连起来；我们姐妹像芭蕉，心心相连不分开”（关仕京，2002）。

4.4.2 壮族

壮族文化中，芭蕉是“正义的善神”，庇护着壮族人民，其根、茎、叶都具备法力，特别是巨大的叶子。壮族人民十分敬畏尊崇芭蕉，芭蕉树可驱邪镇宅，但人们不会轻易使用，只有在非常时期遭遇重大事件，如干旱洪涝、瘟疫等流行性疾病肆虐这样的危难时刻，才会向芭蕉求助。隆安、邕宁、良庆、青秀等县区的壮族曾有在干旱时将血藤缠绕芭蕉树并抛入潭中的旧俗，意为借用芭蕉的法力唤醒龙神以祈求降雨。

在壮族的神话传说中，芭蕉和牛密切相关。《布洛陀经诗》是一部歌颂了壮族始祖布洛陀创世的史书，其中描述布洛陀造牛时，将芭蕉叶卷起来，作为牛的肠，这也决定着芭蕉叶作为牛的部分“器官”，对牛有一定的约束作用。在西南多个少数民族中都有关于为什么水牛会憎恶芭蕉的故事流传，壮族也有“人是怎样会穿牛鼻子的”的传说，这些故事大体都基本相同。从前，人们耕田犁地时，用绳子绑住牛的一条后腿，到田角需要退犁之时，无法把牛给拉回来。田边的芭蕉见此，便教人们穿牛鼻。于是人们将绳子穿过牛鼻，从此更加方便管理牛。但牛便开始憎恨芭蕉，每次遇到芭蕉根时，都会用角去抵。

七月十四至十六为中元节，壮族地区有漂水灯的习俗，水灯承载了人们的美好期盼。南宁市长塘镇某个村落的人们用芭蕉叶制作水灯，前两天祭拜过家堂和天地后，用芭蕉叶包裹烧剩的祭品灰，并将蕉叶折成类似鸭子的形状，栩栩如生，再用红绳做引，生油点灯。鸭子有翅膀，意为可以放其去寻找食物，此外芭蕉更有吉祥纳福之意，“蕉叶鸭”有芭蕉的灵气指引，会带着福气飞回来报答人们。

此外，在百色市隆林者保乡某村也有放芭蕉船的习俗。选取成熟芭蕉叶半圆形的部分，在两头各切上三刀，中间的部分向上，用一根小树枝、钉子等，固定好这三个部分，另一边同上，折成芭蕉船。让芭蕉船把思念之情带到逝世亲人身边，也将悲伤带走。还有这样一种说法，“活人的白天是鬼魂的黑夜，鬼魂的白天是活人的黑夜”，所以白日放芭蕉船时，一定要点上蜡烛，以示敬意并能照亮阴间之路。可见在壮族，芭蕉是合阴阳，通生死的神灵（刘翊，2012）。

广西南宁的壮族人民有一种古老的民间节日庆典活动——芭蕉香火龙，该仪式起源于南宁市长塘镇，2008年成功申报自治区级非物质文化遗产。据说，在200多年前的正月十八，今长塘街邕江北岸的长塘老村由于地震村毁人亡，当时人们把这种现象叫“龙翻身”或“龙走南岸”，是神龙指引村民迁赴至对岸的芭蕉林定居。此后，幸存的村民便听从指引迁居对岸，村名“芭蕉街”。为了铭感龙赐吉地，人们便以芭蕉扎成龙形，芭蕉根为龙头，芭蕉秆为龙身，芭蕉花则为龙珠，并在龙头、龙身上遍插香火，再配以吹打乐，欢天喜地狂舞，以祈请龙神保佑天平地安、五谷丰登。

4.4.3 景颇族

云南景颇族有一种特别的沟通工具——“树叶信”，根据不同的用途大致分为婚恋传情、丧葬祭祀和普通使用三种，材料选择因地而异，有许多种类。男方遇到心仪的女孩，会将两片面对面合拢的小芭蕉叶，用结了单数疙瘩的单股红线，绕单圈捆扎后递出，意在试探女孩是否有同样的交往意愿（岳立鸿，2021）。

搭桥仪式是景颇族的一种祭祀仪式，通过搭桥，为人们解惑、祈福。搭桥前，搭桥者要请董萨（祭司）占卜，确定时间、类型和场地。搭桥日，民众会用两根提前砍好的新木搭建成桥，新木需要选取会结果的树木，如梨树等，景颇族人相信会结果的树会使得搭桥的人不管做什么都有好结果，在桥的拐角处插入捆好的芭蕉和甘蔗，并将桥两侧的芭蕉和甘蔗分布用针线连接。搭好后，董萨在桥的一端杀鸡，煮熟后，用芭蕉叶将其和熟鸡蛋、糯米等一同包好献祭，然后董萨开始吟唱祭词，祭词中经常会出现芭蕉和甘蔗，象征主人家能够像芭蕉和甘蔗一样生活顺利兴旺。搭桥仪式结束后，会将祭祀食物分发给在场人们，以祝福人们身体平安、生活幸福（张译匀, 2024）。

4.5 生态价值

4.5.1 地涌金莲

在山区的小流域综合治理的水土保持措施中，有一项措施就是植树造林，从当地的土地利用、实际水土情况出发，有针对性地选择适应当地生态环境，易于成活并正常生长，迎合防护需求，兼顾经济效益的植物。

地涌金莲地下匍匐茎发生多，丛状侧生芽繁殖快，株密叶大，地面覆盖度高，因而具有很强的防风固土、涵养水分、防止水土流失的能力（傅本重 等, 2010）。除此之外，其适应性强，能适应较广泛的生态条件，病虫害少、种植简单、管理粗放、投入成本低、一次种植、永续利用，还能与大多数植物共生，不会损害阻碍其他植物生长。因此，地涌金莲是退耕还林、恢复自然植被、改善土壤水分和养分条件、提高生态价值的大型优良草本植物。在水土保持工程建设中，地涌金莲可用作坡改梯埂坎护坡植物；在陡坡耕地中，是分隔长坡、拦挡土壤形成隔坡梯田的拦挡植物（图117）；在开发性生产建设项目中，是堆渣场、施工道路、田间道路的护坡护基植物（周开永, 2013）（图118、图119）。

4.5.2 小果野蕉

小果野蕉是热带地区最为常见的一种大型草本先锋植物，也是现在栽培香蕉的祖先之一，在理论研究和应用中有非常重要的地位（程志号 等, 2018）。目前，已经针对小果野蕉展开了多方面多层次研究（刘梦雅 等, 2014; 叶可勇 等, 2012; 梁

图117　护坡：公路边坡栽培的地涌金莲（龚洵 摄于云南楚雄彝族自治州双柏县爱尼山）

图118　水土保持：耕地边栽培的地涌金莲（龚洵 摄于云南楚雄彝族自治州双柏县爱尼山）

图119　田间地头栽培的地涌金莲（任宗昕 摄于昆明嵩明）

勋 等, 2018; 张光明 等, 2000; 高秀霞, 2005）。

小果野蕉往往通过种子传播定居新生境，然后通过根蘖繁殖逐步占据新生境。虽然小果野蕉可以通过克隆来进行无性繁殖，但其种群的扩展强烈依赖于食果动物对其种子的初次散布；二次散布过程中蚁类对种子的转移行为对种子成功散布起到一定补充作用。蝙蝠在种子的初次散布中占有重要地位（孟令曾 等, 2008），夜间被蝙蝠取食的成熟果实数量要远远大于鸟类在白天带走的数量。此外，研究者通过野外观测和雾网试验以及种子的定时收集方法，发现犬蝠（*Cynopterus sphinx*）倾向于把大量的小果野蕉种子传播到受干扰的生境中（如路边、人工林周围），这些地方靠溪流比较近，对小果野蕉这种先锋物种的群落建立有重要意义（唐占辉 等, 2005）。

小果野蕉作为一种先锋物种，在群落演替正常进行的情况下，最终将被其他乔木树种取代（施济普 等, 2002）。因此可把小果野蕉在群落中大量出现这一阶段视为群落恢复演替的一个正常环节。然而人为干扰可以明显地降低群落生物量，使得小果野蕉群落长期保持在一个种群数量较大、物种多样性指数较低和重要值较大的状态，并进一步影响群落生物量的积累和物种多样性的增加。因而注意保护小果野蕉群落不受人为干扰使其正常演替，是生态恢复的一种可行方法。

4.6 工业价值

现代产业充分利用芭蕉类植物资源，主要为香蕉和芭蕉，不断开发新用途，减少对环境的破坏和资源的浪费。香蕉和芭蕉的假茎富含高质量纤维，常用于制造纺织品、纸制品、卫生巾、建筑材料等。

4.6.1 纺织品

东汉时期，人们就已经发现芭蕉类植物富含纤维，并利用芭蕉类植物的纤维织布，编织出的布料吸汗透气且轻柔坚韧。岭南地区特产蕉布，并曾作为贡品上贡朝廷，现在广东省博物馆还有蕉布的藏品。有许多文献典籍记载了岭南地区多种可以用来制作蕉布的芭蕉品种及蕉布的制作过程。如海南的黎族人民制作这种蕉布有以下几个步骤：选取野生芭蕉树，砍下后，用草木灰水浸煮后再在草木灰水中浸泡半个月甚至更长时间；将芭蕉纤维抽离进行绩纱；染色后将丝线晾干，然后采取传统黎锦技艺进行纺织。除岭南地区外，日本冲绳也会使用蕉布。从13或14世纪开始，冲绳人民就会使用蕉布制作传统的冲绳和服，蕉布面料耐用，受到了各阶层人民的广泛欢迎。

现代纺织业也在不断改进技术，使用芭蕉纤维混合其他材料生产织物。如利用黄麻纱线和香蕉纱线开发了一种黄麻–香蕉复合织物（JBHF），该混纺织物在硬度、厚度、拉伸强度、撕裂强度、悬垂性和折皱回复性等方面都具有良好性能，自然染色黄麻–香蕉混合织物的耐洗色牢度、耐水性、耐摩擦色牢度和耐汗渍色牢度也不错（Hassan et al., 2022）。

4.6.2 纸制品

香蕉纤维具备的轻柔、吸收性好、易于快速生物降解等优点使其成为生产绿色经济卫生巾的不二之选。印度的Saathi公司和Sanfe公司利用香蕉纤维开发了可重复使用、可降解、便宜的卫生巾，这是一个非常为印度当地女性健康着想的发明。此外，一个非营利的非政府组织SHE也在发展中国家推广使用香蕉纤维所生产的环保、价格合理的卫生巾。Petchimuthu等（2019）研发香蕉纤维、有机棉和帆布包裹制成的多层卫生垫，并在农村地区分发。

香蕉纤维能够生产牛皮纸、包装纸、纸板、无纺布等各类纸张。芭蕉科植物来源广泛，原材料易获，可以节约大量木材资源，保护生态环境；又因其为草本植物，容易加工切碎，无须高压蒸煮，且脱胶容易，工艺成本较低。使用香蕉纤维素制作而成的香蕉纸包装种薯，可以保护种子免受马铃薯囊肿线虫的侵害，提高马铃薯产量，同时并不会对种子产生影响（Ochola et al., 2022）。使用香蕉纤维通过针刺技术开发的一种无纺布包装材料，可以用作可持续的环保包装材料，具有较好的防紫外线性能和耐候性。测试发现，与现有的商业包装相比，几乎所有存放在衬有香蕉无纺布毡的盒子中的水果和蔬菜的寿命都增加了1~5天，但香蕉的寿命缩短了2天（Manickam & Kandhavadivu, 2022）。此外，芭蕉茎中的长纤维有利于生产强度好的薄页纸，这种产品适用于高质量的印刷、打包和包装。在日本，使用芭蕉纤维制造钞票纸已有几十年历史。

4.6.3 复合材料

芭蕉纤维具有较好的力学强度、耐低温性能及耐腐蚀性能。在聚合物基体中添加芭蕉纤维，可以有效增强材料的力学性能以及阻燃性能，获得性能优异的复合材料（Subramanya et al., 2022）。在汽车工业中，香蕉纤维可用来代替聚丙烯复合材料基体中的玻璃。与纯基体相比，香蕉玻璃复合材料具有高耐腐性和高拉伸强度（Kumar et al., 2019）。香蕉纤维还可降低增强聚乳酸（PLA）材料的脆性，提高其弯曲强度和拉伸强度，用于制作热食品容器等耐高温产品（Pappu et al., 2015）。

香蕉皮提取物FeS薄膜的光致发光、吸光度和透光率强度大于纯FeS薄膜，使用香蕉纤维合成太阳能电池薄膜是一种环保、简单且低成本的优质方法（Saka et al., 2022）。

4.7 艺术价值

自古以来，芭蕉就是文人墨客们笔下的常客，他们以芭蕉为题材创造了许多脍炙人口的诗词和流传千古的名画，通过芭蕉表达心中的喜怒哀乐，寓意个人的品德性情。

4.7.1 绘画

芭蕉在中国文化中的广为流传，和佛教密不可分。佛教起源于印度，芭蕉在印度广为种植，佛教文化中，芭蕉寓意身空，强调生命乃是无常、无所之物。西汉末年，佛教传入，南北朝时开始推广，这一时期芭蕉进入皇家园林。唐朝，佛教绘画兴起，芭蕉也因为其在佛教中的隐喻而成为佛教绘画的经典素材之一，开始出现在敦煌壁画中，如在敦煌盛唐12窟主室东壁的《维摩诘经变》画中，通向世尊释迦牟尼说法图的城楼两侧，分别植有两株硕大的芭蕉。最为著名的是盛唐王维所画的《袁安卧雪图》，其中的“雪中芭蕉”引发后世热议，可惜该图未留存于世，这也是文人绘画芭蕉的最早记录。后人时有雪蕉之作，如明陈洪绶的《雪蕉图》（图120）。而芭蕉的佛教寓意也使得其经常同罗汉等形象共同出现在绘画中，如《芭蕉佛像图轴》中，高大茂盛的芭蕉种植于假山旁，其下端坐一位罗汉，静心修炼，画面平和雅致（图121）。

除了出现罗汉形象外，人物画还有一大部分的主角为文人雅士，芭蕉在画中营造了一种清幽宁静的环境，人物则进行着抚琴（图122、图123）、品茶（图124）、饮酒（图125）、赏画、下

图120　明 · 陈洪绶《雪蕉图》

图121　清 · 罗聘《芭蕉佛像图轴》

棋等多种活动，悠然自得，恬静淡雅。这类画作通常表达雅人韵士的文人情怀，对于闲情雅致的追求。此外，宋代也出现了“芭蕉仕女”这一固定搭配的画作，如《芭蕉仕女图》。画中的芭蕉多为垂荫芭蕉，袅娜娉婷，犹如纤细柔弱的美人。芭蕉叶脆弱易碎，易受风雨摧残，比喻女子身娇体弱，红颜易逝。唐代仕女图多为宫廷画师所作，皇室欣赏丰腴雍容华贵之美，所以配景多为艳丽富贵的花卉，少有芭蕉。宋代则更为偏爱清逸秀雅之美，芭蕉外貌更符合宋代的审美标准，因此宋代仕女图多和芭蕉搭配。“蕉”同“焦”，可暗示悲伤之意，因而芭蕉仕女图中的芭蕉多用来表达忧郁之情，尤其到明清时期，时常用芭蕉表现女子的愁思（图126、图127）。

早期绘画中，芭蕉形象单调，色彩单一，由勾勒染色而成，且多为背景，作为人物画中的点缀（图128）。中唐之后，花鸟画从人物画中分离，作为独立分科，芭蕉也成为花鸟画的重要题材，绘画技法也得到了很大提高。中唐边鸾作有《孔雀芭蕉图》一幅。五代时期花鸟画最为兴盛，著名的花鸟画家黄荃、黄居宝、黄居寀父子三人分别创作了《红蕉下水鹤图》《红蕉山雀图》和《红蕉山石图》。随着不断地发展，花鸟画的组合形式越加丰富，芭蕉也逐渐由写实转变为写意，随着与不同植物和动物的组合，而被赋予不同的精神意蕴。

如芭蕉和竹石，清代的朱耷曾绘有《竹蕉图轴》和《芭蕉竹石图》（图129），残损的蕉叶、遒劲的竹枝、寥寥几笔勾勒的山石，风格简洁不羁；芭蕉也可和多种花卉组合搭配，如芭蕉同“岁寒三友”之一的菊花组合，明末清初的石涛的《蕉菊轴》中，恣意生长的芭蕉下，一块大石头前，四五朵菊花盛放，芭蕉后伸展出几枝竹枝，笔墨

图122 明·文徵明《蕉石鸣琴图》

图123 明·仇英《蕉荫结夏图》

图124 明·丁云鹏的《玉川煮茶图》

图125 明 · 陈洪绶《蕉林酌酒图》

图126 明 · 文徵明《蕉荫仕女图》

图127 清 · 沙馥《芭蕉仕女图》

图128 唐 · 孙位《高逸图》

淋漓酣畅，粗犷随意（图130）；其中明代徐渭致力于创作水墨芭蕉，芭蕉题材绘画作品数量非常之多，且和多种植物搭配，如今仍可见的有14幅：和梅花搭配的《梅花蕉叶图》（图131）、《雪蕉梅石图》，和牡丹组合的《牡丹蕉石图》（图132）等。徐渭一反前人对于形似的追求，转向将芭蕉作为品性的寄托；芭蕉的搭档除了同“国画四君子”外，还有紫薇（图133）、山茶、栀子等。

芭蕉和动物组合的画作数量也相当之多，如明代中期，吕纪的《蕉岩鹤立图》，画中一只抬起右脚的仙鹤，其身后是一块玲珑奇巧的太湖石，石后则是两株落了雪的芭蕉（图134）；《蕉荫猫石图》中，残破的芭蕉叶下，一只小猫孤独坐在石头上，背影透露着一股孤寂之感（图135）；任伯年的《麻雀芭蕉图》则呈现出完全不一样的趣味，可爱的麻雀立于树枝上，鲜绿强壮的芭蕉和舒展的大朵黄色菊花，整体色调清新明快（图136）。

4.7.2 诗词

东晋时期开始出现少量关于芭蕉的文学作品，芭蕉的文学意蕴开始萌芽。在永嘉南渡后，文化中心南移，南方地区野生芭蕉较多，富庶之地盛行修建园林，芭蕉作为观赏植物被引种栽培。芭蕉开始进入文人的视野，但是和后世的高洁意象

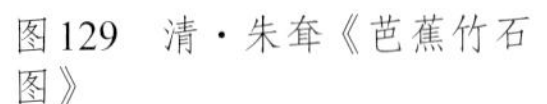

图129　清·朱耷《芭蕉竹石图》

图130　清·石涛《蕉菊图轴》

图131　明·徐渭《梅花蕉叶图》

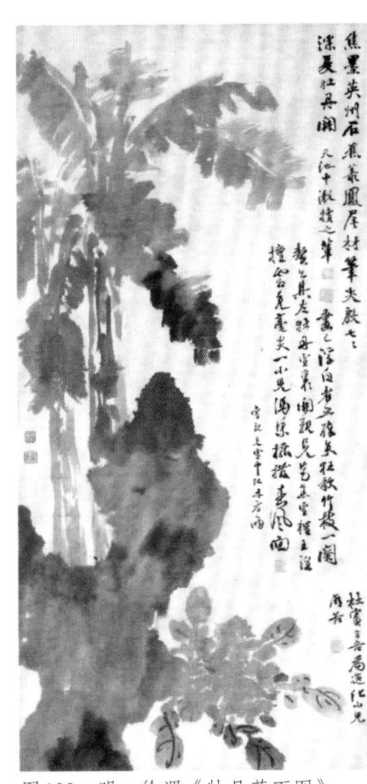

图132　明·徐渭《牡丹蕉石图》

图133　明·陈栝《芭蕉紫薇图》

相反，这一时期芭蕉是“无行小人”的象征。例如在南朝梁国沈约所著的《修竹弹甘蕉文》中，借修竹弹劾甘蕉，揭露它“铨衡百卉”而“予夺乖爽，高下在心”的恶行，并证以泽兰、萱草的控诉，提出“徙根剪叶，斥出台外”的处置意见。庾信的《拟连珠二十四》，也说“甘蕉自长，故知无节”，与有节的竹子对比，是人格上“无节”的象征。

唐代文学发展空前繁盛，芭蕉也得到了文人们的重视，出现了许多以芭蕉为题材的作品，文人们对芭蕉的形态和内涵有了更深刻的认识。唐代时期，所歌颂的不仅仅是芭蕉，还多了“红蕉”（这里“红蕉”包括了美人蕉和红蕉）。红蕉从南方移栽到北方园林中，也有了进入文人世界的机

图134　明 · 吕纪《蕉岩鹤立图》

图135　清 · 朱耷《蕉荫猫石图》

图136　清 · 任伯年《麻雀芭蕉图》

会。刘昭禹的《送人红花栽》中的红花就是红蕉。

唐五代时期芭蕉题材的诗词创作数量明显增加，芭蕉的许多经典意象也在该时期出现，例如“雨打芭蕉”“蕉叶题诗”“芭蕉喻空”等，这些意象在文学作品中被广泛采用。杜牧的《芭蕉》是第一首以“雨打芭蕉”为题材的文学作品，将“夜雨芭蕉”的凄凉之境和诗人内心的愁苦思绪相连。在这一时期，芭蕉和东晋时期的文学内涵有了明显不同，芭蕉在诗人的笔下转变为独立清高人格的象征，张咸在《题黎少府宅红蕉花》中便称赞红蕉“不与桃李争艳，能与荷花比高下，赤心偏得主人怜爱”；诗人们也开始借芭蕉来言明志向，如李绅的《红蕉花》一诗；同时芭蕉化身为生命力旺盛的代表，备受赞赏，如徐夤的《蕉叶》。

在唐朝的基础上，两宋时期的文学得到进一步发展，达到了新的高峰。唐代诗词侧重于抒写在特定情境下芭蕉所引起的情思，情感色彩多为哀怨愁绪，而宋代文人则能看见并深入挖掘芭蕉本身独有的美，情感上也更加积极乐观。芭蕉的地位也进一步提高，在文学作品中的表现形式更加多样，与荷、竹联咏；与清泉、怪石搭配，刚柔相济，更显芭蕉的柔软之态；甚至以高士、隐者的形象比喻芭蕉；芭蕉的人格象征成熟化。韦骧《自宝丰镇移红蕉于永阳后圃》、张载《芭蕉》、狄遵度《咏芭蕉》等众多诗词中都有表现北宋文人对芭蕉“品格”的喜欢欣赏之情。

元明清时期，芭蕉题材的文学创作虽然无法比肩宋代时期，但此时芭蕉的意象和文学创作都别具特色。此时的画家常常兼具文学家的身份，所以芭蕉绘画和芭蕉文学融为一体，出现了题画诗。徐渭共有12首咏芭蕉的诗歌，其中11首都是题画诗。

4.7.3 戏剧、小说

除了诗词外，小说、戏剧等叙事文学作品中也常常出现芭蕉的身影，如元代戏曲作家李元蔚创作的戏剧《秋夜芭蕉雨》。芭蕉常见于叙事文学中的景色描写，《红楼梦》中就有关于芭蕉的多处笔墨描写，不仅作为环境描写存在，还暗示了人物性格和命运。如探春居处秋爽斋，梧桐芭蕉尽有，古人视梧桐为祥瑞圣洁之树，而芭蕉潇洒清新、高大疏秀，折射出探春大气豪爽、志趣高雅的品性。探春自称“蕉下客”，黛玉用“蕉叶覆鹿”的典故取笑探春，该典故出自《列子・周穆王》，围绕“蕉鹿”典故形成的理想抱负破灭、入世心态消解的特定语境成为贾探春形象的映衬（朱姗，2022）。芭蕉还是叙事文学中推动情节发展的重要因素，明单本传奇《蕉帕记》中，男女主人公通过“蕉叶题诗”相爱。《镜花缘》和《品花宝鉴》中也运用了“蕉叶题诗”这一元素。

4.7.4 音乐

《雨打芭蕉》是一首广东音乐的早期佳作，乐谱最早见于丘鹤俦编著的《弦歌必读》，后经潘永璋执笔整理。乐曲表现的内容据陈俊英解题说：“广东古曲之一，描写初夏时节，雨打芭蕉淅沥之声，极富南国情趣”。

《蕉窗夜雨》是广东客家筝曲的优秀代表作之一。作者无从考证，据传此曲源于宋代，描绘了客居他乡的旅人于寂静深夜，聆听雨打芭蕉之声，引发无限的思乡之情。曲调古典优美流畅，百听不厌。

作曲家陈怡创作了许多中国古典诗词合唱作品，《添字采桑子・芭蕉树》是其中非常有代表性的一首，该曲根据宋代女词人李清照的《添字丑奴儿・窗前谁种芭蕉树》词作谱写而成。这首作品结合了西洋作曲技法和中国国学艺术，整体风格古朴淡雅，同时也十分符合现代审美。

4.7.5 工艺品

古代许多工艺品都在制作时加入了芭蕉元素（图137）。最早应用芭蕉图案的工艺品是商

图137　清代刺绣作品：广州羊城八景图——大通烟雨（国家海洋博物馆展出）

代青铜器四羊方尊，四边上装饰有蕉叶纹、三角夔纹和兽面纹。此后，文房四宝、家具、瓷器上都出现了芭蕉元素（图138）。明朝永乐的青花竹石芭蕉纹带盖梅瓶端庄典雅，轮廓流畅，浑厚大气，瓶肩由如意云纹和折枝花卉装饰；瓶腹绘制图案为芭蕉、翠竹、兰草间生于嶙峋俏丽的洞石，栏杆环绕；下部为莲瓣纹、卷枝纹及各种花卉（图139）。

除了瓷器，还有玉器，如清代的白玉芭蕉仕女摆件（图140）和青玉三羊蕉叶双孔笔插（图141）。摆件正面为双手持箫的仕女，后方为巨大的芭蕉和假山，侧面立着一只凤凰，凤凰引颈和鸣，似乎为箫音吸引而来，摆件整体意境深远，栩栩如生。笔插上为青玉，下为紫檀木，一侧为两株中空芭蕉，可插笔，另一侧为卧伏的三只小羊，底座镂雕竹、菊、灵芝、兰等诸多纹饰，构

图138　商 · 四羊方尊（国家博物馆）

图139　明 · 青花竹石芭蕉纹梅瓶

图140　清 · 白玉芭蕉仕女摆件

图141　清 · 青玉三羊蕉叶双孔笔插

思巧妙，玲珑精致。乐器中也随处可见芭蕉形象，明万历时期的“蕉林听雨”琴，琴式取蕉叶形象，琴底龙池上方刻篆书“蕉林听雨”琴名（图142、图143）。

4.8 其他价值

古人常用芭蕉叶包裹食物埋藏于地下，起到保鲜的作用。或者用芭蕉叶擦拭象牙，可使象牙焕然一新。《郝通志》中便有记载：“冬叶如芭蕉裹物入土不坏。又可擦象牙使光泽”。《物理小识》中也有记载：“蕉叶可为布。叶蒸而干之。可以苴物。”意为将芭蕉叶片蒸后，可使叶片韧性加强，用来裹藏物品。现在岭南地区的人们也会使用蕉叶来包裹食物、装饰特色点心等。干蕉叶长而干燥，不仅可以搭棚盖房，遮风避雨，还可铺在地上防潮防霉。蕉叶烧成灰，也是质量极佳的肥料。

古人也曾用蕉叶代替纸张来写字。《清异录》记载：“怀素居零陵庵东郊，治芭蕉，亘带几数万，取叶代纸而书，号其所曰绿天庵，曰种纸”。据传唐代书法家怀素种了一万多株芭蕉，用蕉叶练习书法（图144）。《红楼梦》中也提到了“书上蕉叶文犹绿，吟到梅花句也香”，便是引用怀素练蕉的典故。

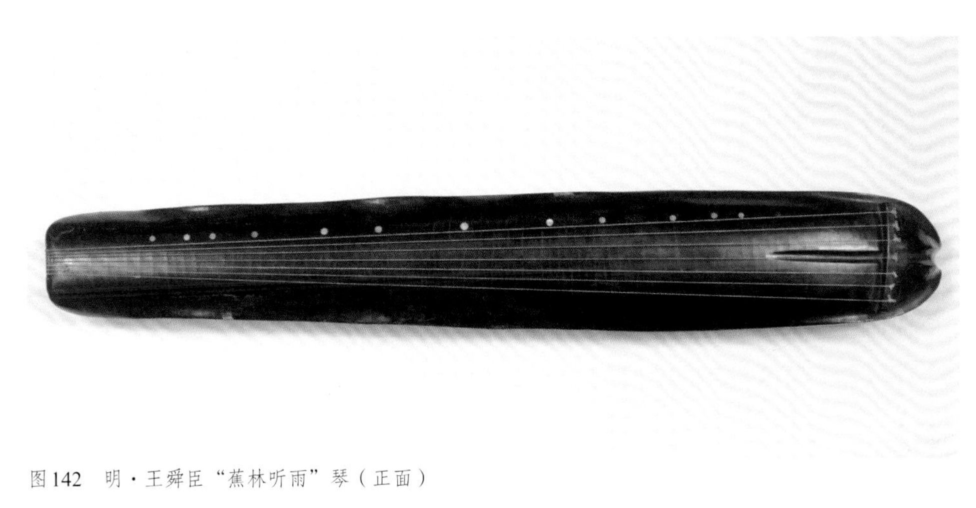

图142　明・王舜臣“蕉林听雨”琴（正面）

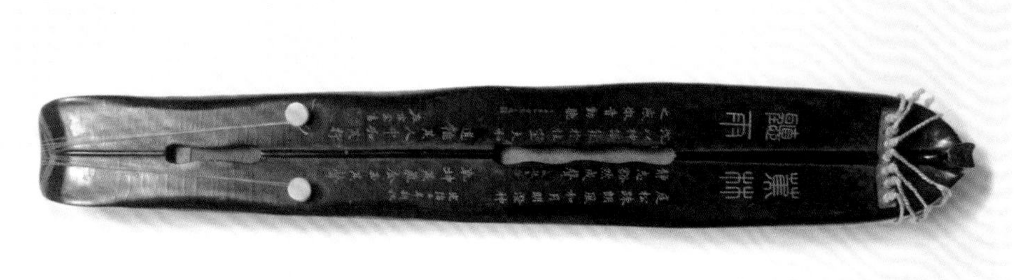

图143　明・王舜臣“蕉林听雨”琴（反面）

图144　清・任伯年《绿天庵学书图》

5 栽培管理

5.1 芭蕉的繁殖

目前，只有芭蕉和香蕉被大量人工栽培，其他芭蕉科植物开发程度较低，繁殖技术较少。所以本文主要介绍芭蕉的繁殖方式，其中添加一部分红蕉和地涌金莲的繁殖知识。

5.1.1 无性繁殖

（1）分株繁殖

分株繁殖是芭蕉最常用的繁殖方法，已生长5年以上的芭蕉林可执行分株繁殖。一般在每年深秋至翌年早春之间进行，此时芭蕉处于休眠状态，分株对芭蕉植株的损害相对较小，能够有效保证移栽成活率。

选择生长健壮的母株，分株前先小心挖开芭蕉根部周围的土壤，让根部分蘖长成的幼株及根茎露出，选取新生不到1年的幼株，将幼株连同匍匐茎一同切下，尽量避免挖断地下根系。截取分株时，先用酒精溶液浸泡所有工具进行消毒，防止工具上携带的病菌感染芭蕉。如果切下的幼株根茎上长有须根，可直接移栽；没有须根的幼株可置于育种苗床上，用素砂土覆盖，辅助须根发育，埋入苗床前可根据未来是否制成盆栽决定是否适当剪短根茎。为预防病菌侵入，并促进伤口组织的愈合、生长，避免根茎切口因病原物侵染坏死，分蔸后要在切口处涂抹药剂。未长出根茎的幼苗进行培育时，每株种苗之间间隔一定距离，小芭蕉头完全埋在沙土中，浇透水，保持土壤湿润，维持合适的温度，以促进幼苗快速生根。嫩芽出土，便可从苗床取出移栽。

栽植数量由选择栽植的地块决定。洼地栽植，土壤肥沃，芭蕉生长茂盛，体型较大，所以每窝只需要放1个蔸茎；坎或堤边栽植，每窝需要放置2~3个幼株。栽植前需挖好大小适宜的栽植穴，将幼株直立放入，在穴内施入小颗粒的家畜粪便混合少量肥料，以满足植株生长需要，最后覆土。

芭蕉需水量大，栽植后需要修剪部分叶片以减少蒸腾作用，并及时补充水分，可以在叶面洒水，尽可能保持土壤湿润，以保证成活率。

（2）组织培养

规模化种植时，常需要大量的种苗，分株繁殖速度慢，而组织培养可以构建高效的种苗繁殖体系，快速培育种苗。目前，已经有许多关于红蕉和地涌金莲的组培快繁技术的研究，并试验用不同组织进行培养，如吸芽（关文灵, 2002; 曾宋君 等, 2007）、茎顶（张树河 等, 2004）、花序等，得到了许多不错的培养基配方（苏艳 等, 2016），大幅提高了增殖率和组培苗质量，并显著缩短了培养周期。

（3）肉质根繁殖

除上述几种常见的无性繁殖方式外，李晓江等（2013）发现了芭蕉属植物一种新的繁殖方式——肉质根繁殖。野生芭蕉植株的肉质根形成新植株，新植株脱离母株后仍能正常生长发育，这种现象十分少见。目前，出现该现象的原因有以下3种可能：

①由母株1条须根顶端细胞分化而成，而另外的须根自其母株长出后插入幼株，形成母株2至多条须根汇合形成新植株；

②由母株1条须根顶端细胞分化而成，另外须根可能是由其本身芽体长出后插入母株根系，形成母株须根汇合形成新植株；

③由肉质须根顶端部位细胞脱分化，分化形成胚状体，再进一步形成新植株。

对于该种繁殖方式的探索有待进一步开展。

5.1.2 有性繁殖

种子繁殖

芭蕉科植物经过开花传粉受精等一系列过程后，子房发育为果实，果实中的种子成熟后，在适宜环境条件下，可以萌发长出幼苗，幼苗生长发育，长成新植株。

可用腐叶土、肥沃的园土和河沙按照1∶1∶1的比例配制红蕉播种所用的基质，基质配制好后用高温蒸汽消毒30分钟，冷却后才能用于播种。播种时，将基质填进浅盆中，因为红蕉种子细小，所以选择撒播种子。播种后，将种子放置在25～28℃条件下，这个温度区间最适宜红蕉发芽。幼苗前期生长速度较慢，怕干怕涝，所以需要注意保持基质干湿均匀，夏季高温干燥时可以向叶面喷水以保持湿度。播种后20～30天能发芽。每10天施肥一次，肥料为稀释的饼肥水肥，施肥后可以向叶面喷水，把叶面冲洗干净，防止肥料沾到嫩叶上，烧伤嫩叶。夏日光照过强时，应适当遮阴，以防强光晒伤叶片。

地涌金莲的种子具有形态和生理休眠现象，在成熟的种子里，胚并没有完全分化，在层积过程中，种子才逐渐完成形态分化和生理成熟（唐安军，2014），其种皮厚且坚硬，透水性差，使种子萌发受到了一定阻碍。杨晓霞和赵锦基（2005）将地涌金莲种子用温水浸泡，待种皮软化后播种，发芽温度控制在30℃左右时，发芽率可达79%。地涌金莲种子繁殖还有许多问题需要解决，种子休眠机制和萌发模式都需要深入分析，找到合适的解决措施，来构建高效的繁殖体系。

5.2 芭蕉的栽培管理

5.2.1 土壤

芭蕉抗性强，种植相对容易。因其不耐受大风，栽培时选择土壤疏松肥沃、湿润、排水良好pH5.5～6.5、具有良好避风能力的地块最佳。一般多栽培在沟、坎、堤、坝及水塘边，其中又以洼地为佳。种植时需提前将土块弄碎，保证土层松软，使得芭蕉根系及时生长蔓延。栽培地穴直径及深度应尽可能大一些，并施用堆肥作为基肥，基肥厚度控制在盖过芭蕉头7cm左右。

5.2.2 施肥

芭蕉生长对肥料需求较高。施肥时氮、磷、钾肥料的比例以4∶1∶14为宜。也可用家畜粪便混合土杂肥，搅拌均匀后覆盖在蔸茎上，再用肥土覆盖。施肥量需根据地块的地力适当调整，较为肥沃的地块可适量减少，较为贫瘠的地块则需适当增加粪肥比重以充分满足芭蕉生长发育的肥力需求。栽种之后，每年都要施肥一次，以促进繁育生长。

5.2.3 水分

芭蕉生长过程中需注意及时补充水分，平时应经常浇水和向植株喷水以保持较高的土壤和空气湿度，干旱时期可灌水，但也不能让芭蕉处在水分过多的环境中，夏秋高温多雨时节需要控制浇水量和浇水频率，同时要注意排水，避免积水，否则会导致芭蕉根系腐烂。

5.2.4 温度

芭蕉属于热带植物，喜欢生长在温暖的环境中，不具备长时间耐寒的能力，可以忍受短时间的低温，生长温度15～35℃，适温为24～32℃，绝对最高温不宜超过40℃，绝对最低温不宜低于4℃。冬季低温时注意防寒，如果是盆栽种植，可以放置于室内或温室过冬。

5.2.5 光照

芭蕉具一定的耐阴能力，但是长时间处于阴暗环境中，缺乏充足光照，它就无法健康强壮生长，出现枝叶生长细弱情况。虽然芭蕉在生长过程中需要充足的光照，但在强烈的阳光直射下，叶片也会被晒伤，出现黄叶的情况，因此夏季阳光强烈时，也需要采取一定的遮阴措施。

5.2.6 保温

每年深秋至翌年早春之间天气较冷，为了提高移栽成活率，防止冻害，出现低温天气时应及时用稻草、茅草或地膜进行覆盖保暖，天气转暖后可以将覆盖物撤除。霜降时，需严格控制土壤的湿度，避免土壤中水分过多，同时不得继续施加氮肥。冬季来临前，需施加高浓度的氮磷钾肥料，确保枝条木质化的效果，有效规避低温对芭蕉生长的不利影响（李小慧，2022）。

5.2.7 土壤翻耕与除草

冬末春初时应在新根系未长出前翻土，使土壤变得疏松，增加土壤的透气性，有利于植株根系生长，翻土深度控制在12cm左右，新的根系长出后不再翻土。春季还应进行除草工作，及时拔除芭蕉植株周围杂草，减少杂草对芭蕉生长空间和生长资源的侵占。

5.2.8 摘芽

春季芭蕉长出新芽数量较多时，应除去多余的芽，每株保留1～2个健康的芽，如此可以保证养分集中供应，提高成活率和芭蕉生长速度。

5.2.9 防风

在大风季节或者大风地区，应设置支架支撑植株，以免叶片被吹烂，条件允许时还可设置挡风墙等防风设施。

5.2.10 整形修剪

秋季后是修剪芭蕉的理想时期，为了促进植株侧枝生长，提高观赏性，应合理修剪叶片，将枯叶、黄叶和病叶及时修剪掉，以免增加养分消耗。修剪时，要避免使芭蕉茎表皮受伤，规避伤口感染问题。如果出现损伤，需在伤口处及时涂药，并对伤口位置进行全面消毒，以免伤口被雨水淋湿后，造成腐烂。修剪后，及时适量追肥。植株生长期间出现枝条密度过大的情况时，也要尽早去除多余枝条。夏季高温时，芭蕉处于半休眠状态，不宜修剪，修剪会造成明显创口，易感病，影响生长。

5.3 常见病虫害及其防治

芭蕉和香蕉已经产业化种植多年，积累了许多病虫害防治经验，主要有以下几种：加强检疫，选用无病苗；注意蕉园卫生，防除杂草，清理病叶残株，及时烧毁，清除病源；加强肥水管理，增加抵抗力，合理密植，保持适宜湿度；选用合适药物进行化学防治；根据害虫生活史进行消灭，也可进行生物防治（赵丽娟 等，2022；周传波 等，2007）。

5.3.1 病毒性病害

（1）束顶病

又名龙头病和缩叶病。其病症是新叶逐渐抽小而成束，以致植株萎缩，新叶深绿色，老叶黄色，叶片脆，易断，有断续或黑色条纹，叶柄处出现浓绿色条纹，称为“青筋”，为鉴别的主要依据。苗期受害，植株一般不能开花结实。花、果期感病，抽花困难，或果小而呈畸形，肉质淡而无味，果实质量差。根尖红紫，无光泽，大部分根发黑，不发新根。

束顶病常年均有发生，尤其在旱季，该病毒传导媒介为蚜虫，随着蚜虫增多，活动频繁，感病植株大量增加，这些蚜虫在香蕉的心叶、嫩茎、叶柄基部及叶鞘内侧，不易发现。一般是管理粗放的蕉园及个别老蕉园发病较多、较普遍。

（2）花叶心腐病

该病主要发生在香蕉上，其他蕉类个别也有出现。病症首先出现在叶片上，叶片上出现褪绿黄色连续条纹或纺锤形圈斑，随着叶片老化，条纹或圈斑逐渐变为黄褐色至紫黑色。最后可发展为坏死条纹圈斑。病情严重时，心叶及假茎中心逐渐开始腐烂，叶缘卷曲或皱缩，植株停止生长。幼果时期感病，果实数量减少，果实变小变直，或呈畸形。

可通过外观和解剖假茎，观察叶鞘内是否有黄褐色的水渍斑点来判断是否是花叶心腐病。如果水渍斑点变深重烟色或血红色，病部坏死腐烂，出现心腐。剖开地下茎，也能发现黄褐色甚至血红色的水渍斑点或斑块。

（3）根线虫病

该病容易在管理粗放的砂质土壤地区发生，且在干旱时尤为严重，在黏质土地区则极少发病。根线虫主要为害根部，感病根短而肥大，变黑腐烂，有效根少，大根上有时形成肿瘤，会影响水分养分的运输，所以植株感病后发育不良，叶片发黄、植株矮小、抽蕾困难或果束不能正常下弯，果实细小，僵硬，或挂果后不能载重而易倒伏。有时病症和束顶病相似，但蕉柄无“青筋”。

5.3.2 真菌性病害

（1）香蕉叶斑病

常见的叶斑病有黄斑病、煤纹病、灰纹病、黑斑病、缘枯病等，其中黄斑病最为严重。叶斑病主要危害叶片，引起蕉叶干枯，减少光合作用，致植株早衰，降低结实率。

（2）枯萎病

又称巴拿马枯萎病、黄叶病。感病后，黄化从叶缘开始，逐渐向中肋扩展。黄化叶片的叶柄在靠近叶鞘处下折倒垂，严重时叶片干枯死亡，从下部至上部相继发病。幼株感病后生长不良，无明显病症。植株在营养生长后期感病，可以抽蕾，但果实发育不良，随后假茎枯死，球茎仍可以抽生吸芽。假茎外部近地面处有纵行裂缝。发病初期，横切球茎可观察到维管束黄色或红棕色斑点。后期，假茎和果轴的维管束呈褐色，根部导管为红棕色，逐渐变黑干枯。

（3）炭疽病

病菌主要为害植株地上各部，果实受害最重。多发于成熟果实的近果端部位，初期为黑色或黑褐色小圆斑，后期不断扩大或相互融合成不规则斑块。干燥条件下，病斑组织凹陷干缩；潮湿时，2~3天内，果实发黑腐烂，病斑上长出朱红色黏性小点。果轴、花序、假茎等感病，出现黑褐色病斑，后期出现同样的朱红色黏性小点，果轴发病会引起果指脱落，影响果实发育。

（4）茎腐病

该病主要危害茎基、假茎和叶片，茎基和假茎感病后蕉身变为黄褐色，叶片自下向上依次常发生黄褐色大圆斑，后变为黑褐色。大雨后遇到烈日高温，全株叶片快速凋萎枯死。叶部发病后，病菌经叶柄进入假茎，造成茎中部腐烂，假茎感病初期用手挤压会渗出浅黄褐色菌液，感病中后期病株茎基腐烂，植株易倒伏。

（5）黑星病

又称黑痣病、黑斑病及雀斑，主要危害叶片和果实。叶片或中肋上散生或群生周缘淡褐色的突起黑斑，病斑上着生小黑粒，严重时黑斑密集合成斑块，叶片枯黄。

5.3.3 细菌性病害

（1）香蕉球茎细菌性软腐病

感病初期，球茎出现褐色斑点，或由球茎与假茎交接处侧面感病首先腐烂，然后向其他方向扩展，或由球茎底部开始腐烂，再向上扩展。感病的球茎腐烂发臭，假茎维管束变褐色。植株抗风性差，易倒伏，感染后期的植株叶子抽生缓慢，心叶稍矮缩或黄化状，类似枯萎病的症状。

（2）香蕉细菌性萎蔫病

感病植株的心叶下第2或第3片叶的叶尖首先出现黄化，随后柄脉呈红褐色，叶片枯黄。同时下部多数叶片迅速黄化，在近叶柄处打折下垂，整片叶子枯萎。假茎失水变小，维管束变浅褐色至深褐色。嫩芽也出现变黑、扭曲和矮生症状。

5.3.4 害虫

（1）香蕉假茎象甲

又名香蕉双带象甲、香蕉双黑带象甲、香蕉扁黑象甲或香蕉大黑象甲。幼虫蛀食假茎，形成孔洞，植株易受风害。幼虫还会钻入心叶破坏生长点，造成干心腐烂，无法开花结实。被伤害的组织会变成褐色，溢出无色透明的胶状物。成虫会潜伏在叶鞘纤维层内或在腐烂的假茎里越冬，10月初重新产卵。

（2）香蕉弄蝶

又名芭蕉卷叶虫、蕉苞虫。幼虫咬食叶片，常将植株叶片吃完，只剩假茎。幼虫在蕉叶边缘咬出一个缺口，吐丝卷起潜伏，若不及时摘除，一只虫子可吃去一片叶子的1/3~1/2。

（3）香蕉交脉蚜

又名黑蚜。成虫和若虫均会吸食植株汁液，能传播香蕉束顶病和香蕉花叶心腐病，影响植株生长发育，危害极大。交脉蚜主要靠风和调运带虫蕉苗进行远距离传播，通过爬行或随吸芽、土壤、工具及人工进行近距离传播。

（4）香蕉花蓟马

主要危害花蕾和果实，抽蕾时，藏于花苞内刺吸汁液并产卵于幼果果皮组织内，引起果皮组织增生，形成褐色突起小斑，影响果实外观。

（5）香蕉冠网蝽

又名香蕉网蝽、香蕉花网蝽、亮冠网蝽。成虫和若虫群栖于叶背吸食汁液，破坏叶绿体，影响光合作用，初期叶背呈许多褐色小斑点，正面呈白色斑点，严重时叶片局部发黄直至枯死。成虫产卵于叶背的叶肉组织内，上面覆盖紫色胶状分泌物。

（6）香蕉红蜘蛛

主要危害叶片，若虫、成虫聚集于叶背吸食汁液，叶片早衰枯黄，叶背失绿变灰褐至红褐色，严重时叶正面也呈灰黄色，多沿柄脉或肋脉发生，最终叶片干枯。果实受害，果皮表面会出现锈斑。

6 栽培现状

芭蕉科植物用途广泛，应用潜力很大。香蕉和芭蕉因其食用价值深受消费者喜爱，如今已经实现产业化种植。目前，香蕉是世界产量、贸易量最大的水果。亚洲、美洲和非洲是香蕉的全球核心产区，亚洲香蕉产量占全球产量的一半以上，是香蕉生产第一大洲；美洲和非洲的收获面积占全球收获面积的一半以上，大洋洲和欧洲生产规模均较小。近年来，除欧洲的香蕉生产量呈明显的萎缩态势外，其余四大洲香蕉生产呈稳中有增态势，其中亚洲和非洲最为显著。

全球共有117个香蕉生产国和地区，我国也是其中之一。2020年我国香蕉产量位居世界第二，目前，我国香蕉种植主要分布于广东、海南、广西、云南和福建，且重点区域正逐渐由广东、海南转移至广西、云南等地区。我国香蕉产业形成了产业链，以香蕉为基础，同研发、旅游、科教等产业相结合，可增加额外收入。同时进行许多深加工产品的研发，如香蕉酒、香蕉醋、香蕉油、香蕉粉等，形成了多样化产业结构（张宏康 等，2017）。香蕉产业的发展推动种植区域的经济发展，有助于缓解全球饥饿问题，为全球约4亿人口提供充足的食物来源。蕉麻作为重要的纺织品原材料，在菲律宾、厄瓜多尔、危地马拉、印度尼西亚、马来西亚等地均有种植。

而其他芭蕉科植物大多数作为观赏植物栽培，芭蕉因其深厚的文化底蕴和独特风格，一直是中国园林绿地中的常见植物，同时其所包含的宗教意义，也使得它在寺庙园林中不可或缺；红蕉和地涌金莲作为市场上炙手可热的新兴园艺植物，在公园、人行道等随处可欣赏它们的美丽；象腿蕉、血红蕉此类数量较为稀少的则多被植物园所引种栽培。

6.1 国内栽培

6.1.1 中国科学院华南植物园

姜园中栽培有我国大多数芭蕉科植物种类，象腿蕉、小果野蕉、野蕉、芭蕉、红蕉、阿宽蕉、阿希蕉、地涌金莲都可见到。

华南植物园海外学者John Seymour Heslop Harrison教授领导的研究团队，在象腿蕉染色体级别基因组组装方面取得新进展，研究结果为蕉类作物保育和改良提供了重要的基因组资源（Wang et al., 2022）。

6.1.2 中国科学院西双版纳热带植物园

植物园内建有芭蕉香蕉品种园，保存了许多芭蕉科植物，象腿蕉、象头蕉、小果野蕉、蕉麻、红蕉、血红蕉便在其中。西双版纳热带植物园的能源植物园1992年引种的象腿蕉，于2013年已开花结果。

两个蕉麻品种自1959年起，从广州和印度尼西亚被引进，为红茎蕉麻和绿茎蕉麻，引种过程一波三折。引种初期是为了解决工业生产难题，促进经济发展，随着时代的发展和社会环境的影响，蕉麻的生产研究停下了脚步，逐渐消失在人们的视线。曾经以为蕉麻在西双版纳植物园已经灭绝，后来惊喜地发现在原先蕉麻试验地河漫滩发现林中还有6株大小不等的蕉麻，有1株还结了果。为了保存蕉麻资源，工作人员采取渐次引种的办法，先将2株小苗移栽到能源植物园纤维区，1株小苗移栽到蔡希陶环境教育中心附近种植，后期将对结果的蕉麻进行采种扩繁。

6.2 国外栽培

新加坡植物园是联合国教科文组织世界遗产名录上第一个也是唯一一个热带植物园，其中种植了地涌金莲、象腿蕉、小果野蕉、红蕉等。

邱园拥有数十座造型各异的大型温室，威尔士王妃温室（The Princess of Wales Conservatory）采用了最先进的电脑控制系统，创造了从干旱到湿热带的10个气候区，以便适应不同气候类型植物的生长，温室中保存了香蕉等近万株植物（Cavendish banana - *Musa acuminata* ‘Dwarf Cavendish’ | Plants | Kew）。Rob Kesseler和邱园多位植物学家和分子生物学家合作，摸索出了利用显微镜图像结合多种上色手段的技术来研究植物微观结构。2006年，Rob Kesseler和邱园的种子形态学家Wolfgang Stuppy共同完成了一项关于种子的研究，创造了种子特写镜头，并描述了种子背后的历史，其中包括小果野蕉和粗柄象腿蕉的种子。

7 中国芭蕉科植物的野生资源相关研究

野生芭蕉科植物是香蕉育种的重要种质资源，可为栽培香蕉提供抗病虫害等优质基因以改良品质。鲁汶（比利时）的国际转运中心（International Transit Center, ITC）是全球最大的香蕉种质收集库，约有1 500份种质，由国际转运中心和国际香蕉改良网络（The International Network for the Improvement of Banana and Plantain, INIBAP）国际生物多样性中心管理共同管理。我国也十分重视香蕉种质资源的保存，1989年起，建立了国家果树种质广州香蕉圃，收集保存了350多份香蕉种质（吴洁芳 等, 2011）。我国位于全球主要芭蕉科植物野生种质资源分布区域的北缘，云南、海南、西藏、广西、台湾、贵州、广东和福建等地均有丰富的芭蕉科植物野生种质资源（冯慧敏 等, 2011）。云南（李锡文, 1978; 张光勇 等, 2011）、广西（龙兴 等, 2017; 秦献泉, 2009）和海南（刘伟良 等,

2007; 曾惜冰 等, 1989）的野生蕉类资源调查较为系统和全面，福建和广东蕉类资源研究主要集中于基因分析和遗传多样性等方面（徐小萍 等, 2020; 赖瑞联 等, 2016; 胡玉林 等, 2011; 陈雅平 等, 2008），目前只有少量广东野生蕉资源调查报道，血红蕉为西藏墨脱特有植物，且墨脱大力发展香蕉产业，因此墨脱蕉资源受到很大重视。

除了对芭蕉科植物种质资源的广泛调查与收集，科研人员同样致力于更深入的科研工作，如芭蕉科植物重要观赏性状形成的分子机制等。近期，中国科学院华南植物园的科研团队在芭蕉科植物基因组学领域取得了重要进展，首次在染色体层面上完成了紫苞芭蕉（*M. ornata*）和朝天蕉（*M. velutina*）的基因组解析（Xiao et al., 2024）。这项研究不仅深入揭示了这两种园艺芭蕉属植物的基因组结构，还成功识别了影响果皮开裂和色泽形成的关键基因。研究人员在朝天蕉成熟果皮中观察到了多聚半乳糖醛酸酶基因家族的显著表达，这为揭示其果皮开裂的生物学机制提供了新的科学视角。这些成果不仅极大地丰富了中国芭蕉科植物基因组学的研究内容，而且为未来芭蕉科园艺品种的改良和创新提供了宝贵的分子遗传学基础。

7.1 西藏墨脱蕉资源调查

墨脱位于西藏东南部，最高海拔有7 781m，最低只有155m，平均海拔为1 200m。墨脱拥有优越的气候条件，形成了独特的热带、亚热带、温带及寒带并存的典型立体气候带，是世界屋脊的低谷，青藏高原的氧吧，境内野生动植物资源极其丰富，是我国生物资源的重要组成部分（Myers et al., 2000）。

实地调查发现墨脱分布的野生芭蕉属植物有2种：野蕉（*M. balbisiana*）和血红蕉（*M. sanguinea*）（赵贯飞 等, 2021），和《西藏植物志》记载一致。血红蕉为墨脱地区特有物种，主要分布于海拔1 000m左右的沟谷底部及半沼泽地。墨脱地区的交通设施不断完善，当地经济飞速发展，随之而来一些珍贵的野生芭蕉属植物资源的生境也遭到破坏，甚至在有些地区有濒临灭绝的风险。赵贯飞课题组广泛收集不同区域的野生芭蕉属资源，并在墨脱基地对血红蕉进行了种质资源活体保存。

7.2 广西野生蕉资源研究

广西野生蕉资源分布跨域大，从北纬20° 54′ ~26° 23′，全区9个地市都有野生蕉分布，其中百色、博白、防城分布密度较大。广西野生蕉多集中生长在海拔260 ~ 700m的原始森林山谷中，在南宁大明山的1 000m处也发现有野生蕉分布。由于各地开荒种植，大部分野生蕉资源受到不同程度的破坏。秦献泉（2009）通过野外调查，收集43份野生蕉类资源，保存在广西蕉类资源保存圃，并详细记录了18种野生蕉的形态学特征及其分布区的生态环境。

7.3 海南野生蕉资源研究

海南野生香蕉居群主要分布在北纬18° 45′ ~ 19° 19′ 和东经109° 22′ ~ 109° 56′ 之间、年均降水量1 800mm等值线以内的中部山区及其东部的丘陵地带，居群数量多，分布集中，构成了一个庞大的香蕉种质资源库。根据地形地貌、气候特征、植被类型和空间距离等因素，把海南岛野生香蕉居群分布划分为8个大区域：黎母山区域、阜龙乡区域、南高岭区域、鹦哥岭区域、百花岭区域、阿佗岭区域、大本山区域和吊罗山区域，每个区域有多个野生香蕉居群分布。野生香蕉对生境要求比较严格，一般都生长在有常年水源的山谷或山沟里，土壤层深厚肥沃，空气湿度高。

海南岛野生香蕉多为单优势种群落，居群内乔木植物少，结构复杂性低，稳定性较弱。居群内植物之间存在共生性，阴生植物在野生香蕉的庇护下生存。然而，藤类层间植物在一些居群里占一定优势，和野生香蕉争夺生存资源，尤其是多花山猪菜（*Merremia biosiana*)是野生香蕉的一个“劲敌”，极易覆盖于整株野生香蕉之上，甚至整片野生香蕉林，造成野生香蕉生长受限（刘伟

良 等, 2007）。此外，野生香蕉多数分布在公路旁边，距离人类活动区域过近，易受人类活动影响，经常成为开荒行为的牺牲品，特别是村镇居民区附近，居民常在野生香蕉居群地址上种植其他作物，野生香蕉的生存空间不断削减。例如太平农场十队附近的原野生香蕉林上种植了槟榔，再如儋州市红岭的野生香蕉原址上被大面积种植橡胶（刘伟良 等, 2007）。

7.4 云南野生蕉资源研究

云南为我国芭蕉科植物的重要起源地和分布地区之一，野生香蕉资源约占全国资源的70%。经实地考察及文献报道，主要有小果野蕉、阿宽蕉、河口指天蕉（*M. paracoccinea*）、指天蕉、阿希蕉、芭蕉、野蕉及地涌金莲等。野生香蕉主要分布在云南东南部、西南部及南部。河口分布的小果野蕉是栽培香蕉的祖先种之一。滇东南主要分布有小果野蕉、阿宽蕉、河口指天蕉、指天蕉；滇南主要分布有小果野蕉、野蕉、阿宽蕉、阿希蕉、指天蕉；滇西南主要分布有小果野蕉、野蕉、阿宽蕉、阿希蕉、指天蕉、血红蕉。其中分布最广、群落最大的是阿宽蕉。

云南省红河热带农业科学研究所从2008年起开始收集研究野生香蕉资源，到2010年共收集保存野生香蕉资源131份，分别隶属于芭蕉属和地涌金莲属。其中在大围山国家级自然保护区收集到58份、西双版纳国家级自然保护区收集到29份、滇西南在铜壁关省级自然保护区收集了35份。通过种植保存了25个种108份种源材料，并对种植保存的野生香蕉植株营养性状及生殖性状进行研究，初步了解了人工栽培与自然状态下的野生香蕉性状变化情况，对部分未完全了解的野生香蕉进行种质鉴定（包括分类鉴定）和初步的种质评价工作。还为中国热带农业科学院品种资源研究所、中国热带农业科学院香蕉研究所及福建省热带农业科学研究所提供野生香蕉种质资源31份，逐步搭建野生香蕉资源共享平台，使野生香蕉资源在不同的区域得到保存利用（张光勇 等, 2011）。

地涌金莲是云南特产植物，也是我国特有的珍稀物种，是芭蕉科中重要的一员。但大多数民众没有准确认识到地涌金莲的重要性，不知道它处于困境之中，目前地涌金莲的野生种群正面临规模不断缩小、生境数量下降和生境面积缩减的威胁，应尽快采取迁地保护和回归引种两种措施进行野生资源的保护（王德新, 2013）。

参考文献

陈雅平, 陈云凤, 黄霞, 等, 2008. 3个野生香蕉株系的PCR–RFLP分析及其对枯萎病抗性的研究[J]. 园艺学报, 2008(1): 19-26.

陈旺南, 2017. 历代岭南芭蕉的种植与利用考[D]. 广州: 华南农业大学.

程志号, 李淑霞, 孙佩光, 等, 2018. 小果野蕉(*Musa acuminate* Colla)花粉母细胞分裂过程异常的细胞学观察[J]. 热带作物学报, 39(11): 2215-2219.

春风, 2008. 地涌金莲[J]. 家庭中医药, 11: 59.

丁杰, 2012. 芭蕉—中国园林艺术表现的国粹形态[D]. 南昌: 江西师范大学.

董广平, 刘本玺, 裴盛基, 等, 2020. "雪中芭蕉"与"火里莲花"的民族植物学解析[J]. 中国现代中药, 22(11): 1909-1913, 1950.

范西姆, 2009. 壮族民歌100首[M]. 南宁: 广西民族出版社.

方紫岑, 周志远, 谢哲, 等, 2017. 芭蕉花活性成分提取及其体外生物活性研究[J]. 广东药科大学学报, 33(4): 503-508.

冯慧敏, 陈友, 邓长娟, 等, 2011. 香蕉野生种质资源系统分类研究进展[J]. 热带农业科学, 31(5): 38-44.

傅本重, 刘丽, 伍建榕, 2010. 地涌金莲研究进展[J]. 中国农学通报, 26(15): 164-167.

付思红, 彭潇, 蒋礼, 等, 2018. 苗药芭蕉根化学成分研究[J]. 中药材, 41(3): 595-599.

高秀霞, 2005. 西双版纳小果野芭蕉(*Musa acuminata*)种子被捕食和种子传播机制的研究[D]. 西双版纳: 中国科学院西双版纳热带植物园.

巩江, 袁东亚, 赵婷, 等, 2010. 药用植物地涌金莲有效成分及药理作用研究[J]. 安徽农业科学, 38(31): 17436, 17460.

龚锐, 2008. 圣俗之间(西双版纳傣族赕佛世俗化的人类学研究)[M]. 昆明: 云南人民出版社.

关仕京, 2002. 壮族民歌的审美透视[J]. 广西大学学报(哲学社会科学版), 1: 90-94.

关文灵, 邓晓秋, 2001. 云南奇葩—地涌金莲[J]. 花木盆景(花卉园艺), 5: 49.

关文灵, 2002. 地涌金莲吸芽的离体培养和植株再生[J]. 植物生理学通讯, 4: 358.

何声灿, 杨世达, 文勤枢, 等, 2022. 德昂酸茶制作工艺技术演变研究[J]. 云南农业, 10: 51-54.

何雪娇, 林金水, 卢永春, 等, 2011. 中国热带切花种质资源及其应用现状[J]. 南方农业学报, 42(8): 853-859.
胡玉林, 左雪冬, 石胜友, 等, 2011. 一种广东野生蕉的染色体分析[J]. 热带作物学报, 32(8): 1439-1441.
蒋礼, 雷艳, 黄勇, 等, 2019. 苗药芭蕉根的化学成分研究[J]. 中药材, 42(12): 2809-2812.
赖瑞联, 薛辉康, 钟春水, 等, 2016. 闽江流域野生蕉(*Musa itinerans*)遗传多样性和遗传结构的ISSR分析[J]. 植物遗传资源学报, 17(2): 217-225.
李浩, 王康康, 李改锋, 等, 2016. 苊的用途及提取工艺研究进展[J]. 广州化工, 44(11): 5-6, 9.
李锡文, 1978. 云南芭蕉科植物[J]. 植物分类学报, 16(3): 53-64.
李锡文, 吴德邻, 陈升振, 1981. 芭蕉科芭蕉亚科[M]//吴德邻. 中国植物志: 第16卷第2分册　被子植物门 单子叶植物纲. 北京: 科学出版社: 1-14.
李小慧, 2022. 观赏芭蕉的栽培技术及在园林景观中的应用[J]. 智慧农业导刊, 2(9): 56-58.
李晓江, 2001. 地涌金莲资源的开发利用与可持续发展研究[J]. 西昌农业高等专科学校校报, 15(3): 3-5.
李晓江, 袁颖, 赵丽华, 等, 2013. 芭蕉属自然繁殖一新类型[J]. 中国南方果树, 42(3): 65-66.
李伟良, 2018. 傣族地区芭蕉类植物的民族植物学研究[J]. 中国野生植物资源, 37(4): 54-59.
梁勋, 王红霞, 陈文波, 2018. 小果野蕉家族蛋白序列特征分析和在根际促生菌作用下的表达分析[J]. 分子植物育种, 16(12): 3836-3843.
刘梦雅, 李伟明, 吴伟, 等, 2014. 小果野蕉(*Musa acuminata*)全基因组NBS抗病基因的鉴定与分析[J]. 热带亚热带植物学报, 5: 486-494.
刘伟良, 王静毅, 黎明, 等, 2007. 海南岛野生香蕉居群分布与居群内植物组成[J]. 中国农学通报, 23(8): 476-481.
刘翊, 2012. 壮族蕉文化探析[D]. 南宁: 广西民族大学.
江苏新医学院, 1993. 中药大辞典: 上册[M]. 上海: 上海科学技术出版社.
龙春林, 张方玉, 裴盛基, 等, 1999. 云南紫溪山彝族传统文化对生物多样性的影响[J]. 生物多样性, 3: 5.
龙兴, 秦献泉, 方仁, 等, 2017. 广西野生蕉种质资源调查与鉴定[J]. 西南农业学报, 30(6): 1284-1293.
马博, 苏仕林, 黄娇丽, 2018. 野生芭蕉花与假茎的营养成分分析[J]. 食品工业, 39(6) : 313.
孟令曾, 高秀霞, 陈进, 2008. 小果野芭蕉种子散布和不同时空尺度上种子被捕食格局[J]. 植物生态学报, 32(1): 133-142.
秦献泉, 2009. 广西野生蕉资源调查、分类及遗传多样性研究[D]. 南宁: 广西大学.
施济普, 张光明, 白坤甲, 等, 2002. 人为干扰对小果野芭蕉群落生物量及多样性的影响[J]. 武汉植物学研究, 20(2): 119-123.
苏艳, 杨宝明, 瞿素萍, 等, 2017. 一种芭蕉半液体离体组培快繁方法: CN201610083786.7[P]. 10-17.
孙宜春, 2009. 贵州苗药芭蕉根镇痛抗炎活性部位及其质量评价研究[D]. 贵阳: 贵阳中医学院.
孙宜春, 王祥培, 靳凤云, 等, 2009. 芭蕉根有效成分的初步研究[J]. 时珍国医国药, 20(2): 36.
唐安军, 2014. 地涌金莲种子形态生理休眠及激素的动态变化[J]. 植物生理学报, 50(4): 419-425.
唐占辉, 曹敏, 盛连喜, 等, 2005. 犬蝠对小果野芭蕉的取食及种子传播[J]. 动物学报, 51(4): 608-615.
田学军, 郭亚力, 袁寒, 等, 2012. 5种可食野生和栽培植物茎叶、花序的营养成分分析[J]. 云南农业科技, 5: 14-15.
王德新, 2013. 中国特有植物地涌金莲的保护生物学研究[D]. 哈尔滨: 东北林业大学.
王锦秀, 汤彦承, 吴征镒, 2021.《植物名实图考》新释: 下册[M]. 上海: 上海科学技术出版社.
王祥培, 孙宜春, 靳凤云, 等, 2010. 芭蕉根的氨基酸成分分析[J]. 时珍国医国药, 21(10): 3248.
王祥培, 许士娜, 吴红梅, 等, 2011. 鲜、干品芭蕉根挥发油化学成分的GC-MS分析[J]. 中国实验方剂学杂志, 17(8): 82-85.
王祥培, 郝俊杰, 许士娜, 等, 2012. 芭蕉根醋酸乙酯部位的化学成分研究[J]. 时珍国医国药, 23(3): 515-516.
王雅琪, 杨园珍, 伍振峰, 等, 2018. 中药挥发油传统功效与现代研究进展[J]. 中草药, 49(2): 455-461.
吴洁芳, 袁沛元, 陈洁珍, 等, 2001. 广东主要果树种质资源收集保存现状与展望[J]. 广东农业科学, 38(5): 60-63.
吴征镒, 1987. 西藏植物志: 第五卷[M]. 北京: 科学出版社.
吴征镒, 2017. 中华大典 · 生物学典 · 植物分典[M]. 昆明: 云南教育出版社.
徐波, 2012. 中国古代芭蕉题材的文学与文化研究[D]. 南京: 南京师范大学.
徐小萍, 谢燕萍, 陈芳兰, 等, 2020. 三明野生蕉 β-1, 3-葡聚糖酶Mugsp7基因克隆及其在低温处理下的表达分析[J]. 热带作物学报, 41(2): 292-299.
杨晓霞, 赵锦基, 2005. 地涌金莲生物学特性及种子繁殖技术[J]. 热带农业科技, 2: 37-38, 44.
叶可勇, 陈瑶, 李瑞梅, 等, 2012. 小果野蕉microRNAs及其靶基因的生物信息学预测[J]. 热带生物学报, 3(3): 222-227.
岳立鸿, 2021. 德宏景颇族"树叶信"的情感化首饰设计研究[D]. 昆明: 云南艺术学院.
曾宋君, 吴坤林, 陈之林, 等, 2007. 珍稀药用和观赏植物地涌金莲的组织培养和快速繁殖[J]. 热带亚热带植物学报, 1: 55-62.
曾惜冰, 李丰年, 许林兵, 等, 1989. 广东省野生蕉的初步调查研究[J]. 园艺学报, 16(2): 95-99.
赵贯飞, 杨杰, 旦真, 等, 2021. 墨脱特有芭蕉科植物血红蕉研究初报[J]. 西藏科技, 9: 11-13, 31.
赵丽娟, 杜浩, 只佳增, 等, 2022. 香蕉主要害虫发生规律及绿色防控研究进展[J]. 安徽农业科学, 50(6): 21-24, 28.
张光明, 唐建维, 施济普, 等, 2000. 西双版纳野芭蕉先锋群落优势种群的生态位动态[J]. 植物资源与环境学报, 9(1): 22-26.
张光勇, 陈伟强, 刘学敏, 等, 2011. 云南省野生香蕉资源收集及保存[J]. 热带农业科技, 34(1): 36-38.

张宏康，林小可，李蔼琪，等，2017. 香蕉加工研究进展[J]. 食品研究与开发，38(12): 201-206.

张倩，康文艺，2010. 芭蕉根活性成分研究[J]. 中国中药杂志，35(18): 2424-2427.

张树河，林江波，甘勇辉，等，2004. 地涌金莲组培快繁技术研究[J]. 亚热带植物科学，04: 35-36, 31.

张译匀，2024. 云南景颇族搭桥仪式的文化意象[J]. 曲靖师范学院学报，43(2): 42-48.

李锡文，吴德邻，陈升振，1981. 芭蕉科芭蕉亚科[M]// 吴德邻. 中国植物志：第16卷第2分册 芭蕉科～水玉簪科. 北京：科学出版社：1-14.

周传波，吉训聪，肖敏，等，2007. 海南省香蕉病虫害种类及防治技术研究初报[J]. 安徽农学通报，10: 205-213.

周翊兰，龙春林，2019. 民族传统文化滋养下的地涌金莲[J]. 科学，71(2): 17-19.

周开永，2013. 推荐水土保持新种属植物—地涌金莲[J]. 北京农业，12: 240-241.

朱姗，2022. "蕉下客"考论[J]. 红楼梦学刊，2: 147-163.

朱映占，李艳峰，2019. 基诺族饮食文化及其变迁研究[J]. 原生态民族文化学刊，11(4): 148-156.

ARGENT G C G, KIEW R, 2002. *Musa coccinea*[J]. The Plantsman New Series, 1: 103-105.

BORBORAH K, BORTHAKUR S K, TANTI B, 2016. Ornamentally important species of *Musa* L. (Musaceae) in Assam, India[J]. Journal of Economic and Taxonomic Botany, 40:1-8.

CHEN W N, HÄKKINEN M, GE X J, 2014. *Musa ruiliensis* (Musaceae, Section Musa), a new species from Yunnan, China[J]. Phytotaxa, 172(2): 109-116.

CHIU H L, SHII C T, YANG T Y A, 2011. A new variety of *Musa itinerans* (Musaceae) in Taiwan[J]. Novon: A Journal for Botanical Nomenclature, 21(4): 405-412.

CHIU H L, SHII C T, YANG T Y A, 2017. *Musa* × *formobisiana* (Musaceae), a new interspecific hybrid Banana[J]. Taiwania, 62(2): 147-150.

GOGOI R, 2013. *Musa nagensium* var. *hongii* Häkkinen — a New Addition to the Flora of India[J]. Taiwania, 58(1): 49-52.

GOGOI R, 2014. *Musa aurantiaca* (Musaceae) and its intraspecific taxa in India[J]. Nordic Journal of Botany, 32(6): 701-709.

GOGOI R, BORAH S, 2013. *Musa markkui* (Musaceae), a new species from Arunachal Pradesh, India[J]. Gardens' Bulletin (Singapore), 65(1): 19-26.

GOGOI R, BORAH S, 2014a. *Musa argentii* (Musaceae), a new species from Arunachal Pradesh, India[J]. Edinburgh Journal of Botany, 71(2): 181-188.

GOGOI R, BORAH S, 2014b. *Musa mannii* var. *namdangensis* (Musaceae) from Arunachal Pradesh, India[J]. Taiwania, 59(2): 93-97.

GOGOI R, HÄKKINEN M, 2013a. *Musa kamengensis* (Musaceae), a New Species from Arunachal Pradesh, India[J]. Acta Phytotaxonomica et Geobotanica, 64(3): 149-153.

GOGOI R, HÄKKINEN M, 2013b. *Musa puspanjaliae* sp nov (Musaceae) from Arunachal Pradesh, India[J]. Nordic Journal of Botany, 31(4): 473-477.

GOGOI R, HÄKKINEN M, BORAH S, et al., 2014. Taxonomic identity of *Musa cheesmanii* (Musaceae) in northeast India[J]. Nordic Journal of Botany, 32(4): 474-478.

HÄKKINEN M, TEO C H, 2008. *Musa rubinea*, a new *Musa* species (Musaceae) from Yunan, China[J]. Folia Malaysiana, 9(1): 23-33.

HÄKKINEN M, VÄRE H, 2008a. A taxonomic revision of *Musa aurantiaca* (Musaceae) in Southeast Asia[J]. Journal of Systematics and Evolution, 46(1): 89-92.

HÄKKINEN M, VÄRE H, 2008b. Taxonomic history and identity of *Musa dasycarpa*, *M. velutina* and *M. assamica* (Musaceae) in Southeast Asia[J]. Journal of Systematics and Evolution, 46(2): 230.

HÄKKINEN M, WANG H, 2008a. *Musa zaifui* sp nov (Musaceae) from Yunnan, China[J]. Nordic Journal of Botany, 26(1-2): 42-46.

HÄKKINEN M, WANG H, 2008b. *Musa yunnanensis* (Musaceae) and its intraspecific taxa in China[J]. Nordic Journal of Botany, 26(5-6): 317-324.

HÄKKINEN M, VÄRE H, 2008c. Typification and check-list of *Musa* L. names (Musaceae) with nomenclatural notes[J]. Adansonia, 30(1): 63-112.

HÄKKINEN M, VÄRE H, 2009. Typification of *Musa mannii*, *M. sanguinea* and *M.* × *kewensis* (Musaceae)[J]. Kew Bulletin, 64(3): 559-564.

HÄKKINEN M, 2013. Epitypification of some *Musa* sect. *Callimusa* Cheesman and *Musa* L. sect. *Musa* names from Vietnam (Musaceae)[J]. NeBIO, 4(4): 7-8.

HAREESH V S, JOR A, SREEJITH P E, et al., 2017. *Musa markkuana* stat. nov. (Musaceae)-A reassessment of *Musa velutina* subsp *markkuana*[J]. Phytotaxa, 303(3): 279-284.

HASSAN M N, NAYAB-Ul-HOSSAIN A K M, HASAN N, et al., 2022. Physico-mechanical Properties of Naturally Dyed Jute-banana Hybrid Fabrics[J]. Journal of Natural Fibers, 19(14): 8616-8627.

HOOKER J D, 1893. *Musa mannii*[J]. Curtis's Botanical Magazine, 119: 7311.

HO V S M, WONG J H, NG, T B, 2007. A thaumatin-like antifungal protein from the emperor banana[J]. Peptides, 28(4): 760-766.

HUANG J, TANG R R, WU H M, et al., 2016. GC-MS analysis of essential oil from the flowers of *Musa basjoo*[J]. Chemistry of Natural Compounds, 52(2): 334-335.

JIANG L, ZHANG B, WANG Y, et al., 2021. Three new acenaphthene derivatives from rhizomes of *Musa basjoo* and their cytotoxic activity[J]. Natural Product Research, 35(8): 1307-1312.

JOE A, SREEJITH P E, SABU M, 2014. Notes on the

rediscovery, taxonomic history and conservation of *Musa mannii* H. Wendl. ex Baker (Musaceae)[J]. Webbia, 69(1): 117-122.

JOE A, SREEJITH P E, SABU M, 2016a. A new variety of *Musa sikkimensis* Kurz and notes on the taxonomic identity and history of *Musa sikkimensis* (Musaceae) from North-East India[J]. Webbia, 71(1): 53-59.

JOE A, SREEJITH P E, SABU M, 2016b. Notes on *Musa rubra* Kurz (Musaceae) and reduction of M. laterita Cheesman as conspecific [J]. Taiwania, 61(1): 34-40.

KUMAR N V, KRISHNA B S, CHANDRIKA N S, 2019. Evaluation of properties of glass-banana-fiber reinforced hybrid fiber polymer composite[J]. Materials Today-Proceedings, 18(6): 2137-2141.

LI L F, HÄKKINEN M, YUAN Y M, et al., 2010. Molecular phylogeny and systematics of the banana family (Musaceae) inferred from multiple nuclear and chloroplast DNA fragments, with a special reference to the genus *Musa*[J]. Molecular Phylogenetics and Evolution, 57(1): 1-10.

LI Y, YUE Q, JAYANETTI D R, et al., 2017. Anti-cryptococcus phenalenonse and cyclic tetrapeptids from Auxarthron pseudauxarthron[J]. Journal of Natural Products, 80(7): 2101-2109.

LIU A Z, LI D Z, LI X W, 2002. Taxonomic notes on wild bananas (*Musa*) from China[J]. Botanical Bulletin of Academia Sinica, 43: 77-81.

LIU H T, LI Y F, LUAN T G, et al., 2007. Simultaneous determination of phytohormones in plant extracts using SPME and HPLC[J]. Chromatographia, 66(7-8): 515-520.

LÝ N S, II P P L, HAEVERMANS T, 2018. Typification and an emended description of *Musa splendida* (Musaceae)[J]. Phytotaxa, 351(4): 281-288.

MACABEO A P G, PILAPIL L A E, GARCIA K Y M, et al., 2020. Alphaglucosidase and lipase-inhibitory phenalenones from a new species of *Pseudolophiostoma* originating from Thailand[J]. Molecules, 25(4): 965.

MANICKAM P, KANDHAVADIVU P, 2022. Development of Banana Nonwoven Fabric for Eco-friendly Packaging Applications of Rural Agriculture Sector[J]. Journal of Natural Fibers, 19(8): 3158-3170.

MONDAL A, GANDHI A, FIMOGNARI C, et al., 2019. Alkaloids for cancer prevention and therapy: current progress and future perspectives[J]. European Journal of Pharmacology, 858.

MYERS N, MITTERMEIER R A, MITTERMEIER C G, et al., 2000. Biodiversity hotspots for conservation priorities[J]. Nature, 403: 853-858.

NGOC S L, LOWRY P P, HAEVERMANS T, 2018. Typification and an emended description of *Musa splendida* (Musaceae)[J]. Phytotaxa, 351(4): 281-288.

NORMAN E O, LEVER J, BRKLJACA R, et al., 2019. Distribution, biosynthesis, and biological activity of phenylphenalenone-type compounds derived from the family of plants, Haemodoraceae[J]. Natural Product Reports, 36(5): 753-768.

OCHOLA J, CORTADA L, MWAURA O et al., 2022. Wrap-and-plant technology to manage sustainably potato cyst nematodes in East Africa[J]. Nature Sustainability, 5: 425-433.

PAPPU A, PATIL V, JAIN S, et al., 2015. Advances in industrial prospective of cellulosic macromolecules enriched banana biofibre resources: a review[J]. International Journal of Biological Macromolecules, 79: 449-458.

PETCHIMUTHU P, PETCHIMUTHU R, BASHA S A, et al., 2019. Production of cost effective, biodegradable, disposable feminine sanitary napkins using banana fibres[J]. International Journal of Engineering and Advanced Technology, 9: 789-791.

SABU M, JOE A, SREEJITH P E, 2013. *Musa velutina* subsp. *markkuana* (Musaceae): a new subspecies from northeastern India[J]. Phytotaxa, 92(2): 49-54.

SAKA A, JULE L T, SORESSA S, et al., 2022. Biological approach synthesis and characterization of iron sulfide (FeS) thin films from banana peel extract for contamination of environmental remediation[J]. Scientific Reports, 12(1): 10486.

SIMMONDS N W, 1954. A correction[J]. Kew Bulletin, 4(4): 574.

SIMMONDS N W, 1957. Botanical results of the banana Collecting expedition, 1954-5[J]. Kew Bulletin, 3: 463-488.

SREEJITH P E, JOE A, SABU M, 2013. *Musa arunachalensis*: a new species of *Musa* section *Rhodochlamys* (Musaceae) from Arunachal Pradesh, northeastern India[J]. Phytotaxa, 134(1): 49-54.

SUBRAMANYA R, REDDY D N S, SATHYANARAYANA P S, 2022. Tensile, impact and fracture toughness properties of banana fiber-reinforced polymer composites[J]. Advances in Materials and Processing Technologies, 6(4): 661-668.

TAI Z G, CHEN A Y, QIN B D, et al., 2014. Chemical constituents and antioxidant activity of the *Musa basjoo* flower[J]. European Food Research and Technology, 239(4): 501-508.

The Angiosperm Phylogeny Group, 2016. An update of the angiosperm phylogeny group classification for the orders and families of flowering plants: APG IV[J]. Botanical Journal of the Linnean Society, 181(1): 1-20.

VALMAYOR R V, DANH L D, HÄKKINEN M, 2005. The wild and ornamental Musaceae of Vietnam with descriptions of two new traveling bananas[J]. Philippine agricultural scientist, 88(2): 236-244.

VÄRE H, HÄKKINEN M, 2011. Typification and check-list of *Ensete* Horan. names (Musaceae) with nomenclatural notes[J]. Adansonia, 33(2): 191-200.

WANG Z W, ROUARD M, BISWAS M K, et al., 2022. A chromosome-level reference genome of *Ensete glaucum* gives insight into diversity and chromosomal and repetitive sequence evolution in the Musaceae[J]. GigaScience, 11.

WU D L, KRESS W J, 2000. Musaceae[M]// WU Z Y, PETER H R, HONG D Y. Flora of China 24. Beijing, China and Saint Louis, America: Science Press and Missouri Botanieal Garden Press: 297-313.

XIAO T W, LIU X, FU N, et al., 2024. Chromosome-level genome assemblies of *Musa ornata* and *Musa velutina* provide insights into pericarp dehiscence and anthocyanin biosynthesis in banana[J]. Horticulture Research, 11(5): uhae079.

YEH C L, CHEN J H, YEH C R, et al., 2008. *Musa yamiensis* CL Yeh & JH Chen (Musaceae), a New Species from Lanyu, Taiwan[J]. Gardens' Bulletin (Singapore), 60(1): 165-172.

致谢

本章写作过程中得到许多帮助，感谢国家植物园（北园）马金双博士的约稿和指导，感谢中国科学院昆明植物研究所刘健副研究员、冯秀彦副研究员和王祎晴博士生的建设性的修改意见；感谢中国科学院昆明植物研究所刘成、任宗昕、曾艳梅、赵蓉蓉；中国科学院华南植物园葛学军、曾佑派、曾宋君；中国科学院西双版纳热带植物园王文广；南宁植物园莫丽文；红河哈尼族彝族自治州林业和草原研究所楚永兴；云南热带作物科学研究所龚燕雄；云南省林业和草原科学院潘莉；云南大学欧晓昆；浙江农林大学郑颖；陈卓、刘红、谭婕、邱楚瑶、杨玲、赵雨果、钟学萍、王婷婷、王丽娟等慷慨提供的图片。

作者简介

陈冰燕（女，浙江台州人，2000年9月生），2022年毕业于云南农业大学，中国科学院大学在读博士研究生。

李正红（男，云南景东人，1964年7月生），博士，研究员。1985年毕业于云南大学，2000年在云南大学获理学硕士学位，2005年在中国林业科学研究院获农学博士学位。1985年至今，在中国林业科学研究院高原林业研究所从事以地涌金莲、滇丁香等野生花卉为主的植物资源研究与开发利用，主持国家及省部级科研项目30多项，在国内外学术期刊发表论文60余篇，获国家发明专利5件，注册登记植物新品种22个，获林业部科学技术进步奖二等奖1项，云南省科学技术进步奖三等奖4项。

席辉辉（男，湖南永顺人，1993年3月生），博士研究生。2016年毕业于湖南科技大学，2019年在中国科学院大学获得工程硕士学位。从事广西西南石灰岩地区苏铁属植物物种分化和遗传多样性的研究。

湛青青（女，湖南岳阳人，1984年2月生），博士，高级工程师。2005年毕业于湖南科技大学，2011年获中国科学院昆明植物研究所理学博士学位，博士期间主要研究叉叶苏铁复合群的谱系地理学。2012年起在中国科学院华南植物园《中国迁地栽培植物志》编研办公室工作，参编《中国迁地栽培植物志名录》《中国迁地栽培植物大全》《广东珍稀濒危植物的保护与研究》《中国植物园》和*The Chinese Garden Flora – Introduction to Encyclopedia of Chinese Garden Flora*等多部专著，在*Conservation Genetics*等期刊上发表论文8篇。

龚洵（男，湖南新化人，1965年9月生），博士，研究员。1987年毕业于华中师范大学，1990年在中国科学院昆明植物研究所获理学硕士学位，2005年在中山大学获理学博士学位，1995年在日本进修。1990年至今，在中国科学院昆明植物研究所从事濒危物种保护生物学和杂交育种等研究，在*Nature Plants*、*New Phytologist*、*Microbiome*、*Journal of Integrative Plant Biology*等期刊上发表论文280多篇，出版《中国云南珍稀濒危植物 I》《中国迁地栽培植物志·木兰科》等专著5部，获国家授权发明专利7件，国家注册登记新品种7个。2007年获云南省科学技术奖自然科学类一等奖，2012年获云南省有突出贡献专业技术人才二等奖，2014年享受国务院政府特殊津贴。

附录　中国引种栽培的芭蕉科植物

1. 千指蕉*Musa × chiliocarpa* Backer ex K. Heyne

别名：千层蕉、象鼻蕉。

识别特征：假茎圆柱形，高2～3m。叶长椭圆形。穗状花序顶生，下垂，苞片深紫红色；每串花穗可结近千个果实，造型奇特，观赏价

图145　千指蕉（A：花序；B：幼果果束）（湛青青 摄于中国科学院华南植物园）

值高（图145）。果实密集生长，长条状钝三棱形，果肉少可食。

地理分布：原产马来西亚、印度尼西亚等东南亚地区。中国云南、海南、广东等地有引种栽培。

2. 粗柄象腿蕉*Ensete ventricosum* (Welw.) Cheesman

别名：阿比西尼亚象腿蕉。

识别特征：假茎高可达6m。叶与香蕉叶类似，长可达5m，宽1m，中肋肉红色。花序下垂、大型，被以粉色苞片。果实类似香蕉，可食，但味淡，且果肉中有黑色圆形质地坚硬的种子。

地理分布：原产非洲，分布自埃塞俄比亚至安哥拉。中国云南、海南、广东等地有引种栽培。

园艺品种‘毛里利’（*E. ventricosum* 'Maurelii'）俗称红叶象腿蕉，其花序如莲，形态风趣，叶片巨大，整个生长期叶色多变迷人。比如，在种植初期，叶片为红色和绿色，随着光照强度的增加红色加深，尤其在阳光直射且温度合适的情况下，茎秆也会变红，叶子变成紫红色甚至泛黑，显现出带有金属光泽的黑金色。

3. 大蕉*Musa* × *paradisiaca* L.

识别特征：植株丛生，高3～7m。叶长圆形，1.5～3m×0.5m，叶面深绿色，被白粉，基部近心形或耳形，叶柄多白粉，叶翼闭合。花序下垂，苞片长15～30cm以上，外面呈紫红色，内面深红色，每苞片有花2列；花被片黄白色，合生花被片长4～6.5cm，离生花被片长约为合生花被片长之半。果束7～8（～10）手。单果长圆形，10～20cm，棱角明显，果肉细腻，紧实，无种子。果实可食用。

地理分布：原产东南亚，中国广东、广西、海南、河北、江苏、台湾、云南等地有引种栽培。

4. 蕉麻*Musa textilis* Née

别名：马尼拉麻蕉。

识别特征：植株高可达3～8m或更高，有匍匐茎；叶片长圆形，基部心形，中脉极粗厚，侧脉明显，叶面绿色光滑，叶背带白霜，常有大褐色斑点，叶翼近膜质，有细而密的皱褶；果丛下垂，较叶短，成熟时黄色，苞片外面绿色或紫红色，有蜡粉，侧裂片明显兜状或具角；浆果微绿色弯曲，内含许多大粒种子；种子陀螺状，多棱形，呈黑色。

地理分布：原产于菲律宾，中国广东、广西、云南、台湾等地有引种栽培。

蕉麻是一种优良的硬质纤维，具有拉力强，有耐盐、耐浸、耐腐等特点，是航海船舰、油井、矿山等所用缆绳的优质材料。提取长纤维后的残渣含短纤维，可作纤维板及水泥袋纸、钞票纸等优质纸张的原料。

China

04

-FOUR-

中国绿绒蒿属植物*

***Meconopsis* in China**

徐　波[1]　李高翔[1]　周海艺[1,2]
（[1]西南林业大学；[2]中国科学院西双版纳热带植物园）

XU Bo[1]　LI Gaoxiang[1]　ZHOU Haiyi[1,2]
([1]Southwest Forestry University; [2]Xishuangbanna Tropical Botanical Garden, Chinese Academy of Sciences)

* 邮箱：alpine_flora@163.com

摘　要： 本章根据文献、馆藏标本及丰富的野外调研，详细记载了中国产68种绿绒蒿属植物的分类学信息及高山花卉资源。兼顾介绍了绿绒蒿属的分类、观赏价值及引种驯化、栽培要点、保护生物学研究等内容。

关键词： 中国　绿绒蒿属　分类　高山花卉　引种驯化

Abstract: In this chapter, the taxonomic information and alpine floral resources of 68 species of *Meconopsis* from China are described in detail on the basis of the literature, specimens in the collections and abundant field research. Meanwhile, the classification of the genus *Meconopsis*, the ornamental value and domestication of *Meconopsis*, the cultivation of *Meconopsis*, and the conservation biology of *Meconopsis* are also introduced.

Keywords: China, *Meconopsis*, Taxonomy, Alpine flowers, Domestication

徐波，李高翔，周海艺，2024，第4章，中国绿绒蒿属植物；中国——二十一世纪的园林之母，第六卷：203-287页.

1 绿绒蒿属概述

绿绒蒿属（*Meconopsis* Vig.）系罂粟科第二大属，为喜马拉雅最著名的高山花卉之一，吸引了无数植物学家、园艺学家及自然爱好者的关注。全世界有80余种，中国产约68种。绿绒蒿属在系统演化上与高山罂粟属（*Oreomecon* Banfi, Bartolucci, J.-M. Tison & Galasso）近缘（Kadereit et al., 2011），具有复杂多变的形态学特征（Zhang & Grey-Wilson, 2008），具体如下：

草本，多年生单次结实或多年生，具黄色液汁。直根在单次结实种中明显，丰满，延长或萝卜状加粗，伴有须根，或纤维状。茎存在时，分枝或不分枝，或为基生花莛，被刺毛、硬毛、柔毛或无毛。叶茎生和基生，或全部基生并形成莲座叶丛；莲座叶丛在冬天宿存，或枯萎形成休眠芽；叶片全缘，有锯齿，或羽状半裂至羽状全裂，无毛到具刺毛；基生叶和下部茎生叶通常具叶柄；上部茎生叶缩减，具短叶柄或无柄，有时抱茎。花生于基部花莛上，或生于无苞片或具苞片的花序上，单生、假总状、假伞形花序或圆锥状排列，最上面的花先开放。萼片2，很少3或4在顶生花，早落。花大而美丽，通常呈碗状或碟状。花瓣4～10，偶尔更多，蓝色、紫色、粉红色、红色或黄色，稀白色，有时具难以描述的特殊光泽。雄蕊多数；花丝多数线形，很少在下部膨大。子房近球形、卵球形或倒卵球形至长圆柱状，1室，具3个或更多心皮，包含胚珠多数；花柱明显，通常较短，有时几乎没有，上下等粗或基部扩大成盘而盖于子房上；柱头离生或合生，头状或棍棒状。蒴果近球形、卵球形、倒卵球形或椭圆形至圆柱形，多刺，具刚毛、短柔毛或无毛，3～12（～18）瓣；成熟开裂，裂片稍浅，或从先端到基部分裂到1/3长度或更多。种子多数，卵球形、肾形、镰状长圆形或长椭圆形，平滑或具纵凹痕，无种阜。

分布在中国、缅甸、不丹、印度、尼泊尔、巴基斯坦（青藏高原及其周边地区），海拔2 100～5 800m林下、林缘、高山灌丛、高山草坡及冰缘带。东喜马拉雅—横断山南段的高山带为其分布及分化中心。本属为著名的高山花卉，素有“喜马拉雅蓝罂粟”的美誉，同时也是“云南八大名花”之一，有些种类可以入药。

2 绿绒蒿属的分类

绿绒蒿属（《中国植物学杂志》）

Meconopsis Viguier, Histoire Naturelle, … des Pavots 48, 1814. Type: *Meconopsis regia* G. Taylor (Grey-Wilson, 2012).

Viguier（1814）注意到罂粟属（*Papaver* L.）的特点是无花柱，仅具有盘状的柱头，而西欧罂粟（威尔士罂粟）（*P. cambrica* L.）显著的短花柱特征与罂粟属不同，于是命名为西欧绿绒蒿（威尔士绿绒蒿）[*Meconopsis cambrica* (L.) Vig.]，并作为绿绒蒿属最初的模式，建立了绿绒蒿属（*Meconopsis* Vig.）。

瑞士植物学家Auguestin-Pyramus de Candolle（1824）根据丹麦植物学家Nathanial Wallich在1821年于尼泊尔采集的No. 8121号标本，正式发表了尼泊尔绿绒蒿（*M. napaulensis* DC.）（Grey-Wilson, 2014）。该物种的发表标志着绿绒蒿属在地理分布上呈现为西欧—喜马拉雅间断分布，是旧世界温带分布样式的属（庄璇, 1981）。

此后随着绿绒蒿属新物种的不断发表，Prain（1906）以植株毛被特征的差异为主要依据，建立了绿绒蒿属的第一个分类系统，包括2组9系（表1），共27种，其中1种产于西欧，2种产于北美，其余24种均产于东亚喜马拉雅—横断山脉地区。Fedde（1909）将Prain设置的绿绒蒿属下2个组分别提升为亚属，同时延续了Prain对系的分类处理，即2亚属9系，收录了28种。随后，Prain（1915）对绿绒蒿属再次进行了分类学修订，继续沿用着其在1906年所发表的分类体系，但新增了2个系，并指出柱头头状或棒状，具下延的射线是该类群的重要的分类学特征。Kingdon-Ward（1926）提出了新的分类系统，对Prain关于组的分类意见持不同看法，但未进行修订，在Prain（1915）分类系统的基础上新增加了2个系。此后，Taylor（1934）对本属进行了全面整理和分类学修订，与之前在Prain（1906, 1915）工作基础上建立起来的分类系统有根本的不同，在其专著中将绿绒蒿属划分为2亚属3组2亚组和10系（表2），共收录41种。

表1　Prain（1906）分类系统

Section	Series
Eumeconopsis	*Cambricae*
	Anomalae
	Aculeatae
	Primulinae
	Bellae
Polychaetia	*Grandes*
	Torquatae
	Robustae
	Chelidonifoliae

表2　George Taylor（1934）分类系统

Subgenus	Section	Subsection	Series
Eumeconopsis	*Cambricae*		
	Eucathcartia		*Chelidonifoliae*
			Villosae
	Polychaetia	*Eupolychaetia*	*Superbae*
			Robustae
		Cumminsia	*Simplicifoliae*
			Grandes
			Primulinae
			Delavayanae
			Aculeatae
Discogyne			*Bellae*

"绿绒蒿"一词最早见于刘瑛（1936）发表在《中国植物学杂志》上的《中国之绿绒蒿》一文，文中以Taylor（1934）的分类体系为基础，收录了中国产绿绒蒿共28种。吴征镒和庄璇（1980）对Taylor（1934）的系统进行了深入的研究，指出其在某种程度上较为杂乱，未能有效反映整个属的系统演化关系，也并未体现类群之间的演化趋势和水平。吴征镒和庄璇（1980）通过对绿绒蒿属全面的分析，以花柱盘、花序、茎、叶和根的形态变化推演了绿绒蒿属的演化趋势，并以此为分类依据进行分类修订，发表了新的分类系统，该系统包含2亚

属5组9系（表3）（庄璇，1981）。《中国植物志》绿绒蒿属基本上沿用了这一系统，认为本属共49种，其中中国产38种（吴征镒和庄璇，1999）。庄璇（1981）认为椭果绿绒蒿系（*M.* ser. *Chelidonifoliae*）是绿绒蒿属中最原始的类群，并分为两支，一支向大花绿绒蒿系（*M.* ser. *Grandes*）发展，另一支向锥花绿绒蒿系（*M.* ser. *Cambricae*）发展；同时认为具盘绿绒蒿亚属（*M.* subg. *Diccogyne*）是本属中进化程度最高的类群。*Flora of China*中的绿绒蒿属则将该属分为2组共54种，中国产43种，特有种28种（Zhang & Grey-Wilson, 2008）。

表3　吴征镒和庄璇（1980）分类系统

Subgenus	Section	Series
Meconopsis	*Cambricae*	*Chelidonifoliae*
		Cambricae
	Racemosae	*Racemosae*
		Grandes
	Forrestii	*Forrestii*
	Simplicifoliae	*Simplicifoliae*
		Henricanae
		Delavayanae
Discogyne	*Discogyne*	*Discogyne*

Grey-Wilson（2014）对绿绒蒿属的形态学、原始文献、模式标本等分类信息进行了较深入的研究，并在此基础上进行了分类修订，发表专著 *The Genus Meconopsis*: *Blue Poppies and Their Relatives* 和新的绿绒蒿属分类系统。该系统包含4亚属10组13系（表4），共79种（含3种天然杂交种），其中中国约产58种（含2种天然杂交种）13亚种4变种和2变型，于书中发表的新类群超过20多个。日本学者吉田外司夫在掌握东喜马拉雅—横断山区植物采集史和绿绒蒿属原始文献的基础上，在该区域开展了大量细致入微的野外调研和形态学研究工作，发表了绿绒蒿专著《青いケシ大図鑑》，此专著记载了世界范围内绿绒蒿4亚属9组和15系（表5），共90种，其中中国产约73种17亚种7变种（吉田外司夫，2021）。Grey-Wilson（2014）主要基于早期的标本和原始文献的研究，聚焦于西方植物学家的发现和贡献，而相对较少涉及和采纳中国学者，如周立华（1979, 1980）、吴征镒和庄璇（1980）、庄璇（1981）、杨平厚和王明昌（1990）、陆毛珍和廉永善（2006）、An等（2009）发表的新类群和提出的分类意见。中国作为绿绒蒿属的分布中心，在绿绒蒿属植物多样性和标本储量上均远远高于其他地区，而Grey-Wilson仅对滇西北和川西北做过短暂的调研，更没有研究中国各大标本馆的绿绒蒿属标本。他对绿绒蒿属的认识是片面的，书中的植物地理分布存在明显错误。吉田外司夫在其著作中呈现出与Grey-Wilson（2014）完全不同的研究风格。一方面，开展了大量的野外科学考察工作，对绿绒蒿属植物进行细致入微的观察记录，这些工作丰富

表4　Grey-Wilson（2014）分类系统

Subgenus	Section	Series
Meconopsis	*Meconopsis*	
	Polychaetia	*Polychaetia*
		Robustae
Grandes	*Grandes*	*Grandes*
		Integrifoliae
	Simplicifoliae	*Simplicifoliae*
		Puniceae
Cumminsia	*Aculeatae*	
	Racemosae	*Racemosae*
		Heterandrae
	Impeditae	*Impeditae*
		Henricanae
		Delavayanae
	Forrestianae	
	Cumminsia	*Primulinae*
		Cumminsia
	Bellae	
Discogyne		

表5　吉田外司夫（2021）分类系统

Subgenus	Section	Series
Meconopsis	*Meconopsis*	
	Polychaetia	*Polychaetia*
		Robustae
Grandes	*Grandes*	*Grandes*
		Integrifoliae
		Simplicifoliae
	Puniceae	
Cumminsia	*Aculeatae*	
	Racemosae	*Racemosae*
		Heterandrae
	Forrestianae	*Forrestianae*
		Henricanae
		Barbisetae
	Cumminsia	*Cumminsia*
		Sinuatae
	Bellae	*Bellae*
		Primulinae
		Delavayanae
Discogyne		

了他对绿绒蒿属的认识；另一方面，重视中国学者的工作，充分与中国学者合作，其著作中包含大量与中国学者合作发表的类群（Yoshida & Sun, 2017, 2018, 2019; 吉田外司夫, 2021），促进了对绿绒蒿属多样性和分类学的深入了解。

综合来看，Grey-Wilson和吉田外司夫的研究体现了在绿绒蒿属分类学领域中不同文化和研究传统之间的差异，也反映了绿绒蒿属的多样性和复杂性。遗憾的是Grey-Wilson、吉田外司夫等对绿绒蒿属下亚属、组和系的划分多数未得到分子系统学的支持（Xiao & Simpson, 2017; 陈艳春, 2022）；同时，两者均是小种（microspecies）概念持有者，大量分布于尼泊尔、中国云南和四川等地的绿绒蒿属植物，没有参考任何分子生物学证据，基于细微的形态学差异而被发表（Grey-Wilson, 2014; Yoshida & Sun, 2017, 2018, 2019; 王文采, 2019; 吉田外司夫, 2021），这反映了两者在绿绒蒿属分类学处理中崇尚小种概念的共同趋势。Grey-Wilson自1996年开始，陆续发表绿绒蒿属新类群20多个，而吉田外司夫自2009年开始陆续发表绿绒蒿属新类群近30个。在两位绿绒蒿属狂热研究者的推动下，绿绒蒿属物种激增，特别是总状绿绒蒿（*M. racemosa* Maxim.）、全缘叶绿绒蒿［*M. integrifolia* (Maxim.) Franch.］、长叶绿绒蒿［*M. lancifolia* (Franch.) Franch. ex Prain］等复合群。小种的划分可能只是对形态和遗传连续体的任意切割（Bateman et al., 2021），所谓的形态学差异很可能是个体发育或生态表型的体现，而非遗传多样性的真实反应。"小种概念"虽有助于揭示绿绒蒿属形态变异的复杂性，但导致物种界定的过度细化，不能准确把握该属的物种多样性，为绿绒蒿属系统分类、植物多样性保护与利用带来巨大困难。

西欧绿绒蒿因具备短花柱的特征而被独立出来，成为绿绒蒿属的模式，长期以来一直被视为绿绒蒿属在欧洲的唯一种。分子系统学研究表明其与亚洲产绿绒蒿属植物存在较远的亲缘关系（Jork & Kadereit, 1995; Carolan et al., 2006; Kadereit et al., 2011）。由于亚洲产绿绒蒿属植物与西欧绿绒蒿具有较显著的形态学差异，且绝大多数绿绒蒿属植物在东亚地区构成单系，鉴于其巨大的商业价值和广泛的园艺应用，多数学者主张仍将其作为独立属。Grey-Wilson（2012）重新指定高贵绿绒蒿（*M. regia* G. Taylor）为本属模式，将所谓西欧绿绒蒿移出本属。基于核糖体及叶绿体基因对绿绒蒿属及近缘种的系统发育重建表明，椭果绿绒蒿（*M. chelidonifolia* Bureau & Franch.）、贡山绿绒蒿［*M. smithiana* (Hand.-Mazz.) G. Taylor ex Hand.-Mazz.］、柱果绿绒蒿（*M. oliverana* Franch. ex Prain）及柔毛绿绒蒿［*M. villosa* (Hook. f.) G. Taylor］构成一个单系分支*M.* sect. *Eucathcartia*，与构成单系的其他绿绒蒿属植物相距甚远，因此建议将*M.* sect. *Eucathcartia*移出绿绒蒿属，归入蒿枝七属（*Cathcartia* Hook. f.）(Grey-Wilson, 2014; Liu et al., 2014)。Xiao和Simpson（2017）基于绿绒蒿属代表性类群，利用四个叶绿体基因（*mat*K、*ndh*F、*rbc*L及*trn*L-F）构建了绿绒蒿属的系统发育关系，最终将该属重新修订为四个组，即绿绒蒿组（*M.* sect. *Meconopsis*）、皮刺组（*M.* sect. *Aculeatae*）、报春组（*M.* sect. *Primulinae*）和大花组（*M.* sect. *Grandes*）（图1）。该系统发育所揭示的进化关系与Grey-Wilson（2014）和吉田外司夫（2021）等基于形态学提出的任何属下关系都存在不同程度的分歧。安娜（2019）和陈艳春（2022）利用核基因（ITS）和叶绿体基因组研究绿绒蒿属的系统演化，其结果也支持以上结论。至此，绿绒蒿属下划分为四个演化分支达成共识。但因为系统采样不足，以及绿绒蒿属复杂的多倍化和杂交，四个演化分支之间和之内诸多近缘种的系统分类关系尚不清楚。安娜（2019）基于核基因和叶绿体基因构建的总状绿绒蒿复合群的系统发育研究表明，该组当前的11个物种，仅有2个获得分子证据支持，其余9种并未各自构成单系。

绿绒蒿属植物庞大而复杂的基因组，普遍存在的杂交渐渗和多倍化现象进一步增加了分子系统学研究的难度。目前，绿绒蒿属的系统发育关系尚未完美解决，存在物种划分过细、过多的狭域种等诸多令人困惑的问题，物种的准确界定和系统分类工作仍面临重大挑战。

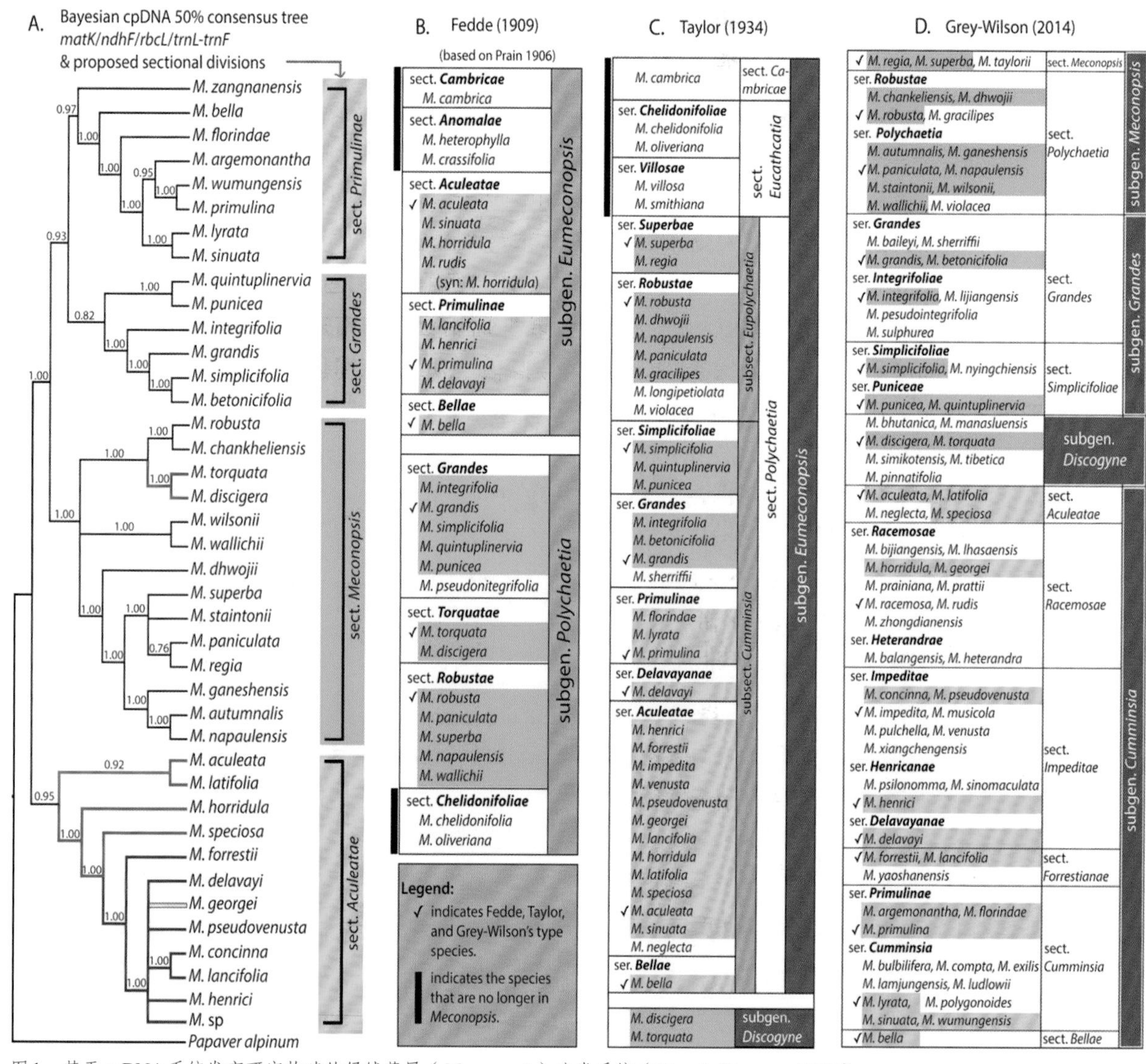

图1 基于cpDNA系统发育研究构建的绿绒蒿属（*Meconopsis*）分类系统（Xiao & Simpson, 2017）

3 中国绿绒蒿属植物

绿绒蒿属分组检索表

1\. 多年生一次结实。基生莲座叶宿存越冬…………………… 1. 绿绒蒿组 *M.* sect. *Meconopsis*

1\. 多年生多次结实、或两年生一次结实、或多年生一次结实。冬季叶片脱落……………… 2

2\. 植株通常密被树状分枝的长毛，常有密集丛生的宿存叶基，中间夹杂密集的树状分枝

（短分枝）的刚毛。根系呈纤维状或具有纤细的直根，或两者兼有 ……………………………………………………………………………………… 2. 大花组 *M.* sect. *Grandes*

2. 植株无毛到密被非树状分枝的刚毛，通常具单一的尖锐刚毛，缺乏宿存叶 …………… 3

3. 植株通常疏生微弱的毛状体或近无毛。直根通常纤细（长度小于7cm）。上部茎生叶的大小通常与下部叶片相似。花瓣通常呈淡蓝色至淡紫蓝色，有时呈黄色或白色；但从未呈亮紫色；呈蓝色时，通常每株少于5朵花 …………3. 报春组 *M.* sect. *Primulinae*

3. 植株具紧密至稀疏的尖锐刚毛，或很少近无毛。直根通常粗壮而修长（长度超过7cm）。上部茎生叶与下部茎生叶和基生叶相比，明显缩减。花瓣通常为蓝色或紫罗兰色，很少为红色、白色或黄色；蓝色时，每株通常有6朵以上的花 ……………………………………………………………………………… 4. 皮刺组 *M.* sect. *Aculeatae*

3.1 绿绒蒿组Sect. *Meconopsis*

包含有秋花绿绒蒿（*Meconopsis autumnalis* P. A. Egan）；不丹绿绒蒿（*M. bhutanica* T. Yoshida & Grey-Wilson）；*M. chankheliensis* Grey-Wilson；尼东绿绒蒿（*M. dhwojii* G. Taylor）；*M. discigera* Prain；*M. ganeshensis* Grey-Wilson；*M. gracilipes* G. Taylor；*M. napaulensis* DC.；锥花绿绒蒿（*M. paniculata* Prain）；吉隆绿绒蒿（*M. pinnatifolia* C. Y. Wu & H. Chuang ex L. H. Zhou）；*M. regia* G. Taylor；*M. robusta* Hook. f. & Thomson；*M. simikotensis* Grey-Wilson；*M. staintonii* Grey-Wilson；高茎绿绒蒿（*M. superba* King ex Prain）；*M. taylorii* L. H. J. Williams；康顺绿绒蒿（*M. tibetica* Grey-Wilson）；毛瓣绿绒蒿（*M. torquata* Prain）；紫花绿绒蒿（*M. violacea* Kingdon-Ward）；*M. wallichii* Hook. 及川滇绿绒蒿（*M. wilsonii* Grey-Wilson），总计21种，中国产10种（见中文名者）。组模式为*M. regia* G. Taylor。

中国绿绒蒿组Sect. *Meconopsis*分种检索表

1 常圆锥花序；花柱上下等粗或基部膨大，但从不伸展成盘而盖于子房之上 ……………… 2

2 叶片有锯齿或浅裂，密被长而丝状的茸毛；假总状花序，花常白色 ……………………………………………………………………………… 1. 高茎绿绒蒿 *M. superba*

2 叶片浅裂或深裂，覆盖着又长又硬的毛；圆锥花序，花常黄色、蓝紫色 ……………… 3

3 植株常不足1m高；基生叶宽，近二回羽裂；叶片上的毛长度相似，只有一层；毛基部有时深紫色 ……………………………………………………… 2. 尼东绿绒蒿 *M. dhwojii*

3 植株常超过1m高；基生叶窄，至多一回羽裂；叶片上的毛更密集，有长短两种，呈两层 ……………………………………………………………………………… 4

4 花瓣黄色 ……………………………………………………………………………… 5

5 叶片羽状，或羽状半裂；苞片基部非耳状；花序常狭长 ……………………………………………………………………………… 3. 锥花绿绒蒿 *M. paniculata*

5 叶片羽状全裂；苞片基部耳状；花序开展 …………4. 秋花绿绒蒿 *M. autumnalis*

4 花瓣紫色、蓝紫色或紫红色 …………………………………………………………… 6

6 花序总状，相对较短，不及植株一半 ………………5. 紫花绿绒蒿 *M. violacea*

6 花序圆锥状，相对较长，超过植株一半 ……………… 6. 川滇绿绒蒿 *M. wilsonii*

1 假总状花序；花柱基部突然扩大成盘而盖于子房之上，且突出于子房之外 ……………… 7

7 花柱几无；花瓣外侧被稀疏的毛 ………………………………… 7. 毛瓣绿绒蒿 *M. torquata*

7 花柱显著，3～4mm；花瓣外侧光滑 …………………………………………………………… 8

8 花柱盘的轮廓为五边形，浅裂，不突出于子房边缘；花瓣红色至明亮的褐红色；柱头头状 ……………………………………………………………… 8. 康顺绿绒蒿 *M. tibetica*

8 花柱盘深波状，有8个角，在边缘浅裂或有流苏，突出于子房边缘；花瓣红色、淡蓝色、紫色或深紫蓝色；柱头棒状 ………………………………………………………… 9

9 叶片羽状深裂或浅裂；叶柄及叶中脉红色；茎多叶（不包括叶状的苞片）；花瓣红色、淡蓝色、紫色或深紫蓝色 ……………………………… 9. 吉隆绿绒蒿 *M. pinnatifolia*

9 叶片先端5～7齿；叶柄及叶中脉不为红色；茎少叶；花瓣蓝色至紫色 ………………………………………………………………………… 10. 不丹绿绒蒿 *M. bhutanica*

3.1.1 高茎绿绒蒿

Meconopsis superba King ex Prain, J. Asiat. Soc. Bengal, Pt. 2, Nat. Hist. 64: 317 (1895). TYPES: BHUTAN, Ho-ko-Chu, *Dungboo* (a Lepcha collector employed by Sir George King) *280* (Holotype: ?; Isotypes: E-00060629, K-000653256, P-00739081).

识别特征：高大；叶片有锯齿或浅裂（图2）；假总状花序，花瓣常4，白色。

地理分布：中国西藏南部（亚东）；不丹西部；生于海拔3 900～4 300m的灌丛石隙间。

记述：文献记载中国西藏亚东可能有，但截

图2　高茎绿绒蒿（A：Isotype-P-00739081；B：Isotype-K-000653256）

至目前仍未发现，暂存疑。国外（主要是英国皇家植物园以及私人机构等）有栽培，并且已经商业化推广。

3.1.2 尼东绿绒蒿

Meconopsis dhwojii G. Taylor ex Hay, New Fl. & Sliva 4: 225, fig. 82 (1932) & Gard. Chron., Ser. 3, 92: 409, figs. 198-199 (1932). TYPES: NEPAL, East Nepal, Sangmo, 12~18 000ft, 1930, *Lall Dhwoj 0297* (Holotype: BM-000547042, BM-000547043, BM-000547138, 3 sheets, one specimen; Isotypes: BM).

= *Meconopsis gracilipes* sensu C. Y. Wu & H. Chuang, Fl. Reipubl. Popularis Sin. 32: 14 (1999), pro parte.

识别特征：植株常不足1m高；基生叶宽，近二回羽裂，上部叶缩减，叶片毛刺基部常具深紫色点；花多，密集（图3）。

地理分布：中国西藏西南部（定日、聂拉木）；尼泊尔中东部；生于海拔2 900～4 700m的潮湿石坡、岩边、开阔灌丛、溪边。

记述：中国新记录种；聂拉木的细梗绿绒蒿（*Meconopsis gracilipes* G. Taylor）应该是本种的错误鉴定。国外（主要是英国皇家植物园以及私人机构等）有栽培。

3.1.3 锥花绿绒蒿

Meconopsis paniculata (D. Don) Prain, J. Asiat. Soc. Bengal, Pt. 2, Nat. Hist. 64: 316 (1895); ≡ *Papaver paniculatum* D. Don, Prodr. Fl. Nepal.: 197 (1825), nomen illegit, pro parte. TYPE: NEPAL, Gossain Than, *N. Wallich 8123b* (Holotype: K).

= *Meconopsis nipalensis* Hook. f. & Thomson, Fl. Ind. 1: 189 (1855) = *Meconopsis paniculata* sensu C. Y. Wu & H. Chuang, Fl. Reipubl. Popularis Sin. 32: 15 (1999), pro parte.

识别特征：叶片羽状或羽状半裂；苞片基部非耳状；假圆锥花序，花黄色（图4）。

地理分布：中国西藏（错那、定结、定日、隆子、米林、聂拉木、亚东）；不丹、尼泊尔、印度东北部；生于海拔2 700～4 600m的开阔灌丛林中、林缘、溪边、草坡。

记述：国外（主要是英国皇家植物园以及私人机构等）有栽培。

图3　尼东绿绒蒿

图4　锥花绿绒蒿（C：洛桑都丹 摄）

3.1.4　秋花绿绒蒿

Meconopsis autumnalis P. A. Egan, Phytotaxa 20: 48 (2011). TYPES: NEPAL, Central Nepal, Ganesh Himal (Rasuwa District), Tulo Bhera Kharka-Jaisuli Kund, 28°12′N, 85°13′E, 4 160m, *F. Miyanmoto et al. 9440053* (Holotype: E-00107665, E-00107717, 2 Sheets, one specimen; Isotypes: KATH, TI); NEPAL, Central Nepal, Ganesh Himal (Rasuwa District), Jagessor Kund (Jagesor Kund), 28°14′N, 85°11′E, 3 965m (13 000ft), *Stainton 4028* (Paratype: BM-000957994, BM-000957995, BM-000957996, BM-?, 4 sheets, one specimen).

= *Meconopsis paniculata* sensu C. Y. Wu & H. Chuang, Fl. Reipubl. Popularis Sin. 32: 15 (1999), pro parte.

识别特征：叶片羽状全裂；苞片基部耳状；宽大开展的圆锥花序，花黄色（图5）。

地理分布：中国西藏西南部（吉隆）；尼泊尔中部；生于海拔3 500～4 200m的亚高山牧场、草坡、潮湿石坡、灌丛、采伐迹地。

记述：中国新记录种；本种在中国西藏吉隆盛花期是7月，秋季几乎见不到花。

3.1.5　紫花绿绒蒿

Meconopsis violacea Kingdon-Ward, Garden 91: 450, in obs. (1927) and Ann. Bot. 42 (4): 856, tab. 16, fig. 2 (1928). TYPES: MYANMAR, Burma, Seinghku

图5　秋花绿绒蒿（A、C：董磊 摄）

valley, 11-13,000 ft, 1926, *F. Kingdon-Ward* 6905 (Syntype: K-000567915, K-000567916, 2 sheets, one specimen); MYANMAR, Burma, Seinghku valley, 11-13,000 ft, 1926, *F. Kingdon-Ward* 7207 (Syntypes: K-000567912, K-000567913, K-000567914).

识别特征：叶片窄，锯状；花序总状，相对较短，不及植株一半；花蓝紫色至紫红色，花俯垂。

地理分布：中国西藏东南部（察隅？）；缅甸北部；生于海拔3 000～4 000m的潮湿石坡、灌丛。

记述：目前，没有权威材料证明国内是否有分布，仅根据模糊的文献描述，存疑。该种仅有极少数的标本记录（图6），分布区域位于缅甸北部及临近中国西藏的区域，难以到达，该种与川滇绿绒蒿（*Meconopsis wilsonii* Grey-Wilson）最接近，两者之间的关系有待研究。此外，20世纪20～50年代，紫花绿绒蒿在西方庭院有良好的栽培记录。

3.1.6 川滇绿绒蒿（威氏绿绒蒿）

Meconopsis wilsonii Grey-Wilson

3.1.6a *Meconopsis wilsonii* subsp. *wilsonii*

Meconopsis wilsonii subsp. ***wilsonii***, Curtis's Bot. Mag. 23 (2): 195 (2006). TYPES: CHINA, W Sichuan, SE of Moupin (Baoxing), 11-13,000 ft, *E. H. Wilson 1152* (Holotype: K; Isotypes: E-00438835, E-00438836, 2 Sheets, one specimen, GH-00198146, K).

= *Meconopsis napaulensis* sensu G. Taylor, Account Gen. *Meconopsis*: 44 (1934), pro parte. = *Meconopsis napaulensis* sensu C. Y. Wu & H. Chuang, Fl. Reipubl. Popularis Sin. 32: 17 (1999), pro parte.

识别特征：基生和下部茎生叶疏散、平展；叶子小、裂片少，常6～8对；中部、上部及苞叶深裂，最多可达8对裂片；花蓝紫色（图7）。

图6　紫花绿绒蒿（A：Syntype-K-000567914-*F. Kingdon-Ward* 7207；B：Syntype-K-000567912-*F. Kingdon-Ward* 7207）

图7　川滇绿绒蒿（E：图登嘉措 摄）

地理分布：中国四川西部至南部（宝兴、布托、德昌、九龙、冕宁、木里、宁南、普格、盐边、盐源、越西）；生于海拔2 800～4 000m的林缘、河岸。

3.1.6b　少裂川滇绿绒蒿

Meconopsis wilsonii subsp. ***australis*** Grey-Wilson, Curtis's Bot. Mag. 23 (2): 197 (2006). TYPES: CHINA, Yunnan, Shweli-Salween Divide, 25°30′N, August, *G.*

Forrest 15833 (Holotype: E-00060475, E-00117451, 2 sheets, one specimen; Isotypes: BM, K).

= *Meconopsis napaulensis* sensu C. Y. Wu & H. Chuang, Fl. Reipubl. Popularis Sin. 32: 17 (1999), pro parte.

识别特征：基生和下部茎生叶疏散、平展；叶子小、裂片少，常4~6对；中部、上部及苞叶浅裂，最多可达5对裂片；花常紫红色，有时蓝色（图8）。

地理分布：中国西藏东南部、云南西北部（大理、福贡、鹤庆、兰坪、泸水、腾冲、漾濞、云龙、镇康、大姚？）；缅甸东北部；生于海拔2 700 ~ 3 700m的林下、溪边、高山灌丛。

3.1.6c　轿子山绿绒蒿

Meconopsis wilsonii subsp. ***orientalis*** Grey-Wilson, D. W. H. Rankin & Z. K. Wu, Curtis's Bot. Mag. 28 (1): 45, t. 700 (2011). TYPES: CHINA, cultivated specimen, Lasswade, Scotland, from a James Taggart introduction from Wumeng Shan, NE

图8　少裂川滇绿绒蒿（A：董磊 摄）

Yunnan, China, col. *James Taggart s.n.* (Holotype: E-00455165, E-00455166, 2 sheets, one specimen; Isotype: KUN).

= *Meconopsis napaulensis* sensu C. Y. Wu & H. Chuang, Fl. Reipubl. Popularis Sin. 32: 17 (1999), pro parte.

识别特征：基生叶和下部茎生叶密集、紧凑，向上斜伸，叶子小、裂片多，可达9～15对；花蓝紫色（图9）。

地理分布：中国云南东北部（东川、禄劝轿子山、巧家药山）；生于海拔3 400～3 900m的溪边、灌丛间。

记述：3个亚种在地理分布上几乎是连续的。亚种划分是否合理，需要进一步开展外野调研，观察记录，采集分子材料，开展分子系统学研究确定。国外（主要是英国皇家植物园以及私人机构等）有栽培。作者在昆明栽培了少裂川滇绿绒蒿，但尚未开花。

3.1.7 毛瓣绿绒蒿

Meconopsis torquata Prain, Ann. Bot. 20 (4): 355, pl. 24, fig. 11 (1906). TYPE: CHINA, Tibet (Xizang), in valle fl. Kyi-chu, 11500 p.s.m.[1], a Lhasa prope, in mense Septembri florens, *H. J. Walton s.n.* (Holotype: K-000653290).

识别特征：花蓝色，花瓣外侧被稀疏的刚毛；花柱几无（图10）。

地理分布：中国西藏（拉萨、米林）；生于海拔3 400～5 200m的岩坡石隙间。

记述：国家二级保护野生植物。分布区狭窄，生药采集威胁大，破坏严重，可以考虑列为极小种群野生植物。

3.1.8 康顺绿绒蒿

Meconopsis tibetica Grey-Wilson, Alpine Gard. 74 (2): 222 (2006). TYPE: CHINA, S Tibet (Xizang), between Dumba and TshoShau, near the latter (GPS: 28° 03′ 47″ N, 87° 16′ 54.2″ E to 28° 01′ 50.4″ N, 87° 16′ 30.3″ E), 4 500m, 19 July 2005, *J. Birks & H. Birks s.n.* (Holotype: E).

识别特征：花瓣红色至明亮的褐红色；花柱

图9　轿子山绿绒蒿

1 p.s.m.: per supra mare，拉丁文，高于海平面（下同）。

图10 毛瓣绿绒蒿

盘的轮廓为五边形，浅裂，不突出于子房边缘；柱头头状（图11）。

地理分布：中国西藏西南部（定日珠峰东坡）；生于海拔4 100~4 800m的草地斜坡、杜鹃灌丛。

记述：“康顺”之名源于模式产地附近的定日珠峰东坡康顺（雄）冰川。作者在昆明有栽培，但目前尚未开花。

3.1.9 吉隆绿绒蒿

Meconopsis pinnatifolia C. Y. Wu & H. Chuang ex L. H. Zhou, Acta Phytotax. Sin. 17 (4): 114, pl. 3 (1979). TYPES: CHINA, Tibet (Xizang), Jilong, N. Tuodang to Xiapujing, 3 500~3 600m, *Exped. Med. ad Tibet 545* (Holotype: HNWP-30048; Isotypes: PE-00051516, PE-00934680, HNWP-74312, HNWP-74313).

= *Meconopsis manasluensis* P. A. Egan, Phytotaxa 20: 50, fig. 2, 3B (2011).

识别特征：叶片羽状深裂或浅裂；叶柄及叶中脉红色；茎多叶（不包括叶状的苞片）；花瓣红色、淡蓝色、紫色或深紫蓝色（图12）。

地理分布：中国西藏南部（吉隆、聂拉木）；尼泊尔中部；生于海拔3 600~4 880m的潮湿岩坡、牧场周边、采伐迹地。

记述：本种花色变异大。模式标本“西藏中草药普查队545号”有多份，其中PE-00051516, HNWP-74312, HNWP-74313被错误鉴定为皮刺绿绒蒿（*Meconopsis aculeata* Royle）。

图11　康顺绿绒蒿

图12　吉隆绿绒蒿（C：图登嘉措 摄）

3.1.10 不丹绿绒蒿

Meconopsis bhutanica T. Yoshida & Grey-Wilson, The New Plantsman 11 (2): 98 (2012). TYPES: BHUTAN, West Bhutan, Paro Chu, Kumathang, foot of Pangte La (Bhonte La), 3 800~4 000m, end of June 1949, *F. Ludlow, G. Sheffiff & J. H. Hicks 17471* (Holotype: BM; Isotypes: BM).

= *Meconopsis discigera* sensu Taylor, Account Gen. *Meconopsis*: 108 (1934), pro parte. = *Meconopsis discigera* sensu C. Y. Wu & H. Chuang, Fl. Reipubl. Popularis Sin. 32: 50 (1999), pro parte.

识别特征：叶片先端5～7齿；叶柄及叶中脉不为红色；茎少叶；花瓣蓝色至紫色（图13）。

地理分布：中国西藏西南部（亚东）；不丹西部；生于海拔4 200～4 600m的潮湿岩坡、灌丛草坡、高山砾石坡。

记述：中国新记录种；分布区狭窄，生药采集威胁大，破坏严重，可以考虑列为极小种群野生植物。

图13　不丹绿绒蒿

3.2 大花组Sect. *Grandes* Fedde

包含有拟藿香叶绿绒蒿（*Meconopsis baileyi* Prain）；藿香叶绿绒蒿（*M. betonicifolia* Franch.）；幸福绿绒蒿（*M. gakyidiana* T. Yoshida, R. Yangzom & D. G. Long）；大花绿绒蒿（*M. grandis* Prain）；全缘叶绿绒蒿［*M. integrifolia* (Maxim.) Franch.］；横断山绿绒蒿（*M. pesudointegrifolia* Prain）；红花绿绒蒿（*M. punicea* Maxim.）；五脉绿绒蒿（*M. quintuplinervia* Regel）；隆子绿绒蒿（*M. sherriffii* G. Taylor）；单叶绿绒蒿［*M. simplicifolia* (D. Don) Walp.］；硫磺绿绒蒿（*M. sulphurea* Grey-Wilson）及单花绿绒蒿［*M. uniflora* (C. Y. Wu & H. Chuang) T. Yoshida, B. Xu & Boufford］，总计12种，中国产12种（见中文名者）。组模式为大花绿绒蒿*M. grandis* Prain。

中国大花组Sect. *Grandes* Fedde分种检索表

1 植株无茎；花基生，花葶状，1至数朵 ······ 2
2 花碟形或碗状，微微俯垂至侧展；花丝辐射状 ······ 1. 单叶绿绒蒿 *M. simplicifolia*
2 花杯状，俯垂；内部花丝直立，包裹子房 ······ 3
3 花瓣红色，长显著大于宽；花丝带状 ······ 2. 红花绿绒蒿 *M. punicea*
3 花瓣蓝色或紫色，长不显著大于宽；花丝线形 ······ 3. 五脉绿绒蒿 *M. quintuplinervia*
1 植物有茎；花在茎端，其下有苞叶，花单生至伞形花序 ······ 4
4 植株多年生多次结实；花蓝色、紫色、蓝紫色或粉红色 ······ 5
5 花瓣6枚，或更多，粉色；叶片全缘，上表面具3条平行脉 ······ 4. 隆子绿绒蒿 *M. sherriffii*
5 花瓣常4枚，或更多，蓝色、紫色或紫红色；叶片有锯齿，上表面无3条平行脉 ······ 6
6 叶片全缘或有粗疏的锯齿；苞片基部楔形，不抱花梗；蒴果长4～7cm ······ 5. 大花绿绒蒿 *M. grandis*
6 叶片有规则的粗疏锯齿，其上具有细密的细齿；苞叶基部圆或者心形，半抱花梗；蒴果长2.5～4.5cm ······ 7
7 最顶端的苞叶通常不假轮生；花柱长5～10mm；蒴果光滑 ······ 6. 藿香叶绿绒蒿 *M. betonicifolia*
7 最顶端的苞叶通常假轮生；花柱长不足5mm；蒴果密被刚毛 ······ 8
8 叶片蓝绿色；花碟形，侧展或晴天半俯垂；花瓣蓝色，颜色稳定；花药黄色或暗橙色 ······ 7. 拟藿香叶绿绒蒿 *M. baileyi*
8 叶片黄绿色；花碗状，晴天俯垂；花瓣多变，蓝色至紫色，偶尔深红色；花药亮橙色 ······ 8. 幸福绿绒蒿 *M. gakyidiana*
4 植株多年生一次结实；花黄色 ······ 9
9 花朵球形或半球形，常直立；花柱不明显；柱头大，直径花果期几乎一致 ······ 9. 全缘叶绿绒蒿 *M. integrifolia*
9 花碟形或碗状，偶尔半球形，侧展或半俯垂，偶尔向上；花柱明显；柱头小 ······ 10
10 植株高40～120cm；花柱长4～11mm；柱头小，头状 ······ 10. 硫磺绿绒蒿 *M. sulphurea*

10 植株高10～40cm；花柱长2～7mm；柱头具平展裂片，非头状 ……………………11

11 植株高20～40cm；花通常3～6枚；花瓣深黄色；花柱长4～7mm；柱头直径5～7mm，裂片顶端不加宽 ……………… 11. 横断山绿绒蒿 *M. pesudointegrifolia*

11 植株高10～20cm；花通常单生，极稀2枚；花瓣浅柠檬色；花柱长2～4mm；柱头直径7～11mm，裂片顶端加宽 …………………… 12. 单花绿绒蒿 *M. uniflora*

3.2.1 单叶绿绒蒿

Meconopsis simplicifolia (D. Don) Walp., Report. Bot. Syst. 1: 110 (1842); ≡ *Papaver simplicifolium* D. Don, Prodr. Fl. Nepal.: 197 (1825). TYPES: NEPAl, Gosaingsthan, *N. Wallich 8125* (Holotype: K; Isotype: K).

= *Meconopsis simplicifolia* var. *baileyi* Kingdon-Ward, Gard. Chron., Ser. 3, 79: 340 in obs. (1926). = *Meconopsis nyingchiensis* L. H. Zhou, Bull. Bot. Lab. N.-E. Forest. Inst., Harbin 8 (8): 98, f. 2 (1980) & Pictorial Guide to *Meconopsis*: 94 (2021). = *Meconopsis simplicifolia* subsp. *grandiflora* Grey-Wilson, Gen. *Meconopsis*: 197 (2014) & Pictorial Guide to *Meconopsis*: 91 (2021).

识别特征：植株无茎；花基生，花莛状，1至数朵；花碟形或碗状，微微俯垂至侧展；花丝辐射状（图14）。

地理分布：中国西藏中南部及东南部（错那、定日、林芝、隆子、米林、聂拉木、亚东）；不丹、尼泊尔中部及东部、印度东北部；生于海拔3 000～4 700m的林缘、溪边、灌丛、岩坡草地。

图14　单叶绿绒蒿（C：洛桑都丹 摄，D：图登嘉措 摄）

记述：国外（主要是英国皇家植物园以及私人机构等）有栽培。

3.2.2 红花绿绒蒿

Meconopsis punicea Maxim., Fl. Tangut.: 34 (1889); ≡ *Cathcartia punicea* Maxim., Fl. Tangut.: 35, tab. 23, figs. 12-21 (1889), nom. ambig. TYPES: CHINA, NE Tibet (Qinghai today), 1884, *N. M. Przewalski s.n.* (Syntypes: E, K-000653216, P, W); CHINA, Szetschuan septentrionali (N Sichuan), 1885, *G. Potanin s.n.* (Syntypes: E-00060621, K-000653217, P-00739076, W). LECTOTYPES: CHINA, Szetschuan septentrionali (N Sichuan), 1885, *G. Potanin s.n.* (Lectotype: K-000653217; Isolectotypes: E-00060621, P-00739076, W, designated by Grey-Wilson, 2014).

= *Meconopsis punicea* var. *elliptica* Z. J. Chu & Y. S. Lian, Guihaia 25 (2): 106 (2005). = *Meconopsis punicea* var. *glabra* M. Z. Lu & Y. S. Lian, Bull. Bot. Res., Harbin 26 (1): 8 (2006). = *Meconopsis brachynema* W. T. Wang, Guihaia, 39 (1): 5 (2019).

识别特征：植株无茎；花基生，花莛状，1至数朵；花杯状，俯垂（图15）；内部花丝直立，包裹子房；花瓣红色，长显著大于宽；花丝带状。

地理分布：中国甘肃南部、青海南部及东南部、

图15　红花绿绒蒿（A：董磊 摄；B：郭永鹏 摄）

四川西北部；生于海拔2 800～4 600m的岩坡草地。

记述：国家二级保护野生植物。目前没有发现西藏的分布记录。基源文献提及了采集时间和地点，未标注采集号，但后面有一张插图，即Tab. 23，可考虑作为模式？但是又可以查到多份多个类型模式标本，PE存有一份Isotype。国外（主要是英国皇家植物园以及私人机构等）有栽培，并且已经商业化推广。

3.2.3 五脉绿绒蒿

Meconopsis quintuplinervia Regel, Gartenflora 25: 291, tab. 880, figs. b, c, d (1876) TYPE: CHINA, N China, Gansu, *N. M. Przewalski s.n., cult. St Petersburg Botanic Garden* (Holotype: LE).

= *Meconopsis quintuplinervia* var. *glabra* M. Chang Wang & P. H. Yang, Bull. Bot. Res., Harbin 10 (4): 43, f. 1 (1990) & Pictorial Guide to *Meconopsis*: 97 (2021). = *Meconopsis biloba* L. Z. An, Shu Y. Chen & Y. S. Lian, Novon 19 (3): 286 (2009).

识别特征：多年生多次开花草本；植株无茎；花基生，花莛状，1至数朵；花杯状，俯垂（图16）；内部花丝直立，包裹子房；花瓣蓝色或紫

图16　五脉绿绒蒿（A：董磊 摄）

色，长不显著大于宽；花丝线形。

地理分布：中国甘肃南部及西南部，湖北西部，青海东部、东南部及东北部，陕西南部（眉县、宁陕等），四川北部及西北部，西藏东北部；生于海拔2 300～4 600m的林缘、高山草坡、草坡、偶潮湿石坡。

记述：国外（主要是英国皇家植物园以及私人机构等）有栽培，并且已经商业化推广。

3.2.4 隆子绿绒蒿（新拟）

Meconopsis sherriffii G. Taylor, New Fl. & Silva. 9: 155 (1937). TYPES: CHINA, S Tibet (Xizang), Drichung La, Nr Charme, 15~16 000ft, 7 July 1936, *F. Ludlow & G. Sherriff 2309* (Holotype: BM-000547077; Isotype: E-00060626).

识别特征：植株多年生多次结实；植物有茎；叶片全缘，上表面具3条平行脉；花在茎端，其下有苞叶，花单生，花瓣6枚或更多，粉色（图17）。

地理分布：中国西藏东南部（隆子）；不丹；生于海拔4 000～5 100m的岩坡、灌丛。

3.2.5 大花绿绒蒿

Meconopsis grandis Prain, J. Asiat. Soc. Bengal, Pt. 2, Nat. Hist. 64: 320 (1895). TYPES: INDIA, Sikkim, Jongri, 10~12 000ft, *G. A. Gammie s.n.* (Syntype: L-0035415); INDIA, Sikkim, Jongri, 10~12 000ft, *Dr King's Collector s.n.* (Syntypes: BM-000547048, G, P; Isosyntypes: P-00739036, P-00739037, P-00739038). INDIA, Sikkim, Jongri, 10~12 000ft, *G. Watt 5435* (Syntype: ?). LECTOTYPES: INDIA, Sikkim, Jongri, 10~12 000ft, *Dr King's Collector s.n.* (Lectotype: BM-000547048;

图17 隆子绿绒蒿

Isolectotypes: G, P-00739036, P-00739037, P-00739038, designated by Grey-Wilson, 2014).

= *Meconopsis grandis* sensu C. Y. Wu & H. Chuang, Fl. Reipubl. Popularis Sin. 32: 22 (1999), pro parte.

识别特征：叶片全缘或有粗疏的锯齿；苞片基部楔形，不抱花梗（图18）；蒴果长4 ~ 7cm。

地理分布：中国西藏西南部（定结、定日、亚东？）；不丹、尼泊尔西部、印度；生于海拔3 000 ~ 5 100m的冷杉林下、林缘、山坡灌丛。

3.2.6 藿香叶绿绒蒿

Meconopsis betonicifolia Franch., Pl. Delavay. 1:

图18 大花绿绒蒿（A：董磊 摄）

42, pl. 12 (1889); ≡ *Cathcartia betonicifolia* (Franch.) Prain, Ann. Bot. 20 (4): 369 (1906). TYPES: CHINA, Yunnan, in silva ad basin colli Houa-la-po (Ho-kin, Koualapo supra), 3 200m, 13 July 1886, *J. M. Delavay 2152* (Syntype: P-00739017; Isosyntypes: BM-000547044, K-000653218, P-00739022, P-00739023, P-00739024); CHINA, Yunnan, in silvis ad San-tcha-ho, supra Mo-so-yn, 3 000m, 17 June 1887, *J. M. Delavay s.n.* (Syntype: P-00739018; Isosyntypes: G-00383029, K-00653219, NY-01546411, P-00739019, P-00739020, P-00739021, P-00739025, P-00739026).

= *Meconopsis betonicifolia* sensu C. Y. Wu & H. Chuang, Fl. Reipubl. Popularis Sin. 32: 21 (1999), pro parte.

识别特征：最顶端的苞叶通常不假轮生；花柱长5～10mm（图19）；蒴果光滑。

地理分布：中国云南西北部（洱源、鹤庆、丽江）；生于海拔3 300～3 900m的半阴草地、林下。

记述：原始文献引证了两个标本采集地点和信息，但仅有一个地点具采集人和采集号。而在引证末尾可见一突兀的“）”，应为印刷排版遗漏，结合标本核查采集信息为*Delavay s.n.*。作者在昆明有栽培，但尚未开花。

3.2.7 拟藿香叶绿绒蒿

Meconopsis baileyi Prain, Bull. Misc. Inform. Kew 1915: 161 (1915); ≡ *Meconopsis betonicifolia* f.

图19 藿香叶绿绒蒿（B：杨涛 摄；C：洛桑都丹 摄）

baileyi (Prain) Cotton, Gard. Chron., Ser. 3, 85: 143 (1929), in obs. & Stapf, Curtis's Bot. Mag. 153, tab. 9185 (1930); ≡ *Meconopsis betonicifolia* var. *baileyi* (Prain) Edwards, Card. Chron., Ser. 3, 85: 473, in obs. (1929), nom. nud. TYPE: CHINA, Tibet (Xizang), Eastern Kongbo, Rong-chu Valley of Lunang, 29°45′N, 94°45′E, 10 July 1913, *F. M. Bailey 8* (Holotype: K-000653220).

= *Meconopsis betonicifolia* sensu C. Y. Wu & H. Chuang, Fl. Reipubl. Popularis Sin. 32: 21 (1999), pro parte. = *Meconopsis baileyi* subsp. *multidentata* Grey-Wilson, Gen. *Meconopsis*: 150 (2014) & Pictorial Guide to *Meconopsis*: 67 (2021).

识别特征：最顶端的苞叶通常假轮生；花柱长不足5mm；蒴果密被刚毛；叶片蓝绿色；花碟形，侧展或晴天半俯垂；花瓣蓝色，颜色稳定；花药黄色或暗橙色（图20）。

地理分布：中国西藏东南部（林芝、隆子、米林）；生于海拔2 900～3 900m的混交林、杜鹃林、林缘、开阔林地灌丛、草坡、岩坡。

记述：国外（主要是英国皇家植物园以及私人机构等）有栽培，并且已经商业化推广。

3.2.8 幸福绿绒蒿

Meconopsis gakyidiana T. Yoshida, R. Yangzom & D. G. Long, Sibbaldia 14: 80 (2017); ≡ *Meconopsis*

图20 拟藿香叶绿绒蒿（B：洛桑都丹 摄）

grandis subsp. *orientalis* Grey-Wilson, Sibbaldia 8: 81 (2010). TYPE: BHUTAN, NE Bhutan, Cho La, *F. Ludlow, G. Sherriff & J. H. Hicks 20801* (Holotype: BM).

= *Meconopsis grandis* auct. non Prain, G. Taylor, Account Gen. *Meconopsis*: 68 (1934), pro parte. = *Meconopsis grandis* sensu C. Y. Wu & H. Chuang, Fl. Reipubl. Popularis Sin. 32: 22 (1999), pro parte.

识别特征：最顶端的苞叶通常假轮生；花柱长不足5mm；蒴果密被刚毛；叶片黄绿色；花碗状，晴天俯垂；花瓣多变，蓝色至紫色，偶尔深红色；花药亮橙色（图21）。

地理分布：中国西藏南部（错那、定日）；不丹；生于海拔3 700～4 300m的灌木稀疏的草地。

记述：国外（主要是英国皇家植物园以及私人机构等）有栽培，并且已经商业化推广。

3.2.9 全缘叶绿绒蒿

Meconopsis integrifolia (Maxim.) Franch., Bull. Soc. Bot. France 33: 389 (1886); ≡ *Cathcartia integrifolia* Maxim., Bull. Acad. Imp. Sci. Saint-Petersbourg Ser. 3, 23: 310 (1877); TYPES: CHINA, Kansu (Gansu), 1872—1873, *N. M. Przewalski s.n.* (Syntypes: E-00438573, LE; Isosyntype: P-00739053).

= *Meconopsis integrifolia* var. *souliei* Fedde in Engl., Pflanzenr. 4, 104: 262 (1909). = *Meconopsis integrifolia* sensu Taylor, Account Gen. *Meconopsis*: 58 (1934), pro parte. = *Meconopsis integrifolia* subsp. *lijiangensis* Grey-Wilson, The New Plantsman 3 (1): 33 (1996); ≡ *Meconopsis lijiangensis* (Grey-Wilson) Grey-Wilson, Gen. *Meconopsis*: 182 (2014) & Pictorial Guide to *Meconopsis*: 84 (2021). = *Meconopsis integrifolia* sensu C. Y. Wu & H. Chuang, Fl. Reipubl. Popularis Sin. 32: 20 (1999), pro parte. = *Meconopsis integrifolia* subsp. *souliei* (Fedde) Grey-Wilson, Gen. *Meconopsis*: 180 (2014) & Pictorial Guide to *Meconopsis*: 79 (2021). = *Meconopsis wanbaensis* T. Yoshida, Harvard Pap. Bot. 24 (1): 31, figs. 1-6 (2019) & Pictorial Guide to *Meconopsis*: 83 (2021). = *Meconopsis wanbaensis* subsp. *undulatissima* D. W. H. Rankin, Curtis's Bot. Mag. 39 (2): 333 (2022).

识别特征：植株多年生一次结实；植物有茎；花黄色，花在茎端，其下有苞叶，花单生至伞形花序，花朵球形或半球形，常直立（图22）；花柱不明显；柱头大，直径花果期几乎一致。

地理分布：中国甘肃西南部、青海南部及东部、四川、西藏、云南东北部；缅甸东北部；生于海拔3 100～5 300m的灌丛、石坡、高山草坡。

A

B

图21　幸福绿绒蒿（A：洛桑都丹 摄）

图22 全缘叶绿绒蒿（A、B：董磊 摄；D：杨涛 摄）

记述：该种与几个黄花近缘种的关系有待进一步研究。基源文献引证了采集地点、采集时间与采集人，但并未标注采集号，模式由Przewalski于1872年和1873年采集的多份材料组成，为合模式。国外（主要是英国皇家植物园以及私人机构等）有栽培，并且已经商业化推广。

3.2.10 硫磺绿绒蒿

Meconopsis sulphurea Grey-Wilson, Gen. *Meconopsis*: 188 (2014); ≡ *Meconopsis pseudointegrifolia* subsp. *robusta* Grey-Wilson, The New Plantsman 3 (1): 35 (1996). TYPES: CHINA, SW China, NW Yunnan, Judian District (Mekong-Yangtse Divide), Dacaoba, 3 350m, June 1987, *SBLE 450* (Holotype: E-00438574; Isotype: K).

= *Meconopsis integrifolia* sensu Taylor, Account Gen. *Meconopsis*: 58 (1934), pro parte. = *Meconopsis integrifolia* sensu C. Y. Wu & H. Chuang, Fl. Reipubl. Popularis Sin. 32: 20 (1999), pro parte.

识别特征：植株多年生一次结实；植物有茎；花黄色，花在茎端，其下有苞叶；植株高40～120cm；花柱长4～11mm；柱头小，头状（图23）。

图23　硫磺绿绒蒿（A：洛桑都丹 摄）

地理分布：中国四川西南部、西藏东南部（波密、察隅、林芝、米林）、云南西北部（德钦、贡山、丽江、维西、香格里拉）；缅甸东北部；生于海拔3 400～4 600m的林缘、高山沼泽边缘、岩坡、杜鹃丛、冰碛地。

记述：该种与几个黄花近缘种的关系有待进一步研究。国外（主要是英国皇家植物园以及私人机构等）有栽培，并且已经商业化推广。

3.2.11 横断山绿绒蒿

Meconopsis pseudointegrifolia Prain, Ann. Bot. 20 (4): 353, pl. 25 (1906). TYPE: CHINA, cultivated specimen, Rock Garden at Kew, from a Captain Koslov introduction from China, Tibet (Xizang), Kham, in valle fl. Ra-chu, a fontibus fl. Mekong prope, 29° 30′ N, 97° 30′ E, *P. K. Koslov s.n.* (Holotype: K).

= *Meconopsis integrifolia* sensu Taylor, Account Gen. *Meconopsis*: 58 (1934), pro parte. = *Meconopsis pseudointegrifolia* sensu Grey-Wilson pro parte, non Prain, The New Plantsman 3 (1): 33 (1996). = *Meconopsis pseudointegrifolia* subsp. *daliensis* Grey-Wilson, The New Plantsman, 3 (1): 36 (1996) & Pictorial Guide to *Meconopsis*: 85 (2021). = *Meconopsis sulphurea* subsp. *gracilifolia* Grey-Wilson, Gen. *Meconopsis*: 192 (2014) & Pictorial Guide to *Meconopsis*: 88 (2021). = *Meconopsis integrifolia* sensu C. Y. Wu & H. Chuang, Fl. Reipubl. Popularis Sin. 32: 20 (1999), pro parte.

识别特征：植株高20～40cm；花通常3～6枚；花瓣深黄色；花柱长4～7mm；柱头直径5～7mm，裂片顶端不加宽（图24）。

地理分布：中国四川西南部（稻城、木里），

图24　横断山绿绒蒿（A：董磊 摄）

西藏中部至东南部，云南西北部（德钦、丽江、香格里拉）；生于海拔2 700～5 000m的山地沼泽、杜鹃灌丛、岩石草坡。

记述：该种与几个黄花近缘种的关系有待进一步研究。国外（主要是英国皇家植物园以及私人机构等）有栽培。

3.2.12 单花绿绒蒿（轮叶绿绒蒿）

Meconopsis uniflora (C. Y. Wu & H. Chuang) T. Yoshida, B. Xu & Boufford, Harvard Pap. Bot. 24 (1): 41, figs. 1-6 (2019); ≡ *Meconopsis integrifolia* var. *uniflora* C. Y. Wu & H. Chuang, Fl. Yunnan. 2: 28, f. 8: 4 (1979). TYPES: CHINA, NW Yunnan: Zhongdian Xian, Haba Xueshan, 25 Aug. 1937, *K. M. Feng 2195* (Holotype: KUN-1204950; Isotype: A-00105931).

= *Meconopsis pseudointegrifolia* sensu Grey-Wilson, Gen. *Meconopsis*: 184 (2014), pro parte.

识别特征：植株高10～20cm；花通常单生，极稀2枚；花瓣浅柠檬色，外侧被毛；花柱长2～4mm；柱头直径7～11mm，裂片顶端加宽（图25）。

地理分布：中国云南西北部（德钦白马雪山、香格里拉哈巴雪山）；生于海拔4 300～5 000m的岩坡、岩壁。

3.3 报春组Sect. *Primulinae* Fedde

包含有白花绿绒蒿（*Meconopsis argemonantha* Prain）；美花绿绒蒿（*M. bella* Prain）；*M. bulbilifera* T. Yoshida, H. Sun & Grey-Wilson；梅里绿绒蒿（*M. compta* Prain）；纤细绿绒蒿（*M. exilis* T. Yoshida, H.

图25 单花绿绒蒿

Sun & Grey-Wilson)；西藏绿绒蒿（*M. florindae* Kingdon-Ward)；拟报春绿绒蒿（*M. ludlowii* Grey-Wilson)；*M. lyrata* (H. A. Cummins & Prain) Fedde；心叶绿绒蒿［*M. polygonoides* (Prain) Prain］；报春绿绒蒿（*M. primulina* Prain)；深波绿绒蒿（*M. sinuata* Prain)；乌蒙绿绒蒿（*M. wumungensis* K. M. Feng ex C. Y. Wu & H. Zhuang)；藏南绿绒蒿（*M. zangnanensis* L. H. Zhou)，总计约13种，中国产11种（见中文名者）。组模式为报春绿绒蒿*M. primulina* Prain。

中国报春组Sect. *Primulinae* Fedde分种检索表

1 多年生多次或单次开花结实，无茎；花序花莛状 ………………………………………………… 2

  2 多年生多次开花结实；花瓣常4枚 ………………………………………………………… 3

    3 叶片开裂，具1至多对裂片；果实光滑到疏被刚毛 …………… 1. 美花绿绒蒿 *M. bella*

    3 叶片全缘；果实中度到密被刚毛 ………………………… 2. 藏南绿绒蒿 *M. zangnanensis*

  2 多年生单次开花结实；花瓣常4枚以上 …………………………………………………… 4

    4 叶片全缘，有时具波状浅齿；花瓣5～8枚 ………………… 3. 报春绿绒蒿 *M. primulina*

    4 叶片大头羽裂，齿裂显著；花瓣4～5枚 ………………… 4. 拟报春绿绒蒿 *M. ludlowii*

1 多年生单次开花结实，有茎；花序多样 ……………………………………………………… 5

  5 叶片长远大于宽，长条形、长椭圆形或倒披针形；假总状花序 ………………………… 6

    6 叶片长条形，边缘有规则波状齿；花蓝色或浅蓝色 ………… 5. 深波绿绒蒿 *M. sinuata*

    6 叶片形态多变，多型；花白色、黄色 ……………………………………………………… 7

      7 花白色；果狭倒卵形，密被刚毛 ………………… 6. 白花绿绒蒿 *M. argemonantha*

      7 花黄色；果狭长椭圆形，疏被毛 …………………………… 7. 西藏绿绒蒿 *M. florindae*

  5 叶片长宽近相等，长心形至长卵状；花常单生 …………………………………………… 8

    8 植株高6～25cm；叶片有叶柄，羽裂，或有粗齿，稀全缘 ……………………………… 9

      9 叶多枚，散生；花1至多朵 …………………………… 8. 乌蒙绿绒蒿 *M. wumungensis*

      9 叶少，集中在茎下部；花常1朵 ……………………………… 9. 梅里绿绒蒿 *M. compta*

    8 植株高20～50cm；上部叶片无柄；叶片全缘，或有圆齿，非羽裂 ………………………10

      10 叶片及苞片少，3～4枚；花单生；花瓣顶端急尖或渐尖 ………………………………………………………………………… 10. 心叶绿绒蒿 *M. polygonoides*

      10 叶片及苞片多，3～8枚，顶端几枚假对生或假轮生；花1～3朵；花瓣顶端圆钝 ………………………………………………………………11. 纤细绿绒蒿 *M. exilis*

3.3.1 美花绿绒蒿（丽花绿绒蒿）

Meconopsis bella Prain, J. Asiat. Soc. Bengal, Pt. 2, Nat. Hist. 63: 82 (1894). TYPES: INDIA, Western Sikkim, 12-14,000 ft, *Dr King's Collector s.n.* (Syntypes: BM, G, K, P; Isosyntype: BM-000946164); NEPAL, Eastern Nepal, 12-14,000 ft, *Dr King's Collector s.n.* (Syntypes: BM, G, K-000653285, P; Isosyntype: BM-00547085).

识别特征：多年生多次开花结实；无茎；叶片开裂，具1至多对裂片；花序花莛状，花瓣常4枚（图26）；果实光滑到疏被刚毛。

地理分布：中国西藏西南部（吉隆）；不丹北部、尼泊尔中东部、印度（锡金）；生于海拔

4 000～4 700m的被苔藓的岩石陡坡、岩缝及潮湿的崖壁。

3.3.2 藏南绿绒蒿

Meconopsis zangnanensis L. H. Zhou, Acta Phytotax. Sin. 17 (4): 112, fig. 1: 1-3 (1979). TYPES: CHINA, Tibet (Xizang), Cuona to Lebu, 4 000m, *Guo Ben-zhao 22993* (Holotype: HNWP-5219; Isotype: HNWP-67834).

= *Meconopsis bella* subsp. *subintegrifolia* Grey-Wilson, Gen. *Meconopsis*: 362 (2014) & Pictorial Guide to *Meconopsis*: 221 (2021).

识别特征： 多年生多次开花结实；无茎；叶全缘（图27）；果实中度到密被刚毛。

地理分布： 中国西藏南部（错那、隆子）；生于海拔4 300～4 600m的高山灌丛草坡、潮湿岩壁。

记述： 作者认为这是个独立的种，不同意作为美花绿绒蒿的种下单位。

3.3.3 报春绿绒蒿

Meconopsis primulina Prain, J. Asiat. Soc. Bengal, Pt. 2, Nat. Hist. 64: 319 (1895). TYPES:

图26 美花绿绒蒿

图27 藏南绿绒蒿

BHUTAN, Do-lep, *King's Collectors s.n.* (Syntype: CAL?); CHINA, Chumbi (S Xizang, Yadong County), Sham-Chen, *Dungboo s.n.* (Syntypes: K, P; Isosyntypes: K-000653272, P-00739075).

识别特征： 多年生单次开花结实；无茎；叶片全缘，有时具波状浅齿；花基生，花瓣5～8枚（图28）。

地理分布： 中国西藏南部（亚东）；不丹西部及西北部；生于海拔3 200～4 600m的草坡、低矮的杜鹃灌丛、岩坡崖边。

3.3.4 拟报春绿绒蒿（新拟，中国新记录）

Meconopsis ludlowii Grey-Wilson, Gen. *Meconopsis*: 350 (2014). TYPE: BHUTAN, E Bhutan, Orka La, Sakden, 13 900ft, 10 July 1934, *F. Ludlow & G. Sherriff 642* (Holotype: BM).

= *Meconopsis concinna* sensu D. G. Long non Prain, Fl. Bhutan 1 (2): 408 (1984).

识别特征： 无茎小草本，叶片基生，大头羽裂；花瓣4～5枚。

地理分布： 中国西藏南部（错那）；不丹东部；生于海拔4 100～4 700m的草坡、低矮的灌丛、崖壁草丛。

记述： 与前人不同，作者认为该种与报春绿绒蒿最近缘，形态相似，分布区相隔不远，两者系统关系有待进一步研究。

3.3.5 深波绿绒蒿（中国新记录种）

Meconopsis sinuata Prain, J. Asiat. Soc. Bengal, Pt. 2, Nat. Hist. 64: 314 (1895). TYPES: INDIA, Sikkim, Patang-la, Pey-kiong-la and Ney-go-la, 1877, *Dr King's Collector s.n.* (Syntype: K; Isosyntypes: K-000653281, K-000653283, P-00739079); INDIA, Sikkim, Jongri, *G. A. Gammie s.n.* (Syntype: ?); BHUTAN, Dichu Valley, *Cummins s.n.* (Syntype: K-000653282).

识别特征： 叶片长条形，边缘有规则波状齿；

图28 报春绿绒蒿（A: Isosyntype-P-00739075; B: Isosyntypes-K-000653272）

假总状花序；花蓝色或浅蓝色（图29）。

地理分布：中国西藏南部（错那）；不丹中部及北部、尼泊尔中部及东部、印度东北部；生于海拔3 200 ~ 4 600m的林缘、潮湿岩坡、低矮灌丛草坡。

3.3.6 白花绿绒蒿

Meconopsis argemonantha Prain, Bull. Misc. Inform., Kew 1915: 161 (1915). TYPE: CHINA, Eastern Himalaya (SE Xizang), Monyul, Tawang District, Mipak Isan, 13 800ft, 17 Sept. 1913, *F. M. Bailey 6* (Holotype: K-000653286).

= *Meconopsis argemonantha* var. *lutea* G. Taylor, J. Roy. Hort. Soc. 72: 167 (1947) & Pictorial Guide to *Meconopsis*: 218 (2021).

识别特征：叶片形态多变，多型；假总状花序，花白色（图30）；果狭倒卵形，密被刚毛。

地理分布：中国西藏东南部（隆子、米林）；生于海拔3 600 ~ 4 600m的岩坡、潮湿草坡、潮湿灌丛、崖边。

图29　深波绿绒蒿（B：图登嘉措 摄；C：洛桑都丹 摄）

3.3.7 西藏绿绒蒿

Meconopsis florindae Kingdon-Ward, Gard. Chron., ser. 3, 79: 307, fig. 232, in obs. (1926); Ann. Bot. 40: 537 (1926); J. Roy. Hort. Soc. 52: 23, 233 (1927). TYPES: CHINA, Tra La (SE Xizang, Rongchu Valley), 11 000ft, 02 Aug. 1924, *F. Kingdon-Ward 6038* (Holotype: K-000653265; Isotypes: BM-000547046, E-00060622); Tra La, 11 000ft, 27 Sept. 1924, *F. Kingdon-Ward 6206* (= *F. Kingdon-Ward 6038* in fruit) (Topotypes: E-00060623, K-000653266).

识别特征：叶片形态多变，多型；假总状花序，花黄色（图31）；果狭长椭圆形，疏被毛。

地理分布：中国西藏东南部（林芝）；生于海拔3 300～3 900m的林缘多岩石草地、林下、灌丛。

记述：最初发表于*Gard. Chron.*中仅提及K.W. 6038号标本，结合标本标签确认主模式和等模式，并结合Ann. Bot.确认K.W. 6206为同产地模式。Grey-Wilson认为是合模式，并指定后选模式。

图30　白花绿绒蒿

图31　西藏绿绒蒿

3.3.8 乌蒙绿绒蒿

Meconopsis wumungensis K. M. Feng ex C. Y. Wu & H. Chuang, Fl. Yunnan. 2: 33, pl. 11: 3 (1979). TYPE: CHINA, Yunnan, Luquan, Wumeng Shan (Jiaozi Shan), 3 600m, 1 June 1952, *Mao Pin-yi 1081* (Holotype: KUN; Isotypes: LBG-00072549, PE-01051661, PE-01051662, PE-01051663).

识别特征：植株高6~25cm；叶片多枚，散生，有叶柄，羽裂，或有粗齿，稀全缘；花1至多朵（图32）。

地理分布：中国云南北部（禄劝）；生于海拔3 600~3 800m的潮湿斜坡。

记述：该种形态变异较大，与琴叶绿绒蒿［*Meconopsis lyrata* (Cummins & Prain) Fedde ex Prain］等近缘种的关系有待研究。

图32　乌蒙绿绒蒿

3.3.9 梅里绿绒蒿

Meconopsis compta Prain, Bull. Misc. Inform. Kew 1918: 212 (1918). TYPES: CHINA, Southeastern Tibet (Xizang), Sarong (Chawalong, Tsawarong), on the Mekong-Salwin Divide, on Ka-gwr-pu (Kang Karpo), 28°25′N, 3 600~3 900m, July 1917, *G. Forrest 14306* (Holotype: K-000653224; Isotypes: BM, E, K-000653222, K-000653223).

= *Meconopsis lyrata* sensu Taylor, Account Gen. *Meconopsis*: 73 (1934), pro parte. = *Meconopsis lyrata* sensu C. Y. Wu & H. Chuang, Fl. Reipubl. Popularis Sin. 32: 24 (1999), pro parte.

识别特征：植株高6～25cm；叶少，集中在茎下部，叶片有叶柄，羽裂，或有粗齿；花常1朵（图33）。

图33　梅里绿绒蒿（A、B：董磊 摄；C：图登嘉措 摄）

地理分布：中国西藏东南部（察隅）、云南西北部（德钦、贡山等）；缅甸北部；生于海拔3 700～4 200m的腐殖质覆盖的岩砾质斜坡及低矮灌丛。

记述：该种相对少见，与琴叶绿绒蒿等近缘种的关系有待研究。

3.3.10 心叶绿绒蒿（蓼状绿绒蒿）

Meconopsis polygonoides (Prain) Prain, Bull. Misc. Inform. Kew 1915: 143 (1915); ≡ *Cathcartia polygonoides* Prain, J. Asiat. Soc. Bengal, Pt. 2, Nat. Hist. 64: 326 (1895). TYPES: CHINA, Chumbi (S Xizang, Yadong County), Sham-Chen, *Dungboo s.n.* (Syntype: ?); CHINA, Chumbi, Put-lo and Ling-moo-tong, *Dr King's Collector s.n.* (Syntypes: BM, K, P; Isosyntypes: BM-000547074, K-000653269, P-00739059).

= *Meconopsis lyrata* sensu Taylor, Account Gen. *Meconopsis*: 73 (1934), pro parte. = *Meconopsis lyrata* sensu C. Y. Wu & H. Chuang, Fl. Reipubl. Popularis Sin. 32: 24 (1999), pro parte. = *Meconopsis lamjungensis* T. Yoshida H. Sun & Grey-Wilson, Curtis's Bot. Mag. 29 (2): 207 (2012) & Pictorial Guide to *Meconopsis*: 209 (2021).

识别特征：植株高20～50cm；叶片及苞片少，3～4枚，上部叶片无柄；叶片全缘，或有圆齿，非羽裂；花单生；花瓣顶端急尖或渐尖（图34）。

图34　心叶绿绒蒿

地理分布：中国西藏南部及西南部（吉隆、亚东）；不丹西部及西北部、尼泊尔中部；生于海拔3 500～4 100m的潮湿河堤、低矮灌丛。

记述：该种与琴叶绿绒蒿等近缘种的关系有待研究。

3.3.11 纤细绿绒蒿

Meconopsis exilis T. Yoshida, H. Sun & Grey-Wilson, Curtis's Bot. Mag. 29 (2): 204 (2012). TYPES: CHINA, Yunnan Province: on a western slope of Biluo Xueshan in Bijiang region, Fugong Xian, 26° 35′ 05″ N, 99° 00′ 29″ E, 3 700~3 800m, 9 July 2008, *T. Yoshida K2* (Holotype: KUN; Isotypes: E-00304873, KUN, TI).

= *Meconopsis lyrata* sensu Taylor, Account Gen. *Meconopsis*: 73 (1934), pro parte. = *Meconopsis lyrata* sensu C. Y. Wu & H. Chuang, Fl. Reipubl. Popularis Sin. 32: 24 (1999), pro parte.

识别特征：植株高20～50cm；叶片及苞片多，3～8枚；上部叶片无柄，顶端几枚假对生或假轮生；叶片全缘，或有圆齿，非羽裂；花1～3朵；花瓣顶端圆钝（图35）。

地理分布：中国云南西北部（福贡碧罗雪山）；缅甸；生于海拔3 600～3 900m的潮湿草坡、开阔灌丛。

记述：该种与琴叶绿绒蒿等近缘种的关系有待研究。

3.4 皮刺组Sect. *Aculeatae* Fedde

包含有皮刺绿绒蒿（*Meconopsis aculeata* Royle）；甘孜绿绒蒿（*M. aprica* T. Yoshida & H. Sun）；螺髻绿绒蒿（*M. atrovinosa* T. Yoshida & H. Sun）；巴朗绿绒蒿（*M. balangensis* T. Yoshida, H. Sun & Boufford）；久治绿绒蒿（*M. barbiseta* C. Y. Wu & H. Chuang ex L. H. Zhou）；碧江绿绒蒿（*M. bijiangensis* H. Ohba, T. Yoshida & H. Sun）；*M. bikramii* Aswal；栗色绿绒蒿（*M. castanea* H. Ohba, T. Yoshida & H. Sun）；优雅绿绒蒿（*M. concinna* Prain）；长果绿绒蒿［*M. delavayi* (Franch.) Franch. ex Prain］；延伸绿绒蒿（*M. elongata* T. Yoshida, R. Yangzom & D. G. Long）；丽江绿绒蒿（*M. forrestii* Prain）；黄花绿绒蒿（*M. georgei* G. Taylor）；川西绿绒蒿（*M. henrici* Bureau & Franch.）；治勒绿绒蒿（*M. heterandra* T. Yoshida, H. Sun & Boufford）；多刺绿绒蒿（*M. horridula* Hook. f. & Thomson）；黄龙绿绒蒿（*M. huanglongensis* T. Yoshida & H. Sun）；滇西绿绒蒿（*M. impedita* Prain）；闭口绿绒蒿（*M. inaperta* T. Yoshida & H. Sun）；长叶绿绒蒿［*M. lancifolia*

图35 纤细绿绒蒿（A、B：李嵘 摄；C：方杰 摄）

(Franch.) Franch. ex Prain］；*M. latifolia* (Prain) Prain；雷古绿绒蒿（*M. lepida* Prain）；拉萨绿绒蒿（*M. lhasaensis* Grey-Wilson）；玉麦绿绒蒿（*M. merakensis* T. Yoshida, R. Yangzom & D. G. Long）；伴藓绿绒蒿（*M. muscicola* T. Yoshida, H. Sun & Boufford）；*M. neglecta* G. Taylor；粗茎绿绒蒿（*M. prainiana* Kingdon-Ward）；草甸绿绒蒿（*M. prattii* Prain）；紫斑绿绒蒿（*M. purpurea* T. Yoshida & H. Sun）；拟秀丽绿绒蒿（*M. pseudovenusta* G. Taylor）；迭山绿绒蒿（*M. psilonomma* Farrer）；雅致绿绒蒿（*M. pulchella* T. Yoshida, H. Sun & Bouford）；总状绿绒蒿（*M. racemosa* Maxim.）；粗野绿绒蒿［*M. rudis* (Prain) Prain］；美丽绿绒蒿（*M. speciosa* Prain）；秀丽绿绒蒿（*M. venusta* Prain）；药山绿绒蒿（*M. yaoshanensis* T. Yoshida, H. Sun & Boufford）；中甸绿绒蒿（*M. zhongdianensis* Grey-Wilson），总计约38种，中国产35种（见中文名者）。组模式为皮刺绿绒蒿*Meconopsis aculeata* Royle。

中国皮刺组Sect. *Aculeatae* Fedde分种检索表

1 植株常有茎；花序假总状或花莛状，或花生上部叶腋；花莛状植物花莛粗，基部偶尔合生 ………… 2

2 植株的茎和叶被刺毛；叶散生；花序假总状；稀叶基生，莲座状；花序花莛状 ……… 3

3 叶片有规则的羽裂，或羽状全裂 ………… 4

4 叶片浅裂；花蓝紫色 ………… 1. 伴藓绿绒蒿 *M. muscicola*

4 叶片深裂；花浅蓝色，稀紫红色 ………… 5

5 植株上的刺毛颜色一致，基部不加厚；叶片相对分散；花常碟形，浅蓝色、浅蓝紫色，稀紫红色 ………… 2. 皮刺绿绒蒿 *M. aculeata*

5 植株上的刺毛略带紫褐色，基部呈圆锥形增粗；花常碗形，浅蓝色 ………… 3. 美丽绿绒蒿 *M. speciosa*

3 叶片全缘，或有不规则的裂片 ………… 6

6 雄蕊花丝异型，内部膨胀，包裹子房 ………… 7

7 叶片全缘，基生叶长条状；假总状花序延长 ……… 4. 巴朗绿绒蒿 *M. balangensis*

7 叶片常具2～4对粗齿，基生叶椭圆形；花序轴短，花期花梗延长，上升 ………… 5. 冶勒绿绒蒿 *M. heterandra*

6 雄蕊花丝同型，丝状，从基部斜升，不包裹子房 ………… 8

8 花序花莛状，偶尔基部合生 ………… 6. 多刺绿绒蒿 *M. horridula*

8 花序假总状 ………… 9

9 刺毛深色，基部加厚 ………… 10

10 花浅蓝色、蓝色，侧展；蒴果小，长不足1.5cm …… 7. 粗野绿绒蒿 *M. rudis*

10 花灰蓝色、酒红色，俯垂、半俯垂；蒴果大，长于1.5cm ………… 11

11 基生叶常斜升；花酒红色，半俯垂；蒴果长1.5～2cm ………… 8. 螺髻绿绒蒿 *M. atrovinosa*

11 基生叶常平展；花灰蓝色，俯垂；蒴果长2～4.7cm …………

……………………………………………… 9. 碧江绿绒蒿 *M. bijiangensis*

9 刺毛浅色，基部不加厚 ………………………………………………………………12

12 叶片窄，常不超过茎基部，花期基生叶直立或斜升；花瓣常4枚 …………13

13 蒴果椭圆形，长1.5～2.5cm……………………… 10. 粗茎绿绒蒿 *M. prainiana*

13 蒴果圆柱形，长3～3.7cm ………………… 11. 玉麦绿绒蒿 *M. merakensis*

12 叶片宽，常超过茎基部，花期叶片平展或斜升；花瓣常5枚，或更多 …… 14

14 花瓣黄色；花序近花莛状，总花梗短，基部花梗长，斜升 ………………

…………………………………………………12. 黄花绿绒蒿 *M. georgei*

14 花瓣蓝紫色、粉色或深红色；花序轴延长，假总状 …………………………15

15 白色维管束自雄蕊花丝顶端延伸出；花药长，悬空 ………………………

…………………………………………… 13. 延伸绿绒蒿 *M. elongata*

15 花丝与花药直接相连，不具延伸的白色维管束；花药不悬空 ………16

16 花俯垂，花瓣深红色 ……………………… 14. 栗色绿绒蒿 *M. castanea*

16 花侧展，花瓣蓝色、蓝紫色 ……………………………………………17

17 植株常高大，可达1.2m；茎粗可达2.2cm；叶片宽可达4.5cm，边缘波状；花序圆柱形，花梗短，花多密集 …………………………

……………………………… 15. 中甸绿绒蒿 *M. zhongdianensis*

17 植株高不及80cm；茎粗不超过1.2cm；叶片宽不及3.5cm ………18

18 茎和叶上的毛刺细弱；基生花梗显著延长，常密集上升，花序假花莛状；雄蕊少，沿花瓣开展；花药长椭圆形，长2～3mm …………

……………………………………… 16. 拉萨绿绒蒿 *M. lhasaensis*

18 茎和叶上的毛刺硬；花生于茎中部以上，或基生花梗不显著伸长，花序假总状；雄蕊多，辐射状；花药椭圆形，长1～2mm …

………………………………………………………………………19

19 花药白色，黄白色；子房顶端圆锥形 …………………………

……………………………………… 17. 总状绿绒蒿 *M. racemosa*

19 花药鲜黄色；子房顶端圆形 ……… 18. 草甸绿绒蒿 *M. prattii*

2 植株的茎和叶被刚毛或柔毛；叶基生，莲座状；花序短假总状或花莛状 ………………20

20 子房被毛自基部分叉 ……………………………… 19. 久治绿绒蒿 *M. barbiseta*

20 子房被毛单一，不分叉 ……………………………………………………………21

21 花丝丝状 ……………………………………………………………………………22

22 花序假总状；下部2～3花具苞叶 ……………… 20. 药山绿绒蒿 *M. yaoshanensis*

22 花序假总状、近花莛状或花莛状；除了基部的花，余不具苞片 ……………23

23 植株中部以下无花；花柱长不及1mm；蒴果可达6cm …………………

……………………………………………… 21. 丽江绿绒蒿 *M. forrestii*

23 植株基部有或无花；花柱长于1mm；蒴果长不及4.5cm………………24

24 花杯状，口半闭合 ……………………………… 22. 闭口绿绒蒿 *M. inaperta*

24 花碟形，开展 ……………………………………………………………………………… 25
25 花序花葶状；果实密被刚毛 ……………………… 23. 甘孜绿绒蒿 *M. aprica*
25 花序假总状，或偶尔近花葶状，基部具短的总花梗，具长的上升花梗 … 26
26 花药长椭圆形或椭圆形 ……………………… 24. 长叶绿绒蒿 *M. lancifolia*
26 花药椭圆形或圆形 ………………………………………………………………… 27
27 主根萝卜状；植株几乎无毛；花序中部以下无花；花药同色 ………
……………………………………………… 25. 雷古绿绒蒿 *M. lepida*
27 主根延长；花序中部以下有花；花药二色，中间深紫色，外围淡黄色
…………………………………………… 26. 紫斑绿绒蒿 *M. purpurea*
21 花丝向基部扩张 …………………………………………………………………… 28
28 花形态稳定，杯形 ……………………………… 27. 迭山绿绒蒿 *M. psilonomma*
28 天气好时，花平展或碟形 ………………………………………………………… 29
29 花2～12朵；花丝在下半部分扩张 ……………………… 28. 川西绿绒蒿 *M. henrici*
29 花单生；花丝异型，内部基部扩张，外部很少扩张 ………………………………
…………………………………………………… 29. 黄龙绿绒蒿 *M. huanglongensis*
1 植株无茎；花序花葶状，花梗细但坚挺，基部通常不合生 ………………………… 30
30 多年生多次开花结实，具地下根茎；根茎顶端分枝，其上萌芽 ………………………
……………………………………………………………… 30. 长果绿绒蒿 *M. delavayi*
30 多年生一次开花结实，不具顶端分枝的地下根茎 …………………………………… 31
31 植株被硬的深色刚毛；叶片全缘，叶上刚毛基部加厚；花梗劲直，密被褐色毛 ……
……………………………………………………………… 31. 雅致绿绒蒿 *M. pulchella*
31 植株光滑至疏被毛；叶片各式开裂；花梗不劲直，密被褐色毛 ……………………… 32
32 主根萝卜状，长1.5～4cm，粗5～7mm；花常2～3朵 ………………………………
…………………………………………………………… 32. 优雅绿绒蒿 *M. concinna*
32 主根肉质肥厚，长10cm以上；花常5～9朵 ………………………………………… 33
33 花梗曲折，被毛；花俯垂 ……………………………… 33. 滇西绿绒蒿 *M. impedita*
33 花梗无毛，或疏被毛；花侧展 …………………………………………………… 34
34 花瓣常4枚；蒴果狭长圆柱形，长3～6cm …………34. 秀丽绿绒蒿 *M. venusta*
34 花瓣5～8枚；蒴果椭圆形，长不及3cm … 35. 拟秀丽绿绒蒿 *M. pseudovenusta*

3.4.1 伴藓绿绒蒿

Meconopsis muscicola T. Yoshida, H. Sun & Boufford, Pl. Diversity Resources 34 (2): 145 (2012). TYPES: CHINA, Yunnan Province, Lijiang Xian, Laojun Shan, 26° 38′ 04″ N, 99° 42′ 54″ E, 3 800m, 10 July 2009, *T. Yoshida K11* (Holotype & Isotypes: KUN).

识别特征：植株的茎和叶被刺毛；叶散生，叶片有规则的浅裂；花序假总状，花蓝紫色（图36）。

地理分布：中国四川西南部（木里）、云南西

图36　伴藓绿绒蒿（A、D：洛桑都丹 摄）

北部（玉龙纳西族自治县老君山九十九龙潭）；生于海拔3 300～4 300m的林下倒木岩石上、厚苔藓林地。

3.4.2　皮刺绿绒蒿

Meconopsis aculeata Royle, Illustr. Bot. Himal.: 67, tab. 15 (1834). TYPE: Tab. 15.

识别特征：植株上的刺毛颜色一致，基部不加厚；叶片相对分散，深裂；花常碟形，浅蓝色、浅蓝紫色，稀紫红色。

地理分布：中国西藏西部；巴基斯坦东北部、印度西北部；生于海拔2 900～4 700m的潮湿岩坡、灌丛、溪边。

记述：中国数字植物标本馆（CVH）中有

多份所谓皮刺绿绒蒿，实际上是吉隆绿绒蒿（*M. pinnatifolia* C. Y. Wu & H. Chuang ex L. H. Zhou）、康顺绿绒蒿（*M. tibetica* Grey-Wilson）、草甸绿绒蒿（*M. prattii* Prain）等错误鉴定，目前国内无发现记录，根据文献收录于此。基源文献中没有引证任何标本，仅有一张图例Tab. 15。国外（主要是英国皇家植物园以及私人机构等）有栽培，并且已经商业化推广。

3.4.3 美丽绿绒蒿

Meconopsis speciosa Prain

3.4.3a *Meconopsis speciosa* subsp. *speciosa*

Meconopsis speciosa subsp. ***speciosa***, Trans. & Proc. Bot. Soc. Edinburgh 23: 258, pl. 2 (1907). TYPE: CHINA, Yunnan, in montibus inter fl. Mekong et fl. Salween interjectis, in locis saxosis, 12~13 000p.s.m., 27° 28′ N, *G. Forrest 468* (Holotype: E-00060631).

= *Meconopsis speciosa* subsp. *yulongxueshanensis* Grey-Wilson, Gen. *Meconopsis*: 231 (2014) & Pictorial Guide to *Meconopsis*: 100 (2021).

识别特征：较高大，可达60cm；植株上的刺毛略带紫褐色，基部呈圆锥形增粗；叶深裂，裂片先端圆钝；花序假总状；花常碗形，浅蓝色（图37）。

地理分布：中国四川（稻城）、西藏东南部（察隅、波密、墨脱、左贡），云南西北部（德钦、贡山、丽江、维西、香格里拉）；生于海拔3 500~4 900m的潮湿岩坡、高山岩壁。

记述：《中国植物志》和*Flora of China*根据俞德浚1937年8月31日在四川贡嘎岭所采集的标本（*T. T. Yu 13070*），认为四川康定有分布，经考证实际上是四川稻城。

图37 美丽绿绒蒿

3.4.3b 拟多刺绿绒蒿

Meconopsis speciosa subsp. ***cawdoriana*** (Kingdon-Ward) Grey-Wilson, Gen. *Meconopsis*: 231 (2014) & Pictorial Guide to *Meconopsis*: 100 (2021); ≡ *Meconopsis cawdoriana* Kingdon-Ward, Gard. Chron., Ser. 3, 79: 308 (1926), Ann. Bot. 40 (3): 536 (1926) and J. Roy. Hort. Soc. 52: 24 (1927). TYPE: CHINA, Tibet(Xizang), Temo La, 14 000ft, 07 June 1924, *F. Kingdon-Ward 5751* (Holotype: BM; Isotype: E-00438575).

= *Meconopsis pseudohorridula* C. Y. Wu & H. Chuang, Fl. Xizangica 2: 234 (1985).

识别特征：较矮小，高不足30cm；植株上的刺毛略带紫褐色，基部呈圆锥形增粗；叶深裂，裂片先端尖锐；花序花莛状，稀短假总状；花常碗形，浅蓝色（图38）。

地理分布：西藏东南部（工布江达、加查、林芝）；生于海拔3 900～5 100m的潮湿岩坡、高山岩壁。

3.4.4 巴朗绿绒蒿（巴朗山绿绒蒿、夹金绿绒蒿、夹金山绿绒蒿）

Meconopsis balangensis T. Yoshida, H. Sun & Boufford, Pl. Diversity Resources 33 (4): 409, f. 1 (2011). TYPES: CHINA, Sichuan Province: Balang Shan, dividing ridge between Rilong Valley in Xiaojin Xian and Wolong Valley in Wenchuan Xian, 4 250~4 300m, 19 July 2010, *T. Yoshida K39* (Holotype & Isotype: KUN-1241787? & KUN-1241788?).

= *Meconopsis balangensis* var. *atrata* T. Yoshida, H. Sun & Boufford, Pl. Diversity Resources 33 (4): 413, f. 2 (2011) & Pictorial Guide to *Meconopsis*: 143 (2021).

识别特征：叶片全缘，基生叶长条状；假总状花序延长；雄蕊花丝异型，内部膨胀，包裹子房（图39）。

地理分布：中国四川西部（宝兴、康定、汶川、小金巴朗山、夹金山及四姑娘山）；生于海拔3 700～4 300m的潮湿岩坡、草坡、页岩间。

图38 拟多刺绿绒蒿

图39　巴朗绿绒蒿（A：董磊 摄；B、C、D：郭永鹏 摄；G：李斌 摄）

记述：T. Yoshida K39有两份，标本上台纸过程中可能部分标本信息丢失，无法判断哪一份为主模式。国外（主要是英国皇家植物园以及私人机构等）有栽培。

3.4.5 冶勒绿绒蒿（异蕊绿绒蒿）

Meconopsis heterandra T. Yoshida, H. Sun & Boufford, Acta Bot. Yunnan. 32 (6): 505, f. 2A-D (2010). TYPES: CHINA, Sichuan Province: N of Lamagetou, Yele Xiang, Mianning Xian, 4 200~4 450m, 4 August 2009, *T. Yoshida K22* (Holotype & Isotype: KUN).

识别特征：叶片常具2~4对粗齿，基生叶椭圆形；花序轴短，花期花梗延长，上升；雄蕊花丝异型，内部膨胀，包裹子房（图40）。

地理分布：中国四川南部（冕宁冶勒自然保护区）；生于海拔4 200~4 500m的潮湿岩缝。

3.4.6 多刺绿绒蒿

Meconopsis horridula Hook. f. & Thomson, Fl. Ind. 1: 252 (1855). TYPES: INDIA, Sikkim, 1849, *J.D. Hooker s.n.* (Syntypes: BM-000547084, FI-010088, G, K-000653273, K-000653274, K-000653275, K-000653276, K-000653277, K-000653278, L-0035416, LD-1220768, M, P-00689745, P-00739040, UPS). LECTOTYPE:

图40 冶勒绿绒蒿（A、B、C：杨福生 摄）

INDIA, Sikkim, 14 000~17 000ft, *J. D. Hooker s.n.* (Lectotype: K, designated by Grey-Wilson, 2014).

识别特征：植株密被刺；叶基生，莲座状；花序花莛状，偶尔基部合生（图41）。

地理分布：中国青海、四川西部、西藏；不丹北部、缅甸北部、尼泊尔、印度西北部；生于海拔3 700～5 800m的岩坡、高寒草地、高山砾石灌丛。

记述：原始文献并未引证标本和插图，模式标本检索时，获得模式如上。国外（主要是英国皇家植物园以及私人机构等）有栽培。

3.4.7 粗野绿绒蒿（新拟，宽叶绿绒蒿）

Meconopsis rudis (Prain) Prain, Ann. Bot. 20 (4): 347 (1906); ≡ *Meconopsis horridula* var. *rudis* Prain, J. Asiat. Soc. Bengal, Pt. 2, Nat. Hist. 64: 314 (1895). TYPES: CHINA, Yunnan, Li-Kiang (Lijiang), *J. M. Delavay s.n.* (Holotype: P-00739044; Isotype: P-00739043).

图41　多刺绿绒蒿（A：董磊 摄）

= *Meconopsis racemosa* sensu C. Y. Wu & H. Chuang, Fl. Reipubl. Popularis Sin. 32: 27 (1999), pro parte.

识别特征： 刺毛深色，基部加厚；花浅蓝色、蓝色，侧展（图42）；蒴果小，长不足1.5cm。

地理分布： 中国四川西南部（康定、木里），云南西北部（德钦、丽江、香格里拉）；生于海拔3 800 ~ 4 800m的石灰岩坡。

记述： 因为已经有 *Meconopsis latifolia* (Prain) Prain，所以本种新拟为粗野绿绒蒿。国外（主要是英国皇家植物园以及私人机构等）有栽培。

3.4.8 螺髻绿绒蒿

Meconopsis atrovinosa T. Yoshida & H. Sun, Harvard Pap. Bot. 24 (2): 373 (2019). TYPES: CHINA, SW Sichuan: Luoji Shan, near boundary of Xichang Shi, Puge Xian and Dechang Xian, 27° 36′ 02″ N, 102° 20′ 45″ E, 4 000m, 1 July 2013, *T. Yoshida K90* (Holotype: KUN-02100171; Isotypes: E, TI); same locality, 2 September 2012, *T. Yoshida K80* (Paratypes: E, KUN, TI).

识别特征： 刺毛深色，基部加厚；基生叶常斜升；花酒红色，半俯垂；蒴果长1.5 ~ 2cm（图43）。

地理分布： 中国四川西南部（木里、西昌南部螺髻山）、云南西北部（鹤庆马厂周边）；生于海拔3 700 ~ 4 100m的石灰岩坡、砾石岩坡。

3.4.9 碧江绿绒蒿

Meconopsis bijiangensis H. Ohba, T. Yoshida &

图42 粗野绿绒蒿（B：杨涛 摄）

图43　螺髻绿绒蒿（A：方杰 摄；B：图登嘉措 摄）

H. Sun, J. Jap. Bot. 84 (5): 294, f. 1, 2 (2009). TYPES: CHINA, NW Yunnan, Bijiang, around the head of Pihe Valley, Biluo Xueshan, 26° 33′ 50″ N, 99° 00′ 47″ E, 3 700~4 000m, 8 July 2008, *T. Yoshida K1* (Holotype: KUN; Isotypes: E-00304869, KUN, TI).

= *Meconopsis bijiangensis* subsp. *chimiliensis* Grey-Wilson, Gen. *Meconopsis*: 271, 2014.

识别特征：刺毛深色，基部加厚；基生叶常平展；花灰蓝色，俯垂（图44）；蒴果长2~4.7cm。

地理分布：中国云南西北部（碧江地区碧罗雪山、高黎贡山）；缅甸东北部；生于海拔3 500~4 000m的岩石草坡、杜鹃灌丛。

图44　碧江绿绒蒿（方杰 摄）

3.4.10　粗茎绿绒蒿（普莱氏绿绒蒿）

Meconopsis prainiana Kingdon-Ward, Gard. Chron., ser. 3, 79: 308 (1926); and Ann. Bot. 40: 537, fig. 1 (1926). TYPES: CHINA, Tibet (SE Xizang), Temo la, 15 000ft, 7 Jul. 1924, *F. Kingdon-Ward 5909* (Holotype: BM; Isotype: E-00116545).

= *Meconopsis horridula* var. *lutea* G. Taylor, New Fl. & Silva 9: 158 (1937); ≡ *Meconopsis prainiana* var. *lutea* (G. Taylor) Grey-Wilson, Gen. *Meconopsis* 263 (2014) & Pictorial Guide to *Meconopsis*: 120 (2021). = *Meconopsis merakensis* var. *albolutea* T. Yoshida, R. Yangzom & D. G. Long, Sibbaldia 14: 91, figs. 11-13 (2017) & Pictorial Guide to *Meconopsis*: 122 (2021).

识别特征：叶片窄，常不超过茎基部，花期基生叶直立或斜升；花瓣常4枚（图45）；蒴果椭圆形，长1.5~2.5cm。

地理分布：中国西藏东南部（林芝、隆子）；不丹东北部、缅甸北部；生于海拔3 000~4 900m的草坡、开阔灌丛、崖边。

图45　粗茎绿绒蒿（B：图登嘉措 摄）

3.4.11 玉麦绿绒蒿（美然绿绒蒿）

Meconopsis merakensis T. Yoshida, R. Yangzom & D. G. Long, Sibbaldia 14: 89, figs. 7-13 (2017). TYPES: BHUTAN, East Bhutan: Trashigang district, Merak region, loose rocky area above Tsejong, 4 290m, 27° 18′ 38.3″ N, 91° 57′ 37.8″ E, 3 Jul 2014. *R. Yangzom & C. Wangmo 730* (Holotype: THIM); ibid., on the cliff of Dantso Tse, Merak, 4 405m, 27 ° 19 ′ 20.4 ″ N, 91° 58′ 09.1″ E, 3 July 2014, *R. Yangzom & C. Wangmo 731* (Paratype: TI); ibid., on the cliff near Tsejong, 4 258m, 27° 18′ 30.7″ N, 91° 57′ 30.9″ E, 3 July 2014, *R. Yangzom & C. Wangmo 732* (Paratype: E); ibid., loose rocky area above Tsejong, 4 290m, 27 ° 18 ′ 30.7 ″ N, 91° 57′ 30.9″ E, 2 July 2014, *R. Yangzom & C. Wangmo 733* (Paratype: THIM); ibid., on a north-west facing stable boulder slope partly covered with mosses, above Tsejong, 4 200m, 27° 18′ 32″ N, 91° 57′ 32″ E, 2 July 2014, *T. Yoshida 4442* (Paratype: TI).

识别特征：叶片窄，宽度常不超过茎基部直径，花期基生叶直立或斜升；花瓣常4枚；蒴果圆柱形，长3～3.7cm（图46）。

图46 玉麦绿绒蒿

地理分布：中国西藏（朗县、隆子、错那?）；不丹；生于海拔4 200~4 600m的高山草坡、崖壁。

记述：该种与粗茎绿绒蒿近缘，主要通过果实区别，是否可靠，有待进一步研究。国外（主要是英国皇家植物园以及私人机构等）有栽培。

3.4.12 黄花绿绒蒿

Meconopsis georgei G. Taylor, Account Gen. *Meconopsis*: 86, pl. 22 (1934). TYPES: CHINA, NW Yunnan, Fuchuan Shan, Mekong-Yangtse Divide, 12 000~14 500ft,1931, *G. Forrest 30100* (Holotype: E-00060472; Isotypes: BM-000547045, BM-000946167).

识别特征：花瓣黄色；花序近花莛状，总花梗短，基部花梗长，斜升（图47）。

地理分布：中国云南西北部（福贡碧罗雪山、维西）；生于海拔3 600~4 300m的岩石草坡、潮湿崖壁上。

3.4.13 延伸绿绒蒿

Meconopsis elongata T. Yoshida, R. Yangzom & D. G. Long, The New Plantsman 15 (3): 179 (2016). TYPES: BHUTAN, Ha district, west of Tsabjo La, 4 123m, 27° 22′ 29″ N, 89° 12′ 47″ E, 11 July 2013, *R. Yangzom, R. Dorji & S. Gyeltshen 628* (Holotype: THIM; Isotypes: E, TI).

= *Meconopsis racemosa* sensu C. Y. Wu & H. Chuang, Fl. Reipubl. Popularis Sin. 32: 27 (1999), pro parte.

图47　黄花绿绒蒿（A：洛桑都丹 摄；B、C：杨涛 摄）

识别特征：花瓣蓝紫色、粉色或深红色；花序轴延长，假总状；白色维管束自雄蕊花丝顶端延伸出（图48）。

地理分布：中国西藏南部（亚东）；不丹西部；生于海拔3 700～4 300m的岩石草坡、潮湿岩坡。

3.4.14 栗色绿绒蒿

Meconopsis castanea H. Ohba, T. Yoshida & H. Sun, J. Jap. Bot. 84 (5): 300 (2009); ≡ *Meconopsis geogei* f. *castanea* (H. Ohba, T. Yoshida & H. Sun) Grey-Wilson, Gen. *Meconopsis*: 274 (2014). TYPES: CHINA, NW Yunnan, Fugong, S of Laowu Shan on Biluo Xueshan, 3 650~3 850m, 17 July 2008, *T. Yoshida K3* (Holotype: KUN; Isotypes: E-00304871, TI).

识别特征：花序轴延长，假总状；花俯垂，花瓣深红色（图49）。

图48　延伸绿绒蒿（郭永鹏 摄）

图49　栗色绿绒蒿（董磊 摄）

地理分布：中国云南西北部（福贡碧罗雪山）；生于海拔3 600～4 300m的潮湿岩坡、草地。

3.4.15 中甸绿绒蒿

Meconopsis zhongdianensis Grey-Wilson, Gen. *Meconopsis*: 258 (2014). TYPES: CHINA, NW Yunnan, Napahai, N of Zhongdian, 27° 54′ N, 99° 38′ E, 3 279m, 2 July 1994, *ACE* (*Alpine Garden Society China Exped.*) *883* (Holotype: E; Isotype: K).

= *Meconopsis racemosa* sensu C. Y. Wu & H. Chuang, Fl. Reipubl. Popularis Sin. 32: 27 (1999), pro parte.

识别特征：植株常高大，可达1.2m；茎粗可达2.2cm；叶片宽可达4.5cm，边缘波状；花序圆柱形，花梗短，花多密集（图50）。

地理分布：云南西北部（香格里拉附近）；生于海拔3 000～3 900m的岩坡崖边、溪边。

记述：国外（主要是英国皇家植物园以及私人机构等）有栽培。

3.4.16 拉萨绿绒蒿

Meconopsis lhasaensis Grey-Wilson, Gen. *Meconopsis*: 248 (2014). TYPES: CHINA, S Tibet (Xizang), Reting, 60 miles N of Lhasa, 15 000ft, July

图50　中甸绿绒蒿（A：董磊 摄；B：洛桑都丹 摄；D：图登嘉措 摄）

1942, *F. Ludlow & G. Sherriff 8981* (Holotype: E; Isotypes: BM).

= *Meconopsis horridula* sensu C. Y. Wu & H. Chuang, Fl. Reipubl. Popularis Sin. 32: 46 (1999), pro parte.

识别特征： 茎和叶上的毛刺细弱；基生花梗显著延长，常密集上升，花序假花莛状；雄蕊少，沿花瓣开展；花药长椭圆形，长2～3mm（图51）。

地理分布： 中国西藏中部（拉萨周边）；生于海拔3 700～4 800m的低矮灌丛、潮湿岩坡。

记述： 作者在昆明有栽培，已经多次开花。

3.4.17 总状绿绒蒿（刺瓣绿绒蒿）

Meconopsis racemosa Maxim., Mélanges Biol. Bull. Phys.-Math. Acad. Imp. Sci. Saint-Pétersbourg, ser. 3, 23: 310 (1877); and Fl. Tangut.: 36 (1889); ≡ *Meconopsis horridula* var. *racemosa* (Maxim.) Prain, J. Asiat. Soc. Bengal, Pt. 2, Nat. Hist. 64: 313 (1895). TYPE: CHINA, prov. Kansu (Gansu), *N. M. Przewalski s.n.* (LE).

≡ *Meconopsis horridula* var. *spinulifera* L. H. Zhou, Acta Phytotax. Sinica 17 (4): 113, fig. 1: 4-6 (1979); = *Meconopsis racemosa* var. *spinulifera* (L. H. Zhou) C. Y. Wu & H. Chuang, Acta Bot. Yunnan. 2 (4): 375 (1980).

识别特征： 茎和叶上的毛刺硬；花生于茎中部以上，或基生花梗不显著伸长，花序假总状；雄蕊多，辐射状；花药椭圆形，长1～2mm，白色、黄白色；子房顶端圆锥形（图52）。

地理分布： 中国甘肃西南部，青海东部、东北部及东南部，四川西北部，西藏；生于海拔3 000～4 900m的岩坡草地、低矮灌丛。

记述： 该种与几个近缘种的关系问题一直没能解决，是绿绒蒿属分类难点之一，暂列于此。其中，青海玉树的一个居群，花瓣两面中下部疏生细刺；花柱具4棱，棱呈膜质翅状，宽约

图51　拉萨绿绒蒿

图52　总状绿绒蒿

1.5mm，花丝窄线形，中国学者认为是刺瓣绿绒蒿 *Meconopsis racemosa* var. *spinulifera* (L. H. Zhou) C. Y. Wu & H. Chuang, Acta Bot. Yunnan. 2 (4): 375 (1980); ≡ *Meconopsis horridula* var. *spinulifera* L. H. Zhou, Acta Phytotax. Sinica 17(4): 113, fig. 1: 4-6(1979)。后面，绿绒蒿属植物爱好者们先后在四川石渠等地记录到有分布，其中，西藏定日的同一个居群内兼有花瓣有刺和无刺的两种类型，作者认为这些性状是不稳定的，因此不承认该变种。

3.4.18　草甸绿绒蒿

Meconopsis prattii (Prain) Prain, Curtis's Bot. Mag. 140: sub tab. 8568 (1914), nomen; et op. cit. 141: tab. 8619 (1915), descr.; Bull. Misc. Inform., Kew 1915: 149 (1915); ≡ *Meconopsis sinuata* var. *prattii* Prain, J. Asiat. Soc. Bengal, Pt. 2, Nat. Hist. 64: 314 (1895) and Curtis's Bot. Mag. 140, sub tab. 8568 (1914), in obs. TYPES: CHINA, Szechuen (Sichuan): near Tachienlu (Tatsienlu), *A. E. Pratt 525* (Holotype: K-000653254; Isotype: BM).

= *Meconopsis racemosa* sensu C. Y. Wu & H. Chuang, Fl. Reipubl. Popularis Sin. 32: 27 (1999), pro parte.

识别特征：茎和叶上的毛刺硬；花生于茎中部以上，或基生花梗不显著伸长，花序假总状；雄蕊多，辐射状；花药椭圆形，长1～2mm，花药鲜黄色；子房顶端圆形（图53）。

地理分布：中国四川西部及西南部（康定、理塘）、西藏东南部（八宿、察隅、芒康、左贡）、云南西北部（香格里拉）；生于海拔3 600～5 100m的岩坡草地、低矮灌丛。

记述：国外（主要是英国皇家植物园以及私人机构等）有栽培。

图53　草甸绿绒蒿（A、C：洛桑都丹 摄）

3.4.19　久治绿绒蒿

Meconopsis barbiseta C. Y. Wu & H. Chuang ex L. H. Zhou, Acta Phytotax. Sin. 17 (4): 113, pl. 2 (1979). TYPE: CHINA, Qinghai, Jiuzhi, 4 400m, *Exped. Bot. Guoluo 438* (Holotype: HNWP-25514).

= *Meconopsis hispida* T. Yoshida & H. Sun, Harvard Pap. Bot. 23 (2): 323, fig. 1, 15-19, 30-32 (2018) & Pictorial Guide to *Meconopsis*: 203 (2021).

识别特征：植株的茎和叶被刚毛或柔毛；叶基生，莲座状；花序花莛状；子房被毛自基部分叉（图54）。

地理分布：中国青海东南部（班玛、久治）、四川北部（黑水与红原之间的羊拱山）；生于海拔3 600～4 400m的低矮灌丛、潮湿草坡。

记述：国家二级保护野生植物。

3.4.20 药山绿绒蒿

Meconopsis yaoshanensis T. Yoshida, H. Sun & Boufford, Pl. Diversity Resources 34(2): 148, figs. 2-4 (2012). TYPES: CHINA, Yunnan Province, Qiaojia Xian, Yao Shan, 27° 12′ 40″ N, 103° 04′ 31″ E, 3 750m, 7 July 2011, *T. Yoshida K55* (Holotype & Isotypes: KUN).

= *Meconopsis yaoshanensis* var. *luojiensis* T. Yoshida & H. Sun, Harvard Pap. Bot. 24 (2): 384 (2019) & Pictorial Guide to *Meconopsis*: 150 (2021).

识别特征：花序假总状；下部2～3花具苞叶（图55）。

地理分布：中国四川西南部（西昌螺髻山）、云南东北部（巧家药山）；生于海拔3 600～3 900m的石灰岩坡、低矮灌丛。

记述：国外（主要是英国皇家植物园以及私人机构等）有栽培。

3.4.21 丽江绿绒蒿

Meconopsis forrestii Prain, Bull. Misc. Inform.

图54 久治绿绒蒿（李斌 摄）

图55 药山绿绒蒿（朱鑫鑫 摄）

Kew. 1907: 316 (1907). TYPES: CHINA, Yunnan; open mountain pasture-land among rocks and on the margins of cane-brakes, on the eastern flank of the Likiang range, 27° 12′ N, 10~11 000ft, *G. Forrest s.n.* (Holotype: E; Isotypes: BM-000547041, E-00062106, K-000653230, P-00739035).

识别特征： 花序假总状，植株中部以下无花（图56）；花柱长不及1mm；蒴果可达6cm。

地理分布： 中国四川西南部（木里）、云南西北部（丽江玉龙雪山东麓、香格里拉、漾濞苍山）；生于海拔3 400 ~4 300m的高山草坡、草坡、林缘、岩坡。

3.4.22 闭口绿绒蒿

Meconopsis inaperta T. Yoshida & H. Sun, Harvard Pap. Bot. 23 (2): 317 (2018). TYPES: CHINA, NW Sichuan: Baiyu Xian, western side of Ganbailu Yakou near Acha, 31 ° 06 ′ 25 ″ N, 99 ° 26′17″ E, 4 000m, 16 July 2017, *T. Yoshida K120* (Holotype: KUN-1510419; Isotype: TI).

识别特征： 植株基部叶腋处有花；花杯状，口半闭合；花柱长于1mm；蒴果长不及4.5cm。

地理分布： 中国四川西部（白玉、理塘、雅江）；生于海拔3 900 ~4 200m的低矮灌丛。

图56 丽江绿绒蒿（C：图登嘉措 摄）

记述：闭口绿绒蒿除了花序和果实，其他都像迭山绿绒蒿（*M. psilonomma* Farrer）和久治绿绒蒿（*M. barbiseta* C. Y. Wu & H. Chuang ex L. H. Zhou），也可能是个杂交种，需要进一步研究。

3.4.23 甘孜绿绒蒿

Meconopsis aprica T. Yoshida & H. Sun, Harvard Pap. Bot. 24 (2): 407 (2019). TYPES: CHINA. NW Sichuan, Ganzi Xian, Zhuoda La, 31°24′14″N, 99° 57′58″E, 4 650m, 28 June 2016, *T. Yoshida K106* (Holotype: KUN; Isotypes: KUN-1510447, TI).

识别特征：花碟形，开展；花序花莛状（图57）；果实密被刚毛。

地理分布：中国四川西北部（甘孜）；生于海拔4 100～4 900m的干燥迎风坡砾质石坡、草坡。

记述：该种接近长叶绿绒蒿［*M. lancifolia* (Franch.) Franch. ex Prain］，需要进一步研究。

3.4.24 长叶绿绒蒿

Meconopsis lancifolia (Franch.) Franch. ex Prain, J. Asiat. Soc. Bengal, Pt. 2, Nat. Hist. 64: 311 (1895); ≡ *Cathcartia lancifolia* Franch., Bull. Soc. Bot. Fr. 33: 391 (1886). TYPES: CHINA, Yunnan, in collibus calcareis ad juga Yen-tze-hay, supra Lankong, 3 200m, June 1886, *J. M. Delavay 2080* (Holotype: P-00739055; Isotypes: E-00438560, K-000653241, P-00739054, P-00739056).

= *Meconopsis eximia* Prain, Bull. Misc. Inform., Kew 1915: 159 (1915); ≡ *Meconopsis lancifolia* subsp. *eximia* (Prain) Grey-Wilson, Gen. *Meconopsis*: 322 (2014) & Pictorial Guide to *Meconopsis*: 159 (2021). = *Meconopsis lancifolia* subsp. *daliensis* T. Yoshida & H. Sun, Harvard Pap. Bot. 24 (2): 388 (2019) & Pictorial Guide to *Meconopsis*: 158 (2021). = *Meconopsis lancifolia* subsp. *shikaensis* T. Yoshida & H. Sun, Harvard Pap. Bot. 24 (2): 390 (2019) & Pictorial Guide to *Meconopsis*: 158 (2021). = *Meconopsis xiangchengensis* R. Li & Z. L. Dao, Novon 22: 180 (2012); ≡ *Meconopsis lancifolia* subsp. *xiangchengensis* (R. Li & Z. L. Dao) T. Yoshida & H. Sun, Harvard Pap. Bot. 24 (2): 395 (2019) & Pictorial Guide to *Meconopsis*: 165 (2021). = ? *Meconopsis wengdaensis* T. Yoshida & H. Sun, Harvard Pap. Bot. 24 (2): 401 (2019) & Pictorial Guide to *Meconopsis*: 174 (2021). = ? *Meconopsis pleurogyna* W. T. Wang, Guihaia 39 (1): 2 (2019) & Pictorial Guide to *Meconopsis*: 175 (2021).

识别特征：花序假总状，或偶尔近花莛状，基部具短的总花梗，具长的上升花梗；花药长椭圆形或椭圆形（图58）。

图57 甘孜绿绒蒿（董磊 摄）

图58　长叶绿绒蒿（D：图登嘉措 摄）

地理分布：中国甘肃西南部、青海、四川、西藏东南部（波密）、云南西北部；生于海拔3 300～4 800m的低矮高山灌丛或草坡、岩坡。

记述：该种与几个近缘种的关系问题一直没能解决，是绿绒蒿属分类难点之一，暂列于此。国外（主要是英国皇家植物园以及私人机构等）有栽培。

3.4.25 雷古绿绒蒿

Meconopsis lepida Prain, Bull. Misc. Inform. Kew 1915: 158 (1915); ≡ *Meconopsis lancifolia* subsp. *lepida* (Prain) Grey-Wilson, Gen. *Meconopsis*: 324 (2014). TYPES: CHINA, NW China, Kansu, Thundercrown (Leigu Shan), on limestone cliffs, 12 000~13 000ft, *R. Farrer 123* (Holotype: E-00438563; Isotypes: BM, E-00438564, E-00438565, E-00438566, K-000653247).

识别特征：主根萝卜状；植株几乎无毛；花序中部以下无花；花药同色。

地理分布：中国甘肃南部（宕昌与舟曲之间的雷古山）；生于海拔3 400～4 000m的潮湿岩坡、低矮灌丛。

3.4.26 紫斑绿绒蒿

Meconopsis purpurea T. Yoshida & H. Sun, Harvard Pap. Bot. 24 (2): 399, fig. 1, 35-39, 91 (2019). TYPES: CHINA, W Sichuan, Xiaojin Xian: northern side of Jiajin Shan Yakou, 30°52′16″N, 102°41′02″E, 3 950m, 28 June 2018, *T. Yoshida K124* (Holotype: KUN; Isotypes: KUN-1510430, TI).

= *Meconopsis lancifolia* sensu C. Y. Wu & H. Chuang, Fl. Reipubl. Popularis Sin. 32: 31 (1999), pro parte. = ? *Meconopsis pulchella* var. *melananthera* T. Yoshida, Harvard Pap. Bot. 24 (1): 31, figs. 7-10 (2019) & Pictorial Guide to *Meconopsis*: 243 (2021).

识别特征：主根延长；花序假总状，中部以下有花；花药二色，中间深紫色，外围淡黄色（图59）。

地理分布：中国四川西部（宝兴、九龙、康定、汶川、小金）；生于海拔3 500～4 500m的潮湿岩石斜坡、岩石草坡。

记 述：*Meconopsis pulchella* var. *melananthera* T. Yoshida与紫斑绿绒蒿的关系需要进一步研究。国外（主要是英国皇家植物园以及私人机构等）有栽培。

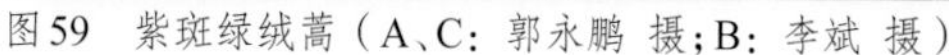

图59　紫斑绿绒蒿（A、C：郭永鹏 摄；B：李斌 摄）

3.4.27 迭山绿绒蒿

Meconopsis psilonomma Farrer, Gard. Chron., ser. 3, 57: 110 (1915); Bull. Misc. Inform., Kew 1915: 160 (1915); ≡ *Meconopsis henrici* var. *psilonomma* (Farrer) G. Taylor, Account Gen. *Meconopsis*: 81 (1934). TYPES: CHINA, NW China, Kansu, Alps of Ardjeri, 11 500~12 500ft, *R. Farrer 255*.

= *Meconopsis sinomaculata* Grey-Wilson, The New Plantsman, 1 (4): 221 (2002); ≡ *Meconopsis psilonomma* var. *sinomaculata* (Grey-Wilson) H. Ohba, J. Jap. Bot. 81 (5): 296 (2006) & Pictorial Guide to *Meconopsis*: 196 (2021). = *Meconopsis psilonomma* var. *calcicola* T. Yoshida & H. Sun, Harvard Pap. Bot. 22 (2): 183 (2017) & Pictorial Guide to *Meconopsis*: 194 (2021). = *Meconopsis psilonomma* var. *zhaganaensis* T. Yoshida & H. Sun, Harvard Pap. Bot. 22 (2): 183 (2017) & Pictorial Guide to *Meconopsis*: 193 (2021).

识别特征：植株变化较大；花形态稳定，杯形；花丝向基部扩张（图60）。

地理分布：中国甘肃南部（迭部与卓尼之间迭山东侧）、四川北部（九寨沟、松潘）；生于海拔3 400～4 200m的低矮灌丛、草坡、石灰岩坡。

图60 迭山绿绒蒿

记述：该种与几个近缘种的关系一直没能解决，是绿绒蒿属分类难点之一，暂列于此。1915年Farrer在*Gard. Chron.*杂志发表*Meconopsis psilonomma* Farrer，没有引证任何标本；同年Prian于*Bull. Misc. Inform., Kew*杂志采纳了这一学名，并引用了R. Farrer 255号标本。

3.4.28 川西绿绒蒿（狭瓣绿绒蒿）

Meconopsis henrici Bureau & Franch., J. Bot. (Morot) 5: 19 (1891). TYPE: CHINA, W Sichuan, Tatsienlu (Kangding), Batang, *G. Bonvalot & P. Henri P. M. d'Orleans s.n.* (Holotype?: P-00739039).

= ? *Meconopsis trichogyna* T. Yoshida & H. Sun, Harvard Pap. Bot. 23 (2): 325, fig. 1, 20-24, 39-42 (2018) & Pictorial Guide to *Meconopsis*: 204 (2021). = *Meconopsis angustipetala* W. T. Wang, Guihaia 39 (1): 2 (2019).

识别特征：植株的茎和叶被刚毛或柔毛；叶基生，莲座状；花序短假总状或花莛状；花2～12朵，天气好时，花平展或碟形；花丝在下半部分扩张（图61）。

地理分布：中国甘肃西南部、四川；生于海拔3 800～4 600m的高山草坡、草坡、岩坡、开阔灌丛。

记述：德格绿绒蒿（*Meconopsis trichogyma* T. Yoshida & H. Sun）形态特殊，可能是川西绿绒蒿的异名，或是川西绿绒蒿与长叶绿绒蒿的杂交种，暂置于此。川西绿绒蒿原始文献仅记录采集地点和时间，并未提及采集人和采集号。目前仅能查阅到一份标注为Type的标本P-00739039，Grey-Wilson认为是主模式。国外（主要是英国皇家植物园以及私人机构等）有栽培。

3.4.29 黄龙绿绒蒿

Meconopsis huanglongensis T. Yoshida & H. Sun, Harvard Pap. Bot. 23 (2): 313, figs. 1-5, 28-29 (2018). TYPES: CHINA, Sichuan: Xueshanliang, near Huanglong, Songpan Xian, 32° 44′ 23″ N, 103° 44′ 02″ E, 4 000m, 11 July 2016, *T. Yoshida K107* (Holotype: KUN; Isotypes: KUN-1510451, TI).

识别特征：花单生；天气好时，花平展或碟形；花丝异型，内部基部扩张，外部很少扩张（图62）。

图61　川西绿绒蒿（A：图登嘉措 摄；B、C：董磊 摄）

地理分布：中国四川北部（松潘）；生于海拔3 900～4 100m的向西山坡、灌丛。

3.4.30 长果绿绒蒿

Meconopsis delavayi (Franch.) Franch. ex Prain, J. Asiat. Soc. Bengal, Pt. 2, Nat. Hist. 64: 311 (1895); ≡ *Cathcartia delavayi* Franch., Bull. Soc. Bot. Fr. 33: 390 (1886). TYPES: CHINA, Yunnan, in pratis ad juga nivalia Li-kiang, 3 800m, 9 Jul. 1884, *J. M. Delavay s.n.* (Syntypes: BM-000547047, K-000653225, P-00739030, P-00739031, P-00739032, P-00739033, P-00739034).

识别特征：多年生多次开花结实，具地下根茎；根茎顶端分枝，其上萌芽（图63）。

地理分布：中国云南西北部（鹤庆、丽江玉龙雪山、香格里拉）；生于海拔3 300～4 300m的腐殖质苔藓覆盖的岩坡、低矮灌丛、林间草地。

记述：基源文献发表之初仅引证了采集地点和采集时间，并未引证具体的采集人和采集号，结合上下文确认为出版时遗漏，采集人和采集号为*Delavay s.n.*。国外（主要是英国皇家植物园以及私人机构等）有栽培。

3.4.31 雅致绿绒蒿

Meconopsis pulchella T. Yoshida, H. Sun & Boufford, Acta Bot. Yunnan. 32 (6): 503, f. 1 A-D (2010). TYPES: CHINA, Sichuan Province: N of Lamagetou village, Yele Xiang, Mianning Xian, 4 150~4 300m, 4 August 2009, *T. Yoshida K21* (Holotype & Isotype: KUN).

识别特征：植株无茎，被硬的深色刚毛；叶片全缘，叶上刚毛基部加厚；花序花莛状，花梗劲直，密被褐色毛（图64）。

地理分布：中国四川南部及西部（冕宁冶勒自然保护区）；生于海拔4 100～4 400m的潮湿砾岩。

3.4.32 优雅绿绒蒿

Meconopsis concinna Prain, Bull. Misc. Inform. Kew 1915: 163 (1915); ≡ *Meconopsis lancifolia* var. *concinna* (Prain) G. Taylor, Account Gen. *Meconopsis*: 90 (1934). TYPES: CHINA, Yunnan:

图62 黄龙绿绒蒿（A：右侧三株）

图63 长果绿绒蒿（B：图登嘉措 摄）

mountains in the north-east of the Yangtse Bend, 27°45′N, 13~14 000ft, in flower in July, *G. Forrest 10404* (Syntypes: BM-000946165, BM-000946166, E-00060558, K-000653248, K-000653249; Isosyntype: P-00739061); (*G. Forrest 10404*) in fruit in September, *G. Forrest 10979* (Syntype: BM-000547051; Isosyntype: P-00739060); west Likiang, mountains west of Feng-kou, 12 000ft, *G. Forrest 12706* (Syntypes: BM-000547052, E-00438561, K-000653250); Chung-tien Plateau, 12 000ft, *G. Forrest 12670* (Syntypes: BM-000547050, E-00060557, K-000653251); Li-kiang range, 12 000ft, *G. Forrest 12796* (Syntypes: E-00438562, K-000653252). LECTOTYPES: CHINA, Chung-tien

图64　雅致绿绒蒿（《云南植物研究》，2010）

Plateau, 12 000ft, *G. Forrest 12670* (Lectotype: BM-000547050, Isolectotype: K-000653251, designated by Grey-Wilson, 2014).

识别特征：植株光滑至疏被毛；主根萝卜状，长1.5～4cm，粗5～7mm；叶片各式开裂；花基生，常2～3朵（图65）。

地理分布：中国四川西南部（理塘、木里）、西藏东南部（察隅）、云南西北部（丽江、香格里拉）；生于海拔3 600～4 100m的河堤斜坡、砾质石坡、林中倒木及苔藓处。

记述：据《中国植物志》记载西藏和四川有分布，目前没见到可靠的标本材料，存疑。

3.4.33 滇西绿绒蒿

Meconopsis impedita Prain, Bull. Misc. Inform. Kew 1915: 162 (1915). TYPES: CHINA, South-west China: Yunnan, with out precise locality, *Émile-Maire Bodinier s.n.* (Syntypes: E-00060617, K-000653234); Tsekou, *J.-T. Monbeig-Andrieu s.n.* (Syntypes: K-000653233; Isosyntypes: P-00739045, P-00739046, P-00739047); Mekong-Salween Divide, 27°~28°N, 12 000~13 000ft., *G. Forrest 459* (Synetype: ?); Mekong-Salween Divide, 27°~28°N, 12 000~13 000ft., *G. Forrest 13314* (Syntypes: BM, E, K-000653232); without precise locality, *F. Kingdon-Ward 792* (Syntypes:

图65 优雅绿绒蒿（D：图登嘉措 摄）

E-00062107, K). LECTOTYPES: CHINA, Mekong-Salween Divide, 27°~28°N, 12 000~ 13 000ft., *G. Forrest 13314* (Lectotype: E, Isolectotypes: BM, K, designated by Grey-Wilson, 2014).

= *Meconopsis rubra* (Kingdon-Ward) Kingdon-Ward, Gard. Chron., Ser. 3, 82: 506 (1927), in obs. and Ann. Bot. 42 (4): 857 (1928); ≡ *Meconopsis impedita* subsp. *rubra* (Kingdon-Ward) Grey-Wilson, Gen. *Meconopsis*: 286 (2014).

识别特征：主根肉质肥厚，长10cm以上；花常5~9朵，花梗曲折，被毛，花俯垂（图66）。

地理分布：中国四川西南部？（稻城、木里、乡城）、西藏（察隅、林芝）、云南西北部（德钦、贡山、剑川、丽江、维西）；缅甸东北部；生于海拔3 300~4 900m的高山草坡、岩坡。

记述：据《中国植物志》记载四川有分布，目前没有见到四川可靠的标本材料，存疑。国外（主要是英国皇家植物园以及私人机构等）有栽培。

3.4.34 秀丽绿绒蒿

Meconopsis venusta Prain, Bull. Misc. Inform. Kew 1915: 164 (1915). TYPES: CHINA, South-west China: Yunnan, mountains in the north-east of the Yang-tse bend, 27° 45′ N, 13 500ft., in flower July, *G. Forrest 10408* (Syntypes: E-00060619; Isosyntypes: K-000653238, P-00739083); Yunnan, mountains in the north-east of the Yang-tse bend, 27° 45′ N, 13 500 ft., September 1913, *G. Forrest 11008* (*G. Forrest 10408* in fruit) (Syntypes: E-00062108, P; Isosyntype: P-00739082); Yunnan, mountains of the Chungtien Plateau, 27° 45′ N, 13 000~14 000ft., *G. Forrest 12993* (Syntypes: E-00060683, K-000653235); Yunnan, mountains of the Chungtien Plateau, 27° 30′ N, 13 000~14 000ft., *G. Forrest 12685* (Syntypes: E-00060625, K-000653237); Yunnan, mountains of the Chungtien Plateau, 27° 45′ N, 13 000~14 000ft., *G. Forrest 12686*

图66 滇西绿绒蒿（A、D：杨涛 摄）

(Syntypes: E-00060514, K-000653236). LECTOTYPES: CHINA, South-west China: Yunnan, mountains of the Chungtien Plateau, 27°45′N, 13 000~14 000ft., *G. Forrest 12685* (Lectotype: E-00060625, Isolectotypes: E, K-000653237, designated by Grey-Wilson, 2014).

识别特征：花梗无毛或疏被毛；花侧展，花瓣常4枚；蒴果狭长圆柱形，长3~6cm（图67）。

地理分布：中国云南西北部（丽江、香格里拉）；生于海拔3 300~4 700m的石灰岩斜坡、流石滩。

3.4.35 拟秀丽绿绒蒿

Meconopsis pseudovenusta G. Taylor, Account Gen. *Meconopsis*: 85, pl. 21 (1934). TYPES: CHINA, Yunnan boreali-occidentale anno 1918 lectus, *G. Forrest 16658* (Holotype: E-00060624; Isotypes: BM-000547135, E, K-000653239, K-000653240).

= *Meconopsis venusta* Prain, Bull. Misc. Infom.,

图67 秀丽绿绒蒿（A：图登嘉措 摄）

Kew 1915: 164 (1915) pro parte.

识别特征：花梗无毛或疏被毛；花侧展，花瓣5～8枚（图68）；蒴果椭圆形，长不及3cm。

地理分布：中国云南西北部（维西、香格里拉）、四川西南部？；生于海拔4 000～4 500m的石灰岩斜坡、流石滩。

记述：据《中国植物志》记载西藏和四川有分布，经核查，西藏的标本为错误鉴定；同时，没有见到四川可靠的标本材料，存疑。国外（主要是英国皇家植物园以及私人机构等）有栽培。

图68　拟秀丽绿绒蒿（A：图登嘉措 摄）

4 绿绒蒿属的观赏价值及引种驯化

绿绒蒿属是喜马拉雅高山花卉中的代表类群，由于其姿态优雅、花色绚丽多彩，被誉为“喜马拉雅蓝罂粟”，也是“云南八大名花”之一。深受园艺学家及自然爱好者青睐，具有悠久的引种栽培历史。绿绒蒿属园艺品种在西方园艺界各大花展及博览会上屡获大奖，系园艺界的尊贵宠儿（Grey-Wilson, 2014, 2017）。

西方植物学与园艺学有着较早的发展历史。自19世纪伊始，随着西方“植物猎人”的进入，中国的绿绒蒿属植物被大量采集并带回西方，凭借其成熟的园艺技术，依托其高纬度和温带海洋性气候的地理优势，掌握了部分绿绒蒿，特别是大花组（Sect. *Grandes* Fedde）的栽培技术。1876年，由N. M. Przewalski采集于中国甘肃的五脉绿绒蒿在圣彼得堡植物园开花（Grey-Wilson, 2017），是中国第一个被引种至西方庭院的绿绒蒿属植物。大约1896年，大花绿绒蒿引入栽培，被认为是最早引种的种类之一。1924年，F. Kingdon-Ward引种了著名的“喜马拉雅蓝罂粟”——拟藿香叶绿绒蒿，该种于1913年被F. M. Bailey发现，曾长期被误认为是藿香叶绿绒蒿。19世纪40年代，J. D. Hooker在锡金采集了单叶绿绒蒿种子，并成功引种至英国，于1848年实现了该物种在人工栽培下的首次开花，该种曾经很受欢迎，被普遍种植（Grey-Wilson, 2017）。1934年，Ludlow和Sherriff从不丹引进另外一个重要的种——幸福绿绒蒿（*M. gakyidiana* T. Yoshida, R. Yangzom & D. G. Long），该种曾被命名为*M. grandis* subsp. *orientalis* Grey-Wilson。在随后的一个世纪中，西方植物猎人和园艺工作者持续地进行了绿绒蒿属物种的引种栽培工作。

除以上几种外，西方有栽培记录的绿绒蒿属植物还有很多，如红花绿绒蒿、堇色绿绒蒿（*M.* × *cookei* G.Taylor）、全缘叶绿绒蒿、高茎绿绒蒿、尼泊尔绿绒蒿、锥花绿绒蒿、总状绿绒蒿等，累计30余种。其中，拟藿香叶绿绒蒿和大花绿绒蒿及其杂交种在园林中应用最广泛，商业化最成功，经济价值巨大。

在原产地，绿绒蒿属植物分布在地理位置相距甚远的栖息地，它们通常存在地理隔离。即便同一生境存在多种绿绒蒿，不同物种的花期可能会有差异；并且不同组或系之间存在生殖隔离。地理隔离和生殖隔离导致绿绒蒿属鲜有天然杂交种。19世纪末和20世纪初，不同的绿绒蒿属植物被引入花园，并在彼此靠近的地方生长，这为同组或系的物种杂交提供了机会，为绿绒蒿属植物新品种的培育、园艺推广及商业化奠定了基础。

作者在西藏林芝、山南，四川阿坝等地区调研时，曾见过当地人的院子里有拟藿香叶绿绒蒿、幸福绿绒蒿、红花绿绒蒿等肆意生长，这可能是我国绿绒蒿属最早的栽培记录。任祝三（1993）在云南昆明开展的一项引种栽培研究中，成功引种栽培了粗壮绿绒蒿（*M. robusta* Hook. f. & Thomson）、全缘叶绿绒蒿和总状绿绒蒿。其中，粗壮绿绒蒿可在当年开花结实，全缘叶绿绒蒿可在次年开花结实，但夏季高温对全缘叶绿绒蒿和总状绿绒蒿有不同程度的影响。2014年，西藏自治区藏医院生药研究所扎西次仁及其团队在拉萨开始播种绿绒蒿，涉及的种类有拟藿香叶绿绒蒿、幸福绿绒蒿、红花绿绒蒿、全缘叶绿绒蒿、单叶绿绒蒿、锥花绿绒蒿等（图69）。部分种类越年开花，其中，单叶绿绒蒿在2018年开花最繁盛。据扎西次仁的经验，幸福绿绒蒿种子难以萌发，开花非常困难，而锥花绿绒蒿较容易开花。近年来，中国科学院昆明植物研究所丽江高山植物园，曾先后引种20余种绿绒蒿，除国产的部分种类，还包含了很多喜马拉雅南坡分布的高大类群。香格

图69　西藏自治区藏医院生药研究所扎西次仁及其团队在拉萨种植的部分绿绒蒿（扎西次仁 摄）

里拉高山植物园也做了一些尝试，陆续引种了中甸绿绒蒿、粗野绿绒蒿、草甸绿绒蒿及横断山绿绒蒿，均生长较好，有过开花记录。除专业的植物科研和保育机构外，国内一些绿绒蒿属园艺爱好者也有零星种植，并能够成功培育开花。本章作者之一的李高翔，自2019年开始在昆明室内陆续播种拉萨绿绒蒿、粗野绿绒蒿、全缘叶绿绒蒿、康顺绿绒蒿、幸福绿绒蒿等几种绿绒蒿（图70），经过摸索，陆续有全缘叶绿绒蒿、拉萨绿绒蒿等开花。

除此之外，国内对绿绒蒿属植物的引种栽培实践主要聚焦于种子萌发试验。鉴于绿绒蒿属种子有休眠的生理特性，众多研究者深入探讨了利用低温层积和外源性植物激素破除其休眠的方法，取得了一系列提高绿绒蒿种子发芽率的成果（达清璟 等, 2017; 袁芳 等, 2019; 陈红刚 等, 2021）。然而，绿绒蒿属人工栽培的尝试仍非常有限，如何促进植物适应从高山到低地气候条件的转变，具有重要的生物学意义和商业价值（Zheng et al., 2014）。

在绿绒蒿属植物引种驯化过程中，充分了解绿绒蒿属植物的生态学特性至关重要，这包括其对高海拔环境中光照、温度、土壤、水分等关键生态因子适应性的全面认识。掌握这些生态适应性特征，是成功开展绿绒蒿属植物人工栽培的根本前提（喻舞阳, 2021）。

光主要从光照强度、光谱成分和光周期三个方面对植物的生长和发育产生重要的影响。绿绒蒿属植物普遍生长于高海拔地区，但由于地形和生境的多样性，如高山林下、林缘、高山灌丛、高山草坡及冰缘带，它们在野外不同生境所面临的光照条件差异显著。高海拔地区大气稀薄，无论是在晴天或是多云情况下，太阳辐射都比较强，植物达到最大光合能力时所需的光照条件比较高，

图70　作者李高翔栽培的绿绒蒿（A：康顺绿绒蒿；B：藏南绿绒蒿；C拉萨绿绒蒿）

通常约为500μmol /（m^2 · s）（Körner, 2021）。高海拔地区光谱成分中紫外线辐射较为强烈，绿绒蒿属植物展示出对高山环境的高度适应，其叶片表面大多具柔毛、硬毛和刺毛，能有效地反射和阻隔紫外线，从而减少紫外线对植物组织的损伤（Grey-Wilson, 2014; Körner, 2021）。此外，植物可以通过光周期来确保其仅在适宜的季节生长。在喜马拉雅地区，植物生长的启动与春季气温有密切关系，而在其生长季晚期，控制植物生长终止的最主要因素是光周期，其次才是温度条件（Ram et al., 1988; Körner, 2021）。Norton 和 Qu（1987）对藿香叶绿绒蒿进行了温度和光照控制实验，在16小时的光周期下，6℃和17℃的温度都能诱导开花；而在8小时光周期下，6℃组无法开花，这表明光周期对其生殖生长起着重要调控作用。

温度作为重要的生态因子，可通过多种方式影响植物的生理代谢和生长发育。一项涉及4种绿绒蒿的栽培研究揭示，在同一栽培环境下，特定的温度区间内植株花朵数、花朵大小、花茎高度和植株高度均与温度呈负相关，并指出限制绿绒蒿栽培的主要因素是生长季节的高温。尽管绿绒蒿能够在35℃以下生长，但27℃以内更加适宜（Still, 2002）。生活在低地和高山环境的植物面临着相似的高温胁迫（Körner, 2021）。研究表明绿绒蒿在引入低地栽培后，具有通过调节脂膜组成及脂质重塑来适应低地环境的遗传潜力（Zheng et al., 2014）。绿绒蒿属植物对高温的耐受性可能超过之前的认知，这对其在低地的引种栽培具有重要意义。

绿绒蒿对基质条件较为挑剔，在原生环境下，绿绒蒿的分布大都局限于潮湿、高有机质、高NO_3-N、PO_4-P、K^+、Ca^{2+}的酸性黏土–粉砂质土壤（Sulaiman & Babu，1996）。在人工干预条件下，按照园土：蛭石：珍珠岩=1：1：1配比，混合基质比原生基质不易板结，且孔隙度较高，不仅对绿绒蒿根冠比产生了显著影响，还更适合其幼苗的培养（喻舞阳, 2021）。高山原生基质是由细小沉积物不断附着和填充岩屑逐渐形成，具有疏松多孔的物理性质。高山带富含腐殖质的土层孔隙容积（pore volumes）可达70%，深土层矿质基质的占比更高（Körner, 2021）。由于绿绒蒿属植物生境多样，其原生基质组成和发育程度也有较大的差异。在人工栽培实践中，可以对基质配比进行深入研究，以原生基质构成为参考，配制更适合的基质。值得注意的是，绿绒蒿属植物独特的花色与基质中金属离子的含量和自身的花青素代谢密切相关（Yoshida et al., 2006; Qu et al., 2019; 罗军 等, 2023），这让优化基质配制调控花色成为可能。

水分对植物的生命活动非常重要，但高海拔地区很少出现导致植物生理过程改变的干旱胁迫，即使是在极为干旱的帕米尔高原，植物受到的干旱胁迫也非常小（Körner, 2021）。在向阳面的高山流石滩这类看起来非常干燥的生境中，由于表层粗物质的隔绝作用，其下的基质通常含有充足的水分。通过对19个绿绒蒿居群的野外调查，尽管其分布区年降水量差异较大，但各居群土壤含水量均很充足（Sulaiman & Babu, 1996）。人工栽培也发现，15%～45%的基质含水率均能满足全缘叶绿绒蒿幼苗的生长需求。绿绒蒿属植物的原生环境降水具有典型的季风性气候特点，降水集中在4～9月，雨季基质含水量高，而在旱季土壤则相对干燥（Sulaiman & Babu, 1996; Grey-Wilson, 2017; Körner, 2021）。在引种驯化实践中模拟土壤湿度的季节性变化对于绿绒蒿的成功栽培至关重要。

绿绒蒿属作为原产于高海拔地区的高山植物，能够成功在较低海拔引种栽培，这反映了绿绒蒿属植物对不同环境条件的适应性，以及某些未被充分了解的生理和生态特性。在充分了解绿绒蒿属植物生理和生态特性的基础上，控制好光照、温度、基质和水分等关键要素，在低海拔地区实现大规模引种驯化，并且商业化走向花卉市场，甚至庭院将只是时间问题。

5 绿绒蒿属栽培要点

5.1 播种与移栽

绿绒蒿属植物种子大多成熟于9～10月，此时其原生境最低气温已降至0～5℃，为了避免种子在不利的低温干燥条件下萌发，绿绒蒿属植物种子大都具有休眠的特性。国内许多学者对绿绒蒿种子休眠及萌发特性进行了深入研究，利用多种植物激素提升绿绒蒿属植物种子发芽率。但由于绿绒蒿种子的获取较为困难，目前此方面研究局限在多刺绿绒蒿、全缘叶绿绒蒿、红花绿绒蒿和总状绿绒蒿等个别物种。结合作者对长果绿绒蒿、多刺绿绒蒿、滇西绿绒蒿、全缘叶绿绒蒿、红花绿绒蒿、总状绿绒蒿、粗野绿绒蒿、单叶绿绒蒿、秀丽绿绒蒿、轿子山绿绒蒿和乌蒙绿绒蒿的播种经验，认为模拟自然环境中的低温春化是一种行之有效的办法。

对于新采集的绿绒蒿种子，在过筛去除大颗粒杂质后，使用清水对种子表面进行初步清理，减少在春化过程中由于残存杂质引起的霉变。由于春化作用对种子含水量有一定需求，因此将种子置于清水中浸种4～8小时，观察到种子吸水后捞出，并用滤纸将种子表面水分吸干。准备清洁的容器，采用细碎泥炭土：珍珠岩=1:1的比例，铺设5～6cm深度。由于绿绒蒿不耐移栽，在播撒种子时应当控制密度，以减少后期移栽造成幼苗死亡。将绿绒蒿种子播撒于基质表面，并覆盖一层约5mm厚的碎石，置于0～3℃的冰柜内，冷藏2～3个月。部分类群种子在此期间可能会发芽，需每周检查种子发芽情况。在冷藏结束后，将整个容器放置于可被明亮散射光照射到的位置，保证温度在15～20℃的区间内，1个月左右，具有活力的绿绒蒿种子会逐渐发芽，并长出子叶。如未能发芽，可多次重复上述步骤。

绿绒蒿幼苗发芽后，会在双子叶阶段保持较长时间，有时可能会长达2个月。此后幼苗会逐渐长出真叶，初期真叶生长速度仍旧比较缓慢，但随着幼苗叶片数量的积累，其生长速度会越来越快（图71）。移栽一般在幼苗长出3～5片叶子、根系开始初步生长时进行，此过程应尽量避免对其根系的损伤，移栽后务必浇透水。

5.2 苗期管理

5.2.1 基质

绿绒蒿属植物由于其特殊的生长环境及根部结构，对栽培基质要求极高。即使是在原生境，若没有合适的土壤基质，也会导致生长不良或死亡。整体来看，绿绒蒿属植物喜欢湿润、排水性良好且透气多孔的砂质土壤。在排水不良情况下，绿绒蒿根系生长受阻且容易受立枯病影响而死亡。由于绿绒蒿各个类群生境差异较大，因此在人工栽培中其对基质调配的要求也存在一定的差异。

一般来说生境为高山流石滩和高山崖壁的类群，其抗贫瘠的能力强，对腐殖质需求不高。在

图71 苗期状态

人工栽培时，可以采用大量的颗粒土，如珍珠岩、碎石粒和较粗的沙砾等，模拟原生境的基质成分，保证良好的排水和充足的孔隙。为了便于水分管理和营养供应，可以适量添加细碎泥炭土，以增加基质的保水性和腐殖质供应。建议按照颗粒土：泥炭土=4∶1的比例配制。在这样的配制下，基质足够疏松透气，排水性强，能满足高山流石滩和高山崖壁类群的正常生长。但需要注意基质的水分控制，切忌过于干燥，同时可以适当施用缓释肥以满足生长所需营养。

针对生境为碎石草坡及高山草甸的种类，栽培时要适当提高基质中泥炭土的占比。一般来说按照颗粒土：泥炭土=3∶1的比例配制较为合适。泥炭土应当选择较为细碎的规格（10mm内），这样在配制好的基质中，泥炭土可以有效且疏松地填充颗粒土所形成的缝隙，利于绿绒蒿根系的生长。由于泥炭土比例的增加，基质的保水性会有所提高，因此在水分管理时要避免过于潮湿而造成烂根。

5.2.2 温度

绿绒蒿属植物分布海拔较高，对高海拔低温环境具有良好的适应性。而亚高山和平原地区，温度一般较高。因此，在绿绒蒿属植物人工栽培过程中，对环境温度的控制非常关键。在高温胁迫的条件下，绿绒蒿首先会出现扭曲和发黄的迹象，随后生长速度减缓，最终在莲座状叶丛中心和根颈交汇处出现缢缩和腐烂，导致植株死亡。据作者栽培经验，将最高温控制在25℃以下可确保绝大多数绿绒蒿属植物健康生长。当最高温升至32℃时，若夜间能提供较低温度环境（低于20℃），其生长速度虽有所减缓，但仍可在一定时间内维持存活。若最高温高于32℃，即便夜间温度较低，绿绒蒿仍将迅速死亡。受自然地理条件的限制，我国大部分地区夏季最高温都远超绿绒蒿的耐受极限，使得其在较低海拔地区的引种栽培面临挑战。但随着水帘风机和空调等制冷设备的普及，在这些地区人工栽培绿绒蒿将成为可能。

5.2.3 光照

绿绒蒿属植物多样化的生境决定了其对光照需求的差异性。原生境在高山流石滩的类群对光照的需求最强，其次是原生境为高山崖壁、碎石草坡和高山草甸的类群，而原生境为林缘和林下的类群对光照的需求最低。在绿绒蒿人工栽培中，也应参照这一规律：光照强度不足，易导致绿绒蒿徒长，叶柄过度伸长；光照强度太高，则叶丛紧密，叶片小而厚实，甚至出现晒伤。

在温度适宜的条件下，原生境为高山流石滩生境的类群应当接受全日照以保持其整体形态及健康生长。对于原生境为高山崖壁、碎石草坡和高山草甸的类群，遮阴25%较为理想。对于高山林缘和林下的类群，建议遮阴50%以避免强光造成的叶片晒伤。在实践中，应根据绿绒蒿的实际生长状况灵活调整光照强度。

5.2.4 基质水分

野生绿绒蒿属植物在生长季常处于云雾和降水环境中，对水分需求旺盛，而在休眠季节则被积雪覆盖，雪下基质较为干燥。人工栽培绿绒蒿时，应模拟野外基质水分的季节性变化。生长季节中，应确保栽培基质适度湿润，避免干燥，但切忌过分潮湿。特别是在高温情况下，高含水率的基质易诱发立枯病，导致植株死亡。考虑到人工栽培往往很采用盆栽形式，限制了植株根系的分布深度和可用水分。特别是当栽培环境的温度普遍高于其原生境时，一旦基质干燥，会导致植株不可逆的脱水死亡。而在休眠期间，应适当控制基质水分，保持微湿即可。这有助于减少植株体内的自由水含量，增加结合水，能够确保休眠过程的水分需求，并防止根部腐烂。

5.2.5 通风

对于绿绒蒿属植物而言，良好的通风在人工栽培过程中至关重要。在其原生境中，高海拔的强风可以带走热量，降低周围温度。由于绿绒蒿属具有莲座状的叶丛和疏水的叶表附属结构，雨水容易在叶丛中心积聚，引起腐烂。风能吹落积水，加快积水的蒸发，降低霉变风险，从而保证绿绒蒿的正常生长。在人工栽培中，适当的通风能够帮助叶片保持干燥，防止因真菌感染导致的腐烂；减轻由于叶片密集和表面被毛引起的空气不流通，减缓叶丛中心温度的升高。同时，良好的通风，有助于塑造强健且完美的株型。

5.2.6 病虫害

在原生境中，由于低温、强紫外线的影响，绿绒蒿属植物鲜有病虫害侵扰。然而，一旦在较低海拔地区人工栽培，其病害发生率显著增加。在栽培实践中，绿绒蒿容易受到真菌、红蜘蛛、蚜虫和蕈蚊等病虫害影响。由于绿绒蒿对多种农药的不耐受性，栽培过程中的病虫害控制尤为困难。以下为一些有效的病害防治经验：

对于真菌导致的白粉病，主要表现为叶片表面出现白色粉末状物。一旦发病，初期可剪除受感染叶片。可以使用有效成分含量25%的多菌灵粉剂，按1 000～1 500倍兑水稀释，每月喷施一次进行预防。若病情严重，应使用有效成分含量25%的多菌灵粉剂按500～800倍兑水稀释后喷施，每5天一次，连续3次。真菌引起的立枯病，主要表现为整株萎蔫，根茎快速腐烂，一旦发病后植株无法存活。避免栽培基质过湿可以有效预防。

红蜘蛛的防治较为复杂，早期发现困难，一旦暴发病害，处理难度较大。初期表现为叶片上细小的黄褐色斑点。晚期可见大量黄色幼螨、红色成螨和蛛网状物，叶片卷缩、枯黄，且叶下表面受害程度要高于叶上表面。由于绿绒蒿属植物对常见杀螨剂敏感，喷施易导致植株死亡。建议早期剪除受害叶片，并使用10%吡虫啉按800倍稀释喷施。

蚜虫和蕈蚊的防治较为简单。采用有效成分含量为10%的吡虫啉兑水稀释800倍后，对蚜虫采取叶面喷施的方式给药，对蕈蚊采取灌根的方式给药。每次给药间隔3天，施用2次即可有效控制。

5.3 海外相关网址简介

以下是一些与绿绒蒿属植物栽培相关的海外网址，作为绿绒蒿属植物引种栽培的补充资料：

Royal Horticultural Society, *Meconopsis*, https://www.rhs.org.uk/plants/meconopsis/growing-guide 皇家园艺学会提供了关于绿绒蒿的综合种植指南，包括种植技巧、养护建议及常见问题解答。

Gardenia, *Meconopsis*, https://www.gardenia.net/genus/meconopsis-hymalayan-poppy 该网站提供了绿绒蒿的详细栽培信息，以及在不同类型花园的园林应用指导。

The *Meconopsis* Group, https://themeconopsisgroup.org/ 绿绒蒿小组成立于1998年，为绿绒蒿国际品种登记机构，旨在研究绿绒蒿属，促进其种植和保护，并提供栽培指南、物种和品种图库等相关资料。

6 绿绒蒿属植物的保护生物学研究

绿绒蒿属植物系喜马拉雅地区明星物种，由于其独特美丽的花朵，以及在传统医药领域的应用价值，吸引了植物学家和医药学家等的广泛关注。绿绒蒿属多分布于高海拔地区，尤其集中在中国青藏高原及其周边区域，该区域生态环境脆弱且受气候变化影响较大，使得绿绒蒿属植物面临诸多威胁，如生境丧失、过度采集、气候变化等。

绿绒蒿属的系统分类和资源分布问题尚未充分解决，存在物种划分过细、过多的狭域特有种等问题。许多绿绒蒿属植物分布区和生态位极度狭窄，种群数量少且繁殖效率较低。近年来，随着全球气候变暖，有研究预测绿绒蒿属植物潜在分布区将萎缩超过60%（Wang et al., 2021; Shi et al., 2022）。而基础设施建设，高山旅游业的不断发展（王皓 等, 2023）、过度放牧及长期的大量药用采集（李隆云 等, 2002; Li et al., 2020），加速了绿绒蒿的生境破碎化，对绿绒蒿种群造成了一定的破坏，不利于绿绒蒿种群的更新（Majid et al., 2015; Wang et al., 2018）。

绿绒蒿属植物除观赏价值外，作为传统藏医学药用植物，其使用历史已超过1 300年，含有多种生物碱、挥发油、黄酮、甾体类和三萜类化学成分，具有悠久的药用历史与较高的药用价值（卫生部药典委员会, 1995; 郭志琴, 2014; 西藏自治区藏医院生药研究所, 2016）。传统上绿绒蒿药用部位是花，后来随着野生资源的匮乏和服务面的变宽，全草亦被利用。目前，我国绿绒蒿属药用资源完全依赖于野生资源，长期的过度采集导致部分绿绒蒿种群退化，甚至面临资源枯竭。

绿绒蒿属植物不仅是著名的高山花卉和重要的藏药植物，还是青藏高原高山灌丛、高寒草坡和冰缘带代表性的类群，具有重要的生态保护价值（喻舞阳, 2021; Shi et al., 2022）。然而，由于绿绒蒿野生资源的持续减少，以及缺乏成熟的人工栽培技术，使得绿绒蒿属植物的保护与利用面临挑战。开展人工培育绿绒蒿替代野采的生药原材料，可减少对野生绿绒蒿属种群的依赖，缓解野生种群的压力，为实现其资源可持续利用，保障药用资源的稳定供应和维持生态环境的稳定具有重要意义。

依据2021版《国家重点保护野生植物名录》，绿绒蒿属仅久治绿绒蒿、红花绿绒蒿和毛瓣绿绒蒿被列为国家二级保护野生植物。针对黄花绿绒蒿的研究报道，目前仅发现5个种群，且个体总数<200株，属于极小种群范畴，相比于已列入国家二级保护野生植物的3种绿绒蒿个体和种群数量更少，其生境脆弱且异质化程度高，对其保护迫在眉睫（王皓 等, 2023）。另一项针对贡山绿绒蒿（贡山蒿枝七 *Cathcartia smithiana* Hand.-Mazz.）的研究表明，基于种群调查与评估，应将其作为极度濒危物种列入《世界自然保护联盟濒危物种红色名录》（即《IUCN红色名录》），并计划开展迁地保护（Li et al., 2020）。遗憾的是许多绿绒蒿属植物，如白花绿绒蒿、西藏绿绒蒿、隆子绿绒蒿和不丹绿绒蒿等因缺少野外调查，其野外种群分布与种群规模不明，缺乏相关数据而无法准确评估。

综上所述，绿绒蒿属植物作为喜马拉雅地区明星物种，分类及资源分布尚不完全清楚；作为重要的花卉和药用植物资源，以及高山生态系统的重要区系成分，具有重要的经济和生态价值。但是存在调查不足、保护力度不够、易受人为干扰和环境变化影响等问题，敏感脆弱，亟待加强保护，未来应加强绿绒蒿属植物的保护生物学研究，主要应从以下几个方面积极推进：①植物多样性调查与评估。进行广泛的野外考察和标本采集，特别是薄弱区域，如中国西藏边境地区、四川西部及南部地区，以摸清绿绒蒿属植物的种群数量、分布范围、栖息地特征及其面临的生存压力，建立和完善植物名录和地理分布数据库；②遗传多样性研究。通过对绿绒蒿属不同种群的遗传多样性分析，了解其内在的遗传结构、种群动态和演化历史，这对于制定有效的保护策略至关重要；③濒危等级评估。基于《IUCN红色名录》标准或其他濒危物种评估体系，确定各类绿绒蒿的濒危状况，以便优先考虑极度濒危或濒危种类的保护措施；④生态系统服务功能研究。探究绿绒蒿属植物在高山生态系统中的作用，比如涵养水源、防止土壤侵蚀、提供生物资源等方面的价值；⑤保育生物学实践。开展就地保护和迁地保护工作，设立自然保护区、保护小区或进行人工引种繁殖，以恢复和扩大稀有或濒危类群的种群数量；⑥社区参与宣传教育。通过与当地社区的合作，提高社区居民对绿绒蒿属植物保护意识，引导合理采集和利用，并将科研成果转化为实际的保护管理政策和行动指南。

以上涵盖了绿绒蒿属植物保护的多个层面，

旨在确保这些珍贵资源得以长久存续，维护喜马拉雅地区生物多样性，并服务于可持续发展的目标。随着科技的进步和生态保护理念的发展，绿绒蒿属植物的保护工作将持续深入并取得更多实质性进展。

7 吉田外司夫：绿绒蒿的发现者

吉田外司夫（Toshio Yoshida, 1949—2021），喜马拉雅植物学会会员，英国绿绒蒿小组荣誉会员，杰出的喜马拉雅植物生态摄影家和高山植物学家。因其对喜马拉雅及横断山脉高山植物，尤其是绿绒蒿属的研究而闻名（图72至图74）。他出生于日本石川县金泽市，毕业于金泽大学法律和文学系。

自1984年起，他便开始深入喜马拉雅及横断山脉地区，用镜头广泛记录高山植物，同时作为东京大学综合研究资料馆的客座研究员从事植物采集工作［曾参加1993年巴基斯坦夏季植物调查、1993年不丹秋季植物调查和2000年缅甸夏季植物调查（由京都大学组织）等科考］；1994—1995年，他参与了朝日百科全书周刊《植物世界》的摄影报道工作。

从2006年开始，吉田外司夫将研究重心转向绿绒蒿属，进行了大量的野外科学考察，陆续发表了多个绿绒蒿属新类群；2010年，他在绿绒蒿栽培中心爱丁堡皇家植物园发表演讲；2011年，他在第八届国际岩石花园会议（英国）上发表演讲；2012年春，他成立了日本绿绒蒿研究会，每年组织4次研讨会，带领会员不定期赴喜马拉雅和横断山区考察绿绒蒿属植物。

作为世界上仅有的调查区覆盖喜马拉雅山两侧和横断山区的学者，吉田先生数十年野外耕耘，先后出版了《花之喜马拉雅》《天之花回廊——喜马拉雅・中国横断山脉的植物》《喜马拉雅植物大图鉴》和《绿绒蒿大图鉴》等有深远影响的著作。这些著作集科学价值与艺术美感于一体，以精美的影像和翔实的文字记录，生动展示了喜马拉雅—横断山地区丰富的植物多样性。这些作品不仅收录了众多罕见珍贵的高山植物，而且通过高清图像与专业解说相结合的方式，让读者能够深入了解每一种植物的形态特征、生态环境及其在生态系统中的独特地位，为该区域高山植物，特别是绿绒蒿属的分类学提供了宝贵的影像及生物地理学资料。这些著作编排匠心独具，图文并茂，充分展现了科研工作者严谨的学术态度与艺术家卓越的审美眼光。无论是对植物学研究者、自然爱好者，还是普通读者来说，都是一份宝贵的知识财富和一场视觉盛宴。这些著作不仅是科普工具，更是对自然之美和生物多样性的颂歌，堪称对喜马拉雅—横断山脉这一自然宝库的深度挖掘和精彩诠释。这些著作鼓舞了包括作者在内的诸多高山植物研究者和爱好者，值得我们深深赞赏与珍藏。

以下为吉田先生发表的新类群：

Meconopsis sect. *Puniceae* (Grey-Wilson) T. Yoshida, Pictorial Guide to Meconopsis: 95 (2021) .

Meconopsis ser. *Barbisetae* T. Yoshida & H. Sun, Harvard Pap. Bot. 23(2): 325 (2018).

Meconopsis ser. *Sinuatae* T. Yoshida, Pictorial Guide to Meconopsis: 213 (2021).

Meconopsis aprica T. Yoshida & H. Sun, Harvard Pap. Bot. 24(2): 407 (2019).

Meconopsis atrovinosa T. Yoshida & H. Sun,

图72　2014年7月26日，吉田先生在四川若尔盖县喇嘛岭调查绿绒蒿

图73　2015年6月16日，本文作者徐波与吉田先生在云南丽江玉龙雪山牦牛坪调查绿绒蒿（洛桑都丹 摄）

图74　2017年6月16日，吉田先生在四川九龙县湾坝乡调查绿绒蒿（洛桑都丹 摄）

Harvard Pap. Bot. 24(2): 373 (2019).

Meconopsis balangensis T. Yoshida, H. Sun & Boufford, Pl. Diversity Resources 33(4): 409, fig. 1 (2011).

Meconopsis balangensis var. *atrata* T. Yoshida, H. Sun & Boufford, Pl. Diversity Resources 33(4): 413, fig. 2 (2011).

Meconopsis bhutanica T. Yoshida & Grey-Wilson, The New Plantsman n.s. 11(2): 98 (2012).

Meconopsis bijiangensis H. Ohba, T. Yoshida & H. Sun, J. Jap. Bot. 84(5): 294, figs. 1, 2 (2009).

Meconopsis bulbilifera T. Yoshida, H. Sun & Grey-Wilson, Curtis's Bot. Mag. 29(2): 200 (2012).

Meconopsis castanea H. Ohba, T. Yoshida & H. Sun, J. Jap. Bot. 84(5): 300, figs. 3, 4 (2009).

Meconopsis elongata T. Yoshida, Yangzom & D. G. Long, The New Plantsman 15(3): 179 (2016).

Meconopsis exilis T. Yoshida, H. Sun & Grey-Wilson, Bot. Mag. 29(2): 204 (2012).

Meconopsis gakyidiana T. Yoshida, Yangzom & D. G. Long, Sibbaldia 14: 80 (2017).

Meconopsis heterandra T. Yoshida, H. Sun & Boufford, Acta Bot. Yunnan. 32(6): 505, fig. 2 (2010).

Meconopsis hispida T. Yoshida & H. Sun, Harvard Pap. Bot. 23(2): 323, fig. 1, 15-19, 30-32. (2018).

Meconopsis huanglongensis T. Yoshida & H. Sun, Harvard Pap. Bot. 23(2): 313, fig. 1-5, 28-29. (2018).

Meconopsis inaperta T. Yoshida & H. Sun, Harvard Pap. Bot. 23(2): 317, fig. 1, 6-9. (2018).

Meconopsis lamjungensis T. Yoshida, H. Sun & Grey-Wilson, Bot. Mag. 29(2): 207 (2012).

Meconopsis lancifolia subsp. *daliensis* T. Yoshida & H. Sun, Harvard Pap. Bot. 24(2): 388 (2019).

Meconopsis lancifolia subsp. *shikaensis* T. Yoshida & H. Sun, Harvard Pap. Bot. 24(2): 390 (2019).

Meconopsis lancifolia subsp. *xiangchengensis* (R. Li & Z. L. Dao) T. Yoshida & H. Sun, Harvard Pap. Bot. 24(2): 395 (2019).

Meconopsis merakensis T. Yoshida, Yangzom & D. G. Long, Sibbaldia 14: 89, figs. 7-13 (2017).

Meconopsis merakensis var. *albolutea* T. Yoshida, Yangzom & D. G. Long, Sibbaldia 14: 91, figs. 11-13 (2017).

Meconopsis muscicola T. Yoshida, H. Sun & Boufford, Pl. Diversity Resources 34(2): 145 (2012).

Meconopsis psilonomma var. *calcicola* T. Yoshida & H. Sun, Harvard Pap. Bot. 22(2): 183 (2017).

Meconopsis psilonomma var. *zhaganaensis* T. Yoshida & H. Sun, Harvard Pap. Bot. 22(2): 183 (2017).

Meconopsis pulchella T. Yoshida, H. Sun & Boufford, Acta Bot. Yunnan. 32(6): 503, fig. 1 A-D (2010).

Meconopsis pulchella var. *melananthera* T. Yoshida, Harvard Pap. Bot. 24(1): 31, figs. 7-10 (2019).

Meconopsis purpurea T. Yoshida & H. Sun, Harvard Pap. Bot. 24(2): 399, fig. 1, 35-39, 91 (2019).

Meconopsis trichogyna T. Yoshida & H. Sun, Harvard Pap. Bot. 23(2): 325, fig. 1, 20-24, 39-42 (2018).

Meconopsis uniflora (C. Y. Wu & H. Chuang) T. Yoshida, B. Xu & Boufford, Harvard Pap. Bot. 24(1): 41, figs. 1-6 (2019).

Meconopsis wanbaensis T. Yoshida, Harvard Pap. Bot. 24(1): 31, figs. 1-6 (2019).

Meconopsis wengdaensis T. Yoshida & H. Sun, Harvard Pap. Bot. 24(2): 401 (2019).

Meconopsis yaoshanensis T. Yoshida, H. Sun & Boufford, Pl. Diversity Resources 34(2): 148 (2012).

Meconopsis yaoshanensis var. *luojiensis* T. Yoshida & H. Sun, Harvard Pap. Bot. 24(2): 384 (2019).

Roscoea megalantha T. Yoshida & Yangzom, Edinburgh J. Bot. 74(3): 256 (2017).

参考文献

安娜, 2019. 绿绒蒿属的系统学研究 [D]. 北京: 中国科学院大学.

陈红刚, 赵文龙, 晋玲, 等, 2021. 红花绿绒蒿种子休眠及破除方法研究 [J]. 草地学报, 29(2): 402-406.

陈艳春, 2022. 绿绒蒿属的谱系基因组学研究 [D]. 北京: 中国科学院大学.

达清璟, 陈学林, 马文兵, 等, 2017. 外源水杨酸对总状绿绒蒿种子萌发及生理特性的影响[J]. 植物研究, 37(6): 835-840.

郭志琴, 2014. 藏药多刺绿绒蒿抗心肌缺血作用与化学成分研究 [D]. 北京: 北京中医药大学.

李隆云, 占堆, 卫莹芳, 等, 2002. 濒危藏药资源的保护 [J]. 中国中药杂志 (8): 4-7.

刘瑛, 1936. 中国之绿绒蒿 [J]. 中国植物学杂志, 2(4): 785-810.

陆毛珍, 廉永善, 2006. 甘肃绿绒蒿属(罂粟科)一新变种——光果红花绿绒蒿 [J]. 植物研究 (1): 9-10.

罗军, 陈丽琦, 李拓键, 等, 2023. 基于转录组分析金属离子对绿绒蒿属3种植物花瓣呈色的影响 [J]. 植物资源与环境学报, 32(5): 16-27.

任祝三, 1993. 昆明气候条件对于绿绒蒿属幼苗生长的影响 [J]. 云南植物研究 (1): 110-112.

王皓, 梁钰, 周利杰, 等, 2023. 极小种群黄花绿绒蒿点格局分析 [J]. 北京师范大学学报(自然科学版), 59(4): 637-643.

王文采, 2019. 罂粟科绿绒蒿属三新种 [J]. 广西植物, 39(1): 1-6.

卫生部药典委员会, 1995. 中华人民共和国卫生部药品标准-藏药 [M]. 北京: 人民卫生出版社.

吴征镒, 庄璇, 1980. 绿绒蒿属分类系统的研究 [J]. 云南植物研究 (4): 371-381.

吴征镒, 庄璇, 1999. 中国植物志: 第32卷 [M]. 北京: 科学出版社.

西藏自治区藏医院生药研究所, 2016. 藏族药用植物绿绒蒿 [M]. 北京: 中国藏学出版社.

杨平厚, 王明昌, 1990. 陕西绿绒蒿属一新变种 [J]. 植物研究 (4): 43-44.

喻舞阳, 2021. 藏东南两种绿绒蒿幼苗的生态适应性及人工栽培技术研究 [D]. 拉萨: 西藏大学.

袁芳, 宋凯杰, 蔡熙彤, 等, 2019. 藏药多刺绿绒蒿种子萌发特性研究 [J]. 广西植物, 39(7): 902-909.

庄璇, 1981. 绿绒蒿属的系统演化及地理分布 [J]. 云南植物研究 (2): 139-146.

周立华, 1979. 青藏高原绿绒蒿属新分类群 [J]. 植物分类学报, 17(4): 112-114.

周立华, 1980. 青藏高原绿绒蒿属的研究 [J]. 东北林学院植物研究室汇刊, 8: 91-101.

吉田外司夫, 2021. 青いケシ大図鑑 [M]. 东京: 平凡社.

AN L Z, CHEN S Y, LIAN Y S, 2009. A new species of *Meconopsis* (Papaveraceae) from Gansu, China [J]. Novon, 19(3): 286-288.

BATEMAN R M, RUDALL P J, MURPHY A R, et al., 2021. Whole plastomes are not enough: Phylogenomic and morphometric exploration at multiple demographic levels of the bee orchid clade *Ophrys* sect. *Sphegodes* [J]. Journal of Experimental Botany, 72(2): 654-681.

CAROLAN J C, HOOK I L, CHASE M W, et al., 2006. Phylogenetics of *Papaver* and related genera based on DNA sequences from ITS nuclear ribosomal DNA and plastid *trn*L intron and *trn*L-F intergenic spacers [J]. Annals of Botany, 98(1): 141-155.

FEDDE F, 1909. Papaveraceae-Hypecoideae et Papaveraceae-Papaveroideae [M] // Engler A. Das Pflanzenreich Regni vegetabilis conspectus. Leipzig: Verlag von Wilhelm Engelmann: 247-271.

GREY-WILSON C, 2012. Proposal to conserve the name *Meconopsis* (Papaveraceae) with a conserved type [J]. Taxon, 61(2): 473-474.

GREY-WILSON C, 2014. The genus *Meconopsis*: Blue poppies and their relatives [M]. Royal Botanic Gardens, Kew: Kew Publishing.

GREY-WILSON C, 2017. *Meconopsis* for gardener, the lure of the blue poppy [M]. London: Alpine Garden Society.

JORK K B, KADEREIT J W, 1995. Molecular phylogeny of the Old World representatives of Papaveraceae subfamily Papaveroideae with special emphasis on the genus *Meconopsis* [C]. Systematics and evolution of the Ranunculiflorae. Vienna: Springer: 171-180.

KADEREIT J W, PRESTON C D, VALTUEÑA F J, 2011. Is welsh poppy, *Meconopsis cambrica* (L.) Vig. (Papaveraceae), truly a *Meconopsis*? [J]. New Journal of Botany, 1(2): 80-88.

KINGDON-WARD F, 1926. Notes on the genus *Meconopsis*, with some additional species from Tibet [J]. Annals of Botany, 40(159): 535-546.

KÖRNER C, 2021. Alpine plant life: Functional plant ecology of high mountain ecosystems [M]. Heidelberg: Springer Berlin.

LI R, WANG M, YUE J, et al., 2020. Conserving *Meconopsis smithiana*, a critically endangered plant species in Yunnan, China [J]. Oryx, 54(3): 296-297.

LIU Y C, LIU Y N, YANG F S, et al., 2014. Molecular phylogeny of asian *Meconopsis* based on nuclear ribosomal and chloroplast DNA sequence data [J]. PloS one, 9(8): e104823.

MAJID A, AHMAD H, SAQIB Z, et al., 2015. Conservation status assessment of *Meconopsis aculeata* Royle: A threatened endemic of Pakistan and Kashmir [J]. Pakistan Journal of Botany, 47: 1-5.

NORTON C, QU Y, 1987. Temperature and daylength in relation to flowering in *Meconopsis betonicifolia* [J]. Scientia Horticulturae, 33(1-2): 123-127.

PRAIN D, 1906. A review of the genera *Meconopsis* and *Cathcartia* [J]. Annals of Botany, 20(4): 323-370.

PRAIN D, 1915. Some additional species of *Meconopsis* [J].

Bulletin of Miscellaneous Information, 1915(4): 129-177.
QU Y, OU Z, YANG F S, et al., 2019. The study of transcriptome sequencing for flower coloration in different anthesis stages of alpine ornamental herb (*Meconopsis* 'Lingholm') [J]. Gene, 689: 220-226.
RAM J, SINGH S, SINGH J, 1988. Community level phenology of grassland above treeline in central Himalaya, India [J]. Arctic and Alpine Research, 20(3): 325-332.
SHI N, WANG C, WANG J, et al., 2022. Biogeographic patterns and richness of the *Meconopsis* species and their influence factors across the Pan-Himalaya and adjacent regions [J]. Diversity, 14(8): 661.
STILL S, 2002. Influence of temperature on growth and flowering of four *Meconopsis* genotypes [D]. Newark: University of Delaware.
SULAIMAN I M, BABU C, 1996. Ecological studies on five species of endangered Himalayan poppy, *Meconopsis* (Papaveraceae) [J]. Botanical Journal of the Linnean Society, 121(2): 169-176.
TAYLOR G, 1934. An account of the genus *Meconopsis* [M]. London: New Flora and Silva Ltd.
VIGUIER L A, 1814. Histoire naturelle, médicale et économique des pavots et des argémones [M]. A Montpellier: Chez Jean Martel Aine.
WANG G, BASKIN C C, BASKIN J M, et al., 2018. Effects of climate warming and prolonged snow cover on phenology of the early life history stages of four alpine herbs on the southeastern Tibetan plateau [J]. American Journal of Botany, 105(6): 967-976.
WANG W T, GUO W Y, JARVIE S, et al., 2021. The fate of *Meconopsis* species in the Tibeto-Himalayan region under future climate change [J]. Ecology and Evolution, 11(2): 887-899.
XIAO W, SIMPSON B B, 2017. A new infrageneric classification of *Meconopsis* (Papaveraceae) based on a well-supported molecular phylogeny[J]. Systematic Botany, 42(2): 226-233.
YOSHIDA K, KITAHARA S, ITO D, et al., 2006. Ferric ions involved in the flower color development of the Himalayan blue poppy, *Meconopsis grandis* [J]. Phytochemistry, 67(10): 992-998.
YOSHIDA T, SUN H, 2017. *Meconopsis lepida* and *M. psilonomma* (Papaveraceae) rediscovered and revised [J]. Harvard Papers in Botany, 22(2): 157-192.
YOSHIDA T, SUN H, 2018. Plants related to *Meconopsis psilonomma* (Papaveraceae) in northern Sichuan and southeastern Qinghai, China [J]. Harvard Papers in Botany, 23(2): 313-331.
YOSHIDA T, SUN H, 2019. Revision of *Meconopsis* section *Forrestianae* (Papaveraceae) [J]. Harvard Papers in Botany, 24(2): 379-421.
ZHANG M L, GREY-WILSON C, 2008. *Meconopsis* Vig. [M]// WU Z Y, RAVEN P H & HONG D Y. *Flora of China* (vol. 7). Beijing: Science Press & St. Louis: Missouri Botanical Garden Press.
ZHENG G, TIAN B, LI W, 2014. Membrane lipid remodelling of *Meconopsis racemosa* after its introduction into lowlands from an alpine environment [J]. PLoS One, 9(9): e106614.

致谢

绿绒蒿属作为喜马拉雅—横断山区的明星物种，深受园艺学家、植物学者以及自然爱好者的喜爱。丰富的遗传变异、复杂的种间杂交、混乱的中文名称，让绿绒蒿属分类及应用变得异常困难。感谢孙航和李志敏两位导师，是他们为我打开了一扇门，让我有机会走进喜马拉雅，探索包括绿绒蒿属在内的高山植物区系。关注绿绒蒿属很多年，一直没有勇气面对这个属，得益于马金双老师多年的鼓励和关怀，这篇稿子才得以面世。在编写过程中，刘冰、李波等老师在植物命名法规方面提供指导，杨福生老师提供部分未发表的分子系统学文献资料，扎西次仁先生分享了绿绒蒿属藏药资源栽培与利用的宝贵经验，David Rankin教授在绿绒蒿属引种驯化及商业应用方面给予指导，罗冬、乐霁培、洛桑都丹（彭建生）、图登嘉措（林森）、刘云、郭永鹏、邓成志、王俊伟、王洪斌、叶法志、张旭、郝丽鹏、刘竹、徐畅隆、扎布桑、贾文宇等先生（女士）在野外调研过程中给予鼎力支持，在此一并致谢。

特别感谢吉田外司夫先生，有幸与先生两次野外调研绿绒蒿，深度交流绿绒蒿属分类学知识；感谢董磊（21张）、洛桑都丹（15张）、图登嘉措（15张）、杨涛（5种7张）、郭永鹏（8张）、方杰（3种3张）、李斌（3种4张）、杨福生（1种3张）、朱鑫鑫（1种3张）、扎西次仁（2种2张）、李嵘（1种2张）等摄影师提供精美图片。

野外调查承蒙国家自然科学基金委员会（32060054）、“兴滇人才”等项目的资助。

作者简介

徐波（男，黑龙江北安人，1983年生），云南师范大学学士（2007年），云南师范大学硕士（2010年），中国科学院昆明植物研究所博士（2013年），西南林业大学讲师（2013—2020年），西南林业大学副教授（2020年至今）。从事植物学教学、高山冰缘带植物多样性以及石竹科无心菜属和罂粟科绿绒蒿属分类研究。足迹遍布青藏高原大部分地区，著有《横断山高山冰缘带种子植物》。

李高翔（男，云南昆明人，1998年生），华南农业大学学士（2021年），现就读于西南林业大学植物学专业。曾多次前往云南和西藏等地进行野外科学考察，目前主要从事绿绒蒿属分类学研究与引种栽培工作。

周海艺（女，重庆万州人，2000年生），西南林业大学学士（2022年），现于中国科学院西双版纳热带植物园攻读硕士学位，研究兴趣为绿绒蒿属植物的分类与栎属冬青栎组植物物种形成和遗传多样性。

China

05

-FIVE-

遗世独立的尾囊草属植物

The Unique and Isolated *Urophysa*

孙凌霞*
（四川农业大学）

SUN Lingxia*
(Sichuan Agricultural University)

* 邮箱：sunlingxia@sicau.edu.cn

摘　要： 尾囊草属隶属于毛茛科，在耧斗菜族系统演化研究中扮演着独特且重要的角色。此属包括的两种植物均为中国独有；由于它们所倚赖的脆弱崖壁生境，被纳入《中国生物多样性红色名录》和《世界自然保护联盟濒危物种红色名录》。这些植物不仅具有独特的观赏价值，而且根状茎具有一定的药用价值。本章详细回顾了尾囊草以及距瓣尾囊草的发现与命名过程、形态学特征、生物学特性、自然分布与生境、海内外传播、保护现状及相关科学研究的最新进展，期望为这一属植物在园林应用和未来科研方面提供宝贵的参考和指导。

关键词： 尾囊草属　中国特有　命名考证

Abstract: The genus *Urophysa,* Ranunculaceae, plays an essential and unique role in the evolutionary research of the Tribe Isopyreae. It comprises two species, both endemic to China, and both have been classified as vulnerable (VN) due to their reliance on threatened cliff habitats, as acknowledged in China's Red List of Biodiversity and IUCN. These plants are prized for their distinctive ornamental qualities and the medicinal properties of their rhizomes. This chapter thoroughly reviews the discovery, nomenclature, morphological features, biological attributes, natural distribution and habitats, spread, conservation status, and recent scientific studies concerning *Urophysa henryi* and *Urophysa rockii*. It aims to provide valuable insights and guidance for both horticultural practices and future scientific research involving this genus.

Keywords: *Urophysa*, China endemic, Nomenclature

孙凌霞，2024，第5章，遗世独立的尾囊草属植物；中国——二十一世纪的园林之母，第六卷：289-307页.

1 尾囊草属系统学及起源与演化

尾囊草属（*Urophysa*）是德国植物学家奥斯卡·埃伯哈德·乌尔布里希（Oskar Eberhard Ulbrich, 1879—1952）于1929年根据产于中国的尾囊草（*Urophysa henryi*）和距瓣尾囊草（*U. rockii*）两个种建立的。

尾囊草属隶属于毛茛科。日本学者田村道夫（Michio Tamura, 1927—2007）在1968年的研究中在毛茛科内划分了一个新族——扁果草族，并将尾囊草属、耧斗菜属（*Aquilegia*）和天葵属（*Semiaquilegia*）归于耧斗菜亚族(Tamura, 1968)。这一分类依据了这3个属之间的共性特征，如它们均具有雄蕊群和雌蕊群之间的膜状退化雄蕊以及具距的花瓣，暗示它们可能来源于同一祖先。虽然《中国植物志》编委会在1979年的分类中并未采用这一方法，将这些相近属归类于唐松草亚科（肖培根，1979），但Wang和Chen（2007）的分子系统学研究支持了田村道夫的分类。另外，李春雨（2006）的研究中提出了天葵属可能由尾囊草属和耧斗菜属演化而来的假说，尽管这个假说还待进一步验证。近期的分子系统学研究进一步明确了尾囊草属的位置，研究表明，尾囊草属、耧斗菜属和天葵属紧密聚集在一个分支中，被归类于耧斗菜族（Tribe Isopyreae）。这些研究不仅加深了我们对这些植物分类和进化关系的理解，也强调了进一步研究这一领域的潜在价值（Xie et al., 2017; Zhai et al., 2019; Zhu et al., 2023）。

2 尾囊草属

Urophysa Ulbr. in Notizbl. Bot. Gart. Berl 10: 868.1929; 肖培根, 中国植物志27: 488. 1979; Fu & Robinson, Flora of China 6: 27. 2001; 李德铢, 中国维管植物科属志(中卷): 794, 2020.

模式种：尾囊草（*Urophysa henryi*, 应俊生和张俊龙, 1994）

多年生草本，根状茎粗壮而带木质。叶均基生，呈莲座状，单叶，掌状三全裂或近一回三出复叶，有长柄，叶柄基部膨大成鞘状。花莛常数条，不分枝；聚伞花序有1或3花；花辐射对称，中等大，美丽；萼片5，倒卵形至宽椭圆形，花瓣状，天蓝色或粉红白色；花瓣5，小，长度是萼片的1/4～1/3，基部囊状或有短距。雄蕊多数，花药椭圆形，花丝具1脉，下部线形，上部丝形。退化雄蕊7～10枚，位于能育雄蕊之内侧，披针形，膜质。心皮5（6～8），子房及花柱下部被短柔毛，花柱比子房约长2倍。蓇葖果卵形，肿胀，具长而宿存的花柱；种子椭圆形，密生小疣状突起。花粉粒3沟，染色体2n=14。

尾囊草属名的学名*Urophysa*源自古希腊语中的两个词：*oura*意为尾巴，而*physa*意为泡或囊。*Urophysa*映射了该属植物果实的独特形态。在中文名称中，尾直译自*oura*，表示的是像尾巴一样的部分或附属物；囊草则是对*physa*泡或囊状结构的直观描述。

尾囊草属是中国特有属，包含尾囊草和距瓣尾囊草（*U. rockii*）两个物种，在分布上属于第15类分布类型（李德铢, 2020）。其中，尾囊草的地理范围较广，主要分布于贵州北部、湖南西北部、湖北西部、四川西南部、广东阳山、广西木论国家级自然保护区以及陕西镇平县（Fu & Robinson, 2001; 董安强 等, 2012; 谭卫宁 等, 2017; 殷越阅 等, 2021）。这些群落主要生长在海拔370～2 150m的地区，通常栖息于喀斯特地貌的石灰岩壁或岩石缝隙之中。相较而言，距瓣尾囊草的生境更为特殊和有限，仅见于四川省江油市和彭州市的喀斯特石灰岩地带。

3 尾囊草属分种介绍

尾囊草属分种检索表

1. 聚伞花序通常有3朵花；花瓣无距，基部囊状；萼片长约1.4cm ……… 1. 尾囊草 *U. henryi*
1. 聚伞花序通常只具单花；花瓣具短距；萼片长约2cm ………………… 2. 距瓣尾囊草 *U. rockii*

3.1 尾囊草（岩蝴蝶、尾囊果）

Urophysa henryi (Oliv.) Ulbr. in Notizblatt des Königl. botanischen Gartens und Museums zu Berlin,10: 870,1929. Lauener et Green in Not. Bot. Gard. Edinb. 23: 595. 1961; 中国高等植物图鉴1: 667, 图1334. 1972.

Syn.: *Isopyrum henryi* Oliv. in Hooker's Icones Plantarum, 8: pl.1745. 1888. (Type: China, Hupeh, Nan-to, *Augustine Henry 3820*, BM, E & K); *Anemone boissiaei* Levl. et Vant. in Bulletin de l'Académie internationale de géographie botanique, 11: 47.1902. *Aquilegia henryi* (Oliv.) Finet et Gagnep. in Bulletin de la Société botanique de France, 51: 411. 1904. *Isopyrum boissiaei* Levl. et Vant. Ulbr. in Botanische Jahrbücher fur Systematik, 36, Beib. n. 80: 6. 1905. *Semiaquilegia henryi* (Oliv.) Drumm. et Hutch. in Bulletin of miscellaneous information - Royal Botanic Gardens, Kew, 5: 166.1920.

3.1.1 尾囊草的发现与命名

尾囊草的命名历史经历了多次变化：1888年，英国植物学家Daniel Oliver，依据爱尔兰人Augustine Henry 1885年于湖北宜昌采集的标本3820（图1）首次将其归类于扁果草属，即*Isopyrum henryi*（Oliver, 1988）。此后，该物种的分类地位经历了几次变更。1902年，法国植物学家Hector Léveillé和Eugène Vaniot基于法国采集者Léon Martin和Émile Marie Bodinier 1898年在贵州采集的标本2120（图2），将其重新归并至银莲

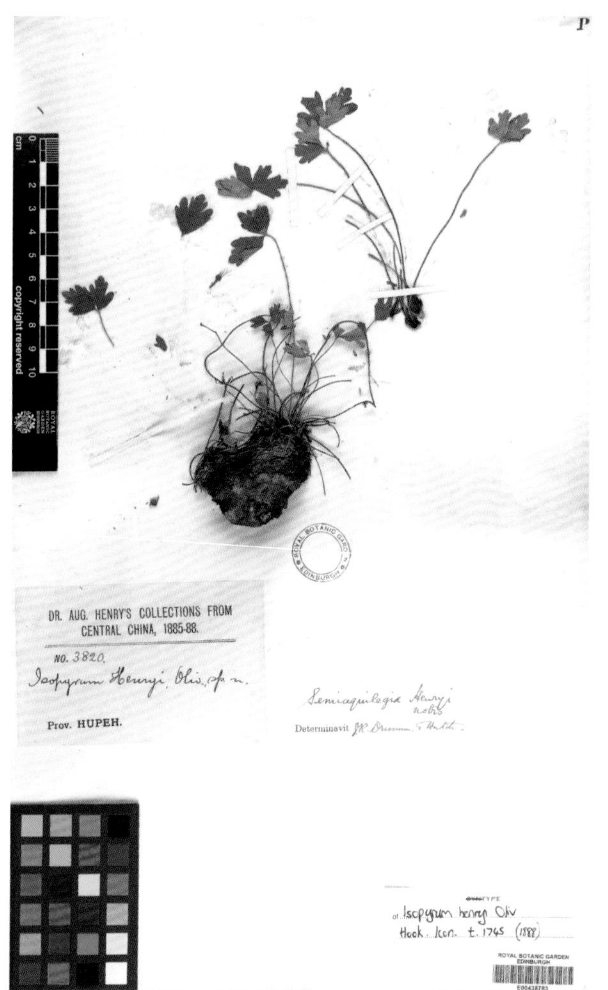

图1 尾囊草以*Isopyrum henryi*发表时的等模式标本（Henry 3820, E00438783）

图2 尾囊草以*Anemone boissiaei*发表时的等模式标本（Bodinier 2120, E00438786）

花属，即*Anemone boissiaei*。1904年，法国植物学者Achille Eugène Finet和François Gagnepain依旧根据Henry的3820号标本，将其归并为耧斗菜属，即*Aquilegia henryi*。不久之后的1905年，Léveillé和Vaniot再次调整分类，将其归回扁果草属，即*Isopyrum boissiaei*。直至1920年，英国植物学家Joseph Rose Drummond和John Hutchinson将其归类于天葵属，组合为*Semiaquilegia henryi*。最终，1929年德国学者乌尔布里希在综合前人的研究基础上，认为应该独立，正式建立*Urophysa*属，并将该物种组合为*Urophysa henryi*。这一分类得到了后来学者的广泛认可，并沿用至今，包括《中国植物志》(肖培根, 1979)和*Flora of China*(Fu & Robinson, 2001)(图3、图4)。

3.1.2 识别特征

多年生夏枯型草本植物，具粗大根状茎。叶基生，呈莲座状，单叶，掌状三全裂或近一回三出复叶，有长柄，叶柄基部膨大成鞘状。聚伞花序，3小花；萼片5，花瓣状，粉红白色；花瓣5，黄色，小，基部囊状具花蜜。雄蕊多数，具退化雄蕊。蓇葖果卵形，肿胀，具长而宿存的花柱，果实成熟时，呈现重力依赖型种子传播；种子椭圆形，黑色，密生小疣状突起(图5)。花期3～4月，果期4～6月(Ulbrich, 1929; Fu & Robinson, 2001)。

3.1.3 地理分布及生境

尾囊草作为中国特有种，其生态分布和地理

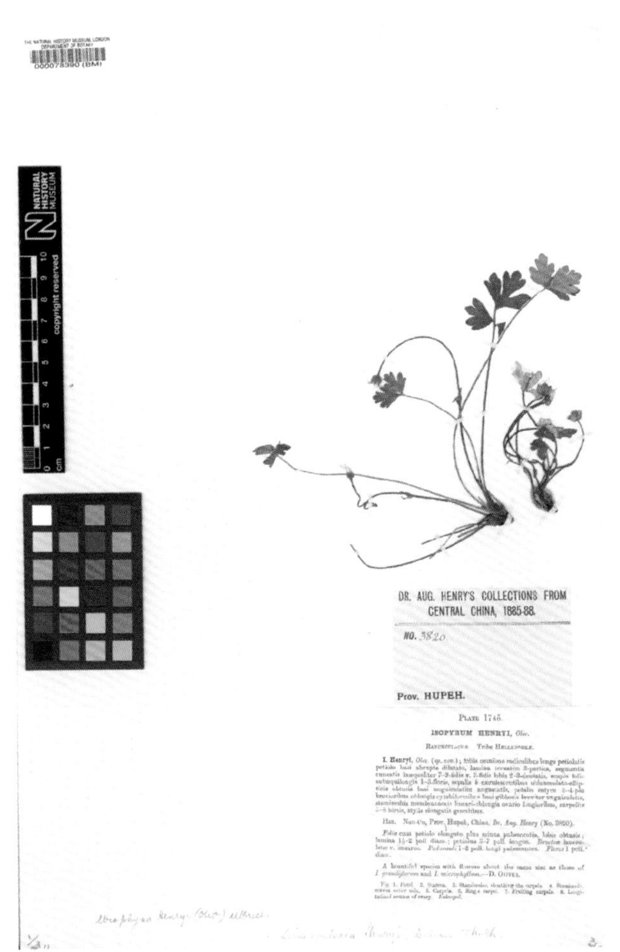

图3 尾囊草以*Isopyrum henryi*发表时等模式标本(Henry 3820, BM000078390)

图4 尾囊草以*Urophysa henryi*发表时的模式标本(Henry 3820, K000694407)

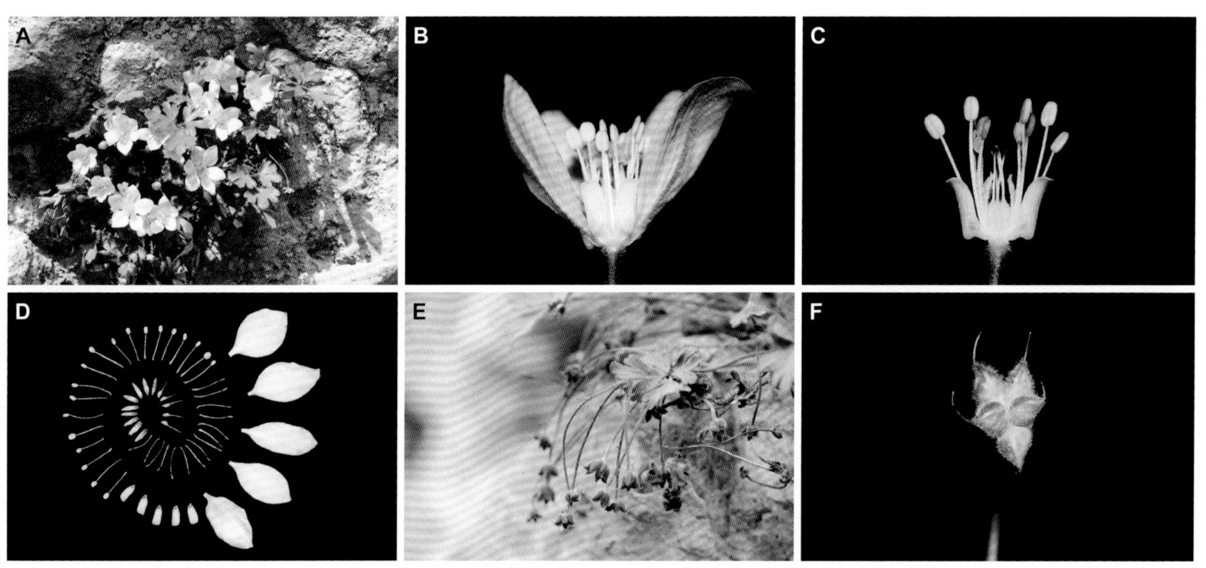

图5　距瓣微囊草形态特征（A：全株；B：花冠；C：去掉苞片的花冠；D：解剖的花苞、花瓣、雄蕊、退化雄蕊、雌蕊，周建军 摄；E：蓇果；F：蓇果，朱鑫鑫 摄）

位置特点具有鲜明的生物地理学意义。根据1929年乌尔布里希的原始描述及后续标本采集数据[1]，这种植物主要分布于贵州以及周边地区，包括湖北北部、湖南西部、四川西南部以及重庆南部。它倾向于在喀斯特地貌特有的石灰岩崖壁或洞口岩壁上生长（图6），这些生态位的特殊性为尾囊草提供了独特的生存环境。

近年来的研究和调查工作进一步拓宽了我们

图6　距瓣尾囊草生境（A：湖南娄底，周建军 摄；B：广东阳山，徐晔春 摄；C：贵州安顺，飞狼 摄）

对尾囊草分布的认知。例如，2012年在广东阳山的新发现记录，2017年在广西木论国家级自然保护区的报告，以及2021年在陕西镇平县的记录，都显著拓展了尾囊草已知的地理分布范围（董安强 等, 2012; 谭卫宁 等, 2017; 殷越阅 等, 2021）。这些新的发现点不仅增加了尾囊草的生态地理数据，也表明该物种具有更广泛的地理分布和更强的生态适应性。

对于尾囊草这类分布相对有限且环境要求特殊的物种而言，了解其分布范围的拓展至关重要，因为这关乎物种保护和生物多样性的评估。不同区域的尾囊草可能面临不同的环境压力，如栖息地破坏、气候变化等，这要求进行更细致的环境监测和保护策略规划。此外，尾囊草的新发现还激发了研究人员对其生态位特性、生理适应性及居群遗传结构等方面进一步研究的兴趣。研究这些特定生态位的植物，可以为理解生态系统的功能、物种分布格局以及物种演化提供宝贵的信息。这种以物种为中心的研究途径，有助于揭示自然界的复杂性和生命过程的多样性；从长远来看，它对生物多样性的保护和可持续利用具有重要的意义。

3.1.4 海内外传播与引种

尾囊草在海内外的信息相对稀少，目前国内还未有人工栽培记录。不过，通过一些未详细阐述的渠道，该植物的少量种子已被成功引进至美国。根据Juniper Level Botanic Garden（JLBG）2023年2月1日发布的最新消息，他们从种子成功培育出尾囊草，并首次记录到其在美国开花结果，观察到该植物在每年1～3月开花[2-3]。

Juniper Level Botanic Garden（JLBG）是一家位于美国北卡罗来纳州Raleigh的非营利性教育、研究及展示花园，占地28英亩（约11.33hm^2），自1986年成立以来，一直致力于植物的收集、研究以及普及教育工作。作为美国公共园林协会的一员，JLBG通过其研究与展示活动，在促进植物多样性与环境教育方面起到了积极作用。目前，尾囊草在海外的栽植情况依然较为稀少，JLBG的研究成果为我们提供了宝贵的生长周期、生态适应性等数据，这些信息对进一步了解和保护这一物种有着极大的科研价值。

3.1.5 主要价值

尾囊草以其似花瓣的美丽萼片著称，花色高雅洁白，花期持久，具有较强的观赏性，在冬春季花坛布置、公园绿化及私家庭院装扮中，能提高环境的美感和观赏价值（杜巍 等, 2018; Xie et al., 2016）。尾囊草不仅外观美丽，还是一种重要的药用植物。其根状茎中含有的多种生物活性成分，如生物碱等，具有显著的药效。尾囊草在传统中医中的应用历史悠久，被用于治疗神经性疼痛、腰背痛、胃痛、牙痛、跌打损伤引起的疼痛和青肿（贵州省中医研究所, 1970; 湖南省中医药研究所编委会, 1979）。此外，对于外伤出血，尾囊草也可外用，具有止痛、活血散瘀、止血的功效（李平 等, 2014; 韦发南 等, 2016）。尾囊草的退化雄蕊和囊状蜜腺，也为研究毛茛科楼斗菜族植物的物种演化提供了极有价值的案例（Xie et al., 2016)。

3.1.6 保护现状

尾囊草在《世界自然保护联盟濒危物种红色名录》中被列为易危（VU）种类[4]，这一分类凸显了其保护的迫切性。分布于中国的贵州、湖南、湖北、四川、重庆、广东、广西和陕西等地，尾囊草的自然栖息地主要局限于特有的喀斯特地貌，如岩壁、石灰洞口岩壁或岩石缝隙，这些特殊环境为尾囊草的生长提供了独一无二的条件。

根据四川大学何兴金课题组在2016年的研究以及近10年内关于广西、陕西和广东尾囊草新记录的诸多研究发现，尾囊草的野外种群数量极为稀少（Xie et al., 2016; 董安强 等, 2012; 谭卫宁 等, 2017; 殷越阅 等, 2021）。尽管该植物在多个地区有分布，但它们面临的生境条件严酷，加之其根状茎具有药用价值，导致野生资源遭受人为破坏，人类活动对尾囊草的生存环境和持续生存构成了严重的威胁。

目前，关于尾囊草的人工引种和繁殖尚无详细报道，这意味着保护其自然栖息地和野外种群至关重要。为了应对这一挑战，须加强对尾囊草野外种群的监测，保护其自然栖息地，同时探索人工繁育和栽培的可能性，以期降低对野生种群的依赖。

3.1.7 相关科学研究

尾囊草，一种主要集中分布在贵州、湖北、湖南、四川和重庆等地的珍稀植物，近年来也在广东、广西和陕西等地有了新的分布记录。目前，尾囊草的相关科学研究较少。四川大学何兴金课题组采用ISSR（inter-simple sequence repeats）标记技术，对贵州、湖北、湖南、四川和重庆的9个尾囊草种群的遗传多样性和种群结构进行了深入评估。研究结果揭示了尾囊草在物种水平上展现出的高度遗传多样性，并且发现了显著的遗传分化及有限的基因流动。利用UPGMA（非加权组平均法）聚类分析和PCoA（主坐标分析）技术，将所研究的9个种群有效地分为3个主要的群组，这一分组与它们的地理位置大致一致。同时，通过IBD（隔离与距离）分析，研究也发现种群间的遗传差异与地理距离之间存在显著的相关性（Xie et al., 2016）。该研究的发现提示我们，栖息地的异质性以及物理障碍对尾囊草现代分布模式和种群分化具有重要影响。这些结果不仅为理解尾囊草的遗传背景和生态适应提供了重要信息，也为该物种的保护和管理提供了科学依据。

Xie（2018）对尾囊草和距瓣尾囊草以及天葵属的天葵（*Semiquilegia adoxoides*）的叶绿体基因组测序分析，并对其结构和功能特点进行了详细比较。结果显示，这些基因组展现出典型的四分体结构，其大小介于158 473 ~ 158 512bp之间，由倒置重复区、小单拷贝区域和大单拷贝区域组成。通过深入分析，研究发现7个区域表现出较高的核苷酸多样性，这为进一步的分类、系统发育和群体遗传学研究提供了有价值的标记。另外，研究中还检测到大量的变异重复和简单序列重复（SSR）标记，增加了对这些物种遗传背景的了解。特别是对6个单拷贝基因（*atpA*、*rpl20*、*psaA*、*atpB*、*ndhI*以及*rbcL*）进行的正选择分析揭示了这些基因可能存在较大的选择压力。系统发育分析的结果一致表明，尾囊草和距瓣尾囊草形成一个紧密的聚类关系，天葵是近缘种。此项研究为尾囊草属及其近缘相关物种的保护和研究开辟了新的视角和方法。

在对生长于喀斯特生境的尾囊草属以及与之近缘的耧斗菜属和天葵属植物进行转录组测序分析的研究中，发现尾囊草属植物的基因在多个功能领域呈现出显著的富集现象。这些功能主要关联于抗逆性、跨膜运输机制、细胞内离子平衡维持、钙离子运输、钙信号的调节以及水分保持等方面，展示出尾囊草属植物适应特定环境压力的能力。通过集成分子生物学和形态学的证据，我们可见尾囊草属植物已经进化出一套复杂的生存策略，以适应恶劣的喀斯特环境。这些策略不仅揭示了尾囊草属植物演化的方向，同时也为理解该属植物对特定生境的适应机制提供了重要的理论依据（Xie et al., 2021）。

3.2 距瓣尾囊草

Urophysa rockii Ulbr. in Notizblatt des Königl. botanischen Gartens und Museums zu Berlin,10: 869, 1929 (Type: China, West Szetschuan, nordlich von Changpu und Kiang-yu, an feuchten moosigen Ufern des Fu Kiang (bluhend und fruchtend Marz 1925 - *J. F. ROCK n. 12015*, E, GH, K, NY, PE, 图7 & 图8A-D).

Syn.: *Semiaquilegia rockii* (Ulbrich) Hutch. in Curtis's Botanical Magazine 158: sub t. 9382. 1935, in obs.

3.2.1 距瓣尾囊草的发现与命名考证

（1）初次发现与采集背景

1924—1927年，洛克在哈佛大学阿诺德树木园（Arnold Arboretum）和比较动物博物馆（Museum of Comparative Zoology)的资助下，进行了一次为期三年的中国西部和南部考察活动。在1925年3月，他的团队在四川省江油市北部涪江上游沿岸首次发现了一种开蓝色花朵的植物，标本采集编号为12015。此为距瓣尾囊草的首次采集记录，标记了该物种在科学领域的诞生。

图7　距瓣尾囊草模式（Rock 12015, GH00068769）（采自四川江油）

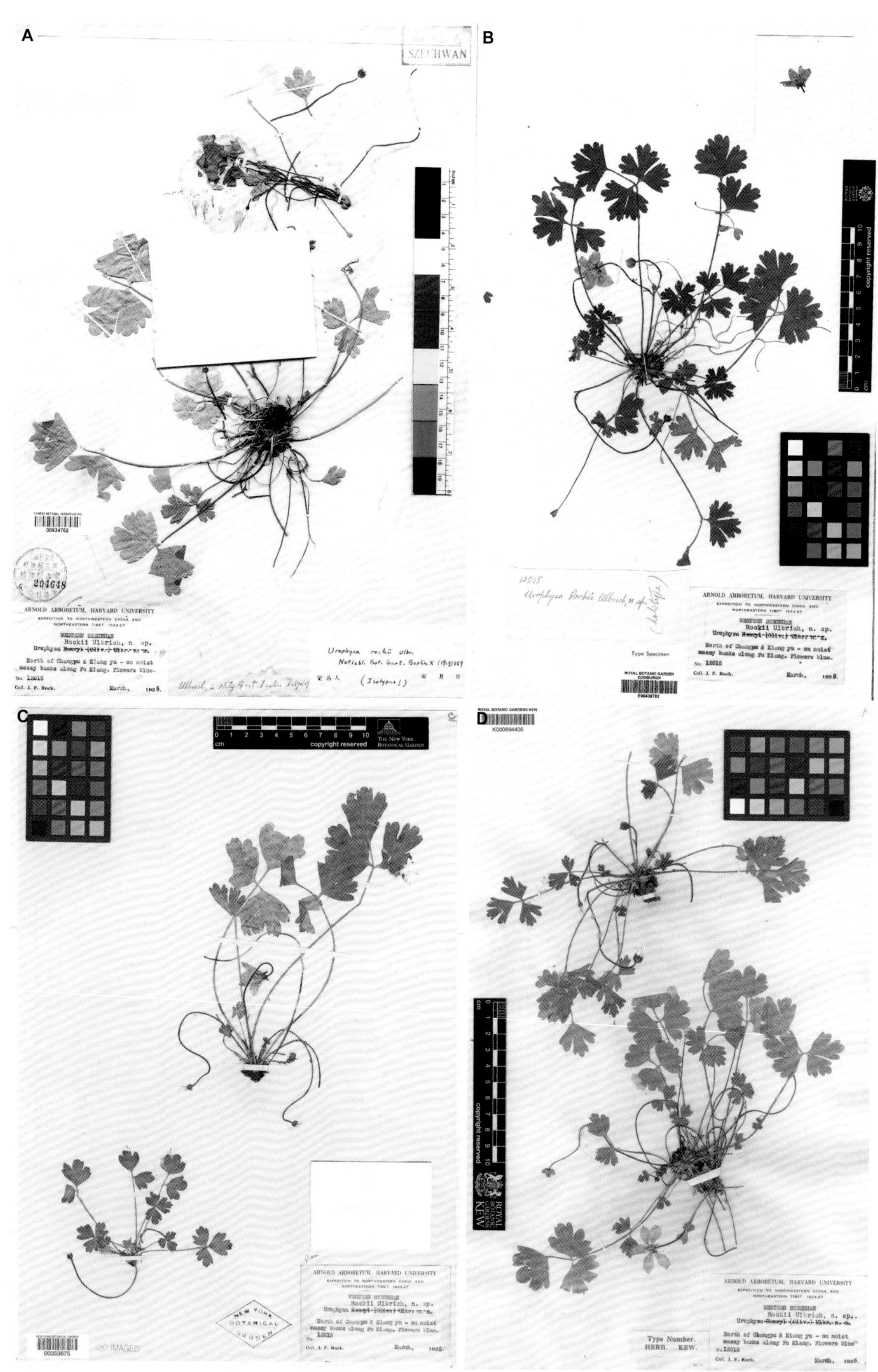

图8　距瓣尾囊草等模式（A：00934762；B：E00438782；C：00353675；D：K000694406）

（2）命名及分类争议

直到1929年，德国植物学家乌尔布里希将Rock的标本命名为一新种，并以洛克的姓氏来命名，称之为*Urophysa rockii* Ulbrich（Ulbrich, 1929）。但1935年，英国植物学家德拉蒙德（Joseph Rose Drummond）和哈钦松（John Hutchinson）认为这个物种的叶形和花瓣形态与天葵属更相似，将其归入天葵属，即*Semiaquilegia rockii* (Ulbr.) Hutch（Drummond & Hutchinson, 1935）。但是大多数分类学家对这个观点持有异议，后人仍然采用*Urophysa rockii* 这个命名，并沿用至今，包括《中国植物志》（肖培根，1979）和*Flora of China*（Fu & Robinson, 2001）。

1964年，负责编写《中国植物志》毛茛科的王文采（1926—2022）将尾囊草属的编写工作分配给中国医学科学院药用植物研究所的肖培根。虽然肖培根到四川进行野外考察时并未采集到距瓣尾囊草的标本，但是他在《中国植物志》中仍然认为尾囊草属是成立的，并依据*Urophysa rockii*的花瓣具距这个特征，起了个中文名“距瓣尾囊草”，同时指出该种是一个狭域分布种，仅分布于四川的涪江上游。2001年中国科学院傅德志等在编写*Flora of China*时，仍然采用肖培根的分类处理观点，采用距瓣尾囊草的命名*Urophysa rockii*。

（3）再次发现

自1925年3月洛克在四川涪江附近首次发现距瓣尾囊草至今，由于最初的模式标本记录地点较为模糊，且当时也未标明具体的经纬度，导致这一新物种如同夜空中一颗璀璨的流星，闪现后即隐没于历史的长河之中。尽管多年来有植物学家尝试追寻其踪迹，但在长达80年的时间里，即1925—2005年，国内外学者未曾再次发现它的身影。

幸运的转机发生在2005年3月，当中国科学院植物研究所傅德志的博士生李春雨在江油进行考察时，在涪江上游的观雾山自然保护区内，特别是在武都水库施工现场附近一个名为“大桑园”的地点，意外发现了距瓣尾囊草的存在。这次重新发现，使得这种珍稀植物再次引起科学界和公众的关注[5]。

3.2.2 识别特征

多年生夏枯型草本植物，具粗大根状茎，略带木质。叶基生多数，呈莲座状，掌状三全裂或近一回三出复叶，卵形至宽卵形；中小叶全裂片具长柄，宽菱形或扇状菱形，三深裂，深裂片常具三圆齿，两面均疏被白色短柔毛，正面绿色，背面紫红色；侧小叶全裂片，无柄或具短柄，斜扇形不等二深裂；叶具长柄，被白色短柔毛，叶柄基部膨大呈鞘状；花莛数条不分枝，花莛较长，聚伞花序通常1花，花冠直径3.5cm左右；苞片1或2，线形或披针状线形；萼片5，花瓣状，倒卵形至宽椭圆形，全缘，顶端钝或微缺，天蓝色或粉红白色，长约2cm；花瓣5，船形，长约6mm，顶端钝，基部突出形成距状，距长约2mm，距底部有泡状蜜腺；雄蕊多数（31～56枚），花药黄色；退化雄蕊7～10，花丝膨大肿胀，位于可育雄蕊的内侧，披针形，白色膜质，与花瓣近等长。心皮5，子房及花柱下部被短柔毛，花柱比子房约长2倍。蓇葖果卵形，肿胀，密生明显的横脉，疏被短柔毛，宿存花柱丝形；种子椭圆形，暗褐色，密生小疣状突起（Ulbrich, 1929; Fu & Robinson, 2001; 刘友权 等，2007; 杜保国 等，2010a; 王金锡 等，2011a; 孙立，2014; Zhao et al., 2015）（图9）。

3.2.3 生物学特性

距瓣尾囊草是一种夏枯型多年生草本植物，每年5～7月进入休眠阶段，叶片逐步枯黄。自8月开始，地下根状茎顶端发出新芽和紫红色新叶，同时，自然散播的种子也开始发芽。10～12月是营养生长的旺盛期，叶子颜色会随温度的降低从嫩绿变为深紫。12月上旬开始萌发花芽，逐渐开花，盛花期为翌年2月中下旬至3月中下旬，单朵花期7～15天，种群花期约120天。花蕾期花萼片呈淡绿色或淡紫色，盛花期时花萼变为白色或天蓝色。4～5月为种子成熟期（刘有权 等2007, 2009; 杜保国 等，2010a; 王金锡 等，2011b; 别鹏飞 等，2018)。

图9 距瓣尾囊草形态特征（A：全株；B：花冠；C：部分解剖的花冠；D：花苞片；E：花瓣；F：雄蕊；G：不育雄蕊；H：子房和雌蕊）

3.2.4 地理分布与生境

本种属于狭域分布类型，目前仅有四川江油和彭州有少量野生种群分布[6]（Ulbrich, 1929; Fu & Robinson, 2001; 刘有权 等, 2009; 王金锡 等, 2011a）。该物种自然生境为喀斯特地质形态特征显著的石灰岩绝壁缝隙或岩壁基部的风化残积物（杜保国 等, 2010a; 王金锡 等, 2011a; 刘彬 等, 2011）（图10）。

图10 距瓣尾囊草生境（A：四川彭州；B：四川江油）（孟德昌 摄）

根据截至2010年的野外考察研究，四川江油涪江中上游的观雾山自然保护区内记录到距瓣尾囊草的4处野生种群。其中位于北城乡大桑园内的种群生境特征为涪江江边的石灰质崖壁，且此处具浸出水，海拔分布范围为610～660m，岩石类型主要为白垩石灰岩和泥晶石灰岩。特别需指出，大桑园内的种群以1 529株的数量分布在所记录的4个种群中最为丰富。值得注意的是，该地点种群由于位于四川省武都水库的蓄水区，大部分植株在2011年4～5月被迁徙至海拔及生境条件相似的新春乡景台村。随后，在2011年9月武都水库蓄水导致北城乡大桑园的最大野生种群被水淹没。位于永胜镇项家沟的种群生境在山中石灰质崖壁较湿润处，海拔为910～970m，岩石类型为鲕状石灰岩和泥晶石灰岩，种群规模约为大桑园的1/5。位于新春乡景台村山谷中部种群生境为山腰钙质崖壁泉眼附近及潮湿地带，海拔为920～940m，岩石类型为生物碎屑石灰岩，种群规模约为大桑园的5%，为四处分布中数量最少的。位于含增镇朝阳洞的种群生境为山顶部塌方洞穴旁崖壁阴凉处，海拔为1 400～1 420m，崖壁上岩石类型为白垩石灰岩，种群规模约为大桑园的6%（杜保国 等, 2010a; 王金锡, 2011a; 刘彬, 等, 2011）。

2015年，距瓣尾囊草在四川彭州首次发现[7-8]。据2022年专项组调查，彭州共分布3个种群，约648丛，分别在彭州葛仙山仙女洞、雷神洞以及白鹿镇飞来峰景区附近的土匪洞及土匪洞右侧的石灰岩缝隙，海拔在600～1 000m之间，分布生境主要为半风化的石灰岩岩壁缝隙中，岩石为泥盆纪石灰岩。

3.2.5 海内外传播与引种

自2011年以来，四川省林业厅在观雾山自然保护区内的景台寺设立距瓣尾囊草的人工繁育基地，该基地致力于该物种的人工繁殖工作，得到了四川省环境保护厅、四川省环境保护科学研究院以及江油市林业局等多个单位的支持与合作。经过10年的不懈努力，该基地已分年采集3.5万~4万粒种子，并成功培育出逾600盆健康的距瓣尾囊草，其成活率超过了10%[9-10]。

根据2022年出版的《国家植物园植物名录》，距瓣尾囊草已被引进栽培至中国科学院国家植物园（南园）[11]，在这里的温室环境下，该物种能够成功开花并结果。此外，在中国科学院昆明植物研究所的人工栽培下，本种同样在当地自然环境中顺利开花并结果[12]。这显示出，在科研单位与自然保护区的共同努力下，通过人工繁育和栽培技术的不断优化与进步，不仅提高了距瓣尾囊草的存活率和繁殖能力，也为其自然保护与生态修复提供了宝贵的经验与数据支持。

3.2.6 主要价值

距瓣尾囊草花期长达4个月，且花期正值冬季，花萼大而醒目，呈白色或天蓝色，具有极高的观赏价值（刘有权 等, 2007; 王金锡 等, 2011a; 杜保国 等, 2010a; 刘彬 等, 2011）。从经济价值角度出发，距瓣尾囊草的叶片和整个植株富含芳香油，具有芳香油及化妆品的开发价值（刘有权 等, 2007; 王金锡 等, 2011a）。距瓣尾囊草属于狭域分布种，属于濒危植物，其花瓣有距，而且花瓣具蜜腺，对研究揭示毛茛科耧斗菜族这一类群的系统发育关系有非常重要的价值（杜保国 等, 2010a; Wang & Chen, 2007）。

3.2.7 国内保护现状

距瓣尾囊草自2005年在四川江油重新被发现至2009年，其生长于天然栖息地中几乎未引发较大关注。在这一时期，虽有少数专家对其生存环境进行了调研和初步生物学特性观察，并尝试了种子发芽实验，但人工栽培成活率并不理想（刘有权 等, 2007, 2009）。然而，当2010年北城乡大桑园的距瓣尾囊草最大野生种群因四川武都水库建设面临淹没时，此情景终于引起了相关部门和公众的广泛关注。2010年，距瓣尾囊草在《世界自然保护联盟濒危物种红色名录》中被列为极危（CR）种类，2013年的《中国生物多样性红色名录》评估其为极危[13]。

面对建设带来的生境威胁，相关保护部门决定采取紧急保护与异地移植措施。在专家的建议下，2010年开始深度研究距瓣尾囊草的生物学特性，同时暂缓水库蓄水计划。研究发现，距瓣尾囊草为夏枯型植物，主要在湿润石灰岩缝隙中生长。基于这一发现，选择距原生境90km的新春乡景台村藏王寨作为新栖息地，并制定了具体的移植方案。2011年5月，移植工作在距瓣尾囊草休眠期间开始，并成功转移了超过1 400株植物至新地点，首年成活率超过90%[14-16]。

自2011年起，四川省在新栖息地建立了距瓣尾囊草繁育基地，进行人工繁殖研究，并于2016年启动野外回归试验，成功让1 070株植物回归自然，其中约730株存活。特别在武都镇北城村附近及武引水库淹没线以上地区，成功回归180株（浦艳 等, 2023）。经历了10年的努力，观雾山自然保护区在迁地保护、人工繁育、野外回归等方面积累了宝贵经验，为距瓣尾囊草的保护工作取得了重大进展。2021年10月，在昆明举行的联合国《生物多样性公约》第十五次缔约方会议上，距瓣尾囊草保护工作作为四川省保护极小种群物种的成功案例得以展示[17-18]（李冬 等, 2021）。

得益于这些努力，截至2023年，距瓣尾囊草的总种群数量恢复至4 500余株，大约2/3的种群数量处于野外状态，这标志着其灭绝风险已经大幅度降低。此外，2017年在四川彭州也发现了新的野生种群。根据《中国生物多样性红色名录——高等植物卷（2020）》[19]的评估，距瓣尾囊草的保护级别已调整为易危(VR)，这一调整既是对过去几年保护努力成效的认可，也标志着对该物种未来保护工作的持续期待和鼓励。展现了保护工作的成效和对未来保护工作的持续期待。

3.2.8 相关科学研究

距瓣尾囊草自2005年重新在四川江油发现，学者们陆续对这一物种开展了生物学特性、种子散播过程、生境特征、繁育特性、组织解剖学特征、系统进化等方面的研究。

对距瓣尾囊草生活史的研究表明，这个物种为夏枯型多年生草本，每年5～7月处于休眠阶段。从5月底开始叶色转为灰绿、黄绿，叶片渐渐发黄枯萎进入休眠期，仅地下根状茎和根系蓄存。8月上旬根状茎顶端发出新芽和紫红色的新叶片，此时，自然散播的种子也开始发芽长成幼苗。10～12月逐渐进入营养生长旺盛时期，叶背面的颜色随温度变化从嫩绿色到深绿色或紫绿色，再到深紫色。12月上旬花芽开始萌动并逐步膨大，始花期自12月中下旬开始，盛花期为翌年2月中下旬至3月中下旬（图11A)。据别鹏飞等（2018）观察，距瓣尾囊草的单朵花期为7～15天，种群花期约为120天。花蕾期花萼片常呈淡绿色或淡紫色，盛花期时花萼片陆续张开，大而醒目，萼片颜色发生变化，由淡绿色变为白色或天蓝色（淡紫色）（刘有权 等, 2007, 2009; 杜保国 等, 2010a; 王金锡 等, 2011b; 孙立, 2014; Xie et al., 2021)。

距瓣尾囊草的蓇葖果多在4～5月成熟，为种子结实期。每株植物通常结3～5个聚合蓇葖果，每个果实中的种子数从1粒到8粒不等，但以5粒或6粒居多（图11B）。在4月蓇葖果成熟的时候，果柄会逐渐变长，并自然地弯曲向岩石的裂缝中生长，把蓇葖果推进裂缝，通过这种方式完

图11　距瓣尾囊草葛仙山野生种群（A：末花期；B：结果期）（张挺 摄）

成了以果实作为传播单元的扩散过程。到了5月，位于岩石裂缝中的成熟蓇葖果会沿腹缝线横向开裂，种子则通过开裂产生的机械力量散落在岩石裂缝中，完成种子扩散的第2个过程。随着夏季降水量的增加，增多的岩石裂缝水形成径流，将部分种子通过水流传播到较远的岩石裂缝中，这一扩散过程可以持续到种子的休眠期结束。三个阶段的扩散过程互相连接，确保种子能够到达适合生长的微环境，从而保障植物后代的成功繁衍和生境范围的扩展（杜保国 等, 2010a; 张云香 等, 2013）。

通过对分布在四川江油4处距瓣尾囊草野生种群的生存环境的研究得知，其着生的岩石均为泥盆纪海相时期沉积所形成的泥盆系石灰岩，岩石矿物成分均主要以含钙量较高的方解石为主（王金锡 等, 2011b)，自然生境距瓣尾囊草根系残积物、岩石风化物及孔隙水均具有显著的富钙特征，其含量极显著高于非自然生境地，同时，距瓣尾囊草的自然生境地的土壤或风化物均呈碱性。研究结果表明，距瓣尾囊草对着生基质中的钙含量要求很高（胡进耀 等, 2010; 王金锡 等, 2011b; 刘彬 等, 2011）。根据对距瓣尾囊草自然生境中的地质地貌及水文、岩石风化物与根部残积物的矿物成分和养分的研究推断，其能在悬崖上成功生长和繁衍依赖于4个主要因素：首先，自然生境中石灰岩崖壁岩缝中的裂隙网络、糜棱岩化作用以及偏酸性孔隙水有助于减少该植物在岩缝中生长的难度。其次，植株及地衣分泌的有机酸和根系呼吸产生的二氧化碳有助于溶解和活化岩层中的养分。第三，距瓣尾囊草及其伴生植物具有适应石灰岩环境的特性，如喜钙、耐旱和强健的根系，使其能在裂缝中吸取水分和营养。最后，区域的特殊地质结构，尤其是倾斜的岩层促进了裂隙水的流动，为植物提供了必要的钙元素和水分。这4个因素的相互作用为距瓣尾囊草提供了充分的生存空间和营养来源（王金锡 等, 2011b; 刘彬 等, 2011）。

对距瓣尾囊草种子的发芽研究表明，其种子存在休眠特性。当年采收的种子需经过30～40天的4℃低温层积打破休眠。20℃为最适宜的种子萌发温度，发芽率可达67.78%（张云香 等, 2013）。胡进耀（2015）的研究表明，60天的4℃低温层积，外加赤霉素浸泡种子24小时能够提高种子萌发率到83.91%。龙志坚等（2015）的研究表明，800mg/L的GA_3、100mg/L的NAA和1mg/L的6-BA都能够提高种子发芽率。刘有权等（2009）用自然生境地土壤异地播种，5天后发芽率为90%，带土移栽成活率为80%；用田园土作为栽培基质，加石灰将土壤调节为碱性，发芽率仅为10%。韩富贵等（2019）的研究表明将距瓣尾囊草的种子浸泡在氯化钙中，发芽过程中每隔20天喷施氯化钙溶液，可以提高发芽率和移栽成活率。杜保国等（2010b）用距瓣尾囊草带芽根状茎作为外植体，对其进行离体培养，在适宜的培养基条件下，能够使其发芽正常生长。胡进耀等（2018）用距瓣尾囊草的种子作为外植体，成功建立了离体繁殖体系。

对其繁育特性研究得知，距瓣尾囊草的花粉在花开当天活性最高，随后逐渐减弱，而柱头的可授性在花粉散布后的第3天至第8天之间，与花粉活力有大约5天的重叠期。根据Cruden标准和Dafni标准，其繁育体系为异交为主，兼顾部分自交亲和；研究发现其主要传粉者是东方蜜蜂（*Apis cerana*）和一种宽跗食蚜蝇属物种（孙立, 2014; 别鹏飞 等, 2018）。

通过对距瓣尾囊草的自然种群、野外回归种群和人工培育种群的叶功能性状和与根际细菌群落的研究得知，距瓣尾囊草在野外回归过程中叶功能性状能通过协变逐渐适应自然生境，而根际细菌群落则与自然生境中的还存在差异（秦慧, 2022）。

通过光学显微镜和扫描电镜对距瓣尾囊草花器官的研究表明，距瓣尾囊草花萼呈螺旋形器官发生，而花瓣、雄蕊和心皮是非同时轮生；萼片原基是弯月形和截平的，但花瓣和雄蕊的原基是半球形和圆形的。萼片发生后，发育过程有所延迟，但花瓣和雄蕊的发生是连续的。雄蕊中小孢子的发育序列是外向的（离心性），尽管雄蕊的发生是向心的。心皮原基呈弯月形并且有褶缝。成熟的胚珠是倒生的和双珠被的。距瓣尾囊草的花冠特征展现了与楼斗菜属和天葵属相似的花发育特征，尽管有一些差异，这支持了通过DNA序列数据推断出的亲缘关系（Zhao et al., 2015）。

张瑜等（2019）对距瓣尾囊草的核型分析研究表明，该植物染色体总数为14条，为二倍体。其染色体构造由2长型、2中型较长和10中型较短组成，核型公式为14m，平均着丝粒指数44.09，核型不对称系数55.91，表明其属于较为原始的“1A”型核型。另外，发现2个5S rDNA位点位于一对染色体长臂的近着丝粒位置，证明5S rDNA是该植物染色体标识的有效标记。

何兴金课题组对分布在四川江油距瓣尾囊草的5个野生种群进行了遗传多样性分析，研究结果表明，距瓣尾囊草起源于早第四纪，进一步在早更新世时期分化。栖息地破碎化在遗传多样性和种群分化中起着重要的角色。由云贵高原迅速隆起造成的异质地貌和复杂环境，被推断为现代地理结构模式和尾囊草属物种分化的重要动因。地理隔离、有限的基因流动、特化的形态学和更新世气候波动极大地促进了距瓣尾囊草的异地分化，在这个物种中检测到显著的遗传漂变和近交现象（Xie et al., 2017)。

4 与尾囊草属有关的历史人物

4.1 尾囊草和距瓣尾囊草的采集者

（1）韩尔礼（Augustine Henry, 1857—1930）

韩尔礼是一位出生于苏格兰、成长于爱尔兰，并受过医学训练教育的英国驻中国海关工作人员和业余植物采集家（马金双, 2022）。他1880年开始在中国海关总署上海分署任附属医务官员，自此展开了为期近20年的职业生涯，在中国的不同地点，包括湖北宜昌、海南海口、台湾高雄以及云南蒙自和思茅等地，进行了广泛的植物采集工作。通过组织和培训自己的植物采集团队，韩尔礼总共采集了约15.8万个植物标本，涉及大约6 000种植物，其中包括5个新科37个新属1 338个新种以及388个新亚种和变种，成为在中国采集植物标本数量最多的外籍人士之一（Stebbing, 1930; 叶文, 马金双, 2012）。

他在中国西部和南部进行的广泛植物采集工作，不仅开创了欧美植物学家在中国密集采集植物的先例，也使得许多之前鲜为人知的中国奇花异草走进了西方世界。其中，韩尔礼因成功引种包括亨利百合在内的多种中国植物至西方而声名鹊起，这些植物的引进极大丰富了西方园艺和景观设计的多样性。特别是在1885年，韩尔礼在湖北宜昌一次探索中，发现了仅在石灰岩崖壁上生长的珍稀植物尾囊草，进一步证明了中国西部植物多样性的独特价值和重要性（Ulbrich, 1929; Stebbing, 1930; 叶文, 马金双, 2012）。

韩尔礼的植物学研究并不止步于他在中国的工作。他回到欧洲后转向林学领域，在英国和爱尔兰的树木研究中做出了重大贡献，撰写了林学领域的经典著作，参与北美洲的森林考察，并在剑桥大学和都柏林大学建立和发展了林学教育，直至1926年退休。韩尔礼的一生充分体现了他作为一名极富远见和热情的科学探索者的精神，他的工作不仅极大地推进了对中国特有植物的理解和研究，同时也为全球的林业和植物学贡献了宝贵的知识和资源（Stebbing, 1930; 叶文, 马金双, 2012）。

（2）洛克（Joseph Francis Rock, 1884—1962）

洛克，奥地利出生的多才多艺的美籍植物学家、探险家及地理学家，因其在20世纪20年代初至中期对中国西南部和藏南地区的广泛植物考察、深入民族学研究及出色的摄影贡献而声名远扬。洛克自1902年完成大学预科学业后，开始了对欧洲和北非的探索之旅。从1908年起，洛克在夏威夷开始了他的植物学事业，最初是作为美国农业部的采集人员，后自学成为该地区植物学的专家，在1919年成为夏威夷学院的系统植物学教授，并建立了夏威夷的第一个植物标本馆。

从1922年开始，洛克开启了他对中国的深入探索，一直持续到1949年，其间他6次深入中国的云南、四川、甘肃和青海等地的民族地区。在这一过程中，他获得了包括美国农业部、美国国家地理协会、史密森学会、哈佛大学阿诺德树木园、加利福尼亚大学植物园及比较动物博物馆等多家机构的支持。洛克收集了大量珍贵的动植物标本，并为《美国国家地理》杂志撰写报道、拍摄照片。在1924—1927年对中国西部的探寻期间，他在四川江油涪江河畔成功采集到了珍稀植物距瓣尾囊草。

洛克的职业生涯早期主要专注于植物采集和探险记述，而自1930年起，他的兴趣逐渐转向纳西的历史文化和宗教研究。他的重要著作包括《中国西南古纳西王国》，以及被认为是纳西族象形文字研究权威之作的《纳西语英语百科辞典》。洛克的工作不仅深化了西方世界对中国西南部植物多样性的认识，而且其在植物收集和摄影方面的卓越贡献，为后续的科学研究提供了丰富的素材和灵感（马金双, 2022）。

4.2 尾囊草和距瓣尾囊草的命名者

奥斯卡·埃伯哈德·乌尔布里希（Oskar Eberhard Ulbrich, 1879—1952）

乌尔布里希是德国植物学家，1879年9月17日出生于柏林。他在柏林大学深造，主修自然科学领域，包括植物学、动物学、地质学和气象学，受到著名植物分类学家恩格勒（Adolf Engler, 1844—1930）等多位知名学者的指导。1905年10月，乌尔布里希以《银莲花属的系统分类与地理分布研究》获得哲学博士学位。此项研究通过分析植物志和收藏标本标签中的信息，探究了物种与其生态环境因素之间的关联性（Mildbraed, 1954)。

乌尔布里希的职业生涯主要在柏林–达勒姆的植物博物馆和标本馆里度过，从1900年开始，他踏上了对植物学不懈追求的道路。他从助理逐步成为研究员与教授兼部门负责人。其中，乌尔布里希在植物标本整理与保存方面做出了重要贡献，对秩序的热爱和对细节的极致准确性是他最引人注目的特点。他通过在柏林的植物标本馆引入小彩色标签来标记物种的分布。例如，如果寻找地中海地区的标本，只需关注小蓝色标签。这种简单有效的归类方式大大提高了找寻特定地理区域物种的便捷性和工作效率。这一方法因其实用性和精确性被世界各大著名植物标本馆广泛采纳，至今仍在使用（Mildbraed, 1954)。

乌尔布里希在柏林–达勒姆的植物标本馆专注于多个植物类群的分类研究，尤其是毛茛科（Ranunculaceae）、锦葵科（Malvaceae）、椴树科（Tiliaceae）、豆科（Fabaceae）、木棉科（Bombacaceae）和藜科（Chenopodiaceae），包括1929年命名尾囊草属及其下两个物种。他为Engler和Prantl主编著名的《自然科志》（*Natüerliche Pflanzenfamilien*）撰写藜科（1934），不仅是公认的关于藜科植物系统学的杰作，也是该书中最杰出的植物分类鉴定章节之一（Mildbraed, 1954）。

随着时间的推进，乌尔布里希越来越专注于真菌学领域，且逐渐成为他工作的核心。在真菌的分类和鉴别方面，乌尔布里希积累了深厚的专业知识，特别是在应用真菌学的领域，如区分食用和有毒蘑菇以及研究真菌对抗植物病害方面，成为当时这一领域的著名专家。特别是在第二次世界大战及战后食物短缺的艰难时期，乌尔布里希的研究为柏林及周边地区的人民提供了不可估量的帮助与指导（Mildbraed, 1954）。

除了科学家的身份，乌尔布里希还是一位热情的教育家和科普作家。他积极参与博物馆中成人教育和教师进修课程的组织工作，经常带领听众进行田野考察，运用丰富的知识和生动的教学方法，将植物学知识传授给更广泛的公众。乌尔布里希的生活虽不乏波澜，但他对植物学的热爱、对知识的追求和对社会的贡献，使他的一生成为值得尊敬和纪念的篇章（Mildbraed, 1954）。

参考文献

别鹏飞，唐婷，胡进耀，等，2018. 珍稀濒危植物距瓣尾囊草(*Urophysa rockii*)的开花物候和繁育系统特性[J]. 生态学报，38 (11): 3899-3908.

董安强，陈林，郑希龙，等，2012. 广东植物区系新资料[J]. 广西植物，32(4): 450-451.

杜保国，朱东阳，杨娅君，等，2010a. 珍稀濒危植物距瓣尾囊草的生存现状及保护对策[J]. 江苏农业科学，1: 324-325.

杜保国，杨锋利，陈存根，等，2010b. 珍稀濒危植物距瓣尾囊草组织培养[J]. 江苏农业科学，4: 42-43.

杜巍，郑联合，2018. 湖北省重点保护野生植物图谱[M]. 武汉：湖北科学技术出版社.

贵州省中医研究所，1970. 贵州草药：第一集[M]. 贵阳：贵州人民出版社.

《国家植物园植物名录》编委会，2022. 国家植物园植物名录[M]. 北京：中国林业出版社.

韩福贵，胡君，顾永华，等，2020. 一种距瓣尾囊草的栽培方法[P]. 江苏省：CN109349080B.

胡进耀，罗丹，景晓宏，等，2010. 距瓣尾囊草(*Urophysa rockii*)群落土壤理化特征初步研究[J]. 绵阳师范学院学报，29(2): 72-75.

胡进耀，杨敬天，贺静，等，2015. 赤霉素浸种与层积时间对距瓣尾囊草种子萌发的影响[J]. 四川林业科技，36 (3): 88-90.

胡进耀，别鹏飞，邹利娟，等，2018. 一种距瓣尾囊草种子组培快繁方法[P]. 四川：CN108094204A.

湖南省中医药研究所编委会，1979. 湖南药物志：第3辑[M]. 长沙：湖南人民出版社.

李冬，刘泓汐，2021. 十年坚持守护只为“小小”草——绵阳市极小种群距瓣尾囊草保护成效显著[J]. 绿色天府，000(12): 22-23.

李春雨，2006. 毛茛科楼斗菜亚族(*Aquilegiinae* Tamura)的系统学研究[D]. 北京：中国科学院研究生院(植物研究所).

李德铢，2000. 中国维管植物科属志：上卷 I [M]. 北京：科学出版社.

李平，万定荣，邓旻，2014. 中国五峰特色常见药用植物[M]. 武汉：湖北科学技术出版社.

刘彬，王金锡，罗承德，等，2011. 珍稀植物距瓣尾囊草(*Uroplysa rockii*)生境特征[J]. 四川农业大学学报，29 (4): 488-494.

刘友权，徐作英，赵勋，等，2009. 距瓣尾囊草生存环境调查及栽培试验研究[J]. 中国种业，2: 69-70.

龙治坚，范理璋，徐刚，等，2015. 外源激素对珍稀濒危植物距瓣尾囊草种子萌发的影响[J]. 种子，34 (3): 27-29.

马金双，2022. 东亚高等植物分类学文献概览[M]. 2版. 北京：高等教育出版社.

蒲艳，张俊华，陈元松，2023. 植物界大熊猫距瓣尾囊草在江油深山开枝散叶[N]. 绵阳日报，12-17: 001.

秦慧，2022. 距瓣尾囊草野外回归中的叶功能性状与根际细菌群落[D]. 雅安：四川农业大学.

苏泽源，王金锡，何兴金，等，2011. 四川江油矩瓣尾囊草初步研究(三)抢救性迁地移植保护方案[J]. 四川林业科技，32 (5): 40-42, 66.

孙立，2014. 楼斗菜族(毛茛科)三种植物的繁育系统和传粉生物学研究[D]. 西安：陕西师范大学.

谭卫宁，梁添富，罗柳娟，等，2017. 广西毛茛科植物新记录属——尾囊草属[J]. 广西植物，37 (7): 926-929.

王金锡，何兴金，2011a. 四川江油距瓣尾囊草初步研究(一)距瓣尾囊草的文献考证与生物学特性[J]. 四川林业科技，32 (3): 69-73.

王金锡，何兴金，徐伟，等，2011b. 四川江油距瓣尾囊草初步研究(二)生物学特性、生态学特性与群落学分析[J]. 四川林业科技，32 (4): 28-32, 39.

韦发南，王峥涛，张文生，等，2016. 中国药用植物志：第三卷[M]. 北京：北京大学医学出版社.

肖培根，1979. 中国植物志：第27卷[M]. 北京：科学出版社：488.

叶文，马金双，2012. 两个爱尔兰青年相距百年的中国之旅[J]. 仙湖，11(3-4): 56-58.

殷越阅，胡榜文，凡荣，等，2021. 陕西毛茛科新分布属——尾囊草属[J]. 陕西林业科技，49 (5): 89-90.

应俊生，张玉龙，1994. 中国种子植物特有属[M]. 北京：科学出版社.

张波，陆世家，石力，等，2016. 珍稀濒危植物距瓣尾囊草(*Urophysa rockii* Ulbr.) SCoT-PCR分析体系的建立与优化[J]. 分子植物育种，14(9): 2453-2459.

张瑜，刘华华，郭燕玲，等，2019. 极小种群植物距瓣尾囊草的核型及5S rDNA-FISH分析[J]. 植物遗传资源学报，20 (5): 1349-1354.

张云香，胡灏禹，杨丽娟，等，2013. 珍稀濒危植物距瓣尾囊草种子散布及萌发特性[J]. 植物分类与资源学报，35(3): 303-309.

中国科学院北京植物研究所，1972. 中国高等植物图鉴[M]. 北京：科学出版社.

DRUMMOND J, HUTCHINSON J, 1920. A revision of *Isopyrum* (Ranunculaceae) and its nearer allies[J]. Bulletin of miscellaneous information - Royal Botanic Gardens, Kew, 5: 166.

DRUMMOND J, HUTCHINSON J, 1935. *Semiaquilegia rockii* (Ulbrich) Hutch[J]. Curtis's Botanical Magazine, 158: sub t. 9382.

FINET E A, GAGNEPAIN F, 1904. Contributions A La Flore De L'Asie Orientale D'Après L'Herbier Du Muséum De Paris[J]. Bulletin de la Société Botanique de France, 51(7): 411.

FU D Z , ROBINSON B R, 2001. Flora of China[M]. Beijing, Science Press & St. Louis, Missouri Botanical Garden Press.

MILDBRAED J, 1954. Eberhard Ulbrich[J]. Willdenowia, 1(2): 154-174.

OLIVER D, 1888. *Isopyrum henryi* Oliver[J]. Hooker's Icones plantarum, 18: pl. 1745.

STEBBING E, 1930. Professor. Augustine Henry[J]. Nature, 125: 606-607.

TAMURA M, 1968. Morphology, ecology and phylogeny of the Ranuncnculaceae 8[J]. Sci. Rep. Osaka Univ, 17: 41-56.

ULBRICH O E,1929. Ranunculaceae novae vel criticae 8[J]. Notizblatt des Botanischen Gartens und Museums zu Berlin-Dahlem, 10: 863-880.

WANG W, CHEN Z D, 2007. Generic level phylogeny of Thalictroideae (Ranunculaceae) — implications for the taxonomic status of *Paropyrum* and petal evolution[J]. Taxon, 56(3): 811-821.

XIE D F, ZHANG L, HU H Y, et al., 2016. Fragmented habitat drives significant genetic divergence in the Chinese endemic plant, *Urophysa henryi* (Ranuculaceae)[J]. Biochemical Systematics and Ecology, 69: 76-82.

XIE D F, LI M J, TAN J B, et al., 2017. Phylogeography and genetic effects of habitat fragmentation on endemic *Urophysa* (Ranunculaceae) in Yungui Plateau and adjacent regions[J]. PLoS One, 12(10): e0186378-e0186378.

XIE D F, YU Y, DENG Y Q, et al., 2018. Comparative analysis of the chloroplast genomes of the Chinese endemic genus *Urophysa* and their contribution to chloroplast phylogeny and adaptive evolution[J]. International Journal of Molecular Sciences, 19(7): 1847.

XIE D F, CHENG R Y, FU X, et al., 2021. A combined morphological and molecular evolutionary analysis of karst-environment adaptation for the genus *Urophysa* (Ranunculaceae)[J]. Frontiers in Plant Science, 12.

ZHAI W, DUAN S H, ZHANG R, et al., 2019. Chloroplast genomic data provide new and robust insights into the phylogeny and evolution of the Ranunculaceae[J]. Molecular Phylogenetics and Evolution, 135: 12-21.

ZHAO L, GONG J Z, ZHANG X H, et al., 2016. Floral organogenesis in *Urophysa rockii*, a rediscovered endangered and rare species of Ranunculaceae[J]. Botany, 94(3): 215-224.

ZHU Q Q, XUE C, SUN L, et al., 2023. The diversity of elaborate petals in Isopyreae (Ranunculaceae): a special focus on nectary structure[J]. Protoplasma, 260(2): 437-451.

其他网络文献（日期截止到2024年2月）

[1] https://www.iplant.cn/info/Urophysa%20henryi?t=b

[2] https://www.jlbg.org

[3] https://blog.jlbg.org/splendor-in-the-cracks-urophysa

[4] https://www.iplant.cn/rep/prot/Urophysa%20henryi

[5] http://www.greentimes.com/greentimepaper/html/2005-07/19/content_3086737.htm

[6] https://www.sohu.com/a/139496061_348901

[7] https://www.msweekly.com/show.html?id=39390

[8] http://www.isenlin.cn/sf_A427B0B8BA71455A85DBDD0B12456FB8_209_1E119764115.html

[9] https://e.thecover.cn/shtml/hxdsb/20220104/165978.shtml

[10] https://www.chinanews.com.cn/sh/2017/03-21/8178831.shtml

[11] https://ppbc.iplant.cn/tu/331692

[12] https://ppbc.iplant.cn/tu/16468845

[13] https://www.iplant.cn/rep/prot/Urophysa%20rockii

[14] https://estv.com.cn/ss/161928.htm

[15] http://scnews.newssc.org/system/20230607/001369257.html

[16] https://baijiahao.baidu.com/s?id=1720980044680685656&wfr=spider&for=pc

[17] https://www.forestry.gov.cn/main/102/20211201/101351038193702.html

[18] https://www.sohu.com/a/744970397_121123777

[19] https://www.mee.gov.cn/xxgk2018/xxgk/xxgk01/202305/W020230522536560832337.pdf

致谢

衷心感谢国家植物园（北园）马金双博士在文献资料收集、论文撰写方向、分类学专业知识及物种图片等方面提供了无比耐心和专业的指导及宝贵建议，极大地提升了论文的规范性和学术质量。同时感谢四川农业大学杨媛媛同学帮助整理标本资料，感谢中国科学院成都山地灾害与环境研究所张远斌提供物种保护信息，感谢中国科学院昆明植物研究所张挺以及诸多同仁们提供的物种照片。

作者简介

孙凌霞（女，山东茌平人，1976年生），本科1999年毕业于山东农业大学园艺专业，硕士研究生2002年毕业于中国农业大学园艺专业，博士研究生2009年毕业于美国密歇根州立大学园艺专业。2010年7月至今在四川农业大学风景园林学院工作，2014年晋升副教授，主要从事园林植物资源利用和培育研究。

05

科学立法 严格执法
China

06

-SIX-

大麻科青檀

***Pteroceltis tatarinowii* of Cannabaceae**

程甜甜*

（山东省泰安市泰山林业科学研究院）

CHENG Tiantian*

(Taishan Forestry Science Institute, Tai'an, Shandong)

* 邮箱：lkytiantian@163.com

摘　要：青檀（*Pteroceltis tatarinowii* Maxim.），为大麻科青檀属落叶乔木，单种属，是我国特有的多功能树种。其枝干特异、树形美观、寿命长、耐修剪、易整形，极具观赏价值。青檀根系发达，具有耐旱、耐瘠薄等特性，是石灰岩山地造林的先锋树种和重要的水土保持树种。青檀树皮是制造宣纸不可或缺的原材料，其木材优良，也是重要的用材树种。青檀分布范围广，我国的华北、西北、中南、西南均有分布，以安徽宣城、宁国、泾县最为集中。团队调查范围北起北京昌平、南到广西柳州、西至青海东南部、东至辽宁蛇岛等地，垂直分布于海拔100～1 500m的区域，其中安徽、山东、江苏、河南、北京、山西、湖北等地分布有千年古树群落，代表了地方一定的植被文化和地域风情，为植物配置提供广阔的文化资源。截至目前，获得青檀植物新品种授权8个。本章最后介绍了青檀的繁殖技术，为青檀苗木标准化、规模化栽培提供了科学模式。

关键词：青檀　观赏植物　种质资源　新品种

Abstract: *Pteroceltis tatarinowii* is a deciduous tree of the genus *Pteroceltis* in the family of Cannabaceae, only one species in the genus , and a versatile tree species unique to China. *P. tatarinowii* is of great ornamental value due to its unusual branches and trunks, beautiful tree shape, long life, pruning tolerance and easy shaping. And it has a developed root system, with drought-resistance, endurant barren soil and other characteristics, is a pioneer species for limestone mountain afforestation and a important species to soil and water conservation . The bark of *P. tatarinowii* is a indispensable raw material for manufacturing xuan paper, and because of the excellent wood, it is also an important timber species. *P. tatarinowii* has a wide range of distribution, and is found in North China, Northwest China, Central and Southwest China, and is most concentrated in Xuancheng, Ningguo, and Jingxian counties in Anhui Province. Our team investigated the ranges from Beijing Changping District in the north, to Guangxi Liuzhou City in the south, from Gansu Tianshui in the west, to Snake Island of Liaoning Province in the east coastal regions, and vertically from 100 to 1 500m above sea level, of which there are thousands of years of ancient tree communities distributed in provinces such as Anhui, Shandong, Jiangsu, Henan, Beijing, Shanxi, Hubei, etc., which represent a certain local vegetation culture and regional flavor, and provide broad cultural resources for plant configuration. Up to now, there are 8 new plant variety rights for *P. tatarinowii*. At the end of this chapter, the propagation technology is introduced, which provides a scientific model for the standardization and large-scale cultivation in *P. tatarinowii*.

Keywords: *Pteroceltis tatarinowii*, Ornamental plant, Germplasm resource, New cultivars

程甜甜，2024，第6章，大麻科青檀；中国——二十一世纪的园林之母，第六卷：309-355页.

青檀（*Pteroceltis tatarinowii* Maxim.）为大麻科青檀属落叶乔木，我国特有的单种属植物。分布在我国19个省（自治区、直辖市）（陈焕镛，黄成就，1998; Fu et al., 2003），范围北起北京昌平、南到广西柳州、西至青海东南部、东至辽宁蛇岛等，该树种寿命长、根系发达、耐修剪、易整形，具有耐旱、耐瘠薄等特性，是石灰岩山地造林的先锋树种，其树皮是制造宣纸的重要原材料，是重要的生态树种、用材树种和经济树种。2023年5月18日，被列入《中国生物多样性红色名录——高等植物卷（2020）》。

1 青檀系统与分类

了解物种的分类地位是保护生物学的基础，自从达尔文提出进化论以来，很多植物学家和学者依据其思想提出各自的分类系统。其中，影响较大的系统包括边沁和胡克（Bentham & Hooker）系统、哈钦松（Hutchinson）系统、恩格勒（Engler）系统、克朗奎斯特（Cronquist）系统和塔赫他间（Takhtajan）系统。国内很多植物园采用的多为恩格勒系统或克朗奎斯特系统。目前，在恩格勒系统中，青檀被划分为荨麻目（Urticales）榆科（Ulmaceae）青檀属（*Pteroceltis*）下。然而，其归属也一直处于复杂的变化中，Mirble在1815年创立榆科时将其划到朴属（*Celtis*）（吴志敏，1991）；1831年，Link等提议将原榆科划分为榆科和朴科（Celtideae），青檀也随之归为朴科（李法曾，张学杰，2000），后人又根据形态学、生理学、染色体数目与核型分析不断地证实这种提议；1883年，Bentham和Hooker又将其划分到荨麻科（Urticaceae）朴族（Celtideae）；1893年，Engler和Prantl根据形态将其划分到榆科朴亚科（Celtidoideae）下，1993年《中国植物志》（陈焕镛，黄成就，1998）和2003年*Flora of China*在榆科中详细记录了青檀的形态特征（Fu et al., 2003）；1996年，Zavada和Kim根据分子生物学证据认为应该将朴亚科划成独立的科；1997年，Ueda等采用叶绿体序列（rabL）证明了榆亚科和朴亚科是明显的两个分支。

到了近代，随着分子生物学技术的发展，很多植物分类系统不断得到修正，趋同的方向日益明显。1998年，Wiegrefe等首次提议将朴科划分到大麻科（Cannabaceae），随后Song等（2001）、Sytsma等（2002）、Yang等（2013）、张焕雷（2018）采用分子标记技术针对榆科植物亲缘关系进行分析，也认为应将原朴科植物划分到大麻科。在以分支分类学和分子系统学为基础提出的被子植物分类系统（Angiosperm Phylogeny Group，简称为APG系统或APG分类法）中（The Angiosperm Phylogeny Group et al., 2016），原榆科的青檀属（*Pteroceltis*）、朴属（*Celtis*）、非洲朴属（*Chaetachme*）、白颜树属（*Gironniera*）、糙叶树属（*Aphananthe*）也被划分到蔷薇目大麻科下（Reveal and Chase, 2011；马克平，2020）。

我们课题组开展了青檀基因组组装、注释与比较基因组学分析，基因组系统进化分析结果（图1）表明，青檀与大麻科的大麻、异色山黄麻、糙叶山黄麻亲缘关系近，青檀与异色山黄麻、糙叶山黄麻约在28.33Mya发生了分化，与大麻约在33.98Mya发生了分化；大麻科与蔷薇目的其他物种约在59.67Mya发生了分化。研究结果从基因组层面进一步支持将青檀划分到大麻科。

青檀属

Pteroceltis Maxim. Bulletin de l'Academie Imperiale des Sciences de St-Petersbourg, sér. 3 18: 292, 1873. Type: *Pteroceltis tatarinowii* Maxim.

青檀属为中国特有单种属。

青檀（《诗经》）

Pteroceltis tatarinowii Maxim. Bulletin de l'Academie Imperiale des Sciences de St-Petersbourg, sér. 3 18: 293, cum f. 1873. Type: China, Peking, in horto ecclesiae rossicae Pekini institutae, June 1847, *A. A. Tatarinow s.n.* (LE).

已知古籍中最早提起青檀的记载是《诗经》，在《魏风·伐檀》中，有一句“坎坎伐檀兮”，这里的“檀”指的是青檀，属于青檀属的木材，描述了劳动者砍伐檀树制作车辐和车轮的情景，表明青檀树在当时可能被用于制作交通工具。另外，

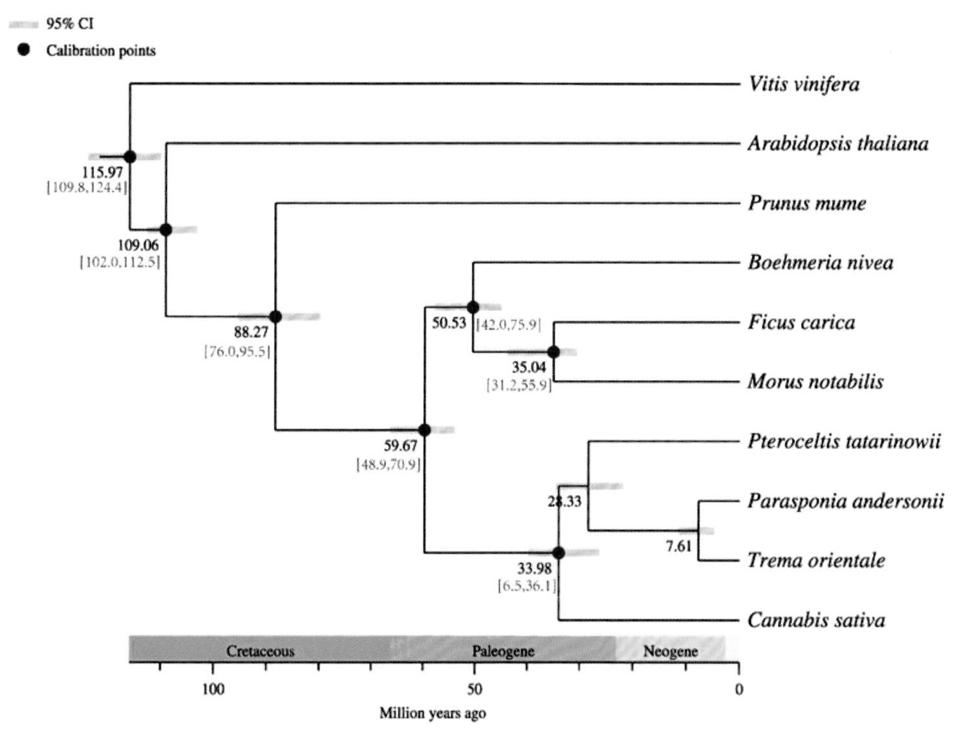

图1　青檀与其他物种间分歧时间进化树（乔谦 绘）

青檀在古代被广泛用于制作各种器具和武器，如兵器的制作材料以及手杖、烟袋杆等生活用品。青檀木因其密度大、弹性高的特性，被认为是非常适合制作武器的材料。例如，青檀木可以用来制作打棍、良弓以及弩等，这些武器在冷兵器时代具有重要的军事价值。此外，青檀树皮还被用于制作上等纸张的原料，显示了其在古代社会中的广泛应用和重要地位。

2 青檀简介

2.1　形态特征

落叶乔木，高可达20m以上，胸径可达1m以上；雌雄同株异花。树皮灰色或深灰色，不规则的长片状剥落；小枝黄绿色，之后变栗褐色，疏被短柔毛，后渐脱落，皮孔明显，椭圆形或近圆形；冬芽卵形。叶互生、纸质，宽卵形至长卵形，长3～15cm，宽2～9cm，先端渐尖至尾状渐尖；基部不对称，呈楔形、圆形或截形，边缘有不整齐的锯齿；基部三出脉，侧出的一对近直伸达叶的上部，侧脉4～6对；叶面绿，幼时被短硬毛，后脱落常残留有圆点，光滑或稍粗糙，叶背淡绿，在脉上有稀疏的或较密的短柔毛，脉腋有簇毛，其余近光滑无毛；叶柄长1～5cm，被短柔毛（图2、图3）。

花序和果实：翅果状坚果近圆形或近四方形，直径10～19mm，黄绿色或黄褐色；翅宽，稍带木质，有放射线条纹，下端截形或浅心形，顶端有凹缺；果实外面无毛或多少被曲柔毛，常有不规则的皱纹，有时具耳状附属物，具宿存的花柱和花被；果梗纤细，长1～2cm，被短柔毛。花期3～5月，果期8～10月（图4）。

图2　天然林中的青檀成年大树形态（安徽萧县天门寺青檀古树）（孙忠奎 摄）

图3　青檀树干（孙忠奎 摄）

图4　青檀（A、B：花序；C、D：果实）（A、B、C：张林 摄；D：杜辉 摄）

2.2 生长习性

青檀适应性较强，属喜光树种，是中国特有的纤维树种（张天麟，2011）。青檀喜钙，具有抗干旱、耐盐碱、耐瘠薄土壤、较耐寒、不耐水湿等特性，同时对有害气体也具有较强的抗性（陈有民，1990；方升佐 等，2007）。在海拔100～1 500m处均有分布，常生于石灰岩山区的林缘、沟谷、河滩、溪旁及岩石缝隙等处，成小片纯林或与其他树种混生；根系发达，生长速度中等，树干萌蘖性强，寿命长，适应环境能力极强，在瘠薄裸岩等立地条件较差的地方也长势良好（图5），适生地庙宇附近常留有千年的古树资源。

2.3 国内地理分布

青檀地理分布较广，我国的安徽、福建、甘肃（南部）、广东、广西、贵州、河北、河南、湖北、湖南、江苏、江西、辽宁（大连）、青海、陕西、山东、山西、四川、浙江均有分布（Fu et al., 2003），以安徽宣城、宁国、泾县最为集中。分布的范围北起北京昌平、南到广西南宁、西至青海东南部、东至辽宁蛇岛等地，垂直分布于海拔100～1 500m的区域。

2.4 国外引种栽培

青檀是我国特有的植物，根据BGCI平台统计，国外有51家单位引种了青檀，其中保存青檀植株的有48家单位，保存青檀种子的有3家[1]。主要有美国巴特利特研究实验室和树木园、美因茨约翰内斯·古腾堡大学植物园、布鲁克林植物园、芝加哥植物园、辛辛那提动物和植物园、盖恩斯韦农场、霍尔顿植物园、北卡罗来纳州教堂山金银花农场、劳尔斯顿植物园、朗伍德花园、宾尼法尼亚大学莫里斯植物园、俄克拉何马城市动物园、索诺玛植物园、莫顿树木园、新港植物园、波利山植物园、斯沃斯莫尔学院斯科特树木园、美国国家植物种质系统、美国国家植物园、英国剑桥大学植物园、英国千年种子银行、尼斯植物园、英国RHS罗斯穆尔花园、哈罗德·希利尔爵士花园及植物园、英国马拉兹村、法国巴黎植物园、斯特拉斯堡大学植物园、大南锡和洛林大学植物园、德国波恩大学植物园等，另外，有南澳大利亚植物园、加拿大不列颠哥伦比亚大学植物园、瑞士苏黎世大学植物园、荷兰鹿特丹动物园和植物园、捷克布拉格植物园等单位；从中国迁地保护植物大数据平台统计，美国莫里斯植物园、英国邱园、比利时迈泽植物园、波兰华沙大学生命学院罗古夫树木园、美国哈佛大学阿诺德树木园、法国巴黎植物园、美国莫顿树木园、南澳大

图5 青檀天然林生境（孙忠奎 摄）

1 https://plantsearch.bgci.org/taxon/655.

利亚植物园、美国国家树木园、霍尔顿植物园等10家国外单位引种青檀。

2.5 青檀的价值

2.5.1 树种文化

青檀是文化之树，中华文明浩渺的烟波里不时闪耀着它的身影。"坎坎伐檀兮，置之河之干兮"（《诗经·伐檀》），"无逾我园，无折我树檀"（《诗经·将仲子》），"牧野洋洋，檀车煌煌"（《诗经·大明》）……这些经典文辞里的檀一般都指青檀。青檀者，善木也，风驰电掣愈峥嵘，霜摧雪压还坚韧，岁月雕凿亦苍劲，枝如铁，干如铜，立根岩穴，破石而出（胡博，2019）。诗人李子超赞其曰："千载青檀峭壁生，树奇石怪两峥嵘。盘根错节虬龙舞，不怕湍洪不畏风"。青檀是我国传统的乡土树种，能够代表地方一定的植被文化和地域风情，为植物配置提供广阔的文化资源。例如安徽宣城推介的"宣纸文化游"，泾县开发的"青檀古貌""宣纸文化园"等旅游景点；鲁南古刹青檀寺"青檀秋色"是冠世榴园风景区自东向西的第一个旅游景点，为峄县八景之一，枣庄地区据此启动了"青檀学者"的人才工程。

2.5.2 生态价值

青檀主根明显、根系发达且粗壮，侧根众多。相邻植株的根系相互缠绕、穿插延伸，紧紧地固持着土壤；加上凋落物众多，可以有效地起到涵养水源、保持水土、调节小气候等生态功效（许冬芳 等，2005）。在城市建设中，也可与乔、灌、草巧妙配置，不仅可以美化环境，还可以改善城市小气候、维持城市生态系统的平衡（朱翠翠，2016），构建稳定的城市生态系统，在保护生物多样性方面，具有独特优势。

2.5.3 观赏价值

青檀树形美观，树冠枝形开展；树皮暗灰色，呈长片状剥落，秋叶金黄，具有良好的观赏价值（于永畅 等，2015）。在园林中常孤植或作庭荫树，也可丛植或片植；作为行道树时，如与开花的灌木和草花配合，则更为美观。该树种寿命长，耐修剪，易整形，也可制作盆景（秦永建 等，2016；孙忠奎 等，2017）。国内现存的千年古檀桩饱经风霜，根与树干的形态各异，可让观赏者领略到"不管东西南北风，咬住青山不放松"的"青檀精神"；金秋送爽之时，层林尽染，与山谷中的红枫、银杏交相辉映，别有一番情趣。

2.5.4 经济价值

青檀树皮是制造宣纸不可或缺的原料，相对于桉木、杨木，青檀树皮制浆容易，得纸率较高（李金昌，1996；高慧，2007），且纤维形态、纤维含量等性能较好，制作的宣纸一直被书法家和画家视作珍品（王峰 等，2018）（图6），其木材质地坚实、致密、韧性强、耐磨损，供建筑、家具、农具、绘图板及细木工用材（陈俊愉，2001；王峰 等，2015）；青檀叶中含有多种氨基酸（天门冬氨酸、苏氨酸、谷氨酸、甘氨酸、丙氨酸、缬氨酸、丝氨酸、蛋氨酸、异亮氨酸等）和多种微量元素，可作高级营养型饲料添加剂（许冬芳 等，2005）；种子可榨油（陈有民，1990），木材粉碎与其他材料混合可以作为培育木耳的基质（图7）。由于青檀栽培简单易掌握，在部分山区农村具有一定的发展潜力。

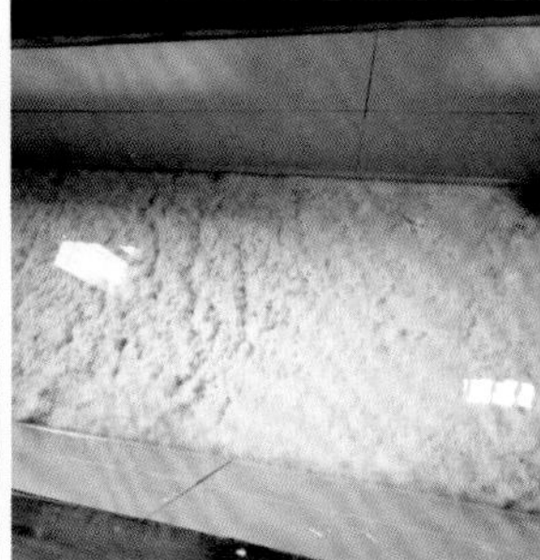

图6　宣纸制作（孙忠奎 摄）

图7　青檀去皮枝干粉碎作为培育木耳的基质（孙忠奎 摄）

3 部分特色古树名木及入库信息

古树名木被称为“绿色的活化石”，是悠久历史的见证者，亦承载着民众的乡愁情思（吴学安，2022）。作为生态文化和历史记忆的重要载体，古树已经成为一种地域标识、一种时代象征、一种文化符号、一种乡愁记忆，它见证了一座城市、几代人的成长，是不可代替的记忆。青檀是中国特有的单种属植物，根据实际调查及查阅相关资料，我国的安徽、福建、甘肃、广东、广西、贵州、河北、河南、湖北、湖南、江苏、江西、辽宁、青海、陕西、山东、山西、四川、浙江均有古树分布，代表了地方一定的植被文化和地域风情，为植物配置提供广阔的文化资源。现将部分底蕴深厚、树形优美的青檀古树单株介绍如下：

3.1　安徽池州贵池区峡川村

明末刘城在《峡川山木记》中对其晚年隐居地峡川狮山上的树是这样描写的：“有山则树木从之。峡之诸山无木。诸山非不宜木也，耕者锄犁樵者斧斤，故无木也。狮独有木，非狮独宜木也，聚族者以为荫耕者，勿锄犁樵者勿斧斤，故狮独有木也……”而这些树木中，青檀树是狮山树木中三大特色之一（图8）：“数百年物，臃肿诡谲。有一中空，半腹破裂，内可容人横卧直立。轮囷凸凹，虫不啮折。”这是对青檀古树生动准确的描述。

3.2 安徽池州青阳县二酉村

现状：这株青檀树，由于历史悠远，被远近村民尊称为“檀公古树”，是皖南山区乃至安徽省的“青檀王”。树龄1 000余年，胸围880cm，树高17m。目前生长旺盛，树形奇特美观，五根粗壮的虬枝向外绽放，半球状冠幅长达19m，盘根遒劲，冠若华盖。虽历经岁月沧桑，依然保持着旺盛的生命活力，盘踞在村落中心，记载着悠远的岁月，传递着古村落的文明繁衍和历史传说（图9、图10）。

图8　峡川村青檀（树龄520年）（张林 摄）

图9　“檀公古树”航拍图（孙忠奎 摄）

传说：西华镇二西村老屋组董村村口的青檀古树，树龄在千年以上，高20m，冠幅16m，长势旺盛。在距地面75cm处分叉为两株，分叉部位围度8.65m，两枝主干直径均达1.43m。据清乾隆年间董氏家谱记载：青檀树东边是狮山，西边也是狮山，青檀古树位居中间恰似绣球，故被称作“双狮争绣球”。正月玩龙灯时，首先绕檀公古树转一圈，然后各家才能接龙灯。当地百姓认为该树为吉祥之物，故称之为“檀公古树”（图11）。

3.3 安徽淮北龙脊山大方寺

大方寺，古名芳岩寺，又名五佛金光寺，位于安徽省淮北市烈山区烈山镇蒋疃行政村龙脊山南山谷中。据《濉溪县志》载：大方寺始建于东汉。民间传说该寺曾为八仙之一的张果老少年出家修行处。这里四面环山，林木遮天蔽日，有原始森林，面积近1 000亩。寺北门外有一棵古青檀树（图12），树龄1 700年，干围达628cm，树高26m（关传友，2008）。

图10 “檀公古树”（孙忠奎 摄）

图11 “檀公古树”传说石刻（孙忠奎 摄）

图12 大方寺青檀（王峰 摄）

3.4 安徽六安霍山县古桥畈村

在大别山腹地的霍山六万寨山下，有一棵千年青檀古树，枝繁叶茂，翠绿苍劲。这棵树已有1 000多年，高30多米，胸围8m，树冠足有5间房子那么大，树荫就达百平方米。它有5个大的分枝，40多个手把粗的小枝条，中间有1m多高树洞，树根和石头交错着，显露出古树强大的生命力（图13）。

图13 千年青檀及胸径测量（张林、孙忠奎 摄）

3.5 安徽宿州皇藏峪国家森林公园

多棵逾千年的青檀树傲立于山间，是皇藏峪国家森林公园的一大特色，更见其珍稀可贵。皇藏峪的青檀树，树龄一般都是千年以上，其中有一棵达3 500年，被称为“中国青檀之王”。这些树都已经挂牌保护，保护级别为特级，堪称国宝（图14）。

3.6 安徽宿州萧县天门寺

天门寺因山得名，寺内有众多古树，其中有许多生长在岩石间形态各异的青檀树。这些青檀树因其独特的生长环境和形态，成为天门寺的一大特色。青檀树在天门寺的山坳中随处可见，它们长在山路边、峭壁上、岩缝中，有的独立，有的并肩。这些青檀树的树龄多数达到几百上千年，有些甚至达到两三千年（图15）。

图14 皇藏峪国家森林公园内青檀（A、B：“中国青檀之王”；C：古树之一；D：群落）（A、B：孙忠奎 摄；C、D：程甜甜 摄）

图15 天门寺青檀（程甜甜、孙忠奎 摄）

3.7 安徽铜陵枞阳县三贞庵

三贞庵青檀，树龄500年，树形苍古，树残体破，峥嵘突屹，蜿蜒扭裂，四周长出4棵小树，被群众奉为“神树”。香客在敬佛的同时，亦到“神树”前祭拜，盼佑平安（图16）。

图16 三贞庵青檀古树及生境（杜辉、程甜甜 摄）

3.8 安徽芜湖无为市天井山国家森林公园

在安徽省天井山国家森林公园、无为市周家大山国有林场“双泉寺”旁，有一株1 700年的古青檀树，高约20m，主干周长大约17m，冠幅1亩有余，树干需7~8人合围，被誉为“千年青檀王”。有诗赞曰：“巍然巨干欲撑天，阅世千秋又百年。此树不应度寂寞，要张春色惠人间。”

该青檀树干中央有两株连臂主干，由于年长日久，两株主干局部已经黏合在一起，不可分离。古树根西侧，紧紧搂着一块古老的石碑，石碑深深地镶嵌在树根里，已经很难分清谁是石碑谁是树根。在古树西北面，有一古枝垂延到地下，枝体在土里生根后萌发出另一棵子青檀树。如今连接子树的母枝已经枯死，但子树却延续着母体的生命，生机勃勃地生长。古树北侧有一巨枝折损，枝干中空断裂，只有树皮相连，“打断骨头连着筋”。古树北面可见一石砌泉，此泉水滋养着古树，常年流淌不息，这也正是青檀古树得以长生的重要原因（图17）。

图17 双泉寺“千年青檀王”（谢学阳、燕语 摄）

3.9 北京昌平檀峪村

北京昌平区南口镇檀峪村西北口山谷，生长着3株古青檀树，其中最古老的一株树龄约3 000年，是北京市唯一一株千年以上的青檀树，另外两株也有百年以上的历史。在3株古青檀树周围，有若干株由古青檀树天然群落生出的小青檀树，“祖孙”几代其乐融融，组成了名副其实的古檀家族（魏瑶，2021）。除了3 000年的“超长待机”，檀峪村的古青檀由于长在山坡上，根系相当一部分都裸露于岩石之外，粗细大小不同的树根盘根错节，酷似龙的巨爪深深嵌入岩石之中，树石完全交融。2022年，以保护古青檀树为核心，在此建成了古青檀古树主题公园，通过主园路串联“青檀密语”“古峪系檀”“望龙祈福”“梦回檀影”四处景观节点，让游人全方位欣赏古树风貌，身临其境感受古树故事（图18）。

3.10 北京门头沟区滴水岩

滴水岩是明清时期的“宛平八景”之一，附近生长着华北地区面积最大的青檀林，这些青檀树高耸挺拔，与岩石紧密相连，形成了一道独特的自然景观，也是一处生态保护区。这里的青檀树生长缓慢，但寿命长，对维护生态平衡和水土保持有着重要作用。此外，青檀林还是一处难得的休闲观光胜地，吸引了众多游客前来参观游览。滴水岩的青檀林是北京门头沟区的一颗绿色明珠，它不仅展示了自然界的奇妙，也承载了丰富的文化内涵和生态价值（图19）。

3.11 广西柳州鱼峰公园

鱼峰公园鱼峰山环麓青檀古树群，历经百年风雨洗礼，仍然枝繁叶茂，苍劲挺拔（侯静雯，2023）。该古树群落现有49株青檀被认定为古树并实行分级保护，其中树龄300年以上纳入国家二级保护的青檀有4株，树龄最高达362年；树龄100～300年的青檀有43株，另外树龄80～100年纳入准古树的青檀2株，胸径最大72.93cm，树高17m。这些青檀古树，皆生于鱼峰山山石之上，多分布于山体中下部，山腰、山麓及峭壁石隙皆可看到，根系在岩石缝隙间盘旋（图20）。

图18　檀峪村古青檀（于永畅 摄）

图19　滴水岩青檀古树（程甜甜 摄）

3.12 贵州贵阳歪脚村

歪脚村的青檀树是贵州南部难得的古树品种之一。村内有20多棵青檀树，最古老的已有500多年的树龄，平均树龄约为240年，最高的青檀树达到30多米（图21）。

3.13 河北保定抱阳山景区

在满城区满城镇抱阳村的抱阳山南山门外的岩隙中，有一棵青檀，树龄已有1 000年左右，树高8.3m，胸围1.26m，冠幅约11m，2016年入选“河北省最美古树”（图22）。

图20　柳州青檀古树（乔谦 摄）

图21　歪脚村青檀古树（张林 摄）

图22　抱阳山千年青檀（燕语 摄）

3.14 河北石家庄苍岩山景区

在石家庄市井陉县的苍岩山景区内，有一片平均树高9.5m、平均胸径65cm的青檀古树群。棵棵青檀，姿态各异，裸根盘石，交叉横生，枝干虬曲，玲珑剔透，宛如大自然鬼斧神工造就的巨大盆景，令人叹为观止。这片青檀古树群历经千百年，依然枝繁叶茂，每到夏天，绿冠如荫，茂密的枝叶就像一把撑起的巨伞；秋季时，满树金黄的叶子随风摇动，十分壮观（方昊，2023）（图23）。

图23 苍岩山景区青檀（孙忠奎 摄）

3.15 河南南阳丹霞寺

丹霞古寺后院有一棵千年空心青檀树，至今仍枝繁叶茂，生机无限。据考证，该树植于唐宋年间，现如今，树围2m，树冠约11m。千年的风雨侵蚀使其形成直径约1m的纵贯整个树干的树洞。7m多高的树干上分布着5个直径20~30cm不等的“树窗”，根部“树窗”直径约60cm，可容一人进出，树洞内壁疙瘩错落有致，形成天然脚蹬，可供游人攀钻。人处其中则如处峡谷深处，由此形成丹霞古寺“一线天”的奇景。“文化大革命”时期，丹霞寺的僧人们将寺院的所有经书全部存入青檀树的树洞内，使其躲过劫难，得以保存，流传至今。千年古树保护经书功不可没。自丹霞寺恢复宗教活动以来，每至夜深人静，在有风的夜晚，空心青檀树时常发出类似老妪的“哼哼”声，更为这棵古树增添了许多神秘色彩（图24）。

图24 丹霞寺青檀树（孙忠奎 摄）

3.16 河南南阳桐柏淮源景区

该景区位于河南省南阳市桐柏县，是一处集自然风光、人文景观和休闲度假为一体的旅游胜地。景区内的青檀古树以其独特的生态功能和文化意义成为景区的标志性物种，吸引着众多游客探访。其中围绕寺庙生长的青檀古树与古庙相得益彰，展现出历史庄重与自然古朴的和谐画面。许多青檀古树生长在岩石上，根系紧缠岩石，仿佛诉说着千年故事；还有许多青檀半躺在多块岩石上，优雅而从容，如同享受着阳光和清风。这些古树不仅是自然瑰宝，更是文化载体，见证着土地的历史变迁和人们的信仰愿望（图25）。

图25 桐柏淮源景区青檀树（孙忠奎、燕语、谢学阳 摄）

3.17　湖北孝感大悟县干沟青檀林

干沟青檀林是湖北省目前最大的青檀树群落，坐落在大悟县宣化店镇铁店村干沟。该群落有17株古青檀树，其中，国家一级古树13株，二级古树4株；平均树龄731年，平均胸围314cm，平均树高14.5m，平均冠幅9.5m，古群落面积$0.5hm^2$，最大树龄1 200年，最大株胸围518cm（图26）。

3.18　江苏南京燕子矶公园

江苏南京燕子矶公园“金陵树王”树高27m，胸围250cm，树龄约517年（图27）。因燕子矶公园特有的地形地貌，园内几十株青檀从岩石缝隙中长出粗壮的根，盘根错节抱石而生，树干遒劲扭曲向上，树姿优美，郁郁苍苍，形成一片天然的原生古青檀群落，在岩石峭壁中蔚为壮观，是燕子矶公园的特色树种（图28）。

图26　干沟古青檀（乔谦 摄）

图27　“金陵树王”古青檀（乔谦 摄）

图28　燕子矶公园青檀群落（乔谦 摄）

3.19 江西石钟山景区

江西石钟山属于庐山支脉，坐落于风景如画的赣江之滨，因苏东坡所书的《石钟山记》而颇负盛名。石钟山是一处风景秀丽的旅游景点，其中不乏一些古老的青檀树。有的已经有300年的树龄了，但它们却枝繁叶茂，生机盎然（图29）。这些树的根都是扎在岩缝中，为了汲取营养，根瘤长得奇形怪状，令人称奇。

3.20 山东济南灵岩寺

济南灵岩寺地处泰山西北，始建于东晋，距今已有1 600多年的历史，至唐代达到鼎盛。据清《灵岩寺》记载，寺内曾生长众多千岁檀，后因变乱，多已“摧作薪矣”。但如今依然留下不少青檀，诸如云檀、鸳鸯檀、龙檀、屏风檀等，树龄均为1 000年以上（图30至图32）。

图29　石钟山景区青檀（任红剑 摄）

图30　灵岩寺“檀园”（张林 摄）

图31　御书阁门楣“云檀”，亦称“千岁檀”（张安琪 摄）

图32　灵岩寺“鸳鸯檀”（朱翠翠 摄）

图33　檀抱泉（谢宪 摄）

另，位于长清区万德镇灵岩村公路旁，占地约1 000m²，一株青檀树龄约1 000年。生长旺盛，冠幅大，覆盖面积广，树形优美，树根部包裹一泉，取名为“檀抱泉”，为济南七十二名泉之一（图33）。

3.21　山东济宁青山寺

青山寺即惠济公庙，又名焦王祠，是祭祀西周焦国国君的祠庙，后扩建为佛道合一的寺庙。据记载，始建于东汉末年，经宋、元、明、清诸朝多次重修扩建，现存建筑基本为清代、民国修建。因祠庙位于青山之侧，当地人称其为青山寺。青山风景区古树众多（图35），在惠济公殿南侧有棵青檀与明万历四十八年的石碑长于一体，相拥相偎了几百年，碑身嵌入树体0.43m，树干开裂1.4m处又生一幼树，基径30cm、胸径16cm，树拥子又抱碑，成为青山寺一大奇观。青檀在当地被称为栁榆，所以此景观又称“栁榆抱碑”（图34）。

图34　榔榆抱碑（张安琪 摄）

图35　青山寺古檀（燕语 摄）

3.22　山东曲阜观音庙

观音庙位于曲阜大東镇政府驻地大東村东北5km四峪山的山峪中。山口北向深长，山峪里溪水涓涓流淌，水草茂盛，林木深秀，夏天一片绿荫，秋天一片金黄。千年的青檀树粗壮高大，枝繁叶茂，盘根错节，牢牢地扎在岩石上，有的虽干半中空，却巍然屹立。其中一棵青檀树龄1 200年有余，是曲阜境内现存最古老的青檀树（图36）。

3.23　山东泰安东平县黄石悬崖

黄石悬崖位于山东省东平县，是一处自然景观与历史文化并重的旅游胜地，因这里黄崖万例，似刀削斧劈，直指苍穹，有瞬间倾倒之势，所以故名“黄石悬崖”。这里的青檀树以其悠久的历史和独特的生长环境而著称。据报道，东平黄石崖的青檀树有500年的历史（图37），这些树抱石生长，树干苍郁茁壮，遮天蔽日，为当年山中修炼的道士所植。

3.24　山东枣庄青檀寺

枣庄青檀寺始建于唐朝，距今有1 000多年历史，是我国唯一一座以青檀树种命名的寺庙（图38）。青檀寺整体掩映于青檀树中，寺庙内外有青檀树2万余株，其中树龄在千年以上的有36株，百年树龄的不计其数，是我国江北地区规模最大最古老的青檀古树群，入选全国最美100个古树群。据当地《峄县志》记载：“檀皆生石上，枝干盘曲如虬龙，数百年物也”。漫山青檀植根于叠嶂山崖之中，檀皆生石上，枝干盘曲如虬龙，枝叶婆娑，郁郁葱葱，千姿百态，造化神秀，一些知名老树旁或树下有对此树的刻石赞誉，字与树相映成趣，让人啧啧称奇（图39）。

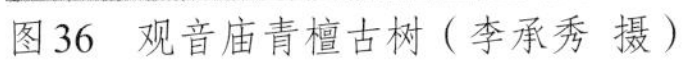
图36 观音庙青檀古树（李承秀 摄）

图37 黄石悬崖青檀（仲凤维 摄）

图38 枣庄峄城青檀寺（燕语 摄）

图39 青檀寺青檀（A:“迎客檀”；B、C: 青檀古树；D:“蛟龙腾空”；E:“千年古檀”；F:“孔雀开屏”）（A: 孙忠奎 摄；B: 杜辉 摄；C: 谢学阳 摄；D、F: 程甜甜 摄；E: 王峰 摄）

3.25 陕西华阴玉泉院

玉泉院为道教主流全真派圣地，位于陕西华阴市玉泉路最南端，是华山道教活动的主要场所，建于宋代，我国北方著名的全真道观。相传金仙公主在镇岳宫玉井中汲水洗头，不慎将玉簪掉入水中，却在返回玉泉院后，用泉水洗手时无意中找到了玉簪，方知此泉与玉井相通，于是赐名此泉为玉泉，玉泉院因此得名。玉泉院内的山荪亭，系1 000余年前陈抟老祖所建的妙景圣地，其旁由他手植的“无忧树”（青檀），更是“千年古树传佳话”的独特景致。该树虽遭历代的破坏，仅剩半边的树皮（据测量直径在1m以上），其上却生有繁茂的枝叶，颇有“千年古树发悠情”的诗意（千里草，1995）。该青檀树高8m，胸径0.63m，冠幅东西长7m，南北宽6.3m，主干空腐，枝繁叶茂（图40）。

3.26 浙江杭州临安区绍鲁村

在浙江临安区於潜镇绍鲁村头，有一棵古青檀树，树龄490年，树高14m，胸围160cm，平均冠幅15m（图41）。据光绪《於潜县志》载：“古青檀，在县北绍鲁村，一木大十围，中空，嵌玲珑，连理四布，垂荫如盖，高百尺，广可五六丈。”明代诗人袁炜路过天目山下绍鲁村时，赞美青檀写下诗一首：磊落奇标傲大椿，青青常作旧家邻。涛声入夜惊栖鸟，翠色浮空媚野人。荫若岩阿无署月，时经秦汉有长春。千秋劲骨从摧剥，霜雪年年色倍新。

以上是野外调查的部分青檀古树信息，期间，依托前期收集保存及项目储备，2016年申报并获批了“泰安市乡土观赏树种国家林木种质资源库”（图42、图43），目前已调查收集、繁育评价及异地保存115份种质资源（图44）。

图40　玉泉院青檀（孙忠奎 摄）

图41　绍鲁村青檀（燕语 摄）

国家林业局文件

林场发〔2016〕153号

国家林业局关于公布第二批国家林木种质资源库的通知

各省、自治区、直辖市林业厅（局），内蒙古、吉林、龙江、大兴安岭森工（林业）集团公司，新疆生产建设兵团林业局，中国林科院：

林木种质资源是林木良种选育的原始材料，是国家的重要战略资源，也是遗传多样性和物种多样性的基础。为了进一步贯彻落实《国务院办公厅关于加强林木种苗工作的意见》（国办发〔2012〕58号）、《国务院办公厅关于深化种业体制改革提高创新能力的意见》（国办发〔2013〕109号）和国家林业局《全国林木种质资源调查收集与保存利用规划（2014—2025年）》，对重要乡土树种、珍贵树种、经济树种、沙生植物、名特花卉的种质资源进行重点收集、保护、研究、利用。在省级林业主管部门组织推荐和有关科研单位自行申报的基础上，经专家评审和社会公示，我局确定了第二批86处国家林木种质资源库（名单见附件），现

— 1 —

予以公布。

各地林业主管部门要按照《国家林木种质资源库管理办法》（林场发〔2016〕4号）的有关要求，加强国家林木种质资源库的建设与管理。要科学制定保护利用规划，建立完备的档案；要不断更新和补充新的种质材料；要确保国家林木种质资源库的正常运转和资源安全，将国家林木种质资源库建设成为林木种质资源的收集保存基地、林木良种的选育研发中心、科学研究的合作交流平台和科普教育的展示窗口，为实现我国林木种质资源科学保护和评价利用作出更大贡献。

特此通知。

附件：第二批国家林木种质资源库名单

2016年10月[illegible]日

— 2 —

中国林科院亚热带林业研究所山茶、木兰国家林木种质资源库

安徽省（1处）

广德县竹类国家林木种质资源库

福建省（1处）

惠安县赤湖国有防护林场木麻黄国家林木种质资源库

江西省（4处）

省林木育种中心苦槠、南酸枣国家林木种质资源库

省林科院竹类国家林木种质资源库

齐云山食品有限公司南酸枣国家林木种质资源库

中国林科院亚热带林业实验中心亚热带林木国家林木种质资源库

山东省（5处）

省林木种质资源中心暖温带珍稀树种国家林木种质资源库

枣庄市石榴国家林木种质资源库

淄博市楸树国家林木种质资源库

泰安市乡土观赏树种国家林木种质资源库

中国林科院林业研究所滨海抗逆树种国家林木种质资源库

河南省（3处）

洛阳市牡丹国家林木种质资源库

国家林业局泡桐中心北方主要名优经济树种国家林木种质资源库

商丘市刺槐、榆树国家林木种质资源库

湖北省（2处）

京山县虎爪山林场枫香、皂荚国家林木种质资源库

竹溪县双竹林场楠木国家林木种质资源库

— 5 —

图42 “泰安市乡土观赏树种国家林木种质资源库”批文

图43 “泰安市乡土观赏树种国家林木种质资源库”石刻

林草普查系统

常规管理　数据统计　其它管理

会员单位　单位资源　种质资源管理　已通过资源　待审核资源　未通过资源　网站展示资源　资源服务管理　植物管理　信息管理

首页　种质资源管理

泰安市乡土观赏树种国家林木种质资源库（847）

刷新　新增　修改　删除　导入　导出　批量导入图片　个性录导入　个性录导出

种名或亚种名　青檀　查询　高级查询　重置

审核情况	平台资源号	资源编号	种质名称	种名或亚种名	种拉丁名	保存单位	首页展示	图片	
审核通过	1111C0003847000327	PTTAT3709020115	青檀鸿羽群体	青檀	Pteroceltis tatarinowii	泰安市泰山林业科学研究院	否		详情 审核日志
审核通过	1111C0003847000326	PTTAT3709020114	青檀金3群体	青檀	Pteroceltis tatarinowii	泰安市泰山林业科学研究院	否		详情 审核日志
审核通过	1111C0003847000325	PTTAT3709020113	青檀无量群体	青檀	Pteroceltis tatarinowii	泰安市泰山林业科学研究院	否		详情 审核日志
审核通过	1111C0003847000324	PTTAT3709020112	青檀福寿群体	青檀	Pteroceltis tatarinowii	泰安市泰山林业科学研究院	否		详情 审核日志
审核通过	1111C0003847000323	PTTAT3709020111	青檀井陉县基岩...	青檀	Pteroceltis tatarinowii	泰安市泰山林业科学研究院	否		详情 审核日志
审核通过	1111C0003847000322	PTTAT3709020110	青檀青檀寺关公石	青檀	Pteroceltis tatarinowii	泰安市泰山林业科学研究院	否		详情 审核日志
审核通过	1111C0003847000321	PTTAT3709020109	青檀青檀寺孔雀...	青檀	Pteroceltis tatarinowii	泰安市泰山林业科学研究院	否		详情 审核日志
审核通过	1111C0003847000320	PTTAT3709020108	青檀青山寺家系4号	青檀	Pteroceltis tatarinowii	泰安市泰山林业科学研究院	否		详情 审核日志
审核通过	1111C0003847000319	PTTAT3709020107	青檀青山寺家系3号	青檀	Pteroceltis tatarinowii	泰安市泰山林业科学研究院	否		详情 审核日志
审核通过	1111C0003847000318	PTTAT3709020106	青檀青山寺家系2号	青檀	Pteroceltis tatarinowii	泰安市泰山林业科学研究院	否		详情 审核日志
审核通过	1111C0003847000317	PTTAT3709020105	青檀青山寺家系1号	青檀	Pteroceltis tatarinowii	泰安市泰山林业科学研究院	否		详情 审核日志
审核通过	1111C0003847000316	PTTAT3709020104	青檀四基山观音...	青檀	Pteroceltis tatarinowii	泰安市泰山林业科学研究院	否		详情 审核日志
审核通过	1111C0003847000315	PTTAT3709020103	青檀四基山观音...	青檀	Pteroceltis tatarinowii	泰安市泰山林业科学研究院	否		详情 审核日志
审核通过	1111C0003847000314	PTTAT3709020102	青檀巨龙实生	青檀	Pteroceltis tatarinowii	泰安市泰山林业科学研究院	否		详情 审核日志
审核通过	1111C0003847000218	PTTAT3709020101	青檀海阳家系3号	青檀	Pteroceltis tatarinowii	泰山林科院罗汉崖实验林场	否		详情 审核日志
审核通过	1111C0003847000217	PTTAT3709020100	青檀海阳家系2号	青檀	Pteroceltis tatarinowii	泰山林科院罗汉崖实验林场	否		详情 审核日志
审核通过	1111C0003847000216	PTTAT3709020099	青檀花溪公园家...	青檀	Pteroceltis tatarinowii	泰山林科院罗汉崖实验林场	否		详情 审核日志

1 2 3 4 ＞ 到第 1 页 确定 共115条 30条/页

图44 国家林木种质资源平台青檀种源部分保存信息

4 青檀新品种及青檀属测试指南

4.1 ‘巨龙’青檀

新品种权号：20160110。

由秋水仙素诱导实生苗变异选育而成，具有显著的速生性。该品种基本形态特征：落叶乔木；干皮灰色，皮孔密、椭圆形；枝条平展，深灰色；叶片大、厚纸质、宽卵形，叶片长9.5～16cm，宽8.0～14.0cm，深绿色，叶基偏斜，上表面密被毛；叶柄长1.1～1.5cm，有毛；果实较大，具翅状附属物。花期4月，果期8～9月（图45）。

4.2 ‘青龙’青檀

新品种权号：20160111。

由秋水仙素诱导实生苗变异选育而成。该品种基本形态特征：落叶乔木；干皮灰白色，皮孔线形，稀疏；枝条斜展，灰绿色；单叶互生、纸质、多卵形，叶片长1.5～10.5cm，宽1.0～6.5cm，厚度中等，先端渐尖，叶面粗糙，叶基偏斜，具明显三出脉，上面有短硬毛；叶柄长0.3～1.2cm，有毛；成熟叶片绿色（N137A）；花期4月；果期8～9月（图46）。

图45 ‘巨龙’青檀（A、B：植株形态；C：叶片）（张林 摄）

图46 ‘青龙’青檀（A：植株形态；B：叶片）（孙忠奎 摄）

4.3 ‘凤目’青檀

新品种权号：20160112。

由秋水仙素诱导实生苗变异选育而成，盆景专用型新品种。该品种基本形态特征：落叶乔木；干皮灰褐色，皮孔密集、圆形；枝条斜展、灰绿色，秋梢密集；单叶互生、薄纸质、卵形，叶片长1.5～5.5cm，宽1～3.8cm，秋梢上的叶片小，先端尾尖，叶基偏斜，具三出脉，上面疏被毛；叶柄长0.2～0.8cm，有毛；成熟叶片绿色（N137B）。花期4月；果期8～9月（图47）。

4.4 ‘鸿羽’青檀

新品种权号：20200230。

由EMS诱导实生苗变异选育而成。该品种基本形态特征：落叶乔木；树皮灰绿色，皮孔条形；当年生枝条黄绿色，最初有细毛，后逐渐脱落；叶片长4.5～11.1cm，宽2.1～5.3cm，卵状披针形，先端渐尖，基部心形或宽楔形；叶片黄绿色（144A），上面疏被短硬毛；叶柄长0.5～1.6cm；整株叶片下垂呈羽毛状；果实较大，翅果状坚果。适用于园林观赏绿化及荒山造林（图48）。

4.5 ‘福缘’青檀

新品种权号：20200229。

由秋水仙素诱导实生苗变异选育而成。该品种基本形态特征：落叶乔木，主枝斜展；树皮灰褐色，皮孔圆形、稀疏；当年生枝灰褐色，最初有细毛，后逐渐脱落；叶片大，厚纸质，长4～11cm，宽2.5～6cm，宽卵形，先端尾尖，基

图47 ‘凤目’青檀（A：植株形态；B：叶片）（孙忠奎 摄）

图48 ‘鸿羽’青檀（A：植株形态；B：叶片）（张安琪 摄）

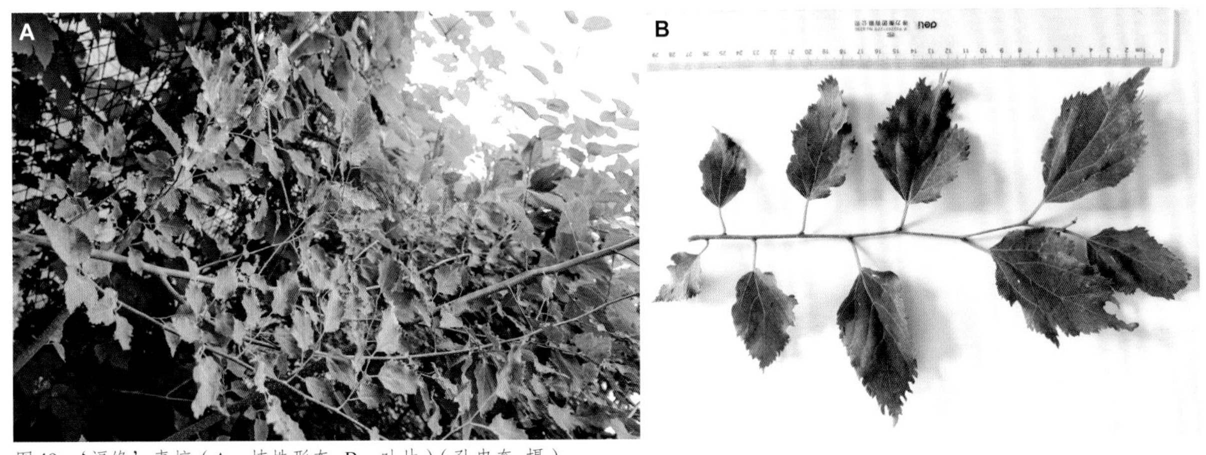

图49 ‘福缘’青檀（A：植株形态；B：叶片）（孙忠奎 摄）

图50 ‘无量’青檀（A：植株形态；B：枝条）（谢宪 摄）

部心形或宽楔形；叶呈绿色（147A），先端叶缘锯齿不规则；上表面粗糙，密被短硬毛；叶柄长1～4cm；翅果状坚果。该品种叶片皱褶极为明显，适用于园林观赏绿化及荒山造林（图49）。

4.6 ‘无量’青檀

新品种权号：20200231。

由秋水仙素诱导实生苗变异选育而成。该品种基本形态特征：落叶乔木；主干通直，干性强；树皮灰褐色，皮孔稀疏，圆形；当年生枝灰褐色，最初有细毛，后逐渐脱落。叶纸质，长4.0～10.5cm，宽2.5～7.0cm，中卵形，先端尾尖，基部心形或宽楔形；叶呈绿色（N137A）；叶缘锯齿规则，上表面粗糙，有短硬毛；叶柄长0.8～1.2cm；翅果状坚果。该品种植株直立，干性强，适用于行道树（图50）。

4.7 ‘慧光’青檀

新品种权号：20200232。

由EMS诱导实生苗变异选育而成。该品种基本形态特征：落叶乔木；树皮灰绿色，皮孔稀疏，条形；当年生枝条黄褐色，最初有细毛，后逐渐脱落。叶薄纸质，长4.5～8.1cm，宽2.1～5.0cm，长卵形，先端尾尖，基部心形加宽楔形；叶片黄色（N144A），上表面粗糙，有短硬毛；叶柄长0.5～1.4cm；翅果状坚果。该品种叶片金黄色（N144A），色泽艳丽，似有金粉，叶色变异极为明显，极具观赏价值，适用于园林观赏绿化及荒山造林（图51）。

4.8 ‘金玉缘’青檀

新品种权号：20200233。

由EMS诱导实生苗变异选育而成。该品种基本形态特征：落叶乔木；树皮灰绿色，皮孔圆形；当年生枝条灰褐色，最初有细毛，后逐渐脱落。叶薄纸质，长4.0～8.5cm，宽2.4～5.0cm，中卵形，先端渐尖；叶基楔形，不偏斜；叶复色，中脉附近绿色（137B），边缘呈现不规则的黄绿色，上表面粗糙，疏被短硬毛；叶柄长0.4～0.8cm；翅果状坚果。该品种叶色变异极为明显，极具观赏价值，适用于园林观赏绿化及荒山造林（图52）。

图51 ‘慧光’青檀（A：植株形态；B：叶片）（张安琪 摄）

图52 ‘金玉缘’青檀（A：植株形态；B：叶片）（于永畅 摄）

4.9 青檀新种质（图53至图56）

图53　不同新种质对比图片（杜辉 摄）

图54　斑叶新种质（杜辉 摄）

图55　复色叶新种质（杜辉 摄）

图56　盆景专用型小叶复色叶新种质（杜辉 摄）

4.10 青檀属测试指南

林业行业标准《植物新品种特异性、一致性、稳定性测试指南 青檀属》(图57)，规定了测试材料、测试方法、DUS评价、品种分组、性状类型、表达状态及代码设置等方面的技术要求，通过明确各项技术要求，为实地审查青檀新品种提供统一的技术标准。

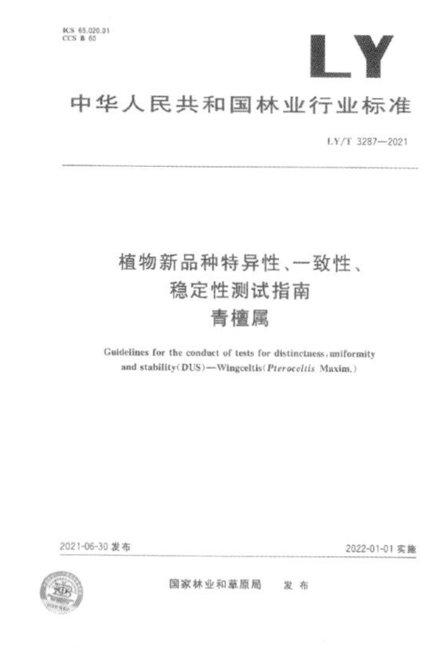

ICS 65.020.01
CCS B 60

LY

中华人民共和国林业行业标准

LY/T 3287—2021

植物新品种特异性、一致性、稳定性测试指南
青檀属

Guidelines for the conduct of tests for distinctness, uniformity and stability (DUS)—Wingceltis (*Pteroceltis* Maxim.)

2021-06-30 发布　　2022-01-01 实施

国家林业和草原局　发布

图57　林业行业标准《植物新品种特异性、一致性、稳定性测试指南 青檀属》

5 繁殖技术

5.1 播种育苗

5.1.1 种实采收与调制

选择生长健壮、无病虫害、结实良好的优良单株作为采种母树。于每年的白露以后至10月上旬，选择无风天气用塑料布等铺于树下，摇动树枝或用竹竿敲打使果实散落；收集后摊开晾干，将果实放入筛网中搓除果翅并装入网袋，然后放在室内干燥通风处保存（图58）。

5.1.2 种子催芽

（1）沙藏催芽法

一般在12月以后选择沙藏，将保存的种子用

图58　种实采收（李承秀 摄）

浓度为0.4%～0.5%的高锰酸钾溶液浸泡1小时，清水冲洗3次，洗净晾干后沙藏。种子与沙的比例以1∶3为宜，沙的湿度以手握成团触之即散为宜，混合后装入透气种子袋内（图59）。选择排水良好、背阴的地块铺10cm厚湿沙，将透气种子袋放入后覆盖30cm的湿沙与地面齐平，再覆盖一层玉米秸秆保湿，雨雪天做好防水处理。翌年3～4月，1/3种子露白后播种。

（2）浸种催芽法

播种前，在温室内将干净的种子用清水浸泡12～15小时，再用0.3%～0.5%的高锰酸钾溶液浸泡2小时，捞出后用清水冲洗、阴干。沙与种子的体积比不低于3∶1，沙的含水量为饱和含水量的60%。具体掌握为手握成团、指缝有水但不滴水、松手后能自动散开为宜。每天上下翻动1～2次，保持湿度和温度一致。4月上旬左右，当80%的种子露白时即可播种。

5.1.3 播种

播种方法一般采用开沟条播和撒播（图60）。

图59 沙藏催芽（孙忠奎 摄）

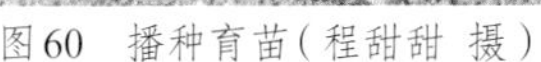

图60 播种育苗（程甜甜 摄）

条播：土壤墒情好时可直接播种，方法是边开沟、边播种、边覆土，沟深1～2cm，沟距20～25cm，覆土厚度1～2cm；土壤墒情不好时，应先苗床灌水造墒，待墒情适宜时再播种。播后覆盖地膜或薄草苫保湿，发芽出土整齐后即可揭去部分地膜或草苫，揭开时间最好在阴天或傍晚进行。播种量：25～35kg/hm²。

撒播：土壤墒情好时可直接播种，土壤墒情不好时，应先苗床灌水造墒，待墒情适宜后再播。方法是将种子均匀撒布在床面上，覆盖细土厚1～2cm，播后覆盖地膜。播种量：40～50kg/hm²。

5.1.4 播后管理

（1）苗木生长初期

自4月幼苗出土后至5月，为青檀苗木生长初期，特点是幼苗开始出现真叶和侧根，地上部分生长缓慢，根系生长较快，苗木幼嫩，抗逆性弱。这一时期的中心任务是在保苗的基础上进行蹲苗，以促进其根系生长发育，为下一时期苗木迅速生长打下基础。具体措施：及时除草，进行适当灌溉。出苗后发现缺苗严重时，须采取补种或移栽的措施补苗，补苗须保证土壤水分充足；当出苗密度过大时，宜进行间苗。间苗是按照田间合理密度要求拔掉一部分苗，通常分两次进行。第一次间苗一般在第1片真叶出现时进行。最后一次间苗称定苗，一般在4～5片叶子时进行。间苗的原则是保证全苗、去弱留壮；完成以上过程后及时进行定苗。同时注意防治病虫害（图61）。

（2）苗木生长速生期

6～8月下旬为青檀高生长快速期，这一时期的特点是地上部分（高生长、侧枝生长）和根系生长都很迅速。速生期是决定苗木质量优劣的关键时期，这一时期的中心任务是加强抚育管理，提高苗木质量。具体措施是追肥、灌溉、排涝、松土除草等，在整个速生期，应追施2～3次速效氮磷钾肥，并结合追肥进行灌溉和松土。此外，还要做好抹芽工作。

（3）幼苗木质化期

从苗木高生长大幅度下降时开始，到根系生长结束为止。8月下旬之后，全年降雨基本结束，苗木高生长、侧枝生长开始缓慢下来，进入9月中旬，苗木高生长、侧枝生长明显缓慢下来，此时新的侧枝不再萌发，但地径还在明显增长；进入10月下旬，大部分苗木停止高生长，粗生长也逐渐放缓；11月中下旬，苗木高生长、粗生长全部停止。在此期间的一定时间内，苗木根系生长反而加快，之后随着气温的降低，根系生长逐渐缓慢下来，直到土壤结冻后根系停止生长。此时期的中心任务是防止苗木徒长，促进苗木木质化。采取的措施是停止灌溉，苗圃生产中可喷施0.5%磷酸二氢钾液肥，以提高苗木的抗寒能力。

5.2 嫁接育苗

5.2.1 砧木选择

选择根系发达、生长健壮的1～2年生实生苗

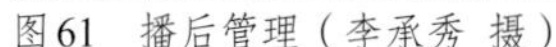

图61 播后管理（李承秀 摄）

作砧木。

5.2.2 接穗选择与处理

选择生长健壮、无病虫害、无机械损伤的1年生半木质化枝条作为接穗。硬枝接穗宜早春剪取后沙藏或低温贮存。嫩枝接穗随采随插。

5.2.3 嫁接时间

春接3月中旬至5月上旬，秋接8月中旬至9月上旬。

5.2.4 嫁接方法

（1）双舌接

距地面5～8cm处剪砧。砧木削出长2.5～4cm的马耳形削面，在削面上端1/3处向下切出长约2cm的切口，接穗与砧木削法相同。使砧穗形成层对齐，砧、穗粗度不等时可对准一侧形成层。用嫁接膜将接口绑严，接穗用地膜包严保湿（图62）。

（2）劈接

适用于粗度超过接穗2倍以上的砧木。剪砧后，沿横断面中部下劈，切口长约4cm。把接穗削成约3cm的楔形切口，接穗外侧比内侧稍厚。接穗削好后，把砧木劈口撬开，插入插穗，使插穗的外侧形成层对齐。接穗切口上端高出砧木切面0.2～0.5cm（图63）。接穗及接口处理参照舌接。

图62　双舌接（程甜甜 摄）

（3）腹接

在砧木光滑处切成“T”字形切口。接穗长度10～15cm，削成长约3cm的切口；挑开“T”字形切口上部，将削好的接穗插入切口内。接穗及接口处理参照舌接。

5.2.5 接后管理

嫁接成活后，及时抹除砧木萌芽。腹接成活后，及时剪除接口以上砧木。接穗萌发后，应及时浇水，可施追肥。为防止新梢风折，应设立防风杆。8月下旬以后，根据愈合程度，去除绑扎膜。

5.3 扦插育苗

5.3.1 嫩枝扦插繁殖

（1）扦插时间

嫩枝扦插一般在5月中旬至7月中旬。这段时间

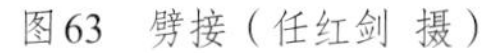

图63　劈接（任红剑 摄）

当年生的枝条已经半木质化，容易生根。过早扦插，枝条木质化较差，扦插后容易萎蔫；过晚扦插，枝条木质化程度高，扦插后不生根或生根缓慢。

（2）插棚处理

宜选用温室、塑料棚或小拱棚等设施。扦插前5～7天，用高锰酸钾对扦插棚进行消毒6～8小时，之后打开扦插棚通风。棚内于插床上方1.7～2.0m处，安装间歇弥雾装置。扦插棚外，宜使用不低于60%的遮阳网。

（3）扦插基质

为防止插穗因通气不畅而腐烂，扦插基质的透气性、保水性要好。扦插基质采用混合基质或河沙。混合基质按照椰壳、珍珠岩、蛭石的体积比为7:2:1混合而成。混合基质的含水量为60%左右，具体掌握手握成团、指缝有水但不滴水、松手后能自动散开为宜。扦插前用0.1%～0.3%高锰酸钾或700倍多菌灵溶液对扦插基质进行喷灌消毒。

（4）扦插苗床准备

苗床宽100～120cm，床长视大棚规格而定。使用河沙扦插，沙的厚度不少于20cm，床面整平，中间略高，以利排水（图64）。采用混合基质扦插，宜应用直径6cm、高11cm的育苗容器，放在苗床上（图65）。

（5）插穗制备与处理

在无风阴天或者清晨，选取生长健壮且没有病虫害的幼树，采集健壮幼树的半木质化枝条，以当年生枝条最佳。穗条采下后，注意恒温保湿，随采随插。

将插条截成长12～15cm的插穗。插穗不少于3～4个芽，上部保留1对叶片。插穗的剪口平滑、不破皮、不劈裂、不伤芽。采用0.3%的高锰酸钾溶液消毒5分钟，随后采用500mg/L α-萘乙酸溶液速蘸3～5秒（图66）。

（6）扦插

将插穗基部垂直插入基质，扦插深度3～4cm，以插穗不倒为准，宜浅勿深。扦插密度为220～260株/m^2。使用混合基质扦插时，宜采用穴盘（图67）。

（7）插后管理

扦插后即刻喷雾。喷雾时间自动控制，每次

图64　河沙苗床准备（乔谦 摄）

图65　混合基质苗床准备（乔谦 摄）

图66　激素处理（程甜甜 摄）

喷8～10秒。扦插前期，每隔15～20分钟喷雾1次，保持叶面湿润；待有愈伤组织出现时每隔30～40分钟喷雾一次；开始生根后，逐渐减至50～60分钟喷雾1次。阴雨天减少喷雾次数，相对湿度宜保持在80%～90%。扦插棚内温度控制在30～40℃，棚外使用遮阳网，透光率60%～70%。每5～7天，用75%百菌清可湿性粉剂800倍液、70%甲基托布津可湿性粉剂1 000倍液和50%多菌灵可湿性粉剂等广谱性杀菌剂交替喷雾消毒。

5.3.2 硬枝扦插繁殖

（1）扦插时间

硬枝扦插适宜时期为3月中下旬春季萌芽前。

（2）插床处理

硬枝扦插育苗的苗床准备同嫩枝扦插育苗，在温室或小拱棚内进行。

（3）插穗制备

于扦插当天，选择并采集生长健壮、木质化程度高、无冻害和病虫害的1年生枝条（图68），粗度0.5～1.5cm，将穗条截成长12～15cm的插穗。插穗不少于3～4个芽，上口平截，下口斜截，插穗的剪口平滑、不破皮、不劈裂、不伤芽。上端第一个芽子离剪口约1cm。将插穗按照粗细分成大、中、小三级，分别打捆，每捆50～100条。

（4）激素处理

插穗用1 000mg/L α-萘乙酸溶液浸泡10分钟。

（5）扦插

利用直径与插条相仿的工具，在穴盘穴孔中间打孔，孔深约1cm，打好孔后，立即将插条插入穴中，并用拇指和食指在插孔边轻压，保证插条与基质充分接合，避免用力过大对插条造成损伤。插条要求整齐一致，插好后及时浇水并保证浇透，浇水要用1 000目的园艺喷头洒水，避免将插条浇倒，对于个别被浇倒的插条要及时扶起。当穴盘放满小拱棚后要喷600倍的百菌清药液进行病害防治。扦插密度控制在30～40株/m²。

（6）插后管理

插穗插入苗床，浇1次透水，之后可根据基质墒情确定是否连续浇水（图69）。逐渐通风透气，增加炼苗强度，炼苗10天后，撤除棚膜。

图67 扦插（燕语 摄）

图68 硬枝扦插插穗采集（程甜甜 摄）

图69 硬枝扦插管理（程甜甜 摄）

6 管护技术

6.1 浇水

裸根青檀苗或容器苗栽植大田后，需浇透水并依土壤墒情进行抚育管理，容器苗浇水不及时或不透均影响苗木正常生长。

6.2 施肥

青檀幼苗不能施肥，大规格苗木可适时施肥。一般大田苗萌芽后，视生长情况而采用沟施；容器苗建议采用水肥一体化进行养护管理。以氮肥为主，氮、磷、钾比例一般为3:1:1。

6.3 中耕除草

除草遵循“除早、除小、除了”的原则，行间可铺设防草布，以防杂草丛生。新移植的青檀苗木冠小要勤除草，待苗木冠幅逐步扩大时可减少除草次数。

6.4 冬季防护

青檀幼苗生长过快，当年苗或1年生萌条极容易在地表之上死亡，大规格苗木的越冬能力较强，容器苗一般用秸秆覆盖根系进行防护。

6.5 病虫害防治

青檀抗病虫害能力较强。危害较为严重的病虫害主要是叶斑病和绵叶蚜。

6.5.1 叶斑病

症状：病叶初期出现暗色圆形斑点，病斑渐大后，中央呈灰白色，严重时斑点蔓延使叶片枯落。通常矮林作业的植株上发生较为严重。

防治措施：一是彻底清除和烧毁患病枝叶，切断病源；二是加强抚育，清除杂草，剪除过密细弱枝条，改善通风条件，砍除邻近遮阴的树木或枝条；三是改变作业方式，低湿地区不宜采用矮林作业，可采取头木作业或杯状整枝；四是在每年4～8月，喷洒1%的波尔多液，效果显著。

6.5.2 青檀绵叶蚜

青檀绵叶蚜严重危害其叶片、果实及幼嫩枝条，导致叶片褪绿变黄、卷曲甚至脱落，造成种子无法发育，严重影响青檀结实，虫体产生的蜜露还会诱发严重的煤污病。

青檀绵叶蚜对黄色具有正趋性，生产上可合理利用这一特性，采用黄色黏虫板诱杀蚜虫，减少虫害的传播和蔓延（图70）。悬挂于树冠下层的黄板诱捕的蚜虫数略大于树冠中层，但在瓢虫（以龟纹瓢虫为主）发生的高峰期诱捕瓢虫的数量较多，因此，在实际生产推广黄板诱杀应用中，黄板应悬挂于树冠的中下层，诱捕时间应避开天敌瓢虫的高发期。

图70　青檀绵叶蚜（谢学阳 摄）

7 产业应用

7.1 造林应用

青檀对土壤的要求并不高，无论是谷地、山坡，还是裸露岩石的荒山和河岸滩地等都可以栽种青檀。路旁和村旁等更加适合栽种青檀，长势更好。并且由于青檀根系发达，其在固土保水方面有独特的功能。在被地震严重破坏地段和地质断层地带、铁路和公路（含高铁和高速公路）两旁坡度较大的山坡推广青檀林的营造，可降低泥石流、山石坠落等次生灾害的发生，此外，青檀还可在石漠化治理方面广泛应用。由于青檀对钙质土壤适生性强，因此是石灰岩山区造林的优先选择树种。

青檀造林过程中，通常采用全冠苗造林的方法。此外，还可以有效运用截干栽植法，以提升青檀造林成活率，即在距离根部2cm处将1年生青檀苗截干造林；或者在栽植实生苗以后，于距离地面20cm处将其平茬。结合经营方式，确定青檀造林的密度。土层深厚且地势比较平缓的地方可以采用林粮间作，株行距设置为4m × 4m或3m × 4m；若条件一般的地方，造林密度应适当加大，株行距可以设置为2.0m × 1.7m或2m × 2m。

7.2 苗木培育

根据园林绿化的用途，可分别培育单干苗和丛生苗。单干苗培优需立支柱绑缚培育主干，从设计株型、定干高度、枝条分布等指标入手来，最终形成株型整齐、冠幅饱满的单杆苗；丛生苗培育主要是通过截干、摘心、抹芽等方式，控制均匀分布枝条，对萌生枝条进行有选择的保留，通过精细修剪调整培养丛生枝，达到枝条分布匀称、粗细有度的丛生效果（图71至图74）。

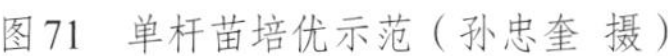

图71　单杆苗培优示范（孙忠奎 摄）

图72　青檀丛生苗（孙忠奎 摄）

图73　推广项目石刻（孙忠奎 摄）

图74　示范林航拍图（孙忠奎 摄）

7.3　园林观赏

青檀是珍贵的乡土树种，树形美观，树冠球形，树皮暗灰色，片状剥落，千年古树蟠龙穹枝，形态各异，极具观赏价值。青檀寿命长、耐修剪，可广泛应用于公园建设和园林绿化中，是不可多得的园林景观树种。应用形式上可选择孤植、丛植、片植于庭院、山岭、溪边，如与开花的小灌木和草花配合，则更为美观；此外，青檀树冠茂密，非常适合用作庭荫树，在园林设计中用来作主景树，更有诗情画意。也可作为行道树成行栽植，株距设置为3～4m（图75至图77）。

图75　青檀作品“智珠在握”在第十届中国花卉博览会展出（谢学阳 摄）

7.4　盆景制作

青檀寿命长，耐修剪，根系形态特别，错综复杂，具有非常高的观赏价值，也是优良的盆景观赏树种（图78）。制作青檀盆景时可按照以下原则：

①选桩要严格，桩材必须新鲜，枯朽、无根须的不要，尽量选精，不追求多，保证所选桩材都能成活。

②青檀的栽前处理非常重要，尤其对其创口和截面要护理好，为了预防病害侵染，桩材经修

SHANGHAI2021
第十届中国花卉博览会
10th CHINA FLOWER EXPO

荣誉证书

泰安市泰山林业科学研究院：

贵单位的“**青檀-智珠在握**”荣获第十届中国花卉博览会**展品类（木本观赏植物）银奖**。

特颁此证，以资鼓励。

第十届中国花卉博览会组织委员会
二〇二一年七月三日

图76　青檀作品“智珠在握”获第十届中国花卉博览会展品类（木本观赏植物）银奖（谢学阳 摄）

图77　青檀水边栽植景观（程甜甜 摄）

剪处理后，要将截面及其创口修整光滑，大的截面最好将创口边缘处修成45°小斜面。这样既可防止细菌感染，又利于创口尽快愈合。

③创口经处理后，不能马上上盆，要将其放置阴凉处阴干几小时，让伤口自然收水，形成一层保护膜，这样可缩短新根萌发时间。青檀根系的最大特点是喜湿润透气土壤，但栽植后根部决不能积水，如果青檀树桩栽后能有效利用该特性，即便根系极差的树桩也能成活。

④有些青檀树桩上面孔洞多，大部分洞内还填满了落叶土及杂草，必须将其彻底清除。因为这些杂物中或多或少都藏有蚁群或虫卵，如不在上盆前将其处理干净，日后天气转暖，洞内蚁群及虫卵活动增强，繁殖增多，难以根治。

⑤青檀喜干怕湿，因此，要用土瓦盆栽种。栽培土最好用黄沙、松针土、黄土，以4∶3∶3的比例配成，这种土既透气又能保水，还不会积水。盆底多垫几层瓦片，再垫一层粗沙，上好土后，先摇晃几下，然后再沿盆边向下压实，以防桩根下形成空洞，影响发根。浇透定根水后，用塑料袋罩好，放在一个比较固定的地方，不要经常搬动，以免碰松桩根。尽量控制浇水，多向枝干上喷水，盆土最好保持偏干。新桩成活后不可急于施肥，应在秋后再施。

⑥制作好的青檀盆景宜放置于避风向阳处，忌寒风，夏季略需遮阴，冬季盆栽的在气温低于1℃时应移至室内越冬；平时盆土可略干些，浇水要见干见湿，不浇则已，浇则浇透。伏天是花芽形成期，不可缺水，应早晚各浇1次水；秋后落叶时，盆土可偏干些，每隔5～7天浇1次水。

图78　青檀盆景（杜辉 摄）

7.5　附石青檀

利用山区丰富的自然石资源优势，发挥青檀寿命长、萌芽力强、根系发达等特性和小叶品种的特点，研发青檀根抱石、枝嵌石及树桩附石技术，可显著提高附加值（图79）。

7.6　注意事项

青檀较耐寒，生产中主要预防极端雨雪天气。当温度骤降时要采取防寒措施，有条件的可以进行加温，防止产生冻害。青檀不耐水湿，较耐旱，有“旱不死的青檀”之称，但也不可过旱。掌握“见干见湿，不浇则已，浇则浇透”的原则。

图79　青檀附石桩景（杜辉 摄）

青檀作为中国特有的稀有树种，不仅具有重要的生态与经济价值，而且对研究大麻科系统发育具有学术价值。然而，由于自然植被的破坏，常被大量砍伐，致使分布区域逐渐缩小，林相残破，甚至有些地区残留极少，已不易找到。对现有的青檀林要严禁砍伐，促进更新，其古树更应重点保护。同时，应建立各级种质资源库、良种繁育圃，大力推广优良品种种植，推进青檀有序开发与应用。

参考文献

陈焕镛，黄成就，1998. 中国植物志：第22卷[M]. 北京：科学出版社.

陈俊愉，2001. 中国花卉品种分类学[M]. 北京：中国林业出版社.

陈有民，1990. 园林树木学[M]. 北京：中国林业出版社.

方昊，2023. 古村古树寄乡愁[J]. 生态文明世界(3): 90-97, 7.

方升佐，洑香香，2007. 中国青檀[M]. 香港：中国科学文化出版社.

高慧，徐斌，邵卓平，2007. 青檀树皮的化学组成与细胞壁结构[J]. 经济林研究，25(4): 28-33.

关传友，2008. 安徽寺院古林的探析[J]. 农业考古(4): 212-214.

侯静雯，梁颖，范伟，2023. 保护古树名木 守护城市记忆——广西壮族自治区柳州市古树名木保护侧记[J]. 国土绿化(8): 30-32.

胡博，2019. 读懂"青檀精神"的内涵[J]. 新长征(11): 36.

李法曾，张学杰，2000. 中国榆科植物系统分类研究综述[J]. 武汉植物学研究，18(5): 412-416.

李金昌，王秀滨，邢示辉，1996. 青檀的综合开发利用研究[J]. 中国水土保持(5): 37-38.

马克平，2020. 植物博物学讲义[M]. 北京：北京大学出版社.

千里草，1995. 华山的古树奇木[J]. 植物杂志(3): 13-14.

秦永建，张鹏远，李辉，等，2016. 嫁接技术在仿古桩青檀盆景制作中的应用[J]. 山东林业科技(6): 47-49.

孙忠奎，张林，王波，等，2017. 古桩盆景树柸培育技术创新[J]. 山东林业科技，47(3): 104-106.

王峰，刘志兵，燕丽萍，等，2018. 不同倍性青檀光合特性研究[J]. 中国农学通报，34(28): 26-30.

王峰，张靖，陈荣伟，等，2015. 青檀嫩枝扦插技术研究[J]. 园艺与种苗(9): 18-21.

魏瑶，何建勇，2021. 昌平古青檀：3000岁"巨型盆景"扎根岩石[J]. 绿化与生活(6): 53-54.

吴学安，李鑫欣，2022. 保护古树留下城市记忆[J]. 绿化与生活(12): 22.

吴志敏，1991. 榆科几个主要分类系统浅析[J]. 华南农业大学学报，12: 33-37.

许冬芳，崔同林，2005. 青檀的开发利用[J]. 中国林副特产(3): 64.

于永畅，王长宪，王厚新，等，2015. 不同绿化树种抗旱性、抗盐性及抗涝性比较[J]. 农学学报，5(6): 113-116.

张焕雷，2018. 大麻科叶绿体系统发育基因组学[D]. 北京：中国科学院大学.

张天麟，2011. 园林树木1600种[M]. 北京：中国建筑工业出版社.

朱翠翠，张林，孙忠奎，等，2016. 中国中北部青檀的AFLP分析[J]. 农学学报，6(5): 60-64.

BENTHAM G, HOOKER S, STEARN W, 1883. Genera plantarum, ad exemplaria imprimis in herbariis kewensibus servata definite [M]. Reeve & Company, London: U.K.

ENGLER A, PRANTL K, 1893. Die natürlichen pflanzenfamilien[M]. Duncker & Humblot, Berlin: Germany.

FU L G, XIN Y Q, WHITTEMORE A, 2003. Ulmus[M]// WU Z Y, RAVEN P H, HONG D Y. Flora of China: Vol. 5. Beijing: Sciences Press & St. Louis: Missouri Botanical Garden Press: 1-19.

REVEAL J, CHASE M, 2011. APG III: bibliographical information and synonymy of Magnoliidae [J]. Phytotaxa, 19(1): 71-134.

SONG B H, WANG X Q, LI F Z, et al., 2001. Further evidence for paraphyly of the Celtidaceae from the chloroplast gene matK [J]. Plant Systematics and Evolution, 228(1): 107-115.

SYTSMA K J, MORAWETZ J, PIRES J C, et al., 2002. Urticalean rosids: circumscription, rosid ancestry, and phylogenetics based on rbcL, trnL-F, and ndhF sequences[J]. American Journal of Botany, 89(9): 1531-1546.

The Angiosperm Phylogeny Group, CHASE M W, CHRISTENHUSZ M J M, et al., 2016. An update of the angiosperm phylogeny group classification for the orders and families of flowering plants: APG IV[J]. Botanical Journal of the Linnean Society, 181(1): 1-20.

UEDA K, KOSUGE K, TOBE H, 1997. A molecular phylogeny of celtidaceae and ulmaceae (Urticales) based onrbcL nucleotide sequences[J]. Journal of Plant Research, 110: 171-178.

WIEGREFE S J, SYTSMA K J, GURIES R P, 1998. The Ulmaceae, one family or two? Evidence from chloroplast DNA restriction site mapping[J]. Plant Systematics and Evolution, 210: 249-270.

YANG M Q, VELZEN R V, BAKKER F T, et al., 2013. Molecular phylogenetics and character evolution of Cannabaceae[J]. Taxon, 62(3): 473-485.

ZAVADA M S, KIM M, 1996. Phylogenetic analysis of Ulmaceae[J]. Plant Systematics and Evolution, 200: 13-20.

致谢

感谢国家植物园（北园）马金双博士对青檀章节提出的宝贵意见和建议，以及给予本次编撰书籍的机会；该章节涉及的相关内容得到北京林业大学、山东农业大学、山东省林草种质资源中心、山东省果树研究所、泰安市城市环保工程有限公司及泰安时代园林科技开发有限公司等产学研合作单位的支持，涉及青檀树种的研究不仅得到山东省自然资源厅科技与国际合作处、泰安市林业局等主管部门的关心和厚爱，还获得山东省科技厅、泰安市科技局的立项支持，正是因为有了中央财政林业改革发展资金（鲁〔2017〕TG16）、国家林木种质资源库建设（林场发〔2016〕153号）、国家行业标准（2016-LY-10）、山东省农业良种工程（2014lz60）、青檀优异种源汇集及繁育评价（2019LZGC0180405）、泰安市农业良种工程（泰科农发〔2009〕6号）等项目的资助，使该研究能延续至今，在此表示衷心感谢！

自2003年开始关注青檀，由泰安市泰山林业科学研究院张林牵头，孙忠奎、朱翠翠、程甜甜、高德合、王峰、李文清、解孝满、仝伯强、鲁仪增、李承秀、李宾、颜卫东、杜辉、燕语、张安琪、乔谦、于永畅、仲凤维、刘鹍、吴府胜、黄剑、谢学阳、周光锋、杨波、张春香、任红剑、丁平、于海波、王郑昊、谢宪、孙芳、王波、张倩、赵青松、边晓慧、高红、张梅林、方建文、孙维合、孙兆国等40余人陆续参与了青檀种质资源收集保存及创新评价工作。其中，以APG分类，青檀属归入大麻科的相关分析内容又经乔谦研究佐证。计划出版的《苗谱-青檀》和《大麻科青檀》两部书稿的部分章节载入本书中，作为乡土观赏树种种质创新团队带头人，由衷感谢团队的集体付出！

作者简介

程甜甜（女，山东泰安人，1988年生），于山东农业大学分别获得园林专业学士学位（2011年）和园林植物与观赏园艺专业硕士学位（2014年），泰安市泰山林业科学研究院，高级工程师，主要从事观赏植物种质创新、种苗繁殖及栽培技术研发工作。自参与青檀、元宝枫、木绣球、流苏、丁香、紫薇、紫藤、石蒜等植物染色体加倍、彩叶诱变及辐射育种，到研发青檀附石桩景技术的十余年，逐渐成长为乡土观赏树种创新团队带头人。截至目前，选育青檀新品种20余个，分别形成四倍体系列、金叶系列、斑叶系列、小叶系列、垂枝系列，其中，已获青檀植物新品种授权8个。

园林之母
China

07

-SEVEN-

罗伯特·福琼在中国的植物采集之旅

Robert Fortune's Plant Collecting Journey in China

欧阳婷*
（自然写作者）

OUYANG Ting*
(Nature Literature Writer)

* 邮箱：cleverou@gmail.com

摘　要： 罗伯特·福琼（Robert Fortune）是一位在今天仍然充满争议的苏格兰植物猎人，19世纪中期，他为英国东印度公司服务期间，将茶树种子、茶树苗以及制茶工人、技术转移到英属殖民地印度，对世界茶叶贸易起到了举足轻重的作用。本章梳理了他在大英帝国时期茶叶贸易中所承担的角色、产生的巨大影响，以及几次重要的在中国采集茶叶的旅程；同时，也从一个植物学家的角度，较为客观地看待他在为世界园艺引入中国植物上所做的工作和贡献，尤其是他在第一次鸦片战争后的1843年来到中国，随着五口通商，国外植物猎人在中国渐渐畅行无阻，以福琼为始，进入到一个植物猎人来华采集植物和展开研究的重要阶段。

关键词： 罗伯特 · 福琼　植物猎人　茶叶　东印度公司　中国

Abstract: Robert Fortune, a Scottish plant hunter who remains controversial today, played a pivotal role in the world tea trade in the mid-nineteenth century when he served the British East India Company by transferring tea seeds and seedlings, as well as tea workers and technology to the British colony of India. This chapter sorts out the role he assumed in the tea trade during the imperial period, the great impact he had, and several important journeys to collect tea in China; at the same time, also from the perspective of a botanist, a more objective view of his work and contribution to the introduction of Chinese plants for the world of horticulture, in particular, he came to China in 1843 after the First Opium War, and with the opening of the five ports to trade, foreign plant hunters gradually travelled freely in China, starting with Fortune, it entered an important stage of plant hunters coming to China to collect plants and carry out research.

Keywords: Robert Fortune, Plant hunter, Tea, East India Company, China

欧阳婷，2024，第7章，罗伯特 · 福琼在中国的植物采集之旅；中国——二十一世纪的园林之母，第六卷：357–389页.

罗伯特 · 福琼（Robert Fortune, 1813—1880，图1）是苏格兰植物学家和旅行家，他早年曾在爱丁堡皇家植物园（Royal Botanic Garden Edinburgh）工作，后又受雇于伦敦园艺学会（Horticultural Society of London）（即现在的皇家园艺学会，The Royal Horticultural Society）。福琼先后5次游历中国，1843年第一次鸦片战争结束后，他首度被伦敦园艺学会派往中国，任务是采集植物。1848年，他又代表东印度公司第二次来到中国，这次的旅行产生了更为重要的影响：他走访福建武夷山、安徽徽州及浙江一带的主要茶产地，收集了1万多颗优质茶树种子以及茶树幼苗，还将熟练掌握专业化制茶技术的中国工人以及设备成功地引入印度，促进了英国在印度北部建立的茶叶产业的进程。

图1　罗伯特 · 福琼

出生于特威德河畔贝里克（Berwick-upon-Tweed）一个普通家庭的福琼，能说几种中国方言，他敢于闯入外国人禁足的区域，隐姓埋名于中国人中间，获得当地人信任和帮助。他既有办法收集到优质的植物标本，也有智慧和能力将脆弱的茶树种子及植株成功地运往印度及英国。他还具有优秀的写作能力，他把1843—1861年间的数次中国冒险经历整理成书，书中所记述的翔实内容，可以说是两次鸦片战争期间中国的日常生活的写照。

他将许多树木和美丽的花卉引入欧洲，其中有一些还以他的名字命名，通过在中国和日本的旅行，他向英国、印度及美国输送了大约280种（包括变种）植物，其中约200种是在中国以外的地方种植的类群。虽然有些植物收集者传播了数量更多的植物，但福琼所收集的植物质量更高、更持久（Watt, 2016）。行动力、求知欲、写作能力、勘测技能以及扎实的地理、植物学知识，是所有这些特质塑造了他，也让他的人生厚度远超于一个普通的“茶叶大盗”。

1 后世仍然备受争议的植物猎人

对于罗伯特·福琼来说，最常见的标签莫过于“茶叶大盗”“成功将茶树走私出中国的植物猎人”了，措辞委婉一些的是“改变了中国茶在世界的贸易格局”“一位对国际茶叶贸易历史影响最大的人”。

了解一个历史人物的最好方式，无疑是读他的自传，或者传记作者为他写的传记，前提是写得都足够客观。

有意思的是，读罗伯特·福琼自己的游记《两访中国茶乡》和美国作家萨拉·罗斯（Sarah Rose, 1974—）写他的传记《茶叶大盗：改变世界史的中国茶》，所获得的感受是完全相反的。

萨拉·罗斯对福琼的态度在书的序言里就定下来了，她凿凿地称他为“一个植物猎人、一个园艺学家、一个窃贼、一个间谍”，她认为这是对他的公正描述，福琼毫无疑问认为这些植物属于全世界，并不觉得自己是在偷窃（Heaver, 2017）。而萨拉这本传记的书写方式是基于福琼的个人游记，对一些事件和史实的渲染和再加工，因此也不乏有些夸大的演绎式写法，在章节的切换之间，它的主线更像是一个激动人心的维多利亚时代冒险故事，正如有媒体评价，“这本书里的情节似乎是为一部好莱坞电影量身定做的……”

而读罗伯特·福琼的《两访中国茶乡》，在亲历文字的背后，感受到的是一个立体的、具体的、有温度的人。这本书其实是将他第一次来中国后出版的《中国北部省份三年漫游记》，和第二次访华后写成的《茶乡之旅》两本书的内容合辑在一起了，是他在中国所经历最丰富的两个阶段。不像笔者看过的其他植物猎人如威尔逊、金登-沃德在中国大地游历之后所写的文字那样，具有严谨的地理、地质、植物、气候、水文等学科的专业性，福琼的这本书写得更具故事性，平铺直叙，不涉文采，却自有其价值。

可以说，《两访中国茶乡》是一个遍布细节的中国见闻录及在可通商的沿海口岸私闯中国内陆的历险记。福琼那时能走动的范围相对较小，主要是两个茶产区，从浙江、安徽、上海到广东、福建、江西，然而他的关注点却是方方面面，寻找高品质茶树，关注植物采集、宗教、气候、农业经济、种植经验、官场、中国人的性格，也有对山川风物的激赏、对穷苦人的恻隐和善良、打交道中的变通和机警等，如此详尽，仿佛看了一份生动的19世纪40年代中国社会发展报告。同时辩证地看，他也不可避免地持有同他的国家一致的殖民思想。

与福琼的书可以对比着补充一起看的，是戴维·弗格森（David Kay Ferguson, 1942—）写的传记《罗伯特·福琼——植物猎人》。戴维·弗格森和福琼一样是苏格兰人，曾任维也纳大学古植物学教授，专研地理学、植物分类学、古植物学，为了写这本传记他准备了10年，期间还分几次追随福琼的足迹，走访了福琼踏足过的大部分地区，寻访福琼后人的生活。在书里，他详尽地梳理了福琼的人生经历，尤其是几次重要的植物采集，5次来中国，以及在日本、美国的工作，旁注内容有时甚至超过正文，给出了大量的背景信息，可以了解到一些重要历史事件的前因后果，以及许多彼时英国博物学界、政界、商界的重要人物，对华的外交和贸易关系。整本书的写作也是严谨的学术写法，每一章的注释和参考资料在书后列得明明白白。最有意义的是戴维·弗格森详尽、精确地列出了福琼引种的植物名录，对他在游记中所记载的物种现代名称做了考证和确认，可以看出他所做的案头工作很扎实。

同样还有一本比较重要的传记，是苏格兰人阿利斯泰尔·瓦特（Alistair Watt）2016年出版的*Robert Fortune: A Plant Hunter in the Orient*。阿利斯泰尔·瓦特现居澳大利亚，是位植物学家，曾担任墨尔本皇家植物园的荣誉研究助理，他也是一名半职业的植物猎人，和福琼相隔一个时代，20世纪80~90年代，他采集植物和种子的足迹遍布智利、新西兰、新喀里多尼亚和斐济（Backhouse, 2017）。他在书里也写了福琼的生平、在茶叶历史上的作用以及在远东采集的大量植物。

因为同为植物猎人，阿利斯泰尔·瓦特对福琼的态度就“宽容”很多，他更看重福琼对园艺的贡献。他在书里提到，福琼将茶树和制茶技术转移出中国的行为，不应该放在我们今天关于知识产权或生物剽窃这个思维框架里来解读，而是要将他的旅程置于植物向世界四面八方迁移、交流的这个帝国时期大背景里来看待，福琼的收集工作永远改变了英国的花园，他对园艺知识有着持久的贡献（Lee, 2021）。

所以，从以上著作可以看出来，如何评价福琼，基于看待他的视角。

从任何一个单一角度评价福琼显然都是片面、简单的，福琼的行为必定是与帝国扩张、中国和英国之间在茶叶这个经济作物上的贸易博弈紧密相连。福琼以及他之前、之后的植物猎人，这样一支训练有素的植物学家队伍，得到国家的支持，并随时准备与政府合作，从一个弱小国家“移走”一种理想的植物，在英国控制下的土地上发展，有学者称之为“非正式帝国”，也即一种帝国势力，通常以自由贸易为名，对其正式领土之外的地区施展经济控制。

范发迪（Fa-ti Fan）在《知识帝国：清代在华的英国博物学家》一书里也有详尽阐述，他认为，博物学是西方人在中国致力最多的科学研究，博物学与欧洲海洋贸易、帝国主义扩张之间具有多角互动关系，英国人在华的存在多半归因于其帝国支配，这就是科学帝国主义所扮演的历史角色——科学发展与帝国扩张在中国的共生和携手并进，“那些并不主要肩负科学使命的外交及其他机构，参与了博物学的研究，在在华的英国科学帝国主义架构中扮演了重要的角色”，比如英国在华领事机关、新教传教团、东印度公司广州洋行的成员、园艺师兼采集员等（范发迪, 2018）。

2 在鸦片战争的时代大背景里

2.1 第一次到访中国

可以肯定的是，无论从何角度来看，福琼无疑都是茶叶贸易史上一位非常重要的人，他是在那样一个历史节点被选中的人。不过，也可以做个猜想，如果不是他，恐怕也会另有其人来做这个事，只是可能不会像他能如此快速地获得成功。而福琼成为这个被选中的人，可以说是彼时他自身的经历与英国东印度公司的商业发展新需求，这两个方面促成的一个恰逢其时的契机。

1843年2月至1845年12月，福琼受伦敦园艺学会派遣，在中国进行了为期3年的科学考察。此时福琼的身份是伦敦园艺学会的温室管理员，同时还是园艺学会中国委员会的成员。第一次鸦片战争后，中国开放广州、厦门、福州、宁波、上海5个通商口岸，允许进行对外贸易和供外国人居住，这为伦敦园艺学会提供了一个千载难逢的机会。在此之前，伦敦园艺学会所派遣到中国的植物猎人，活动范围仅限于澳门和广东，所以他们搜集到的大多数植物，都是这两个地方花圃中的栽培植物，种类和范围十分有限。

福琼第一次来中国的任务还是比较单纯的，主要就是收集在英国尚未种植的观赏植物或实用性植物的种子和植株，获取关于中国园艺和农业的信息以及气候的性质、对植被的影响。在伦敦园艺学会副秘书长约翰·林德利（John Lindly, 1799—1865）和学会研究员老约翰·里弗斯（John Reeves, 1774—1856）列给他的一份长长的指示文件里，详细地写出了22种需要特别注意的植物。

福琼是在《南京条约》签订后的第二年，即1843年7月经香港到达厦门，进而去往舟山、宁波、上海等地（图2）。尽管不可能造访所有的通商口岸，但福琼尽力扩大他在中国探险的范围，还突破限制，走访了外国人无法进入的苏州和嘉兴等地。作为第一次访华的成果，他所收集的观赏性或实用性的种子和植物，可以说是相当成功的，他引入了大约40种新的植物，还不包括一些仅有少许颜色不同的变种（弗格森，2022）。

回到英国之后，被福琼视为伯乐的约翰·林德利，推荐他担任了切尔西药用植物园（Chelsea Physic Garden）园长一职。福琼将他这一段经历写成书，于1847年出版了《中国北部省份三年漫游记》（图3），这本书给他带来了不菲的稿酬，当然，书中他对在中国这个神秘国度所经历的奇闻逸事的生动描写，也令这本游记销售得很好，再版了好几次，他成为那个时期英国最著名的在华旅行家。他自己恐怕也没有想到，几年之后，他会接受东印度公司委派再访中国。

2.2 东印度公司的野心

此时的英国东印度公司（East India Company）[1]正在推进喜马拉雅山的茶树种植项目，想派遣一位合格的人员前往中国更北部的海岸，收集最好品种的茶树和种子，以及调查影响茶叶质量的地理、气候等自然条件。1848年，东印度公司通

图2 宁波城附近的水库（图片来自福琼作品 *A Journey to the Tea Countries of China and India*）

1 “东印度”是与“西印度”相对的一个地名。1492年哥伦布到达美洲后，误认为是印度，后来欧洲殖民者就称南北美大陆间的群岛为“西印度”，同时将亚洲南部的印度和马来群岛称为“东印度”。

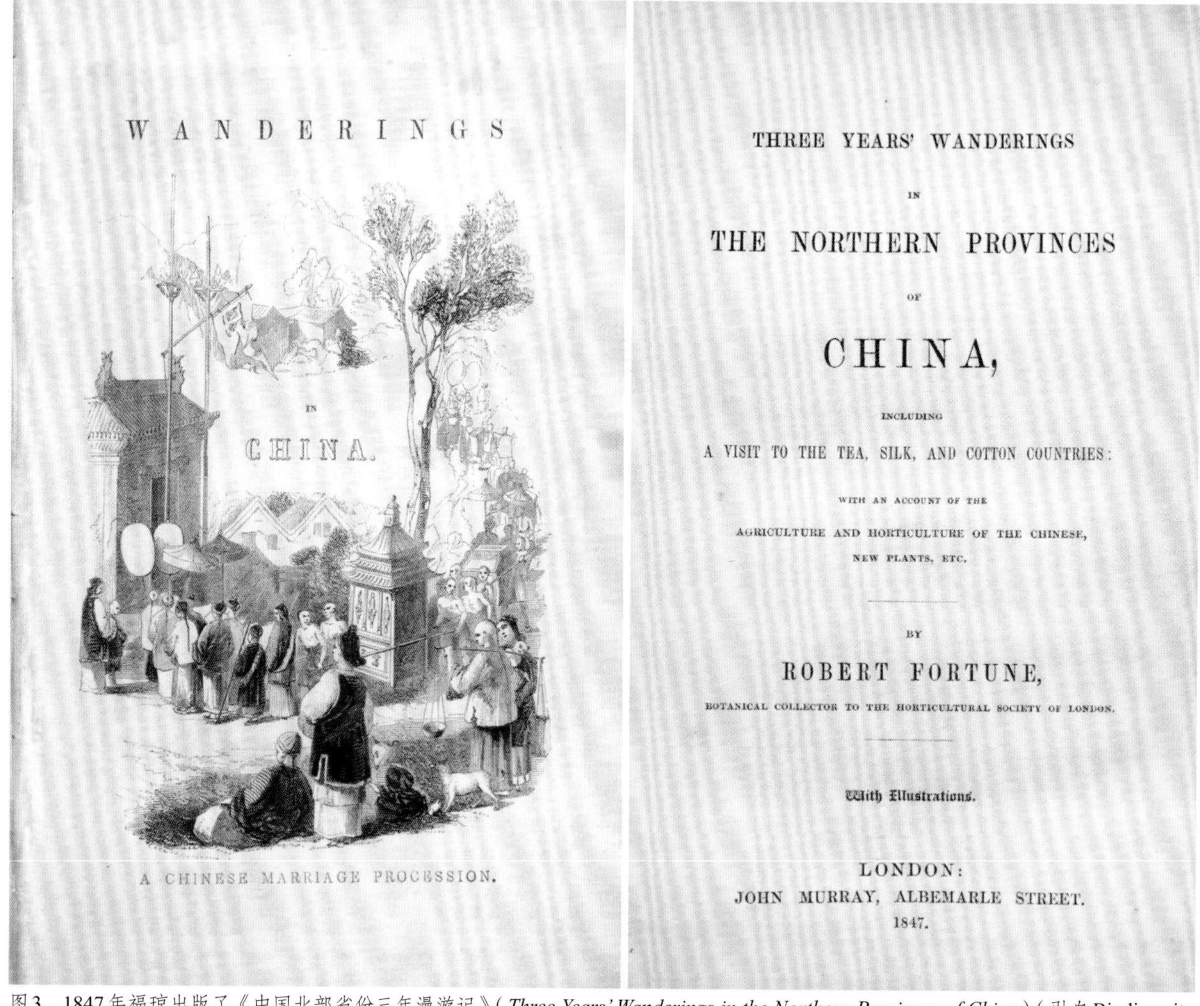

WANDERINGS

IN

CHINA.

A CHINESE MARRIAGE PROCESSION.

THREE YEARS' WANDERINGS

IN

THE NORTHERN PROVINCES

OF

CHINA,

INCLUDING

A VISIT TO THE TEA, SILK, AND COTTON COUNTRIES:

WITH AN ACCOUNT OF THE

AGRICULTURE AND HORTICULTURE OF THE CHINESE,

NEW PLANTS, ETC.

BY

ROBERT FORTUNE,

BOTANICAL COLLECTOR TO THE HORTICULTURAL SOCIETY OF LONDON.

With Illustrations.

LONDON:

JOHN MURRAY, ALBEMARLE STREET.

1847.

图3　1847年福琼出版了《中国北部省份三年漫游记》(*Three Years' Wanderings in the Northern Provinces of China*)(引自 Biodiversity Heritage Library)

过植物学家约翰·福布斯·罗伊尔(John Forbes Royle, 1798—1858)向福琼发出招募邀请，认为以福琼此前在中国进行旅行和探险活动的丰富经验来说，确实很有资格胜任这个工作。罗伊尔本人也是最早意识到可以在喜马拉雅山南麓种植中国茶叶的人之一(戴维·弗格森, 2022)。

有必要回顾一下英国东印度公司的历史。这家创立于17世纪的公司，一直集中精力致力于在印度半岛的发展。1600年，伊丽莎白女王向东印度公司颁发皇家特许状，将东印度的全部贸易权授予东印度公司。从欧洲输出白银，再输入欧洲没有的产品，这便是东印度公司的贸易模式。它从东方购入大批香料、棉织物、绢丝等产品，后来也开始大量地进口中国产的茶叶，在英国与中国的直接贸易不断扩展的历史背景中，数量庞大的茶叶转由东印度公司运往欧洲。

茶叶被引入英国，始于1662年葡萄牙公主凯瑟琳嫁给英国国王查理一世时，她将遥远东方的茶叶和饮用茶的风气从葡萄牙带入了伦敦(而对整个欧洲而言，茶叶的引入更早一些，是在1610年被荷兰东印度公司首次引入的，英国进口的第一批茶叶，也是从荷兰东印度公司运到欧洲的茶叶中购买而来的)，最初茶只是一种在宫廷和上流阶层中流行的奢侈饮品。英国东印度公司的茶叶进口贸易始于1669年，实际上直到1690年后，茶叶进口贸易才开始真正繁荣起来，英国迎来了茶叶的大众消费时代。茶叶走私也成为欧洲各地东印度公司的热门生意项目，甚至演变为这些公司赖以生存的重要基础，不过，英国东印度公司始终拥有茶叶贸易的垄断权(浅田实, 2016)。

西方与中国进行贸易的主要商品，即它们出口中国的支柱产品，是白银。英国国内每年对茶的需求量大幅攀升，但白银的数量不够支付茶叶费用，于是，便产生了一个危机，英国民众对茶叶的嗜好使得英国财力严重流失。这个时候，鸦片贸易便开始了——可以用一种更容易上瘾的药物来换取茶叶。1758年，英国议会授予东印度公司在印度独家生产加工鸦片的权力（麦克法兰，麦克法兰，2016）。

虽然罂粟起源于地中海地区，但它更适合在英国统治下的印度种植，进而从加尔各答出口到中国。围绕着茶叶和鸦片，中国、印度、英国之间就形成了一种三角经济关系。英国从中国进口茶叶，茶叶贸易对英国而言，不仅仅是获利那么简单，它已经成为国民经济中不可取代的重要元素，英国政府每10英镑的税收中，就有1英镑来自茶叶的进口与销售，茶税被用于铁路和公路建设、公务员薪水支出以及一个蒸蒸日上的工业国方方面面的需要（罗斯，2015）。鸦片对于英国经济而言也同样重要，它为印度这个殖民地国家的经营管理提供了资金支持。不论从哪一种商品来看，东印度公司都将它的贸易范围从印度扩展到了中国，迎来了它的繁盛时期。

2.3 鸦片与茶叶的贸易博弈

一些史学家认为，其后发生的历史悲剧——鸦片战争，其根源可以追溯到18世纪英国进口中国茶叶的历史。围绕着对中国的鸦片贩卖生意，东印度公司也受到了来自印度当地的私营贸易商的竞争威胁。1820年前后，几家与拥有中国贸易垄断权的东印度公司对抗的私营贸易公司，反对政府延长东印度公司特许状的期限，要求实现对中国贸易的自由化。同时，伴随英国国内棉纺织工业的日益发达，制造业者和商人们也参与到反对东印度公司垄断权的运动中来。东印度公司遭到了私营贸易商和工业资本家两方面的打击（浅田实，2016）。1833年，东印度公司对中国茶叶贸易的垄断权被废止，中国茶叶贸易改为向英国全民开放。

东印度公司贸易垄断权的废止事件，可以被视为自由贸易商人胜利的象征，不受约束的私人贸易商，例如英国怡和洋行公司和颠地洋行（Dent, Beale & Co）、美国罗素公司等，由于贪图更多的利润，猛烈地推进鸦片贸易，以致中国的国际收支逆转——局势失控了。清政府最终决定严厉打击鸦片非法贸易，1840年，第一次鸦片战争爆发。

这之后的东印度公司，丧失了原有的优势和特权，蜕变为一个军事统治者、殖民地经营者。东印度公司开始在印度投资进行原产茶树的种植试验，从长远来看，这是比鸦片的销售更加保险的财政来源。此时在印度阿萨姆邦也已经发现了本土的茶树，但是制成的阿萨姆茶味道比较辛辣，无法与中国茶相匹敌，也不可能在世界市场上取代中国茶叶的位置。而同时，几十年来，英国人也已经从可通商的广州花园里获得了中等质量的茶树种子，并将它们种植在喜马拉雅山南麓，虽然取得了一定的成功，不过仍然达不到高品质茶的香气，卖不出高价。对于饥渴的英国市场而言，中国茶是唯一的渴求（罗斯，2015）。

喜马拉雅山南麓拥有与中国最好的产茶地类似的生长环境，海拔高、气温低的自然条件可以延缓茶叶的生长，使它保持浓郁的气味。东印度公司制订了在这里建立大面积试验性种植园的详细规划，它的目标具体而明确：寻找中国最好的茶种、中国的茶叶制作方法，还有中国籍的制茶工和中式制茶工具。这样将茶树迁移到喜马拉雅山南麓，在印度种植能够供应本土市场的茶叶，可以有望使英国摆脱中国对茶叶的严密制约（拉帕波特，2022）。

这便是东印度公司找到福琼的完整意图，福琼是这个被寄予厚望的计划的一部分，东印度公司急需一个经验丰富的植物猎人去中国，不仅仅限于5个通商口岸，必须还要能够突破行动限制，深入中国真正优质茶的产区，带回他们的所需。

以上梳理了这么多，是因为历史事件并不是孤立的，而是环环相扣，无法简洁叙述。同时从这些历史背景也可以看出，福琼在这个时候接受东印度公司的委任，他即将在中国开展的任务，他所扮演的角色，确实在两个国家之间的茶业贸易中有着举足轻重的作用。

3 深入中国绿茶和红茶产区

3.1 第二次重要的中国之旅

福琼想必也充分了解他第二次去往中国的使命，远离通商口岸去寻找中国最重要的茶叶，风险和难度比上一次更大。但是在他的游记里，并没有体现出太多关于商业目的的详细细节，倒像是在行动受限的中国，所经历的一次次冒险故事，或偶然或事先知晓的险情，每每都暂以他安然无恙地到达目的地作结。

1848年8月，他乘坐蒸汽轮船再度来到中国，从维多利亚湾沿水路到上海，之后从上海出发，开始了寻访绿茶之旅。过嘉兴到杭州，他看到所有的绿茶、红茶都要顺着钱塘江再转一次船到杭州，南部和西部各地的供物也都必须经过杭州，才能运往人口密集的广大地区，如苏州、松江以及上海等地。同样，所有外国进口的货物以及平原地带的一些丝、棉之类产品，要销往南部和西部，也要经过杭州。因此他认为，杭州府有着重要的商业地位。

进入徽州茶区，这里处于内陆之中，对欧洲人来说，这还是一个与世隔绝的地带，除了几个耶稣会传教士，此前还没有外国人踏进过徽州这一茶叶圣地。几乎所有的低地都被种上了茶树，这些土地肥沃、富含营养，茶树长得也非常茂盛（图4）。他相信土地对于徽州绿茶的高品质起到了重要作用，于是决定从这个著名的茶乡采集最好品质的绿茶树和种子。他聘请了一位姓王的翻译和一名苦力，都是徽州本地人，陪他进行这次秘密任务。为了旅行的方便，福琼给自己起了一个中文名字“幸花”（Fortune Flower），幸运之花的意思，并且剃光前额的头发，穿上中式服装，看起来不那么引人注意。

屯溪[2]是另一个贸易中心，是徽州府的主要码头，繁荣忙碌。因为江水很浅，无法再往上游行驶，所有杭州、严州[3]来的大船都需停靠在这儿上下货物。几乎所有的绿茶也都在这儿装船，沿着新安江顺流而下运往杭州，然后再转运到上海。运往广州的绿茶则要向西翻过山走鄱阳湖方向的河。这一带人烟稠密，有很多大的茶叶商，他们从茶农或和尚们手中购买茶叶，然后进行加工与分类，把茶叶分成不同的批次，运往上海或广州，在那儿再卖给外国商人。

在松萝山，绿茶最早被发现的地方，福琼了

图4　医生、博物学家约翰·科克利·莱特索姆（John Coakley Lettsom）绘制的茶树科学画

2 即今日安徽黄山。
3 今浙江杭州建德市。

解到了保存茶树种子的方法——茶农将种子与沙子和湿土混合装在篮子里，而不是暴露在温度和湿度剧烈变化的环境中，这样就可以保持种子的活力直至翌年春天。冬天特别寒冷的时候，茶农们会用稻草把茶树包裹起来，保护它们免受霜冻。那时候，茶农们还向茶叶中混入普鲁士蓝色染料和石膏细粉，这样染上色的外销绿茶，是专门针对欧洲和美洲人的口味而增加的一道工序。

福琼住在王翻译的父母家里，他每天从早到晚忙于采集各种种子，调查山上的植物，收集绿茶种植与加工的各种信息。这一趟行程，他采集到真正出产最好品质的绿茶的茶树，属于茶叶贸易中最上乘的品种，也获得了一些有关徽州茶区的土壤特性及栽种方法的信息。

福琼在中国东南部的考察目标，是福建武夷山的红茶产区。这一次他从宁波启程，因为这里的人不像福州、广州那样对外国人有强烈的偏见。他所带的向导辛虎对他的帮助很大，他仍然打扮成中国人的模样，这时他已经很了解中国人的性格和生活方式了。

1849年5月，他们沿着甬江，经余姚、上虞、兰溪、常山，进入江西境内，在河口镇，他看到来自中国各处的商人都云集于此，或是来买茶叶，或是把茶叶转运到中国的其他地方去。河口是红茶交易的一个集散地，城里特别是沿着江堤一带，到处都是大客栈、茶叶商行以及仓库。江岸边系泊着很多船只，货船把茶叶以及其他商品运往东边的玉山，或者运往西边的鄱阳湖。他认识到河口镇对西边内陆地区的重要性，就像上海和苏州对沿海地区相当重要一样。

从河口开始就逐渐进入山区了，时不时地要翻过一座座相当陡峭的山。到了被群山包围的铅山镇，却异常繁荣，这里位于福建红茶的运输通道上，搬运工将红茶背下山来，几乎都是在这儿将红茶装船，然后运往河口。

离开铅山之后，就进入了真正的产茶区。在肥沃山丘的低坡上，茶林随处可见。有时候平地上也种植茶林，但这些平地通常都很干燥，排水条件很好，这些茶园的土地都是红壤土，当中湿积着相当比例的碎石和沙子。慢慢爬升到了海拔较高的地方，终于到达武夷山主峰，这是福琼见过的最为壮丽的山景。高山中的关口，是很繁忙的交通要道，它连接着福建和江西两省，红茶产区的茶叶就是通过这条大道，翻过大山，运往中国的中部和北部省份。那些往北走的搬运工身上都背着茶叶箱，往南走的搬运工则背着铅以及茶叶产区需要的其他一些货物。高品级的茶叶都是由一个搬运工只背一箱，茶叶箱一路上都不能接触到地面。

这一路上，福琼对武夷山茶田的土壤特性已经很了解了（图5），最常见的是一种棕红色含有腐殖质成分的黏土，其中还混杂着一些岩石颗粒，也就是中等肥沃程度的土壤，而太肥沃的土壤所产茶叶的品质其实并不好。茶田因为岩石的特殊构造，以及山坡上不断渗出来的流水而保持了充足的湿润程度，并且由于山势的自然倾斜，茶田的排水状况良好，如果是在平地上，茶田也比河流水面高出许多，同样排水良好。

图5　武夷山茶园（图片来自福琼作品*A Journey to the Tea Countries of China and India*中的插图）

他甚至弄清楚了一箱或者一担茶叶运到出口港到底要征收多少费用，这样是为了知道中国人每年从这一贸易中赚取了多少利润，以及是否有可能降低茶叶价钱。同时他认为，如果英国的关税也能相应地下降一些，这样，全体英国人民就都喝得起这种美味健康的“让人兴奋却又不至于迷醉其中的”饮料了。

最重要的是，他厘清了红茶和绿茶的概念。当时的植物学家们认为，武夷山茶树生产出的茶叶都是红茶，而更北方一些，产自绿茶产区的茶叶，则被称作绿茶。福琼深入两个主要茶产区以及内陆所做的调查让他坚信，武夷山茶树与绿茶茶树同种同源，两者关系非常密切，只是因为气候的原因而稍稍有些变异，这些细微的区别并不足以把它们断然分开，更别提成为不同的种类了，在很多茶树上甚至连这些细小的区别都看不到。而所谓红茶与绿茶的区别，在于加工工艺的明显不同，所以它们的颜色不同，特点、功效也不同，比如绿茶使人兴奋、无眠等特点，就与红茶不同。

3.2 茶树种子与制茶技术的转移

福琼有好几次机会参观茶叶生产过程，他也尽可能记下了红茶和绿茶不同的加工细节，详细地记录了红茶和绿茶在品质和化学特性上的区别——这是由特定的加热或发酵过程，以及伴随该过程产生的氧化作用而导致的（图6）。中国人很少在同一地区生产两种茶叶，这更多是因为传统，为了便宜行事，茶农们也因经验的累积而通常更擅长加工某种茶叶。

这些技术细节只有在经年累月的实际操作后，才能够体会和掌握，也正是这“难以明言的知识”很难短时间完全掌握，所以他的重要任务之一，就是要带回中国籍的制茶工和他们所拥有的技术。但艰难之处在于，如果是从沿海城市招人，还比较容易实现，而他需要的人都在遥远的内陆，在最好的产茶区里。最后是在上海的颠地洋行的合伙人托马斯·比尔（Thomas C. Beale, 1805—1857）帮助了他，比尔通过他的中国代理商，成功地雇到了6名一流的制茶工人和2名工头，并且准备好了各种制茶设备（弗格森，2022）。

图6　福琼的书《居住在中国人之间》（*A Residence Among the Chinese*）里的插图，展现了劳工们制作茶叶的过程

福琼又从徽州和浙江省各地采获了大量茶树种子和幼苗，包括之前在武夷山采获的，以及旅行中收集到的其他植物，在运送回英国之前，都是暂时种植在上海比尔家的花园里，最后他准备了16个沃德箱[4]，用来装运这些植物（图7）。1851年2月，他亲自看护这些箱子，同时还带着制茶工人和他们的设备，到了香港，为了以防万一，在香港又把这些沃德箱分成4批，分别装在不同的船上，最终运往印度的加尔各答。

1848年秋天，他曾经运送了大量茶树苗到印度，有些树苗包在宽松的帆布袋子里，有些则埋在干土中放进沃德箱，但这些方法都不是很成功，茶树苗一旦离开泥土，只能存活很短的时间。这一次，他发挥了作为一位经验丰富的园艺师的天分，成功地想到了一种稳妥的办法，同样还是用沃德箱，但这次是把收集到的茶树和茶树种子都种在沃德箱里。

图7　沃德箱，福琼用这样的箱子将大量茶树苗和种子运出中国（图片来自维基百科）

他先将茶树苗种到一个沃德箱里，再把大量茶树种子撒播在几行茶树苗之间，然后在种子上面盖上大约半寸（1寸≈3.3cm）深的土，浇上水，用一些木板把这些泥土盖紧。箱子运到加尔各答之后，里面的茶树苗长得都很好，茶树种子也在运输途中发芽了，泥土表层密密麻麻长得到处都是。

1851年3月，茶树安全抵达了加尔各答，打开沃德箱时，所有茶树都长得非常好，一共有12 800多棵茶树，还有很多处在萌芽阶段。尽管经过了从中国开始的长途旅行，中间又不断转换运输方式，这些树苗仍然生机盎然。后来这些茶树苗又被分送到印度北部、喜马拉雅山南麓各地。事实证明，这是一条技术转移的捷径。

福琼到中国的使命之一，到此便完成了。他可以夸口说，喜马拉雅茶园所拥有的中国茶树树种，许多都是来自中国第一流的茶叶产区——徽州的绿茶产区以及武夷山的红茶产区。

细品他在书中最后写的这段话，也许可以考虑是他为自己行为的辩解，也许可以视为他真实的心声："为了让他们（印度人）喝茶，就一定要有廉价的茶叶让他们喝得起，印度人不可能买得起4～6先令一磅的茶叶，如果是4～6便士一磅还差不多。这个价格要做到并不难，只要他们在自家山地上种植茶叶就可以了。如果这能实现——我看不出有什么理由实现不了，那么印度人民就可以享受到一个非同一般的福利了，能够把这种福利提供给治下的老百姓，每个开明政府都会为此而感到骄傲。"

这之后，福琼又来过中国3次，一次是1853—1856年他为英国东印度公司考察，一次是1858—1859年间，他被美国政府雇佣，帮助他们从中国采集茶树树苗和种子，并在美国本土生产茶叶，以降低对世界市场的依赖。最后一次是1861年，

4 1829年，住在伦敦的外科医生沃德（Nathaniel Bagshaw Ward）发明了"沃德箱"（Wardian case）。当时伦敦空气污染严重，他种在后院的植物常因工厂排放的硫化物和酸雨而难以成活。偶然中他发现种在潮湿土壤中的蕨类植物能在密封的罐子里长期存活，潮气在玻璃壁上凝结成水滴，流入土壤再供给植物，这样的自然循环使得土壤能够一直保持同样的湿度。之后，沃德几次使用密封玻璃箱将植物送回英格兰，这些植物最终都能顺利地抵达伦敦。1842年，沃德把长途运输植物的技术公诸于世，沃德箱自此成为植物猎人运送活体植物的必备品。

也就是第二次鸦片战争《北京条约》签订之后，外国公使可以进驻北京，外国人也可以在中国全境旅行了。这是福琼一直在等待的，他最终将有机会收集到来自中国温带地区的所有耐寒观赏植物，而且没有其他植物猎人的竞争。

福琼成功地将中国茶树和制茶技术转移到印度，之前印度已经发现的本土阿萨姆茶树，此时也开始大规模种植、生产，同时，英属种植园劳动集约化的特殊体制，专业化分工和生产力、生产技能提升而带来的效益等复杂因素，最后导致印度茶叶在30年内实现了令人惊叹的近7倍的生产力增长，稳定扩张的规模使得印度茶叶涌入英国及全球的市场，茶叶价格降低，并迫使中国和印度的生产者压低成本，中国茶叶在西方市场渐渐失去了竞争力（刘仁威，2023）。

可以说，茶叶推动了英国商业的迅速发展，也推动了英国的工业化进程。这种影响力是通过英国在亚洲的贸易网络迅速扩散的。茶叶扭转了这个帝国的关注方向，让它开始关注东方和东南方，英帝国的势力此后又向其他可以种植茶树的地方扩张，除了喜马拉雅山山麓和东南亚，还蔓延到了加勒比海和南太平洋的殖民地区。英国利用茶叶种植，得以在这些地方建立产业经济，茶叶变成了英国进行殖民扩张的工具，反过来，帝国又为本土的工业化提供了糖、茶、橡胶等其他商品。

而中国茶叶在世界舞台上的角色也因此而改变。中国的出口贸易被破坏了。这条供应线上所有人，从规模极小的茶树种植户，到在工厂里加工茶叶的雇工，从艰辛跋涉在运茶路上的运茶人，到忙碌于码头上的雇工和茶叶商人，甚至是做茶叶包装和做茶箱的人，生计都受到了影响（麦克法兰，麦克法兰，2016）。

汉学家波乃耶（James Dyer Ball, 1847—1919）在《中国风土人民事物记》一书里写了详细的数据："1859年，印度不存在茶叶贸易，中国向英格兰出口了70 303 664磅茶叶……1899年，中国茶叶出口量下降到15 677 835磅，但印度的出口量增幅巨大，达到了中国从来没有达到的数量——219 136 185磅。"

4 中国茶树和阿萨姆茶树

4.1 印度本土野生阿萨姆茶树的发现

福琼带到印度的中国茶树幼苗和种子，后来都被种在了哪里？中国茶树在印度是否生长顺利？印度原产阿萨姆茶树是怎么被发现的，它的分布和生产情况怎么样？福琼的经历背后所带出的彼此串联的历史和细节，不免还是吸引人继续关注。

早在1778年，东印度公司就向植物学家约瑟夫·班克斯爵士（Sir Joseph Banks, 1743—1820）请教有关茶的问题，讨论在印度种植茶树的可行性。班克斯曾经在1793年随同马戛尔尼（George Macartney, 1st Earl Macartney, 1737—1806）勋爵来过中国，以便了解茶树。他认为茶树最适宜生长在北纬26°～30°的地区，印度北部的部分地区可以成功地种植，他甚至考虑可以招聘一些中国人去那里种植（拉帕波特，2022）。

1834年，英国成立了一个由当时第一任印度总督威廉·本廷克勋爵（Lord William Bentinck，1774—1839）主持的茶叶委员会，负责调查引进中国茶树和种子的可能性，在印度选择适合种植中国茶树的地区，并开展试验性种植。在福琼之前，他们就派出过一位成员——乔治·詹姆斯·戈登（George James Gordon）去往中国收集茶树和茶树种子，并且招募茶叶种植和加工专家。

戈登在中国广州、福州购买到三批茶树种子，但后来发现质量低劣，他也很难招募到合适的中国人，熟练的茶叶工人在中国的待遇很高，因而都不愿意移居国外，并且茶叶种植和加工技术也严禁传授给外国人。正当戈登试图克服这些困难的时候，在印度的一个发现使得整个情况发生了改变。

茶叶委员会成立之前，有关印度可能生长有本地茶树的传言就已经存在好几年了。东印度公司于1826年吞并了由缅甸人控制的阿萨姆地区，这也是第一次英缅战争。这个地区是亚洲最大的河流之一——雅鲁藏布江上游的一段河谷，除了南面的一个缺口，江水从缺口流向南方之外，河谷四周都被长着茂密森林的群山所包围。与人们通常认为的茶叶种植地区都是山地不同，阿萨姆地区主要是平原，众多小河从周围的山上流下，汇入雅鲁藏布江，并且经常会淹没在其流域内的平原。这里有众多的沼泽，是一个降水过多、极为潮湿的地区，气候并不宜人，但对于植物来说，却是非常理想的生长环境。缅甸被击败之后，将包括阿萨姆在内的大片土地割让给了东印度公司。

战争期间，苏格兰探险家、商人罗伯特·布鲁斯（Robert Bruce, 1789—1824）在阿萨姆布拉马普特拉河（Brahmaputra River）上游的茂密丛林中发现了土生土长的茶树。这些长在森林里藤葛间看似平常的树，开白色小花，当地的景颇族（Singpho）腌制这种树的叶子，蘸油和大蒜吃，有时配上鱼干，也用茶叶泡粗茶喝。罗伯特·布鲁斯在战争中不幸离世后，他的弟弟C. A.布鲁斯（Charles Alexander Bruce, 即C. A. Bruce, 1793—1871）根据哥哥的要求，将收集到的一些茶树种植在自己位于阿萨姆邦东北部城市萨迪亚（Sadiya）的花园里，另一部分送给英国驻阿萨姆代理，然后将一些茶树叶和种子送到加尔各答植物园。加尔各答植物园总监、东印度公司在印度的首席植物学家纳萨尼尔·瓦立池（Nathaniel Wallich, 1786—1854）收到茶叶和种子后，对于这些样本到底是茶还是另一种山茶属（*Camellia*）的植物并没有做出明确的答复。直到几年之后，詹金斯（Francis Jenkins, 1793—1866）上校和查尔顿（Andrew Charlton）中尉再次给他寄去采自上阿萨姆地区的一些茶树种子和茶叶样本，并且在报告中称这是阿萨姆地区土生土长的茶树，当地人实际上已经在种茶了。这一次瓦立池才终于确定，这就是上阿萨姆地区的本地茶树（寇勒, 2018; 莫克塞姆, 2015）。

茶叶委员会认为，本地阿萨姆茶树很可能更适合在印度种植，不过当戈登从中国送回的8万颗种子在加尔各答的植物园中发芽之后，茶叶委员会还是决定将这些中国茶树幼苗广泛地种植在印度各地，以便观察它们在什么地区生长得最好。其中2万株幼苗被送到了喜马拉雅山脚下的库马恩地区，2 000株被送到印度南部，另外2万株被送到阿萨姆地区（莫克塞姆, 2015）。

茶是瑞典植物学家卡尔·林奈（Carolus Linnaeus, 1707—1778）在1753年命名的，他在*Species Plantarum*（Linnaeus, 1753）中将其描述为*Thea sinensis*，*Thea*是茶属。后来基于林奈的这个命名，1887年茶的学名又改为*Camellia sinensis* (L.) O. Kuntze, *Camellia*是山茶属，*sinensis*意为“来自中国”。英国皇家植物园的植物学家罗伯特·西利（Joseph Robert Sealy, 1907—2000）1958年在其著作《山茶属分类的修正》中，确认了茶的两个主要变种：中国茶树（*Camellia sinensis* var. *sinensis*）和阿萨姆茶（*Camellia sinensis* var. *assamica*）[5]，这两种最常用于制茶。中国茶树可长到6m高，比较耐寒，叶子比较狭小，可能原产于云南西部地区；阿萨姆茶树可以长到17m高，抗寒性较差，

5 中国植物学家张宏达以大量证据证明阿萨姆茶（*Camellia sinensis* var. *assamica*）为中国原生茶种，并在《中国植物志》中将其正式定名为普洱茶。

叶子较大，而且比较坚韧，树干粗壮，分枝强健，可能原产于印度阿萨姆、缅甸、泰国、老挝、柬埔寨和中国南方等气候更为温暖的地区。

对于中国茶树的种子是否优于当地茶树的种子，茶叶委员会的科学家里，有人坚持中国种子是最好的，因为它们是许多个世纪选择性培育的结晶，有人则认为本地茶树更加适应当地的条件。阿萨姆在地貌、植被、气温和湿度等方面的条件确实与中国的产茶地区相似，不过这里比中国的产茶地区靠近热带，降水量也更大，这些差异对阿萨姆茶树来说是有益的，它们在山野间生机盎然，相比之下，少数漂洋过海存活下来的中国茶株，在炎热潮湿的气候里都长势不良。高品质的中国茶苗在印度是需要的，还有待于试验适宜它们生长的环境。最终，戈登又一次被派往中国，在之后的许多年里，大量中国茶树种子被戈登和其他人（包括后来的福琼）送到印度，并且他们不遗余力地用中国茶树替换阿萨姆地区的本地茶树。与此同时，由于新栽种的中国茶树需要生长2~3年之后才可以收获茶叶，C. A.布鲁斯便利用这段时间对印度茶叶进行试验。

4.2 印度茶业种植园的崛起

1836年，C. A.布鲁斯被任命为茶树种植园总监，并被授权在上阿萨姆地区开辟2~3个茶叶种植园。此后很多年里，C. A.布鲁斯都是阿萨姆茶叶发展史和茶叶产业中一个关键性的人物，他有时也被称为“阿萨姆邦茶业之父”。他和手下继续在丛林中寻找本地茶树林，到了1839年，他们共发现了120个本地茶树林，其中有些面积相当大。他们直接伐除茶树林周边的其他树木，让阳光能够照射进来，变成天然茶园，并且将高大的茶树砍到只有1m的高度，这样便可以采摘树枝在修剪之后长出的嫩芽。一些中国的手艺人也来到印度加工茶叶。由于茶叶种植园分布很广泛，交通状况很差，大多数摘下来的茶叶在到达加工厂之前就处于失控的发酵过程中，这使得他们无法生产高品质的茶叶。尽管如此，经过努力，他们终于生产出可以被接受的茶叶。

1836年11月，少量的阿萨姆茶叶样品从萨迪亚送到加尔各答，受到了人们的欢迎。这一年年底，数量更大的一批茶叶样品又被送到了加尔各答，被认为达到了“可销售的品质”。到了1839年，布鲁斯生产了5 000磅茶叶，虽然他的工作纯粹是试验性质的，但是他为人们指出了一条商业生产阿萨姆茶叶的道路。阿萨姆茶野生茶可以培育、加工并且在市场上销售，这显然在商业上是可行的。

1839年，一些商人成立了一个公司——阿萨姆公司（Assam Company），东印度公司同意为新成立的公司提供土地，并且将其在阿萨姆的茶叶资产转让给新公司，C. A.布鲁斯也离开东印度公司到阿萨姆公司工作。阿萨姆公司除了维持和改进从东印度公司接管的已有茶园外，还承租生长有茶树的丛林，用以生产茶叶。

阿萨姆公司在10年内将茶叶的产量从1万磅增加到了25万磅，5年之后的1855年，产量达到了58.3万磅。阿萨姆公司的成功迅速催生了竞争对手，其他公司陆续成立，开辟了茶园，一些富人也如法炮制。他们从政府租用或购买土地、清理土地，并种下茶树。培育的茶树迅速扩充，收获也急速增加，新开通的铁路连结了一些茶树覆盖的山丘与布拉马普特拉河，这些都使得阿萨姆茶园的年生产量大幅提升。英国将这个地区变成了一个能够供应全球市场的广阔茶园，到了1859年，阿萨姆已经有50多个茶园（莫克塞姆，2015）。

事实证明，阿萨姆本地的茶树远比戈登从中国带过来的茶树更加适应当地的条件，在阿萨姆，这些本地茶树逐渐取代了中国茶树。不过，阿萨姆在热带生长的茶叶喝起来像麦茶，有点木味，有时辛辣，比较浓烈和刺激，同时此前这两种茶树之间已经发生了异花传粉，产生的杂交茶树所制成的茶叶，口感也有欠缺。在阿萨姆以外的地区，大多数茶树都种植在海拔600~1 800m的地方，在那里中国茶树生长得比较好，因此东印度公司准备从中国再引进更多新的品质优良的茶树。福琼的第二次中国之行，便是始自这样的背景。

4.3 扎根喜马拉雅山麓的中国茶树

如前一小节所述，福琼在中国获得了优质茶树和种子之后，1851年3月中旬，他和招募的制茶工人们抵达印度加尔各答植物园。这里并不是福琼的终点，他们旅程还很长，这些茶树苗必须迅速从热带的加尔各答运送到东印度公司位于喜马拉雅山区的茶园，也就是萨哈兰普尔植物园（Saharanpur Botanical Garden）[6]。

由于距离季风降雨还有几个月，恒河支流最西边的胡格利河上游水流太浅，无法行船，他们的船趁着退潮顺胡格利河而下，回到孟加拉湾，再进入通往恒河的主流道，向北航行至拉贾马哈尔山（Rajmahal Hills)，然后沿着西北弧线到达阿拉哈巴德（Allahabad）。在这里，恒河上散布着沙洲和激流，船只无法航行，一行人改走陆路，28个沃德箱加上制茶工具，装满了9辆牛车，就这样几经周折才到达萨哈兰普尔植物园。福琼从中国带来的制茶工人，被安置在农场里，帮助英国人发展在印度的茶工业。这一批茶树加上之前的几批，据福琼自己的估计，有将近2万株。

不久后，福琼收到一份命令，要求他考察西北邦的加瓦尔和库马翁（Garhwal and Kumaon）两地官方已有的茶园，并就其发展状况起草一个报告。福琼在剩余的春夏季节一直往来于英国政府在喜马拉雅山脉的这些初生茶园，他带来的茶树也将被移栽到这里。茶园的情况各异，山脚下的茶园地势平坦、低洼，在旱季得不到有效的灌溉，黏性土壤往往严重板结。有些茶园缺乏理想的小气候和土壤条件，茶树并没有如他在中国所见的那么富有活力。

建于1844年的Gadoli种植园，福琼将它描述为“最有前途的”，这个种植园是在先前来自中国广州的制茶工人的帮助下建立的，这里土壤排水良好，适宜茶树生长，在旱季只需少量的灌溉。与福琼一起从中国来的制茶工人就被安顿在这里（弗格森，2022）。这之后，他于8月底返回加尔各答，然后启程回英国。

福琼从中国带来的茶树存续了下来。它们从萨哈兰普尔植物园，传布到喜马拉雅山脉各个茶园，尤其是加瓦尔和库马翁，其中一些特别的原种茶树苗，最后到了大吉岭，最终产出了全世界最好的茶叶，并且也是最昂贵的茶叶。

大吉岭是印度境内另一个早期种植茶树的地区（图8）。由于这里适合种植茶树的土地有限，高海拔地带茶树生长缓慢，茶叶产量一直不高，但是茶叶的质量却是上乘的，最终大吉岭茶叶成为衡量其他优质红茶的一个标准。

大吉岭原处于锡金国王的统治之下，后来廓尔喀人（Gurkha）于1768年控制了尼泊尔并吞并了其大部分领土，从而使他们与英国人之间有很长的领土边界。廓尔喀人开始对英国领土发动袭击，英国人于1814年对他们宣战，廓尔喀人被彻底击败后，在停战协议中将其所吞并的1万km^2的锡金领土割让给了英国人。英国人想在自己的领土与廓尔喀人的领土之间建立一个缓冲区，因此把这块领土交还给了锡金国王。英国人之后又想在这里建立一个疗养院，1835年，锡金国王将大吉岭在内的这一片土地割让给了英国人，每年只收取一小笔补助。

大吉岭之所以能够发展成一座远近闻名的山城，并且生产出全世界最优质的茶，这几乎完全归功于在印度医疗部任医师的苏格兰人阿奇博尔德·坎贝尔（Archibald Campbell）。

1839年，坎贝尔被任命为大吉岭地区的总督，他在那里修建了一个疗养院，专供东印度公司的军人和职员使用。他还建立了财政和司法系统，修建道路、住宅和市场。数以千计的移民从尼泊尔、锡金和不丹来到这里。热衷于园艺的坎贝尔在1841年从戈登在库马翁的茶树上获得了一些种子后，将它们种植在自己的花园和较低的山坡上，茶树生长得很好。于是自1847年始，东印度公司

6 1817年，萨哈兰普尔植物园被东印度公司收购，印度北部植物的种子被送往世界各地，以交换那些适合在印度次大陆种植的外来植物，通过这种方式，萨哈兰普尔植物园成为印度仅次于加尔各答植物园的重要植物园，收集了世界各地大量重要植物的种子。不幸的是，它的许多树木在第二次世界大战期间被印度军队摧毁。

图8　大吉岭的茶园（图片来自维基百科）

便建立了一个苗圃，为那些已经开始承包土地的英国茶叶种植园主培育茶树幼苗。

大吉岭的发展非常迅速。东印度公司向个人和小型公司宣传，鼓励他们为茶园开辟与清理土地，尼泊尔工人砍伐大树、燃烧树丛，岩石被清除，土地被整平，有些地方甚至整理成梯田，茶树苗沿山丘的等高线成排移植。第一批商业茶园是在1852年开建的，更多的茶庄紧随其后，第一座制茶厂则是1859年开张。到了1874年，这里共有113个种植园，73km^{2}茶树，茶叶产量为400万磅（莫克塞姆，2015）。大吉岭开始以其高品质的茶叶而闻名。

采茶季节开始于3月底，一直延续到11月底，采摘过程受到严格监督，只摘取一个新芽和两片嫩叶。质量最高、味道最好、价格也最贵的是春摘茶，在季风到来之前采摘。夏摘茶是在雨季从快速生长的枝条上摘取的，因而味道较淡，并不是最高品质的茶叶。秋摘茶是在采茶季节的最后阶段收获的，这个时候茶叶生长缓慢，因而味道很浓郁。

中国茶树之所以能在大吉岭长得欣欣向荣，是因为大吉岭周围陡峭的梯田完美融合了气候、海拔以及良好的土壤。湿气重的山区云雾保护了茶芽和叶片，避免被太阳直晒，茶树需要阳光，但更需要雨水，大吉岭的年降水量在180～380cm之间，而山坡的陡度提供了极佳的自然排水，微酸性的土壤富含来自周围森林的有机质，这里虽然是砂质土，但通常包含合适比例的黏土。

在凉爽、高海拔与稀薄的空气中，茶芽生长缓慢，让风味得以酝酿与凝聚。高海拔茶的香气，相较于中海拔或低海拔种植的茶风味也更强烈。不过，高海拔茶的产量却明显低于较温暖的地区，大吉岭的一棵茶树每年最多能生产100g茶叶成品，可以泡40杯茶。整体而言，大吉岭的茶园每公顷生产400kg的茶叶，只有印度茶园平均的1/3。这种差距有多方原因。比起在印度各地最常见的阿萨姆茶树，大吉岭的中国茶树种叶片较小，生长较慢。并且，这里茶树的生长季节也比较短，冬天大吉岭的茶树会进入3～4个月的冬眠，而在阿萨姆潮湿低洼的环境里，茶树几乎一年四季都可以收获。此外，大吉岭每个庄园都包含一些微型气候，从热带到温带，甚至还有高山森林，有日照较多的山坡，也有比较阴暗、潮湿的茶区，因此茶树的成熟期都不尽相同。

1881年，大吉岭喜马拉雅铁路开通后，大大减少了通行时间和运输成本，并能将制茶用的笨重燃煤蒸汽机械运上山，大吉岭茶找到了它最后的立足基础。1885年，这里的茶叶产量超过了4 000t（寇勒，2018；贝斯基，2019）。

1856年，福琼第三次到中国，他在返回英国前再度访问了印度，从广州坐上蒸汽船到加尔各答，又花了几个月的时间在印度的西北邦和旁遮普进行考察，时隔几年之后，他看到了自己从中国带来的优质茶树苗，在喜马拉雅山各处茶园生长状态都非常好。

5 福琼是个什么样的人

5.1 作为优秀的植物学家的福琼

暂时放下历史，放下“茶叶大盗”这个固化的认知，便可以看到，作为植物学家的福琼，是一个专业、严谨、勤奋的人。

在看重阶层和身份的大英帝国，福琼的出身是很低微的，他的父亲是个再普通不过的劳动者，一生都在特威德河畔贝里克附近一个庄园里，从事修整树篱的工作。作为农场工人之子，福琼最初是从父亲那里学到许多植物学知识的，懂得分辨不同的乔木和灌木，再大一些，他便成为父亲的学徒，学习了更多的园艺知识。在爱丁堡皇家学会（Royal Society of Edinburgh）的创始成员之一蒙克里夫男爵（David Steuart Moncreiffe, 1710—1790）的庄园工作了一段时间后，他又到了爱丁堡皇家植物园工作，可以说，他青年时期一路的机遇都很好。

爱丁堡皇家植物园的园长威廉·麦克纳布（William McNab, 1780—1848）在任期内收集了大量的野生植物标本，福琼花费了不少时间研究麦克纳布所引进的外来植物。他也经常和麦克纳布一起，带领一些学生到不列颠群岛的各个岛屿寻找植物，这些实地考察使他们得以扩大爱丁堡皇家植物园所收集植物种类的数量。在这些远行考察的过程中，福琼身上那种勤奋的特质已经显现出来了，并且他十分善于辨认所需的植物。

麦克纳布对福琼的能力留下了深刻的印象，1840年，他给伦敦园艺学会写了一封推荐信，支持福琼担任温室管理员一职。也正因为这份工作，才有了后来福琼被学会派往中国的经历，他的行动力、求知欲、写作能力、勘测技能以及扎实的地理、植物学知识，所有这些特质使他成为第一次亚洲探险任务的理想人选，以及之后又被东印度公司选中。福琼第一次从中国回来之后，在林德利的坚决推荐下，担任了切尔西药用植物园的园长，精力充沛的他在任职期间，为植物园的现代化改进做了许多工作，比如对药用植物重新整理排序，完成了植物命名的工作，新建了两座玻璃温室以及水生植物生长需要的池塘等，短短时间内颇有建树。可以说，出身寒微的福琼，是通过自己扎扎实实的努力和奋斗，完成了阶层的跃迁。

福琼最初两次来中国，除了茶叶之外，也采集了大量的园艺植物。戴维·弗格森在传记里做了详尽的整理，其中有许多都是首次在中国以外种植的类群。比如，福琼第一次中国之行，就引种了19个不同品种的牡丹，不同种的杜鹃（*Rhododendron* spp.）（图9）、月季（*Rosa* spp.），还有打破碗花花（*Anemone hupehensis*）、野棉花（*Anemone vitifolia*）（图10）、糯米条（*Abelia chinensis*）、锦带花（*Weigela florida*）、紫藤（*Wisteria sinensis*）、结香（*Edgeworthia chrysantha*）、绣球荚蒾（*Viburnum macrocephalum*）、郁香忍冬（*Lonicera fragrantissima*）（图11）、麦李（*Cerasus glandulosa*）、木通（*Akebia quinata*）、化香树（*Platycarya strobilacea*）、光叶海桐（*Pittosporum glabratum*）（图12）、垂穗石松（*Palhinhaea cernua*）等；第二次中

图9　舟山岛上的丁香杜鹃（*Rhododendron farrerae*）（张思宇 摄，图片来自PPBC id 5009345）

图10　野棉花（刘冰 摄，图片来自PPBC id 581748）

图11　郁香忍冬（王军峰 摄，图片来自PPBC id 14467629）

图12　光叶海桐（田琴 摄，图片来自PPBC id 5026793）

图13　毛叶铁线莲（刘军 摄，图片来自PPBC id 2152173）

国行又继续引种了不同品种的山茶、杜鹃，三尖杉（*Cephalotaxus fortunei*）、枳（*Citrus trifoliata*）、毛叶铁线莲（*Clematis lanuginosa*）（图13）、白鹃梅（*Exochorda racemosa*）、龙胆（*Gentiana scabra*）、粉花绣线菊（*Spiraea japonica*）、苦槠（*Castanopsis sclerophylla*）等。

伦敦园艺学会的研究员老约翰·里弗斯曾长期担任东印度公司的茶叶检查员，最终升为东印度公司的茶叶总督察，他同时也是个经验丰富的业余自然科学家，在中国期间为约瑟夫·班克斯爵士收集的华南植物标本，现在还保存在伦敦的大英博物馆和印度的加尔各答植物园。如果不是他向学会提出派遣植物猎人至中国的通商口岸采集植物标本的建议，那么，英国花园能种植上由福琼带回的观赏植物的时间，恐怕还要推迟很多年（弗格森，2022）。

福琼显然具备在中国从事植物搜集工作的全部素质——受过教育、具有独立精神、精力旺盛、性格坚韧、懂得随机应变，还有个好脾气。中国海关总税务司罗伯特·赫德（Robert Hart, 1835—1911）曾描述福琼是“一个结结实实，看上去非常健康的人”（范发迪，2018）。

阿利斯泰尔·瓦特在写福琼的传记时，详细地追溯了福琼在中国的旅行，他认为福琼是一个勇敢、高智商和超前的人，而不是一些人认为的“茶叶大盗”。福琼能说几种中国方言，通过在中国和日本的旅行，他向英国、印度和美国引进了大约280种（含变种）植物。由于澳大利亚气候宜人，许多物种很快就被带到了那里。

福琼收集的一些植物广为人知，比如佛手（*Citrus medica* var. *sarcodactylis*）（图14）、金柑（*Citrus japonica*）、柑橘（*Citrus reticulata*）、棕榈（*Trachycarpus fortunei*）（图15）和木通（*Akebia quinata*）（图16）等。在人们认为月季只有白色、红色或粉色时，他引入的一种被叫作Fortune’s Double Yellow Rose的重瓣黄月季曾引起轰动（图17）。这

图14　佛手（徐晔春 摄，图片来自PPBC id 9576496）

图15 棕榈（朱鑫鑫 摄，图片来自PPBC id 4852190）

图16 木通（刘军 摄，图片来自PPBC id 976678）

些都只是他收集的一部分受欢迎的植物，他选育的许多耐寒性植物品种至今仍然在花园中普遍栽培。19世纪40年代中期，他也是最早将油菜籽带入英国的人之一，虽然他描述了中国人如何榨油，但这一想法要再过150年才能深入人心。同样他还介绍引入了一些实用经济作物的用途，如纤维、造纸、染料、漆、榨油［乌桕（*Triadica sebifera*）（图18）、油桐（*Vernicia fordii*）（图19）、山茶（*Camellia japonica*）等］。

需要做一个说明，福琼在19世纪40～50年代来华采集植物，可以说，他或许是最后一位在中国城市的花园与苗圃中收集所需大部分植物的博物学家了。在他之后，诸如在19世纪末期来华的威尔逊（Ernest Henry Wilson, 1876—1930）以及福雷斯特（George Forrest, 1873—1932）等人，因为中国的开放，已经可以自由地深入到湖北、四川和云南的崇山峻岭之中了，他们的焦点从那些新种已被搜寻殆尽的花园与苗圃，逐渐转移到野生动植物资源上。与此同时，这些后来的博物学者与中国人的接触日渐增多，也比较容易获取他们之前不知道的、被当地人使用的种种动植物产品（范发迪，2018）。

图17 福琼采集的橘黄香水月季（https://hortuscamden.com/plants/view/rosa-fortunes-double-yellow；图片来自Biodiversity Heritage Library）

图18　乌桕（徐永福 摄，图片来自PPBC id 6066772）

图19　油桐（朱仁斌 摄，图片来自PPBC id5987181）

5.2　对植物和大自然的真挚热爱

福琼对中国植物的喜爱确实也是出自本心。

他初次在舟山岛上看到漫山遍野杜鹃花海的壮丽景象，触目之处，杜鹃花海云蒸霞蔚，间有铁线莲、野玫瑰、金银花、紫藤，上百种花卉，杂花争艳，他称叹，“让人不得不承认中国确实是一个‘中央花园’”。当他来到福建和江西的省界处，被一棵孤高挺拔的松树吸引，“我必须承认，在那几秒钟里面，我眼中只有这棵树，看不到别的东西……我相信，如果这时候卫兵们阻止我进入福建省的话，我唯一想请他们开恩的便是让我前去仔细观察一下这棵卓尔不凡的树”。后来他很快走上前去，发现原来是棵日本柳杉（*Cryptomeria japonica*），他之前已经将其引种到英国去了，但看到这么高大、对称和优美的树木，经他之手引进到欧洲，他的内心还是相当自豪的。

他在淳安县看到“这一带最美的树”——一种枝叶纷披的柏树，这种柏树他在中国其他地方还从来没有看到过，他不是走而是跑到这棵树跟前，发现它是属于松树一类，近看显得更漂亮，尤其是树上结了很多成熟的果子，然而它属于客栈老板的财产，被一道围墙围了起来。为了得到果实，他和仆人走进客栈，特意点了些吃的，假装闲逛，夸奖这棵树，终于得到了主人赠送的种子，后来知道了它是柏木（*Cupressus funebris*，俗名垂丝柏）（图20、图21）。这些被福琼相当珍惜的种子送回到英国，已经在英国落地生根了。这之后，随着他们继续西行，这种树越来越常见，一丛丛长在山坡上，一般都在村子附近或种在墓园中，“无论生长在哪儿，它都给周遭的景致增添了一种动人的风采”。

他在路上发现了漂亮的绣球花、开着红花的绣线菊、带一点淡淡蓝色的糯米条花，都时不时把它们挖取出来，带在身边。很多次都差点被迫扔掉它们，因为他的中国仆人们认为这些都是杂

图20　垂丝柏（图片来自福琼作品*A Journey to the Tea Countries of China and India*中的插图）

图21 柏木（A：徐永福 摄，图片来自PPBC id 4955054；B：刘冰 摄，图片来自PPBC id 16569512）

草，没什么价值，他们不理解为什么要把这些东西背在身上加重负担。“但是凭着决心和坚持，有时候再加上一些许诺、一些威胁，我最终还是让他们背着这些植物走了几百英里[7]，最后安全地把它们寄放在比尔先生在上海的花园。现在这些植物都已运到欧洲，也许它们是第一批直接从武夷山运过去的植物。”

他常常沉醉在中国的河山和壮美的风景里。他觉得杭州府周围一带可以称得上是“中国的花园”。春天的舟山是世界上最美丽的岛屿之一，它让英国人想起自己的家乡。兰溪是他见过的最美的中国城市之一，依江而建，城市前面的江上船只很多，背后则是如画的山岭，让他想起更多的是英国的某个地方。浙江、安徽绿茶产区乌桕树种很多，当乌桕披上秋天的霜叶，曾经的碧树现在变成深红胜血的秋林，“那美景真是叫人心醉”。而春天航行在新安江上，春雨时至，山岭、溪谷都披上了一层可爱的新绿，山上的溪水顺着山谷流淌下来，形成成百上千个漂亮的瀑布，“这一带任何时候都美得让人惊心，无论春天还是秋天，很难说到底什么时候才是最美”。

他对风景赞赏的最强音是在武夷山。“展现在我眼前的是我所见过的最为壮丽的一幅场景。我已经在如同波涛一般的群山之中奔波了一段时间，但现在，著名的武夷山就巍然屹立在我面前，山峰直刺低云，高高地挺出在云表之上，整个山系似乎有上千个山头，其中一些山头造型非常奇特，让人震惊。……我喜欢在清晨欣赏这类风景。我不知道是否因为早晨这番景象显得特别清新、美丽，而随着白天的到来，这种清新美丽就会消减？还是因为，相比于其他时间，人在早晨的时候更容易被外界所感动？也可能是这两种原因结合在一起，使得清晨的风景更宜人、更赏心悦目一些”。

他也发自内心为自己的工作感到自豪和满足，“在中国的这一地区，我收集到了那些最有价值的植物种类，只有那些耐心的植物收集者——他们通过自己不断的努力，把别的国家那些有价值的树木和花卉品种介绍到自己的国家——只有他们

7 1英里约为1.61km，下同。

才能理解我当时的感受”（福琼，2016）。

5.3 记录中国传统的农耕生活

福琼在旅行和采集植物的同时，还细致地观察了中国的农业技术（图22），这也是他工作的内容之一，毕竟，收集并掌握有用的实用信息，关于中国的动植物、矿物的相关知识，这些也是英帝国攫取经济机会的基础。

他在书里写了中国人采集大量乌桕籽，通过蒸制、捣舂榨取桕脂做成蜡烛的方法，而种子可以榨桕油，同样的，油桐树的种子也能榨油，用来和清漆混合使用。他也记录了中国人在制冰方面的聪明才智，冬天利用自建的冰库用天然方法制成冰块，夏天可以给渔获保鲜。

在他停留过的那些地方，他坚持记录天气，认识到气候是如何影响植被和作物的，由于气候不同，在北方低矮斜坡上发现的植物，它的同类在南方只能长在较高的地方。农民的经验是在低洼地区种植水稻、甘蔗、棉花和烟草，而在较高的梯田山坡上则栽培红薯和花生（福琼，2016）。

生长季节的长短也影响了中国农民在一年中能收获的稻米作物数量，他看到农民通过各种办法来尽力延长生长季节。为了能从土地里收获两季作物，会在前一季作物还没成熟前，就套种下一季作物，气温较高的几个月里，可以成活两季水稻，冬天还可以再种一季耐寒作物。他不禁感叹大自然太慷慨，把最好的东西都毫无保留地给了中国人。

他还看到中国人驯服水的经验，既能通过灌溉的水车，从比稻田低的河流中取水，又能利用梯田的方式，将水从山谷高处引下来，一层一层灌溉（图23）。肥田的方法也很多，比如秋天种植两种主要用作绿肥的植物，小冠花属和车轴草属，在离冬天结束还很早的时候，垄坎上就已经长满了茂草，绿肥就这样一直生长到来年4月，等到需要为栽种水稻平整土地时，再把它们推平，这样，散落在田里的绿肥半埋入泥水中，很快就开始腐烂。还有另一种价值很高的草木灰，也是普遍使用的肥料。

福琼一方面认为，中国人的各项农业活动，有着很强的机器运转一般的规律性，正因为遵从了大自然的规律，各种农业活动才可能获得成功。可另一方面，他也难免会流露出一些自负，“如果要拿现在的中国农民来和我们英格兰或苏格兰聪

图22　嘉兴湖上坐在木盆里采摘菱角的人（图片来自福琼作品*A Journey to the Tea Countries of China and India*中的插图）

图23 灌溉农田的水车（图片来自福琼作品*Three Years' Wanderings in the Northern Provinces of China*中的插图）

明的农夫们相比，那是很可笑的，这就好像拿只能在沿海航行的中国帆船来和英国海军相比，或者拿中国商人与英国商人相比。”

不过，总体来说，福琼还是喜欢中国人的，他的描述不怎么带偏见，他对人也比较友善，时常说那些好奇围观他的人们很有礼貌。他在旅途中遭到过海盗的袭击、殴打和抢劫，也受到绅士、园丁、官吏、苗圃主的善意款待，更不用说他深入中国内陆时，所有艰辛的旅程一直受到几个贴身仆人的帮助和照顾了，是他们为他搬运行李、采集和打包大量的植物标本，运输茶树幼苗和种子。同时许多中国底层的普通人，比如猎人、农夫、采药人，他们往往比西方人更了解当地动植物的习性和栖息地的情况，是最好的采集工的人选，这些福琼在他的书里都有详细记述。正如学者所说，这是一种非文字沟通形式的科学遭遇，西方博物学者与中国人之间的跨文化接触，发生在不同层次，博物学家和中国雇员之间良好的私人和工作关系，对野外工作的成功至关重要（范发迪，2018）。

5.4 一生的收集

在历次旅行中，福琼的写作也是很勤奋的，他在寻访植物的途中，想必记了大量日记。1852年，他将第二次访华的探险经历也著书出版，其中《茶乡之旅》以他发表在《园丁纪事》（*Gardener's Chronicle*）杂志上的“旅行者笔记”作为内容的主干。1857年他又出版了《居住在华人之间》，获得200英镑的版权费，这已经是他第一本游记版税的2倍了。1863年，他又将他去日本和最后一次去中国的经历写成《江户与北京》（*Yedo and Peking*），这最后一次亚洲探险，标志着他近20年的植物狩猎生涯的结束。

福琼也不乏经济头脑，在搜集植物时，他也收集了一些鸟类标本，像其他一些来中国的植物猎人一样，难免会用猎枪猎杀好看的鸟。不过，他并不为自己收藏，而是把这些鸟类标本或者活体的鸟带回英国，卖给动物收藏家、伦敦动物学会的德比伯爵（Sir Edward Smith-Stanley, 1775—1851）。德比伯爵有个自己的私人动物园，最终他收藏了2万多个动物学标本，这些藏品后来成为利物浦博物馆（Liverpool World Museum）自然历史的主要藏品。福琼提供给他的一些标本也在这个博物馆里展出（弗格森，2022）。

他几次在中国期间，收集了许多藏品运回伦敦，包括瓷器、玉器、石雕、木雕、漆器、青铜器等。因为了解商人和个人买家最渴望得到什么，这些藏品在佳士德和曼森拍卖行的数次拍卖可以说都很顺利，这些拍卖所得和出版著作的版税，远比他做植物猎人的薪酬高，也给他和家人换来了比较好的生活条件。

在帝国扩张和植物大交流的时代，植物搜集为年轻园丁和博物学者提供了一个绝好的游历世界的机会，同时也为他们提供了一个机会去开辟更有意义的职业生涯，从这个意义来说，福琼的成功是令人瞩目的。福琼的植物搜集和栽培工作极大地丰富了英国的园林，但他自己却未能获得官方的荣誉。传记作者戴维·弗格森认为“这也许是令人惊讶的”，在英国这样一个充斥着阶级意识的社会里，这可能与他的卑微出身背景有关。尽管福琼是印度农业园艺学会（Agri Horticultural Society of India）的荣誉会员，1859年因学会介绍而被巴黎学会授予了一枚奖章，但他从未在自己的祖国获得任何官方认可。

福琼去世前，在1880年1月3日出版的《园丁纪事》中，他列出了自加入伦敦园艺学会后在中国发现的所有植物、引进的植物以及在日本发现的树木和草本植物名录，“但足够了：我们会让植物自己说话”，这句话成为他最后的告别声明。

值得回味的是，戴维·弗格森为了写作，在2007年到访中国，正是与中国科学院植物研究所的学者们一起策划了几次寻访福琼在中国足迹的短途旅行，并受到植物所研究人员的资助（他的《罗伯特·福琼——植物猎人》中文版的译者当时作为植物所博士生便是负责他的全部行程）。之后几年里的考察访问，他也几次得到了中国科学院南京地质古生物研究所的相关研究人员的资助和陪同。这让笔者想到，戴维·弗格森与他在书中所写的福琼的各自经历，无疑也是一种无声的对比——今昔往昔，来华的国外植物学家们的处境，自然已经是完全不同。

福琼处在变动的大历史一个重要的时间节点上，他在中国大地的行走还受到严格限制，采集植物也被冠以“偷盗”之名（当然，这种以商业为目的、能够改变世界贸易格局的采集，跟普通的采集还不一样），而如今，不同国度植物界的考察和交流，也是很寻常普通的事情了，“植物猎人”的职业也朝着国际合作保护植物的方向在发展。更重要的是，在福琼所处的那个时代之后，知识产权或主权财富的概念渐渐发展起来，国际间的野生动植物保护公约如今已经受到了广泛的认可与尊重。

参考文献

艾伦·麦克法兰，艾丽斯·麦克法兰，2016. 绿色黄金：茶叶帝国[M]. 扈喜林，译. 北京：社会科学文献出版社.

埃丽卡·拉帕波特，2022. 茶叶与帝国：口味如何塑造现代世界[M]. 宋世锋，译. 北京：北京联合出版公司.

戴维·弗格森，2022. 罗伯特·福琼——植物猎人[M]. 李亚蒙，宋丽娟，译. 合肥：安徽大学出版社.

范发迪，2018. 知识帝国：清代在华的英国博物学家[M]. 袁剑，译. 北京：中国人民大学出版社.

杰夫·寇勒，2018. 大吉岭：众神之神、殖民贸易，与日不落的茶叶帝国史[M]. 游淑峰，译. 台北市：麦田，城邦文化出版.

刘仁威，2023. 茶业战争：中国与印度的一段资本主义史[M]. 黄华青，华腾达，译. 上海：东方出版中心.

罗伯特·福琼，2016. 两访中国茶乡[M]. 敖雪岗，译. 南京：江苏人民出版社.

罗伊·莫克塞姆，2015. 茶：嗜好、开拓与帝国[M]. 毕小青，译. 北京：生活·读书·新知三联书店.

浅田实，2016. 东印度公司：巨额商业资本之兴衰[M]. 顾姗姗，译. 北京：社会科学文献出版社.

萨拉·贝斯基，2019. 大吉岭的盛名[M]. 黄华青，译. 北京：清华大学出版社.

萨拉·罗斯，2015. 茶叶大盗：改变世界史的中国茶[M]. 孟驰，译. 北京：社会科学文献出版社.

BACKHOUSE M, 2017. Book celebrates Robert Fortune, the plant hunter who forever changed our gardens[N]. The Sydney Morning Herald.

BALL J, 1904. Things Chinese: Being notes on various subjects connected with China[M]. New York: Charles Scribner's

Sons.
FORTUNE R, 1847. Three years' wanderings in the Northern Provinces of China[M]. London: John Murray.
FORTUNE R, 1852. Journey to the tea countries[M]. London: John Murray.
FORTUNE R, 1857. A residence among the Chinese[M]. London: John Murray.
FORTUNE R, 1863. Yedo and Peking: A narrative of a journey through the capitals of Japan and China[M]. London: John Murray.
HEAVER S, 2017. The great tea robbery: How the British stole China's secrets and seeds – and broke its monopoly on the brew[N]. South China Morning Post.
LEE J, 2021. Tea, selfhood, and the story of Empire[J]. Catapult.
LINNAEUS C, 1753. Species plantarum I [M]. Stockholm: Impensis Laurentii Salvii.
SEALY R, 1958. A revision of the genus *Camellia*[M]. London: The Royal Horticultural Society.
WATT A, 2016. Robert Fortune: A plant hunter in the orient[M]. London: Kew Publishing.

致谢

衷心感谢马金双老师在本章撰写期间所给予的帮助和支持，对我的写作方向、文章结构、资料收集、细节考证等方面都提出了许多专业而宝贵的建议。

作者简介

欧阳婷（女，1975年生于新疆），1997年毕业于新疆大学新闻专业，学士学位。2001年起在《中国青年》杂志、2012年起在《新京报》任编辑、记者工作，同时也是深度的博物爱好者，多年来专注于学习植物学、鸟类学，倾注大量时间在自然观察和写作上。2021年在商务印书馆出版了首部自然随笔集《北方有棵树》，获得多项奖项。现于北京专职进行自然观察和写作，并在继续写作第二本书（暂定书名《第二个春天》）。

附录1 福琼第一次来华引种植物名录[8]

序号	植物名称	学名	采集地点
1	糯米条	***Abelia chinensis***	泉州
2	薄叶乌头	*Aconitum fischeri*	舟山
3	中华猕猴桃	*Actinidia chinensis*	
4	毛麝香	*Adenosma glutinosa*	
5	指甲兰属	*Aerides*	
6	木通	***Akebia quinata***	舟山
7	苋	*Amaranthus tricolor*	
8	桃	***Amygdalus persica*** 'Alboplena'	
9	桃	***Amygdalus persica*** 'Sanguineoplena'	
10	桃	***Amygdalus persica*** 'Shanghai Peach'	
11	野棉花	***Anemone vitifolia***	
12	竹叶兰	*Arundina graminifolia*	
13	？龙头竹	*Bambusa vulgaris*	
14	小白菜	*Brassica rapa* var. *chinensis*	
15	白菜	***Brassica rapa* var. *glabra***	
16	醉鱼草	***Buddleja lindleyana***	
17	柔毛打碗花	***Calystegia pubescens***	上海
18	山茶	*Camellia japonica* 'Myrtifolia'	
19	紫斑风铃草	*Campanula punctata*	
20	大麻	*Cannabis sativa*	
21	兰香草	***Caryopteris incana***	广州
22	三尖杉	***Cephalotaxus fortunei***	

8 根据弗格森（2022）整理；其中，黑体字表示是首次在中国以外种植的类群；问号表示福琼可能不是该种植物的首位引种人。

（续）

序号	植物名称	学名	采集地点
23	麦李	***Cerasus glandulosa*** 'Alboplena'	
24	蓝雪花	*Ceratostigma plumbaginoides*	
25	? 紫荆	*Cercis chinensis*	
26	野菊	***Chrysanthemum indicum*** 'Chinese Minimum'	
27	野菊	***Chrysanthemum indicum*** 'Chusan Daisy'	舟山
28	金柑	***Citrus japonica***	
29	佛手	***Citrus medica*** 'Fingered'	
30	柑橘	*Citrus reticulata*	
31	? 黄瓜菜	*Crepidiastrum denticulatum*	
32	日本柳杉	***Cryptomeria japonica***	上海、宁波
33	日本柳杉矮化品种	***Cryptomeria japonica*** **'Nana'**	
34	芫花	***Daphne genkwa***	上海
35	毛刷石斛	*Dendrobium secundum*	
36	常山	*Dichroa febrifuga*	
37	薯蓣	*Dioscorea polystachya*	
38	结香	***Edgeworthia chrysantha***	
39	金钟花	***Forsythia viridissima***	
40	? 白蜡树	*Fraxinus chinensis*	
41	白蟾	**Gardenia *jasminoides*** var. ***fortuneana***	苏州
42	绣球属	*Hydrangea*	浙江
43	枸骨	***Ilex cornuta***	
44	庭藤	***Indigofera decora***	
45	菘蓝	*Isatis tinctoria*	
46	迎春花	***Jasminum nudiflorum***	
47	荷包牡丹	*Lamprocapnos spectabilis*	
48	白花荷包牡丹	***Dicentra spectabilis***	
49	补血草	***Limonium sinense***	泉州
50	郁香忍冬	***Lonicera fragrantissima***	
51	稻草石蒜	***Lycoris*** × ***straminea***	
52	泽珍珠菜	***Lysimachia candida***	
53	十大功劳	***Mahonia fortunei***	
54	小苜蓿	***Medicago minima***	浙江
55	鲁桑	*Morus alba* var. *multicaulis*	
56	牡丹	*Paeonia suffruticosa*	
57		***Paeonia suffruticosa*** 'Atropurpurea'	
58		***Paeonia suffruticosa*** 'Atrosanguinea'	
59		***Paeonia suffruticosa*** 'Bijou de Chusan'	
60		***Paeonia suffruticosa*** 'Caroline d'Italie'	
61		***Paeonia suffruticosa*** 'Colonel Malcolm'	
62		***Paeonia suffruticosa*** 'Globosa'	
63		***Paeonia suffruticosa*** 'Glory of Shanghai'	
64		***Paeonia suffruticosa*** 'Ida'	
65		***Paconia suffruticosa*** 'Lilacina'	
66		***Paeonia suffruticosa*** 'Lord Macartney'	
67		***Paeonia suffruticosa*** 'Osiris'	
68		***Paconia suffruticosa*** 'Parviflora'	
69		***Paeonia suffruticosa*** 'Picta'	
70		***Paeonia suffruticosa*** 'Pride of Hong Kong'	
71		***Paconia suffruticosa*** 'Reine des Violettes'	
72		***Paeonia suffruticosa*** 'Robert Fortune'	
73		***Paeonia suffruticosa*** 'Salmonea'	
74		***Paeonia suffruticosa*** 'Versicolor'	
75		***Paeonia suffruticosa*** 'Vivid'	
76	垂穗石松	***Palhinhaea cernua***	
77	? 龙头兰	*Pecteilis susannae*	香港
78	美丽蝴蝶兰	*Phalaenopsis amabilis*	
79	石仙桃	***Pholidota chinensis***	香港
80	光叶海桐	***Pittosporum glabratum***	香港
81	化香树	***Platycarya strobilacea***	
82	桔梗	*Platycodon grandiflorus*	
83	? 重瓣百花桔梗	*Platycodon grandiflorus* 'Albus Plenus'	
84	中华报春苣苔	***Primulina dryas***	
85	石斑木	*Rhaphiolepis indica*	广州
86	丁香杜鹃	***Rhododendron farrerae***	

07

（续）

序号	植物名称	学名	采集地点
87	羊踯躅	*Rhododendron molle*	
88	钝叶杜鹃	***Rhododendron obtusum***	
89	白花钝叶杜鹃	***Rhododendron obtusum* 'Album'**	香港
90	马银花	***Rhododendron ovatum***	舟山
91	？紫白纹杜鹃	*Rhododendron simsii* 'Vittatum'	
92	银粉蔷薇	***Rosa anemoniflora***	
93	大花白木香	***Rosa fortuneana***	
94	橘黄香水月季	***Rosa odorata*** 'Fortune's Double Yellow'	苏州、宁波
95	五色香水月季	***Rosa odorata*** 'Fortune's Five Colour'	宁波
96	黄芩属	*Scutellaria*	
97	？翠云草	*Selaginella uncinata*	

（续）

序号	植物名称	学名	采集地点
98	？藤卷柏	*Selaginella willdenowii*	
99	？苞舌兰	*Spathoglottis pubescens*	
100	中华绣线菊	***Spiraea chinensis***	舟山
101	？李叶绣线菊	*Spiraea prunifolia*	
102	单色蝴蝶草	***Torenia concolor***	
103	络石	***Trachelospermum jasminoides***	
104	？荚蒾	*Viburnum dilatatum*	
105	绣球荚蒾	***Viburnum macrocephalum***	
106	粉团	***Viburnum thunbergianum***	
107	锦带花	***Weigela florida***	
108	紫藤	***Wisteria sinensis***	宁波

附录2　福琼的主要旅行时间及线路

2.1　1843年2月至1845年12月，受伦敦园艺学会派遣，第一次来华

1843年

7月，抵达香港。

8月，从香港前往厦门，访问鼓浪屿。

11月初，抵达舟山岛上的定海。

11月末至12月初，到宁波考察。

12月，前往上海考察。

1844年

1月，从上海到舟山，护送采集到的植物到香港。

2~3月，在广州考察。

4~5月，抵达上海，后又到宁波，以宁波东部的天童寺作为活动基地，在周围考察绿茶种植和制茶工艺，并获取鸟类和昆虫标本。

6月，返回上海，考察上海地区，乔装前往苏州采集植物。

7月，返回舟山，游览普陀山。

8月，从舟山返回上海。

11月，抵达香港，将植物寄回英国，以及将鸟类标本寄给德比伯爵。

12月，乘船前往菲律宾马尼拉。

1845年

1~2月，在菲律宾巴纳豪火山附近的丛林中考察植物，搜集鸟类和昆虫标本。

3月，回到舟山，搜集舟山、宁波、上海等地的春季开花植物。

5月，乘船到嘉兴市乍浦镇。

7月，前往福州考察，发现红茶和绿茶源自同

一种植物。

8月，从福州乘船到宁波，后从舟山回到上海。

10月，离开上海前往香港。

12月，从广州搭乘“约翰·库珀”号轮船，绕过好望角，返回英国。

2.2 1848年6月至1851年2月，受英国东印度公司派遣，第二次来华

1848年

8月，抵达香港。

9月，抵达上海。

10月，到杭州城外，乘船溯钱塘江、富春江、新安江而上，抵达浙江与安徽两省交界处的威坪镇。

11月，在徽州的屯溪、松萝等绿茶产区考察，搜集茶树种子和植株，后返回杭州。

12月，从杭州出发经宁波前往舟山群岛的金塘岛考察，后返回上海。

1849年

1～4月，从上海护送装满植物的沃德箱前往香港，再从广州前往福州考察，乘船沿闽江溯流而上，同时派中国佣人前往武夷山。之后返回福州和宁波。

5～9月，乘船前往武夷山考察，途经上虞、余姚、绍兴、梅城、兰溪、衢州、上饶、铅山港、永平等地，抵达武夷山。后经陆路返回上海。

11月，护送收集的植物到香港。

1850年

4月，从香港返回上海，招募制茶工人、购买制茶设备等。

6月，到宁波，将在这个地区采集的种子和幼苗寄到香港，后访问舟山岛中部的种植园。

9月，返回宁波。

12月，从宁波返回上海。

1851年

2月，护送沃德箱、制茶工人和制茶设备等离开上海前往香港，再转往印度加尔各答。

2.3 1851年3～8月，在印度北部考察茶园，指导茶树种植

3月，抵达印度加尔各答。

4月，和制茶工人抵达阿拉哈巴德，前往萨哈兰普尔植物园。

5～7月，考察印度北部茶园，并提出改进建议。

7月，途中参观密拉特、德里等地。

8月，到达加尔各答，启程返回英国。

2.4 1852年12月至1856年初，受英国东印度公司派遣，第三次来华

1852年

2月，抵达香港。

3月，抵达上海。

5月，考察宁波以东的灵峰山。

6～7月，考察浙江慈城，收集植物以及大量昆虫标本。

9月，访问上海的中国人居住区。

10月，返回宁波，购买250~300kg上好的茶种，派人去黄山地区采购当地绿茶种子和垂丝柏种子，同时派人去绍兴东南的平水镇采集茶树种子。

12月底，护送植物种子和植株到香港，并在广州考察花茶的制作工艺。

1854年

4月，从上海乘船抵达福州，购买茶种，试图招募武夷红茶的制茶工人。

期间从福州乘坐“孔子”号轮船前往台湾，该船受清政府雇佣，向台湾运送军费和士兵。福琼用1天时间考察台湾淡水周边的乡村，然后随船返回上海。

秋季，考察宁波四明山地区，返回上海。

冬季，在上海整理植物，并将植物和种子等物品寄到印度和欧洲。

1855年

4月，再次访问浙江慈城，搜集茶树种子并购买古董，后返回宁波。

5月，从宁波乘船走内陆水系，到达上海。

6月，从上海经嘉定、淀山湖、南浔等地到湖州，考察湖州等地的丝绸生产情况，并收集植物和昆虫。

7月，返回嘉定。

8月，与招募到的9名江西制茶工人乘坐蒸汽轮船前往香港，制茶工人们从香港前往印度加尔各答。

秋季，从香港返回上海，前往宁波收集榧树和金钱松种子。

12月，离开上海，前往香港和广州，招募花茶工人和铅盒制造工人。

1856年

2月，与招募的中国工人一起抵达加尔各答。

2.5 1856年2～11月，考察印度西北邦和旁遮普等地的茶园

2.6 1858年3月至1859年3月，受美国政府派遣，第四次来华

1858年

4月，抵达中国，开始在上海和浙江等地搜集购买茶树种子。

12月初，回到上海，准备沃德箱，并将茶树种子分批寄送至美国。

1859年

2月，完成了最后一批茶树种子的寄送工作。

3月，离开上海，返回英国。

2.7 1860年10～12月，第一次访问日本

2.8 1861年1～11月，第五次来华

1月，从日本返回上海，将各种植物寄送回英国。

4～7月，前往日本长崎、横滨、江户等地，搜集植物和昆虫标本。

8月，从日本回到上海，后乘船抵达山东烟台，考察并采集当地植物。

9月，抵达天津，考察植物。后到北京，考察北京城内以及西山八大处等地的植物。

9～10月，离开北京，返回天津，后前往上海。

11月，启程返回英国，途经埃及。

附录3 福琼命名的植物[9]

Adamia versicolor Fortune, in Lindl. Journ. Hort. Soc. i. (1846) 298.

Azalea bealei Fortune, Journey China 330 (1852).

Azalea narcissiflora Fortune ex Planch., Rev. Hort. [Paris]. ser. 4, 3: 67 (1854).

Berberis bealei Fortune, Gard. Chron. 1850(14): 212 (1850).

Berberis consanguinea Fortune, J. Hort. Soc.

9 https://www.ipni.org/a/2842-1

London vii. (1852) 226.

Buddleja lindleyana Fortune ex Lindl., Edwards's Bot. Reg. 30(Misc.): 25 (1844).

Buxus obcordata-variegata Fortune, Gard. Chron. 1861(32): 735 (1861).

Cistus japonicus Fortune, J. Agric. Soc. India 9: 96 (1855).

Fritillaria polyphylla Fortune, Journey China 366 (1852).

Ilex reevesiana Fortune, Gard. Chron. 1851: 5 (1851).

Isatis indigotica Fortune, J. Hort. Soc. London 1: 270 (269-271; fig.) (1846).

Larix kaempferi Fortune ex Gordon, Pinetum 292 (1858).

Quercus bambusifolia Fortune, Gard. Chron. 1860: 170 (1860).

Rosa anemoniflora Fortune ex Lindl., J. Hort. Soc. London ii. (1847) 316.

Ruellia indigotica Fortune, Resid. Chin. 158 (1857).

Torreya grandis Fortune ex Lindl., Gard. Chron. 1857: 788 (1857).

Viburnum macrocephalum Fortune, J. Hort. Soc. London ii. (1847) 244; et in Lindl. Bot. Reg. (1847) t. 43.

附录4 纪念福琼的植物[10]

属级：

Fortunaea Lindl. (Juglandaceae), J. Hort. Soc. London 1:150 (1846).

Fortunearia Rehder & E.H.Wilson (Hamamelidaceae), Pl. Wilson. (Sargent) 1(3): 427 (1913).

Fortunella Swingle (Rutaceae), J. Wash. Acad. Sci. 5:167 (1915).

种级及种下等级：

Abies fortunei A.Murray bis, Pin. Japan. 49.

Aconitum fortunei Hemsl., J. Linn. Soc., Bot. 23: 20 (1886).

Alniphyllum fortunei Makino, Bot. Mag. (Tokyo) 20: 93 (1906).

Amygdalus fortunei hort. ex Lavallée, Énum. Arbres 69, nomen (1877).

Apios fortunei Maxim., Bull. Acad. Imp. Sci. Saint-Pétersbourg xviii. (1873) 396.

Arundarbor fortunei Kuntze, Revis. Gen. Pl. 2: 761 (1891).

Arundinaria fortunei Riviere, in Bull. Soc. Acclimat. Ser. III, v. (1878) 897.

Arundinaria fortunei Franceschi, Gard. Chron. n.s., 6: 773 (1876).

Azalea fortunei Kuntze, Revis. Gen. Pl. 2: 387 (1891).

Berberis fortunei Lindl., J. Hort. Soc. London i. (1846) 231, 300.

10 https://www.ipni.org/?q=species%3Afortunei

Bergenia fortunei Stein, Gartenflora (1886) 307.

Biota fortunei hort. ex Carrière, Traité Gén. Conif., ed. 2. 94 (1867).

Buxus fortunei Carrière, Rev. Hort. [Paris]. (1870-71) 519.

Campsis fortunei Seem., J. Bot. 5: 373 (1867).

Cassine fortunei Kuntze, Revis. Gen. Pl. 1: 114 (1891).

Cephalotaxus fortunei Hook., Bot. Mag. 76: t. 4499 (1850).

Chamaerops fortunei Hook., Bot. Mag. 86: t. 5221 (1860).

Chloranthus fortunei Solms, Prodr. [A. P. de Candolle] 16(1): 476 (1869).

Clematis fortunei T.Moore, Gard. Chron. 1863: 460, 676 (1863).

Clerodendrum fortunei Hemsl., J. Linn. Soc., Bot. xxvi. (1890) 259.

Cleyera fortunei Hook.f., Gard. Chron. ser. 3, 17: 10; et in Bot. Mag. t. 7434 (1895).

Cotoneaster fortunei Wenz., Linnaea 38(2): 200 (1874).

Cryptomeria fortunei Otto & A.Dietr., Allg. Gartenzeitung (Otto & Dietrich) (1853) 234.

Cryptomeria fortunei Hooibr. ex Billain, Allg. Gartenzeitung 21: 234 (1853).

Cyperus fortunei Steud., Syn. Pl. Glumac. 2(7): 21 (1854).

Cyrtandra fortunei C.B.Clarke, Monogr. Phan. [A.DC. & C.DC.] 5(1): 251 (1883).

Cyrtomium fortunei J.Sm., Ferns Brit. Foreign 286 (1866).

Daphne fortunei Lindl., J. Hort. Soc. London 1: 147 (1846).

Deutzia fortunei Carrière, Rev. Hort. [Paris]. (1866) 338.

Elaeodendron fortunei Turcz., Bull. Soc. Imp. Naturalistes Moscou 36(2): 603 (1863).

Eupatorium fortunei Turcz., Bull. Soc. Imp. Naturalistes Moscou 24(1): 170 (1851).

Fontanesia fortunei Carrière, Rev. Hort. [Paris]. Ser. IV, viii. (1859) 43.

Funkia fortunei Baker, Gard. Chron. n.s., 6: 36 (1876).

Gardenia fortunei B.S.Williams, Choice Stove Greenhouse Fl. Pl. 99 (1869).

Glycine fortunei Norton, Proc. Biol. Soc. Washington 1925, xxxviii. 88.

Halesia fortunei Hemsl., J. Linn. Soc., Bot. xxvi. (1890) 75.

Hosta fortunei L.H.Bailey, Stand. Cycl. Hort. 1604 (1915).

Ilex fortunei Lindl., Gard. Chron. 1857: 868 (Fortuni) (1857).

Indigofera fortunei Craib, Notes Roy. Bot. Gard. Edinburgh 8: 53 (1913).

Juniperus fortunei hort. ex Carrière, Traité Gén. Conif. 11 (1855).

Keteleeria fortunei Carrière, Rev. Hort. [Paris]. (1866) 449.

Laricopsis fortunei Mayr, Fremdländ. Wald-Parkbäume 392 (1906).

Ligustrum fortunei hort. ex C.K.Schneid., Ill. Handb. Laubholzk. [C.K.Schneider] ii. 802 (1911).

Lilium fortunei Lindl., Gard. Chron. 1862: 212 (1862).

Lonicera fortunei hort. ex Dippel, Handb. Laubholzk. i. (1889) 225.

Lychnis fortunei Vis., Linnaea 24(2): 181 (1851).

Lysimachia fortunei Maxim., Bull. Acad. Imp. Sci. Saint-Pétersbourg xii. (1868) 68.

Mahonia fortunei hort. ex Dippel, Handb. Laubholzk. iii. (1893) 109.

Mahonia fortunei Fedde, Bot. Jahrb. Syst. 31(1-2): 130 (1901).

Osmanthus × *fortunei* Carrière, Rev. Hort. [Paris]. 1864(4): 69, figs. 7-8 (1864).

Phyllostachys fortunei Rivière & C.Rivière, in Bull. Soc. Acclimat. Ser. III, v. (1878) 301.

Picea fortunei A.Murray bis, Proc. Hort. Soc.

(1862) 421.

Pinus fortunei Parl., Prodr. [A. P. de Candolle] 16(2.2): 430 (1868).

Pittosporum fortunei Turcz., Bull. Soc. Imp. Naturalistes Moscou 36(1): 562 (1863).

Polypodium fortunei Kunze ex Mett., Abh. Senckenberg. Naturf. Ges. 2(1): 121 (t.3, f.42-45) (1856).

Polystichum fortunei Nakai, Bot. Mag. (Tokyo) 39: 116 (1925).

Pseudolarix fortunei Mayr, Monogr. Abietin. Japan Reich. 99 (1890).

Pseudotsuga fortunei W.R.McNab, Proc. Roy. Irish Acad. Ser. II, ii. (1877) sub t. 49.

Rhododendron fortunei Lindl., Gard. Chron. 1859: 868; Hook. f. Bot. Mag. t. 5596 (Fortunei) (1859).

Sasa fortunei Fiori, Bull. Reale Soc. Tosc. Ortic. 1917, Ser. IV. ii. 42.

Saxifraga fortunei Hook., Bot. Mag. 89: t. 5377 (1863).

Sekika fortunei Hara, Nakai & Honda, Nova Fl. Jap. No. 3, Saxifragac. 36 (1939).

Silene fortunei Vis., Ind. Sem. Hort. Patav. (1847). Cf. Linnaea, xxiv. (1851) 181.

Skimmia fortunei Mast., Gard. Chron. ser. 3, 5: 520, 525, fig. 91, 553; Dippel, Handb. Laubholzk. ii. (1892) 356 (1889).

Spiraea fortunei Planch. ex Carrière, Rev. Hort. (Paris) sér. 4, 3: 21, t. 2 (1854).

Styrax fortunei Hance, J. Bot. 20: 36 (1882).

Taxus fortunei hort. ex Gordon, Pinetum, ed. 2 338 (1875).

Teucrium fortunei Benth., Prodr. [A. P. de Candolle] 12: 583 (1848).

Thalictrum fortunei S.Moore, J. Bot. 16: 130 (1878).

Thuja fortunei hort. ex Carrière, Traité Gén. Conif., ed. 2. 94 (1867).

Vernonia fortunei Sch.Bip., Flora 35: 48 (1852).

Viburnum fortunei Hort.Gall. ex Dippel, Handb. Laubholzk. i. (1889) 177.

China

08

-EIGHT-

传奇一生的弗兰克·金登-沃德

Forever Frank Kingdon-Ward

黄 伟[*]

（云南腾冲科学家论坛中心）

HUANG Wei[*]

(Yunnan Tengchong Scientist Forum Center, Kunming, Yunnan, China)

[*] 邮箱：841621023@qq.com

摘　要： 英国植物学家弗兰克 · 金登-沃德（Frank Kingdon-Ward）在1909—1949年先后7次进入中国境内进行植物探险活动，行程路线涉及今天的云南、四川、西藏、甘肃、青海等地，本章通过对金登-沃德生平事迹、探险路线和著作文献以及国内外对金登-沃德的研究文献等内容进行研究分析，整理概括了金登-沃德的传奇经历和对后世的影响。

关键词： 金登-沃德　探险　植物　云南　西藏　四川

Abstract: Frank Kingdon-Ward, a plant hunter from U.K, made seven explorations to China between 1909 and 1949, collected plant specimens in Xizang, Yunnan and Sichuan. Research on Kingdon-Ward's books, notes, maps and routes, paper and works, helps a better understanding on his life, collecting locations, plants, photos, and friends, the deep influence in the horticultural world globally.

Keywords: Kingdon-Ward, Exploration, Plant, Yunnan, Xizang, Sichuan

黄伟，2024，第8章，传奇一生的弗兰克 · 金登-沃德；中国——二十一世纪的园林之母，第六卷：391-425页.

1 金登-沃德生平故事

1.1　踏上植物猎人之旅

弗兰克 · 金登-沃德（Frank Kingdon-Ward, 1885—1958）可以说是最后一位伟大的专业植物采集人，就像和他同时代的傅礼士（George Forrest, 1873—1932）、威尔逊（Ernest Henry Wilson, 1876—1930）、法莱（Reginald John Farrer, 1880—1920）和洛克（Joseph Charles Francis Rock, 1884—1962）一样，他选择了植物丰富和植物耐性极强的亚洲作为他的"狩猎"领地。在将近50年的时间里，他在中国、印度和缅甸等地从事探险和植物采集，发现了各种各样的杜鹃花（*Rhododendron* spp.）、胭脂色樱花（*Prunus cerasoides* var. *rubea*）等。作为将第一株绿绒蒿*Meconopsis baileyi*带回英国并发现了最后一种野生百合花的人，他将永远被铭记。

图1　金登-沃德晚年照片（来自https://thedailygardener.org/bs20200701/）

兼有田径运动员的身体素质和极高的智商，他是一位能力超群、精力充沛的人。1885年11月6日，金登-沃德出生于曼彻斯特，当时他的父亲在欧文斯学院教授植物学。不久他们全家搬到了

图2　金登-沃德出生地（来自：http://www.french4tots.co.uk/kingdon-ward/biog1.php）

剑桥，他的父亲被聘任为剑桥大学植物学教授。

金登-沃德这个复姓中的“金登”来自他母亲的家庭。他从预科学校，到了伦敦的圣保罗学校，然后获得了在剑桥的教会学院入学资格。然而，家庭境况不佳，他的父亲于1906年去世，他不得不离开剑桥寻找一份工作。在家族一位密友的帮助下，他获得了在上海一所英国人创办的公立学校任教的职位。这离他的植物猎人生涯又近了一步。

在学校的假期里面，他喜欢在东方的各个国家旅行。1909年，他被一个计划穿越整个中国的美国动物考察探险队邀请一道考察，于是他辞去了学校的工作，开始了面向野生世界的人生。这次考察的主要目的是收集动物和鸟类标本，金登-沃德作为植物考察背景的考察队员，只收集了少量的植物标本，更多是出于对野生世界的好奇。虽然植物猎人的大门还没有对他打开，但是他已经深深地为野外探险着迷。

回到上海后，他打定主意要以植物采集来谋生，因此开始刻意联系英国的植物学会寻找工作，这影响了他的余生。当时，傅礼士是“蜜蜂”园艺公司的骨干植物采集者，但1910年，他被康沃尔郡的卡雷西园艺公司的威廉姆斯（John Charles Williams, 1861—1939）挖了墙角。因此，蜜蜂园艺公司的创始人巴莱（Arthur Kilpin Bulley, 1861—1942），找到了爱丁堡皇家植物园的园长伊萨克·贝利·巴尔富（Isaac Bayley Balfour, 1853—1922）先生，后者向他推荐了金登-沃德来代替傅礼士的位置。

当信函到达上海，邀请他去云南进行耐生长高山植物的收集工作以及在滇藏边界的探险时，不太情愿的校长别无选择，只得批准金登-沃德再次离职。从此金登-沃德开启了他的植物采集生涯，并成为众多植物猎人中的一位传奇人物。他多次从疾病和危险中死里逃生，克服了许多令人生畏的困难，为英国、欧洲其他地区以及美国的植物园和有关机构（如美国的农业部等）带回了数量巨大的植物类群。

1911年开始的第一次植物采集之行并不顺利。一开始经过一段令人乏味的长途旅行到达缅甸，然后进入了湄公河的分水岭，在森林中他和他的搬夫们失去联系，彻底迷路了，在茂密的树林和竹林中无法定位，黄昏时分他甚至踩踏到一具之前的迷路人的尸体。夜色降临，森林里暴雨倾盆，他唯一的保护工具只有一件雨披。

到第二天早晨，暴雨变成了大雪，他被冻坏了。那时，他几乎失去能够和外界恢复联系的信心。他跌跌撞撞地行走着，靠吮吸花蜜和咀嚼花朵为生，随后的不适让他的胃无比疼痛。为了坚强地活着，他甚至还打了一只鸟，撕扯着生吃下去。

当他变得越来越虚弱时，突然发现了一个来时路过的动物围栏，从这里他终于辨识出来时的道路，顺着这条路可以一直回到维西厅。他一直走到天黑，伴随着鸟类和野生动物的威胁，终于来到维西厅外的一个村子，在那里，他听说曾经有一队人马前来搜寻他的踪迹，经过努力之后，认为已经没有希望，就放弃了。

就是在这次探险途中他看见了绿绒蒿属（*Meconopsis*）植物。在海拔16 000英尺[1]的滇藏交界处，他发现了一种低矮植物，枝叶粗糙多刺，盛开着芬芳美丽的蓝色花朵。后来他采集了种子。但是这种野生绿绒蒿生长在离冰川很近的地方，后来没能在英国引种成活。他后来搜集的其他绿

1　1英尺=0.3048m，下同。

绒蒿种子也不能在英国的植物园中生长。因此他对采集绿绒蒿失去了兴趣，进而开始关注杜鹃花。

对植物猎人勇气的真正考量是"明知山有虎，偏向虎山行"，他们不断地受到重复的危险的侵袭。对于金登－沃德来说，毒蛇和恐高症是困扰他的最大危险，而这两者在他的植物探险生涯中甚为常见。对于毒蛇来说，人们害怕它的同时，它也害怕人类，通常是金登－沃德逃离的同时，毒它也在向相反方向逃跑。而恐高反应，则很难避免，他必须随时注意，稍有不慎就会掉下旁边的万丈深渊，或者在通过脆弱的绳桥时不慎掉入汹涌的河流。在1914年的第三次探险途中，他有两次在死亡的边缘走过。第一次从悬崖滑落，幸运地被一棵树挡住，幸好搬夫们可以把他解救上来。第二次是在黑夜里从路上滑倒，他被一块岩石挡住，当火把照过来的时候，救援人员发现他正蹲在峭壁的一小块石头上。

这些探险的旅程对他来说像是噩梦一样，不停地重复上山和下山，穿越河流，伴随着暴风暴雨。有一天晚上，当他在一个村庄过夜时，遭遇了恐怖的风暴，"就像头上有人提着水桶和压缩空气的管子浇泼下来"，伴随着狂风呼啸，金登－沃德听到他的棚子垮塌的声音。爬出窝棚后，他发现旁边的两栋房子完全被风暴摧毁。幸运的是，这次风暴没有人员伤亡。

当他最终走出群山峻岭来到一处要塞时，他得到了英国对德宣战的消息。这时他唯一的想法是到印度去服役，因此他很快赶到缅甸的葡萄（赫兹要塞），他在豹子等猛兽出没的丛林中下山行进6天，这是一段充满着与蚂蟥搏斗的血腥的旅途，金登－沃德的爱犬——马鲁受了重伤。

"我停下来为它治疗，有一次从它的嘴里拔出6只蚂蟥，鼻孔里2只，眼睑上还有几只，其他更多的在它的肚子、脖子、背上以及脚趾头之间，它白色的毛皮被鲜血染红。而对于我，感觉蚂蟥进入了全身除了嘴巴以外的所有孔隙。"

他的脚上和膝盖上留下的伤疤，伴随了他的余生。当他到达葡萄的时候，正发着严重的高烧，以至于人们不得不发电报通知他的家属他已经处于病危之中。所幸，在当地医务人员的精心治疗下，身体终于得以恢复。

终于，金登－沃德在仰光加入军队行列，从此他开始了两年令人生厌的管理工作，更多地作为一名信息传递员。直到后来被派到美索不达米亚执行任务。

一直到1922年，他再次回到远东地区，从事植物探险工作。这次探险的时间较短，他因为发高烧，被送回英国治疗和休养。这次休养期间，他认识了弗洛林达·诺曼－汤普森（Florinda Norman-Thompson, 1897—1972），并和她结婚。后来他发现的可爱的报春花用弗洛林达命名（*Primula florindae*）。他也曾作为合伙人在丹佛的一个植物园工作了一段时间，但时间不长就终止了。他的婚姻也不幸福，虽然有两个女儿，但结婚14年后他们宣布了离婚，而且决定永不再婚（事实上，10年后他又再次走进一段婚姻）。

1.2 雅鲁藏布峡谷探幽

1924年，金登－沃德在古多伯爵（Earl of Cawdor）的陪伴下，来到雅鲁藏布大峡谷探险，一路走进印度的布拉马普拉河，试图发现布拉马普拉河上游的大瀑布。这次探险需要穿越世界上最荒芜的区域之一——地域广大的青藏高原。这是一个神奇的地区，但也是荒凉和残酷的地区，高原上日复一日的怒吼狂风，卷带着沙尘暴，即使在晚上，在拥挤的小旅馆里面，依然沙土飞扬，此外，还要遭受跳蚤和虱子的侵扰。

终于他们来到雅鲁藏布江和格彦达河的交界处，这里是阿萨姆邦喜马拉雅地区，他们停下来休整。然后开始两天的高山森林之旅，走进顿巴斯特村附近的草地和杜鹃花丛林中。这里的海拔高度是12 000英尺。金登－沃德的目光被灌木丛中一抹绚丽的蓝色所吸引，他开始以为是鸟儿，当他走近一看，原来是蓝罂粟花，那一抹最灿烂的蓝色。

1913年，在印度警察部门服役的弗雷德·曼森·贝利（Fred Manson Bailey, 1827—1915）准将，曾经到布拉马普拉河流域探险，并在西藏东部发现了贝利氏绿绒蒿（又称蓝罂粟）。他没有采集到种子，但在他的笔记本里夹了蓝罂粟的花朵。这个标本后来被送到喜马拉雅罂粟专家、邱园的园长大卫·普莱恩（David Prain, 1857—1944）那里。虽然资料并不齐备，普莱恩坚信这是一个新的种类，并以贝利的名字命名，即*Meconopsis baileyi*。贝利氏绿绒蒿与赖神甫（Jean-Marie Delavay, 1834—1895）发现的后来由法国植物学家弗兰切特（Adrien René Franchet, 1834—1900）命名的藿香叶绿绒蒿（*Meconopsis betonicifolia*）非常接近。傅礼士也曾经来到这个区域，但也没有采集到种子。

虽然金登-沃德曾经看到过贝利氏绿绒蒿标本，但他并没有将二者联系到一起，或许他认为贝利将军发现的绿绒蒿不如他发现的绿绒蒿美丽。他更多的是被杜鹃花所吸引——紫色、猩红色、白色和粉色的杜鹃花花朵，以及繁多的报春花。在这里他发现了高达4英尺的报春花*Primula florindae*，枝头绽开着一簇一簇白黄色的花朵。另一种报春花*Primula sikkimensis*，整个色谱从乳白色到紫色，弥漫在草原上。他们到达了顿巴斯特村，这里是植物猎人的天堂。他知道，贝利就是在这里发现了贝利氏绿绒蒿，在玫瑰、柳树和草原之中，他发现了绿绒蒿：这种植物即便不开花的时期也容易辨认，它底部的大叶子上有着绒刺一般的细毛；开花的时候，顶部的枝杆上盛开着1~2朵天蓝色的花朵，而最多的时候一枝上会有6~8朵花，这种奇特的花很难不被注意到。

这时候，金登-沃德在意识到他两天前在途中遇到的绿绒蒿就是贝利曾经发现的贝利氏绿绒蒿。

经历了一段快乐的植物采集时光，这次探险的重点还是聚焦于雅鲁藏布大峡谷，这里面的一些山谷从未有西方人涉猎过。这一片荒野的、超现实主义一般的地貌，直插云霄的山峰和四散的巨石，如同海滩上的卵石一般散布，下面是茂密的森林。在登山的过程中金登-沃德心中充满了恐惧，但他没有忘记采集植物标本，马登尼杜鹃（*Rhododendron maddeni*）就是在这里发现的。他们还发现布拉马普拉河的瀑布规模相对较小，对比起非洲的维多利亚大瀑布和美洲的尼亚加拉大瀑布来简直就是一个侏儒。但这次探险旅行算得上一次胜利，基本奠定了金登-沃德作为植物猎人的同时也是一个探险家的地位。

秋天，他采集了很多绿绒蒿的种子并带回了英格兰。当第一株绿绒蒿花朵在英国的土地上举行的皇家植物学会会议上绽放时，引起了轰动，金登-沃德被安排为座上宾。但当植物界对他疯狂地吹捧的时候，他却渴望回到粗犷的亚洲的群山之中，回到那个美丽却充满危险的地方。

1926年，他不断提升的声望让他获得了一些富有的植物爱好者的支持，其中包括罗斯柴尔德（Lionel de Rothchild, 1882—1942）捐助了对杜鹃花的采集费用。金登-沃德还获得了皇家学会支持的探险资助。这次探险金登-沃德选择了缅甸和阿萨姆的偏远地区，这是他的保留节目，他生动地称呼这个印缅交界地区为“世界的边缘”。

就在这次旅行中，他发现了生长在伊洛瓦底江和布拉马普拉河分水岭的报春花属的‘茶玫瑰’（*Primula agleniana* var. *thearose*）。他整天攀爬在茂密古老而阴冷潮湿的森林中，突然间森林在一片矮林处戛然而止，他和他的团队冲进一片被雪水浇灌的正开始复苏的草地。金登-沃德显然对安营扎寨休息毫不关心，他迫不及待地投入了植物搜寻。就在天色将黑时，他穿过一座“冰桥”来到营地旁边的一处悬崖，就在那里的雪线上，他看到了“娇艳的粉色花儿……像玫瑰花一样大小，正是像‘蝴蝶夫人’（一种杂交的茶玫瑰的名字）一样的粉色”。

这就是茶玫瑰报春花，一种真正神奇的花朵，就如他在著作《在世界的边缘采集植物》中写到的那样：

我能记得有几种花的初见让我屏住了呼吸，但仅有2~3种像这种花一样让我如同遭遇暴击。那种视觉冲击如同你的腹部遭受痛击一样，你只能目瞪口呆。在如此美丽的花朵面前你很难挪动脚步，只能喊出“啊，上帝！”这样的言语。当你的心情平复之后，你会把帽子拿到手上，垫着脚尖前行，简直如同一次朝拜。

1928年金登-沃德再一次来到这个偏远地区，这一次他被大多数搬夫们抛弃了，而且他们带走了大部分补给，让金登-沃德和剩下的搬夫们挨

图3 金登-沃德的标本箱（Whitehead, 1990）

饥受饿。72个搬夫中只有6个忠诚的人留了下来，他还不得不将自己的衣物分给他们以免挨冻。在这次探险中，他发现了开瓣豹子花（*Nomocharis aperta*），那是硕大、形似百合、鲨鱼皮状带着斑点、厚重的紫色分布于粉白底子上的花。从植物学上来说这是一个重大发现，因为这是第一次在阿萨姆地区发现这个属。不仅如此，在阿萨姆和缅甸的两次探险过程中还发现了大量的其他的植物种类，包括在三个山谷中发现的85种植物。

如同亚马孙地区的植物猎人理查德·斯普鲁斯（Richard Spruce, 1817—1892）一样，金登-沃德也是一位贪婪的植物种子收集者。1930年，他和一位热心的业余动物学家罗德·克兰布鲁克（Lord Cranbrook）一道探险，考察伊洛瓦底江上游塔隆河的发源地。他们到达的地区生长着许多龙胆，一种深蓝色喇叭形状的花朵（*Geniana wardii, G. veitchiorum* and *G. gilvostriata*），金登-沃德曾经发现过这种花朵，但他没能带回任何种子。这次他刻意要采集种子，尽管这些种子大部分被田鼠和老鼠侵袭，最终他还是有所收获。

在他漫长的植物采集生涯中，恐高症从来没有缺席过。1935年在西藏南部的一次探险途中，他不得不走过一处刀锋一般的岩石，而岩石下面是数千英尺深的河谷，他仅能用四个指头勾在花岗岩上。金登-沃德在日记中记录他当时看到这个需要穿越的地方时的反应：我感到头昏眼花，我觉得好像胃部被什么东西猛刺，仿佛心口被狠狠地踢中一样。他知道唯一的方法是努力保持平衡，但他做不到。最后，他只能在搬夫们的帮助下借助一根绳子艰难通过，而这些搬夫们能像蜘蛛一样在锋利的石头上灵巧地行走。

两年后，在缅甸，当他对卡瓦格博峰进行测量的时候，他不得不跳过一处比较宽阔的岩石裂缝。如果他失败的话，他就会掉下3 000英尺深的山谷。在他跳跃之前，他回忆道：我的勇气突然涌出，比锯末填充物从撕裂的洋娃娃中蹦出来还要快。同一次探险路上，他又从岩石边滑落，幸好被竹子挡住，不幸的是竹子刺穿了他的肩胛窝，他只能用碘酒进行消毒。

第二次世界大战爆发的时候，金登-沃德已经54岁。那时他刚好在伦敦。他立即志愿服役，并称他非常适合在印度地区工作。但看起来这次他又选错了方向，印度政府更多把他当作一位资料员使用，这是战争中最枯燥无味的职位。后来他又加入了英国国民军，这里他感觉找到了战争中合适的位置。

当日本宣战以后，金登-沃德被召入特别行动队，作为一名见习中尉，1941年末他被派往新加坡以阻止敌人进犯。很快，新加坡陷落后，他又被从印度派往缅甸和中国，战斗在前线。1942年和1943年他几乎完全失踪，他家里收不到任何信件或信息，仅能推测他是在缅甸的某个地方。事实上他正是在这个国家偏远的丛林深处，试图为盟军探索一条新的通道。战争的后期，他在印度庞那的一所战时培训学校，为空军人员教授丛林逃生技巧。战争胜利后，他又被美国政府雇佣，在阿萨姆邦和缅甸之间搜索战争期间坠落的飞机残骸。

尽管他曾经发誓永不再婚，但在1947年他还是走进一段婚姻。他的新娘叫让·麦克琳（Jean Macklin, 1921—2011），他们的蜜月在缅甸的曼尼

图4　金登-沃德和夫人让在考察途中（来自 *My Hill so Strong*）

普尔度过，这也是他的第十七次探险历程。他的妻子，显然比他年轻很多，成了他晚年探险生活的伴侣。

在他的植物采集冒险生涯中，他经常会对某种特别的植物设定他的目标。这一次，他的目标是百合或者豹子花（Lily or Nomocharis）。在他参与搜寻美国坠落的飞机那段时间，他攀登过斯洛伊卡松山，在曼尼普尔群峰之中的一座8 000英尺高峰，从山顶可以看到钦敦江。在山上他发现了百合或豹子花的种子，采集了部分果实，甚至挖回去一些鳞茎，后来这些鳞茎在英法尔的植物园中开花。它们看起来是弱小的、微不足道的植物，但却在植物学家中掀起一阵波澜。金登-沃德认为这是一个新的百合类群，并命名为斯洛伊百合（Sirhoi lily）或曼尼普尔百合（Manipur lily）。

经历了艰苦的历程，他和妻子终于到达了斯洛伊卡松山并再次找到了百合。这次他们看到了盛开的花朵，而且挖取更多的鳞茎，采集了更多种子，这些标本被送回萨里的卫斯理植物园，15个月后又开出了花。植物学报告反映出的结果并不理想，这些花朵非常丑陋，完全不像金登-沃德描述的野外的景象：花蕾是深红色的，但开花的时候里面是粉白色，外面一圈则呈现紫色。

后来植物学家们承认这是一种百合，并以麦克琳的名字命名*Lilium mackliniae*。1950年在伦敦的切尔西花卉博览会上展出，呈现的是粉红色花朵，比第一次开花时要美观许多。这种百合在会上吸引了许多人的关注和赞叹，后来还获得了皇家植物学会的梅里特奖章。

1.3　大地震的劫后余生

就在他的百合成功展览后3个月，金登-沃德又一次投身到野生丛林。这一次，他遭遇了从未有过的巨大危险。1个月以来，东印度地区、西孟加拉、阿萨姆邦和比哈地区连续发生了许多小地震，在8月15日发生了一次特大地震，《泰晤士报》称“本世纪最猛烈的地震之一”。仅阿萨姆邦就有千人身亡，五百万人流离失所。飞越这个地区的飞行员称在印度—缅甸—中国边境一线许多山峰都消失了。阿萨姆邦的苏班斯里河的河水因为流入裂隙而消失，过了4天又重新涌出地面，淹没了数千公顷的土地，毁坏了许多庄稼和房屋，人们纷纷逃到树上躲避凶猛的洪水。道路也被拉裂了，铁轨像塑料一样被弯曲和翘折。

当地震发生的时候，金登-沃德和他的探险小队正在日玛村（今下察隅镇附近）安营扎寨，他们离洛希特河大约半英里远，而离震中也仅仅只有50英里。为了安全，他们把三座帐篷相邻地安置在沙地上。周围是高耸的群山，他们就像在一个碗底一般。过去几周的小震并没有吓到他们，相反他们已经习以为常，已经准备好夜间休息，为第二天一早到森林中采集植物做好能量储备。

关于这场地震，我们可以回顾金登-沃德在印度的《印度政治家》报上的文章：“8月15日晚上，差不多八点钟，我正在写日记，并且畅想第二天进入缅甸边境的拉底峡谷探险的路径，这将是更向东边行进，我计划第一天将营地安置在7 000英尺的峡谷高地，第二个夜晚到9 000英尺或1万英尺高地，那里将有很多野花开放。我的妻子那时正在读书。

夜空非常宁静，天上星星闪烁，突然从山顶吹来一阵猛烈的狂风，大地传出一种古怪的声音：碰撞、研磨、咆哮声、轰隆声一齐传来，声音是如此之大，一时间我们简直无法知道发生了什么。还是让·金登-沃德第一个喊出："地震了！我们提着马灯跑出帐篷，立即就被一种力量摔倒在抖动着的地面。我们周围的山峰都在抖动着、战栗着，前后不停地摇晃，能感觉到大地深处锤击一般的颤动。我们的两个夏尔巴搬夫也跑出了帐篷，也被摔在地面。我们四个人仰躺在不断抖动的地面，手拉着手互相安慰，看着旁边山上的巨石不断滚落。"金登-沃德写道：

"我们知道那时有多么无助，但我们却都平静地互相安慰，其实内心里充满了恐惧。我感觉我们就像躺在一层薄薄的岩层上，下面是滚沸的岩浆，这层岩石仿佛随时都会炸裂开来，就像春天的雪崩一样，随时会置我们于死地。"

这场地震持续了近5分钟，却仿佛是一段非常漫长的时间，震后很长一段时间，巨石都还在从山头滚下。翻滚的尘沙笼罩了整个夜空，甚至数天以后都还遮天蔽日，而周围的山谷也完全被滚落的石头阻塞了。"

天亮以后，他们才发现地震的破坏有多大。利马镇完全被摧毁了，洛希特河和支流里全是泥石流。稻田被淹没了，梯田滑坡了，洛希特河上的桥全部被毁坏，后来他们在阿萨姆邦派来的8人救援小分队的帮助下，通过一处绳桥过了河。

刚好在地震过后1个月整，金登-沃德和他的小分队到达了瓦龙，也是在印度的最后一个驿站。尽管面临着旅途的危险和周围更加险恶的环境，他们还是专注地采集植物，这次找到了黄花山茱萸（*Cornus chinensis*）。从瓦龙他们向萨蒂亚和狮龙进发，这是一次艰苦的旅程，1951年年初他们终于回到了英格兰。

1.4 为植物探险奉献一生

由于远东地区的政治局势不稳定，金登-沃德在这个区域的植物采集大门渐渐关闭，植物猎人们的金色时代也趋于结束了。他对未来看不到什么希望，甚至在伦敦工务局谋了一个公职。但这段职业时间不长，因为他已经66岁，到了退休的年龄。有一段时间，他甚至想去巴布亚探险，因为他从未到过这个地区，但他最终犹豫不决而没有成行。缅甸和阿萨姆邦对他来说更有诱惑，最终他不顾官方的阻挠，还是选择了北缅地区作为下一次探险的目的地。

1952年圣诞节前两天，金登-沃德和妻子到达了这片土地。这段旅途依然不是一帆风顺，小问题不断，比如曾经在一片杜鹃花丛林里迷路，但在他68岁生日那天，克服困难登上了海拔11 000英尺的缅甸的他古龙姆山。这次探险收获了许多植物标本，包括30多种杜鹃花和100多种其他植物，其中有包括一种富含花蜜的巨果忍冬花（*Lonicera hildebrandiana*）。更值得一提的是最后的一种野生百合*Lilium arboricola*，这种百合生长在森林中的草丛下，花朵非常精致，就如同用绿色的绸缎剪裁出来的一样。

68岁的年纪确实可以让一个人从事半生的职业退休了，但70岁生日仅过了2个月，金登-沃德又按捺不住了，这一次的目的地是缅甸的南克钦山地区，他应瑞典的戈森伯格植物园之邀与一位瑞典植物学家一道考察。这次考察收获了大量的植物种子，其中包括一些兰花种子。但相比于他过去的若干次探险，这次的收获微不足道。然而，金登-沃德和他的团队非常满足地回到瑞典，他应邀在林奈曾经主持工作的阿普萨拉（Uppsala）做了一次演讲。

1957年，他大部分时间在伦敦，策划他的下一次探险，而这时他的计划已经是一个老人的风烛残年所能涉足的地方了。1958年他突然发病，被送进了医院。4月6日他进入昏迷状态，2天后与世长辞，留下了未竟的事业。他将因为他对世界植物界的贡献被永远铭记！

对于中国，金登-沃德在他的著作中多次表达了他对这片土地的热爱，这也是他多次来到中缅交界、中印交界地区和云南西北部以及西藏地区进行植物探险的原因。他在《园艺浪漫》中写道：进入中国，我们到达了花卉最丰富的地区，至少

图5 金登-沃德在考察途中（来自*Frank Kingdon Ward's Riddle of the Tsangpo Gorges*）

图6 金登-沃德的油画肖像（E.M.Gregson绘，来自Whitehead, 1990）

目前对于英国的植物园来说是这样。从中国来到英国的花卉植物总数超过了其他国家。其中的原因，一部分或许是因为中国人是天生的园丁，但更大程度是因为中国的地理和气候特点。中国是一个多山的国家，这些山脉大多数都分布在温带。中国西部的大山是最佳的植物生长地，其中包括了喜马拉雅地区。而中国南部的山地地区，主要分布在沿海地区，从上海到福州，很早就由罗伯特·福琼（Robert Fortune, 1812—1880）介绍到英国。这个区域的花卉与中国西部有所不同。我们也不能忽视中国内陆的植物，这些区域的花卉主要被奥古斯汀·亨利（Augustine Henry, 1857—1930）和威尔逊发现和介绍。

作为"最后一个植物猎人"的金登-沃德，对中国区域的植物发现和宣传，起到十分重要的作用。他的很多著作和资料，至今仍是我们研究植物、地理和气候变化的重要参考资料。

除了是一位伟大的植物学家，金登-沃德还在历史、人文、地理、气候、动物等方面都有很深入的研究，他勤于写作，在博物学家中算得上著作最丰富的一位，因此，他还是一位作家。他的风趣和睿智，流淌在他的文字中，随时把我们带回他的年代。

金登-沃德的第二位妻子，他后期探险生涯的伴侣让·金登-沃德，于2011年12月去世，享年90岁。

金登-沃德去世后，一直受到朋友和家人们的怀念，他的两个女儿经常出席他的纪念活动［大女儿普莱昂妮·多莉（Pleione Tooley, 1926—2019）；小女儿玛莎·金登-沃德（Martha Kingdon Ward, 1928—, ）并有一位外孙女沙拉·汤普森（Sarah Thompson）］。

2 民国时期以来我国的金登-沃德研究及后续的西人研究

关于民国时期对金登-沃德的研究，流传下来的资料不多。其中一份是1933年7月第一次印刷出版、杨图南翻译的《西康之神秘水道记》，另一份是徐尔灏于民国三十四年（1945年）七月发表的《青康藏新西人考察史略》。

《西康之神秘水道记》初版于民国二十二年（1933年）7月1日，为“边政丛书第一种”，著者英国人瓦特，译者杨庆鹏，审校者郑宝善、刘熙。根据书中发刊词时间为民国二十二年五月，石青阳题。而序言题款时间为民国二十二年二月郑宝善题。郑宝善也是一名翻译家，曾翻译《新疆之文化宝库》一书（原著勒库克），亦出版于1934年1月1日，为“边政丛书第三种”。这本书和《西康之神秘水道记》均在1976年12月再版印行，出版社不详，题为“蒙藏委员会印行”。杨庆鹏又叫杨图南，序言中提及“时余主任蒙藏委员会编译事务，故特延杨君图南译出。梓以问世，或亦为欲认识西康者之一助也。”由此可知，郑宝善当时任蒙藏委员会编译事务主任，而杨君图南就是杨庆鹏。由于资料匮乏，对于杨图南的身世，已经很难考证，但杨先生留下的这本金登-沃德著作的翻译，文字优美，为我们留下关于云南、四川和康藏地区宝贵的历史文化研究资料，至今对研究当时的地名、历史、人文和植物都有重要的意义。

关于郑宝善先生，尚有一丝线索可寻。郑宝善，字楚箴，清光绪八年（1882年）生于山西屯留县王村。儿时在村私塾读书，十七岁考中秀才，免试进入山西大学堂，1906年毕业。1907年又考取官费留学英国谢菲尔德大学专攻采矿冶金，其间参加孙中山领导的同盟会。1912年归国，先后任农商部佥事，矿政司技士技正、北平河道管理处副处长、南京蒙藏委员会编译室主任、北京工业试验所所长，并会同地质调查所所长翁文灏参加了丹麦著名地质学家安得生勘察河北省龙烟铁的工作，著有《铁世界》一书，翻译有英国麦克唐纳著的《西藏之写真》。郑宝善先生是老同盟会会员，思想进步，1934年在南京任蒙藏委员会编译室主任，当时曾将入狱的进步人士宋冠英保释出狱，宋冠英也是屯留人，毕业于北京大学，曾被党组织派到东北军做统战工作，后来在八路军晋察冀军区司令部任参谋，1955年9月被授予大校军衔。

那么，为蒙藏丛书题写发刊词的石青阳又是何许人也？石青阳（1878—1935），名蕴光，字青阳，四川巴县人。1905年赴日本留学，次年加入中国同盟会，追随孙中山投身民主革命。1907年回国，1911年与杨庶堪、张培爵共同领导重庆辛亥起义，后参加护国运动、护法运动，被孙中山委任为川东招讨使、四川靖国军总指挥、川东边防军总司令，授中将军衔。1924年1月当选国民党“一大”中央委员。1929年，任滇康垦殖特派员。1931年当选国民党“四大”中央委员。1932—1935年，任蒙藏委员会委员长。1935年3月15日病逝于上海，追封为陆军上将。仅在《西康之神秘水道记》出版后一年多一点，石青阳57岁英年早逝，殊为可惜。他曾出版过一本《藏事纪要》，可惜笔者未曾读过。

石青阳先生在发刊词中写道：蒙藏回疆，罔能认识。戈壁平沙，冈底斯域。英日俄人，著作千百。回顾我邦，何乃守默。古语有云，楚弓楚得。启发愤悱，安敢辞责。爰就调查，最近所得。参以译篇，考诸旧刻。历史渊源，宗教辅翼。地理纵横，外交迫逼。政治因循，实业伏匿。经济困穷，交通隔塞。……汇成丛书，付之刊勒。贡献邦人，研求靡忒。由此可见，石青阳先生在当年非常注重西文资料翻译和应用，意识到这些资料对中国政治、地理、历史、人文和民族文化的重要意义。

郑宝善先生在序言中写道：在昔吾国关于康藏两地，记载特少。……英人关于康藏之记载，不下二百余种。顾吾国之所谓西康青海，而英人则以西藏包括之。即如本书之命名，按英文应译为“西藏之神秘水道记”，是以著者译者皆称西藏，而余则根据书中事实，改为“西康之神秘水道记”。盖以书中所述，著者所经，非惟未至西藏一步，即其所周行者，亦祇西康省南部与滇省毗连之一部分，尚不足西康省十之一。

由上可见，该书译名为郑先生最后确定。但郑先生言金登-沃德一步也没有进入西藏，有失偏颇，盐井当在西藏界内。

序言接着写道：但著者关于此一部分之所有，如山川之形势，动植之繁衍，及人种之异同，莫不条分而缕析之，实为吾国西康书中所未见。且此书之第十九章匝瓦郎，于解决“西藏问题”，颇足供吾人参考之价值。

从此可见，郑先生选中这篇文章的原因，是这本书条理清晰，“莫不条分而缕析之”，更具有指导解决“西藏问题”之价值。

关于石青阳先生和郑宝善先生任职的“蒙藏委员会”，也极有来历。蒙藏委员会是中华民国时期以及过去台湾当局掌管蒙古、西藏等地区少数民族事务的中央机关，沿袭于清朝的“理藩院”，于1912年成立，2017年11月台湾“立法院”通过表决废止“蒙藏委员会组织法”，有90年历史的蒙藏委员会正式被废。第一任委员长是大名鼎鼎的阎锡山，石青阳为第三任。

而时隔近90年后，再读这本文言文翻译的书籍，可以感受到杨图南先生深厚的文字功底。杨图南先生除翻译全书外，还写了一篇“例言”，算是一份翻译说明：

一，瓦特上尉之此次旅行，由缅甸经云南而西康。原冀由康入藏，遍访高原谷地，搜集奇异资料，以飨国人。不图到达盐井之后，适藏人与国军构衅，大有风声鹤唳、草木皆兵之概。因转入缅甸境德鲁土司，更希由此西上，至于拉萨。无如程途险阻，人难飞渡，不得已仍由原经路线折而遄返。但扬子江澜沧江萨尔温河三大平行流域，著者足迹几遍。发现矿植各物，与夫土著之风俗人情，日记成帙，亦国人所当引为良好史料，而加以参考者也。

注：第一段寥寥数语，总结了全书。金登-沃德（瓦特上尉）的意图和最终路线，文字所及，当“引为良好史料”。

二，书中所译地名关名土司名，或取证图集，或得诸探问，或仅译其音。兹分述之，并取例如左（如下）：

A. 地名关名，地图中无汉名，不得已仅译其音者。如Nmaika，译为“恩梅开”……

注：由于当时没有汉语地图，西藏地区、缅甸地区地名多为音译，其实“恩梅开”现在仍然沿用，约定俗成，或者就是出于此书吧。

B. 村落更其小焉者，略图多不载及。

C. 土司则史志有名，但音词各异，何去何从，莫衷一是。如Moso译莫索土司，Lisu译利苏土司，Mincha译明加土司等之类。

注：关于少数民族名称，1949年后有新的规定，以上三个例子分别为纳西、傈僳和白族，按当时的习惯，也可译作麽些、傈僳和民家等。

三，书中植物名称，多奇异而不习见，尤非普通植物词源等书，所能采集，故迻译颇费考虑。备承中央大学植物分类学教授耿其理先生，详加考证，注以专名。他山之助，译者感谢无已。

根据杨图南先生在例言最后一句话，确定了翻译的时间：中华民国十九年十二月译者杨庆鹏谨识于内政部礼俗司。我们也得知杨先生又叫杨庆鹏，或许是字庆鹏吧。当时任职于内政部礼俗司，翻译完成于1930年12月。

全书竟没有介绍原版书的出版时间和出版社，仅有的作者信息是英人瓦特上尉。对于书中叙事的时间，因原文已有交代，为1913年2月，因此当时读者更清楚该地区时局。

译者当时也没有对藏语进行深入研究，对书中涉及藏语发音的单词无法深入解析。例如曾在《蓝花绿绒蒿的原乡》一本译书中困扰译者的Samba-Dhuka，在本书译本中也很遗憾没能正确解析出藏语Samba的“桥”的意思，而是译成音译“三卜峻可加”（后面由曾译作“三巴度科”），解析为“澜沧江之一村”，或将误导后人也。我通过地图和藏语解析，得出Samba-Dhuka就是竹卡溜索桥的结论。而金登-沃德在此书中也给出了竹卡溜索桥在他的著作中反复出现的原因，是源于“此处为印度学者A. K君旅行西藏之终点。”。另外一个错译的地名，是Kamati Long，书中译为人名“木旺”，实际为缅甸一地名“卡玛地龙”，中文名为“木旺”。

跳到第十九章匝瓦郎，金登-沃德的建议是：若计之上者，当待以和善之道，与内地人民，无分畛域。更授之普通智识，使人人脑中，知有上国，则事济矣。果然是一条妙计！

当然，这本书中亦有不少地名误译，比如把Yang-Pi（漾濞）翻译成“永平”，而且可能这一误译更是导致了2018年出版的《蓝花绿绒蒿的原乡》译者的仿效，再次误译。估计杨图南先生远在南京，当时查阅地图不便，更不可能亲临云南求证，因此对书中地名也只能尽力而为了。

书中译文中译者少有自己的注释，只有一处在翻译植物名称时，因持有不同见解，提到一位“祁天锡先生”。祁天锡是一位美国人，原名Nathaniel Gist Gee（1876—1937），于1901年受美国南监理会的派遣，到新成立的东吴大学任格致教习，1912年创立生物系并任生物系主任。祁天锡曾于1920年因夫人生病回到美国，后夫人病逝。1922年，先生再到我国任职。1933年，被燕京大学聘为驻美副校长，返美视事，1935年辞职。1937年病逝于美国。

关于那个时代的外国人名翻译，也与今日大有区别，我们可以看一看书中当时金登-沃德的“朋友圈”的人名翻译：

Forrest-傅礼士-发雷士特；Gill-吉尔-遮尔；Bailey-贝利-白雷；Prince Henry-亨利王子-亨利亲王；Davis-戴维斯-达威士；Bacot-巴科特-巴考。

这本书原书出版于1923年，讲述1913年的往事，期间金登-沃德发表了数篇关于中国西部地理的论文，书中均有提及。至杨图南译成本书的1930年，中间又过去了7年。世事变迁，从民国到现在，国人对金登-沃德的研究一直没有停止。

2002年9月，四川人民出版社又出版了一本该书译本《神秘的滇藏河流——横断山脉江河流域的人文与植被》，王启龙主编，李金希、尤永弘译。该书依然没有对英文地名结合藏语深入研究，存在较多遗憾。

我国台湾也曾经再版过一次杨图南先生的译本，台北天南书局1987年再版；大陆地区在2003年出版的《西南史地文献第35卷》重新翻印了杨图南先生的译文。

民国时期对金登-沃德的文献有过专门研究的另一个案例，是徐尔灏的《青康藏新西人考察史略》，发表于民国三十四年七月，“国立中央大学理科研究所地理学部”丛刊第八号。

徐尔灏（1918—1970），著名气象学家，江苏江阴人，1939年毕业于中央大学地理系。1941—1945年间，他在中央气象局担任天气预报工作。抗战胜利后去英国留学，1948年获英国伦敦大学帝国理工学院硕士学位，同年回国。根据该篇文章发表时间，尚在抗战胜利之前，当是出国前所作。能够在抗战期间艰难条件下搜集诸多金登-沃德的文献，殊为不易。

徐尔灏研究金登-沃德的文献主要从地理期刊入手，搜集了大量的金登-沃德发表在英国皇家地理学会月刊上的文章，共计有14篇，其中就包括《云南的雪山》《穿越云南西部》《从长江到伊洛瓦底江》《滇藏边界的冰川现象》《康地的峡谷》等。在他的引用资料中没有出现金登-沃德出版的书籍，不知是否偏重专业期刊而有意忽略还是信息来源有限。

该文曾获得胡焕庸先生指导。胡焕庸（1901—1998），字肖堂，江苏宜兴人，地理学家、地理教育家，曾任中央大学地理系教授、系主任，也就是当时徐尔灏的老师。胡焕庸是科学家竺可桢的学生，著作甚丰，曾提出著名的胡焕庸线（Hu Line），即1935年提出的划分我国人口密度的对比线，最初称“瑷珲-腾冲一线”，当时在胡焕庸线西侧，只聚集着4%的人口，而在东侧占94%，在地理学和人口学上，具有重大意义。

文章总论中还提及二位校对，分别是吴传钧和童承康两兄。吴传钧（1918—2009），别号任之，江苏苏州人，人文地理与经济地理学家，中国科学院院士。1936年考入中央大学地理系，应该是徐尔灏的师兄。1950年，吴传钧联合施雅风等科学家在南京创办了《中国国家地理》的前身《地理知识》。

关于童承康的信息却不是那么齐全，仅知道是地理学者。

徐尔灏的文章，仅“路线测量之部”，就列举了92人次到中国进行地理测量研究的西方人，可谓资料翔实。其中包括著名的荣赫鹏、戴维斯、海定、李脱尔、皮旭夫夫人、亚孟特苏、贝谷、贝利、台希孟、斯坦因、格里高利、洛克等，金登-沃德在文中翻译为怀德。

总论里提及：戴维斯、赖特之于云南，怀德之于康藏滇缅接壤区域，均曾深入险阻，备尝艰辛，而其探查所得，亦成为研究各该区域最具权威之资料。给予了盛赞。

徐尔灏在总论中道出写这篇文章的目的：近年国人对开发边疆之重要性渐多认识，然开发边疆，必先认识边疆，欲认识边疆，实地考察，与整理前人考察成果，允宜同时进行。语云他山之石，可以攻玉，况其中甚多珍贵资料，权威意见，非走马看花，所能获得者乎？……或可供有志研究者按图索骥之用也。

徐尔灏在文中道出了西人们觊觎我国边疆之事实，但也肯定了这些有“过人毅力”、甘冒生命危险的西方人们取得成果的不易以及这些资料的重要性。

关于金登-沃德（怀德），文中的介绍：怀德，怀氏英植物学者，1907年即来我国上海，1909—1919年旅行中国内地，1911年开始植物标本采集工作，1912—1914年在滇缅边境考察，第一次世界大战时回国，大战以后仍回缅甸，1921年至滇北考察，1924年西藏东南部考察，1926年及1928年两至野人山区考察，1929年由缅横贯中南半岛至越南河内，1931年至康南拉查伊洛瓦底江源地，1933年再至康南察隅区探查，对康藏滇边区地理贡献颇多。1921年怀氏在滇北丽江附近考察。

以上基本囊括了怀德在1933年之前的考察之旅。文中也提及了1933年随同怀德一道参与康南考察、主要承担测量工作的考尔贝克（Kaulback）。以及1921年同怀德一道取到大吉岭抵达江孜的古多伯爵。

徐尔灏对于怀德1921年、1926年、1928年和1933年的考察路线，进行了详细总结：“怀氏在滇缅康藏边区探查多次，对本区地理甚多独到见解。”但对怀德1935年、1937年在阿萨姆地区和我国西藏地区以及缅藏边区的考察，徐尔灏没有提及，估计当时搜集资料和信息沟通尚不容易。

徐尔灏还不辞辛苦，将若干次西人考察路线及测量区域汇总到一张总图，分别编号，汇成“青康藏新西人考察路线及测量区域图”，可谓功劳不小。即使在今天的信息化时代，做这样一件资料的归集和整理也不是十分容易的事情，由此可见徐尔灏先生年轻时期做事的毅力和智慧，至今值得后辈学习。

民国时期，金登-沃德还有译名叫“华特金”和“金德华”。

秦仁昌先生在“乔治·福莱斯（George Forrest）氏与云南西部植物之富源”一文中曾写道：英国军官金德华（Kingdon Ward）氏之于西北极边之植物（一九二四），……前后均有大量之搜集，今日欧美各国之博物馆及植物学研究机关，靡不收藏此辈在云南各地所采之植物标本，经各专家之研究，刊印专著或小志行世，故云南植物种类丰富情形之大白于世，不得不归功于此辈传教士、旅行家、植物学家及海关领馆之公务人员，数十年来，不辞辛苦，不避险阻，深入边陲荒徼，幽谷高山之科学精神，有以致之。

我国对金登-沃德的研究一直在延续。2022年，社会科学文献出版社出版的曹津永著《博物探险、环境与文化：金敦-沃德中国西南及毗邻地区的科学考察》，该书主要是对*The Land of Blue Poppy*的翻译、整理和分析，对民族学方面的描述有一些缺陷。而对该书整体翻译出版的是云南人民出版社2020年出版的《蓝花绿绒蒿的原乡——清末英国博物学家的滇西北及川康纪行》一书，翻译人员有何大勇、杨家康、宋诗伊、孙辛悦容。该翻译版本除地名研究工作不够，存在较多误译，个别文字描述也没有体现作者的原意，属于比较粗糙的译本。书中金登-沃德被译作“金敦·沃德”。

现代学者罗桂环（2005）的文章《近代西方

对中国生物的研究》中，将金登-沃德译为“瓦德”：1909—1956年，在我国西南高地、缅甸和印度的阿萨姆及喜马拉雅山区作了长达五十年地学和植物学考察和收集的瓦德，对该地区的植物分布及具体区域种类的多寡可谓见多识广。他一生写过不少关于我国西南地区植物学区系和植被方面的文章。

在范法迪著、袁剑译（2018）的《清代在华的英国博物学家：科学、帝国与文化遭遇》一书中将金登-沃德译作“华金栋”。

2018年，中国科学院东亚植物多样性与生物地理学重点实验室出版的“纪念昆明植物研究所建所80周年”纪念刊物《胜日寻芳——云南植物采集史拾零》一书中（孙航 等, 2018），收录了“金顿沃德 Frank Kingdon-Ward”，书中写道：金顿沃德是英国植物学家和探险家，1911年起在滇西北和四川等地收集各种耐寒的观赏植物。至1956年，他的足迹遍及我国的滇西、滇西北、川西、藏东及藏东南，以及附近邻国。其所采集的标本主要收藏于英国爱丁堡皇家植物园。

2023年，何毅译《植物猎人的世界收藏》一书中，专门有一章写“蓝罂粟——恐高怕冷的登山家与青藏高原的隐秘圣境”。里面讲述的就是弗兰克·金登-沃德的故事。

以上可见，金登-沃德过去的中文译名至少有瓦特、华特金、怀德、金德华、瓦德、华金栋、金敦沃德和金顿沃德等8种不同翻译。根据《外国人名翻译词典》，对Kingdon-Ward的翻译，为复姓“金登-沃德”。因此本文对Kingdon-Ward的翻译统一采用“金登-沃德”。

2023年12与月云南科技出版社出版的《缅甸北部兰科植物多样性与保护》（刘强 等, 2023）一书中列举了以金登-沃德命名的4种缅甸兰科植物，分别是*Calanthe wardii*、*Neottia wardii*、*Galearis wardii*和*Paphiopedilum wardii*。

出于对金登-沃德在滇藏交界地区的植物采集活动的纪念，2022年年末，云南藏学会、云南清华大学校友会和香格里拉高山植物园发起成立了“香格里拉植物史研究会”，发起和倡导对金登-沃德的植物采集和探险进行系统研究。该植物史研究会收集了金登-沃德的25本著作和部分期刊文章，对金登-沃德的生平，主要是在中国地区的活动进行研究总结。

金登-沃德去世后，国外有关机构对金登-沃德的研究也一直在延续。约翰·维特赫德（John Whitehead, 1990）编辑了一本金登-沃德文摘*Himalayan Enchantment*（《迷人的喜马拉雅》），较为系统地分析了金登-沃德14本游记类考察书籍的内容和金登-沃德的兴趣分类。出版于2003年的*In the Land of Blue Poppy*（《在蓝罂粟的大地》）则是一本关于金登-沃德原著的文摘，多了一个单词“in”，常被没有打开过这本书的读者误认为金登-沃德原著的再版。肯尼斯·考克斯（Kenneth Cox, 2001）又编辑再版了*Frank Kingdon Ward's Riddle of the Tsangpo Gorges*（《弗兰克·金登-沃德的雅鲁藏布大峡谷之谜》）一书，该书除了保留金登-沃德1926年出版的原著，增加了金登-沃德夫人让的序言，以及近年考克斯对该地区考察探险的近期照片，经过当年照片和近期照片的对比，可以发现这个地区的生态保护非常完好。1995年，大卫·布尔林森（David Burlinson）和肯尼斯·考克斯带领一支探险队重走了当年金登-沃德的路线，“雅鲁藏布大峡谷之谜”是当时探险队唯一的导游指南。

在2006年出版的*Last Seen in Lhasa*一书中，作者克莱尔·斯考比（Claire Scobie, 2006）讲述了她在伦敦同金登-沃德夫人见面的经历，金登-沃德夫人回忆起和金登-沃德在一起的那段时光：我和弗兰克在一起的十年是非常特别的十年，我感觉非常非常幸运。而金登-沃德夫人也提到金登-沃德晚年身体状况不佳，患有严重的高血压病。金登-沃德在去世时，住在伦敦的一个小旅馆里，他们甚至不曾拥有一栋房屋和花园。

出版于1983年，查尔斯·莱特（Charles Lyte）著的*The Plant Hunters*（《植物猎人》）一书将金登-沃德称为“最后的伟大的职业植物猎人”（The last of the great professional plant collectors）。

关于金登-沃德的传记，最有名的是查尔斯·莱特著的*Frank Kingdon-Ward, Biography*（《金登-沃德传》）。另外，在哈蒙德（C.V.

Hammond）的 *Pack Up Your Medicines*: 1937—1947（《收拾你的药物：1937—1947》）以及康斯坦丁（R. Constantine）的 *Manipur: Maid of the Mountains*（《曼尼普尔：大山的仆人》）中都提到过金登-沃德。

德国海德堡大学教授沃尔里希·斯维因福特（Ulreich Schweinfurth, 1925—2005）及其夫人海德伦（Heidrun）于1975年主编的《在喜马拉雅东部以及西藏东南河流大峡谷地区的探险——金登-沃德研究及其文献地图》（*Exploration in The Eastern Himalayas and the River Gorge Country of Southern Tibet*）是迄今为止笔者见过的收录整理金登-沃德资料名录最齐全的研究资料，涵盖了金登-沃德25本著作及近700份相关文献资料目录，以及沃尔里希整理的两份金登-沃德探险地图，所到之处都标注在大图上。东经89°～102°，北纬24°～32°这个巨大的区域，就是金登-沃德48年探险生涯的活动范围。

沃尔里希是海德堡大学南亚研究院的创始人，一生著作无数。

很遗憾沃尔里希和金登-沃德没有见过面。1958年，也就是金登-沃德去世的那一年年初，沃尔里希开始研究金登-沃德的足迹，他曾与金登-沃德通过书信联系。2月，金登-沃德在信中表示他将去德国拜访沃尔里希，可就在2个多月后的4月8日，一代探险家与世长辞。

沃尔里希从此致力于金登-沃德研究工作，他曾经不止一次拜访过金登-沃德夫人让·拉斯穆森。1972年，他与夫人海德伦相识并结婚，婚后二人共同研究并于1975年完成大作，他们研究整理的资料为后来继续研究金登-沃德提供了极大的帮助。

2005年4月8日，刚刚度过80岁生日2个月的沃尔里希告别了人间到另一个世界与金登-沃德相会，而他的忌日竟与金登-沃德是同月同日。

3 金登-沃德年历[2]

金登-沃德年历1885—1958

1885	1885年11月6日出生
1886	父亲成为印第安工程学院植物学教授，全家搬到因费尔德
1890	到法国上学
1893	在路上遇见维多利亚女王
1894	进入圣保罗学校预科

2 https://www.french4tots.co.uk/kingdon-ward/fkw-timeline.html.

（续）

1895	父亲成为剑桥大学植物学教授，认识好友肯尼斯·沃德
1896	进入圣保罗学校
1904	剑桥教会学院，学习植物学
1906	父亲去世，辍学
1907	旅行经新加坡后到上海一所公共学校任教
1909 1910	受贝德福德（Duke of Bedford）之邀参加美国动物考察团。发现新的老鼠物种，收集了一些草本植物。途中两天与大部队迷失而挨饿。受蜜蜂种子公司聘用
1911	出版《通往西藏之路》；第一次独立的植物探险之旅：云南探险。三天迷路忍饥挨饿。带回200种植物标本，其中22种为新发现。被选为皇家植物学会会员和林奈学会会员
1912	第一次返回英格兰，第一次演讲；到瑞士和意大利攀登阿尔卑斯山
1913	第三次到云南和西藏探险，因中国国内革命受阻，采集约200种植物回国。出版《蓝花绿绒蒿的大地》
1914	4月在缅甸探险，经历诸多困难：40英尺高大树倒塌砸在帐篷上，受轻伤；跌落悬崖，挂在树枝上；村庄被洪水冲走。一战开始6个星期后从英国军官那里得知开战消息，不顾高烧前行6个星期返回葡萄。12月加入驻印军为二级中士，进行探测工作，希望上前线与德军交战
1915	12月晋升中士，依然不能到前线
1916	晋升代理中尉，被派往美索不达米亚，被皇家地理学会授予“Cuthbert Peek”勋章
1918	晋升为中尉
1919	探险：北部缅甸
1920	第二次返回英格兰，参与一家园艺植物园合伙人
1921	探险：云南和西藏；出版《在遥远的缅甸》
1922	探险：云南和西藏；12月得知母亲于6月去世
1923	出版《神秘的滇藏河流》，4月23日与弗洛林达·诺曼·汤普森结婚，搬家到哈顿戈，出售亏损的园艺生意
1924 1925	出版《从中国到卡玛地龙》和《植物采集的浪漫》； 和古多伯爵在藏布地区探险，发现彩虹瀑布，带回包括75种杜鹃花等多种植物
1926	第一个女儿出生； 出版《雅鲁藏布大峡谷之谜》和《每个人都喜欢的杜鹃花》； 在缅甸和阿萨姆地区探险，发现茶玫瑰报春花
1927	在纽约拜访罗斯福兄弟
1928	第二个女儿玛莎出生； 和克拉特巴克一起在阿萨姆米什米地区探险
1929	探险：缅甸和法属印度
1930	探险：缅甸北部；出版《在世界边缘的植物采集》，获得皇家地理学会成就金奖
1931	出版《野外的植物采集》
1932	出版《东方的政治织布机》，获得皇家植物学会最高荣誉：植物学维多利亚勋章
1933	探险：阿萨姆邦和我国西藏；搬家到克里夫场；获得威斯特勋章
1934	出版《在西藏的植物采集》，获得马萨诸塞园艺学会白色纪念奖章
1935	在阿萨姆邦和我国西藏探险，出版《园艺的浪漫》
1936	受林奈学会邀请做“胡克演讲”：西藏地区植物和地理概述
1937	探险：缅甸北部和我国西藏，同年与弗洛林达离婚
1938	在阿萨姆邦和缅甸北部探险后返回英国

（续）

1939	到美国参观世界博览会，返回英国后投身战备工作
1940	战时办公室探测部，在苏格兰接受特殊训练
1941 1942	足迹到达非洲、中东、印度、新加坡和泰国；为战时办公室工作，计划如果日本入侵时的撤离线路；出版《在阿萨姆邦探险》
1943	在丛林中为阻止日本入侵设置障碍
1944	在孟买执行特殊任务。
1945	出版《现代探险》
1946	探险：阿萨姆邦、卡西亚山；出版《关于地球》
1948	探险：阿萨姆邦、曼尼普尔东部；出版《岩石园艺常识》
1949	探险：阿萨姆邦、米什米山。出版《缅甸的冰山》和《杜鹃花》
1950	在阿萨姆邦和我国西藏地区探险；出版《文明的脚步》
1952	出版《曼尼普尔的植物采集》。获得英皇为他的植物贡献表彰
1953	在缅甸北部探险
1954	出版《浆果宝藏》
1956	在缅甸中西部探险，出版《重返伊洛瓦底》
1958	病逝于4月8日，安葬在格兰特切斯特教会公墓
1960	《为植物而朝圣》出版

4 金登-沃德在中国的植物发现和采集名录

要想完全整理出金登-沃德的植物发现和他介绍到欧洲的全部植物，是非常困难的事情。比如杜鹃花就有上百种是因为他的探险而发现，许多类群的杜鹃至今仍然在植物园生长。在金登-沃德25本著作中，有2本是关于杜鹃花的专著，可见他对杜鹃花的热爱。一些因为金登-沃德引入的植物如绿绒蒿和百合至今仍是植物园的一类植物。

金登-沃德采集的标本在不同时期存放于不同的机构，比较分散。1909—1910年采集的标本保存在英国剑桥植物学校，1913—1922年的采集标本保存于爱丁堡皇家植物园，1924—1928年采集的标本保存在英国皇家植物园即邱园，1929年采集的标本保存于美国芝加哥自然历史博物馆，1930—1938年和1946—1957年的标本保存在英国自然历史博物馆，1938—1939年的标本保存于美国纽约植物园，而1956—1957年的部分植物标本还保存于瑞典的戈森伯格植物园。金登-沃德采集的标本数量巨大，纳入编号系统的就有23068，尚不包括第一次在中国西部的标本（参见*Pilgrimage for Plants*, P13-15, Biographical Introduction）

1929年1月，罗斯柴尔德曾将金登-沃德在阿萨姆地区采集的46种植物标本捐赠到美国的博物馆，至今在博物馆网站上陈列，其采集时间为1928年。

在1935年出版的*The Romance of Gardening*（《园艺浪漫》）一书第九章“国外的植物介绍”中，金登－沃德写道：来自中国的植物数量之多超过了世界上任何一个其他国家。究其原因，其一，中国人向来就是园艺爱好者；其二，中国是一个山地国家，其大部分国土都处在温带。在今日英国的园林中，看不到中国的植物是不可能的事情。

金登-沃德采集的植物名录（参见附录1、2）

从附录里面可以看出金登－沃德的命名习惯，多为采集地或朋友、亲人的名字，他自己名字命名的较少。

附录1中整理了金登－沃德描述的植物和原始文献；附录2中列出了历史上纪念金登－沃德的植物名录。从他描述的植物和纪念他而命名的植物数量，都是十分惊人的。

图7　阿墩子龙胆（*Gentiana atuntsiensis*）（方震东 摄）

图8　美丽绿绒蒿（*Meconopsis speciosa*）（方震东 摄）

5 与金登-沃德采集的植物有关的植物园

金登-沃德的植物采集和他的收藏被英国和世界各地的植物园收藏和保存着，下面是主要的植物园名录，伴随着这些植物的生长，金登-沃德的故事一直流传后世。一些植物园至今仍在纪念金登-沃德和这些植物园的深厚渊源，而人们也可以在这些植物园里发现金登-沃德当年采集的植物依然在茂盛地生长。

5.1 爱丁堡皇家植物园（Royal Botanic Gardens Edinburgh）

爱丁堡皇家植物园是世界著名的五大植物园之一，位于苏格兰，建于1670年，是除中国本土以外收集中国植物种类最多的植物园，金登-沃德功不可没。

金登-沃德与爱丁堡皇家植物园的渊源甚至比与邱园还要早，这需要感谢当年植物园的园长巴尔富先生，当金登-沃德最初开始独行侠一样的植物采集时，他的采集就送到了爱丁堡。后来，更大数量的草本植物标本被金登-沃德打包送到了爱丁堡皇家植物园。植物园中也收藏了大量与金登-沃德有关的文献，比如他和巴尔富先生之间的通信。在爱丁堡皇家植物园官方网站上，列出了植物园收藏的五箱与金登-沃德相关的档案，分别是收集植物的文档和清单、1911年关于中国（主要是西藏地区）的照片、1919—1925年间的通信和清单、1926—1930年的通信、1930—1956年的通信、清单和探险记录。

5.2 邱园（Royal Botanic Gardens KEW）和韦园（Wakehurst）

邱园即英国皇家植物园，始建于1759年。广义的皇家植物园包含邱园和1965年扩建的韦园。邱园和韦园都收藏了大量金登-沃德的植物采集。韦园中收集了大量喜马拉雅地区的植物和种子样本，发现者包括法莱、威尔逊、傅礼士、洛克、俞德浚和金登-沃德。韦园和邱园气候迥异，许多在邱园只能在温室培养的树木，到了韦园可以在室外自然生长。除了收藏大量金登-沃德发现的植物，邱园还收藏了金登-沃德与大他一岁的姐姐温妮弗雷德（Winifred）的通信，这些信件被金登-沃德后人捐献到了邱园，他们觉得这样做更加安全而且更有价值。

5.3 内斯植物园（Ness Botanic Gardens）

内斯植物园位于英格兰西北部的利物浦市郊，园内分布着各种美丽而富有特色的小园区。创立于1898年。

内斯植物园的金登-沃德收藏与他的第一个资助者巴莱有关，他的蜜蜂种子公司（Bees Seeds），收集了金登-沃德1911—1912和1913—1914年在中国西部云南地区采集的种子中的大多数，其数量仅次于傅礼士。内斯植物园则是在这些种子的基础上发展起来的。1948年巴莱去世后，他的女儿把植物园捐献给利物浦大学，由大学继续照管植物园至今。1992年更名为“利物浦大学环境与园艺研究院内斯植物园”。

5.4 罗瓦兰花园（Rowallane）

罗瓦兰花园位于爱尔兰贝尔法斯特附近，为爱尔兰十大植物园之一，创建于19世纪60年代，内有大量的杜鹃花物种。

罗瓦兰花园的金登-沃德植物收藏与他的第一任妻子弗洛林达有关。弗洛林达把金登-沃德介绍给莫来（Hugh Armytage Moore），从那时开始金登－沃德发现的植物开始来到美丽的罗瓦兰花园，至今是国家基金资产的一部分。

5.5 海登植物园（Highdown Gardens）

海登植物园位于英国南部沿海城市沃辛。

海登植物园由斯特恩（Sir Frederick Stern）创办，1968年由斯特恩家族捐赠给沃辛市议会，现在由沃辛市议会运营。这个植物园收藏了很多法莱和威尔逊采集的植物，金登－沃德的植物数量不多，但却是最有价值的一部分，比如在这里发芽生长的胭脂红樱花，在金登－沃德1960年出版的《为植物而朝圣》一书中曾重点讨论。不幸的是这棵高过40英尺的大树在1987年一场风暴中被摧毁。植物园网站显示，斯特恩收藏的大多数树木种子来自1914—1939年在中国喜马拉雅地区的采集。

5.6 斯图尔特山（Mount Stewart）

斯图尔特山位于北爱尔兰贝尔法斯特市附近，始建于18世纪，是一个英国著名庄园，曾当选世界十大园林之一。

金登－沃德的第一任夫人弗洛林达，以用她的名字命名的什交玫瑰（hybrid rose）而与贵族圈子交往甚笃，因此金登－沃德结识了纽敦纳兹的植物园主伦敦德里郡侯爵夫人（Lady Londonderry）。今天的斯图尔特山也是由国家信托基金会运营，这里收藏了很多金登－沃德的标本，如强壮杜鹃（*Rhododendron magnificum* Kingdon-Ward）213号。

除了以上英国和爱尔兰的植物园，资料显示远在澳大利亚和新西兰的植物园也和金登－沃德有渊源。

6 金登－沃德著作和部分文章

金登－沃德一生出版过25本书籍，其中14本为游记，另外11本为专著。他还在各种期刊和报章中发表过200多篇文章，可谓著作丰硕，为今天研究金登－沃德的生平和他在植物学、地理学、人类学方面的成果留下了丰富的材料。金登－沃德的书籍如今十分稀缺，旧书市场或一册难求，或价格高昂，很多书曾经多次再版。人们除了从他的书中了解植物学和地理学知识，还可以了解当年各个地区的人文和气候信息，现代西方探险家们甚至用他的书籍作为导游手册。

6.1 出版书籍

On the Road to Tibet（《通往西藏之路》），1910, Shanghai Mercury Ltd, Shanghai; Reprint 2006, Ulm/Donnau。生动地记述了作者聚焦在植物探险前，第一次参加探险队到达甘肃南部的经历。

Land of the Blue Poppy（《蓝花绿绒蒿的大地》），1913年第一版，Cambridge University Press; 1973年再版，Cambridge University Press。记录了作者1911年在中国西部及西藏东南的探险经历。

In Farthest Burma（《在遥远的缅甸》），1921, Seely Service and Co., London。记录了作者于1914年的植物采集探险，始于密支那，沿恩梅开江到片马。

Mystery River of Tibet（《神秘的滇藏河流》），1923, Seely Service and Co., London。记录作者1913/1914年的探险活动，自密支那起，经过克钦大山（丽江、大理等），到达金沙江地区，穿过中

图9　金登-沃德出版的部分书籍（A：书架；B：绿绒蒿的原乡；C：藏布峡谷；D：缅甸的冰山；E：神秘的滇藏河流；F：为植物朝圣；G：浆果宝藏；H：重返伊洛瓦底；I：岩石花园；J：阿萨姆探险；K：曼尼普尔探险；L：现代探险）（作者 提供）

甸高原，到达阿墩子。

From China to Khamti Long（《从中国到卡玛地龙》），1924, Edward Arnold and Co., London。作者1921、1922—1923年的探险活动，从腊戍到顺宁、大理、永宁、木里、丽江、阿墩子等地的经历。

The Romance of Plant Hunting（《植物采集的浪漫》），1924, Edward Arnold and Co., London。Reprint 1933, Edward Arnold and Co., London。记录1921—1922年间在野外植物采集经历。

Riddle of the Tsangpo Gorge（《雅鲁藏布大峡谷之谜》），1926, Edward Arnold and Co., London。Updated and re-issued 1999, Antique Collectors' Club Ltd; Revised edition 2008, Antique Collectors' Club Ltd, Woodbridge。记录1924—1925年在西藏的植物探险经历。

Rhododendrons for Everyone（《每个人都喜欢的杜鹃花》），1926, Edward Arnold and Co., London。关于杜鹃花的第一本专著，主要介绍野外的杜鹃花。

Plant Hunting on the Edge of the World（《在世界边缘的植物采集》），1930, Victor Gollancz, London。Reprint 1974, Minerva Press; Reprint 1983, Cadogan Books, London。该书记录两段探险经历，1926年和1927/1928年，聚焦在印度东北部地区。

Plant Hunting in the Wilds（《野外的植物采集》），1931, Figurehead, London。内容较为分散，包括1924年在藏布峡谷探险、1928年在洛西堤和德里山谷探险和1928—1929年在老挝琅勃拉邦地区旅游探险经历。

The Loom of the East（《东方的政治织布机》）[3]，1932, Martin Hopkinson Ltd, London。非植物介绍类书籍，而是关于亚洲战后政治体系的政论分析。

A Plant Hunter in Tibet（《在西藏的植物采集》），1934, Jonathan Cape, London. Reprint White Orchid, 2006; Reprint Routledge, 2006。记录1933年在印度、我国西藏探险的经历。

The Romance of Gardening（《园艺的浪漫》），1935, Jonathan Cape。作者关于园艺的论述，里面有关于"高山植物生长的要素分析"。

Plant Hunter's Paradise（《植物猎人的天堂》），1937, Jonathan Cape, London。记录1930—1931年在缅甸北部探险的经历。序言致敬他的好友隋丹卡廷。

Assam Adventure（《阿萨姆历险记》），1941, Jonathan Cape, London。内容涉及1935年和1938年在印度、我国西藏的探险经历。

Modern Exploration（《现代探险》），1945, Jonathan Cape, London; 2nd Edition 1946, Jonathan Cape, London。关于野外植物采集经历的介绍。

About the Earth（《关于地球》），1946, Jonathan Cape, London。非植物介绍，而是关于地球知识的科普书籍。

Commonsense Rock Gardening（《岩石园艺常识》），1948, Jonathan Cape, London。关于在英国的岩石园艺的经验介绍。

Burma's Icy Mountain（《缅甸的冰山》），1949, Jonathan Cape, London。关于1937年和1938/1939年在缅甸北部的探险经历。

Rhododendrons（《杜鹃花》），1949, Latimer House, London。作者关于杜鹃花的第二本专著，并非第一本杜鹃花专著的修订本，而是另起炉灶，用另外的线索书写的。这本书更多介绍了杜鹃花栽种的经验。书中提到胡先骕和俞德浚。

Footsteps in Civilisations（《文明的脚步》），1950, Jonathan Cape, London。非植物介绍的书籍，关于人类社会文明进程的社科书籍。

Plant Hunting in Manipur（《曼尼普尔的植物采集》），1952, Jonathan Cape, London。记录了在曼尼普尔9个月的植物探险经历。

Berried Treasure（《浆果宝藏》），1954, Ward Lock and Co. Ltd. London and Melbourne。关于浆果类植物的介绍。

Return to Irrawaddy（《重返伊洛瓦底》），1956, Andrew Melrose, London。记录1953年在缅甸北部的植物探险经历。

Pilgrimage for Plants（《为植物而朝圣》），1960, Gorge C. Harrap and Co. Ltd., London。金登－沃德的植物探险生涯回顾，生前已完成序言，他去世第二年出版，里面几乎列举了他所有的探险经历，冥冥之中如有天意。

6.2 英国皇家地理杂志部分与中国有关的文献

1916, Glacial Phenomenon on the Yunnan-Tibet Frontier（滇藏边界的冰川现象）*Geogr. J. (Longdon)*, 48:55-68.

1920, The Valleys of Kham（康地的山谷）*Geogr. J. (London)*, 56:288-299.

1922, Through West Yunnan（穿越西部云南）*Geogr. J. (London)*, 58:195-205.

1923, From Yangtze to Irrawaddy（从扬子江到伊洛瓦底江）*Geogr. J. (London)*, 60:6-20.

1924, The Snow Mountain of Yunnan（云南的雪山）*Geogr. J. (London)*, 64:222-231.

1926, Explorations in South-Eastern Tibet（在西藏东南的探险）*Geogr. J. (London)*, 67:97-123.

1932, Botanical Explorations on the Burma-Tibet Frontier（在缅藏边界的植物探险）*Geogr. J. (London)*, 80:465-483.

1934, The Himalaya East of Tsangpo（藏布东部

3 中文常译作《隐现的东方》；经过读者在中国人民大学图书馆原书考证，书名的中文译名改为《东方政治的织布机》。

的喜马拉雅山）*Geogr. J. (London)*, 84:369-397.

1939, The Irrawaddy Plateau（伊洛瓦底高原）*Geogr. J. (London)*, 94:293-308.

1940, Botanical and Geographical Exploration in the Assam Himalaya（阿萨姆和喜马拉雅地区的地理和植物探险）*Geogr. J. (London)*, 96:1-13.

7 金登-沃德历次与中国相关的考察路线

图10　旅途中的金登-沃德（来自 *My Hill so Strong*）

时间	路线
1909.10—1910.9	在武汉乘船（1909.10.5）—老河口（10.28）—陕西华阴庙（12.7）—华山—临潼（12.12）—汉中府（12.22）—甘肃马武（1910.2.28）—明州（3.17）—卓尼—道州—卓尼—明州（4.21）—成都（5.12）—青川—中坝—成都（5.22）—雅州—峨眉山—荥经县—成都（7.22）—打箭炉—峨眉山—嘉定（8.28）—泸州（8.30）—重庆—离开重庆往宜昌（9.3）—三峡（9.8）—九江—芜湖—安庆—上海（9.13）采集植物编入1913年《植物月刊》（*Journal of Botany*, Vol51, pp.129-131, 1913），文章*Plants from Western China*，作者阿达姆森（R.S.Adamsom）
1911.3—1911.12	在上海乘“德里号”轮船（1911.1.31），途经中国东南海域，在马来西亚槟榔屿换乘另一艘船至缅甸仰光。仰光以后的路线：缅甸八莫—中缅边境（3.1）—云南旧城（干崖）（3.2）—腾越（今腾冲）（3.5）—蒲缥—漾濞—大理（3.31）—剑川（4.10）—金沙江段—维西，犁地坪—小维西（4.22）—康普（4.24）—澜沧江河谷—茨姑，茨中—阿墩子—茨姑（6.20）—多克拉山—阿墩子（6.27）—四川巴塘—西藏江卡（芒康）—澜沧江河谷—阿墩子（8.19）—奔子栏（9.20）—阿墩子—润子拉（10.19）—阿墩子（10.26）—卓拉—茨姑（11.10）—小维西—维西—喇鸡鸣—营盘—怒江河谷—灰坡—腾越（12.14）；12月29日乘卡车到缅甸，1912年1月12日到达仰光，1月25日在仰光乘船返回英国。采集植物编号1-200
1913.4—1914.3	1913年2月离开英国赴缅甸，在缅甸后的行进路线：缅甸密支那—甘拜地山口（4.9）—中国云南—大河（槟榔江）—古勇隘（4.9）—腾越（4.10）—大理（4.27）—剑川—丽江（4.28）—甘海子（5.16）—过江（5.18）—中甸（5.23）—白马雪山（6.2）—阿墩子（6.3）—澜沧江索桥（位于德钦）（6.13）—飞来寺（6.13）—阿墩子（6.18）—多克拉山—阿墩子（7.7）—卡瓦格博山（10.6）—多克拉山（10.19）—阿墩子（10.23）—西藏亚龙村（11.3）—碧土寺（11.4）—卡布（11.6）—沙埂村（11.25）—怒江峡谷—云南木当（12.20）—西藏察瓦龙—碧土（1914.1.23）—四川亚龙（1.24）—泸定桥（1.28）—云南中甸—丽江（2.18）—大理（2.23）—漾濞（2.25）—腾越（3.10）；1914年3月12日，从藤越离开中国，赴缅甸密支那。采集植物编号260-793
1921	云南，四川探险。大理—丽江—永宁—木里—四川—腾冲—八莫。采集植物编号3776-5005
1922.3—1922.10	1922年2月26日，从缅甸八莫出发前往中国，之后的路线：腾越（3.5）—永昌—澜沧江峡谷—大理下关（3.21）—鹤庆—丽江（3.31）—永宁（4.18）—狮子山（4.24）—木里（5.15）—永宁—丽江—茨中村（7.29）—东竹林（8.5）—白马雪山—阿墩子（8.19）—西藏盐井（8.29）—拉贡（9.6）—碧土（9.7）—卡拉山（9.12）—盐井（9.15）—阿墩子（9.30）—茨姑（10.8）—四川巴塘—云南丙中洛；然后向西于10月下旬翻越雪山，经独龙江峡谷返回缅甸。采集植物编号5384-5602
1930.11—1931.9	1930年11月中旬，乘船从孟加拉湾抵缅甸仰光，继而于11月19日从仰光出发，经曼德勒，至密支那；此后一路向北，沿着阿东谷，于1931年8月14日抵近西藏察隅县边境的南泥山口，后下山折回缅甸陇萨，驻留一段时间后进入中国西藏境内，进而推进至察隅县吉台村，再到达察隅县日东村附近一个山口。同年9月20日下午，从吉台村折返，9月29日到达南泥山口；次年1月1日至缅甸密支那。采集植物编号9001-10239
1933.4—1933.12	1933年2月底，抵印度加尔各答，后至萨地亚，沿洛希特河（察隅河）河谷而上，3月29日通过察隅河上的索桥至察隅雪山脚下，4月1日至中国西藏下察隅镇的边境村庄日玛，之后的路线为：西藏吉旺（4.22）—索勒（5.2）—日玛—荣玉（位于上察隅）—莫敦—阿达—阿达康拉山（6.9）—楚东—阿达康拉山（7.15）—雅则—苏顿寺—仲沙（7.30）—扎西则—瓦达（8.4）—渣村—热卡—苏顿寺—桑昂宗—拉古—苏顿寺（9.20）—拉古—楚东—阿达—莫敦—布宗（位于上察隅）（10.30）—察隅河（11.10）—荣玉—得日山（12.2）；然后翻过该山口，回到印度。采集植物编号10300-11078
1950.3—1950.9	1950年1月23日，乘卡车从印度托克莱出发，经萨地亚，2月2日至德宁，继而沿洛希特河谷向北行进，3月4日抵达中国西藏边境；3月18日，至西藏下察隅的日玛；4月12日，至下察隅的迪曲河谷；8月初，折返日玛；9月11日，抵达下察隅的瓦弄，然后向南返回印度。采集植物编号19205-20300

8 金登-沃德的"朋友圈"

在金登-沃德漫长的职业生涯中，他与当时的植物界、地理界的专家和探险家们交集甚多。他的引路人棉花商人——巴莱，早前曾经也是植物猎人傅礼士的雇主。

金登-沃德同时代的植物探险家有傅礼士、洛克、威尔逊等，在其他探险家的著作中，常常可以看到金登-沃德的身影。和金登-沃德一起于1937年进行植物探险的罗纳尔德·考尔贝克（Ronald Kaulback）出版于1937年的*Tibetan Trek*（《西藏的旅行》）从另一个侧面反映了金登-沃德的探险生涯，这本书由金登-沃德作序。罗纳尔德·考尔贝克在1932年报名参加金登-沃德的植物考察队，在众多应聘者中脱颖而出，获得和金登-沃德同行的机会。他在书中写道：这完全是一次金登-沃德策划的探险活动，主要目的是收集花卉和植物用于英国的园林栽培。他是世界上关于喜马拉雅地区花卉植物的最伟大的专家之一，特别是在有800多个不同类群的杜鹃花方面。考尔贝克的女儿和女婿后来和金登-沃德的大女儿佩莱昂妮·多莉成了朋友并保持密切联系。

1952年，金登-沃德夫人让出版了一本*My Hill so Strong*（《我背后的山丘如此强大》），也是反映与金登-沃德一起的探险生活。在隋丹·卡廷（Suydam Cutting）的《火牛年及其他年》和罗斯福兄弟Theodore Roosevelt/ Kermit Roosevelt的《跟踪大熊猫》里面，也提到了金登-沃德和罗斯福兄弟。萨顿（Stephanne Sutton）的《洛克传》里面，更是多次提及金登-沃德。

对金登-沃德影响较大的西方人探险家中，戴维斯上校是比较重要的人物之一，金登-沃德采用的中国地图和地名，很多都借助戴维斯的著作为参考。除了戴维斯，巴克特对金登-沃德的影响也比较大。另外，还有早期在西藏探险的荣赫鹏（Francis Younghusband, 1863—1942），他的经历对金登-沃德的西藏地区探险起到帮助，在1934年一次英国皇家地理学会的演讲会上，金登-沃德和荣赫鹏碰过面。

隋丹·卡廷也是金登-沃德的好友，金登-沃德的一本书*Plant Hunter's Paradise*的扉页上就写着：致隋丹·卡廷，金登-沃德在书中提及，他曾经到美国隋丹·卡廷的住所居住过一段时间，足见两人友情深厚。这本书有一个乌龙，就是把隋丹·卡廷（Suydam Cutting）的名字两次写成了SNYDAM CUTTING，出现这个失误的唯一可能，就是金登-沃德太过忙碌，根本无暇校对书稿。

史密斯于1909年、古多伯爵于1921年、克兰布鲁克（Lord Cranbrook）于1930—1931年和考尔贝克于1933年分别和金登-沃德在不同时期作为探险同伴进行植物探险。

古多伯爵曾于1921年同金登-沃德一起到达雅鲁藏布大峡谷地区，并写下*The People of South-east Tibet*（《西藏西南地区的人们》）一文。

弗雷德里克·贝利，比金登-沃德更早到达雅鲁藏布大峡谷地区的英国人，他对金登-沃德的探险线路产生了重要影响。一次探险途中，金登-沃德与贝利曾擦肩而过，两人前后相隔48小时。1924年3月，他们在斯科姆的冈多克终于会面了。在英国皇家地理学会的聚会上，金登-沃德与贝利也有过相聚。在地理学会的聚会上，金登-沃德还有过和格里高利（John Walter Gregory, 1864—1932）和戴维斯相聚的经历。在金登-沃德探险生涯的间隙，他积极地参与各种学会交流活动，并和朋友们分享他的收获。

巴莱，曾经是傅礼士的雇主之一，因为他的慧眼识金，促使金登-沃德走上了植物猎人之路。

欧安·考克斯（Euan Cox, 1893—1977），*Plant Hunting in China*（《中国的植物采猎》）一书的作者，曾经写道：像金登-沃德自己描写的那样，采集植物种子和标本是他的专业。但他真正的爱好是在探险，在这方面他远远超越了植物采集。他曾告诉我，他更为自豪的是他获得的皇家地理学会金牌和苏格兰皇家地理学会的“活石”奖牌，他对这两块奖牌远比三块植物学金牌要看重。

70多年后，欧安·考克斯的孙子肯尼斯·考克斯重走了当年金登-沃德之路。

在金登-沃德书中提及的朋友中，还有英国领事罗斯等官员。

金登-沃德2次到访木里，和当时的木里王也成了好朋友，他还治愈了身患重病的木里王。

1936年4月20日，金登-沃德受邀在英国皇家地理学会晚会上做“关于西藏的植物和地理探险”报告。演讲后，英国皇家植物学会主席阿贝康威（Lord Aberconway）先生致辞，他说：我不是皇家地理学会会员，我来参加这次会议唯一的资格，就是因为我是金登-沃德和他的所有杰出成就的崇拜者。他收集这些植物种子往往都是在极端恶劣的气候条件下，下雨一天接着一天，住在四处漏雨的棚子里。我们都要感谢金登-沃德为收集和引入这些植物所做的巨大贡献。

另一位金登-沃德的朋友，自然历史博物馆的植物专家拉姆斯波多姆（J. Ramsbottom）先生说：这个国家的植物学研究因为金登-沃德不断探险带回的植物种子而受益匪浅。他带回的那些干燥的植物标本，和他拍摄的那些照片一样美丽，我很惊奇在那样艰难的条件下他是如何做到的。4月23日，金登-沃德将受伦敦林奈学会的邀请作五年一度的“胡克演讲”。

可见，金登-沃德喜欢交友，朋友遍及所到之地，在金登-沃德的著作和他的朋友们的文章里，我们可以窥见他们的友谊之深厚。从亲人、朋友们的文章里，我们更可以感受到一个更加丰满和完整的金登-沃德形象，周密的计划、超人的智慧、坚强的意志和十分的勇气也许是他总能化险为夷的原因。

金登-沃德的书籍中也曾提及与他同时代的中国植物学家。在*Rhododendrons*（《杜鹃花》）一书中，金登-沃德提及胡先骕和俞德浚的胡俞联盟，称他们为中国植物学发展做了大量工作。可见金登-沃德在中国从事植物探险的同时，也十分关注中国的植物学家。

9 对金登-沃德的评价

对金登-沃德的评价，最权威的莫过于金登-沃德夫人于2008年关于金登-沃德的《雅鲁藏布大峡谷之谜》一书的序言，作为这个世界上最了解金登-沃德的人，她在40年后依然在为金登-沃德的早逝而惋惜悲痛，她的文字数度让我落泪，她所描述的金登-沃德正是我们从每一本书里、每一篇文章里读到的金登-沃德。这篇前言，超越了过去让出版的《我背后的山丘如此强大》（*My Hill so Strong*），只有像金登-沃德这样的山丘，才足以让金登-沃德夫人多年以后依然如此自豪。

永远的金登-沃德（本文作者翻译）

金登-沃德夫人让·金登-沃德在《雅鲁藏布大峡谷之谜》（*Riddle of the Tsangpo Gorges*）的再版前言（Forward to the New Edition）

我的夫君金登-沃德去世于四十多年以前，现今在世的人认识他的已经不多了，是该写一写他是个什么样的人的时候了。

他的父亲是一位真菌植物学家，经常被一些年轻的科学家们围绕着问这问那。而弗兰克在少年和青年时期，就和这些青年科学家们熟识，听了很多他们去那些远离剑桥和恩格尔菲尔德格林的探险故事，这些故事点燃了弗兰克去远方的欲望。后来他果然去了，比如马来西亚热带雨林，虽然只是很短的时间——1909年去中国上海途中（他是获得了一个上海公立学校的校长职位）。他的校长职位没有担任多久，他就作为一名植物学家加入了一个美国的动物考察团。

从此他的探险生涯持续了45年，当然有一些年份是空缺的，因为他需要在英国整理他的植物采集，也需要书写他的游记。但每次修正后他总是重新上路。弗兰克有非凡的记忆力，很强的野外学习能力，而且每一次秋天的收获他都会带回数百上千种的园林植物种子。这些美丽的植物如杜鹃花，他认为它们可以在大不列颠茁壮成长，当然，也不是那么简单，像我住处的那些白垩质高地就不行，而在苏格兰、爱尔兰、威尔士、湖区、康沃尔郡的部分地区以及其他一些可选择区域的酸性土壤环境就很适合。

有一种非常好看的黄色杜鹃花就是以他的名字*Rhododendron warddi*来命名的。这种杜鹃，是他1911年在阿墩子（德钦附近）发现的，这里是中国的藏区。这种杜鹃至今仍然是园艺师们每年在伦敦的文森特广场的杜鹃花展喜欢的类群。

另一种弗兰克的发现，我要推荐他在北缅三角洲发现的一种寄生百合*Lilium arboricola*，通常，这种寄生百合只能附着生长在森林里的高大树木上。那是一种“头巾百合”或轮叶百合，浅绿色花瓣衬托出砖红色的花蕊，而且还有一种肉豆蔻的奇香。可惜，它在英国只开过一次花，在利物浦的植物园，现在已经几乎绝种了。弗兰克绝对拥有一双发现百合的慧眼。*L. warddi*，另一种头巾百合，也是用他的名字命名的。这些发现在他的这本著作（*Riddle of The Tsangpo Gorges*，译者注）中已经有了记载。在1946年，他还发现了美丽的吊钟曼尼普尔百合（*L. mackliniae*）。

我们探索和发现植物的方式已经大为改变，那时被我们称作“芭莎”（Basha，音译）的竹棚和帐篷就是非常奢侈的住处了。空间不大，仅容得下两张行军床，两边的墙上凹进去，储藏盒子就是我们的桌子——通常就一张桌子——无法容得下更多。

每天固定的日程开始于一杯茶和早餐，然后是制作植物标本，把那些潮湿的纸张拿到厨房的炉火上的竹架上烤干。在雨天，通常一天内要把标本翻两次，意味着大量的乏味的手工劳动工作。这些工作由两个仆人完成，而当我们在移动行进中的时候，这些工作是由背夫们来完成，他们和这些标本都被潮湿的木头的烟火熏得够呛。

而弗兰克大部分时间都在做植物采集的笔记，用他那精致的四十五年都几乎没有变化的书法。我却喜欢去压制植物标本，有人可能说那就是我的“家务活”。这种冗长的“家务活”却是我一直快乐的源泉而且从未厌倦。做完标本的工作，我们再出去采集植物，一般来说我们在驻扎的营地，或者一天内从甲地到乙地的转换，移动的速度非常慢，如果你的速度超过2～2.5英里/小时，你很难仔细观察到你周边环境。弗兰克对周边的观察是几乎一丝不苟的仔细，他会记下并记录每天这些植物的状态，通常他还会详细记录每天和当地人交往以及这些部落的风俗和地理的特征等。

弗兰克非常吃苦耐劳。在他早期的探险生涯中，他几乎不在乎吃什么或什么时候吃。他对自己的健康也很少关心。当我要求在药物箱中大量增加药物时，他说他只需要一些奎宁、碘酒、酒精和止血的药。我想在他最初的一次两次的探险中他的身体一定受到过严重的损害。

他有非常强的快速掌握实用语言的潜能，并能用当地语言和马夫们、店主们沟通谈判。一些藏族人喜欢和我们在一起，甚至唐库尔纳嘎的厨师也愿意长期跟随我们。

他是一个非常好交际的人，但他最快乐的时候依然是在野外采集植物。他获得的植物采集的收获如此之多——当然是在野外——我不记得他错过了欧洲的任何一个地区（对我来说，缺乏音乐的生活将是非常贫乏的）。我们一起获得的最多的快乐发生在我的第一次也是弗兰克的第十七次探险。1948年6月5日，在印度东北部的阿萨姆地区（ASSAM）的索依卡松山（音译，MOUNT Sirhoi Kashong）我们步行25英里去看一种特别的百合花，我们被山坡上盛开的成千上万的粉红色百合花*Lilium mackliniae*所震撼。在一种迷幻狂喜的状态中我们奔跑到那个神奇的山顶上，那里又为我们呈现了另外一种美妙的景致，繁花在黑色岩石的衬托下更加美丽，我们发现了一种稀有的浅紫色的报春花*Primula sherriffiae*，之前仅仅由乔治·谢里夫（George）和贝提·谢里夫（Betty Sherriff）在不丹发现过。在沉静了几个月后这次意外的发现如此让人欣喜。我们几乎激动得说不出话来，确实是，经历了几个月的雨季后，这种销魂的时刻很长时间都让我们难忘。

弗兰克最让我吃惊的一件事，是他对专业的执着，这种几乎长达半个世纪的执着。曾经有两次他是可以停歇下来从事常规的植物研究的——一次是在不太成功的探险之后，另一次是在1924年西藏东南部雅鲁藏布大峡谷成功的探险之后。两次机会的薪水都十分可观，但他都拒绝了。我猜想其中原因之一是他担心办公室的工作很难让他找回从恐惧的磨难中恢复的快乐，那些一个便士十株的最好的杜鹃、报春花和绿绒蒿生长的地方，对弗兰克来说却像一场噩梦：我曾经看见他从2 000英尺的没有路的地方脸色惨白地走出来，下到河边，他什么话也不说，我感到惊奇的是（至今仍然是）他已经习惯了在更高的亚洲山地进行植物采集，这其实是他必须持续的一种高度的持续的勇气。

他或许最适合工作到死——事实上他就是——没有人会想到那么早，事实上他在七十二岁就在伦敦去世了。在那个时间我们正在充满热情地筹划下一次山地植物探险，在那个现在被人们称作越南的地方。

弗兰克所做的无数的植物介绍，至今仍然会带给数百万计的植物爱好者们无以言表的快乐，他的文字，至今仍然在园艺学和植物学的书籍刊物中流传，弗兰克和他用生命书写的著作将会永远流传！

图11　金登-沃德和夫人让（来自*My Hill so Strong*）

参考文献[4]

安布拉·爱德华兹, 2023. 植物猎人的世界收藏[M]. 何毅, 译. 北京: 中信出版集团.

曹津永, 2021. 博物探险、环境与文化: 金敦·沃德中国西南及毗邻地区的科学考察[M]. 北京: 社会科学文献出版社.

范法迪, 2018. 清代在华的英国博物学家: 科学、帝国与文化遭遇[M]. 袁剑译. 北京: 中国人民大学出版社.

何大勇, 杨家康, 宋诗伊, 等, 2020. 蓝花绿绒蒿的原乡[M]. 昆明: 云南人民出版社.

李金希, 尤永弘, 2002. 神秘的滇藏河流[M]. 成都: 四川民族出版社.

刘强, 高杰, 谭运洪, 等, 2023. 缅甸北部兰科植物多样性与保护[M]. 昆明: 云南科技出版社.

罗桂环, 2005. 近代西方识华生物史[M]. 济南: 山东教育出版社.

秦仁昌, 1939. 乔治·福莱斯（George Forrest）氏与云南西部植物之富源[J]. 西南边疆 (9): 1-24.

孙航, 等, 2018. 胜日寻芳——云南植物采集史拾零[M]. 昆明: 云南科技出版社.

瓦特, 1933. 西康之神秘水道记[M]. 杨庆鹏, 译. 南京: 蒙藏委员会印行.

4 金登-沃德自己的著作和出版物未详细列在这里，详细参考文中有关部分。

徐尔灏, 1945. 青康藏新西人考察史略[J]. 国立中央大学理科研究所地理学部, 丛刊第八号.

CHRISTOPHER T, 2003. In the land of the blue poppies[M]. London: Modern Library Gardening.

CONSTANTINE R, 1981. Manipur: Maid of the mountains [M]. London: Lancers.

COX E H M, 1945. Plant hunting in China[M]. London: Collins.

COX K, 2001. Frank Kingdon-Ward's riddle of the Tsangpo Gorges[M]. London: Antique Collectors' Club.

CUTTING S, 1940. Fire OX year and others[M]. New York: Charles Scribener's Sons.

DAVIES H R, 1909. Yun-nan: The link between India and the Yangtze [M]. Cambridge: The University Press.

HAMMOND C V, 1998. Pack up your medicines[M]. New York: Purnvic Books.

HEPPER F, 1982. Kew gradens for science & pleasure [M]. Maryland: Publishers, Inc Owings Mills.

KAULBACK R, 1934. Tibetan trek[M]. London: Hodder & Stoughton St. Paul's House.

KEAY J, 2023. Himalaya exploring the roof of the world [M]. London: Bloomsbury Publishing.

KINGDON-WARD J, 1952. My hill so strong[M]. London: Jonathan Cape, Thirty Bedfrod Square.

LYTE C, 1983. The plant hunters[M]. London: Orbis Publishing.

ROOSEVEIT T K, 1929. Trailing the giant panda[M]. New York: Charles Scribner's Sons.

SCHWEINFURTH U, 1975. Exploration in the Eastern Himalayas and the River Gorge Country of Southern Tibet[M]. Geoecological Research, Vol. 3.

SCOBIE C, 2006. Last seen in Lhasa[M]. Sydney: RIDER.

STUART D, 2002. The plants that shaped our gardens[M]. London: Frances Lincoln Ltd.

SUTTON S, 1974. In China's border provinces: The turbulent creer of Joseph Rock, Botanist-explorer[M]. New York: Hastings House. Publishers.

WHITEHEAD J, 1990. Himalayan enchantment[M]. London: Seridia Publications.

致谢

感谢马金双博士的邀请和撰写本文过程中提供的大量帮助，让我能和大家一起分享关于金登-沃德的传奇生涯。

作者简介

黄伟（男，四川泸州人，1969年生），1986—1991年于清华大学土木工程系学习；1991年于四川华西集团工作，2016年来到云南工作，从事工程建设领域和乡村振兴领域工作。对云南早期的植物猎人傅礼士、洛克、金登-沃德等产生了浓厚的兴趣，加入了香格里拉植物史研究会，和会员们一道通过各种渠道收集了大量金登-沃德著作和中外学者研究金登-沃德的著作和文献，通过整理和研究，让读者更好地认识和了解金登-沃德和他的植物发现。

附录1　金登-沃德描述的植物

Begonia hymenophylloides Kingdon-Ward, Gard. Chron. ser. 3, 104: 474 (1939).

Begonia hymenophylloides Kingdon-Ward ex L.B.Sm. & Wassh., Phytologia 54(7): 467 (1984).

Cypripedium vernayi Kingdon-Ward, Gard. Chron. ser. 3, 104: 458 (1938).

Daphmanthus Kingdon-Ward, Gard. Chron. ser. 3, 94: 417, in obs., sine descr. techn. (1933).

Gentiana lhaguensis Kingdon-Ward, Gard. Chron. ser. 3, 95: 263 (1934).

Gentiana wardii C.Marquand ex Kingdon-Ward, Gard. Chron. ser. 3, 95: 264 (1934).

Ilex nothofagifolia Kingdon-Ward, Pl. Hunting 223 (1930).

Ilex nothofagifolia Kingdon-Ward, Gard. Chron. ser. 3, 81: 195 (194-195) (1927), nom. inval.

Lilium assamicum Kingdon-Ward, Gard. Chron. ser. 3, 104: 422, in obs., anglice. (1938).

Meconopsis baileyi Prain & Kingdon-Ward, Ann. Bot. (Oxford) 1926, xl. 541, descr. emend.

Meconopsis brevistyla Kingdon-Ward, Ann. Bot. (Oxford) 1926, xl. 543, 544.

Meconopsis calciphila Kingdon-Ward, Gard. Chron. ser. 3, 82: 506, in obs (1927).

Meconopsis cawdoriana Kingdon-Ward, Gard. Chron. ser. 3, 79: 308 (1926).

Meconopsis florindae Kingdon-Ward, Gard. Chron. ser. 3, 79: 232 (1926).

Meconopsis horridula Kingdon-Ward, Field Notes Pl. Shrubs & Trees 1924-25 34 [1925].

Meconopsis impedita var. rubra Kingdon-Ward, Gard. Chron. ser. 3, 82: 151 (1927).

Meconopsis prainiana Kingdon-Ward, Gard. Chron. ser. 3, 79: 308 (1926).

Meconopsis rubra Kingdon-Ward, Gard. Chron. ser. 3, 82: 506, in obs.; 857 (1927).

Meconopsis violacea Kingdon-Ward, Garden (London, 1871-1927) 91: 450 (1927).

Polygonum kermesinum Kingdon-Ward, Trans. & Proc. Bot. Soc. Edinburgh 27: 26 (1916).

Primula agleniana var. thearosa Kingdon-Ward, Ann. Bot. (Oxford) 44(1): 122 (1930).

Primula albiflos Kingdon-Ward, Trans. & Proc. Bot. Soc. Edinburgh 27: 12, nomen. (1916).

Primula annulata Balf.f. & Kingdon-Ward, Notes Roy. Bot. Gard. Edinburgh 9: 6 (1915).

Primula baileyana Kingdon-Ward, Notes Roy. Bot. Gard. Edinburgh 15: 82 (1926).

Primula barnardoana W.W.Sm. & Kingdon-Ward, Notes Roy. Bot. Gard. Edinburgh 19: 167 (1936).

Primula burmanica Balf.f. & Kingdon-Ward, Notes Roy. Bot. Gard. Edinburgh 13: 5 (1920).

Primula cawdoriana Kingdon-Ward, Notes Roy. Bot. Gard. Edinburgh 15: 87 (1926).

Primula chrysochlora Balf.f. & Kingdon-Ward, Notes Roy. Bot. Gard. Edinburgh 9: 155 (1916).

Primula chungensis Balf.f. & Kingdon-Ward, Notes Roy. Bot. Gard. Edinburgh 13: 7 (1920).

Primula clutterbuckii Kingdon-Ward, Ann. Bot. (Oxford) 1930, xliv. 122, 125.

Primula coryphaea Balf.f. & Kingdon-Ward, Notes Roy. Bot. Gard. Edinburgh 9: 15 (1915).

Primula deleiensis Kingdon-Ward, Ann. Bot. (Oxford) 1930, xliv. 124.

Primula falcifolia Kingdon-Ward, Notes Roy. Bot. Gard. Edinburgh 15: 76 (1926).

Primula fasciculata Balf.f. & Kingdon-Ward, Notes Roy. Bot. Gard. Edinburgh 9: 16 (1915).

Primula fea Kingdon-Ward, Gard. Chron. ser. 3, 82: 210, in obs.; (1927).

Primula florindae Kingdon-Ward, Notes Roy. Bot. Gard. Edinburgh 15: 84 (1926).

Primula fragilis Balf.f. & Kingdon-Ward, Notes Roy. Bot. Gard. Edinburgh 9: 18 (1915).

Primula gentianoides W.W.Sm. & Kingdon-Ward, Notes Roy. Bot. Gard. Edinburgh 14: 42 (1923).

Primula helvenacea Balf.f. & Kingdon-Ward, Notes Roy. Bot. Gard. Edinburgh 9: 23 (1915).

Primula kongboensis Kingdon-Ward, Notes Roy. Bot. Gard. Edinburgh 15: 72 (1926).

Primula leucops W.W.Sm. & Kingdon-Ward, Notes Roy. Bot. Gard. Edinburgh 14: 46 (1923).

Primula melanops W.W.Sm. & Kingdon-Ward, Notes Roy. Bot. Gard. Edinburgh 14: 48 (1923).

Primula minor Balf.f. & Kingdon-Ward, Notes Roy. Bot. Gard. Edinburgh 9: 29 (1915).

Primula mishmiensis Kingdon-Ward, Ann. Bot. (Oxford) 1930, xliv. 122, 125.

Primula morsheadiana Kingdon-Ward, Notes Roy. Bot. Gard. Edinburgh 15: 70 (1926).

Primula normaniana Kingdon-Ward, Ann. Bot. (Oxford) 1930, xliv. 123, 125.

Primula oxygraphidifolia W.W.Sm. & Kingdon-Ward, Notes Roy. Bot. Gard. Edinburgh 14: 50 (1923).

Primula polonensis Kingdon-Ward, Ann. Bot. (Oxford) 1930, xliv. 124, 125.

Primula pseudocapitata Kingdon-Ward ex Balf. f., Notes Roy. Bot. Gard. Edinburgh 9: 192 (1916).

Primula pulchelloides Kingdon-Ward, Notes Roy. Bot. Gard. Edinburgh 9: 38 (1915).

Primula pulvinata Balf.f. & Kingdon-Ward, Notes Roy. Bot. Gard. Edinburgh 9: 193 (1916).

Primula redolens Balf.f. & Kingdon-Ward, Notes Roy. Bot. Gard. Edinburgh 9: 196 (1916).

Primula rubra Kingdon-Ward, Ann. Bot. (Oxford) 1930, xliv. 124, 125.

Primula sciophila Balf.f. & Kingdon-Ward, Notes Roy. Bot. Gard. Edinburgh 9: 43 (1915).

Primula thearosa Kingdon-Ward, Field Notes Trees, Shrubs & Pl. 1926 14 [1927].

Primula vernicosa Kingdon-Ward ex Balf.f., Notes Roy. Bot. Gard. Edinburgh 9: 203 (1916).

Primula violacea W.W.Sm. & Kingdon-Ward, Notes Roy. Bot. Gard. Edinburgh 14: 54 (1923).

Rhododendron aganniphum Balf.f. & Kingdon-Ward, Notes Roy. Bot. Gard. Edinburgh 10: 80 (1917).

Rhododendron agapetum Balf.f. & Kingdon-Ward, Notes Roy. Bot. Gard. Edinburgh 9: 212 (1916).

Rhododendron aperantum Balf.f. & Kingdon-Ward, Notes Roy. Bot. Gard. Edinburgh 13: 231 (1922).

Rhododendron asperulum Hutch. & Kingdon-Ward, Hutchinson in Notes Bot. Gard. Edinb. xvi. 182 (1931).

Rhododendron assamicum Kingdon-Ward, Field Notes Rhododendrons 1927-28, 3 [1929].

Rhododendron brachystylum Balf.f. & Kingdon-Ward, Notes Roy. Bot. Gard. Edinburgh 13: 236 (1922).

Rhododendron calciphilum Hutch. & Kingdon-Ward, Hutchinson in Notes Bot. Gard. Edinb. xvi. 179 (1931).

Rhododendron calostrotum Balf.f. & Kingdon-Ward, Notes Roy. Bot. Gard. Edinburgh 13: 35 (1920).

Rhododendron cerasiflorum Kingdon-Ward, Gard. Chron. ser. 3, 93: 277, in obs. (1933).

Rhododendron chamaetortum Balf.f. & Kingdon-Ward, Notes Roy. Bot. Gard. Edinburgh 9: 218 (1916).

Rhododendron charitostreptum Balf.f. & Kingdon-Ward, Notes Roy. Bot. Gard. Edinburgh 13: 244 (1922).

Rhododendron chryseum Balf.f. & Kingdon-Ward, Notes Roy. Bot. Gard. Edinburgh 9: 219 (1916).

Rhododendron chrysolepis Hutch. & Kingdon-Ward, Hutchinson in Notes Bot. Gard. Edinb. xvi. 172 (1931).

Rhododendron circinnatum Cowan & Kingdon-Ward, Notes Roy. Bot. Gard. Edinburgh 19: 179 (1936).

Rhododendron concinnoides Hutch. & Kingdon-Ward, Hutchinson in Notes Bot. Gard. Edinb. xvi. 180 (1931).

Rhododendron crebreflorum Hutch. & Kingdon-Ward, Hutchinson in Notes Roy. Bot. Gard. Edinburgh xvi. 173 (1931).

Rhododendron curvistylum Hutch. & Kingdon-Ward, in F. K. Ward, Pl. Hunting Edge of World 375 (1930), nomen.

Rhododendron deleiense Hutch. & Kingdon-Ward, Hutchinson in Notes Bot. Gard. Edinb. xvi. 172 (1931).

Rhododendron drumonium Balf.f. & Kingdon-Ward, Notes Roy. Bot. Gard. Edinburgh 9: 226 (1916).

Rhododendron euchroum Balf.f. & Kingdon-Ward, Notes Roy. Bot. Gard. Edinburgh 9: 228 (1916).

Rhododendron facetum Balf.f. & Kingdon-Ward, Notes Roy. Bot. Gard. Edinburgh 10: 104 (1917).

Rhododendron flavantherum Hutch. & Kingdon-Ward, Hutchinson in Notes Bot. Gard. Edinb. xvi. 181 (1931).

Rhododendron formosum Kingdon-Ward, Field Notes Rhododendrons 1927-28, 3 [1929].

Rhododendron fragariiflorum Kingdon-Ward, Gard. Chron. ser. 3, 86: 504 (1929).

Rhododendron fragariiflorum Kingdon-Ward, Hutchinson in Notes Bot. Gard. Edinb. xvi. 179 (1931).

Rhododendron gymnomiscum Balf.f. & Kingdon-Ward, Notes Roy. Bot. Gard. Edinburgh 9: 230 (1916).

Rhododendron herpesticum Balf.f. & Kingdon-Ward, Notes Roy. Bot. Gard. Edinburgh 10: 114 (1917).

Rhododendron imperator Hutch. & Kingdon-Ward, Hutchinson in Notes Bot. Gard. Edinb. xvi. 176 (1931).

Rhododendron insculptum Hutch. & Kingdon-

Ward, Notes Bot. Gard. Edinb. xvi. 182 (1931).

Rhododendron kasoense Hutch. & Kingdon-Ward, Notes Bot. Gard. Edin. xvi. 181(1931).

Rhododendron kongboense Kingdon-Ward ex L.N.Rothsch., Rhododendron Year Book 55 (1933).

Rhododendron kongboense Kingdon-Ward ex Hutch., Bot. Mag. 160: t. 9492 (1937).

Rhododendron lithophilum Balf.f. & Kingdon-Ward, Notes Roy. Bot. Gard. Edinburgh 13: 275 (1922).

Rhododendron magnificum Kingdon-Ward, J. Bot. 73: 247 (1935).

Rhododendron mallotum Balf.f. & Kingdon-Ward, Notes Roy. Bot. Gard. Edinburgh 10: 118 (1917).

Rhododendron megacalyx Balf.f. & Kingdon-Ward, Notes Roy. Bot. Gard. Edinburgh 9: 246 (1916).

Rhododendron melinanthum Balf.f. & Kingdon-Ward, Trans. & Proc. Bot. Soc. Edinburgh 27: 85 (1916).

Rhododendron mirabile Kingdon-Ward, Gard. Chron. ser. 3, 92: 465, in obs. (1932).

Rhododendron mishmiense Hutch. & Kingdon-Ward, Hutchinson in Notes Bot. Gard. Edinb. xvi. 173 (1931).

Rhododendron myrtilloides Balf.f. & Kingdon-Ward, Notes Roy. Bot. Gard. Edinburgh 13: 276 (1922).

Rhododendron niphargum Balf.f. & Kingdon-Ward, Notes Roy. Bot. Gard. Edinburgh 10: 125 (1917).

Rhododendron ombrochares Balf.f. & Kingdon-Ward, Notes Roy. Bot. Gard. Edinburgh 13: 280 (1922).

Rhododendron oporinum Balf.f. & Kingdon-Ward, Notes Roy. Bot. Gard. Edinburgh 10: 129 (1917).

Rhododendron oresbium Balf.f. & Kingdon-Ward, Notes Roy. Bot. Gard. Edinburgh 9: 253 (1916).

Rhododendron pagophilum Balf.f. & Kingdon-Ward, Notes Roy. Bot. Gard. Edinburgh 9: 256 (1916).

Rhododendron paludosum Hutch. & Kingdon-Ward, Hutchinson in Notes Bot. Gard. Edinb. xvi. 175 (1931).

Rhododendron pankimense Cowan & Kingdon-Ward, Notes Roy. Bot. Gard. Edinburgh 19: 180 (1936).

Rhododendron patulum Kingdon-Ward, Gard. Chron. ser. 3, 88: 299 (1930).

Rhododendron pemakoense Kingdon-Ward, Gard. Chron. ser. 3, 88: 298 (1930).

Rhododendron propinquum Balf.f. & Kingdon-Ward ex Tagg, Rhododendron Soc. Notes iii. 30 (1925).

Rhododendron pruniflorum Hutch. & Kingdon-Ward, Hutchinson in Notes Bot. Gard. Edinb. xvi. 174 (1931).

Rhododendron recurvoides Tagg & Kingdon-Ward, in Year Book Rhododendron Assoc. 1931, 245, nomen; et in Rhododendron Soc. Notes, 1929-31, iii. No. 5, 284 [1932], descr.; Tagg in Notes Bot. Gard. Edinb.xviii. 218 (1934).

Rhododendron regale Balf.f. & Kingdon-Ward, Notes Roy. Bot. Gard. Edinburgh 12: 156 (1920).

Rhododendron riparium Kingdon-Ward, Notes Bot. Gard. Edinb. xvi.180 (1931).

Rhododendron rivulare Kingdon-Ward, Gard. Chron. ser. 3, 86: 503 (1929).

Rhododendron rubrantherum Kingdon-Ward, Gard. Chron. ser. 3, 94: 363, in obs. (1933).

Rhododendron sciaphilum Balf.f. & Kingdon-Ward, Notes Roy. Bot. Gard. Edinburgh 10: 146 (1917).

Rhododendron seinghkuense Kingdon-Ward, Notes Bot. Gard. Edinb. xvi.174 (1931).

Rhododendron tanastylum Balf.f. & Kingdon-Ward, Trans. & Proc. Bot. Soc. Edinburgh 27: 217 (1917).

Rhododendron tapetiforme Balf.f. & Kingdon-Ward, Notes Roy. Bot. Gard. Edinburgh 9: 279 (1916).

Rhododendron tsangpoense Hutch. & Kingdon-Ward, Hutchinson in Notes Bot. Gard. Edinb. xvi. 175 (1931).

Rhododendron tsangpoense Kingdon-Ward, Gard. Chron. ser. 3, 86: 504 (1929).

Rhododendron uniflorum Hutch. & Kingdon-Ward, Hutchinson in Notes Bot. Gard. Edinb. xvi. 176 (1931).

Rhododendron walongense Kingdon-Ward, Gard. Chron. ser. 3, 133: 5 (1953).

Silene rosiflora Kingdon-Ward ex W.W.Sm., Notes Roy. Bot. Gard. Edinburgh 8: 111 (1913).

附录2　纪念金登-沃德的植物

Acanthopanax wardii W.W.Sm., Notes Roy. Bot. Gard. Edinburgh 10: 7 (1917).

Acer wardii W.W.Sm., Notes Roy. Bot. Gard. Edinburgh 10: 8 (1917).

Aconitum wardii H.R.Fletcher & Lauener, Notes Roy. Bot. Gard. Edinburgh 20: 188 (1950).

Aeschynanthus wardii Merr., Brittonia 4: 173 (1941).

Agapetes wardii W.W.Sm., Notes Roy. Bot. Gard. Edinburgh 8: 330 (1915).

Agrostis wardii Bor, Kew Bull. 4(3): 444 (1949).

Androsace wardii W.W.Sm., Notes Roy. Bot. Gard. Edinburgh 8: 129 (1913).

Anemone wardii C.Marquand & Airy Shaw, J. Linn. Soc., Bot. xlviii. 155 (1929).

Aralia kingdon-wardii J.Wen, Lowry & Esser, Adansonia sér. 3, 23(2): 308 (2001).

Arisaema wardii C.Marquand & Airy Shaw, J. Linn. Soc., Bot. xlviii. 228 (1929).

Arthromeris wardii Ching, Contr. Inst. Bot. Natl. Acad. Peiping 2: 94 (1933).

Arundinaria wardii Bor, Kew Bull. 12(3): 418 (1958).

Begonia kingdon-wardii Tebbitt, Kew Bull. 62(1): 143 (-146; fig. 1) (2007).

Berberis wardii C.K.Schneid., Repert. Spec. Nov. Regni Veg. 46: 262 (1939).

Brachytome wardii C.E.C.Fisch., Bull. Misc. Inform. Kew 1940(7): 291 (1941).

Brachytome wardii Deb & M.Gangop., Candollea 42(1): 356 (1987).

Buddleja wardii C.Marquand, J. Linn. Soc., Bot. xlviii. 203 (1929).

Calanthe wardii W.W.Sm., Notes Roy. Bot. Gard. Edinburgh 13: 194 (1921).

Camellia wardii Kobuski, Brittonia 4: 114 (1941).

Cassiope wardii C.Marquand, J. Linn. Soc., Bot. xlviii. 199 (1929).

Cinnamomum kingdon-wardii Kosterm., Reinwardtia 11(3): 197 (1998).

Corydalis wardii W.W.Sm., Notes Roy. Bot. Gard. Edinburgh 9: 100 (1916).

Corydalis wardii C.Marquand & Airy Shaw, J. Linn. Soc., Bot. xlviii. 161 (1929).

Cotoneaster wardii W.W.Sm., Notes Roy. Bot. Gard. Edinburgh 10: 25 (1917).

Crawfurdia wardii C.Marquand, J. Linn. Soc., Bot. xlviii. 203 (1929).

Cremanthodium wardii W.W.Sm., Notes Roy. Bot. Gard. Edinburgh 10: 27 (1917).

Cyananthus wardii C.Marquand, J. Linn. Soc., Bot. xlviii. 196 (1929).

Cypripedium wardii Rolfe, Notes Roy. Bot. Gard. Edinburgh 8: 128 (1913).

Daedalacanthus wardii W.W.Sm., Notes Roy. Bot. Gard. Edinburgh 10: 174 (1918).

Daphne kingdon-wardii Halda, Acta Mus. Richnov., Sect. Nat. 7(1): 7 (2000).

Delphinium wardii C.Marquand & Airy Shaw, J. Linn. Soc., Bot. xlviii. 157 (1929).

Diapensia wardii W.E.Evans, Notes Roy. Bot. Gard. Edinburgh 15: 233 (1927).

Draba wardii W.W.Sm., Notes Roy. Bot. Gard. Edinburgh 11: 210 (1920).

Erianthus wardii Bor, Kew Bull. 9(3): 498 (1954).

Eriobotrya wardii C.E.C.Fisch., Bull. Misc. Inform. Kew 1929(6): 205 (1929).

Erysimum wardii Polatschek, Phyton (Horn) 34(2): 201, nom. nov. (1994).

Euonymus wardii W.W.Sm., Notes Roy. Bot. Gard. Edinburgh 10: 37 (1917).

Euphorbia kingdon-wardii Binojk. & N.P.Balakr., Kew Bull. 48(4): 798 (1993).

Euphrasia kingdon-wardii Pugsley, J. Bot. 74: 282 (1936).

Eurya wardii Kobuski, Brittonia 4: 119 (1941).

Ferula kingdon-wardii H.Wolff, Repert. Spec. Nov. Regni Veg. 27: 326 (1930).

Ficus wardii C.E.C.Fisch., Bull. Misc. Inform. Kew 1936(4): 281 (1936), nom. illeg.

Gaultheria wardii C.Marquand & Airy Shaw, J. Linn. Soc., Bot. xlviii. 198 (1929).

Gentiana wardii W.W.Sm., Notes Roy. Bot. Gard. Edinburgh 8: 122 (1913).

Gentiana wardii C.Marquand ex Kingdon-Ward, Gard. Chron. ser. 3, 95: 264 (1934).

Geranium wardii Yeo, Notes Roy. Bot. Gard. Edinburgh 34(2): 195 (1975).

Hedychium wardii C.E.C.Fisch., Bull. Misc. Inform. Kew 1936(4): 283 (1936).

Ilex wardii Merr., Brittonia 4: 102 (1941).

Illicium wardii A.C.Sm., Sargentia 7: 20 (1947).

Impatiens kingdon-wardii Nob.Tanaka & T.Sugaw., Phytotaxa 234(1): 90 (2015).

Inula wardii J.Anthony, Notes Roy. Bot. Gard. Edinburgh 18: 197 (1934).

Ixora kingdon-wardii Bremek., J. Bot. 75: 261 (1937).

Jasminum wardii Adamson, J. Bot. 51: 131 (1913).

Jurinea wardii Hand.-Mazz., J. Bot. 76: 290 (1938).

Justicia wardii W.W.Sm., Notes Roy. Bot. Gard. Edinburgh 10: 184 (1918).

Lagotis wardii W.W.Sm., Notes Roy. Bot. Gard. Edinburgh 11: 218 (1920).

Lasianthus wardii C.E.C.Fisch. & Kaul, Bull. Misc. Inform. Kew 1940(7): 292 (1941).

Leptodermis wardii C.E.C.Fisch. & Kaul, Bull. Misc. Inform. Kew 1940(5): 188 (1940).

Ligusticum kingdon-wardii H.Wolff, Repert. Spec. Nov. Regni Veg. 27: 306 (1930).

Lilium wardii Stapf ex W.W.Sm., Gard. Chron. ser. 3, 97: 208 (1935).

Lindera wardii C.K.Allen, Brittonia 4: 63 (1941).

Listera wardii Rolfe, Notes Roy. Bot. Gard. Edinburgh 8: 127 (1913).

Lobelia wardii C.E.C.Fisch., Bull. Misc. Inform. Kew 1940(7): 298 (1941).

Lonicera wardii W.W.Sm., Notes Roy. Bot. Gard. Edinburgh 10: 50 (1917).

Lychnis wardii C.Marquand, J. Linn. Soc., Bot. xlviii. 165 (1929).

Lysionotus wardii W.W.Sm., Notes Roy. Bot. Gard. Edinburgh 10: 186 (1918).

Maesa wardii M.P.Nayar & G.S.Giri, Bull. Bot. Surv. India 17(1-4): 182 (1978).

Mantisia wardii B.L.Burtt & R.M.Sm., Notes Roy. Bot. Gard. Edinburgh 28: 288 (1968).

Michelia wardii Dandy, Bull. Misc. Inform. Kew 1929(7): 222 (1929).

Micromeria wardii C.Marquand & Airy Shaw, J. Linn. Soc., Bot. xlviii. 216 (1929).

Microtoena wardii Stearn, J. Jap. Bot. 58(1): 12 (1983).

Miscanthus wardii Bor, Kew Bull. 8(2): 274 (1953).

Mussaenda kingdon-wardii Joyaweera, J. Arnold Arbor. 46: 366 (1965).

Myricaria wardii C.Marquand, J. Linn. Soc., Bot. xlviii. 166 (1929).

Nesaea wardii Immelman, Bothalia 21(1): 42 (1991).

Nomocharis wardii Balf.f., Trans. & Proc. Bot. Soc. Edinburgh 27: 297 (1918).

Orchis wardii W.W.Sm., Notes Roy. Bot. Gard. Edinburgh 13: 215 (1921).

Paphiopedilum wardii Summerh., Gard. Chron. ser. 3, 92: 446 (1932).

Parosela wardii Rydb., N. Amer. Fl. 24(2): 112 (1920).

Pedicularis wardii Bonati, Notes Roy. Bot. Gard. Edinburgh 13: 133 (1921).

Persicaria wardii Greene, Leafl. Bot. Observ. Crit. 1: 40 (-41) (1904).

Petrocosmea wardii W.W.Sm., Notes Roy. Bot. Gard. Edinburgh 13: 175 (1921).

Photinia wardii C.E.C.Fisch., Bull. Misc. Inform. Kew 1936(4): 281 (1936).

Pimpinella kingdon-wardii H.Wolff, Repert. Spec. Nov. Regni Veg. 27: 184 (1929).

Plectranthus wardii C.Marquand & Airy Shaw, J. Linn. Soc., Bot. xlviii. 216 (1929).

Polygonatum wardii F.T.Wang & Tang, Bull. Fan Mem. Inst. Biol. Bot. 7: 284 (1937).

Potentilla wardii Greene, Leafl. Bot. Observ. Crit. 2: 138 (1911).

Primula wardii Balf.f., Notes Roy. Bot. Gard. Edinburgh 9: 58 (1915).

Prunus wardii Cardot, Notul. Syst. (Paris) 4: 30 (1920).

Rhododendron wardii W.W.Sm., Notes Roy. Bot. Gard. Edinburgh 8: 205 (1914).

Rhomboda wardii Ormerod, Orchadian 11(7): 327 (1995).

Rosa wardii Mulligan, J. Roy. Hort. Soc. 1940, lxv. 58, cum descr. ampl.

Roscoea wardii Cowley, Kew Bull. 36(4): 768 (1982).

Rubus wardii Merr., Brittonia 4: 84 (1941).

Sabia wardii W.W.Sm., Notes Roy. Bot. Gard. Edinburgh 10: 64 (1917).

Salacia wardii I.Verd., Bothalia viii. 114 (1962).

Salvia wardii E.Peter, Repert. Spec. Nov. Regni Veg. 39: 176 (1936).

Salweenia wardii Baker f., J. Bot. 73: 135 (1935).

Saussurea wardii J.Anthony, Notes Roy. Bot. Gard. Edinburgh 18: 216 (1934).

Saxifraga wardii W.W.Sm., Notes Roy. Bot. Gard. Edinburgh 8: 134 (1913).

Schefflera wardii C.Marquand & Airy Shaw, J. Linn. Soc., Bot. xlviii. 186 (1929).

Schizopepon wardii Chakrav., J. Bombay Nat. Hist. Soc. 50: 900 (1952).

Sorbus wardii Merr., Brittonia 4: 75 (1941).

Spiraea wardii W.W.Sm., Notes Roy. Bot. Gard. Edinburgh 10: 68 (1917).

Stemona wardii W.W.Sm., Notes Roy. Bot. Gard. Edinburgh 10: 71 (1917).

Strobilanthes wardii W.W.Sm., Notes Roy. Bot. Gard. Edinburgh 10: 201 (1918).

Swertia wardii C.Marquand, J. Linn. Soc., Bot. xlviii. 208 (1929).

Syringa wardii W.W.Sm., Notes Roy. Bot. Gard. Edinburgh 9: 132 (1916).

Thibaudia wardii Hoerold, Bot. Jahrb. Syst. 42(4): 274 (1909).

Tovaria wardii W.W.Sm., Notes Roy. Bot. Gard. Edinburgh 12: 226 (1920).

Trachydium kingdon-wardii H.Wolff, Repert. Spec. Nov. Regni Veg. 27: 124 (1929).

Tripogon wardii Bor, Kew Bull. 12(3): 417 (1958).

Tsuga wardii Downie, Notes Roy. Bot. Gard. Edinburgh 14: 17 (1923).

Vaccinium kingdon-wardii Sleumer, Bot. Jahrb. Syst. 71(4): 477 (1941).

Vaccinium wardii Adamson, J. Bot. 51: 130 (1913).

Viburnum wardii W.W.Sm., Notes Roy. Bot. Gard. Edinburgh 10: 77 (1917).

园林之母

China

09

-NINE-

颐和园园林发展历程

The Development Process of the Gardens in Summer Palace

闫宝兴　黄　鑫*　于　龙
（北京市颐和园管理处）

YAN Baoxing　HUANG Xin*　YU Long
(Summer Palace Administration Office, Beijing)

* 邮箱：1017509002@qq.com

摘　要： 颐和园是中国著名的皇家园林，有着杰出的园林成就和艺术价值，是中国园林利用自然山水集自然景观和人文景观为一体的成功典范。颐和园作为中国最后一座保存完整的皇家园林实物例证，在深入研究中国古典园林方面具有独特的优势，且为现代园林的发展提供了一定的启示与借鉴。本章通过对颐和园的历史沿革、建园背景、山水造园布局、植物景观等方面进行深入浅出的阐释与剖析，特别是对其园林发展脉络进行梳理，从而为颐和园进一步提升植物景观效果、保护历史原真性、提高审美价值等提供参考，也对当代中国园林植物种植造景设计有重要的指导意义和参考价值。

关键词： 颐和园　历史文化　植物景观　发展历程　保护发展

Abstract: Summer Palace is a famous royal garden in China, with outstanding achievements in garden design and artistic value. It is a successful example of integrating natural and cultural landscapes in Chinese gardens. As the last well-preserved physical evidence of a royal garden in China, Summer Palace has unique advantages in in-depth research. It also provides valuable insights and references for the development of modern gardens. This chapter provides a comprehensive analysis and interpretation of the historical evolution, background of construction, landscape layout, and plant landscapes in Summer Palace. Particularly, it clarifies the development context of the garden, thus providing references for further enhancing the plant landscape effect, preserving historical authenticity, and improving aesthetic value in Summer Palace. It also holds significant guiding implications and reference value for contemporary Chinese garden plant cultivation and landscape design.

Keywords: Summer Palace, Historical and cultural significance, Plant landscape, Development process, Conservation and development

闫宝兴，黄鑫，于龙，2024，第9章，颐和园园林发展历程；中国——二十一世纪的园林之母，第六卷：427-545页.

1 基本概况

颐和园始建于乾隆十五年（1750年），前身为清漪园，是清代分布在北京西北郊皇家园林“三山五园”中最后兴建的一座，它的建成丰富了从畅春园、圆明园到玉泉山静明园、香山静宜园数十里空间的山水楼台点缀，完成了中国历史上前所未有的庞大皇家园林景观群体建设。以清漪园建成为标志的“三山五园”总体规模的实现，是清王朝建立100年以后的极盛时期，其综合国力在皇家园林建设中的集中反映，也是在皇权统治下宫殿、苑囿等营造建设中屈指可数的高峰之一。颐和园作为中国最后一座保存完整的皇家园林实物例证，由于历史文献、档案资料的翔实记载，在深入研究方面具有独特的优势，在营造时运用多种艺术手法，在造园、造景等诸多方面继承历代艺术传统，汲取各地造园手法的长处，将自然美与艺术美有机地融为一体，形成源于自然又高于自然的造园艺术，充分体现了人与自然的和谐共处，成为中国古典园林造园的典范（图1）。

颐和园位于北京的西北郊，总面积300.9hm^2，水域面积占3/4。园内现存的各式宫殿、园林建筑3 747间，面积约7万m^2，古树名木1 607株，是中国现存规模最大、保存最完整的皇家园林，是“三山五园”地区唯一一处世界文化遗产单位。新中国成立后即成为全国第一批重点文物保护单位，1998年荣列《世界遗产名录》。

颐和园履行世界文化遗产的保护、管理、研究

图1 颐和园景观（A、B、D：闫宝兴 提供；C：赵晓燕 提供）

和利用等职能，秉承“让游客满意在颐和园”的服务宗旨，为国内外游客提供卓越优质的服务。颐和园近年来年接待游客量超过1 700万人次，并且作为世界文化遗产服务国家外交事业，展现首都风采的窗口和平台，出色完成2014年APEC贵宾接待任务，2016年李克强总理陪同德国总理默克尔颐和园“散步外交”、中非合作论坛、“一带一路”国际合作高峰论坛等国内外首脑政要和重要的政治性接待工作，并服务保障北京冬奥会颐和园段火炬传递等重大国事活动，已成为传播东方文化、展示首都风貌、开展对外交流的重要窗口。

颐和园深化机构改革，探索“个性化”“菜单化”人才成长路径，培养党的第十九次全国代表大会代表1人，全国劳动模范1人，全国住房和城乡建设系统劳动模范1人，首都劳动奖章2人，“北京大工匠”1人，北京市政府技师特殊津贴1人。发挥“党代表韩笑工作站”和“王爽劳模创新工作室”引领示范作用，建立“师带徒”人才培养模式，重点打造“家具、纸绢修复工作室”“匠人工作室”等。截至2023年12月，北京市颐和园管理处共有41个内设机构，全园现有机关科室16个，基层科队25个，管理和专业技术人员共计544人，工勤605人。

2 历史沿革

颐和园是一座由自然山水环境经人工精心打造而成的大型皇家园林，由万寿山和昆明湖构成了园林的主体框架，水域面积约占3/4。颐和园有着杰出的园林成就和艺术价值，它是中国园林利用自然山水，集自然景观和人文景观为一体，实现建筑美与自然美融糅一体的成功典范，其丰富的历史内涵，又是研究中国皇家园林和中国近代历史、建筑、美学、宗教、人文、生态等多种学科最好的实物范例。颐和园的前身是清漪园，清漪园名取自《诗经・伐檀》中“河水清且涟漪”。

清漪园始建于清朝乾隆十五年（1750年），曾是乾隆、嘉庆、道光、咸丰皇帝的御苑。据中国第一历史档案馆藏清宫《起居注》《奏案档》记载：乾隆皇帝到过清漪园132次，留下1 500余首咏园林风景的诗文。嘉庆皇帝入园265次，最多一年达17次；道光皇帝入园142次；咸丰皇帝入园41次；此时的清漪园仅为御苑，皇帝从未在园中居住。

咸丰十年（1860年），清漪园及三山五园同其他园林被英法联军付之一炬。光绪十二年至二十一年（1886—1895年），掌握清朝实际政权的慈禧皇太后，挪用大量海军经费和其他款项，在清漪园的废墟上重建，并于光绪十四年（1888年）将清漪园更名为颐和园，成为她颐养天年的夏宫。颐和园沿用了清漪园的山水、建筑和植物规划，在整体风格上保留了清漪园的精华和特点，水体部分主要修复了昆明湖的里湖，外湖及后湖未能修整，任其荒废。修建后的颐和园已是离宫型皇家园林。

光绪十七年（1891年），园中昆明湖东、南、西三面添建园墙，昆明湖水域面积比清漪园时有所减少，水域原有的自然景观风貌由于园墙而受到影响，耕织图景区风光不再。

光绪二十六年（1900年），颐和园又遭受八国联军的抢劫破坏，园内文物遭洗劫，建筑物虽然没有被焚毁，但也受到严重的损毁。

光绪二十八年（1902年）慈禧动用巨款将残破的颐和园再次进行修缮。

1914年颐和园开始对公众售票开放。

1928年正式收归国有，成为国家公园。

1949年3月25日，中共中央及中国人民解放军总部迁至北平。毛泽东、朱德、刘少奇、周恩来、任弼时等中央领导上午至清华园火车站，后至颐和园益寿堂休息；下午至西苑机场阅兵，阅兵后返回颐和园，在益寿堂与民主人士座谈，共商国是；夜去香山。毛泽东在颐和园提出新中国公园的管理方针：不但要管理好公园，并且要建设公园，为人民服务（北京市颐和园管理处，2013）。

中华人民共和国成立后，颐和园的山水、建筑、花木、文物受到充分的重视和保护。

1957年10月，北京市人民政府公布颐和园为第一批市重点文物保护单位。市政府评价颐和园：“金（十二世纪）、元（十四世纪）、明（十五世纪）皆有开辟，现存为清代建筑物，建筑宏伟，为全国少有的园林胜景”。

1961年3月4日，中华人民共和国国务院公布颐和园为第一批全国重点文物保护单位。

1998年12月2日，颐和园在第22届世界遗产全国委员会上被联合国教科文组织列入《世界遗产名录》，评审意见：①北京的颐和园，是对中国风景造园艺术的一种杰出展现，将人造景观与大自然和谐地融为一体。②颐和园是中国的造园思想和实践的集中体现，而这种思想和实践对整个东方园林艺术文化形成和发展起了关键性的作用。③以颐和园为代表的中国皇家园林，是世界几大文明的有力象征（北京市颐和园管理处，2013）。

2000年6月22日，在北京人民大会堂，颐和园接受了由联合国教科文组织中国全国委员会、国家建设部、国家文物局联合主持颁发的“世界

图2　颐和园接受“世界文化遗产证书”(颐和园研究室 提供)

图3　颐和园世界文化遗产标志落成仪式(颐和园研究室 提供)

文化遗产”证书。同年8月31日，颐和园世界遗产标志碑落成揭幕（图2、图3）。联合国教科文组织文化项目官员木卡拉先生在仪式上发表演讲：庆祝颐和园世界遗产标志落成，一个为世人所共同赞誉的历史见证。联合国教科文组织的世界遗产标志就是用来告知公众，这个参观地具有被国际社会共同承认的特殊价值，应尽最大努力共同来保护它（北京市地方志编纂委员会，2004）。

2009年，颐和园被国家文物局列为当时的世界文化遗产监测工作的全国四个试点单位之一。2012年颐和园遗产监测工作正式启动，工作以采集古建筑的基础数据为主要方式。

颐和园有着丰富的历史、文化、科技信息，具有历史、文物、建筑、园林、地质、美术等方面的学术价值。自1998年申遗以来，颐和园大力发展科技工作，发挥首都科研优势，建立科研管理体系，科研和课题管理取得了长足进步。二十多年来，颐和园共完成有关园林、历史、文物、建筑、计算机网络等课题96项，推进专利申报和成果转化。颐和园大力推动研究成果转化，共出版文物类、建筑类、文化类、园林类书籍65部。颐和园以文化带动园区转型升级，不断强化管理水平，园内的各项工作管理规范化、科技化，提升了园内的管理水平，园内的保护管理工作得到了社会各界的充分肯定，陆续获得了“全国文明风景旅游区”“全国文明单位”“5A级国家旅游区”“国家重点公园”等全国级称号50余个，获得国家级和省市级奖项近600个。

2016年，颐和园通过国家5A级景区复核，荣获第十五届“首都旅游紫禁杯”，被国家旅游局评为“北京市旅游服务最佳景区”。

2017年，颐和园第3次荣获“全国旅游服务质量标杆单位”称号，作为旅游行业优秀代表入围北京市政府质量管理奖前17名。

2018年，颐和园被《人民日报》评为中国品牌旅游景区，被北京旅游网评为2018最受喜爱公园奖。

2020年，入选历史遗址型景区品牌100强榜单第二名。

2021年，获评首批国家级文明旅游示范单位。

2022年，颐和园智慧旅游项目获亚太区智慧城市“经济、旅游、艺术、图书馆、文化及公共空间”板块大奖，成为内地仅有的四个获奖项目之一（图4至图9）。

2023年，被评为全国文旅标准化示范典型经验单位、首批科技馆之城科技教育体验基地。

图4　大修实录、文物图册等书籍(颐和园研究室 提供)

图5 颐和园志书修编（颐和园研究室 提供）

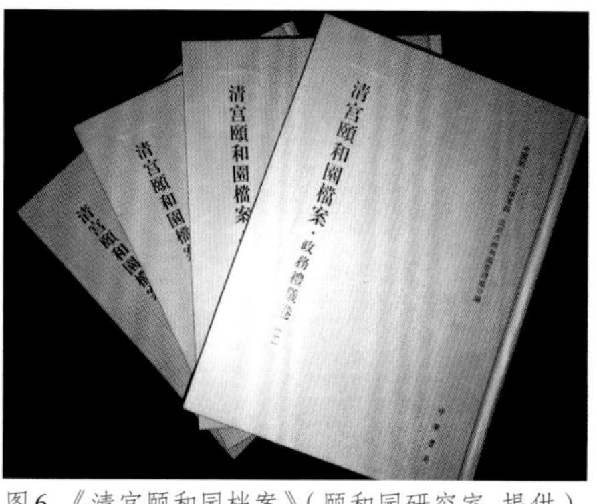

图6 《清宫颐和园档案》（颐和园研究室 提供）

图7 颐和园杂志（颐和园研究室 提供）

图8 出版的部分书籍（颐和园研究室 提供）

图9 取得的部分荣誉（颐和园研究室 提供）

3 建园背景

清漪园是颐和园的前身。乾隆作为总规划师，亲自参与了清漪园的规划建设，利用西北郊得天独厚的自然环境条件，按照整体规划，经过15年的营建终于在瓮山、西湖一带修建了清漪园。

乾隆九年（1744年），作为皇帝长期居住的离宫御苑圆明园扩建工程告一段落，清高宗弘历在《圆明园后记》中写道："然规模之宏敞，丘壑之幽深，风土草木之清佳，高楼邃室之具备，亦可称观止。实天宝地灵之区，帝王豫游之地，无以逾此"。赞叹园林的规模，夸耀其景色的绮丽，并且昭告天下"后世子孙必不舍此而重费民力以创建苑囿，斯则深契朕发皇考勤俭之心以为心矣"，借以暗示自己不再建园。然而，在此六年之后，乾隆十五年（1750年），另一座大型皇家园林——清漪园在疏浚西湖之后开工了。清漪园不同于圆明园挖池堆山、平地造园的集锦式园林，而是在自然的山水框架中，运用一些大尺度并具有很高观赏性的园林建筑物，构筑气魄宏伟、金碧辉煌的皇家宫苑。清漪园的选址，与当时西北郊已建成的畅春园、圆明园、玉泉山静明园、香山静宜 园相比，有得天独厚的天然山水条件，清漪园的建成，可以将其他诸园连成一体，形成一个平地园、山水园和山地园的多种形式的庞大园林苑囿群"三山五园"（北京市园林局颐和园管理处，2000）。

乾隆在修建清漪园后，曾吟诗"何处燕山最畅情，无双风月属昆明"，足以说明清漪园是乾隆皇帝在北京西北郊三山五园皇家园林得意的压卷之作。乾隆皇帝甘冒自食其言的非议而兴建清漪园，必然有足够的理由来证明此园不能不建，归纳起来有以下几个原因。

3.1 基础条件

3.1.1 优越的基础条件

颐和园主体结构万寿山、昆明湖，源于北京西山一带的自然山水，山体和湖体自然发育的历史可追溯至距今2.5亿年以前的二叠纪，西山从海陆交替的震荡状态上升为陆地，地势比较平坦。在距今1亿~1.8亿年的燕山运动中，西山又经过翻天覆地的变化，造势出峰峦叠嶂的山体形态，伸入小平原的最东端。在地壳的变动中，剧烈的活动和强烈的腐蚀作用，使西山向东延伸的基本构架分裂为几个小孤山，即今日的玉泉山和万寿山，同时，山间断陷的盆地也出现了群湖，即今日昆明湖的原始雏形（北京市地方志编纂委员会，2004）。

万寿山山体在金、元时期因山形似瓮形被称为瓮山。山前的湖泊称为瓮山泊。瓮山的山体并不出众，但瓮山的地貌环境在京西具有得天独厚的自然优势。孙承泽在《天府广记·瓮山》描述：

瓮山在都城西三十里，清凉玉泉之东，西湖当其前，金山拱其后。山下有寺曰圆静，寺后绝壁千尺，石蹬鳞次而上，寺僧淳之晶庵在焉。然玩无嘉卉异石，而惟松竹之幽，饰无丹漆绮丽，而惟土垩之朴。而又延以崇台，绕以危槛，可登可眺，或近或远，于以东望都城，则宫殿参差，云霞苍苍，鸡犬茫茫，焕乎若是其广也。西望诸山，则崖峭岩窟，隐如芙蓉，泉流波沉，来如白虹，渺乎若是其旷也。至是茂树回环，幽荫瓮蔚，坳洼渟滐，百川所蓄，窅乎若是其深者，又临瞰乎西湖者矣。

据此，可知古时瓮山所处在都城西三十里，山前有湖光清澈的西湖，西有峰峦苍翠的玉泉山。登上瓮山，远可以东眺都城，西望群峰。

明朝永乐大帝迁都北京，加大了对瓮山的开

发力度，环湖建寺，改瓮山泊为“西湖”并在东侧修建西湖大堤，湖中荷花清香四溢，堤上垂柳婀娜多姿，远处层峦叠翠，沙鸥白鹭天水之间翱翔，俨然一幅江南水乡画卷（张龙，2006）。在民间，春四月赏西湖景成为京城风俗，届时，京城男女老少经西堤而云集西湖。堤上“茶篷酒肆，杂以妓乐，绿树红裙，人声笙歌，如装如应”，情景极为壮观。

如此美景吸引无数文人墨客留下了赞美的诗篇，如王直《西湖》：

玉泉东汇浸平沙，八月芙蓉尚有花。曲岛下通鲛女室，晴波深映梵王家。

常时凫雁闻清呗，旧日鱼龙识翠华。堤下连云粳稻熟，江南风物未宜夸。

马汝骥《行经西湖》：

珠林翠阁倚长湖，倒映西山入画图。

若得轻舟泛明月，风流还似剡溪无。

文徵明《西湖》：

春湖落日水拖蓝，天影楼台上下涵。

十里青山行画里，双飞白鸟似江南。

而沈德潜《西湖堤散步诗》：

闲游宛似苏堤畔，欲向桥边问酒垆。

足见当时西山景色之美。

清代园林建设进入了集大成期，在清漪园动工之前，北京西山已经建成了畅春园、圆明园、香山静宜园和玉泉山静明园。瓮山西湖所在的位置，正是建成的四园中心，西接玉泉山、香山，东邻畅春园、圆明园（图10），是清代皇室从圆明园和畅春园西去玉泉山、香山的必经之地，清漪园的基址具有其他皇家园林所没有的优越地貌条件，符合天然山水园的理想地貌。修建清漪园不仅可以将已建成的静宜园、静明园、圆明园、畅春园四园连接在一起，而且还形成山水合抱、多层次的景观格局。

3.1.2 坚实的社会背景

经顺治、康熙、雍正三朝的励精图治，大规模的反清起义已经平息，西北边疆地区的割据势力经过连年的征战，关系也趋向缓和，内忧外患皆已平息；雍正朝的肃吏和养廉制度的实施，使行政效率也大为提高；国计民生中既无严重的自然灾害，也无紧迫的财政问题。那些曾经给中国封建专制皇权造成严重威胁的种种势力，丝毫不可能威胁牵制皇权。同时，面对雍正铁腕政治在社会和官场上造成的紧张气氛和不满情绪，乾隆对雍正朝的政策进行了改变和调整，采用“宽严相济，刚柔并举”的施政理念，缓和了紧张的政治气氛，使清朝的政治日趋稳定。雍正朝“摊丁

图10　清漪园在三山五园中的位置（清华大学建筑学院，2000）

入亩”农业税收政策和南方“改土归流”政策的实施，为乾隆朝繁荣的经济景象做了充分的铺垫。乾隆朝沿用这些政策，保持了农业的持续发展；手工业也在前朝的基础上有了长足的进步，商业城镇数量增多，对外贸易范围扩大。这一切使得乾隆初年全国的经济和国库储备达到了一个很高的水平（戴逸，1992）。

面对富足的国库存银，乾隆常说：国库存贮甚多，因此把城市建设当作散财分资的途径之一。乾隆又有：“方今帑藏充盈，户部核计已至七千三百余万。每念天地生财，只有此数。自当宏敷渥泽，俾之流通，而国用原有常经，无用更言樽节”（乾隆御制诗，四库全书网络版）。正是在这种思想的指导下，除用于军事征伐、蠲免赋税、赈济灾荒、治水浚河、倡导文化之外，乾隆大兴土木，将宫殿、园林和城市的兴建与治水、赈灾、扶农相结合。这在清漪园的营建中也得到了充分的体现，乾隆《西海名之曰昆明湖而纪以诗》中有：

西海受水地，岁久颇泥淤。
疏浚命将作，内帑出馀储。
乘冬农务暇，受值利贫夫。

乾隆帝正是用这种“以工代赈”“散财于民”“兴土木而扩大物资流通”的经济策略开展了清漪园的建设，并进一步促进了经济的良性发展和持续繁荣。

清朝顺治入关后，满族文化、汉族文化、世俗文化、西洋文化成为当时影响政治的四大主流文化。不同的文化背景具有不同的生产方式，文化观念和宗教信仰更是千差万别。清初几代帝王，积极汲取各种形式的文化，兼收并蓄，通过一系列的改革和安抚措施使得各文化协调发展。

乾隆帝在延续和发扬本民族的萨满文化的同时，大兴文教事业，积极学习汉文化，并把儒学作为治国的指导思想，并以此赢得汉族士人的支持和拥护；基于满蒙联合在清王朝夺取全国政权的重要作用，乾隆开始大兴黄教以安蒙藏，达到以教治心的效果；对待西方先进的科学文化，乾隆承认自己的不足，主动学习西方艺术，并在圆明园中尝试着去兴建西洋式园林——西洋楼。这些政策的实施，在“协和万邦”的治国理想推动下，形成了多元主流文化协调发展（张龙，2006）。

这些文化政策都在清漪园的创作中得到了淋漓尽致的发挥，他效仿皇祖巡幸江南，写仿大量江南名园，揣摩汉文化的精髓。如杭州西湖、无锡大运河的皇埠墩和惠山寄畅园等。同时，乾隆借用各种宗教建筑以增强万寿山对全园的控制成为构图中心，并丰富了园林文化内涵。这些都是对乾隆园林创作各种文化和建筑形式兼收并蓄的最佳诠释，是当时各种文化融合这一社会背景的如实反映。

3.1.3 丰富的造园经验

明代以来，农业技术水平的提高、商品经济的发展以及汉族文化的复兴大大地促进了园林的发展，江南私家园林建造达到了前所未有的繁荣。那一时期留下的江南园林成为清代皇家园林模仿的范本。

清王朝入关定都北京后，完全沿用了明代的宫殿、坛庙。由于其入关后尚保持着祖先驰骋山野骑射的传统，对大自然山川林木有更多的向往之情。皇家建设工程初期多集中在内廷园林、西郊园林和离宫御苑之上。康熙中叶，国家趋于稳定，库储充盈，北京西郊的皇家园林也拉开了建设的序幕。

康雍的造园实践和乾隆初年对香山静宜园、圆明园的扩建积累了丰富的工程经验。雍正十二年（1734年），为控制工程造价、方便工程估算颁布了工部《工程做法》；乾隆九年圆明园扩建工程告一段落，形成了《圆明园内工诸作现行则例》，其中涵盖了勘察、设计、估算、招标、各工做法、施工过程的管理及竣工验收等各项工程环节。这些工程经验的积累都为清漪园的营建提供了参照。

乾隆帝对园林情有独钟，一生6次巡游江南，5次西巡五台山，3次东巡泰山，一路游山玩水，游览名胜古迹，并命随行画师携图以归，为其回京后的园林创作积累素材。乾隆帝具有深厚的文化修养，其留下的《高宗御制诗集》和《高宗御制文集》卷帙浩繁，字数远远超出其他清代皇帝诗文作品的总和。有学者统计过，他一生写的诗就有4万首之多，也超过了《全唐诗》所收诗篇的总量。这些诗文中有一大半都以皇家园林为主题，表明清帝的文学爱好其实与园林爱好是密切相关的。除了书法和文学，乾隆帝对绘画也颇为喜爱，并且能够亲自挥毫作画，长期的艺术熏陶使得他具备了很高的园林鉴赏能力和丰富的造园经验，这些都成为乾隆时期皇家园林鼎盛的重要原因之一。

乾隆十二年，香山静宜园扩建工程结束，乾隆在《静宜园记》中写道："山水之乐，不能忘于怀"，这是对自己钟情于造园活动最贴切的描述。

3.2 直接因素

除了清漪园的基址有得天独厚的自然条件外，促成乾隆皇帝建造清漪园还有三个直接因素。

3.2.1 造寺建塔为母祝寿

乾隆皇帝深受儒家思想"百行孝为先"的思想，奉行"以孝治天下"的理念，多次陪母亲巡视江南，西上五台礼佛，北至承德避暑山庄。乾隆十六年（1751年）适逢皇太后钮祜禄氏六十整寿，一向标榜"以孝治天下"的弘历为庆祝母后寿辰，于乾隆十五年选择在瓮山圆静寺的废址兴建一座大型佛寺"大报恩延寿寺"，同年三月十三日发布上谕改瓮山之名为"万寿山"。与佛寺建设同时，万寿山南麓沿湖一带的厅、堂、亭、榭、廊、桥等园林建筑已相继作出设计和工料估算，陆续破土动工（张龙，2006）。

3.2.2 北京城水系整治工程

历代帝王对水利建设都十分重视，并以治水标榜自己的政绩。作为入主中原的清朝统治者，康熙和乾隆都非常重视关于国计民生的水利建设，乾隆在位时曾多次巡视水利，指示河臣因势利导，加高加厚河堤，巩固堤防。

乾隆时期，随着畅春园、圆明园的扩建以及附近许多赐园的相继建成，大量园林用水使西北郊的水量消耗与日俱增。当时，园林供水的来源除流量较小的万泉庄水系外，还必须仰仗玉泉山汇经西湖之水。而后者正是北京城大内宫廷的主要水源，也是沟通北京城与大运河之间的通惠河的上源。如果上源被大量截留而去，则不仅宫廷用水发生困难，更为严重的是漕运也将受到影响。为了彻底解决这个问题，乾隆帝以"盖湖之成以治水，山之名以临湖……"为由，于乾隆十四年（1749年）冬开始进行西北郊历来规模最大的一次水系整理工程。

3.2.3 作为水军训练基地

早在汉武帝时期，为讨伐西南蛮夷昆明国，汉武帝曾经将长安附近的皇家苑囿上林苑中的湖泊定名为昆明池，以模仿昆明国的滇池，并在其中训练水军备战。训练水军备战只是一个辅助功能，其更为重要的功能纯粹是为了解决长安城的供水问题、调洪蓄洪等作用。西湖的扩建，正与这两个功能相符合。乾隆帝效仿这个旧名，依典而建，将西湖改名昆明湖。正式表明此湖与当年的昆明池一样，兼寓"国之大事，在祀与戎"之意。乾隆想把西湖的水面扩大以作水军训练基地（图11）。

而后其在《万寿山昆明湖记》中明确指出，昆明湖乃"景仰放勋之迹"。"放勋"即指尧帝，记述秦汉时地理故事的《三秦记》曾提道："昆明池中有灵沼，名神池，云尧帝治水时，曾停船于此地"乾隆援名"昆明湖"，就是在祖述唐尧治水先迹。其在御制《铜牛铭》中："夏禹治河，铁牛传颂。义重安澜，后人景从……人称汉武，我慕唐尧……"

明确向世人解释了他仰慕唐尧胜过汉武。在御制诗《铜牛》中又有：

"镇水铜牛铸东岸……昆明汉池不期合……"

更进一步表达了他所营建的昆明湖和汉武帝的昆明池是不期而合，虽然二者都有治水和操练水军的功能，绝非刻意模仿。

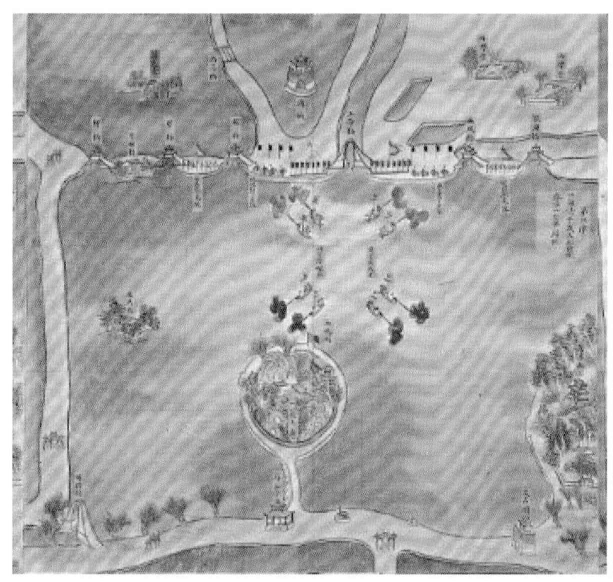

图11　昆明湖水军操练册页 清中期

4 山水造园布局

颐和园作为我国历史上保存最完整的自然山水园，其层峦叠嶂、山环水绕的山水格局为后世所赞叹。但这种山水格局并非完全天然所赐，它的形成是我国古代生态造园思想和皇家御苑设计方法的集大成者，是中国传统造园理论的集中体现。颐和园的园林总体规划始于公元1750年乾隆皇帝建造的清漪园。作为清代皇家园林鼎盛时期的三山五园代表作品之一，清漪园的全部建设工程始终由乾隆皇帝亲自主持，按照一个完整的构思，经过15年的营建，一气呵成。虽然经过帝国主义的两次破坏，光绪年间由慈禧太后重建的颐和园，在园林的用途、建筑形式等方面已经不能完全代表清漪园，但是园林总体基本沿袭了清漪园的规划格局，保存了清漪园的精华部分。

作为“宫苑”，颐和园既要满足皇家园居生活和政治仪典的需要，又要有游赏功能的自然环境。因此，造园的规划设想是在保持发扬其天然山水特色的基础上，创造一处具有皇家风范、园林化的风景名胜。遵从“山水为主，建筑是从”的原则，在真山、真水中规划形成大山、大水、大园林。所有景点的设计，既突出皇家的气派，又体现了与山、水、园林的和谐，既师法自然又高于自然，将自然美与人工雕琢巧妙地融于一体。

4.1　清漪园建园前的山水格局

瓮山位于北京西北郊，是西山余脉，山前有湖瓮山泊。今日所见的万寿山最初只是一座普普通通的小山，体态既不伟岸，身形也不奇特，在金、元时期因山麓魁大、凹秀似瓮形被称为瓮山。瓮山泊是北京西北郊最大的一个天然湖泊，又是历代文化聚落，有着丰富的自然景观和人文历史。在1991年的昆明湖沉积物研究中得到结论：昆明湖起始于商代之前，比北京城的历史还早400多年，它是由原始的河流演变成湖沼，经历代修治最终形成规模的。

《水经注》上记载："魏嘉平二年（250年），开车箱渠，利用原有的古旧河道引水灌溉蓟城（今北京）西、北、东三面土地万余顷"。北齐天统元年（565年），幽州刺史又导"高梁水，北合易京水以灌田"。此二次引水工程的记录，说明瓮山泊在古代三国时期就已经具备了一定的水势规模。

据古籍记载，早在辽金时期，香山、玉泉山一带已有行宫设置。元建都北京，为济漕运，元二十八年（1291年）至三十年（1293年），由郭守敬疏导神山诸泉之水汇于瓮山泊，再往南开凿河道经通惠河注入大运河。瓮山泊也从早先的天然湖泊改造成为具有调节水量作用的天然蓄水库，水位得到控制，环湖一带出现寺庙、园林的建置，逐渐成为西北郊的一处风景游览地。

明《帝京景物略》卷七《西山下·瓮山》描述："人家傍山，临西湖，水田棋布，人人农，家家具农器，年年农务，一如东南，而衣食朴丰，因利湖也。"聚居在西湖北岸的瓮山人家，约有百余户，大多为江南迁来的农人，种植着大片的稻田。明迁都北京，对瓮山和西湖加大开发力度，环湖建寺，瓮山面貌有所改善，改瓮山泊为"西湖"。明末清初，西山一带区域平静破败，西湖发生了诸多变化。首先水源发生变化，汇水量减少，湖域面积缩小；其次由于水的长期汇入带来了大量的泥沙淤积湖底，形成西高东低的地势，导致西湖堤经常决口，威胁到周边农田以及畅春园、圆明园的安全，为了保证畅春园不受湖水泛滥的影响，康熙在明代大堤的基础上修建了新的大堤，因位于畅春园的西侧称为"西堤"（张龙，2006）。

4.2　清漪园时期山水格局风貌的形成

清代自康熙中叶以后，政治稳定、经济发达，康熙帝开始在北京的西北郊经营离宫别苑，修建了香山行宫、静明园、畅春园等，在明代私园的旧址上陆续兴建了许多皇室和官僚的赐园。雍正帝在位期间更是扩建圆明园。乾隆继位后，更是不遗余力地进行园林建设，使北京西北郊出现了一个空前规模的园林集群。乾隆初年扩建圆明园、玉泉山静明园、香山行宫，乾隆九年（1744年）完成圆明园12景，十年（1745年）香山行宫改名静宜园，十二年（1747年）完成静宜园28景。十八年（1753年）完成静明园16景。此时，西郊大大小小的官私园林、庙宇已经发展到几十处，穿插连缀，星罗棋布，散布在东起乐善园西至香山方圆几十里的地域上。置身其间的瓮山、西湖，由于寺庙、园林的点染，青山绿水间蕴含了浓郁的人文气息。优美的自然环境和适宜的人文环境融为一体，使得瓮山、西湖一带景色如画，美不胜收。

乾隆十四年（1749年）冬天，乾隆皇帝利用冬季枯水期的有利条件，对西湖西北边界沿岸水域清理湖底，西湖在原有基础上向东拓宽，原来的堤岸北段东移到今文昌阁一线，改造成现今湖泊的东堤，并在东堤上建"二龙闸"控制东流的水量，同时在西湖西岸模仿杭州西湖苏堤修建了新的西堤。又开挖三处新增湖域，分别堆筑治镜阁、藻鉴堂二岛与南湖岛形成"一池三山"的皇家园林传统格局，象征古代传说中道家神山仙境蓬莱、方丈和瀛洲。乾隆利用清淤、拓湖之土堆培瓮山，使万寿山东西两坡趋于平缓对称，南北两侧趋于丰满。新开北麓后湖连缀后山旧有零星水泡，将土方堆筑于水道北侧，遮蔽园外陋景，形成寂静幽邃的后山景观。颐和园现存最大的一块乾隆御碑《万寿山昆明湖碑》碑记中记述了挖湖过程："就瓮山前，芟苇茭之丛杂，浚沙泥之隘塞，汇西湖之水都为一区""新湖之廓与深两倍于旧"。此番拓湖使湖水深和面积扩大了2倍，同时又开辟了大面积的水田，并且对瓮山进行了山形改造，从而改善了瓮山与西湖较为疏离的关系，为造园提供了理想的山水骨架。

乾隆十五年三月十三日降谕：

瓮山著称名万寿山，金海著称名昆明湖，应通行晓谕中外知之。

宣布改瓮山为万寿山，西湖为昆明湖。拓展后昆明湖与瓮山中心相对，关系平衡稳重，从景观构图上看，万寿山成为主体，昆明湖与万寿山山水环抱，彰显出皇家御苑庄严、隆重的氛围（图12）。

09

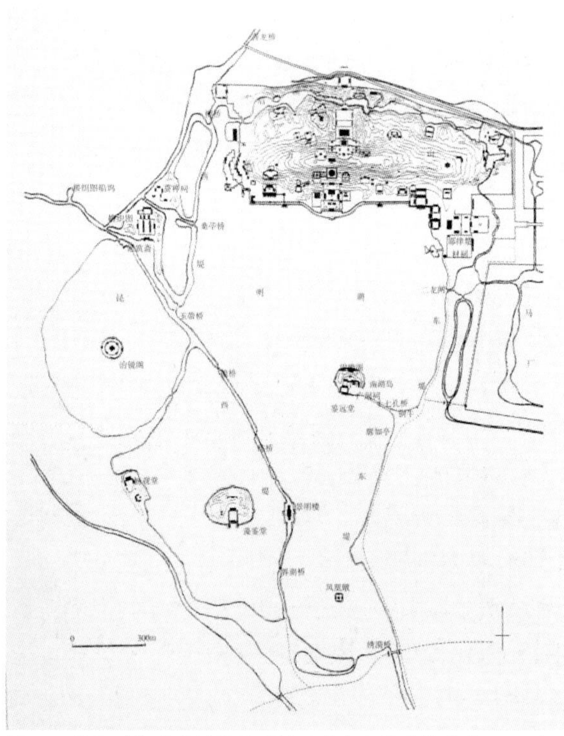

图12　乾隆时期清漪园总平面图（清华大学建筑学院，2000）

乾隆皇帝按照“养源清流”的理念，梳理香山、玉泉山一带泉脉水道，拓展元明以来西湖，作为调节水库，疏浚连接玉泉山与昆明湖的玉河和连接昆明湖与北京城的长河。同时又在玉河上游集原有零星河泡而成高水湖和养水湖，由于二者地势略高，修闸与玉河相连。经过对北京西郊水体此番大规模的整治后，形成了玉泉山—玉河—昆明湖—长河—护城河—通惠河—大运河这一立体水系，既解决了西郊水患，又为城市供水、农田灌溉、漕运以及园林建设提供了充沛的优质水源。

清漪园的地形整治，完美体现了阴阳相生相含的对立统一关系。疏浚西湖解决了昆明湖的水源和泄水问题，保证了最佳水位和清洁水质。拓展昆明湖直抵万寿山东麓，消除了原西湖与瓮山“左田右湖”的尴尬局面，开凿后溪河并连于前湖，利用后湖土方堆筑于前山的东端以及后湖北岸，改造局部的山形，最终形成了堪称上乘“风水”的山嵌水抱的地貌结构（图13）。这种地形整治，不仅丰富了万寿山的山体形态，而且还有利于植物的生长，为随后万寿山的植物种植奠定了基础（北京市颐和园管理处，2021）。

4.3　颐和园时期山水格局的变化

咸丰十年（1860年），清漪园及三山五园其他园林被英法联军付之一炬，一代名园惨遭劫难。光绪十二年（1886年），慈禧在清漪园的废墟上利用原有的山水、建筑、植物进行规划，根据不同的使用功能，通过复建、改建及新建景观建筑的方法，复建了清漪园最主要、精彩部分，并取“颐养冲和”之意更名为颐和园。颐和园沿用了清漪园的规划格局，再现清漪园的景观风貌，由于经费所限，只是根据局部功能的改变，调整了少数建筑群布局，山水格局上基本没有大的改变，只进行了局部调整。

一是水系方面。颐和园从清漪园的御苑变为集理政、居住、游览一体的宫苑，由于上游水脉没有遭到破坏，水源流畅，昆明湖依然为主要景观。颐和园修建工程进行了10年，虽然资金困难，没有完全按照清漪园的原貌复建，但仍沿用了清漪园的湖山地貌，为了使乘坐的御船不致搁浅，在湖中深挖几条船道，同时在昆明湖东、南、西添建大墙，补垫堤岸、添建桥座及涵洞若干。此时昆明湖湖泊面积比清漪园时有所减少，但由于慈禧常年居住在园内，昆明湖又得到了特有的维护和保养。为了慈禧太后游船方便，增设了多处码头，并在湖中种植了大面积的荷花。美国卡尔女士在她的著作《慈禧写照记》中有这样的描述：“太后御舟泊于一小岛附近，回望彼岸嵯峨之宫

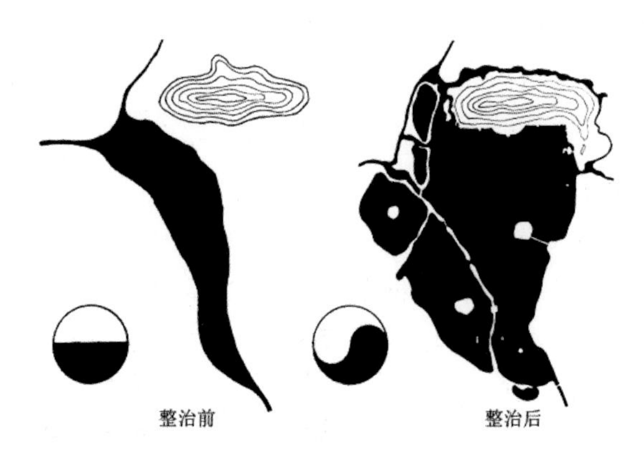

图13　瓮山西湖山水格局整治前后对比图（清华大学建筑学院，2000）

殿、穹形之桥梁、青翠之山色及洁白如玉之平台，则宛如画图一般。既而再泛舟至荷花香处，则幽香淡远，别饶一种胜致”。慈禧太后还经常坐船出入颐和园，清宫档案中记载她从水路进宫的路线：自寝宫乐寿堂前水木自亲码头上船，往南出绣漪桥水门入长河，顺长河至高梁桥畔的倚虹堂下船乘轿由西直门入宫。此时的昆明湖和上游的玉河及下游的长河仍归属清朝内务府管理，依然保持了清漪园时期的水源、水道、水面、水位，但自然环境比清漪园时已大为逊色。

民国时期，昆明湖没有得到妥善的维护和利用，只是在1936年4月对航道进行了一次清理。这次清理后的航道仅可通行一般小型船只，御舟因为船体大、载重深而不能行驶。

颐和园改为公园后，入水河道归工务局管理，为保证城内三海水位，控制了昆明湖出入水流，1928年中南海水涸，市政府派员查闭昆明湖出水涵洞，减少对颐和园周围水田的供水。1949年以后，国家对昆明湖的水位、水质都非常重视，进行了保护和调整。分别于1952年疏浚昆明湖西湖，1957年12月，先完成了西南湖的疏浚工程，1960—1961年春又疏浚了西北湖。由于昆明湖底沉积年久，1982年2月8日，出现了昆明湖历史上第一次全湖干涸见底。为了保护颐和园，保护北京历史风貌，再现昆明湖昔日的风韵，1990年11月至1991年3月北京市政府决定对昆明湖进行1749年后240年来的首次全面清淤。昆明湖清淤工程得到社会各界的广泛支持，此次清淤利用冬季有利时机，以机械施工为主，同时调动社会力量义务劳动，清挖面积120m^2，平均深挖57cm。清淤后的昆明湖，水澈如玉、碧波涟漪，恢复了清漪园时的湖光山色（颐和园管理处，2006）。

二是局部山体的变化。光绪时期重修颐和园，继续沿用万寿山、昆明湖的规划格局，但是不注重修养山貌，水土流失严重。光绪十六年（1890年）为在原怡春堂的旧址上扩建德和园戏楼，在万寿山起刨山脚，南北长56.7m，东西宽61.7m。1971年为供车辆通行，将宿云檐城关以东的万寿山山脚挖去一条；1972年配合游园会需要，将清漪园时在北宫门外东西两侧土山铲平。1981年为新建霁清轩餐厅，将眺远斋以东土山山脚切去一角。1949—1969年的20年间，万寿山个别山头下降1m，水土流失相当严重。

20世纪70年代初，对万寿山的保护开始引起高度重视。1973年将多宝塔下梯田恢复原状，改种常绿树。1974年开始包补前山山脚，1976年开始整修园内山路，1978年起开始包补后山山脚。1980年彻底调查了全山的山路及排水情况，之后用5年时间全面翻修园内山路，在山路两侧砌青石荷叶沟排水，并在重要部位砌砖、叠石包镶山脚，水土流失情况有所好转。1982年开始清理万寿山上的碎石乱砖。1992—1994年在全园绿化调整工程中，结合治山，平垫沟洼，恢复景福阁北至乐农轩东之山貌，并清理全山山坡面积14万m^2，增砌青石包山脚护坡1 520m，太湖石护坡454m，铺装云片石地面614m^2，翻修路面127m^2。清除全山杂草，改铺草坪30万m^2，不仅绿化了山貌，而且基本缓解了历史上遗留的水土流失问题（颐和园管理处，2006）。

三是部分景区院落的变化。如佛香阁下的大报恩延寿寺改建为排云殿，为迁走大报恩延寿寺内的佛像兴建香岩宗印之阁，由原来的三层高阁改为一层殿堂；惠山园（谐趣园），在经过嘉庆时期的改造与扩建、咸丰时期英法联军的焚毁、光绪时期的重建，最终形成谐趣园、霁清轩两组建筑，植物景观风貌也随之有所改变；再如耕织图景区，也从河湖交错、稻田棋布、蚕桑遍野的自然乡野、江南水乡景观，至光绪时期的昆明湖水操内外学堂，最终形成现在兼顾乾隆盛世时期皇家耕织文化与光绪时期水操学堂功能的景观特点；经过21世纪初期的恢复重建，加之颐和园周边环境的改变，京西稻田也已不复存在，耕织图三面建起了围墙，已无法重现清漪园时期农耕桑苎之盛况，要追寻清漪园时期所要体现的农耕、桑蚕文化以及江南水乡民居的韵味，也只能通过史料来进一步研究清漪园时期耕织图的景观格局了。

5 植物种植考

颐和园植物群落，是以万寿山为主体，在天然地貌的基础上，经过潜心规划，用不同的植物营造出不同的景观环境，具有深刻的文化内涵和道德寓意。

5.1 清漪园时期植物种植资料考证

查阅古籍文献资料，对于清漪园造园时期所用植物的记载相当少，对全面了解其植物风貌，只有通过现有古树分布、乾隆咏清漪园御制诗、文献记载及历代相关图片和照片来进行相关的推断分析。

清漪园兴建之前，瓮山上的林木并不繁茂，明时人称瓮山是一座“土色纯垆”“土赤坟，童童无草木”的秃山。随着清漪园的建设，万寿山上的人工种植开始起步，经过多年的栽植和从外地移植树种，逐步形成了由大片的针叶林和落叶、阔叶林组成的混交林。当时，万寿山北面大有庄的西北辟有林场苗圃名松树畦（至今仍有此地名），供应清漪园及宫廷各处所需树木。乾隆御制诗中有“黄山新移来，童童低枝松”“高下移植五鬣松，郁葱佳气助山容”“松有落叶者，乃在兴安北。我命带根移，培土平固密”等句，说明清漪园在造园之初不仅自己培养树木，同时由各处移来大量苗木。

5.1.1 古树名木分布

古树是园林景观的重要组成元素，对研究当地的气候、水土、空气等自然条件的变化都有着重要的价值，古树是活的历史文脉和历史风貌的见证，古树名木历经沧桑，承载着时空的变迁，印刻着历史的痕迹，是人类生活变迁史的真实见证物。古树名木是有生命力的“文物”，是历史文化遗产的一个重要组成部分，是园林兴衰的一个缩影。

清漪园造景本着因地适树的原则选种当地花木，万寿山前山以栽植耐盐碱、耐贫瘠土壤而又较喜阳的柏树，后山多栽植喜微酸性土壤、有一定耐阴能力的油松，经过270多年的风雨沧桑终于形成了今日前山柏、后山松的格局。在皇家园林中，松柏类植物具有江山永固、高风亮节、长寿等寓意，在造景中得到了广泛应用，其数量占全园古树总数的98.6%。全园古树集中分布在万寿山区域、东宫门—长廊—贝阙门沿线、后湖两岸、南湖岛、藻鉴堂等区域也有小的古树群落分布。

颐和园现存古树是从乾隆时期至道光、光绪时期陆续栽植的，基本上延续了清漪园时期的植物景观和脉络，根据颐和园古树名木分布图我们可以从它们的分布和搭配上推断乾隆在建清漪园时所要表达的植物景观意向（表1、图14）。

表1 颐和园古树分布位置

级别	树种	主要分布区域
一级	油松	万寿山、仁寿殿等
	圆柏	长廊、谐趣园、贝阙门、万寿山等
	侧柏	葫芦河、仁寿殿等
	白皮松	松堂、云会寺等
二级	侧柏	全园
	圆柏	全园
	油松	万寿山、谐趣园、霁清轩、松堂、后湖等
	白皮松	松堂、智慧海、排云殿、清华轩等
	槐树	南湖岛、国花台、仁寿殿、永寿斋、养云轩等
	楸树	长廊、仁寿殿等
	木香	南湖岛
	桑树	无尽意轩
	玉兰	邀月门

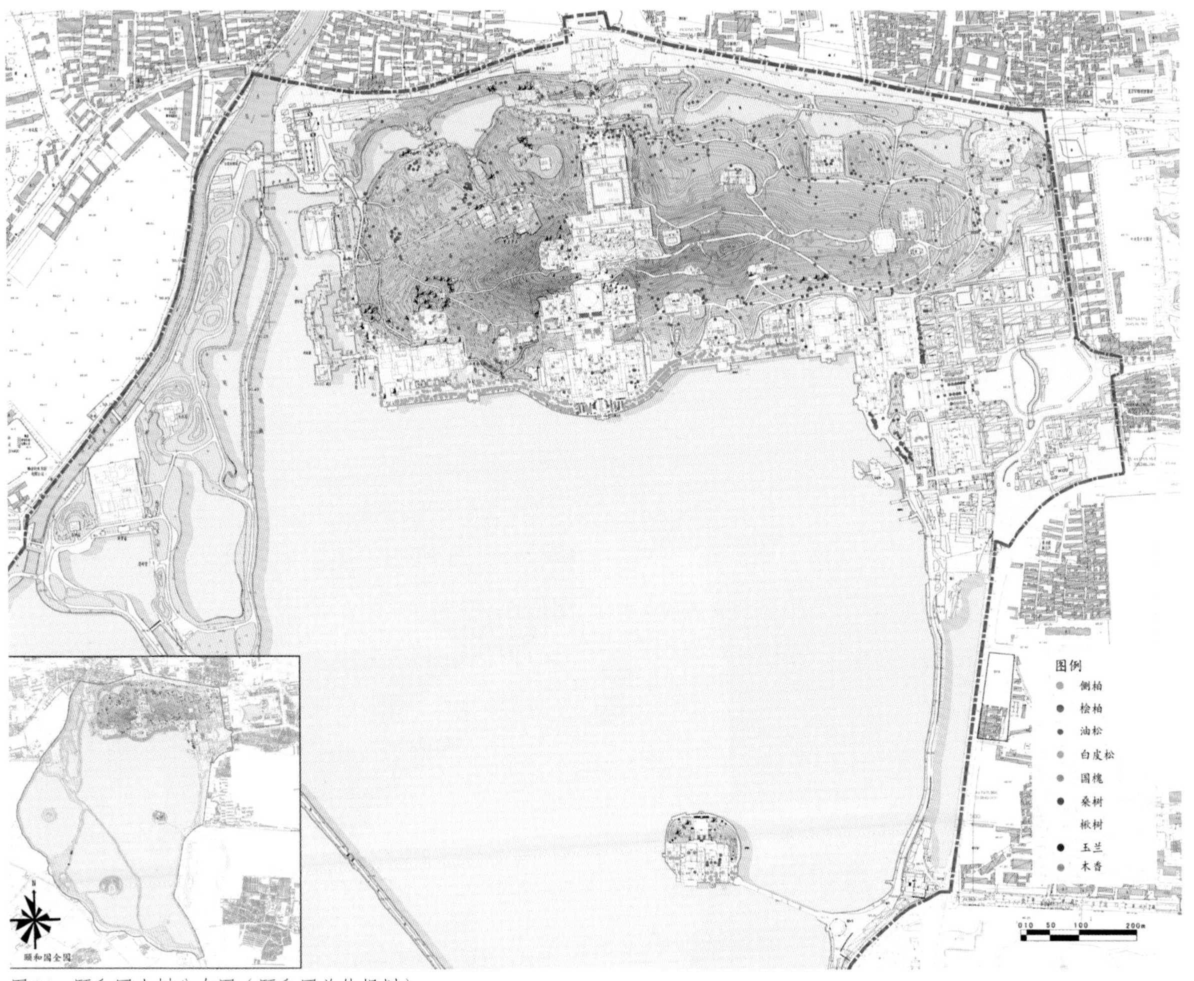

图14　颐和园古树分布图（颐和园总体规划）

5.1.2　古籍文献中的植物

史料《奏销档》《匠作则例》中相关植物的记载，能相对科学地再现清漪园建园时的植物品类和植物景观面貌。其中乾隆三十三年（1768年）《奏销档》92卷记载，圆明园、万寿山的树种有果松、罗汉松、马尾松、波罗树、柏树、槐树、木兰芽、明开夜合、苦梨、枫树、山桃、山榆、杨、山杏、红梨花、西府海棠、花红、山兰枝、山丁、千叶杏、珠子花、碧桃、紫丁香、千叶李、白丁香、黄绶带、青信、垂杨等。乾隆三十一年（1766年）圆明园、万寿山《匠作则例》中罗列了马尾松、柏树、罗汉松、红梨花、大山里红、白丁香、红丁香、棣棠花、文冠果、鸳鸯桃、杨树、大山杏、小山杏、山桃、柿子、核桃、马缨花、白梅、红梅、白碧桃、红碧桃、黄刺玫、探春花、垂柳、梨子树、沙果树、梅花、碧桃、迎春花、梧桐、樱桃、苹果、西府海棠、芍药等40余种的树木。

《日下旧闻考》《畿辅通志》等地方志书，也都记载了清代北京地区出产的特色植物。《日下旧闻考》中物产篇，对北京地区谷食、蔬菜、花葩、果实、草木、药物等内容进行了阐述，对全面了解乾隆帝建清漪园时期的苗木来源提供了佐证（表2）。

表2 《日下旧闻考》物产卷（149卷、150卷）记载植物

分类	植物名称	数量（种）
谷食	稻、粱、麦、穀（谷）、黍、稷、豆（黑豆、红豆、小豆等十八品）、糁子、蜀秫（高粱）、蔷等	约10种
蔬菜	山药、菜瓜子、葱、芜菁、芸、葵、茄、姜、堇菜、莱菔赪、莼菜、紫苏、笋（芦牙）、菜花、莿头菜、白菜（菘）、莙荙、蔓菁、茼蒿、葫芦、萝卜、王瓜、茄、赤根、青瓜、梢瓜、冬瓜、蒲、葱、韭、蒜、苋（马齿苋等）、茴茴、擘蓝、苦茴菜、百合、豆苗菜	约37种（菌类未录入）
花葩	芍药、牡丹、高丽牡丹、桃、梅、杏、李、柰子、频婆、樱桃、石榴、海棠、荼蘼、合欢花、枣、荷、芡、秋子、马缨花、紫荆、石竹、葵花、金盏儿、山丹、松丹、木香、蔷薇、刺薇、粉团月季、紫菊、金莲、马兰儿、大花菊、玉簪、楼子芍药、西府海棠、贴梗海棠、垂丝海棠、木瓜、白丁香、紫丁香、紫薇（猴狼达树）、千瓣石榴、黄刺玫、玫瑰、荷包牡丹、蜡梅、蓼花、白桃、红梨花、千瓣杏、山茶、水仙、探春、栾枝（榆叶梅）、蜀葵、罂粟、凤仙、鸡冠、十姊妹、乌斯菊、望江南、红白蓼、木槿、金钱、秋海棠、菊、荷花、千叶莲、夹竹桃、旱桂、栀子花、紫藤、晚香玉、老少年（雁来红）	约77种
果实	枣、栗、梨、桃、杏、李、白樱桃、葡萄（哈密葡萄）、苹婆果（苹果）、文官果（文冠果）、胡桃、榛、山桃、山杏、倒吊果（遵化）、樱额树、沙果、木馒头（无花果）、甘棠（杜梨）、芡（形如刺猬，糯粳两种）、石榴（白）	约21种
草木	松、柰、榛、桑、穀（构、柘）、椵木、白杨、椿、娑罗树（七叶树）、甜竹、苦竹、绿竹、示俭草、包茅（巴茅）、萱草（紫萱）、蓍草、芦苇、向阳草	约17种
药物（植物类）	壮菜、蕨菜、解葱、山韭、山薤、山葱、马齿苋、黄连芽、春芽、柳芽、荞麦花、海藻、木兰芽、芍药芽、山药	约15种（动物类未录）

5.1.3 乾隆御制诗中的植物

乾隆皇帝一生酷爱写诗，所作诗篇共计40 000余首，古今中外，论诗作数量之多，无人望其项背。乾隆皇帝作为燕山风月的主人，是清漪园缔造的总设计师，一生共来清漪园132次，赋诗1 500余首。乾隆御制诗对清漪园100多处景物除个别外，几乎处处咏有诗句，而且对同一景物不同季节的不同景观也有不同的诗句。在景物的诗句中，还常表明景观命名的由来、记述有关史料及事件等。在这些诗文中，大多真实再现了清漪园四季的美景，并对于植物景观意象作了深入浅出的阐释。作为文学作品，虽有为了对仗工整虚写植物的可能，但亦可与其他文献互相比对引证，不仅可以印证清漪园时期的植物种类存在的真实性和直观展现景观风貌，而且可以探索出植物景观配置的方法，明确植物的审美意境，为我们研究清漪园历史文化提供重要的资料（表3）。

表3 植物种类及其相关御制诗（北京颐和园管理处, 2010）

植物	年代	诗名	诗句
松	乾隆三十三年	云松巢	松与云为盖，云依松作巢。
柏	乾隆三十三年	新正万寿山即景	松柏参差得径曲，凫鸥高下喜冰消。
杨	乾隆十八年	新春万寿山	依稀梅蕊图江国，次第杨稊报岁华。
槲	乾隆五十三年	翠籁亭	一亭松槲间，槲凋松蔚翠。
槐树	乾隆二十二年	题嘉荫轩	高槐阅岁有嘉荫，傍树开轩具四临。
楸树	乾隆二十年	写秋轩	庭下种楸树，中人能尔为。
榆树	乾隆三十年	自高梁桥进舟由长河至昆明湖	沿堤垂柳复高榆，浓绿阴中牵缆纡。
桑树	乾隆二十一年	初夏万寿山杂咏	长堤几曲绿波涵，堤上柔桑好养蚕。
梧桐	乾隆二十一年	新秋万寿山	花气宜过雨，梧风最引秋。
枫	乾隆二十三年	新春万寿山即景	岩枫涧柳迟颜色，只觉森森翠意浓。
枣	乾隆三十三年	自玉河泛舟至石舫	竹篱风送枣花香，渔舍蜗寮肖水乡。

（续）

植物	年代	诗名	诗句
柳树	乾隆三十一年	新正万寿山清漪园即景二首	绿生湖水面，黄重柳梢头。
海棠	乾隆十七年	雨后御园即景	恰报庭前绽海棠，弄珠风韵腻人芳。
梅	乾隆五十一年	睇佳榭	梅情依屋暖，柳体怯堤寒。
桂花	乾隆二十一年	仲秋万寿山	桂是余香矣，莲真净色哉。
桃	乾隆二十九年	仲春万寿山即景	已看绿柳风前舞，恰喜红桃雨后开。
李	乾隆二十九	绘芳堂	哪知桃李辞春谷，欲看芰荷凋夏浔。
杏	乾隆四十八年	六兼斋	漫惜芳菲勒杏桃，东皇品类正甄陶。
荷花	乾隆二十五年	夏日昆明湖上	镜桥那畔风光好，出水新荷放欲齐。
荇菜	乾隆二十年	澹碧斋	荇带闲联藻，荷衣细纫香。
菰	乾隆十九年	晓春万寿山即景八首	春风凫雁千层浪，秋月菰蒲万顷烟。
香蒲	乾隆二十一年	初夏万寿山杂咏	青蒲白芷带沙溃，小艇寻常狎鹭群。
菱	乾隆二十三年	乐寿堂即目	昆明未泮雪初松，揩濯菱花朗鉴容。
芷	乾隆十九年	长河放舟进宫之作	汀芷堤杨风澹荡，诗情端不让江南。
蓼	乾隆十六年	昆明湖泛舟	秋入沧池激玉波，蓼花极渚晚红多。
芦苇	乾隆五十二年	水周堂	兴我渴贤意，蒹葭孰一方?
芰	乾隆二十五年	夏日昆明湖上	绿蒲红芰荡兰桡，不动云帆递细飙。
苹	乾隆三十六年	小西泠	绿树荫茏岸，白苹风点汀。
藻	乾隆十九年	知鱼桥	琳池春雨足，菁藻任潜浮。
藤萝	乾隆十八年	清可轩	萝径披芬馨，林扉入翳蔚。
芍药	乾隆二十三年	乐寿堂即目	只有勺园一片石，宜人常逻紫芙蓉。

09

5.2 样式雷图档中的植物

“样式雷”是对清代主持皇家建筑设计的雷姓世家的誉称，从清康熙皇帝开始直至清末两百年间，雷氏共八代人主持了皇家建筑设计，包括圆明园、承德避暑山庄、北京故宫、天坛、颐和园及清东陵和西陵等这些列入世界文化遗产的建筑设计都是出自“样式雷”家族，其遗存20 000多张图纸于2007年6月被联合国教科文组织列入“世界记忆遗产名录”。自第三代传人雷声澂至第八代传人雷献彩，前后150余年，“样式雷”家族见证了清漪园（颐和园）从始建、辉煌、衰败、焚毁到重生的全过程，以及在此举行的历次万寿庆典，参与或直接主持了相关工程的设计工作。这些图档内容丰富，涉及遗址勘测、建筑方案设计与做法说明、山石设计、游船小品设计、点景工程设计等，是雷氏家族全面参与清漪园、颐和园相关工程的实证。

据统计，颐和园的样式雷图档有1 000余种，主要收藏在中国国家图书馆、中国第一历史档案馆、中国国家博物馆、故宫博物院等处，其中国家图书馆收藏最多约有800件，现已出版687件。颐和园中的样式雷图样大部分绘于光绪重修颐和园时期（1886年前后）。样式雷图档主要内容以建筑、装修纹样为主，涉及植物种植的很少。虽然植物在样式雷图中出现的频次较少，处于建筑的从属地位，但是在图纸中标注的位置、数量准确，具有御制诗等其他资料不具备的优势，为准确了解植物景观提供了重要的参考依据，具有重要意义。

植物在样式雷中多以空心圆表示，大多会标注植物的名称种类，也有只标注“树”。颐和园中样式雷中标注的树种主要有松树、榆树、桑树、牡丹等皇家园林常用的树种。值得注意的是，图中对于松和柏是不做区分的，所有柏树都标记为松树，并且松树也不区分油松、白皮松、华山松（国家图书馆，2018)（图15）。

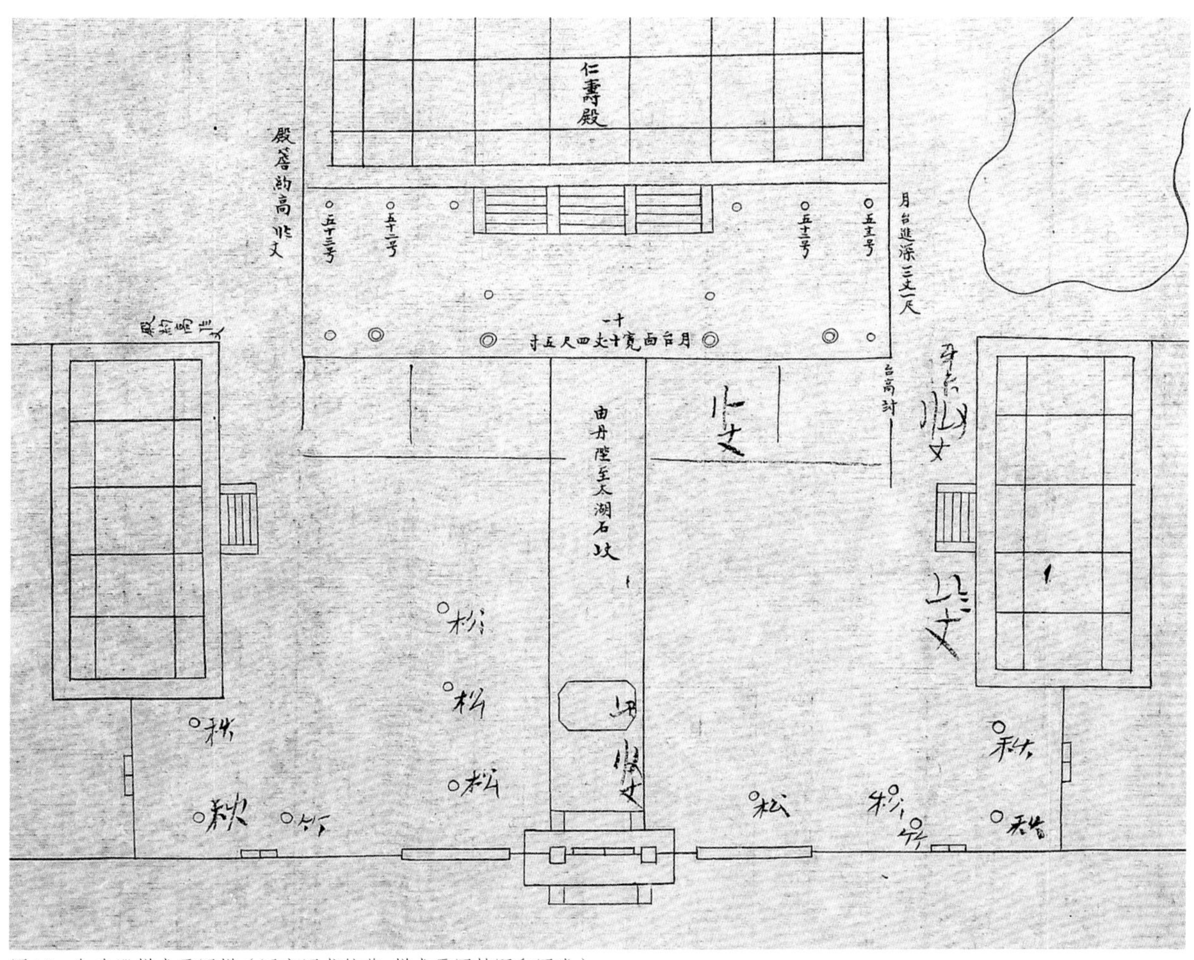

图15 仁寿殿样式雷图样（国家图书馆藏 样式雷图档颐和园卷）

图16 《崇庆皇太后万寿庆典图》局部（故宫博物院藏）

5.3 清代宫廷绘画和老照片

清代宫廷绘画大致可分为纪实绘画、装饰绘画、历史题材和宗教绘画等4类，具有重要的史料和艺术价值。如故宫博物院收藏的《崇庆皇太后万寿庆典图》描绘了崇庆皇太后六十大寿时的景象，画卷用写实的手法复原了乾隆为母祝寿的盛大场面，其中关于清漪园内植物的描绘，也可以作为推断当时植物种植的情况（图16）。颐和园老照片和现存的一些图片也能够成为探究颐和园植物景观风貌的直接证据。颐和园老照片里记录的颐和园变迁的遗迹，也对植物风貌的研究有一定的借鉴意义。

5.4 楹联匾额中的植物材料

楹联、匾额被公认为中国园林的标题风景，作为一种文学样式出现在园林中，以其凝练和极具概括力的艺术效果，很好地表达了园林植物所营造的意境美。匾额、楹联与园林的融合，是中国诗画与园林共同追求的目标。在中国古典园林里，造园者其情感、意趣和对时空的感受与园景之间的关系，比各景物之间的相互关系要重要得多。颐和园是现存楹联、镌刻、匾额较多的皇家园林，据不完全统计，颐和园现存各类楹联、匾额不下百余处，可谓五步一匾、十步一联，这些匾额楹联与园林建筑相结合，起到了很好的点题作用，许多题名匾都为景观意境做了铺垫，联古咏今表现出诗意化的主题，为探究植物造景提供了研究依据。因此，深入分析颐和园现存楹联匾额中所体现的景观意境，也是探索造园者有关园林植物如何配置及其营造方式的重要依据。

玉澜堂在清漪园时乾隆帝常容政用餐，颐和园时被作为光绪帝的寝宫。明间外檐匾额“玉澜堂”，语出晋代诗人陆机的诗句“玉泉涌微澜”。殿内外的两副楹联“渚香细裛莲须雨，晓色轻团竹岭烟”及“曙光渐分双阙下，漏声遥在百花中”，形象地点染出玉澜堂烟雨蒙蒙、荷香细细、水光浸晓、曙色映阶的迷人景观。玉澜堂的东配殿霞芬室前后檐“障殿帘垂花外雨，帚廊帚借竹梢风”和“窗竹影摇书案上，山泉声入砚池中”的楹联，展现的是一派帘外细雨润花、和风拂竹，室内泉声竹影、墨香满案的美景。玉澜堂庭院西边临湖建有夕佳楼，其名出自陶渊明《饮酒》诗句“山气日夕佳”，意为观赏夕阳佳景之楼。檐、柱间的几副匾联“隔叶晚莺藏谷口，唼花雏鸭聚塘坳”“锦绣春明花富贵，琅玕画静竹平安”“凤生闾阖春来早，月到蓬莱夜未中”“雨晴九陌铺江练，岚嫩千峰叠海涛”，生动地描绘了此处当时莺啼鸭鸣、花竹扶摇、水澄山清、皓月当空的迷人夜景。再如宜芸馆在清漪园时为乾隆帝的书房，颐和园时为光绪皇后隆裕的寝宫。宜芸馆外檐匾额“宜芸馆”，意思即宜于藏书读书之馆。其楹联“绕砌苔痕初染碧；隔帘花气静闻香”（图17）。渲染了院内清新静谧的气氛：石阶周围苔迹渐渐现出碧绿，花气透过竹帘静静送来幽香。东配殿道存斋楹联：“绿竹成荫绕曲径；朱栏倒影入清池”，点出院中竹荫曲径，池映红栏的幽静景象，“霏红花径和云扫，新绿瓜畦趁雨锄”，则表现出宫人雾中清扫落红的花径，趁雨耕锄嫩绿的瓜田这样一幅动态画面。西配殿近西轩楹联：“千条嫩柳垂青琐；百啭流莺入建章”，条条嫩柳低垂着掩映宫门，婉转的鸣莺欢叫着飞入御苑。还有乐寿堂东配殿匾额“舒华布实”以及云松巢等都是对植物种类和景观意境的描写（颐和园管理处，2006）（图18）。

图17　宜芸馆楹联（闫宝兴 提供）

图18　乐寿堂东配殿匾额（闫宝兴 提供）

5.5 现代研究

1990年，在北京市有关部门、国家自然科学基金会和地质行业基金委等部门的支持下，趁昆明湖清淤之际，由原地质矿产部地质研究所、岩矿测试研究所、矿床地质研究所、中国地质学会，中国科学院植物研究所、动物研究所、地质研究所，原河北地质学院和颐和园管理处9个单位20位专业技术人员在湖底进行采样，从多学科用多种测试手段进行"从昆明湖湖底沉积物探讨北京西山地区气候变化和环境的变迁"课题研究。课题历时6年3个月，在1996年3月完成研究报告。

研究成果显示昆明湖的前身瓮山泊形成于3 500年前，依孢粉分析资料，将3 500余年的北京西山和邻近地区的气候和环境划分为6个阶段：

第一阶段（距今3500余年—3000年）：这一时期气候偏凉，属干旱性气候。湖区由河漫滩向湖沼发展，是昆明湖区雏形形成区。湖区周边生长着稀疏的草原植被，蒿属和禾本科植物占优势。

第二阶段（距今3000—2300年）：这一时期的气候经历一个气温增高－降低－增高过程。湖区作为天然湖体已经形成，周围植被出现以松为优势并夹有栎、桦、椴等针叶阔叶混交林期，形成山地植被垂直带谱的特征。该阶段早、晚期森林覆盖率较高，但组成树种仍较单调，灌木和草本植物较第一阶段丰富，伴随木本植物的增多，挺水植物和浮游藻类增加。

第三阶段（距今2300—1500年）：这一时期湖区周围早期气候仍处于春秋—秦汉时期温暖期，到后期气候向干冷转化，此时相当于东汉—六朝寒冷期。在此阶段早期，湖区周围乔木花粉数量明显增加，出现以松为主的针叶和阔叶林混交林共存。进入这一阶段后期，随着气温下降，蒿属花粉数量明显增加，落叶阔叶乔灌木的花粉数量明显减少。

第四阶段（距今1500—244年）：这一时期湖区周围的气候总趋势为温干，在公元11世纪前后，曾出现长160年左右的短期寒冷期，这一时期相当于中唐、五代寒冷期。在这个阶段内乔木和落叶阔叶树的孢粉数量较第三阶段有明显减少，出现一些适应性强的榆树、杨树和草本状蕨类——中华卷柏及禾本科植物。禾本科植物花粉数量的增加与当时湖区周围种植水稻以保证京城对稻米需求增加密切相关。在这近1 300年间，在自然和人为双重影响下，昆明湖水域内有机物增加，尤其由于人工种植作物使湖面减少，水向富营养化发展，微体浮游藻类相应增加。

第五阶段（1750—1966年）：这一时期湖区的水体由原来的天然湖改变为人工湖。湖区周围（包括湖区内部）人类活动明显增加，周围植被随之减少，沉积物分析所得的孢粉数量较第三、第四阶段有所下降，但其中一些人工栽培的栗、胡桃、槭、榆等落叶阔叶树种的花粉数量明显上升，人工栽培的水生植物——菱、莲的花粉数量也明显增加。但在这200余年的时段内，战争和各种人为因素也对昆明湖邻近的西山地区的植被产生深刻的影响。在该带出现的炭屑峰值，则有可能是由于1860年和1900年颐和园先后遭受人为火的记录。随着西山地区泉水水源的匮乏，湖中沼生植物增多，湖水变浅，湖体向富营养化发展。

第六阶段（1966—1990年）：由于这一时期湖区内水源供应状况得到改善，人类活动对其影响加大，沉积物中的孢粉总量明显增加，一些人工栽培的树种，如栗、胡桃、桦、栎、榆、朴、椤、枫杨、槭等落叶乔木和忍冬、丁香、蔷薇等灌木花粉浓度也都明显升高（黄成彦，1996）。

昆明湖作为在温带自然水体上形成的人工湖，其沉积物具有时间序列的孢粉组合，反映了中国历史气候记录的一致性。课题通过对昆明湖3 500余年沉积物中孢粉的研究，该研究在分析的77个孢粉样中，统计孢粉总数19 320粒，它们分属于79个植物科属，其结论也能为颐和园植物种类的考证，提供一些科学性依据（表4）。

表4　昆明湖3500年沉积中孢粉测定的历史植物一览表

类型	植物名称
针叶乔木	油松、冷杉、云杉、侧柏、落叶松、铁杉、白皮松等
落叶阔叶乔木	栎、构树、君迁子、槐树、龙爪槐、合欢、山皂角、槲树、臭椿、香椿、白蜡树、梧桐、小叶杨、元宝枫、银杏、楸树、栾树、漆树、旱柳、绦柳、椴、桑树、鹅耳枥、杜梨、朴、大果榆、榆、枫杨、胡桃、榛、桤木、槭等
落叶灌木	黄栌、卫矛、花椒、蛇葡萄、杜鹃、忍冬、鼠李、丁香、梾木、五加科、胡颓子、豆科、芸香科、蔷薇科等
旱生小灌木	麻黄、白刺
果木	枣树、柿树、栗子树、李、桃、苹果、白梨、秋白梨、山楂、核桃等
花木	白玉兰、辛夷（紫玉兰）、二乔玉兰、山桃、碧桃（白碧桃、洒金碧桃、复瓣碧桃）、杏、西府海棠、木瓜、紫薇、榆叶梅、黄刺玫、木香、毛樱桃、玫瑰、月月红、珍珠梅、白玉棠、棣棠、连翘、紫丁香、白丁香、探春、金银花、紫荆、牡丹、紫藤、迎春、梅花等
宿根花卉	芍药、玉簪、荷花、睡莲等
温室花卉	金桂、银桂、丹桂、四季桂、夹竹桃等
中生或湿生草本	禾本科、车前、唐松草、山萝卜、伞形科、葎草、蓼、大戟科、十字花科、唇形科、地榆、旋花科、老鹳草、百合科、莎草科、石竹科等
广域生草本	蒿、紫菀等
旱生或盐生草本	藜科等
水生植物	香蒲、黑三棱、眼子菜、菱、莲、荇草、狐尾藻、茨藻、槐叶萍、萍、睡草等
浮游藻类	盘星藻、转板藻、双星藻、四角藻、新月藻、鼓藻等
蕨类	中华卷柏、圆枝卷柏、水龙骨科、海金沙、里白等

6 植物的培育和养护

6.1　植物的种植和培育

清漪园兴建之前，瓮山上的林木并不繁茂，明时人称瓮山是一座“土色纯垆”“土赤坟，童童无草木”的秃山，明时人刘效祖《咏瓮山耶律祠》的诗中亦有“迢递荒山下，披榛拜古祠”的句子。而与瓮山毗连的西湖，在元代时便有荷塘，是北京西北郊著名的风景区。明代时更是“莲花千亩”“盛夏之月，芙蓉十里，堤柳丛翠”“长堤五六里，堤柳多合抱”，荷花和堤柳极为兴盛。

万寿山上人工种植植物群落始于清乾隆十五年（1750年），经过多年的栽植和从外地移植树种，逐步形成了郁郁葱葱的大片针叶、落叶阔叶乔木树种组成的杂木林。据清宫档案记载，乾隆年间还曾将为清漪园培养的树木移植他处，“泉宗庙等处由万寿山培养树株移植树木二百二十棵”“三坛内枯木于清漪园培养之树木内移往补栽”。乾隆二十九年（1764年）乾隆帝御制诗中有“新松欣与旧松齐”句，三十年（1765年）又有“苍松傲冻耸孱顶”句，三十二年（1767年）再有“林风翻翠”句，证明万寿山上的植物在清漪园建成时已经培育成景。

清漪园时植物种植非常重视景观效果，通过栽植不同的植物品种来突出景观特色，渲染不同的景观意境。在万寿山上遍植苍松翠柏。松、柏四季常青，岁寒不凋，被视为“高风亮节，长寿永固”的象征，深为封建帝王和文人所爱，是皇家园林、宫殿、陵寝、庙宇的主要树种。万寿山前山栽植耐盐碱、瘠薄而又喜阳的侧柏，后山栽植喜微酸性、耐阴的油松。昆明湖植物配置以荷柳为主，西堤沿岸间种桃花，形成“满山松柏成林，林下缀以繁花，堤岸点间种桃柳，湖中一片荷香”的景象。在耕织图景区除桃柳之外还种植桑、芦苇，突出江南水乡的特色。

在园内的庭院内，根据建筑的不同功能和使用性质，种植不同的植物，营造各自的景观特色。如在大报恩延寿寺、勤政殿等主要庙宇和宫殿中，以对植或行列式栽植柏树，来突出其庄严肃穆的气氛；在乐寿堂、玉澜堂、宜芸馆等游憩、赏景的场所，则以种植花卉为主，树木为辅，以渲染愉悦闲适的生活情趣。

1860年（咸丰十年）“英法联军”火焚清漪园，前山中部树木全毁，全山建筑四周树木严重被毁（图19）。光绪时期，慈禧太后在被英法联军焚毁的清漪园废墟上重建颐和园时，沿用了清漪园的林木规划，对万寿山松柏等进行补植，仍保持山地以松柏为基调、昆明湖以堤柳为主的风格。从1900年八国联军侵占颐和园后拍摄的一幅照片看，万寿山上栽植的3.5m以上的大树较少，2m左右的小树较多，为保持植被覆盖还保持着大量的杂树蒿藤。1994年，在对万寿山上古松进行年轮鉴定时也发现了许多光绪年间补植的树木，其中苏州街西侧1株油松有98年树龄，栽植于光绪二十五年（1899年）。这些补植的树木说明慈禧在修建颐和园时，同样效仿了乾隆修建清漪园的植物培育手法（颐和园管理处，2006）。

颐和园是慈禧长期居住的行宫，与清漪园仅为御苑的性质不同，颐和园时期的花木配置更注重名贵花木的养植和庭院花卉的造景。当时，园内各主要庭院布置的花卉多由各处进贡。乐寿堂院内的两株盆栽翠柏，来源于庆亲王进献给慈禧太后的寿礼（今日乐寿堂院内的两株翠柏是根据

图19　1860年后的清漪园万寿山（颐和园老照片）

此记载恢复的景观）。仁寿殿、乐寿堂院内各4株海棠，是光绪中叶从极乐寺移来的极品苗木，当时就很有名。光绪二十九年（1903年），在排云殿东建国花台，“依山之麓，划土为层”，其上满植山东进贡的名种牡丹。排云门前两侧当年还各植有一丛名贵的太平花，香气袭人，深为慈禧太后所爱（图20）。各地的大臣进献慈禧大量兰花，供奉在颐和园。在1902年和1903年的重阳佳日，慈禧太后将用上等瓷盆栽植的各色菊花数百盆送给各国公使馆和公使参赞夫人。当时，乐寿堂等处曾植有白杏、柿树，万寿山上有葫芦枣、白桑椹等植物品种。美国女画家卡尔在《慈禧写照记》中描述当年园中花木情况：“颐和园中所植花草极多，草地上每经数步，亦有名花一堆，名花佳卉，无虑千百种，而新陈代谢，四时不断”“乐寿堂供列花草极多，香气扑鼻，令人心醉。斯时，蕙兰正盛开，其香幽雅淡远，太后亦酷嗜之。其花盆为古瓷所制，间亦有景泰蓝者。除兰花外又有莲花多种，奇馨醉人。太后平生酷爱鲜花，凡之寝宫、朝堂、戏厅及大殿等处，名花点缀，常年不绝。太后常以莲或茉莉之花冠，置于浅盆之中，其排列次序则作繁星状，既美观又不失香味”“湖心植有菱荷之属，花时，香气沁人肺腑”“太后酷爱葫芦，园中设葫芦棚多处”“果园中遍植苹果树千枝，郁郁葱葱，景色复佳。苹果往往以之为佛前之供品，称为圣品”（颐和园管理处，2006）。

1924年，末代皇帝溥仪被驱逐出宫，颐和园收归国有。1928年7月1日，内政部颐和园管理事务所向清室办事处经理颐和园事务所接收树木花草，盆花共有16种454盆。其中大小桂花230盆、梅花50盆、丁香20盆、夹竹桃30盆、石榴树30盆、凤尾兰16盆、木香12盆、无花果20盆、黄杨1盆、枇杷果1盆、香橼4盆、月季花8盆、迎春24盆、紫薇4盆、南天竹4盆。1929年开始对园内花卉进行补植。在仁寿殿北花台、排云殿花台补植芍药16株。在国花台、仁寿殿、排云殿、山色湖光共一楼等处花台补植月季、玫瑰等100株。至1930年，仁寿殿南花台有牡丹47株，北花台有牡

图20　排云殿前太平花（颐和园老照片）

丹39株，芍药3株；排云殿院内芍药18株，院外月季2株；乐寿堂前后东西四院有牡丹7株，芍药23株，月季3株；国花台有牡丹94株；无尽意轩前有芍药49株；谐趣园内有芍药19株，月季4株。同年，还在园内增植了非洲菊、洋绣球、盆栽柏树、蜡梅、木槿等品种，使盆栽花木达到20种大小448盆。为美化环境还购买了菊花，并在宜芸馆等处种植美人蕉、四季海棠、金鱼海棠、龙头海棠、荷兰绣球、四季绣球、洋绣球、倒挂金钟、凤仙花、蓝翠鸟等草本花卉，增加了园林的花木品种。1932年，因各花台缺株，由山东曹州购进牡丹200株，补植各处。1935年3月，在后山中御路种植山桃花200株，11月购海棠104株。1936年，中山林场拨来马尾松5 000株、合欢500株。北平农事试验场赠珍珠梅、元宝枫、迎春、石榴、榆叶梅、藤萝、山桃、美国桃、圆桃、扁李栽植各处。1937年，长廊南侧栽榆叶梅85株，景福阁西山坡种山桃100株。同时，后山栽种马尾松7 000株，但成活率不高。1938年，沿东堤园墙种植毛白杨300株，在昆明湖沿岸及西堤垂柳间种植山桃460余株。伐除后山后溪河地区枯死及不适当树木，并增植桃、李、樱、杏等树木。1938年在东宫门前广场中心新筑圆形花坛，培植各色花卉。

1949年中华人民共和国成立时，颐和园的西堤地区还是1860年“英法联军”破坏后的荒芜面貌。昆明湖自廓如亭以南的东岸及南岸、西岸与园墙间满生杂草，难于通行。西南、西北湖面满生蒲苇，船只不能进入。后山上，1860年破坏的建筑残墙断壁中滋生杂树，满地荒草。前山前湖地区树木缺株，多病多害，失修失养严重。当时对园中植物进行调查，查得树木直径在10cm以上者总计9 278株，其中：侧柏6 459，油松397株，白皮松15株，杨145株，柳912株，榆732株，刺槐11株，槐树81株，桑143株，椿15株，楸15株，胡桃23株，合欢30株，元宝枫10株，白蜡7株，柿5株，梧桐10株，其他树种268株。著名花木品种白玉兰9株，其中邀月门前2株（南大北小）、乐寿堂前青之岫西2株（其中西边1株已衰老）、乐寿堂后5株（北4株，南1株），紫二乔玉兰有2株，其中乐寿堂后1株、宜芸馆后1株（小株）。西府海棠8株，其中仁寿殿前及乐寿堂前各4株。国花台上只有牡丹7株，排云门前太平花2株（小株）。养花园土花洞中有桂花72盆，梅花26盆，石榴27盆，夹竹桃30盆，迎春40盆，香橼6盆，朱锦牡丹10盆，橡皮树10盆，碧桃2盆，南天竹1盆，月季15盆，蔷薇1盆，枇杷1盆，铁树1盆，棕榈2盆。

新中国成立后，修复植物和植被环境成为当务之急。在保护古树名木的同时，颐和园依照原有的植物配置风格，对树木进行补植、增植。1949年雨季，开始种植马尾松，并在宿云檐以北柏树林补植柏苗。1951年补植、增植万寿山上松柏及昆明湖岸桃柳，1952年补植玉兰及其他原有树种，增植梧桐、楸树、槐树、元宝枫、合欢及迎春、山桃、杏、紫荆、榆叶梅、黄刺玫、丁香、连翘、木槿、紫薇、黄栌等新树种。在后山植成紫薇路、连翘路、丁香路，并以黄栌为后山秋色平添新景。对于严重缺株之牡丹花台，自1949年起开始补植，至1957年已达500株。对原有乐寿堂东西两院、无尽意轩前芍药花圃进行了补植，又新增宜芸馆后、后山松堂前和后溪河东岸等处花台种植芍药。自1950年起，开始繁殖菊花、大丽花，年约2 000盆。1956年大丽菊1盆开花最多达380朵，独朵菊最大花径达52cm，悬崖菊最长达116cm。1960年开始对西堤地区进行植物补植，并在后溪河两岸进行重新绿化，共植树9 672株，其中常绿树4种3 336株、观赏树10种3 948株、果树4种1 734株、花木4种654株，品种有油松、云杉、圆柏、侧柏、柳、加杨、木槿、紫藤、江南槐、榆叶梅、碧桃、连翘、黄刺玫、白玉棠、丁香、山玫瑰、柿、苹果、核桃、花椒、太平花、月季、玫瑰、蔷薇等。

1958年北京市园林局提出“绿化结合生产”方针，在后山多宝塔下至山东的乐农轩之间的山腰，开梯田4.7hm^{2}种果树，并在后山密植刺槐、臭椿、泡桐、榆树、杨树和核桃等速生树种和果木，破坏了园林植被应有的风格，也影响了夹杂其间的古树和造景树木的生长。1960—1962年，全部花坛改为花菜合圃。1966—1971年，颐和园的植物管理工作更是受到严重影响，树木数量减少，园内的植物、植被受到极大的破坏。

1972年，颐和园的园艺工作重新步入正轨，恢复了按原有风格进行植物配置和补植的工作方针。1973年将后山果树梯田填平，恢复山林原貌。1976年提出重新绿化西堤地区，向恢复清漪景观迈进。1980年后按照恢复清漪园时期景观的要求，配合南、西园墙外移，重新设计绿化西堤地区。由于光绪年间昆明湖三面增建园墙，无法恢复清漪园时与园外稻田连成一片的景色，只能按照昆明湖历史上以柳桃争春为主的清幽风格安排花木配置。西堤绿化设计的范围包括原有西堤地区、凤凰墩地区及外移园墙所增加的地区。首先清除堆积在凤凰墩与西堤之间之淤泥，恢复岛堤分开，并全面进行新植、补植。大量种植柳树、山桃、碧桃、黄刺玫、玫瑰以及海棠、丁香、紫薇、红叶小檗、紫叶李、金银木、沙地柏、西安刺柏、龙爪槐、连翘、栾树、桑树、水杉、探春、龙桑等树种，进行不同花期的美化，并种植早园竹、箬竹等竹类，以地锦攀缘园墙。至1985年11月，园内树木已有115种32 510株，其中常绿乔木15 564株、常绿灌木339株、落叶乔木10 584株、落叶灌木4 980株、果树1 043株，还有攀缘植物521株、绿篱5 849.1株、草坪1 0937.5m^2。绿化面积达46hm^2，覆盖面积42hm^2，覆盖率93%。其中，常绿乔木松柏占树木总数48%，保持万寿山松柏常青的景观，名木玉兰已有29株，恢复乐寿堂玉兰满园的景色。1988年，颐和园管理处对包括藻鉴堂、畅观堂、治镜阁在内的颐和园西区进行环境整治，彻底清除了逾32万m^{2}地区的野草杂树、乱石垃圾，新植树木2 700多株、地锦7 000多株，修剪乔灌木1万多株。至1989年各种观赏植物（乔灌木、攀缘类、绿篱）共达115 010株（颐和园管理处，2006）。

2008年，颐和园传统特色桂花花期控制试验取得成果，试验于2005年开始，成功地将桂花花期由9月中下旬提前至8月初，成果增加了奥运期间颐和园精品花卉品种，首次解决了桂花花期提前开放的技术难点，填补了桂花科技领域的空白。

6.2 绿化调整

颐和园在历经200多年的风雨后，以万寿山为中心的绿化布局原貌和造景手法已模糊不清。新中国成立后，颐和园被列为第一批国家文物保护单位，经过40多年的恢复和发展，绿化工作取得了很大的成绩，但由于历史上的诸多原因，原有的山形地貌和绿化格局发生了很大的改动，一些不合理的植物群落结构也破坏了原有园林意境的表达。为了恢复、完善、重现清漪园时期的植物景观，1991年11月在园长王仁凯的策划和主持下，经过大量调查研究和诸多专家学者论证，颐和园管理处自筹资金，开始进行以万寿山为主的全园绿化调整工程。

调整工程从改造颐和园绿化布局的空间结构、时间结构和群落结构着手，利用不同植物的不同特征及其组合后产生的效果和气氛，塑造颐和园的整体美感。空间结构的调整依据植物造景“嘉则收之，俗则屏之”的典型要求，去除了大量与景观不协调的杂树，进行了大面积的各具风格的植物造景。调整过程中清除杂树2 163株，在万寿山上下新植4m高的松、柏，以保持万寿山上前松、后柏的空间布局；在昆明湖沿岸新植4m高垂柳，更新已枯旱柳1 000株，在东堤、西北湖西岸、藻鉴堂和畅观堂等处栽种体形大、树姿优美、树冠浓密的松柏树980株，以丰富昆明湖水域植物的空间结构，沿湖按大面积播草的同时，还保留了大片的二月蓝、紫花地丁等野生花卉，草坪和野生花卉交相辉映，充分体现了“康乾”园林中“借芳甸为之助”的手法。调整后的颐和园植物空间结构，或疏或密、或屏或透，使建筑掩映于绿荫之中，形成了植物景观与建筑景观的完美配合。

空间结构的调整，必须与植物的时间结构调整相配合。从现存古树的树龄结构看，颐和园现有300年树龄的一级古树97株，有百年树龄的古树1 510株，有50年左右树龄的大树约3 000株，其余多为滋生杂木，在时间结构上存在断层。为填补古树和新植树种的年龄代沟，建立合理的植物时间结构，调整中所植万余株乔木绝大部分选用20～30年树龄的常绿乔木和落叶乔木。万寿山后山中部两侧，山体环境由于坡陡、土质差，一直处于荒秃状态，土山上虽有一些杂木，但多为落叶树，冬季树木凋零后，一派凄凉景象。这次改造在整理了周围的山形地貌之后，有意识地密植了松柏等大型常绿树500多株，使得此地即使在冬季也满山苍翠、郁郁葱葱。

调整植物的空间结构和时间结构必须考虑其群落结构，针对颐和园地被植物荒芜繁杂、植物群落紊乱的情况，颐和园植物的群落结构也做了较大调整：以现有古树为重点，考虑周围环境配置树木，使之既能组群完整，又能烘托古树风姿。调整后的植物群落结构是前山以常绿松柏树、阔叶树形成常绿阔叶混交林和针叶纯林。后山分为4个群落：第一群落在松堂以东，分成3块，松堂东侧至东桃花沟西侧以黄栌、山桃为主；东桃花沟一带以圆柏为主；中御路以北保持松槲混交林，并有栾树、黄栌、丁香、元宝枫、刺槐和白蜡等阔叶树种。第二群落在松堂以西，以柏树为主的纯林。第三群落由丁香路往东，为松柏树和桃树构成的混交林。第四群落在中御路以北与苏州街以东，保持松槲混交林相，其他阔叶树种有栾树、黄栌、丁香。西堤植物以桃柳树为主。湖中水生植物以荷花为主。另外，人工草坪的种植也是调整和完善颐和园植物群落、保持生态平衡的重要举措，人工草坪选择高羊茅、早熟禾、黑麦草、结缕草等多个品种，分别在仁寿殿、前山山坡、后山中御路两侧、谐趣园、苏州街、西区等处进行撒播，当年8月已绿草如茵，满园生机。通过绿化调整，还改造了万寿山因诸多原因形成的水平条、“梯田”等地貌，再现了古人造园立意和景观画面，对颐和园的山形水系起到了积极的保护作用。绿化调整工程历时3年，于1994年3月完成。全园共调整种植树木12.6万余株，其中常绿乔木8 840株、常绿灌木204株、落叶乔木2 320株、落叶灌木21 918株丛、攀缘类71 820株、竹类17 022根、宿根花卉4 240墩，铺草坪30万m^2。此次调整突出了皇家园林松柏常青、旷远舒展的园林意境，基本再现了清漪园和颐和园两个时期园林绿化布局风貌，被誉为是造福子孙、荫及后人的重大举措。

2002年颐和园完成运河南岸绿化改造、东堤一线绿化美化工程。是年，新增绿地面积32 280m^2，新植、移植各类植物2.27万株，补草坪1.5万m^2，播种地被3.6万m^2，荷花种植面积规模扩大2倍，清除野生杂芜4 000余株，修剪大规格乔木500余株。

2003年万寿山园林生态保护工程竣工。工程分一期、二期工程两个阶段，一期工程包括绿地灌溉工程、万寿山园林生态保护工程两方面内容，工程采用现代节水技术在万寿山建立一个由中央气象数据控制中心控制的全智能灌溉系统。同时，采用先进喷播技术，在万寿山喷播早熟禾草1.7万m^2、二月蓝110kg、白三叶270kg以及保水能力强的花灌木1.1万余株等。二期工程以万寿山山腰绿化为主，内容包括栽植灌木32种近2万株，混播草种面积逾7万m^2，恢复后湖北岸绿地1万m^2等。此项工程是继三年绿化调整（1992—1994年）之后绿化改造范围和投资额最大的一次，总投资585万元。工程中还结合生物防治开展了万寿山招鸟工程。

2003年颐和园周边环境整治工程作为市政府为百姓办60件实事之一，荷花池的恢复工程是其中一部分。该工程以历史原貌为基础，恢复了荷花池自然而充满野趣的天然状况，进一步改善了颐和园周边的自然环境与人文景观环境，保护了历史文化遗产颐和园的真实性和完整性。

2004年颐和园耕织图景区环境整治工程竣工。工程于2004年3月开工。工程分一期、二期工程两个阶段，工程对景区占地154 190m^2范围进行大规模的绿化调整和景区建设，包括古建筑修缮面积为2 234m^2，恢复遗址建筑面积为703m^2，新挖湖面积19 044.8m^2。疏浚、扩修水面80 000m^2，各类树木栽植总量21 600余株，水生植物1 900m^2。工程投资12 123.5万元。整治后的耕织图景区总占地面积250 000m^2。耕织图景区工程使颐和园恢复了造园初始时总体布局，体现了世界文化遗产保护的完整性原则。

2007年颐和园全园绿化改造工程竣工，该工程被列为市政府为民办实事项目，总投资192.54万元，工程总绿化面积约8.4万m^2。主要内容为种植乔木35株、灌木680株、草坪24 610m²、竹子266丛、攀缘3 600株、宿根花卉2 200株，蕨类1 100株；生态护坡铺设生态植被毯1 190m²，植被袋1 256个，反向水平条284延米，拦挡446延米；局部喷灌改造876m；旱溪铺设131m²，点缀青石117块，护坡青石114.5m³；部分灯具13组(图21)。

2010年颐和园西堤六桥植物景观调整工程竣工。针对西部景观草坪斑秃、局部地段出现黄土裸露、堤岸两侧植物因枝条过于繁茂影响观景游览视线的现象，对西堤六桥区域植物、地被进行绿化改造，选择适生地被，突出西堤桃柳夹岸的景观，把东西两侧秀丽的景色纳入西堤的景观范围，打造迷人的“动态观景走廊”。工程改造范围涵盖整个西堤，主要为六桥南口至玉带桥，全长1 400m，改造面积10 400m²。该工程获北京市公园管理中心优秀工程奖（图22）。

图21　2007年全园绿化改造工程（闫宝兴 提供）

图22　2010年西堤六桥植物景观调整（闫宝兴 提供）

2011年颐和园完成环湖路景观提升工程。根据颐和园生态环境以及游客日益增长的环境要求，综合考虑植被种植情况，对景区环境进行全面优化，保留原有的大树，清除死树、病虫枝，调整不合理种植，给植物提供适宜的生长空间，丰富节点设计，打开景观界面，调整观景视线。在原有种植的基础上，以乡土植物为主，丰富植物种类，增加野生地被，为游客提供感受自然的游憩场所，形成南部区域自然、和谐、幽雅、疏朗的画面。工程施工范围为绣漪桥至西门区域，改造面积为4.8万m^2。

2012年颐和园凤凰墩绿地改造工程竣工。项目本着从整体出发、统筹构思的原则，结合新型的、生态的科技手段完善提升颐和园整体环境品质。在原有种植的基础上，以乡土植物为主，丰富植物种类，增加野生地被，为游客提供感受自然的游憩场所，形成南部区域自然、和谐、幽雅、疏朗的画面，为游客游览颐和园提供了一处亲近自然、人与自然和谐共处的优美环境。工程改造范围为京密引水渠以北，昆明湖南岸（沿湖路南，不含驳岸绿地），绣漪桥以西，西堤以东区域，改造面积为约2.2万m^2。

2013年皇家园林与西郊农桑耕织景观过渡区域三十亩地改造工程竣工。地铁西郊线的开通，将会给西门区域迎来更多的游客，为了更好地服务游人，提升整体环境景观，需要针对该区域现有植物、地被状况进行调整。工程在尊重历史文化区域氛围与皇家园林整体风格达到和谐统一的同时，并延续西郊农桑田园淡雅情调，因地制宜，考虑场地特殊性，保护团城湖水源地，并充分挖掘现有植物优势，保留现状长势良好的大树，同时合理规划游览路线，满足门区集散、游人通行、休憩的功能需求。工程以不同的植物景观来分隔区域创造优美的环境，对生长较杂乱的植物进行整形修剪，在游览视线好的地段适当增加观景平台，为游客游憩、健身提供场所。工程总面积23 200m^2，投资673.04万元。该工程分获北京市公园管理中心优秀工程奖、北京市园林绿化行业协会优质工程奖（图23）。

2013—2014年完成水生植物改造工程，该工程分两期进行。一期工程以历史植物景观意境作为基础，合理调整六桥区域水生植被、扩大种植面积和调整区域设置，增加水生植物种类，改变昆明湖植物景观平淡、缺少过渡的现象，梳理耕织图湖面使其更加开朗、整洁。西堤水生植物的调整为该景区增添了色彩，丰富了生态植被，建立了合理的昆明湖水生环境生物圈。二期工程以恢复知春亭和九道弯荷花景观为主，合理扩大种植面积，调整耕织图澄鲜堂湖区、葫芦河及谐趣园涵远堂西侧水道等区域水生植物。工程总面积为8 000m^2。

2015年南湖岛景观提升工程竣工。项目主要是对南湖岛的绿地系统进行改造与完善，调整植物、完善给水工程、保护古树等，改造面积约4 700m^2。该工程获北京市公园管理中心优质工程奖（图24）。

2016年颐和园绣漪桥绿地景观恢复工程竣工。项目位于颐和园绣漪桥，由于此处游船码头与卫生间的设立，使得此处人流量过于密集导致绿地无法正常维护，形成大量裸露地面，影响了景观。该工程对绣漪桥周边的绿地系统进行改造与完善，调整植物、园林景观构筑及其他景物、园林铺地和园林给排水工程。工程面积为2 600m^2。

2021年完成颐和园喷灌系统更新改造项目。项目自2020年8月10日起施工，至翌年11月10日全部竣工。项目包括现有万寿山及东堤喷灌系统及5个泵站系统组件的更新改造，增设凤凰墩和河南岸区域的灌溉设施。建设单位、设计单位、施工单位及监理单位，按照合同约定的要求和国家建设工程规范的要求进行设计和建设，并对工程进行了检查验收。工程涉及各方款项正常支出，经审计，总计投资约516.46万元。项目共计使用各类管材约1.5万m、喷头1 500余个以及其他各类材料。本项目的顺利实施，使万寿山山顶路一线、东堤沿线喷灌系统覆盖面积达到3.86万m^2，新增运河南岸、凤凰墩区域喷灌覆盖面积5.34万m^2，有力保障节水型园林建设的推进；对现有5座泵站过滤器更换，并进行水电改造，实现跑水时自动断电功能，提高系统安全性（图25）。

2019年颐和园进行绿化普查，统计结果表明：

图23　2013年三十亩地改造工程（闫宝兴 提供）

园内现有绿地面积624 199m^2，绿地率74.4%，绿化覆盖面积750 725m^2，绿化覆盖率89.1%。其中，树木共88 135株（含古树1 607株），乔木84种35 744株（常绿13 401株、落叶22 343株）；灌木68种52 391株。攀缘植物、宿根花卉、竹类、草坪地被类共637 328m^2。

图24　2015年南湖岛景观提升工程（闫宝兴 提供）

图25　2021年颐和园喷灌系统更新改造项目（闫宝兴 提供）

7 颐和园的古树名木

古语说，“名园易构，古树难求”。古树，是古典园林中一种不可或缺的构成要素，与山形水系、古建筑、文物陈设等几大园林要素一起，构成了古典园林本身；同时，古树又以其富有生命力的身姿，让人们切身感受到古典园林生生不息的自然活力和环境荫庇。古树是大自然遗存的活标本，具有生命的自然景观和丰富的历史文化属性，一棵古树就是一个活的古董，一棵古树就是一部史书。颐和园苍劲的古树构成了皇家园林的古朴风貌，古树名木与皇家御苑相伴始终，是珍贵的自然文化遗存和重要的园林历史见证。

颐和园现存古树名木1 607株，其中一级古树97株、二级古树1 510株，且种类较多，有油松、白皮松、圆柏、侧柏、楸树、白玉兰、桑、槐树、木香9种古树（表5）。颐和园古树最集中的区域位于万寿山。分布区域以万寿山前山主要游览路线为主，包括东宫门、仁寿殿、德和园、玉澜堂、宜芸馆、乐寿堂、介寿堂、排云殿、清华轩、听鹂馆等建筑院落，长廊和西所买卖街两条主要游园道路，以及宿云檐和文昌阁等建筑周边，区域内共有古树近千株，约占全园古树的60%，种类涉及9个树种（图26）。

表5 颐和园古树品种及数量

级别	数量	树种	学名	数量
一级	97	油松	*Pinus tabuliformis*	61
		圆柏	*Juniperus chinensis*	29
		侧柏	*Platycladus orientalis*	5
		白皮松	*Pinus bungeana*	2
二级	1 510	侧柏	*Platycladus orientalis*	937
		圆柏	*Juniperus chinensis*	350
		油松	*Pinus tabuliformis*	184
		白皮松	*Pinus bungeana*	16
		槐树	*Sophora japonica*	13
		楸树	*Catalpa bungei*	6
		木香	*Rosa banksiae*	2
		桑树	*Morus alba*	1
		玉兰	*Yulania denudata*	1

图26 仁寿殿前古柏（闫宝兴 提供）

7.1 古树种类

7.1.1 侧柏

侧柏（*Platycladus orientalis*），柏科常绿乔木。又名椈（《尔雅》）、扁柏、崖柏、香柏、黄心柏、云片柏、片松、喜柏、松蟠、柏树等。中国特产，原产于华北、东北等地。传统药材；药用树；传统园林树。北京乡土树种，北京市市树之一。

7.1.2 圆柏

圆柏（*Juniperus chinensis*），柏科常绿乔木。亦称桧柏。传统良材、园林树。原《禹贡》作"栝"，还有刺柏、红心柏、珍珠柏等别名。《尔雅·释木》："桧，柏叶松身。"即其兼有柏树鳞叶和松树树干通直的双重特点。产我国华北、华东、华中、西南等地及朝鲜、日本，是北京乡土树种。

圆柏与侧柏有很多相似之处，也有数千年的栽培历史，分布广泛、培植容易。两者也有很多相似属性，如四季常青、木材坚硬、寿命长等特点，故而自古亦为造园者所喜用，无论王陵、宫寝、寺庙、庭院，也无论山地、丘陵、平原，或成群，或散植。圆柏虽与侧柏多相似之处，却也多有差异。一方面，侧柏雌雄同株而圆柏多为雌雄异株，雌株、雄株呈现出明显不同的外观。另外，侧柏为鳞形叶，而圆柏则有刺叶、鳞叶二型，其针形叶较锐利，故不如侧柏更适合列植于路侧。再者，圆柏（尤其是青壮年植株）较侧柏更易形成尖塔形树冠，宜对植于院落或单体建筑门前，或密植为树阵，以形成规整、严正、庄重的景观效果。像唐代刘禹锡的《谢寺双桧》、北宋苏轼的《王复秀才所居双桧》以及《塔前古桧》中的诗句"当年双桧是双童"等，均体现了圆柏对植的特点。

7.1.3 油松

油松（*Pinus tabuliformis*），松科常绿乔木。又名赤松、红皮松、短叶松、短叶马尾松等。我国特有，原产于东北南部、华北、华中等地，为北京乡土树种。油松树冠开展，树姿雄伟，壮年期后树形多呈伞形，最宜作园景树、庭荫树。在皇家园林中，油松多对植、孤植于较开敞的建筑周边或广场中央，以兼备其景观效果及遮阴功能。

7.1.4 白皮松

白皮松（*Pinus bungeana*），松科常绿乔木。又名孔雀松（《酉阳杂俎》）、栝子松（《本草纲目》）、剔牙松（《学圃杂疏》），还有虎皮松、白骨松、蛇皮松、三针松、三鬣松等别称，多体现其三针一束的松针和别具特色的树皮。为我国特产，是东亚范围内唯一的三针松。原产于华北、华中及西南等地，是北京乡土树种、观赏树、园林名树，在古代仅植于名园以供观赏。白皮松树体高大、树冠如盖、树皮斑斓，其树皮逐渐剥落后呈现出独特的灰白色，观干观姿皆宜。

7.1.5 槐树

槐树（*Sophora japonica*），豆科落叶乔木。别名櫰（《尔雅》）、守宫槐（《群芳谱》）、豆槐等。原产我国北方地区。北京乡土树种，北京市市树之一。

7.1.6 楸树

楸树（*Catalpa bungei*），紫葳科落叶乔木。别名萩（《左传》）、榎（《尔雅》）、檟（《孟子》）、金丝楸。原产我国黄河及长江流域。花期4～5月。北京乡土树种。

7.1.7 桑树

桑树（*Morus alba*），桑科落叶乔木。别名家桑。原产我国中部和北部。北京乡土树种。桑树在我国分布范围甚广，《山海经》各卷在对华夏多地山川进行记载时，屡次提到桑树。桑树又是我国最早驯化栽培的经济树种之一，早在4 000多年前的夏朝，其历书《夏小正》中便有三月"撮桑"的记载，提醒人们在春季采集桑叶以备养蚕之用，从此历朝历代均以农桑为立国之本，男耕女织逐渐成为我国农业社会的基本秩序。《孟子》："五亩之宅，树之以桑，五十者可以衣帛也"。由此可见，桑树在我国社会经济生活中的特殊地位。

7.1.8 玉兰

玉兰（*Yulania denudata*），木兰科落叶乔木。别名玉树（《学圃杂书》）、木兰（《花镜》）、辛夷、望春花、木花树等。《群芳谱》："玉兰花九瓣，色白微碧，香味似兰，故名"。玉兰花大、洁白而芳香，花期又早，自古就是我国著名的早春花木。最宜列植堂前、点缀中庭。

7.1.9 木香

木香（*Rosa banksiae*），蔷薇科蔷薇属，是我国传统的藤本花卉，高可达数米，花径2～3cm，花瓣白色或黄色，单瓣或重瓣，花期4～6月；广泛用于棚架、篱垣和墙壁的垂直绿化，也可在假山旁、土坡上做覆盖种植，花枝还可作鲜切花和佩花。生长多年的木香树干虬曲古雅，可作为砧木，嫁接优良品种的月季花，用于制作盆景或培养树状月季。木香的香味醇正，可用来提炼精油；半开时可摘下熏茶，用白糖腌渍后还可制成木香花糕点。

7.2 古树名木文化

园林植物的存在使得园林成为"活的艺术品"，我国古代造园讲究意境神韵，而植物要素是历来承载帝王、文人、造园家等感情及当地民俗的文化载体。我国著名的造园专著《园冶》一书中虽无专门的花木篇，但植物材料的影子贯穿全文且尤其注重其韵味的表现，如"槐荫当庭，插柳沿堤，栽梅绕屋，结庐竹里""风声寒峭，溪弯柳间栽桃；月隐清微，屋绕梅余种竹；似多幽趣，更入深情"，看似简练的手法却意蕴悠长。

在中国古典园林中，植物不仅能改善环境而且还能成为造园者思想和意志表达的载体，创造出园林意境提升园林艺术的感染力。在中国传统文化影响下，将植物赋予独特的象征意义并与伦理道德相比拟，发展成"比德"观念。儒家的"君子比德"就是美善合一的自然观与"人化自然"的哲理启发人们对大自然的尊重。乾隆皇帝在自己御苑的缔造过程中不仅因袭了传统文人园林的清雅之赏，更看重王者之风的情结缔造，同时也沿袭了古人的传统审美习惯。在万寿山东麓宫殿区、排云殿建筑群、南湖岛龙王庙建筑群、耶律楚材祠等有施政、祭祀功能的建筑群中，植物配置以松柏作为首选，并成行逐列栽种，强化君臣等级意向。如东宫门仁寿殿院落建筑设计主次明晰，植物配置排列有序以高大粗壮、枝繁叶茂、古老寿长的油松、侧柏、槐树、楸树为主，借典经史，比德朝纲，充分体现皇家园林的威仪雍容。

乾隆皇帝建清漪园本意是为太后延寿报恩，借鉴"松为百木之长，而柏与松齐寿"的蕴意，万寿山前山脚下的古柏多沿游览路线列植，山麓侧柏群生，油松、白皮松散布其间，有效地强化了山形水态，烘托中轴线上排云殿佛香阁建筑组群，凸显松柏常青、万寿延年之皇家气魄，体现松涛引梵音入耳的意境（图27、图28）。

图27　长廊古柏群（赵晓燕 提供）

图28　松柏间排云殿建筑组群（赵晓燕 提供）

7.2.1 油松、白皮松

松树是我国最具人文性质的树种之一，因其体态似龙，被视为龙的象征。自古松便被视为木中魁首，故松字从公（公为古代最高一级爵位）。《说文》曰："松，木也，从木公声。"《字说》："松柏为百木之长，松犹公也，柏犹伯也，故松从公，柏从白。""松、柏古虽并称，然最高贵者，必以松为首。"在中国传统树木文化中，松树的地位要高于柏树。松在古代也被用作祭祀土地神的神主，《论语》："社，夏后氏以松"；《尚书》："太社惟松，东社惟柏，南社惟梓，西社惟栗，北社惟槐"，体现了松树在社树中的核心地位。

春秋战国时期，松树开始被赋予"坚贞不屈、高风亮节、延年益寿"等意象。宋代又被列入"岁寒三友"。油松也是我国园林中著名的长寿树种，《抱朴子》曰："松树之三千岁者，其皮中有树脂，状如龙形，名曰飞节芝"。唐人赞松曰："松乎？龙乎？"又云"龙不知其为松，松不知其为龙。"油松自壮年期以后，树皮外观酷似龙鳞，部分植株树形蟠曲颇具龙韵，堪称"树中之龙"，故历来为封建帝王所钟爱。其中又以乾隆皇帝尤甚，不但在北海为一株古油松赐名"遮阴侯"，更是在清漪园留下了众多有关油松的御制诗。

乾隆帝御制诗文提及古松，注重树姿的嶙峋与观赏性："松是绿虬低欲舞，石如白凤仰疑骞"，古松多与建筑结合，如亭旁"一亭松槲间"，庭院内"庭松益偃盖"，利用其遒劲的树姿作为景观背景。或与奇石搭配，营造古朴和谐之景："回峦沓峰护书斋，诡石乔松古与偕"。据诗文描写，古松多栽植于佛香阁东侧的无尽意轩与西侧的云松巢，以及万寿山后山西部的清可轩和东部山脚处的谐趣园等处。据此可以看出乾隆尤其重视古树的观赏价值与配置营造，"只输少古树，一例蔚春烟"，由此亦可见古树对清漪园时期的植物景观起到重要作用。

古松在颐和园的分布情况并非随意种植，而是多集中于清代帝后理政、居住与从事宗教活动所用的仁寿殿、乐寿堂、排云殿三组核心建筑群范围内，这些进一步体现出松树在皇家园林中的地位。颐和园万寿山上存有许多古松，尤以油松、白皮松为主。从园林景观和历史文化两方面来看，这里的油松大都颇具特色，堪称全园古树的点睛之笔。园内现存的古白皮松，数量不多，但也各具风姿（图29）。

图29　画中游白皮松（赵晓燕 提供）

（1）龙凤松

位于仁寿殿东侧的2株一级古油松。东侧的一株主干挺拔，扶摇直上，颇具飞龙腾起之韵；西侧的一株则呈伞形生长，树冠开展如华盖，有金凤展翅欲飞之势；两株古松一高一低，姿态迥异，形成鲜明对比。仁寿殿是清末帝后在颐和园临朝理政之场所，遥想当年，殿内帝后听政，殿外松如龙凤，何等庄严气派。相传早在清漪园时期，这里便植有4株油松，曾被乾隆皇帝赐名"清、奇、古、怪"。"清、奇、古、怪"乃中国传统书画、园林等各种艺术的共同追求。当年乾隆皇帝下江南时，观苏州司徒庙内4株古柏，见其造型别致、姿态各异，酷似4件杰出的盆景作品，便御赐树名"清、奇、古、怪"。回京后，当他在仁寿殿前看到这4株同样各具特色的油松时，联想起苏州那4株古柏乃至江南的繁华盛景，于是便将"清、奇、古、怪"的树名"移植"到此处。

（2）凤尾松

一级古油松，位于皇后居住的宜芸馆后院，其树干最初的顶部早已断掉，而剩余部分的顶部则保留下凤尾状的树冠。究其成因，众说纷纭，主要分为两派，自然折断说和人为砍断说。前者认为树干是由于风雪等自然灾害而折断，断处以下只留下一顶形似凤尾的树冠，因此得名凤尾松。后者则认为这株油松最初生长完好，树干盘曲如龙，而大太监李莲英为讨好实际掌权的慈禧太后，连夜命人将形似龙头的树冠上半部分砍掉，把形似凤尾的树冠下半部分保留，并报告说“天公作美，打雷将龙头劈掉了，实乃天意！这样才形成了凤在上、龙在下的奇景”，以博太后欢心。可惜古松虽知真相却无法诉说，岁月的流逝使令人很难考辨当年的实情。

（3）武圣松

宿云檐城关北侧一级古油松，枝干扶疏，为乾隆时旧物。宿云檐位于万寿山西部山脚下，东控山路，西据河湖，南临街市，北通后山，是扼守水陆交通的雄关要塞，最初关上建有一座八角攒尖楼阁并供奉关公塑像，后遭英法联军掠走，重修时改为亭式建筑，供奉关公牌位。它与东面的文昌阁左文右武，遥遥相望，象征文治武功、文武双全。城关北侧有古松一株，明代唐顺之的《吕翁祠堂》诗云：“松间隐隐鸣仙乐，檐际时时驻彩云”，既点明了宿云檐之名的来历，又印证了关外有松、松云相伴的景象。古松粗壮挺立，枝叶舒朗，身姿威武，巍然昂首于密林之上，挺直的树干与龙形的树冠，好似关公手中的青龙宝刀。远远望去，古树与雄关相映，甚为雄伟。

（4）古白皮松

在排云殿前，有2株二级古白皮松，左右各一。排云殿位于万寿山前山的中心位置，是建筑群的核心建筑。其建筑原址为乾隆时期清漪园的大报恩延寿寺之大雄宝殿，后遭英法联军焚毁。重修时改建为排云殿，专供慈禧太后祝寿庆典之用。排云殿得名于晋代文学家郭璞的《游仙诗·其六》“神仙排云出，但见金银台”，意祝慈禧太后如神仙一般长生不老、万寿无疆。说到长寿的寓意，松自然是必不可少的园林元素，重建排云殿时便在月台两侧对植了两株白皮松。如今百余年过去，当年寿典的主人早已西去，而作为庆典见证者的双松却仍枝繁叶茂、雄姿英发，让人不禁感慨世间沧桑。

7.2.2 侧柏、圆柏

侧柏是著名的长寿树种，是我国特别是北方地区常见的山林乡土树种。《山海经》：“白于之山，上多松柏”“丹熏之山，其上多樗柏”。《周礼》又有“河内曰冀州，其利松柏”之记载。由此可见，以颐和园为代表的北京皇家园林，大多以侧柏为基调树种，首先表明了一种顺应自然、道法自然的建园思想。另一方面，以侧柏为代表的柏类木质坚硬，自周代以来常用于宫室建筑材料，如汉代的柏梁台、清代的灞桥柏桩等。柏树木质坚硬、坚固耐用的特点，被封建统治者引申为江山社稷坚实稳固之寓意，故而在皇家园林中广为应用。

颐和园现存古柏多以侧柏、圆柏为常见。人们常用“松柏常青，福寿绵绵”为祝寿的贺词，在园林中栽植象征人寿年丰，祖业不衰，这也与颐和园中遍植柏树的原因之一——“颐养天年，万寿无疆”的寓意相一致。颐和园现存侧柏、圆柏两种古柏树数量较多，远观万寿山，植被层多见柏树风貌，再如长廊前临昆明湖岸的成排古侧柏，介寿堂的介字柏，这些都俨然一座座历史的丰碑，记录着清漪园发展的沧桑，时代的兴衰。颐和园的侧柏是前山乃至全园的基调树种，在前山各处景区均有分布，多列植于园路两侧。

（1）古侧柏群

在颐和园众多的柏树中，长廊古柏群最为壮观，历经百年风霜，依旧郁郁葱葱，不仅象征着四季常青，颐和园长廊全长728m，是世界上最长的画廊。长廊为光绪年间重修，长廊两侧的300余株古侧柏也大多为当年所栽植。古侧柏与长廊建筑相互陪伴、相互依存，营造起一道时间与空间的长廊，见证了100多年来的风云变幻，迎送了数以亿计的各界名流与中外游客。侧柏作为常绿树种，一年四季可赏，与周边的山水、古建、花木等相互映衬，构成独特的具有历史韵味的园林意境，见证着一年四季的变化与轮回。

长廊临近昆明湖，在湖岸边的长廊两侧遍植柏树，又隐含着“水木自亲”之意。颐和园有“水木自亲”匾额一块，悬于乐寿堂正门殿，亦为此意。“水木自亲”表面上指林木与水面相接成景，实则有更深一层含义。按五行学说，木为五行之始；水为五行之终。水生木为父子之序，君臣之道。另一方面，“水木自亲”又可引申为水与舟的关系，君主与百姓的关系。作为“水木自亲”匾额的作者和“水木自亲”景观的设计者，乾隆皇帝一方面以之体现母子“自亲”，受之于天，为天下子民做百善孝为先的楷模；另一方面又要以君臣之道教谕天下，以君民之道聚抚民心，可谓用心良苦，一举多得。

（2）古圆柏群

文昌阁坐落于昆明湖东堤北端，为一座城关式建筑，用于供奉文昌帝君，象征国家文运昌盛、文化兴隆。文昌阁与万寿山西麓供奉武圣帝君的宿云檐城关遥遥相对，取文武辅政之寓意。文昌阁北侧前往玉澜堂、仁寿殿的甬道两侧现存30余株古圆柏，影像资料表明，这些圆柏的栽植年代不晚于光绪年间。这片古桧的栽植密度之高实属罕见，有些株距甚至不足1m。其密集而通直的树干、疏朗苍翠的枝叶，宛如上朝的官员在殿前议论朝政，等待帝后的宣召（图30）。

（3）介字柏

介寿堂是排云门东侧的一组四合院式建筑院落。“介寿”之名出自《诗经》：“为此春酒，以介眉寿”，为助寿之意。其前院正中植有两株造型奇特的古圆柏，名曰“介字柏”。其树姿奇特，长势较好，其中一株较粗的古柏主干基部一分为二，呈“人”字形连搭；另一株则树形直立，生长于人字中间。两株古柏相互倚靠，好似一个“介”字，无论形、神，皆与“介寿堂”的助寿之意相合。从另一个角度看树干基部呈“人”字形，又称为“人字柏”。介字柏与介寿堂一起，历经了清末的风云变幻。民国时期，有“南张北溥”之称的两位国画宗师溥心畲与张大千曾共同在此挥毫泼墨，合作为画，介字柏也成为这段艺术佳话的历史见证。

7.2.3 槐树

在我国古代，槐树是宫中必栽之树，所以又有“宫槐”之称。同时，民俗谚曰：“门前一棵槐，不是招宝就是进财”，将槐树视为吉祥树种。《花镜》：“人多庭前植之，一取其荫，一取三槐吉兆，期许子孙三公之意。”古汉语中，槐与官位相关联。《周礼》记载，周代宫廷外植有三株槐树，三公（指太师、太傅、太保，周代三种最高官职）朝见周天子时均立于槐树之下。《宋史 · 王旦传》：“（王旦父）祐手植三槐于庭曰：‘吾之后世，必有

图30　玉澜堂前古圆柏群（闫宝兴 提供）

为三公者，此其所以志也。’”槐树是三公宰辅之位的象征，并引申出科第吉兆的寓意。

园林植槐见于周代。《西京杂记》：“守宫槐十株”。汉、魏直至唐宋以降，宫廷园林中均有植槐的记载。梅尧臣《宫槐》：“汉家宫殿荫长槐，嫩色葱葱不染埃……”。《尚书》：“北社惟槐”，槐树在古代也是祭祀土地神的神主之一。此外，槐树在民间还有迁民怀祖之意，移民他乡者多在新居附近栽植槐树，以寄托对故土和祖先的怀念。遍布京城的古槐是北京的一大特色，人们往往把“古槐、紫藤、四合院”和古都风貌联系在一起，它们是北京悠久历史的见证，也是北京灿烂文化的组成部分。

槐树枝叶繁茂，树冠庞大，遮阴效果颇佳，“宜植门庭，板扉绿映，真如翠幄”（《长物志》）。在皇家园林中，槐树为数不算多，大多植于宫殿周围或庭院之中，为庭荫树，又如同大臣辅佐宫殿中的帝王一般。颐和园现存古槐树13株，大多分布于长廊沿线及各院落。位于后溪河北岸的嘉荫轩，题名因其旁古槐而得，现有槐树为新中国成立后依记载补植。

7.2.4 楸树

楸树树姿俊秀，高大挺拔，花繁叶茂，风姿古朴，每逢花期繁花满枝令人赏心悦目，众多古籍对其形态之美赞颂不已。《埤雅》：“楸梧早脱，故楸谓之秋。楸，美木也，茎干乔耸凌云，高华可爱。”可见古人早已熟知楸树的生态及观赏特性。早在春秋时期就有人工种植楸树的记载。西汉时期，“淮北常山以南，河济之间千树楸”（《史记》）。而最迟到唐代，楸树已成为重要的庭院观赏树种，唐代大文豪韩愈十分推崇楸树，其《楸树》诗赞曰：“看吐高花万万层”。又《庭楸》：“庭楸止五株，芳生十步间……”。大诗人杜甫亦有《咏楸》一首赞曰：“楸树馨香倚钓矶，崭新花蕊未应飞……”。《本草拾遗》：“其木湿时脆，燥时坚，故谓之良才……”。楸木用途广泛，有“木王”之称。

北京是全国古楸树最为集中的地区之一，古楸广植于皇宫、庭院、寺刹庙宇、胜景名园之中，如故宫、北海等处，可见百年以上的古楸树苍劲挺拔的风姿，度其似取“良材、木王”等寓意。此外，古时的人们还有栽植楸树并以之作财产遗传子孙后代的习惯。楸字从秋，人们喜欢在以秋为名的建筑附近植楸树来点题，如秋水亭旁现存的古楸。颐和园现存6株古楸树，都分布在前山的庭院周边。或倚伴于长廊，或挺立于庭院，其古朴的身姿与古建筑相得益彰，蔚为雅致。楸树花期为4~5月，其花多盖冠，花形若钟，红斑点缀白色花冠，如雪似火，具有较高的观赏价值。仁寿殿院落栽植松、楸、槐。松树居中，象征君王，槐、楸分列两边，槐象征三公，楸树象征士大夫，寓意着帝王率领群臣共同商议国家大事。乾隆二十九年御制诗《借秋楼》：“窗挹波光庭种楸，一天飒景在高楼。履霜早是羲经著，底事循名更借秋。”把楸树当作感受秋意的树种（图31）。

7.2.5 桑树

《诗经》：“维桑与梓，必恭敬止。”《朱熹集传》：“桑、梓二木。古者五亩之宅，树之墙下，以遗子孙给蚕食、具器用者也……桑梓父母所植”。“失之东隅，收之桑榆”，桑树还兼有收获的意思。我国人民历来对桑树怀有特殊的感情，不但有在房前屋后栽种桑树的习惯，甚至将其视为父母和故乡的象征。

清漪园建园初期，乾隆皇帝对农业极为关切和重视，遂令在清漪园的一角按水乡农家风格建造在当时看来有点另类的景观——织房、染房、蚕房，同时种了桑树，题名“耕织图”，故耕织图的营建是中国古代重视农桑思想的园林式表现。当时乾隆命圆明园的十三家蚕户迁移到耕织图，四周环植了大量桑树，蚕沙交错，心裁声声，使得“耕织图”更加名不虚传。遗憾的是，耕织图景区并无一株桑树留存下来，事实上颐和园内仅在无尽意轩门前存有一株古桑。2004年耕织图景区在重修复建中力求复原历史，大量植桑，在意境上还原了桑柳江南的风韵。目前，颐和园现存1株古桑树，位于长廊北侧无尽意轩门前。

图31　古楸树（赵晓燕 提供）

7.2.6　玉兰

玉兰是我国著名传统观赏花木，因“色白微碧，香味似兰”而得名。玉兰是木兰科玉兰属落叶乔木，早春先叶开花。颐和园中主要有玉兰、望春玉兰和二乔玉兰等种类。明代文震亨《长物志》记载：“玉兰，宜植厅事前。对列数株，花时如玉圃琼林，最称绝胜。”早在汉、晋时，玉兰就已进入园林中成为观赏花木。《上林赋》：“欃檀木兰”。《魏都赋》：“楸、梓、木兰，次舍甲乙”。玉兰花形似莲花，因此又为佛家所崇，成为重要的寺庙园林特征花木，北京大觉寺、潭柘寺等处均有古玉兰存留。宋代以来，皇家园林和宅邸庭院的植物配置多讲究“玉堂春富贵”，并逐渐成为我国特有的传统园林文化现象之一。其中为首的“玉”即玉兰，象征品行高洁，优雅高贵。

乾隆皇帝六下江南，对南方园林中的繁花盛景尤为钟爱，因乾隆皇帝与其母亲喜爱玉兰花，遂将玉兰成片引种在乐寿堂一带，每年4月花开时枝繁叶茂、晶莹皎洁，享有“玉香海”美誉，为园中的著名景观。很可惜乾隆时期的玉兰多毁于1860年和1900年的两次大劫难，如今只剩下邀月门处的一棵白玉兰幸免于难，被列为古树名木。2018年北京市园林绿化局首都绿化委员会办公室开展“最美十大树王”的评选，与天坛九龙柏等入选“北京最美十大树王”（图32）。

7.2.7　木香

《闲情偶寄》：“木香花密而香浓，此其稍胜蔷薇者也。”“蔷薇宜架，木香宜棚者，以蔷薇条干之所及，不及木香远。木香做屋，蔷薇作垣，二者各尽其长，主人亦均收其利矣。”颐和园的2株木香位于南湖岛月波楼前，相传为亲王送给慈禧太后的寿礼，后植于此处。南湖岛四面环水，冬季气候寒冷、干燥风大，月波楼前四面均有建筑物，所以形成了光照良好、背风、气温舒适的小气候。这使得南湖岛上的两株木香有着得天独厚的地理条件，生长得异常茂盛。每年4月底5月初，颐和园南湖岛月波楼前的两株木香，白色繁花点点，香气四散，满院飘香（图33）。

图32　北京最美十大树王古玉兰（闫宝兴 提供）

7.2.8　桂花

桂花又名木樨、岩桂，常绿阔叶乔木，高可达15m。桂花终年常绿，枝繁叶茂，秋季开花，芳香四溢，可谓“独占三秋压群芳”。尤其是仲秋时节，丛桂怒放，夜静轮圆之际，把酒赏桂，陈香扑鼻，令人神清气爽。在中国古代的咏花诗词中，咏桂之作的数量也颇为可观。自古就深受中国人的喜爱，被视为传统名花。“物之美者，招摇之桂”，意指世界上最美好的东西，是招摇山上的桂树。说明桂花在古人心目中，已成为美的化身。自汉代至魏晋南北朝时期，桂花成为名贵的花卉与贡品，并成为美好事物的象征。司马相如在《上林赋》中也有“桂蓤木兰”等记载。农历八月，古称桂月，此月既是赏桂的最佳时期，又是赏月的最佳月份。芬芳的桂花，中秋的明月，许多文人吟诗填词来描绘桂花、颂扬桂花，甚至把桂花加以神话。“嫦娥奔月”“吴刚伐桂”等月宫系列神话，已成为历代脍炙人口的美谈。而借喻仕途得志、飞黄腾达的“蟾宫折桂”，更是一般文人墨客向往的目标。

清代李渔的《闲情偶寄》记载：“秋花之香者，莫能如桂。树乃月中之树，香亦天上之香也。”

图33　南湖岛古木香（闫宝兴 提供）

颐和园的大型盆植桂花品种来源于清宫，1928年在移交国民政府内政部的盆花清册上列有桂花120盆、小桂花110盆，共计230盆，占移交全部盆花之半。新中国成立后颐和园不断繁殖和从南方购进四季桂等多种桂花品种，至今已经有千余盆盆栽桂花，其中金桂、银桂、四季桂、日香桂数量最多，其中百年以上古桂72盆。颐和园桂花养护专业技术人员在掌握桂花开花各个物候期的技术要点的基础上，不断创新研究出桂花花期提前和延迟两项科技成果，在桂花科技领域、文化价值方面都有了突破性的提高。

颐和园自2002年以来，每年在中秋、国庆节期间举办“颐和秋韵”桂花文化展，展览以桂花文化为主题，采用花样翻新、适宜传统皇家园林环境氛围的形式，以传统花卉为主要材料，在仁寿殿、东宫门等重点院落和门区展摆精品桂花，营造“桂子云中落　天香云外飘”的节日氛围（图34、图35）。在弘扬民族文化的同时烘托出热烈喜

图34　颐和秋韵桂花节（闫宝兴 提供）

图35　古桂飘香（闫宝兴 提供）

庆的节日气息，使赏桂、赏园、品味中国传统文化融于桂花节中。

7.3　颐和园古树管护模式

颐和园丰富的古树名木突出了皇家园林的苍然古色，是珍贵的自然文化遗存和重要的园林历史见证。园中现存1 607株古树，是自乾隆十五年（1750年）清漪园始建以来历尽沧桑幸存下来的"活文物"。颐和园作为公园开放后，由于游人量激增，长期的频繁践踏使土壤的渗水性、透气性变差，部分古树逐年衰弱，为改善古树名木的生长状况，颐和园的古树保护工作被列为园林养护的年度重点工作。

颐和园根据《古树名木日常养护管理规范》（DB11/T 767—2010）建立了以八项管理制度和八项养护措施为核心的"颐和园古树管护模式"。

7.3.1　八项管理制度

颐和园以科学化、合理化、规范化管理制度为准绳，以精细化、标准化、高效化养护措施为手段，结合工作特点，以各类标准及相关规范为依据，以"一树一档案、一树一方案、一树一论证"为工作原则，在古树管护工作方面制定了一系列行之有效的制度。

（1）分区管理制度

根据颐和园古树分布及人员配置情况，将全园划分为3个区域，以网格化开展古树管护工作，每个管护小组由3～4人组成。

（2）专家会诊制度

每年邀请行业专家对前一年的工作进行总结复盘，同时对即将开展的古树工作及保护复壮方案进行论证研判，按照专家的指导建议开展年度古树管护工作。

（3）日常巡检制度

按照分区进行巡视，并每天填写巡视表、做好记录，定期完成古树名木信息管理系统扫码巡检工作。对于在古树周边涉及的施工区域进行巡视，出现对古树生长的不利行为及时制止并协调进行避让。

（4）例行周报制度

古树巡视、养护情况、保护复壮工程工作内容每天记录并以周报形式进行上报，是形成一树一档工作的基础。

（5）一树一档制度

为全园所有古树名木登记、建档，建立古树保护管理纸质档案，做好古树巡视、观察、记录工作，详细记录每一株古树的生长状况和养护措施，对古树实行动态管理。同时，使用颐和园综合信息管理平台——园林景观管理信息系统录入电子档案并保存，实现电子档案与纸质档案同时存储，提高古树档案精细化程度。

（6）数据监测制度

每年3～10月选择万寿山区域有代表性的20个点位检测土壤含水量，根据检测结果科学补控水。2023年引入土壤多参数观测系统，进一步对土壤电导率、土壤温度、土壤盐分、土壤水势等参数进行全面监测。同时，每年通过与科研机构合作使用无损探伤仪器有计划地对古树树体进行勘测，确定空腐面积，为下一步抱箍、支撑或拉纤等保护措施的应用提供数据支撑。

（7）冬季普查制度

冬季对全园的古树进行全面普查，包括古树树势、树体保护情况、生长环境变化情况、设施变化及损耗情况等进行记录并拍照留档，为下一年开展工作奠定基础。

（8）用材检疫制度

对古树管护措施中用到的外来植物材料进行严格筛选，必须有检疫合格证且由植保人员现场检疫合格后方可入园使用。

7.3.2 八项养护措施

（1）补控水工作

在树木的全部生命过程中，不能缺水，既不能因干旱、水分不足而影响其生命活动，又不能因水分过多而使树遭受水涝灾害。各种树木在整个生命过程中都不能离开水分，尽管各种树木有它不同的生态习性、特点，特别是对水分的需要有所不同，但都必须在一定的水分供应状态下才能生长。对于浇水量适当掌握，浇水量太少土壤很快干燥，起不到抗旱作用。相反，浇水量太大会使土壤板结、通气不良，影响树根生长。同时，土壤中的肥料就可能随水流失，甚至水分过多的渗入土中，会把深层的可溶性盐、可溶性碱带到地面上来，造成土壤返碱，这样会长期影响树木生长，即使同一树种在不同年龄、不同季节的需水量也会不一致，同时不同气候、土壤条件也会使需水量有所不同。因此，要想使树木长得健壮，充分发挥绿化作用，必须根据树木生长的需要，因树、因地、因时制宜地合理灌溉，给树木创造足以满足需要的生活条件，满足它对水分的需求。

（2）病虫害防治工作

颐和园古树管护中病虫害防治除应急化学方式和日常物理方式外，还采用生物防治方法，多措并举对病虫害进行综合防治。生物防治，是指利用一种生物对付另外一种生物的方法。生物防治大致可以分为以虫治虫、以鸟治虫和以菌治虫三大类。它是降低杂草和害虫等有害生物种群密度的一种方法。它利用了生物物种间的相互关系，以一种或一类生物抑制另一种或另一类生物。它的最大优点是不污染环境，是农药等非生物防治病虫害方法所不能比的。颐和园古树病虫害防治对象主要有蚜虫、红蜘蛛、双条杉天牛、小蠹、草履蚧、松梢螟、松针蚧等，在日常养护中要特别加强古树病虫害的监测，一旦发现病虫害，及时打药除虫，并采取各种有效的物理防治、生物防治措，施如清除病虫枝、枯死枝，放诱木，树干缠麻和树干涂胶环，释放有害生物天敌等。

（3）防寒保护工作

古树树干缠绳是古树复壮的措施之一，缠麻绳的作用有保暖、保持水分、防害虫以及防治人为和动物破坏的作用。古树体温和外界相关，可以通过叶子气孔调节自身温度，打开气孔时，靠蒸腾作用降低体温，体温过低则会关闭气孔，减弱蒸腾作用。由于古树年龄较大，自身调节能力较弱，冬天需要给古树做缠麻保暖，同时在防寒的时候，锁住古树蒸腾作用，减少古树水分流失。另外冬天很多昆虫需产卵过冬，绝大部分虫子会选择在树干上产卵或结蛹，一旦有麻绳保护，虫子就会在麻绳上结蛹过冬，避免古树受虫灾虫害。缠麻的主干同样也会减少动物抓挠、人为损害，增加古树防御伤害的能力。

（4）枝条整理工作

古树名木随着年龄的增长，受自然条件、人为影响以及古树自身生长因素，需定期疏枝。每株古树会出现不同程度的干枝死杈、病虫害感染枝、宿存果实及枯落针叶。颐和园在进行古树枝条整理工作时，充分考虑古树营养吸收状况，在操作的过程中，大体应遵循五个“有利于”：一是有利于古树的生长；二是有利于展现古树的历史价值和风姿；三是有利于游人安全和树体的稳固；四是有利于病害、虫害的防治；五是有利于调整古树名木局部枝叶的分布。

（5）立地环境维护工作

古树名木根系生长的物理环境情况，在近期或远期会对古树的生长产生影响。颐和园作为具有游览功能的景区，古树根部周围硬质铺装和地被在一定程度上会影响古树正常生长。通过立地环境改善及维护，有针对性地改善古树名木的生长环境，尤其是根部周围的微环境，为古树名木健康生长创造有利条件。

（6）设施维护工作

古树周围树立保护围栏，及时修补树洞，对倾斜古树进行支撑拉纤、打桩护坡等保护加固措施，为高大古树和孤立古树安装避雷针。

（7）工程避让保护工作

以古树名木树冠垂直投影之外5m界内为其保护范围。通过日常巡查工作，确保古树名木保护范围内，没有危害树木生长的行为，各类生产、生活设施，应避开古树名木等。

（8）灾害性天气应对保护工作

针对颐和园内的古树名木，按管护责任分区制定防范各种自然灾害危害的应急预案。明确职责和应急响应机制，细化具体流程，并按照预案要求及时、主动采取防范措施。

雷电防范：有雷击隐患的古树名木，及时安装防雷电保护装置。每年在雨季前检查古树名木防雷电设施，必要时请专业部门进行检测、维修。已遭受雷击的古树名木应及时进行损伤部位的保护处理。

雪灾防除：冬季降雪时，应及时去除古树名木树冠上覆盖的积雪。不应在古树名木保护范围内堆放积雪。

强风防范：根据当地气候特点和天气预报，适时做好强风防范工作，防止古树名木整体倒伏或枝干劈裂。有劈裂、倒伏隐患的古树名木应及时进行树体支撑、拉纤、加固；及时维护、更新已有支撑、加固设施。

7.4 古树体检

颐和园按照北京市园林绿化局的相关要求开展古树体检工作，对颐和园的古树名木全面实施调查、登记、鉴定、拍照、建档等工作，并对其生长状况和环境进行检测，准确掌握颐和园古树名木资源及健康状况，形成古树名木数据库，建立电子档案和分布位置示意图；分析判断地上、地下环境中是否有影响古树名木正常生长的因子，检测古树区域内土壤酸碱度、微量元素、含水量、营养状况及土壤污染等情况，查阅历年可寻觅古树保护档案，了解以往的管护情况和生长状况，依据古树体检规范，对古树过去、现在与将来进行综合分析评价，进而开展相应保护复壮工作，使颐和园古树名木得到有效保护。

2021年，颐和园配合海淀区开展古树体检工作，对全园现有1 607株登记在册的古树名木进行全覆盖基础健康状况体检，对古树基本信息、古树基本信息确认、生长环境评价分析、生长势分析、已采取复壮保护措施情况与分析、树体损伤情况评估、树体倾斜及空腐情况检测和病虫害发生情况分析8项内容进行调查，形成“一树一档”古树名木体检档案。通过古树基础体检内业、外业分析评价，筛选出195株进行精细化体检，完成土样采集及检测共45组，叶绿素荧光及叶绿素检测共190组，应力波检测共计66组。

8 颐和园植物景观

颐和园采用中国古典园林的植物造景手法，以北方乡土植物为主，结合植物文化内涵，利用植物的姿态、色彩、气味，营造出一个既有北方皇家园林的雄浑大气，又有南方私家园林婉约风韵的古典园林的经典之作，其山水植物景观特点多年来始终按照“满山松柏成林，林下缀以繁花，堤岸间种桃柳，湖中一片荷香”的清漪园植物景观营造原则进行（图36、图37），即按不同的山水环境而采用不同的植物素材，大片栽植以突出各地段的景观特色，渲染各自的意境；在时间上既注重季相变化，又保持终年常青。前山以柏树为主，辅以松树间植。这不仅是因为松柏树是西北郊植物生态群落的基调树种，四季常青，岁寒不凋，可作为“高风亮节”“长寿永固”的象征，而且暗绿色的松柏树色彩偏于凝重，大片成林最宜于山地色彩的基调，它与殿堂楼阁的红垣、黄瓦、金碧彩画所形成的强烈色彩对比，更能体现出前山景观恢宏、华丽的皇家气派。后山则以松树为主，辅以柏树，配合枫、槲、栾、槐、桃、杏等落叶树和花灌木间植而大片成林，更接近历史上北京西北郊松槲混交林的林相，具有浓郁的自然气息。沿湖堤岸多种桃、柳，与水光潋滟相映衬，表现出了宛若江南水乡的神韵，形成一线桃红柳绿的景色（图38）。前湖的三个水域划出一定范围种植荷花，西北的水域地带，岸上多种桑树，水面种植芦苇，水鸟成群湖中嬉戏，出没于湖光云影之中。在庭院中多种竹子及各种名贵花木，乐寿堂周围大片玉兰的栽植素有“玉香海”之美誉。大量植物材料的使用突出了湖山之美，再加上亭、台、楼、榭等建筑的合理布局及诗词、匾联对其内容的充实，使其成为具有深刻文化内涵的自然风景植物群落的古典园林代表（图39）。

图36　满山松柏成林（闫宝兴 提供）

图37　堤岸间种桃柳（闫宝兴 提供）

图38　西堤桃柳夹岸园林景观（闫宝兴 提供）

图39　排云殿景观（赵晓燕 提供）

8.1　山体与植物景观

万寿山是颐和园最为著名的山岳景观，以其壮丽的自然风貌和丰富多样的植物而闻名。山上茂密的林木和郁郁葱葱的花草，形成了一幅美丽磅礴的自然画卷。这座令人陶醉的园林有着稳定的植物群落和生态景观，植物生态演化历史几经变迁与演替，从万木葱茏的林冠层到清丽淡雅的灌木层，再到生意盎然的地被层，每一种植物都在万寿山上找到了属于自己的家园。

植物景观在中国古典园林中扮演着重要的角色，不仅仅是为了美化园林，更是为了展示中国古典园林的群体精神、自然精神、人文精神和意境精神。万寿山作为颐和园植物群落最为广布的栖息地之一，承载着丰富的历史文化和人文景观，山中囊括了美、古、奇、名、雅植物景观特色，体现了中国古典园林的艺术精髓和美学意境。

美：园林美是建园者审美情趣的体现，也是社会背景下审美心理活动的发挥。通常园林美学主要表现为中和典雅、返璞归真、诗情画意、物性比德等。而颐和园万寿山体现了造园者追求气、韵、神、意之美的人文情怀与精神气质，且通过寓情于景的诸多诗词表达了独立的美学思想与美学价值。如乾隆御制诗中“松峰翠涌玉嶙峋”的神韵之美，“天然图画座中披”的诗画之美，“表里湖山景不穷”的天时之美，还有“虽由人做 宛自天开”的和谐之美。又如《林泉高致》里对时序之美的概括，“春山淡冶而如笑，夏山苍翠而如滴，秋山明净而如妆，冬山惨淡而如睡”，通过草木的瞬息万变表达了季相之美。作为中国古典皇家园林颐和园同样需要借助草生木长的时景之美来营造“春见山容，夏见山气，秋见山情，冬见山骨”“静中有动，秀中有野”的山林意境。时逢九春，草木萌动，山桃、山杏、梅花、迎春、连翘、紫荆、丁香相继盛开点缀山间（图40）；时逢炎夏，秀木苍翠，草木繁荫，各类植物与山中建筑相互掩映、恰如其分；时逢霜秋，混植于山间的松、柏、槐、榆、枫、槲、栗、栾，则红橙黄绿，粲然成林。时逢玄冬，虽草木收敛，冬山昏霾，但在乾隆御制诗中给出了“且喜银花积翠峨”“雪晴松柏更茏葱”“烟树外有新年景”“依稀雪色幻梅朵”的美学见解，借气象变化捕捉白雪皑皑下最美的山林景观（图41）。在园林审美体系中还有其他的天时因子，如万寿山东麓城关，城关南额题名“紫气东来”、北额题名“赤城霞起”，通过调动人们的感官和想象力感受景观意境的虚实之美。

古：古木又称寿木。早在原始时期，先民就崇拜寿木古树，以之为神物，《山海经 · 海内西经》说，昆仑之虚“上有木禾，长五寻，大五围。”《淮南子 · 地形训》也说：“上有木禾，其修五寻……不死树在其西……建木在都广，众帝所自上下。”这些寿木不仅体量参天，枝干遒劲，还带有一定的神话色彩。清代建园时万寿山所植古木，常立于庭院、藏于山林、绕于涧滨。如古松、古柏等，这些古老的树木古拙苍劲、庄重典雅，驻岸远望翠岭作屏，密树映波，心旷神怡。莅于山中乔林布荫，林风翻翠，清景犹绝。无论从远近高低的空间视角还是阴晴朝暮的时间视角，都以苍古的风骨见胜。乾隆《古柯庭》所云：“闲庭构其侧，几榻皆清绝。树古庭因古，偶憩辄怡悦。”换一个角度来品赏园林，庭古因其树古这一见解颇有审美深度。就好比今视吾园，唯古木蓊葧深沉，能与古园同寿，而古木作为古典园林的重要景观之一，与古建筑、古亭、古桥等元素相互映衬增添了一种独特的氛围和神韵，营造出宁静、厚重的历史感，形成了一幅幅古色古香的山林画卷。

奇：万寿山历经百年沧桑，受群芳滋养，山中清和意静，林霭润物。良好的生态环境孕育了各种奇花异草、琼林玉树，这些姿态奇异、花色

图40 丁香路（闫宝兴 提供）

图41　白雪皑皑山林景观（赵晓燕 提供）

图42　谐趣园大果榆植物秋色（闫宝兴 提供）

图43　豳风桥植物春色（赵晓燕 提供）

芳妍的植物增添了园林的趣味性和独特性。都穆《听雨纪闻》说："凡花木之异，多为人力所为"，然万寿山上的名花异树却与人力关系甚微，而是依靠优越的自然条件和良好的立地环境繁衍生息。古典园林往往选择在山水之间、湖泊旁边或者风景秀丽的地方建造，这样的生态环境为植物提供了良好的生长条件。例如，山脉的遮挡可以减少强风的侵袭，湖泊的水源可以为植物提供充足的水分。乾隆《雨后清漪园即景》诗中所云："山容水态看俱润，鸟语花香会更宜"，这里的山水可以理解为自然环境，而草木作为自然界的一部分能够在这样的环境中得到滋养和呵护，才会生长茂盛、形态优美，并展现出奇异的特点和生命力。无论这些植物是在湖泊、山脉、花园还是庭院中，独特的形态、色彩和纹理与周围的自然环境相生相长，共同构成了美丽的自然景观（图42、图43）。人们在欣赏这些植物时，能够感受到大自然的奇妙与魅力，同时也能够体会到植物与周围环境的和谐共生。

名：万寿山远印西山，山中之树亦有名气，嘉者有松、有柏、有槐、有榆，最大者有枫、有杉、有槲，深秋霜老，丹黄朱翠，换色炫采。每逢春秋时令，风雨寒暑"绮缬不足拟其丽，巧匠设色不能穷其工。"万寿山是最适欣赏林地景致的场所，山中名木佳卉如数家珍，如谐趣园外偃仰顾盼的望园松，大气参天，幽赏不倦。中御路的长松环翠，芳草遍地，山景最幽。后溪河的霜叶尽染，红黄鲜丽，倒映湖中，最称奇丽（图44）。山巅的丰草灌木，野趣十足。山间的桃花万树，窈窕之趣，最负盛名。倘若泛扁舟观山景"如丽人靓妆照镜"名山佳景，颐神养寿。

雅：万寿山中的池馆台榭旁常散布苍松、秀竹、清梅等，强调"点缀天然，不事粉饰"，以此表现园林意境的幽雅清旷之景。运用雅韵的花卉、雅致的树木使其园景更加丰富、含蓄，如山中玲珑池馆、高阁殿宇、亭榭敞廊衬以李白桃红、青竹绿藓、孤松老柳，又如谐趣园红梅映墙，景福阁粉桃添艳(图45)，写秋轩楸木繁花，乐农轩素心蜜梅（图46），这种雅洁简素的植物配置最善小中见大、以少胜多，实中有虚、或藏或漏、或浅或深、或疏或密的空间处理手法。沿丁香路顺山势而下感受萧闲旷荡的闲散雅，置身后溪河循

图44　后溪河霜叶尽染（闫宝兴 提供）

图45　景福阁粉桃添艳（闫宝兴 提供）

图46　乐农轩蜡梅（闫宝兴 提供）

岸向西体验林泉色养的花木雅，漫步山顶路领略登高远眺的舒朗雅，从而展现了造园者“君子之志”“澄怀观道”的高士品格。雅趣的另一种表现方式，具体地说是将自然生态转化为精神文化生态，也可以说是物性比德、即物寄意，借以植物的精神价值、思想价值澄怀散志、返璞归真，来以此突显园林的文人雅趣，多见于园中的楹联匾额、诗词歌赋、点景题名等。

万寿山前山与后山由于具体地貌环境和造景的要求有所区别。前山以柏树为主，辅以松树间植，基本形成松柏混合的自然式大片成林。暗绿的松柏色彩偏于凝重，与殿堂楼阁的红垣、黄瓦、金碧辉煌形成强烈的色彩对比，更渲染出前山景观的恢宏、华丽的皇家气派。万寿山东麓的“水木自亲”码头一带，白粉墙衬托于山坡浓绿的松柏背景前，又显得在华丽中透露出清新淡雅的情调。后山种植松树为主，辅以柏树，配合落叶乔灌木，具有浓郁的山野气息。万寿山在基调树种的选择上，保持了前柏后松的格局，前山古柏为主，并辅以楸树、桑树、槐树、白玉兰、海棠等观花乔灌木，这种种植方式，不仅丰富了植物群落，也给人一种和谐、均衡的变化。后山景观着重四季的景色变化，故有多种落叶树配置，如桃、杏、枫、栾、槐等。每至春天，山桃、山杏盛开，明亮的色彩闪耀在暗绿的丛林之中，犹如霞海。乾隆诗云：“翠柏树唯标古色，碧桃花却恋春光”。松树与落叶树混交，林冠高低错落，总的色彩构图既有季相变化，形态又富于浓淡明灭的层次。这种蕴含着盎然的意境，相比前山的凝重多了几份生动和谐。

8.2 水体与植物景观

山贵有脉，水贵有源，脉源贯通，全园生动。在古典园林中，筑水和理山是构成造园的重要技艺，二者刚柔并济、仁智相形、平分秋色。颐和园昆明湖作为园林中面积最大的水体类型，具有平湖万顷、碧波浩渺的特点，也是决定园林广度、气度、境界的主要空间元素。无论是水波不兴或是波澜起伏，都具有一定的美学意境，如澄澈之美、虚涵之美、流动之美、水色之美等（图47、图48）。

图47　昆明湖西堤（闫宝兴 提供）

图48　昆明湖（闫宝兴 提供）

图49　昆明湖十七孔桥（闫宝兴 提供）

昆明湖随山高下，波澜壮阔，湖西远山清旷，层峦重掩。湖中岛屿掩映，各踞胜境。遥望远岸萦流，夹水为堤。环湖一带长堤迤逦，景点荟萃。而御制诗中同样也对水系布局有所记述："湖面风来水面凉，四围图画镜中央"诗中表述极为准确精妙，四周实景环绕，昆明湖则成为审美观照中心，呈现出"外实内虚"的景观对照（图49、图50）。而御制诗："万寿山光翠迎面，便途得为小流连""绿柳红桥堤那畔，驾鹅鸥鹭满汀舟""波宽鉴远临西望，上下峦光早漾浮"诗中生动体现了景景互借，物物相映，景物之间近、中、远的空间关系。诗中以近山为对景、堤岛为隔景，远

图50　颐和园昆明湖（闫宝兴 提供）

峰为借景，云影、树影、花影、塔影为影景，景观层次丰富多彩，变幻莫测。乾隆二十五年（1760年）《雨后昆明湖泛舟骋望》："半夜嘉霖晓快晴，敕几暇偶泛昆明。稳同天上坐春水，爽学秋风动石鲸。出绿柳荫知岸远，入红莲路荡舟轻。玉峰真似蓬莱岛，只许遥遥镜里呈。"稳同二句，化用杜甫诗句："春水船如天上坐""石鲸鳞甲动秋风"。前句写泛舟的闲逸，后句状微风的舒爽。《西京杂记》曾记载，汉武帝时凿昆明湖，刻玉石为鲸，每至雷雨，常鸣吼，鬐尾皆动。末两句，写玉泉山真如蓬莱仙境。颐和园采用借景，把园外西山群峰、玉泉宝塔组织到园内。

昆明湖中建有诸岛模拟海上仙山，这种"视岛为山"的意识形态，体现了中国独特的"筑岛"理景山水审美特点。岛是水景空间划分的重要手段之一，岛屿的位置、体量影响了水体的聚散变化和水上景观的观赏视线。池上布岛，以其形制与建筑、植物相结合形成"景"，点缀于水面之上，成为某一景域的视觉焦点和构图中心，从而起到画龙点睛、点景及分割空间的作用。昆明湖上建有南湖岛、藻鉴堂、治镜阁三座小岛，是现存最为古老、完整的传统造园理法"一池三山"的代表。其中，南湖岛是湖中最大的岛屿，象征蓬莱仙境。岛上的主要建筑望蟾阁、月波楼以及长桥上的灵鼍偃月题额等都寓意月宫仙境。乾隆时修建的望蟾阁巍峨三层，隐现在天光水色中，虚无缥缈，有仙山琼阁的意境。藻鉴堂南面临水的建筑群，形式则类似于圆明园的方壶胜境。而治镜阁则建成水上城堡楼阁的形象，象征海市蜃楼。

池中布岛的造园手法是我国传统理水的特色。其起源于原始的山水崇拜和神仙思想，并逐步确定为"一池三山"的程式化传统理法，对我国乃至周边其他国家的造园活动均产生了深远的影响。古代封建帝王为祈求长生不老模仿仙人居住的蓬莱、方丈、瀛洲在宫苑内凿大池、筑仙岛。湖中筑岛的行为大致经历了4个时期，即春秋起源、秦汉发展、唐宋演化及明清封定。以秦汉时期为例，园林以山水宫苑的形式开始出现，离宫别馆与自然山水相结合，范围可达方圆数百里，"体象乎天地，经纬乎阴阳"。因秦始皇对寻仙觅道一心向往追求，将神话中的"蓬莱"之境建进了园林之中，使得此时期的园林融入了仙道文化，模拟神仙海岛，据《秦记》记载："始皇都长安，引渭水为池，筑为蓬、瀛……"。汉武帝时期，同样笃信神山仙苑的存在，将遐想变成了可观可游的地上仙宫，上林苑的扩建便是这理想境界的最好体现。自此，园林中"一池三山"的景观布局集其所成，引领了园林营建的后来之势，成为皇家园囿中创作宫苑池山的一种传统模式，立为秦汉典范（表6）。

光绪十七年，昆明湖整治时，在湖中深挖的船道路线主要以三岛为主要“站点”，即“南湖岛—练桥迤南木板桥—藻鉴堂（岛）—南荇桥—治镜阁（岛）”。岛上提供了驻足、观赏的游憩空间，加大了湖泊的可游性。颐和园东南水口处另有一处小岛名凤凰墩，此岛效仿无锡黄埠墩长江之险。乾隆在清漪园凤凰墩诗中题注“岛因小故名为墩”。通常小岛被称作“墩”，《尔雅·释水篇》中按照岛屿体量的大小，由大至小分为“洲、陼、沚、坻”，且将人工岛称为“潏”（陈丹秀，2021）。

表6 昆明湖岛屿

岛屿名称	岛屿面积（hm^2）	占有比例（%）
南湖岛	1.14	0.98
藻鉴堂	2.47	5.9
治镜阁	0.63	0.54
凤凰墩	0.084	0.07

8.2.1 深柳粉桃 夹岸天灼

西堤是昆明湖的主要景观，自南向北远通两岸，犹如丹蛟截水，是园内水面重要造景、显景的一部分，堤上点缀着六座形态各异、色彩斑斓的桥梁，由北至南依次为界湖桥、豳风桥、玉带桥、镜桥、练桥、柳桥。另外，还有一座临水而建的优美建筑——景明楼。

堤岸两边尽栽桃花，夹岸柳树分行（图51、图52）。御制诗中有这样的描写“堤形亘南北，湖色界西东”“汀兰岸芷晴舒暖，绿柳红桃风拂柔”“堤上高楼一径通，六桥映带柳丝风”“山光水色东西望，鱼跃鸢飞上下俱”，长堤、湖光、山色、塔影、桥韵、游鱼在绿柳粉桃的掩映下呈现出断而复续的意境美。

乾隆御制诗中桃柳亦是常见，多是倚栏远眺赏荷观柳，诗句“一堤杨柳两湖烟，中界高楼翼翥然”“堤花红入镜，岸芷绿拖延”“中界高楼”指的是“于堤宽处构斯楼”的景明楼，取“春和景明，波澜不惊，上下天光，一碧万顷”之意。“东西湖景入窗迎”，“昆明烟景坐中收”则说明景明楼是昆明湖观景的最佳位置，可远借翠微、俯借芰荷、邻借桃柳，以植物景观为载体采用由远及近的艺术手法，使视觉空间更为丰富深远。营造出心与境、意与象、情与景交融的园林意境。

昆明湖环堤绕柳，其柳以旱柳为主。每逢三月，堤畔烟柳春佳，最是入画，是初春赏柳的佳处。《诗经·小雅·采薇》：“昔我往矣，杨柳依依。今我来思，雨雪霏霏”。“柳”“留”二字谐音。古

图51 西堤绦柳夹岸景色（闫宝兴 提供）

图52　西堤玉带桥（闫宝兴 提供）

图53　知春亭春景（闫宝兴 提供）

人送行，折柳相赠，借柳寓情，表达依依不舍的惜别之情。据《开河记》记载，隋炀帝开凿通济渠后，采纳大臣建议，诏令百姓在运河两岸广植柳树，以固河基。堤岸植柳，不仅仅是造景的需要，也兼具护堤的功能。颐和园西堤历史上大多栽植立柳，新中国成立后更多栽植的是绦柳。西堤六桥最南端的柳桥，桥名出自唐朝诗人白居易“柳桥晴有絮”的诗句。每到春末之时，恰逢晴日，柳絮轻盈随风起舞，极具诗情画意。

昆明湖上诸岛众多，知春岛最负盛名，小岛位于昆明湖东北角，紧邻文昌阁，架以长桥相连，长桥两侧遍植荷花，清芬环匝，沁人心脾。岛上有一亭名为知春亭，亭畔环植桃柳，冬去春来之际，冰融绿泛，春讯先知（图53至图56）。

图54　知春亭夏景（闫宝兴 提供）

图55　知春亭秋景（闫宝兴 提供）

图56　知春亭冬景（闫宝兴 提供）

8.2.2 蒲苇芰荷 翠洁可爱

昆明湖水量丰沛、水质清澈，适宜大量水生植物生长，早在清漪园建园前，水生植物的栽种就有所记载，《长安客话·西湖》《春明梦余录》《宛署杂记》《天府广记》《帝京景物略》中对西湖的植物景观风貌都有翔实的描述，记述的水生植物有荷花、芦苇、香蒲、菱、芡实、浮萍、荇菜、藻类等。清漪园时期，主要以乾隆皇帝的御制诗为依据，涉及滨水陆生植物及水生植物155首，其中描写昆明湖水生植物诗作68首，主要水生植物有荷花、睡莲、芦苇、菰、香蒲、荇菜、藻类等。荷花的引用在当时最为常见，被作为夏季主要观赏性水生植物广泛沿用至今。颐和园时期养植了大面积的荷花，荷花主要分布在昆明湖、西堤、谐趣园、耕织图、后湖区域，岸边配以柳、桃陆生植物，延续了“芙蓉十里如锦……堤柳溪流”“堤西那畔荷尤盛”“偶来正值荷花开”的景色，昆明湖的荷花群落，更有“莲红坠雨”的美誉（图57、图58）。园中近岸水体植物景观为

图57 昆明湖荷花景观（闫宝兴 提供）

图58 谐趣园荷花景观（赵晓燕 提供）

挺水植物和浮水植物，其中挺水植物有荷花、芦苇、慈姑、千屈菜、菖蒲、水蓼、梭鱼草、荇菜等；浮水植物以睡莲为主。根据不同的水环境进行搭配，形成错落有致的水生植物群落空间。例如：昆明湖大湖与前山院落中小池，因水位、湖底高度、水环境不同，因此在水生植物的选择上也不同，小池一般水深不超过70cm，淤泥层较厚，如养云轩院前葫芦河，就以种植睡莲、慈姑、香蒲、荇菜等作为点缀（图59）。

西堤以西的外湖水域荷花最为繁茂，漫步堤岸，一片绿波随风翻滚，万柄红荷散点摇曳，生机盎然，乾隆在御制诗中曰："平湖雨霁漾烟波，涨影含堤八寸过，便趁心纾试沿泛，六桥西畔藕花多"（图60）。

藕香榭为玉澜堂的西配殿，因紧邻昆明湖，从湖上看来这座配殿像是一座临湖的水榭。每到夏天，昆明湖上莲叶接天，藕香阵阵飘进院里，沁人心脾，溽热暑气顿消。

图59　葫芦河水生植物景观（闫宝兴 提供）

图60　西堤荷花景观（闫宝兴 提供）

霞芬室为玉澜堂东配殿，意为霞光映照下的荷花散发香气之室。赤色云气为霞，香气为芬，和藕香榭一样都是在描述荷花的香气。乾隆御制诗咏此室："淡然书室俯荷渚，香色入观更入闻，九夏山庄恒避暑，几曾于此挹霞芬？"

荇桥在石舫西侧，以水中荇藻命名，出自《诗经·周南·关雎》："参差荇菜，左右流之。窈窕淑女，寤寐求之。"是昆明湖与后溪河的分界，宽阔开朗的昆明湖水域至此变成狭长而幽邃的河道。荇桥秀美的形态与四周的环境相映成趣，显得十分妩媚多姿。

后溪河蜿蜒流经澹宁堂以北，湖面优美静谧，相传清代敖汉莲曾栽植于此处。后山多参天古树，行至此，幽幽一阵荷香传来，酷暑顿消几分。

蒲苇作为昆明湖中夏秋两季重要的水生植物，与荷花相映成趣，结伴生息，其中，芦苇属高大禾草，湿地环境中生长的主要植物之一，《诗经》中"蒹葭苍苍，白露为霜"，其蒹葭指的就是芦苇。从夏末到深秋直至严冬，芦花迎风摇曳，茎直株高，逆光下苇叶金亮、芦花洁白，在秋风中或聚或散，野趣横生（图61）。昆明湖西堤等地经常可以见到芦苇牵引参错，随风摇漾的身影（图

A

B

图61 秋季芦苇景观（A：闫宝兴 提供；B：赵晓燕 提供）

62）。此外，古人将生于水畔湖边的草统称为蒲草。蒲类之昌盛者，称作“菖蒲”。乾隆在《泛舟至玉泉山》一诗中有“醉鱼逐侣翻银浪，野鹭迷羣伫绿蒲”的描写，当时昆明湖岸边生长茂密的蒲草，大量野鹭栖息其间。然而水畔繁茂昌盛的蒲草种类颇多，因此古人诗词中提到的蒲草，也不是一种。北京地区水边最常见的就有香蒲、菖蒲、黄菖蒲等。黄菖蒲多见于谐趣园玉琴峡水边石旁点缀，花色鹅黄，清新自然，有增强视觉效果、亮化园林景观的作用。

图62　昆明湖畔芦苇（闫宝兴 提供）

8.2.3 好景知时节 草木显春晖

景观意境的形成不仅仅是“地利”的表达，“天时”在景观意境、园林审美的表达上也同等重要。汤贻汾《画筌析览·论时景》说：“春夏秋冬、朝暮昼夜，时之不同者也；风雨雪月，烟雾云霞，景之不同者也。景则由时而现，时则因景可知。”这里的“时”和“景”指的是春夏秋冬、朝暮昼夜、风雨雪月的流动景观。而这些流动的时序景观离不开四时花木的明与暗、色与味、繁与凋、形与影。以昆明湖时景之美为例，择其《清代皇帝咏万寿清漪园风景诗》中季相、天时之景列述于下：

（1）季相景观

中国古典园林中有很多与四时有关的景观题名，体现了“与天地合其德”与“四时合其序”（《易·乾卦·文言》）的美。如颐和园长廊彩画，自东至西建构了“留佳”“寄澜”“秋水”“清遥”四亭，分别象征春、夏、秋、冬“四时行焉”的时序变化，而四亭的题名，又分别暗示了四个季相的最佳意象，通过以物寄情，把“天地之大美”运用建筑空间展现出来。古人常以具象的物代表微观的景，如“春则花柳争妍，夏则荷榴竞放，秋则桂子飘香，冬则梅花破玉……四时之景不同，而赏心乐事者与之无穷也”（吴自牧，南宋），用具象的植物景观象征流动的四时景观。因此，古典园林中特别注重表征季相时序花木的配植。

①赏春（图63）

“千重云树绿才吐，一带霞桃红欲然。”《昆明湖泛舟之作》

“深红淡白尽开齐，水面风来香满堤。谁道秋湖泛春色，春光恒在六桥西。”《昆明湖荷花词》

“今春雨足畦余水，赢得昆明涨影高。宛转长堤夹镜临，六桥一带雅宜寻。景明楼畔青青柳，未见含烟早锁阴。”《昆明湖泛舟至万寿山即景杂咏》

“放眼柳条丝渐软，含胎花树色将分。”《仲春昆明湖上》

“灵泉不冻泻长川，丽日欣开顺水船。桂棹兰桨初耐可，堤杨溪藻已怀鲜。”《自玉河放舟至石

图63 赏春（闫宝兴 提供）

舫》

"烟宫取便试停桡，仲月风光减罨。松竹依然三曲径，柳桃改观六条桥。"《昆明湖上作》

"初生春水绿如油，堤柳含风意已柔。"《昆明湖泛舟》

"山景都来水面铺，几余耐可泛清舻。柳金桃绮春风梦，蚕陌鳞塍耕织图……骋怀游目真佳处，较禹翻惭无间吾。"《昆明湖上作》

"汀兰岸柳斗青时，映带烟光润且滋。最爱湖心教缓棹，春云又作雨丝丝。"《昆明湖泛舟做》

"画棹泛澄空，春光即渐浓。柳丝低染绿，桃蕾远看红。"《昆明湖泛舟》

"堤花红入镜，岸芷绿拖绅。"《景明楼》

②观夏（图64）

"御苑池荷大作花，明湖出水始含葩。湖深池浅异迟速，理趣当前不在暇。"《雨后昆明湖杂兴四首》

"莲叶莲华着意芳，风过香气满池塘。"《泛舟昆明湖观荷效采莲体》

"镜桥那畔风光好，出水新荷放欲齐。"《夏日昆明湖上》

"绿蒲红芰荡兰桡，不动云帆递细飙。"《夏日昆明湖上》

"几日因循未此过，趁晴沿泛一观荷。湖宽分出花无万，君子由来不厌多。叶态花姿总绝尘，依依照影入清沦。……分付蒿师须慢着，众香果里得徘徊。"《昆明湖观荷》

"一堤湖水隔东西，两界荷花开总齐。欲拟形容艰得句，红玛瑙照绿玻璃。"《昆明湖泛舟观荷三首》

"荷渚从来拟若耶，叶全出水花未开。兰舟迟日重言泛，六月春光看浦霞。"《昆明湖泛舟》

③探秋（图65）

"已欣蓼穗深添色，却惜荷花暗减香。烟光离合柳千株，掩映溪堂别一区。屈指昨来曾几日，绿舟言泛是秋湖。"《昆明湖泛舟》

"宿雨初收晓露多，几闲湖上上秋荷。"《昆明湖上赏荷五首》

"塞狄宜秋欲起程，得闲耐可泛昆明。"《中秋后二日万寿山昆明湖泛舟即景》

④品冬（图66）

"冰履行因冻未解，春迟立致候犹寒。柳丝拂

图64　观夏（闫宝兴 提供）

图65　探秋（闫宝兴 提供）

图66　品冬（闫宝兴 提供）

岸黄微染，草纽侵堤绿渐攒。"《坐拕床游昆明湖诸胜即事有作》

"胜处犹可寻，高下罗亭馆。诗意咏南山，画趣参北苑。"《冰床至石舫登岸》

（2）天时景观

园林中的"时序"之景相对于植物、建筑、山水而言相对抽象，其中风霜雨雪、烟雾云霞属于气象系统则较为具象，而更为抽象的"时"则需要通过"景"来表现。充分利用天时之美，使"良辰"与"美景"互相融合，通过四维空间的表达，使景观意境更加丰富、震撼。时景之美的表达常见于诗词歌赋、楹联匾额，如颐和园的"夕佳楼""迎旭楼""养云轩"等。钟惺在《梅花墅记》中说："阁以外，林竹则烟霜助洁，花实则云霞乱彩，池沼则星月含清，严晨肃月，不辍暄妍。"可见，楼阁、林竹、花实、池沼等景物元素，需和流动的天时因子季相、时分、气象交相为用，呈现出"隐现无穷之志，招摇不尽之春"变幻无穷的不尽之美。园林中的建筑、山水、花木、天时，它们作为园林艺术美的物质元素，每一个形式之间都能够通过种种组合或交感，成为园林景观意境的一种表现形式。

①辰旭

"满湖出水芙蓉照，正是晨凉泻露时。"《昆明湖泛舟观荷》

②时雨

"平湖雨霁漾烟波，涨影含堤八寸过。便趁心纾试沿泛，六桥西畔藕花多。"《泛昆明湖观荷效采莲体》

"平湖雨后似生潮，山色源头翠不遥。"《玉河泛舟至玉泉》

"西山云势晓平铺，雨脚俄看落碧湖，耐可冲烟木兰荡，乘凉兼欲畅清娱。"《雨中泛舟至玉泉山》

"半夜嘉霖晓快晴，敕几暇偶泛昆明。稳同天上坐春水，爽学秋风动石鲸。出绿柳荫知岸远，入红莲路荡舟轻。玉峰真似蓬莱岛，只许遥遥镜里呈。"《雨后昆明湖泛舟骋望》

"今年湖水未曾消，雨后偏宜荡画桡。……西山屏展玉芙蓉，倒影波心翠越浓。的是圣湖真面目，欠惟南北两高峰……一片湖光接霁光，风来水面送微凉。"《昆明湖上》

"底知雨后昆明好，天水风凉上下鲜。"《昆明湖泛舟》

"旰宵望雨深忧且，雨足散怀临碧湖，豆町稻塍苏绿意，思量忧实未予孤……不误耕畴徐长足，吾宁惟是赏清波。"《昆明湖上作》

"却是水华亦需泽，香霞过雨总舒荣。"《自高梁桥泛舟由长河回御园即景》

"雨足湖光涨，尘清山翠加。"《夏日题景明楼》

③云霭

"雨后水风凉不冷，舟中烟霭润无尘。已欣春景丽如许，又见西山云吐新。"《昆明湖泛舟即景杂咏》

"蓄眼云山影荡遥，玉峰塔处翠林标。"《昆明湖泛舟》

"密云仍恋岭，涨水觉浮舟。"《昆明湖上作》

"西山又喜晓云封，叆叇旋看势越浓。"《昆明雨泛》

④烟霞

"一堤杨柳两湖烟，中界高楼翼翥然……云霞流丽东西映，天水空明上下鲜。"《景明楼》

"长桥湖口锁烟霞，荡桨过桥景备嘉。"《绣漪桥》

⑤和风

"高下霞衣衬绿裳，微风香气满银塘。"《泛昆明湖观荷四首》

"昆明风细弗生澜，棹入空澄眼界宽。"《自玉河泛舟至昆明湖即景杂咏》

"澜静微风名似负，景澄四宇实相邀 。陌杨笼岸绿帷展，水荇牵舷翠带飘。"《绣漪桥》

8.3　建筑与植物景观

建筑是一种不会说话的历史记录者，它在用一种独特的方式向人们展现传统的思想内涵，建筑是承载人类文化发展的重要组成部分，其中蕴含的思想正是社会政治的真实反映。传统园林设计更像是和"天地"交流的场所，儒家思想中讲求要符合天道，园林设计中最初的雏形是"灵台”，其主要作用是为了与先祖对话，整体外观表现出强烈的华丽感，儒家主张天人合一及“顺应天意”礼制，其形式将人工环境和自然环境融为一体，相辅相成，在相互配合的过程中达到一种自然美的境界（王莉莎，2010）。

皇家园林中的建筑群规模宏大、样式繁多，为园主提供了形式各异的休憩娱乐场所。盛时的颐和园共建有多处园中园和独成格局的建筑风景群，园中的园林和建筑互相映衬，不论是山巅、山麓、山谷、平野、湖畔都安置有建筑。山野园林的景色，用亭台殿阁来点缀。而置身亭台殿阁，抚窗凭栏，极目所见的，则又是山清水秀，草木诗画的天然图画。这便是所谓建筑中有园林，园林中有建筑（图67、图68）。《江南园林志》作者童寯说：“盖为园有三境界评定其难易高下，亦以此次第焉”：“第一，疏密得宜；第二，曲折尽致；第三，眼前由景。”又说：“园林无花木则无生气。盖四时之景不同，欣赏游观，怡情育物，多有赖于东篱庭砌，三径盆盎，俾自春迄冬，常有不谢之花也。”园林中不仅只有建筑，也需要与之匹配的植物，二者缺一不可，且共同构成了珍贵的园林遗产（图69至图80）。

图67　极目远眺昆明湖（黄鑫 提供）

图68　远眺西山（闫宝兴 提供）

图69 佛香阁芍药（闫宝兴 提供）

图70 佛香阁雪景（闫宝兴 提供）

图71 院落植物景观（闫宝兴 提供）

图72 乐寿堂院落植物景观（闫宝兴 提供）

图73 长廊柏树景观（赵晓燕 提供）

图74 乐寿堂海棠（赵晓燕 提供）

图75 夕佳楼植物景观（闫宝兴 提供）

图76　永寿斋前紫藤架（闫宝兴 提供）

图77　仁寿殿南配殿植物景观（赵晓燕 提供）

图78　知春亭植物景观（闫宝兴 提供）

图79　颐和园西大墙地锦景观（闫宝兴 提供）

首先，是建筑在颐和园园林中的作用。清朝皇帝在颐和园内居住、游乐、接见王公大臣，需要在某些特定的宫殿厅堂内进行，其建筑具有特殊的实用功能。如仁寿殿是皇帝从事政务活动的地方。乐寿堂、玉澜堂是帝后居住休息的寝宫，佛香阁是礼佛法会、祝寿宴宾的场所。对于这些体量庞大，又具有一定功能的园林建筑来说，周围饰以植物，在景观空间上能够起到画龙点睛、突出主题、隐蔽院墙、扩展空间、柔化线条、丰富立面等多重作用。不同形式的建筑其植物景观营造方式又有所不同（图81）。例如：园内主要大殿前均采用对称严整的配置方式种植松、柏等乔木，体现严谨的轴线性，同时松柏常青也象征着江山永固、国家长治久安。仁寿门内北侧配植松、柏、楸，松象征着帝王（因其寿命长、树姿好，被历代帝王作为帝王树），柏象征宰相，楸象征士大夫。总体布局上表现为帝王率领着宰相和士大夫的封建王朝思想。此外，堂、室、斋、书屋等是园内另外几种重要的建筑形式，以体现帝后日常起居功能性为主，或作待客饮宴场所，或为休憩读书之处，其植物配置多以花木为主，体现观赏性，营造幽翳宜居的园林环境。往往选择对植玉兰、丁香、海棠等少量花木，以增加景观的变化（图82）。此外，园内还有梅、桃、杏、海棠等花木以及各类草花、盆花、藤萝等结合山石而布置。帝王兴建的园林在植物景观营造上不仅体现治世境界，又要结合个人喜好。因此，皇家园林中的植物多有寓意美好、比附颂德、托物抒情等象征之意。

上述几种主要建筑形式结合古典园林中常见的轩、榭、舫、廊、桥等，共同构成了园林中的建筑群，这些建筑群往往又以墙垣、游廊等围成封闭院落，其植物景观根据院落功能、建筑形式和庭院面积大小，因地制宜地进行配置。面积较小的庭院不宜种植过多大乔木，以开花小乔木和地被草花为主，仅孤植、对植少量庭荫树。孤植的大乔木往往具有独赏性。位置常偏于庭院一角而不居中，以避免布局呆板。如万寿山前山小院落，乾隆二十年（1755年）《养云轩》：“名山多奇境，平陵构疏轩。轩中何所有？朝暮饶云烟。”养云轩位于长廊东部北侧，是园中现在不多乾隆时期住宅式院落，大门上方镌刻石额“川泳云飞”，

图80　武圣祠银杏（闫宝兴 提供）

图81　植物对称栽植烘托佛香阁核心景观（黄鑫 提供）

外侧石刻楹联“天外是银河烟波宛转，云中开翠幄香雨霏微”。字里行间，淋漓尽致表达了天降甘露的喜悦之情。院内正殿匾额养云轩，“养云”的目的是降雨，然而只有恰逢其时、应时而降的才是好雨。杜甫《春夜喜雨》诗说：“好雨知时节，当春乃发生。随风潜入夜，润物细无声。”乾隆皇帝《养云轩》诗也说：“蓄以发应时，为森利大田。”为了表示“养云”降的都是好雨，乾隆皇帝特意将养云轩院门楼建成生钟的样式。钟是用来指示时间的，代指“知时”，与轩名“养云”匹配，表明了所养之云降的都是“利大田”的“知时”好雨。院内配以花木，引以藤蔓，栽花取势，景观朴淳，地颇雅洁，窗前细草茸茸，芍药间之，老槐遮阴，梨花媚景。坐于院廊中或凭窗倚望，鸟语花香，亦皆入画（图83）。

同属小院落的宜芸馆在清漪园时是皇帝藏书的地方，颐和园时为光绪皇后的寝宫，这里栽植有梧桐和玉兰（图84）。古人植梧桐以示高洁。明代陈继儒《小窗幽记》对庭院中梧桐树配置有如下记载：“凡静室，前栽碧梧，后栽翠竹。前檐放步，北用暗窗，春冬闭之，以避风雨，夏秋可以开通凉爽。然碧梧之趣，春冬落叶，以舒负暄融和之乐；夏秋交荫，以蔽炎烁蒸烈之威”。

万寿山前山东区的写秋轩是一组平面对称、空间外向的小园林式建筑群，正厅写秋轩居中，两座重檐方亭东观生意、西寻云亭分列两旁。北面削山砌筑崖壁，南面垫土铺砌成宽敞的平台。为突出重点并求得建筑群体轮廓的变化，写秋轩

图82　乐寿堂玉兰（闫宝兴 提供）

图83　养云轩外景（闫宝兴 提供）

图84　宜芸馆对植梧桐（闫宝兴 提供）

坐落在高3m的平台上，此台面积不大，却在园之核心。背靠该园假山最高峰，前设宝炭居高临下，上建一座三开间卷棚歇山顶建筑，名曰“写秋轩”。画龙点睛，统摄全园。该层台地分为南北两片，空间迥异，而又通过亭、廊、柱隙相互渗透。南侧“观生意台”空间开敞。“气爽皓曦晶，秋清果是清。吟风高树朗，浥露杂花荣。湖澈沦涟影，山开锦绣情。”乾隆通过诗文指出此处景致因时而借、树高花繁，但并未造成空间局促、视线隔绝。北侧为建筑与假山群构成的狭长空间，沿路行走偶阔偶狭，有若穿行山谷。因而有“雨后山风飒尔吹，野芳绕砌露华滋。一声蛩响丛间递，各写秋情肯让谁”的诗句。这种综合利用园林手段因借气象与生灵的创意，充分体现了园林意趣，拉近了人与自然的距离。拙政园有一联曰：“春秋多佳日，山水有清音”。意即一年可以“春秋”代之。刨去“春”字，还有“一日不见如隔三秋”之说。另外，秋天又是一年中收获的季节，所以称轩名作“写秋”，以言咏意，可抒发设计者对秋的赞美。孟兆祯先生讲，“我们做的景物都不会说话，但是我们题的园名、额题和写的对联可以跟游人产生会心的交流。”写秋轩正是通过这种“景面文心”的艺术手法概括提炼了园林意境。如今，写秋轩周围植被繁茂，藏于松柏诸树间，实现了“小隐隐于山”的桃园闲逸之景。乾隆二十九年御制诗《借秋楼》：“窗挹波光庭种楸，一天飒景在高楼。履霜早是羲经著，底事循名更借秋。”轩前植有楸树，以楸代秋，取“秋”之意，化“秋”之寓，展“秋”之色，恰到好处地运用了植物的特性，把楸树当作感受秋意的树种，使园林景观更具内涵之美。

空间较大的庭院中，可营造层次丰富的植物景观，同时搭配山石、水体而达到回环曲折、小中见大的效果。清沈复称“叠石成山，栽花取势，又在大中见小，小中见大，虚中有实，实中有虚，或藏或露，或浅或深”，即指可以巧妙运用植物造景，虚实结合增加庭院空间层次，园小而景大。如霁清轩，位于谐趣园北面，是一个独立的庭院。建筑群的中心有天然石峡清琴峡，引水东流出园。主体建筑霁清轩位于峡南高处，面阔三间，轩东一亭。轩西北清琴峡面阔三间，坐西面东。随山势下有游廊，其间有亭，并连建有多处房屋。清琴峡对面原为平缓的山地，造园者为了丰富园林的景观层次，在山脉的尽处用人工方法在岩石上堆造了一座高耸的假山，与山底下的峡谷形成明显的虚实对比。为进一步增强咫尺空间的俯瞰效果，在假山上面点缀一座四方攒尖的观景亭，远远望去，朱栏画柱掩映在四周的苍松翠柏之中。清漪园时期亭为八角重檐式样，光绪重建时，便把亭子的形状改为四方形。此亭高居山岩之上，可以远眺田园景色，俯听溪流清韵，是园中一处位置极佳的观景场所。霁清轩的南面空间狭小，北面则空旷开朗，园林布局以惯用的“先抑后扬”的方法，利用居高临下的山势在眼前依次布置山谷、溪流、廊亭、松树，并用“借景”的手法把园墙外的村落、田畴、远山等自然景色绘入园内统一的画面之中，超越了有限的园林界限，丰富了无限的园林空间（北京市地方志编纂委员会，2004）。今日踏足霁清轩已眺望不到园外的景色，园中的花木也随着时代的变迁，有了很大的改变，但往日花木扶疏、树影相织的景色依旧如故。

园中建楼阁，作用多为登高远眺，因此楼阁旁不宜有过密高大植物，以免挡住视线，仅在周边植少量大乔木，以柔化建筑线条，丰富建筑立面，中下层的小乔木、花灌木及藤本等则可密植。如畅观堂，乾隆三十四年（1769年），《畅观堂》载：“回廊曲转处，向北有书堂。远揖山峭茜，近披湖渺茫。诗聊说情性，图以阅耕桑。便是畅观所，敬勤政暂志！”诗中不仅写出了湖山风光，也表达了寓景言志、会心斯远之情。畅观堂在颐和园西南隅，昆明湖西岸的山坡上，是园内西南部重要的景观建筑群。畅观堂始建于乾隆三十年（1765年），是清漪园中较晚的建筑。清漪园原无西墙，得畅观景色，又能看到农夫耕耘，乾隆曾在此召词臣举行“观稼诗会”。整组建筑以坐落在山顶上的大殿畅观堂为中心，东、西两侧对称地建有配殿，名睇佳榭、怀新书屋，左右有转角游廊连接。畅观堂建筑群起着过渡和衔接的作用。偌大的水域，经畅观堂的信手点缀，便将玉泉山、静明园和万寿山清漪园的景点有机地联系在一起，扩大了两座园林的景观空间，成为难分彼此，浑然一体的园林佳构。“畅观”之意：无遮无挡，能极目远眺，使人心情舒畅。畅，通畅，兼有心情畅快之义。乾隆皇帝在《畅观堂》诗中说：“骋目不遮斯畅矣，栖心惟静总宜焉。”又，“揽景真宜畅远眺………观我观民慎在兹”。又，“畅观岂易言，必也心畅好”。畅观堂联“西山浓翠屏风展北渚流银镜影开”，西山：西部连绵起伏的群山，一般统称为西山；浓翠：浓密而青翠，或为深绿色，状西山群峰之色；屏风展：展开的屏风，状西山群峰之势。明·沈榜《宛署杂记·山川·山》：“五华山在县（指宛平县，约相当于今北京西部地区）西北三十余里。五峰秀峙，宛若列屏”。乾隆三十四年（1769年）御制《睇佳榭》诗中说明“西湖蕉石鸣琴景在丁家山，居湖之西南，此处亭台结构皆肖之”。“睇佳”意为观赏佳景，乾隆皇帝曾多次于春、夏不同时节乘坐画舫游至昆明湖岸边，然后换乘至睇佳榭中俯视“柳暗花明、鸢飞鱼跃”的明媚春光和“长堤界湖水，历历六桥横”的湖中夏景。冬日大雪纷扬之时，还乘坐冰床驰过冰冻的昆明湖面，人睇佳榭室内盘坐在床头上，隔着玻璃欣赏“梅情依屋暖，柳体却堤寒”冬景。乾隆五十四年（1789年），乾隆帝乘画舫至睇佳榭赏看湖山景色，并赋诗调侃：“前墀引见慎抡才，务毕昆湖画舫开。到岸舆升睇佳榭，回看笑自个中来。”西配殿怀新书屋是一座书堂，在书堂中坐观则另有一番景色。“怀新”语出陶渊明诗“平畴交远风，良苗也怀新。”泛指新绿的农田。清漪园时期，与怀新书屋相邻的高水湖、养水湖两岸风光与一望无垠的稻地及点缀其间的湖畔农舍，交织而成自然的田园风景。因此，乾隆御制《怀新书屋》诗中有“西窗糊玻璃，稻塍在眼底。凭看乐无尽，胜于看山水”之句（北京市地方志编纂委员会，2004）。而时至今日的畅观堂，依旧碧波环绕，绿柳周垂。拾级而上，苔痕浓淡，树影参差。屋前植有望春玉兰、海棠，奇花闪灼，增色不少。再进数步，攀藤抚树，岚光纳窗，诗情画境尽收眼底。

8.4 植物景观意境营造

8.4.1 “视农观稼”之景

耕织图是原清漪园中一处具有江南水乡耕织情调的景区，在昆明湖玉带桥的西北、治镜阁湖北岸，前为玉河，河北为玉河斋，后为延赏斋，西为蚕神庙，北为织染局，其后为水村居。景区内有乾隆御书的耕织图石碑玉河斋左右廊壁间嵌耕织图石刻。

清漪园时无西墙，西堤“左昆明右玉泉”，西湖泊与园外水田蒲苇相接，水道交错，鸥鹭翔集，一派江南水乡情调。乾隆十六年（1751年），清宫内务府将织染局从皇城内搬至此处，按水乡农家风格建造另类景观，将“男耕”与“女织”珠联璧合，赋予这处建筑景观浪漫诗情之名——耕织图。组成一处生活气息浓郁、景色淳朴清幽而又融入传统农桑生产的园林景区。

耕织图依山临水，园中小园相套，自成体系，清漪园建园前，此处远静无繁，稻田高低，水网密布，景色不殊江南。乾隆皇帝为表示“崇本重农”的政治思想，在此建立了耕织图，旨在“重织勤耕”。耕织图建成后与园外千顷稻田融为一体，堤柳夹岸、桑林葳蕤，鱼跃鸢飞，并设竹篱茅舍增趣，水岸居所旁栽有杨、柳、桑、枣、蓼等植物，尽显江南水乡湿地景观。

1860年英法联军焚烧三山五园时，耕织图一同被焚掠，只留下一座乾隆御笔钦题的“耕织图”石碑。1900年，颐和园再遭八国联军焚毁。待慈禧修复颐和园时，将耕织图中的织染局和水村居改建为水师学堂，余皆废弃。后几经变迁，水师学堂的总体轮廓和部分遗构保留下来。待慈禧重修颐和园时，因经费等问题，无力将耕织图进行恢复，只得被弃园外。以后该地区被占用。随后逐渐演变成杂乱无章、拥挤不堪的大杂院。

耕织图几经沉浮更迭，历经沧桑，直至1998年年底，在北京市委、市政府的大力支持下，颐和园成功地“收复”了耕织图景区，迎来了历史性的又一次变迁。到2002年年底，耕织图景区环境整治工程正式开工。2003年9月与颐和园分离长达半个多世纪的耕织图景区与颐和园“统一”，一期工程于9月10日向社会和游人开放。该景区历经焚毁、改建、分离、复建后涅槃重生，再一次回到颐和园的怀抱（李理，2004）。

整治后的耕织图景区面积达15hm²，由耕织图石碑、蚕神庙、延赏斋、水操学堂、澄鲜堂、水村居等组成。成为西堤玉带桥旁人们必看的景观。景区内保留了柳和桑主景树，并大量增植桑、柳、杨、桃等乡土树种，延续“柳岸风前朝爽度”“分明一段江南景”的景观特色，突出历史空间中“耕”与“织”的景题寓意。在万寿山和玉泉山借景空间的延续处理上，充分利用植物的林冠线分割空间，通过参差错落的树木组织透景线，增加景观空间的视觉层次，巧妙地将景区的前景、中景与园外的背景融为一体，随形借景，互相因借（图85至图87）。

修整后的耕织图面湖而筑，景区内杉、槐、柳、桑，映带清溪，延赏斋花草环映，绿柳依依，澄鲜堂东侧池水莹澈可见，湖中野藕已花，异鸟成群。其水村居有屋舍数楹，屋外竹、梅、柳、桑各色花木四合其所。蚕神庙前树木、地锦点缀山石优雅不俗。景区整体运用了穿花度柳之景、林木郁葱之景、细草野花之景、蒲苇荷胜之景，呈现出“雅无尘俗之器”的乡野景观意境（图88至图90）。

图85　耕织图秋景（闫宝兴 提供）

图86　耕织图春景（赵晓燕 提供）

图87　耕织图春景（闫宝兴 提供）

图88　耕织图春色（闫宝兴 提供）

图89　耕织图院落盆景（闫宝兴 提供）

图90　蚕神庙前植物景观（赵晓燕 提供）

8.4.2 “小中见大”之景

园居造景讲究水木清华又与屋宇映带，“君子之所居，山川为之明秀，草木为之清华”，讲的是园庭得草木滋润可涵育润泽屋室门户。颐和园自成风格的小园众多，其布景古雅自然，小中含巧、疏密有度，与园中大山大水的开明豁达更显高致幽情。园中园的规模虽小，但不逼仄简陋，园内外相衬得宜，内不填塞而布置精妙，外无遮拦以毕收万象，旷奥朗幽兼得。

谐趣园位于颐和园万寿山麓的东北角，始建于清乾隆十九年（1754年），仿无锡惠山脚下的寄畅园所建，原名惠山园。乾隆《惠山园八景诗》序中写道：“江南诸名墅，惟惠山秦园最古。我皇祖赐题曰‘寄畅’。辛未春南巡，喜其幽致，携图以归，肖其意于万寿山之东麓，名曰惠山园。一亭一径，足谐奇趣”。嘉庆十六年（1811年），对惠山园进行了大规模改建，改名为“谐趣园”。竣工时，嘉庆在《谐趣园记》中说：“以物外之静趣，谐寸田之中和，故名谐趣，乃寄畅之意也。”咸丰十六年（1860年）谐趣园被英法侵略军焚毁。光绪十七年（1891年）慈禧太后在旧址上重建。谐趣园虽然经历了多次修建与改建，依然保持了江南园林婉约清秀、幽窈明瑟的园林风格。

谐趣园地处昆明湖之尾闾，西侧峰峦拔萃、北侧岩谷杳密，东侧长松巨柏，兼有“树木巧于蔽亏，花草巧于承睐”的南园特点，又具“花树故故为容，亭台特特在湖者”的北园景致(图91)。园中大量的植物信息可从乾隆时期御制诗《惠山园》中得以考证，且大致可判断出园中植物景观的分布情况。如就云楼：“竹素今兮古”，知鱼桥：“新拙苹蒲意总闲”，澹碧斋：“轻烟丝柳堤”“荷衣细纫香”，惠山园：“明亭暗窦间苍松”“山白桃花可唤梅，依依临水数枝开”，载时堂：“阶俯兰苕秀”“兹当夏仲绿阴深”，“苕”本义陵苕，指植物凌霄。池上、亭畔、檐下、阶石都可寻迹草木竹树的踪迹，花木敷荣交荫、色色鲜活，另所构园亭异趣横生。《惠山园》诗中还提及了屋舍内的花木布置“玉蕊山茶古干梅，唐花不较地争开”，唐花指盆栽梅花和山茶。《惠山园荷花》诗中专门提到“山园过雨看荷花，如濯蜀锦浣越纱。露珠离离无色象，风麝馥馥饶清嘉。陆葩水卉真鲜比，梁溪想亦舒芳矣”的水卉景致（图92至图94）。

建了涵远堂，将载时堂更名为知春堂，墨妙轩改建湛清轩，就云楼改名瞩新楼，澹碧斋改名澄爽斋，水乐亭改名饮绿亭，另建澹碧敞厅。光绪十七年慈禧太后重建谐趣园时，又在宫内增加了知春亭和亭东的小轩“引镜”，又以曲廊百间，将五处轩堂、七座亭榭连为一体，并将池岸改为规矩形，形成了以转角廊、跨水廊、弧形廊、直廊等空间布局，并在游廊的外围用堆砌的假山、起伏的丘陵、点缀的树木以及曲折的路径分割出若干大小不一、层次分明、景色各异的视觉空间。从初构时的“萧疏雅洁”到修葺后的“园景整丽”，园林景观更添雅趣（图95、图96）。

谐趣园是清朝仅存于世的仿江南私家园囿建

图91　谐趣园秋景（闫宝兴 提供）

图92　谐趣园春色（闫宝兴 提供）

图93 谐趣园景观（赵晓燕 提供）

图94 谐趣园大果榆秋色（闫宝兴 提供）

图95 谐趣园景观（赵晓燕 提供）

图96 谐趣园秋景（闫宝兴 提供）

图97 谐趣园夏景（闫宝兴 提供）

造的古典园林。园内的亭、桥、廊、榭、斋、堂、楼、轩等各种风格与样式的建筑，都是严格按照清宫营造则例精心制作。所有建筑采用青灰色瓦顶及有意缩小的建筑尺寸，尽可能与自然的山水环境相和谐，营造出一种既有皇家园林华丽气质，又不失江南水乡风情的艺术境界（图97）。

山水是中国园林永恒的主题。谐趣园的建筑也是以山水为基调，环水面逐次展开。园中心位置是一个两三亩的池塘，环池建有知春亭、引镜轩、洗秋轩、饮绿亭、澹碧斋、知春堂、小有天、兰亭、湛清轩、涵远堂、瞩新楼、澄爽斋等大大小小的建筑，并用三步一回、五步一折的曲廊把亭、楼、堂、轩、斋、榭连接在一起。错落相间，玲珑精致，将宫苑的富丽与自然的清秀完美融为一体。池塘的四周用太湖石砌成驳岸，沿岸遍植垂柳，春来一池碧波，池平如镜，柳枝低拂堤岸。谐趣园虽然在颐和园的东北角，东墙外便是车水马龙的园外世界，但在谐趣园里几乎感觉不到外界的喧嚣，其奥妙之处便是在建园时，以挖池的土方堆筑池东南和东北角沿墙界的土丘，再在土丘上种植高大乔木，起到了遮挡界墙、屏蔽外界噪声的作用，而且和北部的叠石假山相呼应，仿佛是万寿山余脉连绵不断一直自西向东延续下去，让人感觉不到已是园子的尽头。

谐趣园的建筑群体布局，也自有其独到和可取之处，建筑物数量虽多却并不流于散乱。两条对景轴线把它们有序地组织在一起，统一为一个有机的整体。一条是纵贯南北、自涵远堂至饮绿亭的主轴线，这条轴线往北延伸到霁清轩；另一条是入口宫门与洗秋轩对景的次轴线。有了这两条对景的轴线，其余建筑都因地制宜灵活安排，再由廊墙等在横向上把它们高低曲折地联系起来，并不感到散漫，而是在规矩中增添了自由活泼的意趣。

谐趣园中的敞轩、游廊、亭榭，诸多的廊柱和窗棂形成了一个个完美的取景框，随处可将对面的建筑、湖水、倒影、柳丝框入画中。例如饮绿亭位于谐趣园水面的中心位置，内部窗棂的图案美丽，透过窗棂看园内其他景物，可形成框景，增加景深，柳丝轻点水面，芙蕖摇曳生姿，西望澄爽斋、北望涵远堂，诸般景致均被框在画图中。

谐趣园位于万寿山东麓，从整个山水构架上来看，可借景于万寿山，整个地势北高南低，北山南水。知春堂坐东向西，台基平面高于岸边园路，透过晃动的柳帘西望，近景是水中漂浮的荷萍，中景是对岸静止的轩榭，远景是万寿山上松柏掩映的楼阁，层次分明，历历在目，园内园外成为和谐统一的整体。

8.4.3 “曲折幽深”之景

后溪河东起谐趣园，西至半壁桥。蜿蜒于万寿山北麓山脚下，沿湖院落、亭桥、宫市、遗址林立，景致清幽秀雅，有别于前山开阔的湖山景观。后溪河两岸植物丰富，且树体冠大荫浓，杂卉布地。两岸山中则以油松作为基调树种，阔叶树种有槲树、朴树、白蜡、栾树、元宝枫、黄栌、山杏、山桃等，植物的选择和结构与华北暖温带自然群落结构相似，生长情况非常稳定。油松种在山坡较高处，白蜡、槲树、枫树临水，春季有大量开花的山杏、山桃，散植几丛迎春和连翘为配调。夏日，驳岸边绿荫幽草，荷香撩人，清风蝉鸣。秋季槲、栎突出，成为秋色主调，白蜡、黄栌、栾树可作秋色配调。后溪的整体景观富有节奏层次，两岸景致倒映水中，借山影、水影、树影、云影增加景色层次，营造出山高水远的景观意境（图98至图102）。

图98　后溪河春景（闫宝兴 提供）

图99　后溪河夏景（闫宝兴 提供）

图100　后溪河“看云起时”秋色景观（闫宝兴 提供）

图101　后溪河秋色（闫宝兴 提供）

图102　后溪河秋色（闫宝兴 提供）

苏州街是后溪河主要的人文景观，原称万寿山买卖街，1986年复建后名清漪园宫市。建筑群始于清漪园时期，位于万寿山后河两岸，是一条模仿江南水乡街市建造的宫廷商肆。乾隆皇帝第一次巡幸江南时，因留恋江南苏州热闹的街肆铺面及物产风俗，命随行画师绘具图式，将其仿建在京城西北郊的皇家园囿内。时年，北京有三处著名的皇家买卖街市，一是圆明园同乐园买卖街；二是清漪园后河买卖街；三是从现在北京动物园西面的万寿寺开始一直延伸到畅春园（北京大学西面）宫门的“苏州街”，此街专为乾隆皇帝母亲钮祜禄氏七十大寿建造，是最大的一条买卖街。上述三条铺面街市中，属清漪园买卖街最具特色。此街市建造在万寿山后山四大部洲中轴线下，后溪河中部南北两岸，全长约270m，建筑布局模仿了浙东一带常见的“一水两街”的形式，以后溪河中段的三孔石桥为中心向两侧展开，两岸曲折蜿蜒的湖岸上，60余座200余间铺面鳞次栉比，以河当街、以岸做市。街市中有两间门面的小茶馆、有三间牌坊高耸的酒楼；有货色齐全的帽子铺及钱庄、当铺等。在三孔石桥两侧，还建有四座转角楼房。清漪园买卖街的铺面房，尺度小于一般建筑，每间面积仅为一般建筑的1/4。建筑形式纯属民间典型的铺面房，不是宫廷中的大式做法。青瓦、灰砖、粉墙，描绘了江南民间房舍的朴素清淡，而牌楼、牌坊及拍子的修建上又使用了北方的风格，以北方建筑富丽、浓艳的色彩渲染点缀于江南清秀妩媚的水乡之中，营造出皇家园林特殊的宫市特色（图103）。

清漪园买卖街的建造，是对自然客观环境所作的模仿。但其模仿的对象不是江南秀美的山水风景，而是具有浓郁生活气息的市井街巷。在清宫档案中买卖街的全名为“万寿买卖街铺面房”，它的建筑形式和地理环境有别于圆明园和苏州街。乾隆皇帝奉母游园时，命太监和宫女临时装扮成村民侍女，在街内品茶易物，乾隆皇帝和其母亲坐在精致的小画舫中，在橹声咿呀和吴歌软语的叫卖声中，享受着熙熙攘攘的街景，仿佛又一次游历了江南城镇，而从中得到一些乡间野趣（图104）（北京市地方志编纂委员会，2004）。

后溪河绿草如茵、清流淙淙，是颐和园内重要的游览景点。后溪河南岸的山形地貌是在真山的基础上，利用开挖后溪河的泥土经过人工的艺术处理堆叠而成。后溪河北岸连绵起伏的假山则完全是人工之作。两山之间夹带一条蜿蜒曲折的河流，为后山园林的总体布局注入了新的活力。古人云：“山以水为血脉，故山得水而活；水以山为面，故水得山而媚。”将前湖之水引入后溪河，

图103　苏州街街景（闫宝兴 提供）

图104　苏州街水岸景观（闫宝兴）

增加了后山的高度和后溪河的纵深感，为后山后溪河分区造景提供了必要的条件。后溪河狭长绵延，水面时宽时窄，光影忽明忽暗，两岸的点景因水相隔，相互呼应，在深邃曲折的园林空间里，用不断分割又不断联系的手法，使后溪河两岸的分散景点互相关联、互相渗透，创造出极其深远、不可穷尽的艺术境界（颐和园管理处, 2010）。

后溪河的开发既满足了后溪河两岸建筑的造景要求，也改变了后山枯燥单调的气候与环境。树木花草受其滋润而更加繁茂；点景建筑因水的衬托而更加妩媚多姿。同时，后溪河还具有鲜为人知的重要功能：一是后溪河两岸的点景建筑可以凭借河水防火救灾；二是为其他皇家园林提供水源。“山阳放舟山阴泊。”后溪河还是欣赏后山景点的重要游览路线，游客可在后溪河荡桨，充分享受后山后溪河幽雅宁静的自然景趣（颐和园管理处, 2010）。

8.4.4 “花木敷荣”之景

乐寿堂位于昆明湖北岸，临湖背山，粉墙若屏，是乾隆母亲休憩之所，重建时成为慈禧太后的寝宫。《日下旧闻考》记：“北为宜芸馆，馆之西为乐寿堂。乐寿堂前有大石如屏，恭镌御题青芝岫三字，东日玉英，西日莲秀。门楣上刊御题乐寿堂诗，前轩御题额水木自亲。”从水木自亲宫门进入，可达乐寿堂前开阔豁达的主庭院，院中点缀着一块巨大的山石名“青之岫”，很自然地成为宫门内的屏障。堂前对称地排列铜鹿、铜鹤、铜瓶等宫廷小品，取鹿、鹤、瓶的谐音，寓意“六合太平”。庭院内栽植玉兰、海棠等花木，取意“玉堂富贵”（图105）。庭院开朗，环境适宜，尤其春夏两季，花开不断；伏日，无暑清凉，宫廷生活气息浓重（图106、图107）。

光绪时期的颐和园，善用岩石结合假山砌筑花台，史料记载：光绪二十九年（1903年），排云殿东侧建国花台，“依山之麓，划土为层”，台上满植山东进贡的名种牡丹，花开时“繁英灿烂，洵为美观”。牡丹是中国特有的木本名贵花卉，有数千年的自然生长和1 500多年的人工栽

图105　乐寿堂“玉堂富贵”之玉兰（闫宝兴）

图106　乐寿堂“玉堂富贵”海棠和玉兰（闫宝兴）

培历史，有“国色天香”的美誉，是颐和园内著名的庭院地植花卉，清宫时已经非常兴盛。因牡丹性喜光，较耐阴，又加上牡丹是肉质根，比较怕涝，所以一般种植在高敞的台地上，既能接受充足的阳光，又利于排水。据记载，园中的牡丹花台有多处：国花台14层、仁寿殿北花台8层、南花台5层、乐寿堂内花台2座。其中栽植规模最大的当属光绪二十九年（1903年）佛香阁下东侧建造的国花台，国花台坐北朝南，上下14层，台墙土面，上覆琉璃瓦（1972年改建为13层，台墙土面改作明面砖墙）。曾有八品苑副白永麟奉旨恭书的“国花台”三字石刻。园内现存国花台位于仁寿殿南北侧的牡丹花台和佛香阁东侧。现有品种‘大胡红’‘白雪塔’‘锦袍红’‘酒醉杨妃’‘白鹤卧雪’‘金桃红’‘软玉温香’等70余个品种。花开时花繁似锦、娇艳夺目、香气馥郁，衬托出古典皇家御园的大气恢宏，典雅端丽之美（图108至图111）。

图107　玉兰花盛开（闫宝兴 提供）

图108　仁寿殿牡丹（闫宝兴 提供）

图109　仁寿殿牡丹花台（闫宝兴 提供）

图110　国花台牡丹（闫宝兴 提供）

图111　仁寿殿牡丹（闫宝兴 提供）

8.4.5 “仙山琼阁”之景

南湖岛位于昆明湖南部而得名，岛的平面近似椭圆形，东、西宽120m，南、北长105m，面积1hm^2。岛东部连接十七孔桥与东堤接壤，是昆明湖大湖中最大的水岛。清漪园未建成以前，此处原为西湖堤岸的一部分，乾隆十四年（1749年）拓展西湖时，保留了其中的一部分土堤，使其成为一个水岛。然后又在岛上堆石成山，建造望蟾阁、月波楼、鉴远堂、龙王庙、澹会轩等建筑。岛上北半部以山林为主，南半部以建筑为主。主体建筑涵虚堂耸立在北岸山石叠起的高台上，北面与万寿山上的佛香阁遥相辉映，互为对景。南面又和两边的配楼月波楼、云香阁鼎足相立，构成南北向的中心轴线。建筑两侧的广润祠和澹会轩建筑群分别构成品上东、西两侧的南北向轴线，三条轴线各有一端延伸至岸边成为码头和水榭。“俗则屏之”：南湖岛东面景色平常，采用土山和密林作为“障景”；“嘉则收之”：岛西部山色湖光一览无余，前景开阔任人纵览。南湖岛内密林有松柏数百挺，并杂莳花木，地势高敞，水木明瑟。舍舟登岸，凭栏远眺，林峦烟水，一望无际。岛内月波楼下对称列植木香2株，花开于五月，香气袭人，洁白如雪，繁花耀眼（图112）。凌霄牌楼下有元宝枫一株，入秋时，斜阳西下，弄影波面，又与白桥相映，增色不少（图113）。

澹会轩位于南湖岛鉴远堂北侧，建筑坐北朝南，面阔五间，前后檐廊、南北穿堂。北面匾额“鸿风懿采”，楹联“碧通一径晴烟润，翠涌千峰宿雨收”。南面匾额“风日娱怀”，楹联“晚晴鹭立波心玉，春煖鱼抛水面纶”。轩东、西各有两间耳房。西耳房北过道有一座复建于光绪年间的垂花门，垂花门西连一所由南北四座值房组成的小院，院东粉墙中间设一座月光小门，门外湖岸边栏杆中开，迎门而建一座帝后御船停泊石砌码头。每当夕阳西下门掩黄昏，该处可浮现出杜甫所绘“门泊东吴万里船”的诗境。澹会轩与后山澹宁堂名称取意相似，它不仅是一处因水而得景的场所，还另有其义。乾隆五八年（1793年）御制澹会轩诗“有情能无会？其会不一矣。会于动逐物，会于静近理。澹者静之类，会于斯为美。曰美亦絮言，试观轩前水。颜渊事四勿，盖合澹会旨。”水中蕴涵动、静、物、理，动由物生，理因静得；四者合一，方为澹会。

图112　南湖岛木香（闫宝兴 提供）

图113　南湖岛元宝枫（闫宝兴 提供）

8.5　景观寓意

园中的楹联匾额与乾隆诗作关系密切，涉及内容广泛且饱含丰富的历史文化信息。园中匾联提及的植物有荷花、竹、牡丹、菊、梅花、兰花、柳树、松树、柏树、桃树、藤、蒲、迎辇花（产于嵩山深处的花）、蓂荚（古代传说的一种瑞草）、玉树（传说中的神树）等。

通过联语赋予植物情结、精神、思想，可谓妙趣横生，别开生面，更为园中的景致增趣不少。如颐和园玉澜堂正殿联“渚香细裛莲须雨，晓色轻团竹岭烟”，全联以荷花和竹比拟君子，暗喻君子贤人处在良好的环境中，得到精心的培养与呵护，品德会更加高尚。以匾额为媒介抒情于花木，以体现植物景观的生境、画境和意境，贵在以花木暗喻比兴之法，成为别样的景观文化，与周围欣欣向荣的植物虚实相生，有着异曲同工之妙。“藕香榭”题名匾同名御制诗《藕香榭》曰：“污泥不染植亭亭，为识花馨识藕馨。君子昔人设比拟，如莹正则变丹青。”这里藕代指“莲”，比喻君子具有高尚的品德。这种以花木言志，将植物拟人化的自然审美观起源于儒家的“比德说”，所谓“比德”就是作为审美客体的山水花木可以与审美主体人（君子）相比附，亦即从山水花木的欣赏中可以体会到某种人格美。诸如松、竹、梅谓之“岁寒三友”，梅、兰、竹、菊为“四君子”，莲出淤泥而不染，秋叶凌霜色愈红等等托物言志、借物写心的景观手法在古典园林中常常被运用。

除了匾联中大量运用植物外，颐和园中的建筑云松巢、柳桥、荇桥、鱼藻轩、藕香榭均以植物得名，其中“云松巢”出自李白《望庐山五老峰》“九江秀色可揽结，吾将此地巢云松”诗句。这类依据古典诗词而得名的植物景名属意象类。景名作为古典园林的重要的元素之一，力求行文优美，耐人寻味，古人运用植物点景题名，突出了造园者的情趣与高雅。

9 颐和园植物的保护和发展

1982年《佛罗伦萨宪章》关于历史园林的定义做出了如下规定：历史园林指从历史的角度或艺术的角度，民众所感兴趣的建筑和园艺构造……历史园林是一种主要由植物组成的建筑构造，它是具有生命力的，即有生有死。因此，历史面貌反映着季节的变化与循环、自然生死与园林设计者和主人希望将其永久保持的愿望之间的永久平衡。历史园林中的……植物，包括品种、配色、面积以及各自高度……这种园林是文明和自然直接关系的表现，适合作为思考和休息的娱乐场所，所以具有理想世界的巨大意义，用词源学的术语来表达就是“天堂”，并且也是一种文化、一个时代和一种风格的见证，而且还见证了具有创造力的艺术家的独创性。从以上的规定和定义，我们可以看出历史园林具有十分重要的历史文化价值，而园林中原有的植物景观是反映园林面貌、延续园林生命的重要载体。

颐和园的植物在意境风格、群落种类、栽植方法等方面，继承了中国古典造园艺术中“融人工匠意与自然造化于一体”的思想和手法，体现了“康乾”以来在园林植物配置和造景中“嘉则收之，俗则屏之”的典型要求，并赋予园林植物群落以深刻的文化内涵及道德寓意，是造园艺术中自然属性和文化属性完美统一的结晶。

9.1 植物的保护与利用

9.1.1 遵从自然规律，尊重历史原貌

从遗产价值的原真性和完整性出发，充分考虑植物景观可持续发展的特点，从时间、空间等多方面认知世界文化遗产的植物景观。遗产地的植物景观必须遵循“真实性、整体性、动态性、可持续发展”的原则，在调整植物时应栽植与意境相符合的植物，尽量保持原有植物的种植地点，尽可能恢复其历史原貌，最大限度地将真正的、本真的、完整的植物景观展示给游人。历史园林的日常维护，主要是保证其风貌不受破坏，包括其自身和外部环境的风貌，均必须通过适当手段予以维持。在植物调整时应坚持“尊重自然规律，尊重历史”的修复理念，以历史原貌为主，在日常工作中不对历史景观进行破坏，保护历史遗迹的原真性。

9.1.2 体现自然原貌，区别保护与利用

颐和园万寿山植物景观尤其是后山和昆明湖区，以体现自然原貌、突出自然的真实与淳朴为特色，植物景观总体上融入北京西北郊的大景观格局中，属于半人工的自然生态群落。在日常管理中，应以自然为原则，采用分级保护对园内的植物景观资源进行保护，全面对原生植物群落，如常绿针叶林、落叶阔叶林及湿地进行重点保护，对现有的古树名木进行保护和适度的干预。梳理滨水植物、野生草本植物，适当引进新的植物品种，丰富植物种类多样性。设置生态景观区域，侧重对植物群落的内部调整，如对原生的密林进行疏伐，利于植物生长；保留乡土植物和动植物的栖息地；对公园内的植被进行普查，建立植物保护档案，对园内的重点植物进行监测，及时了解植物的生长状况，更好地对植物进行科学合理的保护。

9.1.3 保护古树名木，制定专项管理措施

古树是人文历史和诠释地域内自然气候变化的信息库，是大自然和人类文明活动的结晶，古树名木是见证自然与人文历史变迁的、珍贵的、有生命力的“绿色遗产”，是“活的文物”，是历史文化遗产的一个重要组成部分，一旦损失或破坏将无法挽回和修复。颐和园古树名木是历史文

化传承的载体，加强古树名木的有效管理，建立古树名木档案、制定全面系统的古树专项规划，坚持全面系统、常态持续性的原则进行日常养护和管理；应对园区内的树木进行古树后续资源的鉴定，对于列入古树后续资源的树木进行相应的保护，保证颐和园内古树的数量，突出历史名园的价值。

9.1.4 选用乡土树种，优化植物群落

颐和园在植物更新时要多方考证，研读现存的历史资料，坚持以传统的乡土植物为主，不宜引入大量的外来树种，要依据现有环境优化乔木、灌木和地被层次，构建丰富的植物群落，在万寿山上增加具有固土能力强的原生灌木、地被，丰富植物群落层次，提高灌木的多样性，充分利用其色、质、姿、香、韵等特征，形成乔、灌、草相结合的复合植物群落景观结构，提高群落整体的生物多样性，使植物群落在立面上形成变化丰富的层次，增强休闲游憩效果。

9.1.5 完善养护制度，建立保护管理体系

根据管理区域完善分级养护制度，重点保护颐和园产权范围和保护范围内具有良好景观价值的植物群落、历史价值的古树群落、生态价值的水生植物群落，并按照不同植物群落的长势和布局采取分级保护措施，并纳入统一管理范畴，实现园内植物景观资源的永续利用。同时，制定编纂具有清晰、明确的保护原则、实施办法、管理条例、法律法规，建立完整的植物保护管理体系。

9.2 植物景观的提升和发展

颐和园作为世界文化遗产，其丰富的植物景观不仅是具有重要的文化价值，而且也是具有古典园林特征的自然遗产。颐和园历史性的植物景观修复营建需要不断地努力与付出，对地形、土壤等各个要素不断地调整，对景观不断地养护和治理，才能最终营建出尊重历史原貌及文化意境的植物景观。营造植物景观要在考究历史资料的基础上，遵循古人的造园手法，慎重选择植物种类，种植与场地氛围一致的植物，既遵从古人立意又有发展地塑造出颐和园的整体美感。这是对遗产价值的尊重，也是对历史文脉的延续。

积极构建植物灾害防御体系，应对极端天气，保护植物景观免于伤害。除了将重要的景观节点、意义特别的古树名木纳入数字化管理中，应尽可能将更多的植物纳入数字化管理中，详细记录植物信息，更有利于植物景观资源的保护。

9.2.1 景观资源的保护

进入21世纪后，随着政策取向、发展阶段和基础条件的不同，颐和园的园林建设呈现出明显的多元化趋势，园内景观分别经历了栽植成活、删繁就简、成长得景、维护巩固等重要阶段。颐和园的植物景观资源具有重要的人文历史价值、生态价值、科研价值等，在对植物景观规划与修复过程中要建立较为完善的保护管理体系，重点保护颐和园内具有历史价值的古树群落和景观价值的植物群落，并按照不同植物群落的长势和布局采取分级保护措施，实现园内植物景观资源的永续利用。

9.2.2 植物景观的提升

颐和园园内近10万株乔灌木，主要分布在万寿山区、昆明湖堤岸、耕织图景区、建筑庭院等区域内，其中万寿山区种植密度最大，各种乔木为竞争光线纵向生长倾向明显，使多处建筑几乎完全被树木遮蔽，造成了“湖面不能观山景、山上不可眺湖色”的局面，要根据植物的生长状况进行普查，对万寿山、湖岸、庭院核心区乔灌透景线进行梳理，最大限度地满足整体与局部的景观配置需求，充分调节植物与建筑的矛盾，改善树木通风透光的条件，减少病虫害发生，提高树木抗病害能力。通过修剪打开景观视线、增加景深，体现步移景异的特色；在查阅历史文献的基础上，充分考虑现有景观，在尊重历史原貌的原则下，提升植物功能性和美观性，使植物景观尽可能地与历史景观风貌相符，充分发挥原有的园林植物意境，提升植物景观的观赏性。

9.2.3 颐和园“数字化园林”

信息化时代公园建设促使植物景观的保护和管理走向标准化和现代化，颐和园在信息化建设成果的基础上也使植物景观专项维护更加系统化、专业化、细节化，借助数字化建设，充分运用现代的保护管理措施，对历史性植物进行保护、管理，维护其可持续性发展，具有前瞻性与创新性。

10 结语

颐和园是在清漪园的基础上发展而成的，作为自然山水宫苑，颐和园园林环境保护和修复工作的研究和探讨是一项非常艰巨的工作，需要做大量的基础调查和多方位的研究与思考。在保持原有山水格局的基础上，对易变迁的植物景观进行恢复，使古典园林发挥最大的价值，从而为提升颐和园植物景观效果、恢复其历史原真性、提高审美价值等提供参考，同时对当代中国园林植物造景设计有重要的指导意义和参考价值。植物景观不同于其他类型的景观遗产，它富有生命力，它是活的、可变的，如何解读和定位世界遗产中的植物景观、如何保护与管理世界遗产中的植物景观资源、颐和园植物景观的现状如何在遗产保护中走可持续发展之路等，这些问题对颐和园植物景观价值的保护与传承具有重要的研究意义。

参考文献

北京市地方志编纂委员会, 2004. 颐和园志[M]. 北京: 北京出版社: 9-481.

北京市颐和园管理处, 2013. 颐和园大事记[M]. 北京: 五洲传播出版社: 163.

北京市颐和园管理处, 2021. 中国古典园林造园艺术研究——纪念颐和园建园270周年学术论文集[M]. 北京: 机械工业出版社: 112-124.

北京市园林局颐和园管理处, 2000. 颐和园建园250周年纪念文集(1750—2000)[M]. 北京: 五洲传播出版社: 125-127.

北京颐和园管理处, 2010. 乾隆皇帝咏万寿山清漪园风景诗[M]. 北京: 北京旅游出版社.

陈丹秀, 胡永江, 2021. 中国传统园林岛屿理景研究[J]. 古建园林技术(5): 76-81.

戴逸, 1992. 乾隆帝及其时代[M]. 北京: 人民大学出版社: 102-110.

国家图书馆, 2018. 国家图书馆藏样式雷图档·颐和园卷[M]. 北京: 国家图书馆出版社.

黄成彦, 1996. 颐和园昆明湖3500余年沉积物研究[M]. 北京: 中国海洋出版社.

李理, 2004. 中国地产市场　两岸夹长川　绿香云里放红船—颐和园耕织图景区及《耕织图》[J]. 中国地产市场 (1): 72-75.

李渔, 2013. 闲情偶寄[M]. 北京: 人民文学出版社.

清华大学建筑学院, 2000. 颐和园[M]. 北京: 中国建筑工业出版社: 24, 65.

孙承泽, 1984. 天府广记卷35[M]. 北京: 北京古籍出版社.

田易, 1983. 畿辅通志[M]. 台北: 台湾商务印书馆.

王莉莎, 2021. 城市住宅 传统美学对我国古典园林建筑艺术的影响[J]. 中国设计研究院, 82.

吴自牧, 1984. 梦粱录[M]. 杭州: 浙江人民出版社.

颐和园管理处, 2006. 颐和园志[M]. 北京: 中国林业出版社: 109-340.

于敏中, 等, 1981. 钦定日下旧闻考[M]. 北京: 北京古籍出版社.

张龙, 2006. 济运疏名泉 延寿创刹宇——乾隆时期清漪园山水格局分析及建筑布局初探[D]. 天津: 天津大学.

赵君, 2009. 圆明园盛期植物景观研究[D]. 北京: 北京林业大学.

致谢

感谢颐和园副园长王树标、国家植物园（北园）副园长魏钰的鼎力推荐，感谢马金双博士的精心指导和帮助，感谢刘宁、赵晓燕提供相关资料和照片支持，感谢颐和园张鹏飞、刘精等人的大力支持，在此向各位领导和同事们给予的指导和帮助致以衷心的感谢！

作者简介

闫宝兴（女，北京人，1968年生），北京林业大学风景园林专业本科（1991），1991—2004年任职于朝阳区园林局，2004年至今任职于北京市颐和园管理处，现任园林科技科科员，高级工程师。主要从事园林规划、园林工程管理工作，邮箱：ybx2003666@sina.com。

黄鑫（女，北京人，1985年生），北京农学院城市环境艺术专业本科（2009），2009年至今任职于北京市颐和园管理处，现任园林科技科科员，高级工程师，主要从事园林绿化工作，邮箱：1017509002@qq.com。

于龙（男，北京人，1989年生），中国农业大学园林专业本科（2011），2019年至今任职于北京市颐和园管理处，现任园林科技科科员，工程师。主要从事园林绿化工程管理工作，邮箱：931215416@qq.com。

附录1　万寿山昆明湖记

岁己巳，考通惠河之源而勒碑于麦庄桥。元史所载，引白浮、瓮山诸泉云者，时皆湮没不可详。夫河渠，国家之大事也，浮漕利涉灌田，使涨有受而旱无虞，其在导泄有方而潴蓄不匮乎！是不宜听其淤阏泛滥而不治。因命就瓮山前，芟苇茭之丛杂，浚沙泥之隘塞，汇西湖之水都为一区。经始之时，司事者咸以为新湖之廓与深两倍于旧，踟蹰虑水之不足。及湖成而水通，则汪洋漭沆，较旧倍盛，于是又虑夏秋汛涨或有疏虞。甚哉集事之难，可与乐成者以因循为得计，而古人良法美意，利足及民而中止不究者，皆是也。今之为闸为坝为涵洞，非所以待汛涨乎？非所以济沟塍乎？非所以启闭以时使东南顺轨以浮漕而利涉乎？昔之城河水不盈尺，今则三尺矣。昔之海甸无水田，今则水田日辟矣。顾予不以此矜其能而滋以惧。盖天下事必待一人积思劳虑，亲细务有弗辞，致众议有弗恤，而为之以侥幸有成焉，则其所得者必少而所失者亦多矣。此予所重慨夫集事之难也。湖既成，因赐名万寿山昆明湖，景仰放勋之迹，兼寓习武之意。得泉瓮山而易之曰万寿云者，则以今年恭逢皇太后六旬大庆，建延寿寺于山之阳故尔。寺别有记，兹特记湖之成，并元史所载泉源始末废兴所由云（北京市地方志编纂委员会，2004）。

附录2　乾隆皇帝御制万寿山清漪园记

万寿山昆明湖记作于辛未，记治水之由与山之更名及湖之始成也。万寿山清漪园成于辛巳，而今始作记者，以建置题额间或缓待而亦有所难于措辞也。夫既建园矣，既题额矣，何所难而措辞？以与我初言有所背，则不能不愧于心。有所言及若诵吾过而终不能不言者，所谓君子之过。予虽不言，能免天下之言之乎？盖湖之成以治水，山之名以临湖，既具湖山之胜概，能无亭台之点缀？事有相因，文缘质起，而出内帑，给雇值，敦朴素，祛藻饰，一如圆明园旧制，无敢或焉。虽然，圆明园后记有云，不肯舍此重费民力建园囿矣，今之清漪园非重建乎？非食言乎？以临湖而易山名，以近山而创园囿，虽云治水，谁其信之？然而畅春以奉东朝，圆明以恒莅政，清漪静明，一水可通，以为敕几清暇散志澄怀之所，肖何所谓无令后世有以加者，意在斯乎！意在斯乎！及忆司马光之言，则又爽然自失。园虽成，过辰而往，逮午而返，未尝度宵，犹初志也，或亦有以谅予矣（北京市地方志编纂委员会，2004）。

附录3　嘉庆帝御制谐趣园记

万寿山东北隅，寄畅园旧址在焉。我皇考南巡江省，观民间俗之暇，驻跸惠山，仿其山池结构建园于此。如狮子林，烟雨楼同一致也。园近湖滨，地多沮洳，庭榭渐觉剥落，池陂半已湮淤，况有石刻御诗，奎光辉映，岂可任其倾圮，弗加修治哉？爰命出内帑之有余，补斯园三不足。犁榛莽，剔瓦砾，浚陂塘，去泥滓，灿然一新，焕然全备，而园之旧景顿复矣。地仅数亩，堂止五楹，面清流，围密树，云影天光，上下互印，松声泉韵，远近相酬。觉耳目益助聪明，心怀倍增清洁，以物外之静趣，谐寸田之中和，故命谐趣，乃寄畅之意。仍之隔每闲数日一来，往还不过数刻，视事传餐，延见卿尹，仍如御园勤政，何暇遨游山水之间，徜徉泉石之际，留连忘返哉？敬溯先皇之常度。曷敢少，惟知勤理万几，安兆姓，是素忱也。或曰：然则山水泉石之趣，终未能谐，名实不副矣。予曰：云岫风篇何尝有形迹之沾滞，存而勿论可也（北京市地方志编纂委员会，2004）。

附录4　清代皇帝御制诗中描写植物景观的诗句

描写植物	年代	诗名	诗句	地点
松	乾隆十九年	晓春万寿山即景八首	松峰翠涌玉嶙峋，今岁行春乐是真。	万寿山
	乾隆十九年	仲春万寿山杂咏六首	种松拟种丈寻外，拱把成阴久待迟。	万寿山
	乾隆二十年	即事四首	松犹苍翠柳垂珠，散漫迷离幻有无。	万寿山
	乾隆二十年	诣畅春园问安后遂至万寿山即景杂咏	阳崖土润生芳草，阴巘雪余皴古松。	万寿山
	乾隆二十二年	万寿山即景	松风宛是昨年闻，偃盖新添翠几分。	万寿山
	乾隆二十三年	新春万寿山即景	高下移栽五鬣松，郁葱佳气助山容。	万寿山

（续）

描写植物	年代	诗名	诗句	地点
	乾隆三十三年	新正万寿山即景	松柏参差得径曲，凫鸥高下喜冰消。	万寿山
	乾隆三十六年	新正万寿山	后凋绿蔚老松鬣，向暖青披嫩草芽。	万寿山
	乾隆五十年	节后万寿山即景得句	绿柳含韶徐酝酿，苍松傲冻耸孱颜。	万寿山
	乾隆二十年	自玉河泛舟至玉泉山即景杂咏	灵源不冻碧波涵，松籁岚光惬静参。	昆明湖
	乾隆二十四年	昆明湖上作	松竹依然三曲径，柳桃改观六条桥。	昆明湖
	乾隆二十五年	乐寿堂	钧陶锦绣化工邕，松竹笙簧仙籁谐。	乐寿堂
	乾隆二十年	云松巢	岩松镇茏葱，峰云自吞吐。	云松巢
	乾隆二十六年	云松巢	松巢山半夏如秋，更有白云在上头。	云松巢
	乾隆二十九年	云松巢	云出松根松覆云，浓青淡白互氤氲。	云松巢
	乾隆二十九年	云松巢	新松欣与旧松齐，卧栏巢云蔼蔼低。	云松巢
	乾隆三十一年	云松巢	种松恰合在山凹，仓干经年翠色交。	云松巢
	乾隆三十一年	云松巢	雨足云易生，云间松越翠。	云松巢
	乾隆三十三年	云松巢	记得种松初拱把，乔柯今亦解藏云。	云松巢
	乾隆三十三年	云松巢	松与云为盖，云依松作巢。	云松巢
	乾隆三十五年	云松巢	童童众松围，中有书轩在。旧叶别林落，新叶他枝待。只此绿云容，四时恒不改。	云松巢
	乾隆三十六年	云松巢	而松付不知，龙鳞润楚楚。	云松巢
	乾隆三十九年	云松巢	山云一片白，山松四时青。松喜云与护，云遇松为停。	云松巢
	乾隆四十一年	云松巢	青松自无情，作息颇有应。云松元莫逆，有无更谁竞。	云松巢
	乾隆四十七年	云松巢	云以松为盖，松将云作衣。	云松巢
	乾隆五十年	云松巢	只有古松与野鹤，不知春色去和来。	云松巢
	乾隆五十二年	云松巢	苍翠松有贞，来去云无定。于其有无间，而恒契同性，松披云为衣，云架松为乘。	云松巢
	乾隆五十三年	云松巢	云时有去来，松恒峙庭宇。然而相得彰，山中结宾主。云以巢松闲，松以巢云古。	云松巢
	乾隆五十六年	云松巢	云自有来去，松原无冬春。或时云就松，或时松护云。以为巢则同，孰能分主宾。兹乃额檐间，复似属乎人。不如任云松，去此名象纷。	云松巢
	乾隆二十年	水周堂	蒲芷微馨动，松篁远籁吹。	水周堂
	乾隆二十六年	清可轩	步磴拾松枝，便试竹炉火。	清可轩
	乾隆五十一年	翠籁亭	林翠犹然未张时，后凋松柏色无移。	翠籁亭
	乾隆五十三年	翠籁亭	一亭松槲间，槲凋松蔚翠。泠泠清籁动，松吟槲无事。槲岂遂弗鸣，枯枝鲜佳致。同一植物耳，贵于自位置。	翠籁亭
	乾隆十九年	再题惠山园二首	风松入操古，春鸟和音谐。	惠山园
	乾隆二十年	寻诗径	诘曲穿云复度松，山如饭颗翠还浓。	寻诗径
	乾隆二十五年	题惠山园	松是绿虬低欲舞，石如白凤仰疑骞。	惠山园
	乾隆二十八年	惠山园	舟到其它则且置，松岩之下先得门。	惠山园
	乾隆三十二年	再题惠山园八景	石门云径倚松开，屧步无尘有绿苔。	寻诗径
	乾隆三十五年	惠山园	松自静因风有韵，石虽瘦以古为腴。	惠山园
	乾隆三十九年	惠山园	绕砌近堤吐新草，明亭暗窦间苍松。	惠山园
	乾隆三十三年	霁清轩	庭阴那碍苍松盖，几馥还欣绿字函。	霁清轩

09

（续）

描写植物	年代	诗名	诗句	地点
	乾隆四十八年	霁清轩	峡水常调瑟，岩松镇护螺。	霁清轩
	乾隆二十三年	题春风啜茗台	松籁沸如鼎，荷香蒸作霞。	春风啜茗台
	乾隆三十四年	睇佳榭	入风松韵凉延座，过雨堤痕水涨涯。	睇佳榭
	乾隆五十三年	睇佳榭	庭松益偃盖，堤柳未拖丝。	睇佳榭
槲	乾隆五十三年	翠籁亭	一亭松槲间，槲凋松蔚翠。 泠泠清籁动，松吟槲无事。 槲岂遂弗鸣，枯枝鲜佳致。 同一植物耳，贵于自位置。	翠籁亭
柏	乾隆三十三年	新正万寿山即景	松柏参差得径曲，凫鸥高下喜冰消。	万寿山
	乾隆二十六年	乐寿堂得句	翠柏树惟标古色，碧桃花却恋春光。	乐寿堂
	乾隆三十二年	翠籁亭	乔柏丛中一小亭，隔窗籁想翠泠泠。	翠籁亭
	乾隆三十六年	翠籁亭	古柏几株翠幂亭，风翻谡籁响泠泠。	翠籁亭
	乾隆五十一年	翠籁亭	林翠犹然未张时，后凋松柏色无移。	翠籁亭
杨树	乾隆四十一年	节后万寿山清漪园	袅袅堤杨轻似线，溶溶湖水绿于油。	清漪园
	乾隆十八年	新春万寿山	依稀梅蕊图江国，次第杨稊报岁华。	万寿山
	乾隆十九年	仲春万寿山杂咏六首	表里湖山景不穷，杨丝渐欲受东风。	万寿山
	乾隆四十七年	节后游万寿山	律暖堤杨金缕摇，冰融湖水碧澜开。	万寿山
	乾隆十九年	长河放舟进宫之作		昆明湖
	乾隆二十四年	自玉河放舟至石舫	桂棹兰桨初耐可，堤杨溪藻已怀鲜。	昆明湖
	乾隆三十四年	自玉湖泛舟至昆明湖即景杂咏	几曲川途望欲迷，轻烟又傍绿杨低。	昆明湖
	乾隆二十八年	水周堂	白芷漾纹细，绿杨蘸影柔。	水周堂
	乾隆三十二年	再题惠山园八景	最合临堤夸一色，生稊踠地蘸枯杨。	澹碧斋
	乾隆十九年	鉴远堂	夹岸垂杨啭黄鸟，傍堤密苇隐苍鸾。	鉴远堂
	乾隆三十一年	水村居	径多红蓠护，屋有绿杨围。	水村居
	乾隆三十六年	水村居	丁星杂卉侵阶紫，飒纚垂杨蘸渚青。	水村居
	乾隆二十六年	景明楼	一堤杨柳两湖烟，中界高楼翼翥然。	景明楼
	乾隆四十六年	绣漪桥	陌杨笼岸绿帷展，水荇牵舷翠带飘。	绣漪桥
槐树	乾隆三十三年	静佳斋口号	潇洒山斋号静佳，日长无暑荫高槐。	静佳斋
	乾隆二十二年	题嘉荫轩	高槐阅岁有嘉荫，傍树开轩具四临。	嘉荫轩
楸树	乾隆二十年	写秋轩	气清天复朗，触目仲秋时。庭下种楸树，中人能尔为。	写秋轩
	乾隆三十三年	借秋楼	楼前种楸树，疏叶翻风开。瞻题曰借秋，其名久矣哉。	借秋楼
榆树	乾隆三十年	自高梁桥进舟由长河至昆明湖	沿堤垂柳复高榆，浓绿阴中牵缆纡。	昆明湖
	乾隆三十八年	堤上四首	欲识园成年近远，种来榆柳绿荫齐。	堤上
桑树	乾隆二十一年	初夏万寿山杂咏	长堤几曲绿波涵，堤上柔桑好养蚕。	万寿山
	乾隆二十二年	玉河泛舟至玉泉	蜗庐蟹舍学江村，桑叶荫荫曲抱原。	昆明湖
	乾隆三十三年	自玉河泛舟至石舫	陌上从新桑叶长，新丝缫得过蚕忙。	昆明湖
梧桐	乾隆二十一年	新秋万寿山	花气宜过雨，梧风最引秋。	万寿山
枫	乾隆二十三年	新春万寿山即景	岩枫涧柳迟颜色，只觉森森翠意浓。	万寿山
枣	乾隆三十三年	自玉河泛舟至石舫	竹篱风送枣花香，渔舍蜗寮肖水乡。	昆明湖
	乾隆二十八年	水周堂	须弥齐枣叶，何碍芥为舟。	水周堂
	乾隆二十三年	嘉荫轩	椰叶定无何足拟，枣花未落底须争。	嘉荫轩
柳树	乾隆三十一年	新正万寿山清漪园即景二首	绿生湖水面，黄重柳梢头。	清漪园
	乾隆四十七年	新正游万寿山清漪园即景成什	芜滋三白茵先染，柳拂六攒带欲牵。	清漪园

（续）

描写植物	年代	诗名	诗句	地点
	乾隆五十六年	节后万寿山清漪园作	积雪依然培岸柳，缋春芬若放盆梅。	清漪园
	乾隆五十七年	节后万寿山清漪园即景	已观堤柳熏黄淡，却惜町辫鲜白滋。	清漪园
	乾隆二十年	即事四首	松犹苍翠柳垂珠，散漫迷离幻有无。	万寿山
	乾隆二十一年	新春万寿山即景杂咏	底识阳和旋转处，梅心柳眼动相关。	万寿山
	乾隆二十三年	新正万寿山	柳眼花髯暂迟待，六桥畔拟重来吟。	万寿山
	乾隆二十三年	新春万寿山即景	花柳六桥方蕴酿，较于红绿雅相应。	万寿山
	乾隆二十三年	新春万寿山即景	岩枫涧柳迟颜色，只觉森森翠意浓。	万寿山
	乾隆二十五年	新春游万寿山报恩延寿寺诸景即事杂咏	肖翘蠉动柳生稊，脉润土膏欲作泥。	万寿山
	乾隆二十八年	春正万寿山	草纽绿生依旭嫩，柳稊黄放摇风轻。	万寿山
	乾隆二十九年	仲春万寿山即景	已看绿柳风前舞，恰喜红桃雨后开。	万寿山
	乾隆三十二年	新正万寿山	依稀雪色幻梅朵，漏泄春光真柳条。	万寿山
	乾隆三十三年	新正万寿山即景	柳意桃情何处是，微微蕴酿六条桥。	万寿山
	乾隆三十四年	新春万寿山	活水已从涧口落，嫩金微摇柳梢才。	万寿山
	乾隆三十七年	新春万寿山二首	阳巘芜茵吐，曲堤柳线柔。	万寿山
	乾隆四十八年	新正万寿山即景成什	梅心柳眼谁为速，峰态林姿好是闲。	万寿山
	乾隆五十年	节后万寿山即景得句	绿柳含韶徐酝酿，苍松傲冻耸孱颜。	万寿山
	乾隆五十三年	节后万寿山	芜茵依绿染，柳线向黄舒。	万寿山
	乾隆十五年	自高梁桥泛舟过万寿寺至昆明湖之作	夹岸轻笼绿柳阴，进舟川路霁烟沉。	昆明湖
	乾隆十六年	高梁桥进舟达昆明湖川路揽景即目成什	甓社菱丝堤畔柳，风帆一样逐横斜。	昆明湖
	乾隆十八年	自玉河放舟至玉泉山	花识清明齐放陌，柳笼烟霭近低桥。	昆明湖
	乾隆十九年	湖上杂咏	绿柳红桥堤那畔，驾鹅鸥鹭满汀州。	昆明湖
	乾隆十九年	凤凰墩放舟由长河进宫川路揽景杂泳	青蒲白芷欲浮波，柳态花姿即渐多。	昆明湖
	乾隆十九年	凤凰墩放舟由长河进宫川路揽景杂泳	几曲川途绿柳堤，遥闻钟磬出招提。	昆明湖
	乾隆十九年	泛舟至玉泉山	一水通源溯碧川，菜花欲败柳吹棉。	昆明湖
	乾隆二十年	自玉河泛舟至玉泉山即景杂咏	柳眼将舒弱自扶，水村山墅接川途。	昆明湖
	乾隆二十年	昆明湖泛舟	花胎寒勒柳条轻，诗品虞乡最有情。	昆明湖
	乾隆二十年	昆明湖泛舟	烟光离合柳千株，掩映溪堂别一区。	昆明湖
	乾隆二十一年	玉河泛舟至玉泉	柳染轻黄苔着绿，沿堤春色递来徐。	昆明湖
	乾隆二十二年	进舟长河至昆明湖万寿山	麦登场好黍云蔚，桃谢堤芳柳线梳。	昆明湖
	乾隆二十二年	昆明湖泛舟至万寿山即景杂咏	景明楼畔青青柳，未见含烟早锁阴。	昆明湖
	乾隆二十三年	仲春昆明湖上	放眼柳条丝渐软，含胎花树色将分。	昆明湖
	乾隆二十四年	昆明湖上作	松竹依然三曲径，柳桃改观六条桥。	昆明湖
	乾隆二十五年	雨后昆明湖泛舟骋望	出绿柳阴知岸远，入红莲路荡舟轻。	昆明湖
	乾隆二十七年	昆明湖上作	柳金桃绮春风梦，蚕陌鳞塍耕织图。	昆明湖
	乾隆二十八年	自玉河泛舟至石舫得诗三首	几迭帆�拂烟出，两行岸柳受风留。	昆明湖
	乾隆二十九年	高梁桥放舟至昆明湖沿途即景杂咏	乘凉缆急进舟轻，堤柳浓阴覆水清。	昆明湖
	乾隆三十年	自高梁桥进舟由长河至昆明湖	柳岸忽闻嫩簧响，始知复育化成蝉。	昆明湖
	乾隆三十年	自高梁桥进舟由长河至昆明湖	沿堤垂柳复高榆，浓绿阴中牵缆纡。	昆明湖
	乾隆三十一年	昆明湖泛舟作	汀兰岸柳斗青时，映带烟光润且滋。	昆明湖

（续）

描写植物	年代	诗名	诗句	地点
	乾隆三十一年	昆明湖泛舟作	耕织图边花柳意，待人着语是便宜。	昆明湖
	乾隆三十一年	昆明湖泛舟	岸柳已藏黄鸟啭，桨兰微带翠萍牵。	昆明湖
	乾隆三十二年	昆明湖泛舟	柳丝低染绿，桃蕾远看红。	昆明湖
	乾隆三十三年	自玉河泛舟至石舫	石舫浑成系舫处，轻舆早候柳塘前。	昆明湖
	乾隆三十五年	自高梁桥泛舟由长河回御园即景	遮莫泊舟寻柳径，缮营欲笑向缘何。	昆明湖
	乾隆五十年	玉澜堂即景	榴虽度节芳犹艳，柳弗梳风影更深。	玉澜堂
	乾隆五十年	道存斋	柳眼梅心胥伯雪，不言可识道之存。	道存斋
	乾隆四十一年	怡春堂	柳眼梅心盼，雁回鸟语新。	怡春堂
	乾隆五十二年	怡春堂有感	庭砌仍花柳，几筵久閟藏。	怡春堂
	乾隆二十六年	暮春万寿山乐寿堂作	花色爱承仙露湛，柳丝偏罥惠风柔。	乐寿堂
	嘉庆元年	节后万寿山乐寿堂作	小盎梅香微讶减，长堤柳色渐看多。	乐寿堂
	乾隆三十九年	对鸥舫	白芷青蒲聊结望，寒芦衰柳是知音。	对鸥舫
	乾隆三十三年	无尽意轩	春日多佳日，花间复柳间。	无尽意轩
	乾隆三十八年	无尽意轩	梅心尚寒避，柳眼才风试。	无尽意轩
	乾隆二十四年	观生意轩	芽纽甄陶造物模，柳舒花放且斯须。	观生意轩
	乾隆四十一年	山阴	柳绿桃红艳争媚，淡霭轻烟黯欲迷。	山阴
	乾隆二十五年	赅春园	赅春亶赅春，讵谓富花柳。	赅春园
	乾隆三十五年	静佳斋	欲稊迟堤柳，绽蕊惟盆梅。	静佳斋
	乾隆四十年	静佳斋	柳绿桃红漫须盼，个中真以静为佳。	静佳斋
	乾隆四十年	绘芳堂	盆玉梅霏白，岸金柳摇黄。	绘芳堂
	乾隆五十一年	题绘芳堂	堤柳黄金袅，盆梅白玉争。	绘芳堂
	乾隆十九年	澹碧斋	淡月银蟾镜，轻烟丝柳堤。	澹碧斋
	乾隆十九年	藻鉴堂	轻烟柳丝，嫩日花枝亚。	藻鉴堂
	乾隆二十三年	藻鉴堂得句	表里湖山归静照，高低桃柳总清扬。	藻鉴堂
	乾隆三十三年	藻鉴堂	柳岸系轻舫，步登山径邃。	藻鉴堂
	乾隆三十四年	怀新书屋	旋思此语失精到，柳线苔茵已识春。	怀新书屋
	乾隆四十七年	怀新书屋	却已盼春舒柳眼，怀新宁渠只良苗。	怀新书屋
	乾隆三十一年	睇佳榭	今日稻芃将麦秀，绝胜柳绿与花红。	睇佳榭
	乾隆二十三年	藻鉴堂得句	表里湖山归静照，高低桃柳总清扬。	藻鉴堂
	乾隆四十年	睇佳榭	柳眼梅心方酝酿，春生何处士曹怀。	睇佳榭
	乾隆三十二年	题惠山园	却喜雪融春气润，柳条已有露珠含。	惠山园
	乾隆五十一年	睇佳榭	梅情依屋暖，柳体怯堤寒。	睇佳榭
	乾隆五十二年	睇佳榭	柳暗花明矣，鸢飞鱼跃哉。	睇佳榭
	乾隆五十三年	睇佳榭	庭松益偃盖，堤柳未拖丝。	睇佳榭
	乾隆五十五年	睇佳榭	岸柳染青黄，岩林减深紫（林将吐新，叶则旧红，叶落而减矣）。	睇佳榭
	乾隆二十九年	题耕织图	柳岸风前朝爽度，石矶雨后涨痕消。	耕织图
	乾隆三十六年	耕织图	图非柳绿与花红，耕织勤劳体验中。	耕织图
	乾隆三十四年	水村居	墙外红桃才欲绽，岸傍绿柳已堪攀。	水村居
	乾隆三十六年	堤上三首	稻塍豆埂皆芃绿，柳岸兰堤互映青。	堤上
	乾隆二十年	景明楼	汀兰岸芷晴舒暖，绿柳红桃风拂柔。	景明楼
	乾隆二十年	景明楼	堤上高楼一径通，六桥映带柳丝风。	景明楼
	乾隆五十九年	题景明楼	桃柳长堤亘界湖，柳稊桃朵且含糊。	景明楼
海棠	乾隆十七年	雨后御园即景	恰报庭前绽海棠，弄珠风韵腻人芳。	清漪园

（续）

描写植物	年代	诗名	诗句	地点
梅	乾隆十八年	新春万寿山	依稀梅蕊图江国，次第杨稊报岁华。	万寿山
	乾隆二十一年	新春万寿山即景杂咏	底识阳和旋转处，梅心柳眼动相关。	万寿山
	乾隆三十二年	新正万寿山	依稀雪色幻梅朵，漏泄春光真柳条。	万寿山
	乾隆四十八年	新正万寿山即景成什	梅心柳眼谁为速，峰态林姿好是闲。	万寿山
	乾隆五十年	道存斋	柳眼梅心胥伯雪，不言可识道之存。	道存斋
	乾隆四十一年	怡春堂	柳眼梅心盼，雁回鸟语新。	怡春堂
	嘉庆元年	节后万寿山乐寿堂作	小盎梅香微讶减，长堤柳色渐看多。	乐寿堂
	乾隆三十八年	无尽意轩	梅心尚寒避，柳眼才风试。	无尽意轩
	乾隆二十年	题惠山园迭前韵	山白桃花可唤梅，依依临水数枝开。	惠山园
	乾隆五十一年	睇佳榭	梅情依屋暖，柳体怯堤寒。	睇佳榭
	乾隆四十年	睇佳榭	柳眼梅心方酝酿，春生何处士曹怀。	睇佳榭
桂花	乾隆二十一年	仲秋万寿山	桂是余香矣，莲真净色哉。	万寿山
桃	乾隆二十九年	仲春万寿山即景	已看绿柳风前舞，恰喜红桃雨后开。	万寿山
	乾隆三十三年	新正万寿山即景	柳意桃情何处是，微微蕴酿六条桥。	万寿山
	乾隆二十四年	昆明湖上作	松竹依然三曲径，柳桃改观六条桥。	昆明湖
	乾隆十九年	湖上杂咏	山桃报导烂如霞，风定乘闲揽物华。	昆明湖
	乾隆二十年	昆明湖泛舟之作	千重云树绿才吐，一带霞桃红欲然。	昆明湖
	乾隆二十二年	进舟长河至昆明湖万寿山	麦登场好黍云蔚，桃谢堤芳柳线梳。	昆明湖
	乾隆二十七年	昆明湖上作	柳金桃绮春风梦，蚕陌鳞塍耕织图。	昆明湖
	乾隆三十二年	昆明湖泛舟	柳丝低染绿，桃蕾远看红。	昆明湖
	乾隆三十二年	昆明湖泛舟杂咏	晴霭柳塘复苇湾，岸临舟舣便登山。	昆明湖
	乾隆三十二年	自玉河泛舟至昆明湖即景杂咏	玉泉流注玉河溪，画舫轻移柳转堤。	昆明湖
	乾隆三十三年	昆明湖泛舟即景杂咏	波态天光正宜阔，堤花岸柳总含濡。	昆明湖
	乾隆三十三年	自玉河泛舟至石舫	画舡六棹如舒翮，柳岸萦纡历几湾。	昆明湖
	乾隆四十年	坐拕床游昆明湖诸胜即事有作	柳丝拂岸黄微染，草纽侵堤绿渐攒。	昆明湖
	乾隆三十八年	怡春堂	向阳芜茁纽，含籁柳柔丝。	怡春堂
	乾隆五十七年	留佳亭	柳绿及桃红，弗久应至耳。	留佳亭
	乾隆三十九年	含新亭	柳眼花心虽迟待，依韦生意已宜人。	含新亭
	乾隆五十一年	含新亭	柳渐舒黄芜渐青，含新且漫放熏馨。	含新亭
	乾隆四十一年	山阴	柳绿桃红艳争媚，淡霭轻烟黯欲迷。	山阴
	乾隆四十年	静佳斋	柳绿桃红漫须盼，个中真以静为佳。	静佳斋
	乾隆二十九年	绘芳堂	那知桃李辞春谷，欲看芰荷凋夏浔。	绘芳堂
	乾隆四十八年	六兼斋	漫惜芳菲勒杏桃，东皇品类正甄陶。	六兼斋
	乾隆二十年	题惠山园迭前韵	山白桃花可唤梅，依依临水数枝开。	惠山园
	乾隆三十四年	水村居	墙外红桃才欲绽，岸傍绿柳已堪攀。	水村居
	乾隆二十年	景明楼	汀兰岸芷晴舒暖，绿柳红桃风拂柔。	景明楼
	乾隆五十九年	题景明楼	桃柳长堤亘界湖，柳稊桃朵且含糊。	景明楼
李	乾隆二十九年	绘芳堂	那知桃李辞春谷，欲看芰荷凋夏浔。	绘芳堂
杏	乾隆四十八年	六兼斋	漫惜芳菲勒杏桃，东皇品类正甄陶。	六兼斋
荷花	乾隆十八年	仲夏万寿山	针芒刺早稻，田叶点新蕖。	万寿山
	乾隆二十一年	仲秋万寿山	桂是余香矣，莲真净色哉。	万寿山
	乾隆十八年	漾舟昆明湖	荷芰馥露气，漪澜增涨流。	昆明湖
	乾隆十八年	昆明湖上作	虫声益壮诉不歇，莲花欲老呈余芳。	昆明湖

09

（续）

描写植物	年代	诗名	诗句	地点
	乾隆二十年	昆明湖泛舟	却见湖心望蟾阁，晶盘擎出玉芙蓉。	昆明湖
	乾隆二十年	昆明雨泛六韵	荷香清胜麝，稻色绿于油。	昆明湖
	乾隆二十年	长河进舟至昆明湖	岸虫入听不为喧，晓露荷香数里繁。	昆明湖
	乾隆二十年	昆明湖泛舟	已欣蓼穗深添色，却惜荷花暗减香。	昆明湖
	乾隆二十二年	昆明湖泛舟至万寿山即景杂咏	香锦盈盈傲露鲜，虽为曲院有风莲。	昆明湖
	乾隆二十二年	玉河泛舟至玉泉	芙蓉旧迹寻不得，塔影横云又一时。	昆明湖
	乾隆二十三年	泛舟昆明湖观荷效采莲体	便趁心纡试沿泛，六桥西畔藕花多。 莲叶莲华着意芳，风过香气满池塘。	昆明湖
	乾隆二十四年	昆明湖上赏荷五首	宿雨初收晓露多，几闲湖上赏秋荷。	昆明湖
	乾隆二十五年	夏日昆明湖上	镜桥那畔风光好，出水新荷放欲齐。	昆明湖
	乾隆二十五年	雨后昆明湖泛舟骋望	出绿柳阴知岸远，入红莲路荡舟轻。	昆明湖
	乾隆二十六年	昆明湖观荷	几日因循未此过，趁晴沿泛一观荷。	昆明湖
	乾隆二十九年	昆明湖上	西山屏展玉芙蓉，倒影波心翠越浓。	昆明湖
	乾隆三十一年	昆明湖泛舟观荷	满湖出水芙蓉照，正是晨凉泻露时。	昆明湖
	乾隆三十二年	过绣漪桥昆明湖泛舟即景	迤西一带多荷花，冰夷绣出香云霞。	昆明湖
	乾隆三十三年	昆明湖泛舟观荷	逾月昆明未泛漪，此来雨后正荷时。	昆明湖
	乾隆三十三年	泛昆明湖观荷四首	堤西那畔荷尤盛，遂与沿缘过镜桥。 可识水华犹待泽，竞呈净植照朝曦。	昆明湖
	乾隆三十四年	昆明湖泛舟	荷渚从来拟若耶，叶全出水未开花。	昆明湖
	乾隆三十四年	昆明湖泛舟观荷之作	前轩次第畴咨罢，便泛兰舟一赏荷。 西湖花较东湖盛，六棹因之过练桥。 绿叶撑如油碧伞，红葩擎似赤琼杯。	昆明湖
	乾隆三十五年	自玉河泛舟至昆明湖即景得句	治经水阁夫何似，一朵芙蓉玉镜中。	昆明湖
	乾隆三十六年	昆明湖泛舟即景杂咏	水华适遇涨漫过，花朵不如往岁多。 消速幸无害禾黍，吾宁图只为观荷。	昆明湖
	乾隆五十四年	霞芬室	淡然书室俯荷渚，香色入观更入闻。	霞芬室
	乾隆二十五年	藕香榭二首	污泥不染植亭亭，为识花馨识藕馨。 莲叶东西鱼极乐，藕花高下鹭无猜。	藕香榭
	乾隆三十五年	藕香榭	一二含苞始欲开，水中卉亦望霖哉。	藕香榭
	乾隆四十一年	藕香榭口号	藕在深泥讵解香，生莲风馥满池塘。 莫嫌榭额失颠倒，无藕何由莲吐芳。	藕香榭
	乾隆五十一年	藕香榭	荷叶方田田，荷花尚有待。榭檐题藕香， 四时曾弗改。然而藕之香，奚妨四时在。 试看君子名，几曾易千载。	藕香榭
	乾隆五十五年	藕香榭有会	水华应发夏，避暑每山庄。偶此至溪榭， 谓其孤藕香。鼻能本是幻，荷所讵为常， 排遣幻常了，付之五字章。	藕香榭
	乾隆六十年	藕香榭口号	避暑山庄岁以常，几曾荷际一凭芳。 只饶两字临溪榭，消受恒年曰藉香。	藕香榭
	乾隆三十四年	怡春堂	溪堂倚迭峰，雪积玉芙蓉。	怡春堂
	乾隆二十三年	无尽意轩	蜃窗竹籁伏中绿，镜浦荷香雨后红。	无尽意轩
	乾隆二十一年	水周堂	荷风席间馥，漪影檐端漾。	水周堂
	乾隆二十五年	水周堂	蛩送响依风草听，荷余香带露华搴。	水周堂
	乾隆五十二年	水周堂	无风不波好，有夏待莲芳。	水周堂
	乾隆三十六年	小西泠	何必孤山忆风景，已看仲夏绽芙蕖。	小西泠
	乾隆二十五年	清可轩	青莲乃许居，是为太古室。	清可轩
	乾隆二十九年	清可轩	山阴最佳处，侧倚芙蓉朵。	清可轩

（续）

描写植物	年代	诗名	诗句	地点
	乾隆二十九年	绘芳堂	那知桃李辞春谷，欲看芰荷凋夏浔。	绘芳堂
	乾隆三十五年	澹宁堂	荷态红犹浅，林光缘正浓。	澹宁堂
	乾隆二十年	澹碧斋	荇带闲联藻，荷衣细纫香。	澹碧斋
	乾隆二十五年	惠山园观荷花	偶来正值荷花开，雨后风前散清馥。	惠山园
	乾隆二十五年	知鱼桥	饮波练影无痕，戏莲闯藻便蕃。	知鱼桥
	乾隆二十九年	惠山园荷花	山园过雨看荷花，如濯蜀锦浣越纱。	惠山园
	乾隆三十三年	霁清轩	若谓青莲朵上置，别传兼可悟华严。	霁清轩
	乾隆二十三年	题春风啜茗台	松籁沸如鼎，荷香蒸作霞。	春风啜茗台
	乾隆三十四年	题春风啜茗台	竹炉妥帖宜烹茗，收来荷露清而冷。	春风啜茗台
	乾隆三十五年	畅观堂	云霞归岫澹，荷芰映波荣。	畅观堂
	乾隆三十一年	睇佳榭观荷之作	藕花香里漾舟来，山榭登临万锦开。	睇佳榭
	乾隆三十四年	睇佳榭	俯睇含胎荷未放，耐看原是此时佳。	睇佳榭
	乾隆四十六年	挹清芬室得句	东湖水深鲜滋苇，西湖水浅多种莲。 所以涉江采芙蓉，一再成咏藻鉴悬。 绿蒲白芷近苗岸，湖中荷叶方田田。	挹清芬室
	乾隆三十年	凤凰墩	讶临赤霞表，徐悟俯荷塘。	凤凰墩
	乾隆二十年	镜桥	落虹夹水江南路，人在青莲句里行。	镜桥
	乾隆二十九年	过柳桥看荷花	浅乃宜荷花正放，过桥似入绛云低。 香似真清色不妖，寥天一即一天寥。	柳桥
	乾隆三十五年	景明楼	徘徊因易舫，遂渡芰荷丛。	景明楼
	乾隆二十五年	绣漪桥	白水平拖如匹练，红莲绣出几枝花。	绣漪桥
荇菜	乾隆二十年	澹碧斋	荇带闲联藻，荷衣细纫香。	澹碧斋
	乾隆四十六年	绣漪桥	陌杨笼岸绿帷展，水荇牵舷翠带飘。	绣漪桥
菰	乾隆十九年	晓春万寿山即景八首	春风凫雁千层浪，秋月菰蒲万顷烟。	万寿山
	乾隆十七年	昆明湖上	菰蒲彼何知，对时都觉欢。	昆明湖
	乾隆十七年	泛舟昆明湖遂至玉泉	依旧菰蒲沙渚畔，只添些子是苍然。	昆明湖
香蒲	乾隆十九年	晓春万寿山即景八首	春风凫雁千层浪，秋月菰蒲万顷烟	万寿山
	乾隆二十一年	初夏万寿山杂咏	青蒲白芷带沙渍，小艇寻常狎鹭群。	万寿山
	乾隆十六年	高梁桥进舟达昆明湖川路揽景即目成什	快晴景物值熏嘉，白芷青蒲蹙浪花。	昆明湖
	乾隆十八年	三月三日昆明湖中泛舟揽景之作	新蒲嫩芷昆明水，淡日轻烟上巳天。	昆明湖
	乾隆十九年	凤凰墩放舟由长河进宫川路揽景杂泳	青蒲白芷欲浮波，柳态花姿即渐多。	昆明湖
	乾隆十九年	泛舟至玉泉山	醉鱼逐侣翻银浪，野鹭迷羣伫绿蒲。	昆明湖
	乾隆二十五年	昆明湖泛舟拟竹枝词	冻解明湖漾绿波，新蒲回雁识春和。	昆明湖
	乾隆二十五年	夏日昆明湖上	绿蒲红芰荡兰桡，不动云帆递细飙。	昆明湖
	乾隆二十七年	雨后昆明湖上杂兴四首	御苑池荷大作花，明湖出水始含葩。	昆明湖
	乾隆二十九年	舟过万寿山不泊倚舲杂咏	明湖春水半篙深，戢戢青蒲刺碧浔。	昆明湖
	乾隆二十九年	雨后昆明湖泛舟即景	桥边鹭羽骞蒲渚，堤外鱼鳞润稻塍。	昆明湖
	乾隆二十九年	高梁桥放舟至昆明湖沿途即景杂咏	几湾过雨菰蒲重，夹岸含风禾黍香。	昆明湖
	乾隆三十三年	昆明湖泛舟即景杂咏	白芷青蒲带远渍，长堤一道两湖分。	昆明湖
	乾隆六十年	由玉河泛舟至万寿山清漪园	芷白蒲青景有望（今岁春寒芷蒲尚未发生），鸢飞鱼跃兴无穷。	昆明湖
	乾隆三十五年	题玉澜堂	无碍蒲卢原勃长，有欣凫雁亦和鸣。（俯昆明）	玉澜堂

（续）

描写植物	年代	诗名	诗句	地点
	乾隆三十九年	对鸥舫	白芷青蒲聊结望，寒芦衰柳是知音。	对鸥舫
	乾隆二十三年	无尽意轩	蜃窗竹籁伏中绿，镜浦荷香雨后红。	无尽意轩
	乾隆二十三年	荇桥三首	便可桥旁暂舣舟，蒲针欲刺柳丝柔。	荇桥
	乾隆二十年	水周堂	蒲芷微馨动，松篁远籁吹。	水周堂
	乾隆二十九年	浮青榭	树色遥疑倒，蒲丛近与齐。	浮青榭
	乾隆二十年	知鱼桥	林泉咫尺足清娱，拨刺文鳞动绿蒲。	知鱼桥
	乾隆六十年	惠山园八景	凭栏底识濬然意，似待条风拂绿蒲。	就云楼
	乾隆二十九年	登望蟾阁作歌	水田绿云既迭鳞，荷蒲红霞复错绣。	望蟾阁
	嘉庆元年	望蟾阁迭昨岁韵	今春泽倍兆尤渥，满期麦秋逮稔时。	望蟾阁
	乾隆四十六年	挹清芬室得句	绿蒲白芷近茁岸，湖中荷叶方田田。	挹清芬室
菱	乾隆十六年	高梁桥进舟达昆明湖川路揽景即目成什	甓社菱丝堤畔柳，风帆一样逐横斜。	昆明湖
	乾隆二十三年	乐寿堂即目	昆明未泮雪初松，揩濯菱花朗鉴容。	乐寿堂
芷	乾隆十八年	凤凰墩放舟自长河进宫之作	满川绿芷漪纹细，隔岸青粦露气浮。	昆明湖
	乾隆十九年	长河放舟进宫之作	汀芷堤杨风澹荡，诗情端不让江南。	昆明湖
	乾隆三十三年	昆明湖泛舟即景杂咏	白芷青蒲带远湞，长堤一道两湖分。	昆明湖
	乾隆六十年	由玉河泛舟至万寿山清漪园	芷白浦青景有望（今岁春寒芷蒲尚未发生），鸢飞鱼跃兴无穷。	昆明湖
	乾隆三十九年	对鸥舫	白芷青蒲聊结望，寒芦衰柳是知音。	对鸥舫
	乾隆二十年	石丈亭	遐想无为军蓦遇，芝兰气味自相亲。	石丈亭
	乾隆十七年	水周堂	凭栏搴白芷，沙棠不须试。	水周堂
	乾隆二十年	水周堂	蒲芷微馨动，松篁远籁吹。	水周堂
	乾隆二十八年	水周堂	白芷漾纹细，绿杨蘸影柔。	水周堂
	乾隆二十九年	西堤	刺波生意出新芷，踏浪忘机起野鹭。	西堤
	乾隆四十六年	挹清芬室得句	绿蒲白芷近茁岸，湖中荷叶方田田。	挹清芬室
	乾隆三十二年	题延赏斋	湿岸生春芷，新波下野凫。	延赏斋
	乾隆十八年	景明楼	天光水态披襟袖，岸芷汀兰入画图。	景明楼
	乾隆二十年	景明楼	汀兰岸芷晴舒暖，绿柳红桃风拂柔。	景明楼
	乾隆二十年	景明楼	汀兰岸芷芳犹未，鼓动生机寂静中。	景明楼
	乾隆二十九年	景明楼	堤花红入镜，岸芷绿拖绅。	景明楼
蓼	乾隆十六年	昆明湖泛舟	秋入沧池潋玉波，蓼花极渚晚红多。	昆明湖
	乾隆二十年	昆明湖泛舟	已欣蓼穗深添色，却惜荷花暗减香。	昆明湖
芦苇	乾隆十九年	自石舫进舟由玉河至静明园，溪路浏览即景成短言三章	芦丛亦可安栖啄，笑彼潇湘迈远征。	昆明湖
	乾隆三十二年	昆明湖泛舟杂咏	晴霭柳塘复苇湾，岸临舟舣便登山。	昆明湖
	乾隆三十五年	题玉澜堂	无碍蒲卢原勃长，有欣凫雁亦和鸣。（俯昆明）	玉澜堂
	乾隆五十二年	水周堂	兴我渴贤意，蒹葭孰一方?	水周堂
	乾隆十九年	鉴远堂	夹岸垂杨啭黄鸟，傍堤密苇隐苍鸾。	鉴远堂
	乾隆四十六年	挹清芬室得句	东湖水深鲜滋苇，西湖水浅多种莲。	挹清芬室
芰	乾隆二十五年	夏日昆明湖上	绿蒲红芰荡兰桡，不动云帆递细飙。	昆明湖
	乾隆二十九年	绘芳堂	那知桃李辞春谷，欲看芰荷凋夏浔。	绘芳堂
苹（萍）	乾隆三十六年	小西泠	绿树荫茏岸，白苹风点汀。	小西泠
藻	乾隆五十六年	题鱼藻轩	负冰初过矣，依藻又怡然。	题鱼藻轩

（续）

描写植物	年代	诗名	诗句	地点
	乾隆十九年	知鱼桥	琳池春雨足，菁藻任潜浮。	知鱼桥
	乾隆二十年	澹碧斋	荇带闲联藻，荷衣细纫香。	澹碧斋
	乾隆二十五年	知鱼桥	饮波练影无痕，戏莲闯藻便蕃。	知鱼桥
	乾隆三十一年	再题惠山园八景	石栏雁齿亘春池，出水轻鲦在藻思。	知鱼桥
藤萝	乾隆十八年	清可轩	萝径披芬馨，林扉入翳蔚。	清可轩
	乾隆二十五年	清可轩	萝薜镇滋荣，琴书惟静谧。	清可轩
	乾隆十九年	惠山园就云楼	竹素今兮古，萝轩春复秋。	就云楼
芍药	乾隆二十三年	乐寿堂即目	只有勺园一片石，宜人常逻紫芙蓉。	乐寿堂
	乾隆十九年	再题惠山园二首	径入紫芙蓉，石林重复重。	惠山园
盆梅	乾隆五十六年	节后万寿山清漪园作	积雪依然培岸柳，绩春芬若放盆梅。	清漪园
	乾隆四十七年	道存斋	砌草渐增色，盆梅尚号温。	道存斋
	乾隆四十年	石舫	忽见盆梅棐几侧，恰如安福（舻名）泛江南。	石舫
	乾隆五十四年	绮望轩	初春此意尚其遥，几缶古梅花始试。	绮望轩
	乾隆二十九年	清可轩	盆梅未放荣，缘弗攻以火。	清可轩
	乾隆三十六年	构虚轩	无色阶前渐草绿，有心盆里逮梅红。	构虚轩
	乾隆三十五年	静佳斋	欲稊迟堤柳，绽蕊惟盆梅。	静佳斋
	乾隆四十年	绘芳堂	盆玉梅霏白，岸金柳摇黄。	绘芳堂
	乾隆五十一年	题绘芳堂	堤柳黄金袅，盆梅白玉争。	绘芳堂
	乾隆二十九年	题澹宁堂	砌草露生意，盆梅喷静馨。	澹宁堂
	乾隆二十年	惠山园	玉蕊山茶古干梅，唐花不较地争开。	惠山园
山茶	乾隆二十年	惠山园	玉蕊山茶古干梅，唐花不较地争开。	惠山园
农作物	乾隆五十六年	节后万寿山清漪园作	鳞塍玉润麦芽纽，慰意敢存满志哉。	清漪园
	乾隆五十七年	节后万寿山清漪园即景	已观堤柳熏黄淡，却惜町辫鲜白滋。	清漪园
	乾隆六十年	节后万寿山清漪园作	年前腊雪鳞塍集，卜麦征欣指顾间。	清漪园
	乾隆十八年	仲夏万寿山	针芒刺早稻，田叶点新蕖。	万寿山
	乾隆二十年	雨后万寿山	略因游目图耕织，始得宽怀阅麦禾。	万寿山
	乾隆二十一年	初夏万寿山杂咏	六桥堤畔菜花黄，影入漪澜锦七襄。	万寿山
	乾隆二十一年	雨后万寿山二首	白蚕才上箔，绿稻欲分秧。	万寿山
	乾隆二十四年	雨后万寿山三首	稻田刚觉水生纔，戢戢新秧可布栽。	万寿山
	乾隆二十六年	雨后万寿山	所喜予心别有在，十分麦获稻秧兹。	万寿山
	乾隆五十三年	雨后万寿山昆明湖揽景得句	万寿迎曦林巘朗，昆明增水稻田滋。	万寿山
	乾隆六十年	季春游万寿山即事	三春雨渥实逢稀，更喜快晴宜麦畿。	万寿山
	乾隆十七年	泛舟玉河至静明园三首	两旁溪町夹长川，稚稻抽秧千亩全。	昆明湖
	乾隆十八年	凤凰墩放舟自长河进宫之作	满川绿芷漪纹细，隔岸青辫露气浮。	昆明湖
	乾隆十九年	泛舟至玉泉山	一水通源溯碧川，菜花欲败柳吹棉。	昆明湖
	乾隆十九年	长河放舟进宫之作	稻畦麦垄绿芊芊，踏水车声别一川。	昆明湖
	乾隆二十年	玉河	伊轧橹声知近远，菜花黄里度红舟。	昆明湖
	乾隆二十年	玉河泛舟	麦田收毕黍苗起，得趁心闲事畅游。	昆明湖
	乾隆二十年	昆明雨泛六韵	荷香清胜麝，稻色绿于油。	昆明湖
	乾隆二十年	长河进舟至昆明湖	今岁真饶十分幸，往来常看黍如油。	昆明湖
	乾隆二十二年	进舟长河至昆明湖万寿山	麦登场好黍云蔚，桃谢堤芳柳线梳。	昆明湖
	乾隆二十二年	玉河泛舟至玉泉	绝胜常年凭赏处，稻塍禾垄绿云齐。	昆明湖
	乾隆二十五年	中秋后二日万寿山昆明湖泛舟即景	稻田蓄水资明岁，酌剂常筹虚与盈。	昆明湖

（续）

描写植物	年代	诗名	诗句	地点
	乾隆二十六年	昆明湖泛舟至玉泉山	育蚕种稻学江南，率欲因之民务探。	昆明湖
	乾隆二十七年	雨后昆明湖上杂兴四首	稻秧益蔚千方秀，麦熟还期一半收。 从此晴如过廿日，黍禾额手卜登秋。	昆明湖
	乾隆二十九年	昆明湖上	种齐夏稻闲眠柠，缫得新丝罢绩蚕。	昆明湖
	乾隆二十九年	高梁桥放舟至昆明湖沿途即景杂咏	几湾过雨菰蒲重，夹岸含风禾黍香。	昆明湖
	乾隆三十一年	昆明湖泛舟	湖波漫惜减三寸，正为乘时灌稻田。	昆明湖
	乾隆三十一年	昆明湖上作	稻塍芃绿润，罍耻可无愁。	昆明湖
	乾隆三十二年	自玉河泛舟至昆明湖即景杂咏	堤外稻塍分左右，爱看一例绿芃齐。	昆明湖
	乾隆三十三年	自玉河泛舟至石舫	数顷溪田碧水盈，稻秧过雨正宜晴。 鹭飞阿那轻烟外，又听出村打麦声。	昆明湖
	乾隆三十四年	自长河泛舟至万寿山杂咏八首	麦收黍稻均芃茂，慰矣因之倍惕然。	昆明湖
	乾隆三十四年	昆明湖泛舟观荷之作	今年时雨复时阳，候趱风吹华黍香。	昆明湖
	乾隆三十五年	昆明湖上作	豆町稻塍苏绿意，思量忧实未予孤。 灌输稻田逭旱候，便迟游兴正何妨。	昆明湖
	乾隆三十六年	自长河泛舟回御园之作	衣衫拂朝爽，禾黍畅新晴。	昆明湖
	乾隆三十六年	昆明湖泛舟即景杂咏	消速幸无害禾黍，吾宁图只为观荷。	昆明湖
	乾隆三十八年	自石舫登舟泛湖之作	蚕宜晴而稻宜雨，大凡两美难艰收。	昆明湖
	乾隆四十年	昆明湖泛舟由玉河至静明园沿途杂咏	两番春雨润鳞田，种稻今年早向年。	昆明湖
	嘉庆元年	玉河泛舟至万寿山清漪园	低处稻田高大田，容容入望绿云连。	昆明湖
	乾隆六十年	玉澜堂写怀	开扩平湖几顷余，本因种稻利菑畲。	玉澜堂
	乾隆四十一年	养云轩	迩来膏泽足青郊，禾黍怒长麦秋属。	养云轩
	乾隆二十九年	绿畦亭	芃芃稻苗实异常，只为今年若旸雨。	绿畦亭
	乾隆五十三年	绿畦亭口号	观稼因之筑小亭，春冰铺泽满畦町。	绿畦亭
	乾隆四十一年	寻云亭口号	既沾渥雨对晴欣，晒麦堆场功正勤。	寻云亭
	乾隆三十六年	石舫	稻塍既普灌，鸥波仍浩渺。	石舫
	乾隆十八年	绮望轩	麦畴及稻畦，秋夕将春晓。	绮望轩
	乾隆五十年	绮望轩即目	绿野铺禾候，黄云酿麦时。	绮望轩
	乾隆三十三年	清可轩	开窗亦北向，满谷禾黍稠。	清可轩
	乾隆四十六年	构虚轩	穬麦及禾黍，芃绿微风扬。	构虚轩
	乾隆二十五年	云绘轩迭旧作韵	何当嘉澍崇朝遍，二麦登秋与物欣。	云绘轩
	乾隆二十五年	澹碧斋	咫尺出宫墙，稻田灌千顷。	澹碧斋
	乾隆四十一年	游惠山园因忆江南去岁被灾地	近闻雨雪麦畴润，可接青黄半信疑。	惠山园
	乾隆四十一年	再题惠山园八景	时正宜阳资晒麦，英英此际漫殷勤。	就云楼
	乾隆四十六年	题惠山园八景迭丙申韵	已长禾苗麦收候，但期晴耳弗期云。	就云楼
	乾隆五十六年	题惠山园八景	近雨沾禾晴晒麦，层楼就乃幸心闲。	就云楼
	乾隆六十年	惠山园八景	昨岁优霖土尚润，麦田高下绿芃芃。	就云楼
	乾隆五十一年	霁清轩	雨沾麦穗正宜晒，今日方知喜霁清。	霁清轩
	乾隆六十年	望霁清轩有作	润塍铺麦芽，连垄含曦霁。	霁清轩
	乾隆二十九年	西堤	堤与墙间惜弃地，引流种稻看连畦。	西堤
	乾隆四十八年	廓如亭登岸	更冀应时霈嘉澍，稻秧适见插塍鳞。	廓如亭
	乾隆六十年	广润祠祈雨之作	今春优泽异常叨，麦穗齐禾苗尺高。 有幸麦堪望夏稔，不期禾略待天膏。	广润祠
	乾隆二十五年	登望蟾阁极顶放歌	黍高稻下总沃若，是真喜色遑论余。	望蟾阁

（续）

描写植物	年代	诗名	诗句	地点
	乾隆三十一年	畅观堂	以此鳞塍间，菁葱茁秧稻。	畅观堂
	乾隆三十三年	畅观堂	连塍水普足，种稻行相向。	畅观堂
	乾隆三十八年	题畅观堂	波外鳞塍种稻齐，渥滋甘雨真复好。	畅观堂
	乾隆三十二年	怀新书屋	稻田虽迟插秧候，意托怀新恒在兹	怀新书屋
	乾隆三十三年	怀新书屋	西窗糊玻璃，稻塍在眼底。	怀新书屋
	乾隆三十四年	怀新书屋	岩斋逾月未攀跻，稻刬鳞塍绿已齐。	怀新书屋
	乾隆三十五年	怀新书屋	书屋窗向西，稻田凡数顷。	怀新书屋
	乾隆五十四年	怀新书屋	今年春雨渥而优，早种稻苗绿泼油。	怀新书屋
	乾隆三十一年	睇佳榭	今日稻芃将麦秀，绝胜柳绿与花红。	睇佳榭
	乾隆三十一年	睇佳榭	蔚绿稻塍不愁水，凭栏今日始知佳。	睇佳榭
	乾隆二十九年	题耕织图	润含植稻连农舍，响讶缫丝答客桡。	耕织图
	乾隆三十一年	耕织图口号	稻已分秧蚕吐丝，耕忙亦复织忙时。	耕织图
	乾隆三十六年	耕织图	稻将吐穗茧缫丝，耕织来看类过时。	耕织图
	乾隆五十四年	耕织图二首	稻田蚕屋带河滨，正值课耕问织辰。 稻苗欲雨蚕宜霁，万事从来艰两全。	耕织图
	乾隆三十五年	水村居	左右鸡豚社，高低黍稻田。	水村居
	乾隆五十二年	水村居口号	水村本是肖江南，稻未发秧迟育蚕。	水村居
	乾隆三十六年	堤上三首	稻塍豆埂皆芃绿，柳岸兰堤互映青。	堤上
仙茅	乾隆二十六年	清可轩	石壁育仙茅，山祖缀野果。	清可轩
青苔	乾隆二十一年	玉河泛舟至玉泉	柳染轻黄苔着绿，沿堤春色递来徐。	昆明湖
	乾隆三十四年	清可轩	绿苔错绣冬不枯，日月壶中有别照。	清可轩
	乾隆四十年	题清可轩	轩中石壁万古苍，壁上苔茵四时翠。	清可轩
	乾隆五十三年	静佳斋	漫谓韶光远，绿苔渐染阶。	静佳斋
	乾隆三十二年	再题惠山园八景	石门云径倚松开，屧步无尘有绿苔。	寻诗径
	乾隆三十二年	畅观堂	树态成阴张伞盖，石皴含润长莓苔。	畅观堂
唐花	乾隆二十三年	新春万寿山即景	唐花底用工然蕴，春物昌昌即渐来。	万寿山
	乾隆四十年	新正万寿山	檐缀华镫那赏夜，盆䕯温卉恰知春。	万寿山
	乾隆三十八年	藕香榭	抚时固识非莲候，观额无殊对水芳。 汤泉早卉瓷瓶供，岂不居然是藕香。	藕香榭
	乾隆二十三年	乐寿堂即目	脆芳杂植瓶头朵，新绿聊迟屋背峰。	乐寿堂
	乾隆十七年	再题清可轩	如如大士钵中物，一室芙蓉浩劫青。	清可轩
	乾隆二十年	惠山园	玉蕊山茶古干梅，唐花不较地争开。	惠山园
竹子	乾隆二十年	昆明雨泛	森森银竹度空寒，润意西山隐翠峦。	昆明湖
	乾隆二十四年	昆明湖上作	松竹依然三曲径，柳桃改观六条桥。	昆明湖
	乾隆三十三年	自玉河泛舟至石舫	竹篱风送枣花香，渔舍蜗寮肖水乡。	昆明湖
	乾隆二十五年	乐寿堂	钧陶锦绣化工傁，松竹笙簧仙籁谐。	乐寿堂
	乾隆五十六年	清遥亭	竹令人远名谈在，不啻斯当倍蓰过。	清遥亭
	乾隆二十三年	无尽意轩	蜃窗竹籁伏中绿，镜浦荷香雨后红。	无尽意轩
	乾隆二十三年	赋得山色湖光共一楼	渭竹环临水，岩楼出竹梢。	山色湖光共一楼
	乾隆二十五年	听鹂馆	何必双柑斗酒，亦有精舍竹林。	听鹂馆
	乾隆十九年	清可轩	竹秀石奇参道妙，水流云在示真常。	清可轩
	乾隆十九年	惠山园就云楼	竹素今兮古，萝轩春复秋。	就云楼
	乾隆二十三年	藻鉴堂得句	若傍竹林寻晋逸，山公启事缅怀长。	藻鉴堂

（续）

描写植物	年代	诗名	诗句	地点
	乾隆三十四年	题春风啜茗台	竹炉妥帖宜烹茗，收来荷露清而冷。	春风啜茗台
兰	乾隆三十年	自高梁桥进舟由长河至昆明湖	依水园存乐善名，兰堤几转面前迎。	昆明湖
	乾隆三十一年	昆明湖泛舟作	汀兰岸柳斗青时，映带烟光润且滋。	昆明湖
	乾隆二十年	石丈亭	遐想无为军蓦遇，芝兰气味自相亲。	石丈亭
	乾隆三十二年	题养云轩	维舟步兰椒，文轩构山半。	题养云轩
	乾隆三十四年	石舫	登陆回看名实者，由来一例叙兰汀。	石舫
	乾隆十九年	惠山园载时堂	阶俯兰茁秀，檐翻绮縠光。	载时堂
	乾隆二十二年	惠山园	云敛琳霄目因迥，水澄兰沼意俱深。	惠山园
	乾隆三十六年	堤上三首	稻塍豆埂皆芃绿，柳岸兰堤互映青。	堤上
	乾隆十八年	景明楼	天光水态披襟袖，岸芷汀兰入画图。	景明楼
	乾隆二十年	景明楼	汀兰岸芷晴舒暖，绿柳红桃风拂柔。	景明楼
	乾隆二十年	景明楼	汀兰岸芷芳犹未，鼓动生机寂静中。	景明楼
石榴	乾隆五十年	玉澜堂即景	榴虽度节芳犹艳，柳弗梳风影更深。	玉澜堂
菖蒲	乾隆三十一年	清可轩	峭石为墙壁，青青滋兰荪。	清可轩
莎草	乾隆二十三年	嘉荫轩	细莎异草纷缘被，仿佛华莲舍卫城。	嘉荫轩

附录5　基于诗词匾额楹联对清漪园时期水生植物景观的描述

景点	诗名/匾额	诗句/联	具体描写景点	涉及陆生植物	涉及湿生植物	涉及水生植物	水生植物景观风貌	备注
北宫门		北宫门匾（内向）兰馨菊秀	万寿山	菊				
豳风桥	豳风桥在清漪园时期名“桑苎桥”		西堤六桥	桑				
畅观堂	畅观堂 乾隆三十一年	菁葱茁秧稻	畅观堂		稻			
	畅观堂 乾隆三十五年	荷芰映波荣	畅观堂			荷		
春风啜茗台	题春风啜茗台 乾隆二十三年	松籁沸如鼎，荷香蒸作霞	春风啜茗台	松		荷	远香阵阵	
	戏题春风啜茗台 乾隆三十一年	四顾芳荷面面开，平陵山顶起楼台	春风啜茗台			荷	大片荷花	
堤上（现西堤）	堤上三首 乾隆三十六年	稻塍豆埂皆芃绿，柳岸兰堤互映青	西堤	豆、柳	稻		稻田景观	兰疑为泛指
	堤上四首 乾隆三十八年	西界明湖东稻田种来榆柳绿荫齐	西堤	榆、柳			西堤东侧有稻田	
睇佳榭	睇佳榭 乾隆三十一年	蔚绿稻塍不愁水	睇佳榭				稻田景观	

（续）

景点	诗名/匾额	诗句/联	具体描写景点	涉及陆生植物	涉及湿生植物	涉及水生植物	水生植物景观风貌	备注
	睇佳榭观荷之作 乾隆三十一年	藕花香里漾舟来	睇佳榭			荷	泛舟观荷，远香阵阵	
	睇佳榭 乾隆三十二年	荷月来披霞锦图	睇佳榭			荷	荷花如霞锦，景观极佳	
对鸥舫	对鸥舫 乾隆三十六年	白芷青浦聊结望，寒庐衰柳是知音	对鸥舫	白芷、柳			岸边有白芷	
凤凰墩	凤凰墩 乾隆三十一年	徐悟俯荷塘	凤凰墩			荷		
浮青榭	浮青榭 乾隆二十九年	树色遥疑倒，蒲丛近与齐	浮青榭			蒲		
耕织图	题耕织图 乾隆二十九年	堤界湖过桑苎桥	耕织图	桑				玉河两岸茫茫稻田
	耕织图口号 乾隆三十一年	稻已分秧蚕吐丝	耕织图				稻田景观	
怀新书屋	怀新书屋 乾隆三十三年	雨后溪山是处佳，稻田鳞迭水铺皆	怀新书屋				稻田景观	周围有大量稻田
	怀新书屋 乾隆五十四年	旱种稻苗绿泼油	怀新书屋				稻田景观	周围有大量稻田
绘芳堂	绘芳堂 乾隆二十九年	那知桃李辞春谷，欲看芰荷凋夏浔	绘芳堂	桃、李		荷		
惠山园	澄爽斋联	芝砌春光兰池夏气菊含秋馥桂映冬荣	澄爽斋	菊、桂				
	题惠山园八景有序 乾隆十九年 澹碧斋	藻渊潜赤鲤	澹碧斋			藻	红鱼在绿藻中游曳	
	澹碧斋 乾隆二十年	荇带闲联藻，荷衣细纫香	澹碧斋			荇、藻、荷	藻荇交横，荷叶田田	
	再题惠山园八景 乾隆二十五年 澹碧斋	咫尺出宫墙，稻田灌千顷	澹碧斋				茫茫稻田	
	惠山园观荷花 乾隆二十五年	偶来正值荷花开；试看流霞带醺者，真是水仙宴水堂；汗牛充栋咏莲人，面目谁真识净植	惠山园	水仙		荷		
	惠山园荷花 乾隆二十九年	陆葩水卉真鲜比，梁溪想亦舒芳矣	惠山园			荷		
		知鱼桥石牌坊坊柱联：回翔凫雁心含喜；新苗蘋蒲意总闲	知鱼桥			浮萍和香蒲，此处泛指水草	水生植物新发	
	题惠山园八景有序 乾隆十九年 知鱼桥	琳池春雨足，菁藻任潜浮	知鱼桥			藻	藻类浮沉	
	再题惠山园八景 乾隆二十年 知鱼桥	林泉咫尺足清娱，拨刺文鳞动绿蒲	知鱼桥			香蒲		

09

（续）

景点	诗名/匾额	诗句/联	具体描写景点	涉及陆生植物	涉及湿生植物	涉及水生植物	水生植物景观风貌	备注
	再题惠山园八景 乾隆二十五年 知鱼桥	饮波练影无痕， 戏莲闯藻便蕃	知鱼桥			莲、藻		
	再题惠山园八景 乾隆二十五年 知鱼桥	那向区区在藻求	知鱼桥			藻		
		菱花晓映雕栏日， 莲叶香涵玉沼波	引镜斋			菱、荷	菱花倒映水中，荷花清香染波	
鉴远堂	鉴远堂 乾隆十九年	夹岸垂柳啭黄鸟， 傍堤密苇隐苍鸾	鉴远堂	柳		芦苇	堤旁种有密集的芦苇	
	昆明湖泛舟至鉴远堂 嘉庆二十年	松嶂印波青偏滴， 柳堤枕渚翠相扶	鉴远堂	松、柳				
	藕香榭泛舟至鉴远堂作 咸丰六年	柳似唐堤罥晓烟	鉴远堂	柳				
景明楼	景明楼 乾隆十八年	岸芷汀兰入画图	景明楼				水生植物景观风貌极佳	岸芷汀兰
	景明楼 乾隆二十年	汀兰岸芷芳犹未	景明楼				水生植物景观风貌极佳	岸芷汀兰
	景明楼 乾隆二十年	汀兰岸芷晴舒暖， 绿柳红桃风拂柔	景明楼	柳、桃			水生植物景观风貌极佳	岸芷汀兰
	景明楼赏荷 乾隆二十三年	泻露珠倾下游鲤	景明楼			荷	雨后荷花青翠欲滴	
	景明楼 乾隆二十九年	堤花红入镜， 岸芷绿拖绅	景明楼			红蓼	堤畔栽红花，水中布绿植	
	景明楼 乾隆三十五年	徘徊因易舫， 遂渡芰荷丛	景明楼			荷	荷花成片	
	题景明楼 乾隆三十九年	桃柳长堤亘界湖	景明楼	柳、桃				
	景明楼东向楼下匾：杨柳湖烟	景明楼东向楼下联：汀兰岸芷晴舒缓，绿柳红桃风拂柔	西堤六桥	柳、桃		荷	荷花成片	
	景明楼南配楼西向匾：岸芷汀兰	景明楼南向联：回连上下天光碧，分入东西水影红						
		北配楼西向楼下联：泻露珠倾下游鲤，冲烟香散蓦飞凫						
昆明湖	自昆明湖泛舟进宫 乾隆十七年	余事何妨随点缀， 绿杨堤间杏花红	堤	杨、杏				
	长河放舟进宫之作 乾隆十九年	凤凰墩畔鸣榔过，妙绘分明落剡藤 汀芷堤杨风澹荡，诗情端不让江南。稻畦麦垅绿芊芊，踏水车声别一川	凤凰墩 昆明湖堤	杨、麦	稻		稻麦成片	

（续）

景点	诗名/匾额	诗句/联	具体描写景点	涉及陆生植物	涉及湿生植物	涉及水生植物	水生植物景观风貌	备注
	自玉河泛舟至昆明湖即景得句 乾隆三十五年	界湖楼回俯常川，建闸高低资节宣.缀景讵因供游赏，大都图以灌溪田	界湖楼					
	新春万寿山 乾隆十八年	与物皆春始图，藻思发亦肖萌芽	昆明湖			藻	藻类新发	
	仲夏万寿山 乾隆十八年	针芒刺早稻，田叶点新蕖	昆明湖		稻	荷花	荷叶田田	
	由静明园泛舟至万寿山即景 嘉庆十三年	密树映波绿，高荷濯浪红	昆明湖			荷	成片荷花	
	新春万寿山 嘉庆二十四年	岸测莎裀才仿佛，堤边柳线未轻匀	昆明湖	柳		莎裀指岸边草		
	高梁桥进舟达昆明湖川路揽景即目成什 乾隆十六年	快晴景物值熏嘉，白芷青蒲蹙浪花鼊社菱丝堤畔柳，风帆一样逐横斜	昆明湖	白芷、柳		香蒲、菱	岸边种有白芷、香蒲、菱	
	昆明湖泛舟 乾隆十六年	倒影山当波底见，分流稻接垸边生	昆明湖		稻			
	昆明湖泛舟 乾隆十六年	秋入沧池潋玉波，蓼花极渚晚红多	昆明湖		蓼		水边红蓼很多	
	昆明湖泛舟之作 乾隆十七年	绿蒲未隐岸，白芷才刺溽	昆明湖	白芷		香蒲	香蒲、白芷新发	
	昆明雨泛 乾隆十七年	恰忆昨春南国景，菱丝鼊社半帆横	昆明湖			菱		
	视朝旋跸诣畅春园问安遂至昆明湖上寓目怀欣因诗言志 乾隆十七年	柳浪更荷风，云飞而川泳	昆明湖	柳		荷		
	泛舟玉河至静明园三首 乾隆十七年	意寄怀新成七字，绿香云里放红船	昆明湖			香蒲	香蒲成片	
	于昆明湖往玉泉山舟中瞻眺 乾隆十七年	沧池含倒景，青莲杂红蕖	昆明湖			青莲、荷	不同花色的荷花	
	昆明湖上 乾隆十七年	菰蒲彼何知，对时都觉欢	昆明湖			菰、蒲		
	泛舟昆明湖遂至玉泉 乾隆十七年	依旧菰蒲沙渚畔，只添些子是苍然	昆明湖			菰、蒲	菰蒲作为湖体边界植物	嫩芷可能泛指水植
	三月三日昆明湖中泛舟揽景之作 乾隆十八年	新蒲嫩芷昆明水，淡日轻烟上巳天	昆明湖	芷		香蒲		绿色水生植物
	凤凰墩放舟自长河进宫之作 乾隆十八年	满川绿芷漪纹细，隔岸青鉼露气浮	昆明湖					绿色水生植物
	漾舟昆明湖 乾隆十八年	荷芰馥露气，漪澜增涨流	昆明湖			荷	荷香阵阵	
	昆明湖上作 乾隆十八年	虫声益壮诉不歇，莲花欲老呈余芳	昆明湖			荷	荷有余香	

（续）

景点	诗名/匾额	诗句/联	具体描写景点	涉及陆生植物	涉及湿生植物	涉及水生植物	水生植物景观风貌	备注
	自石舫进舟由玉河至静明园溪路浏览即景成短言三章 乾隆十九年	芦丛亦可安栖啄，笑彼潇湘迈远征	昆明湖			芦苇	芦苇供禽鸟栖息	
	凤凰墩放舟由长河进宫川路揽景杂咏 乾隆十九年	青蒲白芷欲浮波，柳态花姿即渐多	昆明湖	白芷、柳		香蒲	香蒲白芷群落	
	湖上杂咏 乾隆十九年	山桃报到烂如霞，风定成闲揽物华	昆明湖	山桃			兰芷连用	
		渚兰岸芷郁青青，万顷波光漾碧舲					水植茂盛	
	泛舟至玉泉山 乾隆十九年	醉鱼逐侣翻银浪，野鹭迷羣伫绿蒲	昆明湖			香蒲	水鸟栖息在香蒲中	
	玉河 乾隆二十年	伊轧橹声知近远，菜花黄里度红舟	昆明湖	油菜花			玉河岸边有油菜花	
	昆明雨泛六韵 乾隆二十年	荷香清胜麝，稻色绿如油	昆明湖			荷花	湖畔稻田，湖中荷香	
	长河进舟至昆明湖 乾隆二十年	最怜阿那沙汀畔，芦荻萧萧已作花	昆明湖		荻	芦苇、荷	芦苇、荻开花，极具野趣	
		岸虫入听不为喧，晓露荷香数里繁					荷花成片	
	昆明湖泛舟 乾隆二十年	已欣蓼穗深添色，却惜荷花暗减香 烟光离合柳千株，掩映溪堂别一区	昆明湖	柳	蓼	荷	红蓼、荷花群落	
	玉河泛舟至玉泉 乾隆二十一年	柳染轻黄苔着绿，沿堤春色递来徐	昆明湖	柳、苔				
	昆明湖荷花词 乾隆二十一年	近天赢得常吟赏，曲院还能似此无	昆明湖			荷	曲院风荷	
	昆明湖泛舟至万寿山即景杂咏 乾隆二十二年	香锦盈盈徼露鲜，虽为曲院有风莲	昆明湖			荷	曲院风荷	
	玉河泛舟至玉泉 乾隆二十二年	蜗庐蟹舍学江村，桑叶荫荫曲抱原	昆明湖	桑				
	昆明湖上赏荷五首 乾隆二十四年	几闲湖上赏秋荷	昆明湖			荷		
	昆明湖泛舟拟竹枝词 乾隆二十五年	新蒲辉雁识春和	昆明湖			香蒲		
	夏日昆明湖上 乾隆二十五年	绿蒲红芰荡兰桡	昆明湖			荷		红莲荡舟
	雨后昆明湖泛舟骋望 乾隆二十五年	出绿柳阴知岸远，入红莲路荡舟轻	昆明湖	柳		荷		
	昆明湖观荷 乾隆二十六年	练桥过去镜桥来，来去都欣净植陪	昆明湖			荷		
	昆明湖泛舟观荷 乾隆三十年	满湖出水芙蓉照	昆明湖			荷		
	过绣漪桥昆明湖泛舟即景 乾隆三十二年	迤西一带多荷花	昆明湖			荷		

（续）

景点	诗名/匾额	诗句/联	具体描写景点	涉及陆生植物	涉及湿生植物	涉及水生植物	水生植物景观风貌	备注
	昆明湖泛舟即景杂咏 乾隆三十三年	白芷青蒲带远漬	昆明湖	白芷		香蒲		
	自玉河泛舟至石舫 乾隆三十三年	竹篱风送枣花香	昆明湖	枣				
	昆明湖泛舟观荷 乾隆三十三年	此来雨后正荷时	昆明湖			荷		
	泛昆明湖观荷四首 乾隆三十三年	堤西那畔荷尤盛	昆明湖			荷		
	自玉湖泛舟至昆明湖即景杂咏 乾隆三十四年	几曲川途望欲迷，轻烟又傍绿杨堤	昆明湖	绿杨				
	玉河泛舟至昆明湖 乾隆三十四年	稻蔚绿苗蚕上箔	昆明湖				成片稻田	
	昆明湖泛舟 乾隆三十四年	荷渚从来拟若耶，叶全出水未开花	昆明湖			荷	荷叶田田	
	自长河泛舟至万寿山杂咏八首 乾隆三十四年	麦收黍稻均芃茂，慰矣因之倍惕然	昆明湖	麦、黍	稻		稻田茂盛	
	昆明湖泛舟观荷 乾隆三十四年	便泛兰舟一赏荷	昆明湖					辟湖蓄水
	昆明湖上作 乾隆三十五年	豆町稻塍苏绿意 辟湖蓄水图灌溉 灌输稻田逭旱候	昆明湖	豆				图灌溉稻田 图灌溉稻田
	自长河泛舟回御园之作 乾隆三十六年	禾黍畅新晴	昆明湖	黍				
	自玉河泛舟至昆明湖登石舫溪路沿揽杂咏得诗八首 乾隆三十八年	玉带崇桥横锁湖，过来千顷碧波铺 虽迟绿苇还白芷，已有翔鸿及浴凫	昆明湖	白芷		芦苇		
	自石舫登舟泛湖之作 乾隆三十八年	蚕宜晴而稻宜雨，大凡两美难艰收	昆明湖		稻			
	坐拕床游昆明湖诸胜即事有作 乾隆四十年	柳丝拂岸黄微染，草纽侵堤绿渐攒	昆明湖	柳				
	昆明湖泛舟由玉河至静明园沿途杂咏 乾隆四十年	两番春雨润鳞田，种稻今年早向年	昆明湖		稻			（织染局位置）
	登舟溯游玉河沿途杂咏 乾隆四十八年	镇水铜牛铸东岸，养蚕茅舍列西涯	昆明湖					（织染局位置）
	昆明湖泛舟 乾隆五十二年	未至花如雾，聊欣镜屏晶	昆明湖			荷		
	昆明湖泛舟即景 嘉庆十年	堤界湖心分内外，朱华翠柳罥波烟	昆明湖	柳				

（续）

景点	诗名/匾额	诗句/联	具体描写景点	涉及陆生植物	涉及湿生植物	涉及水生植物	水生植物景观风貌	备注
	昆明湖泛舟三绝句 嘉庆十二年	轻飔柳外迭清漪，倒影楼台镜里拔 六桥柳影罥溪烟，内外湖波断复连	昆明湖	柳				
	雨中泛舟由玉带桥一带至清漪园即景作嘉庆十二年	夹岸稻畦皆茂育，西成有象兆康年	昆明湖		稻		稻田茂盛	
	昆明湖泛舟即景 嘉庆十三年	杨柳阴中堤曲折，芰荷香里鹭飞翔	昆明湖	杨、柳		荷		
	清漪园鉴远堂晓望 嘉庆十九年	柳岸清音迭	昆明湖	柳				
	雨后昆明湖泛舟即景 嘉庆	旭辉楼阁花宫峻，烟织陂塘柳岸纡 好雨初晴宜获麦，授时茂对共民愉	昆明湖	柳、麦				
	昆明晓泛 道光六年	森森柳荫罥长堤	昆明湖	柳				
	昆明湖秋景远眺 道光七年	今秋敬感调阳雨，种麦收禾处处皆	昆明湖	麦	稻			
	恭奉皇太后自昆明湖泛舟至静明园用膳 道光	花屿云峰常浥润，岸蒲堤柳总含烟	昆明湖	柳		蒲		
	昆明湖泛舟观荷三首 乾隆三十一年	一堤湖水隔东西，两界荷花开总齐	昆明湖西堤			荷	堤两边都有荷花	
	泛舟昆明湖观荷效采莲体 乾隆二十三年	六桥西畔藕花多 莲叶莲花着意芳 昨夜水仙出听讲，刚闻是妙法莲华	昆明湖西堤六桥	水仙		荷	六桥西侧荷花很多	
	昆明湖泛舟观即景杂咏 乾隆三十六年	水华适遇涨漫过，花朵不如往岁多 消速幸无害禾黍，吾宁图只为观荷 舟过荇桥景又别	昆明湖荇桥	黍	稻	荷	荇桥与昆明湖景色不同	红绿相间
	昆明湖放舟之作 乾隆二十年	千重万树绿才吐，一带霞桃红欲然	昆明湖岸上风光	桃				红绿相间泛指
	晓春万寿山即景八首 乾隆十九年	春风凫雁千层浪，秋月菰蒲万顷烟	石舫			菰、蒲	菰蒲成片	
	万寿山即事 乾隆十八年	琳琅三竺宇，花柳六桥堤 梅雪清喷麝，松风谡起涛	西堤六桥	柳、梅、松				
	初夏万寿山杂咏 乾隆二十一年	六桥堤畔菜花黄，影入漪澜锦七襄 长堤几曲绿波涵，堤上柔桑好养蚕 青浦白芷带沙渍，小艇寻常狎鹿群	西堤六桥	油菜花、桑、白芷			西堤边上金黄色的油菜花映入水中	
	昆明湖上作 乾隆二十四年	松竹依然三曲径，柳桃改观六条桥	西堤六桥	松、竹、柳、桃				

（续）

景点	诗名/匾额	诗句/联	具体描写景点	涉及陆生植物	涉及湿生植物	涉及水生植物	水生植物景观风貌	备注
乐寿堂	春日乐寿堂 乾隆十九年	古香研道秘， 新藻发春妍	乐寿堂			藻		
	节后万寿山乐寿堂作 嘉庆元年	小盎梅花微讶减， 长堤柳色渐看多	乐寿堂	梅、柳				
柳桥	过柳桥看荷花 乾隆二十九年	浅乃宜荷花正放	柳桥			荷		
	堤上有柳桃，现存古柳十九株		西堤六桥	柳、桃				
绿畦亭	绿畦亭 乾隆二十五年	绿畦近远皆堪睹	绿畦亭	菜				
南湖岛灵雨祠涵虚堂	晴川藻景	天外绮霞横海鹤 月边红树艳仙桃	涵虚堂	桃				
藕香榭	藕香榭二首 乾隆二十五年	莲叶东西鱼极乐， 藕花高下鹭无猜	藕香榭			荷	荷叶下有水鸟栖息	
	藕香榭口号 乾隆四十一年	藕在深泥讵解香， 生莲风馥满池塘	藕香榭			荷	荷花香味满荷塘	
	藕香榭对雨 咸丰六年	隔浦荷喧香乍送， 畅怀那得渡飞舻	藕香榭			荷	荷香阵阵	
绮望轩	绮望轩 乾隆十八年	麦畴及稻畦	绮望轩	麦	稻			
清漪园	玉河泛舟至万寿山清漪园 嘉庆元年	低处稻田高大田	耕织图		稻			
	节后万寿山清漪园作 乾隆五十六年	积雪依然培岸柳， 缋春芬若放盆梅 鳞塍玉润麦芽纽， 慰意敢存满志哉	清漪园	柳、麦				
	由玉河泛舟至万寿山清漪园 乾隆六十年	芷白浦青景有望， 鸢飞鱼跃兴无穷	清漪园	白芷				
十七孔桥		桥南向楹联： 烟景学潇湘细雨轻航暮屿， 晴光缅明圣软风新柳春堤	昆明湖	柳				红花
水村居	水村居 乾隆三十一年	径多红蔼护， 屋有绿杨围， 驱马稻秧布， 育蚕桑叶肥	水村居	月季、杨、桑	稻			
	水村居 乾隆三十三年	秋翻桐叶青藏屋 篱外渐看老桑苎	水村居	梧桐、桑				
	水村居 乾隆三十四年	墙外红桃才欲绽， 岸傍绿柳已堪攀	水村居	桃、柳				
水周堂	水周堂 乾隆二十年	蒲芷微馨动， 松篁远籁吹	水周堂	白芷、松		蒲		
	水周堂 乾隆二十一年	荷风席间馥	水周堂			荷		
	水周堂 乾隆二十五年	荷余香带露华搴	水周堂			荷		

09

（续）

景点	诗名/匾额	诗句/联	具体描写景点	涉及陆生植物	涉及湿生植物	涉及水生植物	水生植物景观风貌	备注
	水周堂 乾隆二十八年	白芷漾纹细，绿杨蘸影柔	水周堂	白芷、杨				
	水周堂 乾隆三十九年	刺渚迟蒲芷	水周堂	白芷		香蒲		
万寿山	即事四首 乾隆二十年	识得女夷工点缀，琼葩纷绽锦春图	万寿山	梅花、梨花				
	新秋万寿山 乾隆二十一年	花气宜过雨，梧风最引秋	万寿山	梧桐				
	仲秋万寿山 乾隆二十一年	桂是余香矣，莲真净色哉	万寿山	桂花		莲		
	新春万寿山即景 乾隆二十三年	岩枫涧柳迟颜色，只觉森森翠意浓	万寿山	枫、柳				
	新春万寿山 乾隆二十六年	柳丝桃朵虽差未，烟意波容已绝胜	万寿山	柳、桃				
	长河进舟至昆明湖观农揽景因成四首 乾隆二十六年	万寿精蓝河岸边，松杉出寺影苍然	万寿山	松、杉				
望蟾阁	登望蟾阁极顶放歌 乾隆二十五年	北屏万寿南明湖，就中最胜耕织图，黍高稻下总沃若，是真喜色遑论余	望蟾阁	黍	稻			
	登望蟾阁作歌 乾隆二十九年	水田绿云既迭鳞，荷蒲红霞复错绣	望蟾阁		稻	荷、香蒲	水田成片，如绿云，如细鳞，荷花盛开如锦绣	
无尽意轩	无尽意轩 乾隆二十三年	蜃窗竹籁伏中绿，镜浦荷香雨后红	无尽意轩	竹		荷	荷花盛开，香远益清	
夕佳楼		夕佳楼西向楼下联：雨晴九陌铺江陈，岚嫩千峰叠海涛	昆明湖以西至西山脚下		稻田		大片农田、稻田	
西堤（实为现东堤）	西堤 乾隆二十九年	刺波生意出新芷	西堤（现东堤）		稻		水植新发	
		引流种稻看连畦					成片稻田	
霞芬室	霞芬室 乾隆五十四年	淡然书室俯荷渚，香色入观更入闻	霞芬室			荷、蒲苇	荷花甚香	
小西泠	小西泠 乾隆三十八年	绿树荫笼岸，白苹风点汀	小西泠			白苹		
荇桥	荇桥三首 乾隆二十三年	左右参差浮碧水	荇桥	柳		香蒲、荇菜		
		蒲针欲刺柳丝柔						
	荇桥 乾隆三十一年	藕花香里荡兰桡	荇桥			荷		
			荇桥			荇菜		
绣漪桥	绣漪桥 乾隆二十五年	红莲绣出几枝花	绣漪桥			荷		
	绣漪桥 乾隆四十六年	陌杨笼岸绿帏展，水荇牵舷翠带漂	绣漪桥	杨		荇菜		泛指百花
延赏斋	延赏斋后厦匾：水映兰香	延赏斋廊柱联：放眼柳条丝渐软，含胎花树色将分	耕织图	柳、桃				泛指百花

（续）

景点	诗名/匾额	诗句/联	具体描写景点	涉及陆生植物	涉及湿生植物	涉及水生植物	水生植物景观风貌	备注
	题延赏斋 乾隆三十二年	湿岸生春芷	延赏斋	白芷				（芸香草，沈括《梦溪笔谈》今人谓七里香）
宜芸馆						芸		（芸香草，沈括《梦溪笔谈》今人谓七里香）
	宜芸馆 乾隆三十九年	馥馥芸香递，明明藻鉴陈	宜芸馆	芸香		藻		
鱼藻轩						藻		
玉河斋	玉河斋南向联	几湾过雨菰蒲重，夹岸含风禾黍香	耕织图	黍	稻	菰 、蒲	菰蒲连用，泛指水草	
玉澜堂		玉澜堂正殿联：渚香细裛莲须雨，晓色轻团竹岭烟	昆明湖	竹、槐		荷		
		玉澜堂东厢霞芬室联：障殿帘垂花外雨，扫廊帚借竹梢风						
		玉澜堂西厢藕香榭西向联：绿槐楼阁山蝉响，青草池塘彩燕飞						
	题玉澜堂 乾隆三十五年	无碍蒲卢原勃长，有欣凫雁亦和鸣	玉澜堂			蒲苇	蒲苇茂盛	
云松巢			云松巢	松				
藻鉴堂	藻鉴堂得句 乾隆二十三年	表里湖山归静照，高低桃柳总清扬	藻鉴堂	桃、柳、竹				
		若傍竹林寻晋逸，山公启事缅怀长						
	藻鉴堂 乾隆二十三年	柳岸系轻舫	藻鉴堂	柳				
	昆明湖泛舟至藻鉴堂即景成什 嘉庆十五年	堤上垂杨阴茂密	藻鉴堂	杨				
	昆明湖泛舟至藻鉴堂即景成什 道光三年	一行馆碧夹堤杨	藻鉴堂	杨		藻、荇菜	荇藻成条	
		轩唐水绕晴澜漾，藻荇风回翠带长					带状分布	

（北京市颐和园管理处，2010）

附录6 文人、领袖咏颐和园诗文

毛泽东

七律·和柳亚子先生（1949年夏）

饮茶粤海未能忘，索句渝州叶正黄。三十一年还旧国，落花时节读华章。

牢骚太盛防肠断，风物长宜放眼量。莫道昆明池水浅，观鱼胜过富春江。

柳亚子

次韵奉和毛主席惠诗

东道恩深敢淡忘，中原龙战血玄黄。名园容我添诗料，野史凭人入短章。汉彘唐猫原有恨，唐尧汉武讵能量。昆明湖水清如许，未必严光忆富江。

叠韵寄呈毛主席一首

昌言吾拜心肝赤，养士君倾醴酒黄。陈亮陆游饶感慨，杜陵李白富篇章。《离骚》屈子幽兰怨，风度元戎海水量。倘遣名园长属我，躬耕原不恋吴江。

偕毛主席游颐和园有作

杇木难雕午梦忘，衣冠颠倒讶苍黄。南阳讵敢劳三顾，北地犹堪赋百章。挈妇将雏都磊落，同舟联步费思量。名园真许长相借，金粉楼台胜渡江。

颐和园“五一”春游纪盛

陈毅

去岁花胜往昔，今年春更不同。北京竟无风沙，清荫花木葱茏。

游园人过七万，风舞海棠艳浓。集体欢乐如海，岂徒车水马龙。

箫笛弦素齐奏，气球直放苍穹。大家翩翩起舞，无分各国宾朋。

几年度过不易，战胜封锁重重。不向困难低头，人人都是英雄。

敢于尽情欢乐，说明革命兴隆。今后直取丰盈，建设之火熊熊。

孤立中国最蠢，反华自造年笼。多谢反面教员，是火愈烧愈红。

七绝

叶剑英

画家渔叟喜相逢，明媚湖山写意浓。清代兴亡昨日事，匠心钩出万山松。

题《颐和园》（画册）

郭沫若

海军不建建颐和，今日新妆足更多。锦绣湖山诗画境，工农岁月太平歌。

百花齐放春常在，万木争荣水不波。地上乐园迎客屐，楼台登罢弄轻舸。

春游颐和园（摘录）

沈从文

北京建都有了八百年历史。劳动人民用他们的勤劳和智慧，在北京城郊建造了许多规模宏大建筑美丽的宫殿、庙宇和花园，留给我们后一代。花园建筑时间比较晚的，是西郊的颐和园。部分建筑乾隆时虽然已具规模，主要建筑群都在一百年前才完成。修建这座大园子的经济来源，是借口恢复国防海军从人民刮来的几千万两银子，花园作成后，却只算是帝王一家人私有。直到北京解放，这座大花园才成为人民的公共财产。颐和园的游人数字是个证明：一九四九年全年游人二十六万六千八百多，一九五五年达到一百七十八万七千多人。二十年前游颐和园的人，常常觉得园里太大太空阔。其实只是能够玩的人太少，所以到处总是显得空空的。许多地方长满了荒草，许多建筑也摇摇欲坠，游人不敢走去。现在一般印象总觉得园子不太大。颐和园那条长廊，虽然已经长约三里路，现在每逢星期天游人就挤得满满的，即再加长一两倍，也还是不够用。凡是游颐和园的人，在售票处购买一册介绍园中景物的说明书，可得极多帮助。只是如何就可用比较经济的时间，把颐和园重要地方都逛到呢？我想就我个人过去几年在这个大园子里转来转去的经验，和园子里建筑花木在春秋佳日给我的印象，概括地说说，作为游园的参考。我们似可把颐和园分成五个大单位去游览。第一是进门以后的建筑群，这个建筑群除中部大殿外，计包括东边的大戏楼和西边的乐寿堂，以及西边前面一点的玉澜堂。玉澜堂相传是光绪被慈禧太后囚禁的地方，院子和其他建筑隔绝自成一个小单位。到这里来的人，还可从门口的说明牌子，体会到近六十年历史一鳞一爪。参观大戏台，得往回路向东走。这个戏台和中国近代歌剧发展史有些联系，六十年以前，中国京剧最出色的演员谭鑫培、杨小楼、都到这台上演过戏。戏台上下分三层，还有个宽阔整洁的后台和地下室，准备了各种机关布景。例如表演孙悟空大闹天宫或白蛇传水漫金山寺节目时，台上下到必要时还会喷水冒烟。演员也可以借助于技术设备，一起腾空上升，或潜入地下，隐现不易捉摸。戏台面积比看戏的殿堂大许多，原因是这些戏主要是演给专制帝王和少数贵族官僚看的。演员百余人在台上活动，看戏的可能只三五十人。社会在发展中，六十年过去了，帝王独夫和这些名艺人十九都已死去。为人民爱好的艺术家的绝艺，却继续活在人们记忆中，由于后辈的学习和发展，日益光辉而充实以新的生命。由大戏台向西可到乐寿堂。这是六十年前慈禧做生日大排寿筵的地方。颐和园陈设中，有许多十九世纪显然见出半殖民地化的开始的恶俗趣味处，就多是当时在广东上海等通商口岸办洋务的奴才，为贡谀祝寿而来的。也有些是帝国主义者为侵略中国的敲门砖。中国瓷器中一种黄绿釉绘墨彩花鸟，多用紫藤和秋葵作主题，横写“天地一家春”的款识的，也是这个时期的生产。乐寿堂庭院宽敞，建筑虽不特别高大，却显得气魄大方。本院和西边一小院，春天时玉兰和海棠都开得格外茂盛。第二部分是长廊全部和以排云殿、佛香阁为主体，围绕左右的建筑群。这是全园建筑最引人注意部分，也是全园的精华。有很多建筑的小单位，或是一个四合院，或是一组列房子，内部布置得都十分讲究。花木围廊，各具巧思。但是从整体或部分说来，这个建筑群有些只是为配风景而作的，有些宜近看，有些只合远观。想总括全部得到一个整体印象，得租一只小游船，把船只向湖中心划去，再回过头来，看看这个建筑群，才会明白全部设计的用心处。因为排云殿后面隙地不多。山势太陡，许多建筑不免挤得紧一点。如东边的转轮藏，西边的另一个小建筑群，都有点展布不开。正背面的佛香阁，地势更加急促。虽亏得聪明的建筑工人，出主意把上佛香阁的路分作两边，作之字形盘旋而上，地势还是过于急促。更向西一点的“画中游”部分建筑，也由于地面窄狭，作得格外玲珑小巧。必须到湖中看看，才明白建筑工人的用意，当时这部分建筑，原来就是为配合全山风景作成的。船到湖中心时向南望，在一平如镜碧波中的龙王庙和十七孔虹桥，都十分亲切地向游人招手：“来、来、来、这里也很有意思”。从这里望万寿山，距离虽远了点，可是把那些建筑不合理印象也忽略了。第三部分就是湖中心那个孤岛上的建筑群、龙王庙是主体。连接龙王庙和东墙柳荫路全靠那条十七孔白石虹桥，长年卧在万顷碧波中，背景是一片北京特有的蓝得透亮的天空，真不愧叫做人造的虹。这条白石桥无论是远看，近看，把船摇到下边仰起头来看，或站在桥上向左右四方看，都令人觉得满意。桥东有个大亭子，未油饰前可看出木材特别讲究，可能还是两百年前从南海运来的。岸边有一只铜牛，卧在一个白石座上，从从容容望着湖景，望看远处西山，是两百年前铸铜工人的创作。第四部分是后山一带，建筑废址并不少，保存完整的房子却不多。很明显是经过历史事变的痕迹没有修复过来。由后湖桥边的苏州街遗址，到上山的一系列殿基，直到半山上的两座残塔，这部分建筑也是在圆明园被焚的同时焚毁的。目下重要的是有好几条曲折小山路，清静幽僻，最宜散步。还有好几条形式不同的白石桥和新近修理的几条赤栏木板桥，湖水曲折的从桥下通过，划船时极有意思。第五部是东路以谐趣园做中心的建筑群，靠西上山有景福阁，靠北紧邻是霁清轩。这一组建筑群和前山大不相同，特征是树木比较多，地方比较僻静。建筑群包括有北方的明敞（如景福阁）和南方的幽趣（如霁清轩）两种长处。谐趣园主要部分是一个荷花池子，绕着池子有一组长廊和建筑。谐趣园占地面积不大，房子也因此稍嫌拥挤，但是那个荷花池子，夏天荷花盛开时，真是又香又好看。欢喜雀鸟的，这里四围树林子里经常有极好听的黄鸟歌声。啄木鸟声音也数这个地区最多。夏六月天雨后放晴时，树林间的鸟雀欢呼飞鸣，更是一种活泼生机。地方背风向阳处，长年有竹子生长。由后湖引来的一股活水，到此下坠五米，因此作成小小瀑布，夏天水发时，水声哗哗，对于久住北方平地的人，看到这些事物引起的情感，很显然都是新的。霁清轩地位已接近后围墙、建筑构造极其别致，小院落主要部分是一座四面明窗挡风的轩，一株盘旋而上的老松树，一个孤立的亭子，以及横贯院中的一道小小溪流。读过《红楼梦》的人，如偶然到了这个地方，会联想起当年书中那个女尼妙玉的住处。还有史湘云醉眠芍药茵的故事，也可能会在霁清轩大门前边一点发生。这个建筑区全部结构说来，是比《红楼梦》创作时代略早一点。有人到过谐趣园许多次，还不知道面前霁清轩的位置，可知这个建筑的布置成功处。由谐趣园宫门直向上山路走，不多远有个乐农轩，虽只是平房一列，房子前花木却长得极好。杏花以外丁香、梨花都很好。颐和园最高处建筑物，是山顶上那座全部用彩琉璃砖瓦拼凑作成的无梁殿。这个建筑无论从工程上和装饰美术上说来，都是一个伟大的创作。是近二百年的建筑工人和烧琉璃窑工人共同努力为我们留下的一份宝贵遗产。在建筑规模上，它并不比北海那一座琉璃殿壮丽，但从建筑兼雕塑整体性的成就说来，无疑在北京其它同类创作，如北海及故宫九龙壁、香山琉璃塔等等，都值得格外重视。上山的道路很多：欢喜热闹不怕累，可从排云殿后抱月廊上去，再从那几百磴“之”字形石台阶爬到佛香阁，歇歇气，欣赏一下昆明湖远近全景，再从后面翻上那个众香界琉璃牌楼，就到达了。欢喜冒险好奇的，又不妨从后山上去。这一路得经过几层废殿基，再钻几个小山洞。行动过于活泼的游客，上到山洞边时，头上脚下都得当心一些，免得偶然摔倒。另外东西两侧还有两条比较平缓的山路可走，上了点年纪的人不妨从东路上去。就势从景福阁向上走去。半道山脊两旁多空旷，特别适宜于远眺，南边是湖上景致，北边园外却是村落自然景色，很动人。夏六月还是一片绿油油的庄稼直延长到西山尽头，到秋八月后，就只见无数大牛车满满装载黄澄澄的粮食向合作社转运。村庄前后也到处是粮食堆垛。从北边走可先逛长廊、到长廊尽头，就到大石舫边了。大石舫也是乾隆时做的，六十年前才在上面加个楼房，五色玻璃在当时是时髦物品。除大石舫外，这里经常还停泊有百多只油饰鲜明的小游艇出租。欢喜划船的游人，手劲大可租船向前湖划去，一直过西蜂腰桥再向南，再划回来。那个桥值得一看。比较合适的是绕湖心龙王庙，就穿十七孔桥回来。那座桥远看只觉得美丽，近看才会明白结构壮丽，工程扎实，让我们加深一层认识了古代造桥工人的聪明和伟大。船向回划可饱看颐和园万寿山正面全部风景，从各个不同角度看去，才会发现绕前山那道长廊，和长廊外临水那道白石栏杆，不仅发生单纯装饰效果，且像腰带一样把前山建筑群总在一起，从水上托出，设计实在够聪明巧妙。欢喜从空旷湖面转入幽静环境的游人，不妨把船划向后湖去。后湖水面窄而曲折，林木幽深，水中大鱼百十成群，对小船来去既成习惯，因此也不大存戒心。后湖在秋天里在一个极短时期中，水面常常忽然冒出一种颜色金黄的小莲花，一朵朵从水面探头出来约两寸来高，花头不过一寸大小。可是远远的就可让我们发现。至近身时我们才会发现花朵上还常常歇有一种细腰窄翅黑蜻蜓。飞飞又停停。这些小小金丝莲，一年只开花三四天，小蜻蜓从湖旁丛草间孵化，生命也极短暂。我们缺少安徒生的诗的童心，因此也难更深一层去想象体会它们生命中的悦乐处。由石舫上山路，可经过画中游，这部分房子是有意仿造南方小楼房式做成，十分玲珑精致，大热天住下来不会太舒服，可是在湖中却特别好看。走到画中游才会明白取名的用意，若在春天四月里，园中好花次第开放，一切松柏杂树新叶也放出清香，这些新经修理装饰得崭新的建筑物，完全包裹在花树中，使得我们不能不对于创造它和新近修理它的木工、瓦工、彩画油饰工、以及那些长年在园子里栽花种树的工人，表示敬意和感谢。颐和园还有一个地区，也可以作为一个游览单位计算，就是后山沿围墙那条土埂子。这地方虽近在游人眼前，可是最容易忽略过去，这条路是从谐趣园再向北走，到后湖尽头几株大白柏树面前时，不回头、不转弯，再向西一直从一条小土路走上小土山。那是一条能够满足游人好奇心的小路，一路走去可从荆槐杂树林子枝叶罅隙间清清楚楚看到后湖全景。小土埂子上还种得好些有了相当年月的马尾松，松根凸起处，间或会有两个艺术家在那里作画。地方特别清静，不会有人来搅扰他的工作，更重要的还是从这里望出去，景物凑紧集中，如同一个一个镜框样子。若是一个有才能的年青画家，他不仅会把树石间色彩鲜明的红领巾，同水上游人种种活动，收入画稿，同时还能够把他们表示新生生命的笑语和歌声同样写入画中。其实这些画家在那里本身也很像一幅画，可惜再找不出画他的人（颐和园管理处，2006）。

附录7　清漪园匾联

大宫门外牌楼题额“涵虚”“罨秀”

清漪园匾额“清漪园”

勤政殿匾额“勤政殿”

内檐匾额“海涵春育”

殿内对联“念切者丰年为瑞，贤臣为宝；心游乎道德之渊，仁义之林”

“义制事，礼制心，捡身若不及；德懋官，协懋赏，立政惟其人”

玉澜堂匾额“玉澜堂”

楹联“曙色渐分双阙下；漏声遥在百花中”

“渚香细裛莲须雨；晓色轻团竹岭烟”

“窗竹影摇书案上；山泉声入砚池中”

道存斋匾额“道存斋”

近西轩匾额“近西轩”

怡春堂匾额“怡春堂”

乐寿堂匾额“乐寿堂”“绿天深处”“虑澹清怡”“水木自亲”

楹联“乐在人和，肯寄高闲规宋殿；寿同民庆，为申尊养托潘园”

“动静得其宜，取义异他德寿；性情随所适，循名同我清漪”

乐安和匾额“乐安和”

扬仁风匾额“扬仁风”

养云轩门额“川咏云飞”

楹联“天外是银河烟波宛转；云中开翠幄香雨霏”

“群玉为峰楼台移海上；众香是国花木秀人寰”

养云轩匾额“养云轩”“随香”“含绿”

含新亭匾额“含新亭”

餐秀亭匾额“餐秀亭”

无尽意轩匾额“无尽意轩”

意迟云在匾额“意迟云在”

写秋轩匾额“写秋轩”

圆朗斋匾额“圆朗斋”

瞰碧台匾额“瞰碧台”

观生意轩匾额“观生意”

寻云亭匾额“寻云亭”

重翠亭匾额“重翠亭”

长廊各处匾额“邀月门”“留佳亭”“秋水亭”“寄澜亭”“清遥亭”

对鸥舫匾额“对鸥舫”

鱼藻轩匾额“鱼藻轩”

山色湖光共一楼匾额“山色湖光共一楼”

石丈亭匾额“石丈亭”

多所欣匾额“多所欣”

蕴古室匾额“蕴古室”

浮青榭匾额“浮青榭”

大报恩延寿寺匾额“大报恩延寿寺”

寺内匾额“度世慈缘”“作大吉祥”

天王殿匾额“天王殿”
配殿匾额“真如”“妙觉”“华海”“慈云”
大雄宝殿匾额“大雄宝殿”
多宝殿匾额“多宝殿”
佛香阁匾额“佛香阁”
智慧海题额“智慧海”
众香界题额“众香界”“祇树林”
慈福楼匾额“慈福楼”
内檐匾额“大自在”
罗汉堂门匾额南曰“华严真谛”，东曰“生欢喜心”，西曰“法界清微”
堂内祇树园匾额“狮子窟”“须夜摩洞”“摩偷地”“砥柱”“阿伽桥”“阿楼那崖”“徙多桥”“弥楼”“兜率陀崖”“摩诃窝”“功德池”“旃檀林”“须弥顶”“善现城”“金田”“陀罗峰”“鸡园”“鹿苑”
雷音殿匾额“耆闍崛”“舍利塔”“蜂台”“香岩”“毗诃罗桥”“露山”“信度桥”
五方阁匾额“五方阁”
宝云阁匾额“宝云阁”“大光明藏”“浮岚暖翠”
阁前石牌坊枋额“暮霭朝岚常自写；侧峰横岭尽来参”
“山色因心远；泉声入目凉”
“川岩独钟秀；天地不言工”
楹联“苕霅溪山吴苑画；潇湘烟雨楚天云”
“众皱峰如能变化；太空云与作沉浮”
“境自远尘皆入咏；物含妙理总堪寻”
“几许崇情托远迹；无边清况惬幽襟”
邵窝殿匾额“邵窝”
绿畦亭匾额“绿畦亭”
云松巢匾额“云松巢”
听鹂馆匾额“听鹂馆”
画中游澄晖阁匾额“澄晖阁”
画中游匾额“画中游”
石牌坊横额“山川映发使人应接不暇；身所履历自欣得此奇观”
楹联“幽籁静中观水动；尘心息后觉凉来”
“闲云归岫连峰暗；飞瀑垂空漱石凉”
荇桥题额“荇桥”
东牌楼题额“蔚翠”“霏香”
西牌楼题额“烟屿”“云岩”
治镜阁匾额“治镜阁”（上层）
“得沧州趣”（中层）
“仰观俯察”（下层）
“晖朗东瀛”（东）
“南华秋水”（南）
“爽凝西岭”（西）
“北苑春山”（北）
东门题额“秀引湖光”
南门题额“豳风图画”
西门题额“清含泉韵”
北门题额“蓬岛烟霞”
宿云檐题额“宿云檐”
匾额“贝阙”
绮望轩下石洞题额“蕴奇积翠”
楹联“萝径因幽偏得趣；云峰含润独超群”
清可轩题额“清可轩”
惠山园内楹联“菱花晓映雕栏日；莲叶香涵玉沼波”
“西岭烟霞生袖底；东洲云海落樽前”
“云移溪树侵书幌；风送岩泉润墨地”
“万笏晴山朝北极；九华仙乐奏南熏”
“瑶阶昼永铜龙暖；金锁风清宝麝香”
“芝砌春光兰池夏气；菊含秋馥桂映冬荣”
“七宝栏杆千岁石；十洲烟景四时花”
知鱼桥题额“知鱼桥”
楹联“月波潋滟金为色；风濑琤琮石有声”
“回翔凫雁心含喜；新茁苹蒲意总闲”
紫气东来城关题额“紫气东来”“赤城霞起”
文昌阁题额“为章于天”
匾额“穆清资始”
龙神祠楹联“云归大海龙千丈；雪满长空鹤一群”
望蟾阁楹联“碧通一径晴烟润；翠涌千峰宿雨收”
岚翠间楹联“刊岫展屏山云凝罨画；平湖环镜槛波漾空明”

十七孔桥题额“修蝀凌波”“灵鼍偃月”
楹联“烟景学潇湘细雨轻航暮屿；晴光总明圣软风新柳春堤”
“虹卧石梁岸引长风吹不断；波回兰桨影翻明月照还望”
绣漪桥题额“绣漪桥”
楹联“螺黛一丸银盆浮碧岫；鳞纹千叠璧月漾金波”
“路入阆风云霞空际涌；地临蓬岛宫阙水边明”
玉带桥题额“玉带桥”
楹联“螺黛一痕平铺明月镜；虹光百尺横映水晶帘”
“地到瀛洲星河天上近；景分蓬岛宫阙水边多”

附录8 颐和园匾联

东宫门前牌楼题额“涵虚”（东向）“罨秀”（西向）
东宫门匾额“颐和园”
仁寿门匾额“仁寿门”
仁寿殿匾额 外檐“仁寿殿”
内檐“大圆宝镜”
殿内匾额“寿协仁符”“泽旁敷”“德风惠露”
“春晖承喧”“兆学祉福”“长乐无极”
“蕃厘经纬”“寿恺禔康”“镂玉天齐”
“永固鸿基”“（人加尚，上下）光引目”
“泰符协气”“无暑清凉”“璇图春水”
“景星朗曜”
殿内楹联“星朗紫宸明辉腾北斗；日临黄道暖景测南荣”
殿内前柱匾额“安乐延年”
楹联“七曜炳珠躔熙春普庆；万年承宝录函夏臚”
殿内后柱楹联“金马晓鸣珂风清兰苑；铜龙晴转漏日永蓬壶”
“念切者丰年为瑞，贤臣为宝；心游乎道德之渊，仁义之林”
“义制事，礼制心，捡身若不及；德懋官，功懋赏，立政惟其人”
南配殿殿内匾额“芝房叠翠”“四面云兰”“露柱分红”
北配殿殿内匾额“松篁成韵”“色竞明霞”“翠融梧竹”“松隐含绿”“福庭霞焕”
楹联“花竹缤纷常近日；患峭耸欲凌云”
玉澜门匾额“玉澜门”
玉澜堂外檐匾额“玉澜堂”
楹联“渚香细裛莲须雨；晓色轻团竹岭烟”
殿内匾额“复殿留景”“和气烟煴”“万物欣时”“年丰物阜”“紫烟绛雪”“翠云崇霭”“凤篁成韵”“祥风协顺”“月镜灵澄”“以介丕祉”“涧曲崖深”“福禄来绥”“兰馥风清”“天临海镜”
楹联“曙色渐分双阙下；漏声遥在百花中”
内壁对联“新花开沉濋；高树对扶疏”
“锦覆桐丝古；螺基五濋香”
“一庭花影三更目；万壑松声半岭风”
霞芬室外檐匾额“霞芬室”（前檐）
“和风清穆”（后檐）
前檐楹联“障殿帘垂花外雨；埽廊帚借竹梢风”

后檐楹联“窗竹影摇书案上；山泉声入砚池中”
藕香榭外檐匾额“藕香榭”（前檐）
“日月澄辉”（后檐）
前檐楹联“玉瑟瑶琴依天半；金钟大镛和云门”
后檐楹联“绿槐楼阁山蝉响；青草池塘彩燕飞”
“台榭参差金碧里；烟霞舒卷画图中”
夕佳楼外檐匾额“夕佳楼”（前檐）
“丹楼映日”（后檐）
前檐楹联“隔叶晚莺藏谷口；唼花雏鸭聚塘坳”（楼上）
“雨晴九陌铺江练；岚嫩千峰叠海涛”（楼下）
后檐楹联“风生阊阖春来早；月到蓬莱夜未中”（楼上）
“锦绣春明花富贵；琅玕书静竹平安”（楼下）
内檐匾额“风云昭泰”“引泉汲古”“溪风岫月”“玉露调诗”“星为吉祥”“鸾翔鹄舞”“岩石盘珠”“雕藻珪璋”“昆阆云霞”“负峤锦云”
内檐楹联“水泉来写琉璃境；苔砌斜铺翡翠茵”
宜芸门匾额“宜芸门”
宜芸馆外檐匾额“宜芸馆”
楹联“绕砌苔痕初染碧；隔帘花气静闻香”
内檐匾额“月观宵莹”“奎光壁耀”“和气春荣”“层台秀出”“璇图閟史”“香藻云布”
道存斋匾额“恩风长扇”（前檐）
楹联“绿竹成荫绕曲径；朱栏倒影入清池”
匾额“膏泽应时”（后檐）
近西轩匾额“藻绘呈端”（前檐）
楹联“千条嫩柳垂青琐；百啭流莺入建章”
匾额“烟云献彩”（后檐）
楹联“彩云宝树琼田晓；仙露琪花碧涧香”
德和园匾额“德和园”
颐乐殿匾额“颐乐殿”
外柱楹联“松柏霭长春画图集庆；蓬莱依胜境杰构灵光”
内柱楹联“珠玉九天元音谐乐律；笙簧元籍太室饫漢觞”
后檐匾额“穰福申猷”
殿内匾额“荣镜登闳”“结瑶构瑗”“岁泽旁敷”“扬芬紫微”
后罩殿楹联“八极咸周高悬轩镜明；九成并奏静契舜琴和”
内檐匾额“焕焯珍符”
楹联“天香低度金蚪暖；宫殿遥开彩凤飞”
“仁寿镜悬卿月丽；吉祥花护瑞云多”
殿内匾额“合宙腾骧”“珠流璧润”“日月昭华”“兰泉玉砌”
东配殿匾额“春陶嘉月”
楹联“上林万树连西掖；北极诸星拱太微”
西配殿匾额“郁绕祥氤”
楹联“殿上尧尊倾北斗；楼前舜乐动南熏”
殿内匾额“舒卷风云”“品物荣熙”“灵沼浮荣”“台云高峙”
对联“倚树老桧自然古；桂壁高泉似有声”
大戏台匾额“驩胪荣曝”
楹联“山水协清音，龙会八风凤调九奏；宫商谐法曲，象德流韵燕乐养和”（第一层）
大戏台匾额“承平豫泰”
楹联“七政衍玑衡珠联璧合；四时调律吕玉节金和”（第二层）
大戏台匾额“庆演昌辰”
楹联“八方开域皆为寿；兆姓登台总是春”（第三层）
乐寿堂匾额“乐寿堂”
后檐匾额“渊芳馥风”
堂内楹联“亿载治谋德超千古；两朝敷政泽洽九垠”
“日永鵷鸾依玉砌；月明鳷鹊间觚棱”
堂内匾额“慈晖懿祉”“画图金碧”“云榭风廊”“阆风凌霄”“太液云凝”“华清春晓”“万寿无疆”“春波画舫”“三秀华芙”“烟霞舒卷”“宜芬散馥”“瑶芝翕艳”“旭日开晴”“惠霭和风”“碧潭波绕”

"雨过花光""三岛风和""竹坞花溪"
东配殿匾额"舒华布实"（西向）
"润璧怀山"（东向）
西配殿匾额"仁以山悦"（东向）
"景福来并"（西向）
殿内匾额"霞阁朝晖""翔云停霭"
对联"海日蟠桃开寿域；天风青岛下蓬瀛"
乐寿堂前殿匾额"水木自亲"
乐寿堂后殿内匾额"云和庆韵""文星环拱""擢秀瑶林""壶鸩天日月"
扬仁风匾额"扬仁风"
长廊入口门额"邀月门"
长廊东部第一亭匾额"留佳亭"（南）
"草木贲华"（东）
"文思光被"（西）
"璇题玉英"（北）
长廊东部第二亭匾额"寄澜亭"（南）
寄澜亭匾额"夕云凝紫"（东）
"烟霞天成"（西）
"华阁绿云"（北）
长廊西部第一亭匾额"秋水亭"（南）
"禀经制式"（东）
"德音汪濊"（西）
"三秀分荣"（北）
长廊西部第二亭匾额"清遥亭"（南）
"俯镜德流"（东）
"云郁河清"（西）
"斧藻群言"（北）
长廊西端建筑匾额"石丈亭""化动八风""咏仁蹈德""凌云抗势""花雪表年""敷华就实"
长廊东部水榭匾额"对鸥舫"（南）
"函海养春"（北）
榭内匾额"率土调春""长乐无极""濯景昌远""安乐延年"
长廊西部水榭匾额"鱼藻轩"
"肇鉴可征"（北向）
"芳风泳时"（南向）
轩内匾额"自商暨周"
养云轩门额"川泳云飞"
楹联"天外是银河烟波宛转；云中开翠幄香雨霏微"
"群玉为峰楼台移海上；众香是国花木秀人寰"
正殿匾额"养云轩"
轩内匾额"气调时豫""腾华照寓""协气流春"
东厢房匾额"随香"
西厢房匾额"含绿"
养云轩后山上敞轩匾额"意迟云在"
无尽意轩匾额"无尽意轩"
福荫轩匾额"福荫轩"
含新亭匾额"含新亭"
楹联"奇石尽含千古秀；春光欲上万年枝"
写秋轩匾额"写秋轩"
写秋轩西侧亭匾额"寻云亭"
写秋轩东侧亭匾额"观生意"
圆朗斋匾额"圆朗斋"
瞰碧台匾额"瞰碧台"
国花台题额"国花台"（八品苑副白永麟奉太后旨所书）（石碑）
重翠亭匾额"重翠亭"
荟亭匾额"荟亭"
千峰彩翠城关题额"千峰彩翠"
排云门前牌楼题额"云辉玉宇"
"星拱瑶枢"
排云门外檐匾额"万象光昭"
楹联"复旦引星辰珠联璧合
顺时调律吕玉节金和"
内檐匾额"多祉攸集"
楹联"星琐朗晨光尘征六幕；紫澜回斗极瑞辑三阶"
"迎辇花红星云争烂漫；当阶草碧风雨协和甘"
二宫门匾额"万寿无疆"
楹联"宝祚无疆万年锦茀禄；无颜有喜四海庆蕃厘"
玉华殿匾额"玉华殿"
匾额"珠纬联辉""四海承平"
楹联"九陌春生调玉律；千门瑞绕发琼枝"
殿内匾额"祥符淑气""四海承平""與天相保"
云锦殿匾额"云锦殿"
匾额"祥映昌基""圣膺嘉佑"
楹联"凤曲登歌调令序；龙雩集舞氾祥风"
殿内匾额"寰区泰定""荣光有耀"

楹联"霞影晓开出彩凤；风光午静转铜乌"
"光腾珠璧天成象；瑞协苞符地效琤"
排云殿匾额"排云殿"
外柱楹联"嵩岳大云垂九如献颂；瀛洲甘雨润五色呈祥"
内檐匾额"大圆宝镜"
内柱楹联"叠石起璚峦如山之寿；引泉通玉液有泽皆春"
后檐匾额"天乐人和"
后柱楹联"佳霭集彤闱花皆益寿；祥光凝紫禁树尽恒春"
殿内匾额"蕃厘经纬""永固鸿基""祥开万春""福祚景祥""德符景""洪延茂和""祥开万春""永祚丰年""霞登月憩""乐翔丹凤""思降百祥"
东偏殿匾额"凤藻腾文"
楹联"露气渐移高阁漏；日华初照御阶松"
西偏殿匾额"光绚春华"
楹联"捧日云霞三岛见；随风珠玉九霄闻"
东配殿匾额"芳辉殿"
内檐匾额"齐荣敷芬"
楹联"西山晓日临天仗；北阙晴云捧紫闱"
殿内匾额"云瑞开祥""怀远以德""雨旸时若""百物阜安"
楹联"龙鳞浪簇风籁动；蝉翼沙明日桂临"
西配殿匾额"紫霄殿"
内檐匾额"登祥荐祉"
楹联"上林万树连西掖；北极诸星拱太微"
殿内匾额"仁沾动植""龙奉日采""天临日煦""五云金碧"
楹联"入林风起青苹末；向苑云承翠幄中"
德辉殿匾额"德辉殿"
内檐匾额"敷光荣庆
楹联"苑启宜春曈昽朝日丽；宫开仁寿挹注醴泉甘"
内檐匾额"春和元气"
殿内楹联"天宝九如春华秋实；建章万户霞蔚云蒸"
介寿堂匾额"介寿堂"
楹联"寿永山河升恒日月；祥临斗极景庆星云"
堂内楹联"介三岛十州特开胜境；愿千秋万岁长驻韶光"
东殿楹联"千年露结蟠桃实；万顷波澄若木枝"
清华轩匾额"清华轩"
楹联"梅花古春柏叶长寿；云霞异彩山水清音"
"东殿楹联"怀抱同欣兰幽竹静；觞咏所会日永风和"
佛香阁匾额"佛香阁"
上层匾额"式扬风教"
中层匾额"气象昭回"
下层匾额"云外天香"
山门匾额"导养正性""澄莹心神"
楹联"鉴映群形润主万物；贯穿青琐莹带紫房"
佛香阁东侧亭匾额"敷华"
佛香阁西侧亭匾额"撷秀"
智慧海题额"智慧海""吉祥云"
智慧海前琉璃牌坊题额"众香界""祇树林"
转轮藏匾额"转轮藏"
楹联"藻绘春风万物资始；发挥天运四序成功"
"泰山乔岳运动无迹；祥风和气长养为心"
宝云阁铜殿匾额"宝云阁"
阁前石牌坊枋额"暮霭朝岚常自写；侧峰横岭尽来参"
"山色因心远；泉声入目凉"
"川岩独钟秀；天地不言工"
楹联"苕霅溪山吴苑画；潇湘烟雨楚天云"
"众皱峰如能变化；太空云与作沉浮"
宝云阁前门殿匾额"浮岚暖翠"
宝云阁后高阁匾额"五方阁"
楹联"百川同源万物斯睹；二仪成象四大居贞"
云松巢匾额"云松巢"
邵窝殿匾额"邵窝殿"
邵窝殿前亭匾额"绿畦亭"
山色湖光共一楼匾额"山色湖光共一楼"
听鹂馆匾额"听鹂馆"
内檐匾额"函蒙祉福"
楹联"多受祉福邦国咸善；常居康乐日月相望"
前殿匾额"金支秀华"

戏台上层匾额“凤翔云应”

下层匾额“来云依日”

贵寿无极匾额“贵寿无极”

楹联“鸾笙凤管飘仙乐；羽盖虬旟旌引翠华”

西一所匾额“怀仁憬集”

画中游匾额“画中游”

石牌坊横额“山川映发使人应接不暇；身所履历自欣得此奇观”

楹联“幽籁静中观水动；尘心息后觉凉来”

“闲云归岫连峰暗；飞瀑垂空漱石凉”

画中游前之高阁匾额“澄辉阁”

澄辉阁东侧楼匾额“爱山楼”

西侧楼匾额“借秋楼”

湖山真意匾额“湖山真意”

石舫匾额“清晏舫”

寄澜堂匾额“寄澜堂”

楹联“四时佳气恒春树；一派祥光聚景园”

“海宇安乂天人欢喜；春秋富丽山水清音”

临河殿内匾额“仁洽道丰”

延清赏楼匾额“延清赏楼”

楹联“彩仗丽寅阶星辉云烂；珠华凝甲气淑年和”

穿堂殿匾额“穿堂殿”

楹联“邃馆来风清檐驻月；丹墀聚叶镂槛飞花”

斜门殿匾额“斜门殿”

楹联“玉笋遥峰晴岚挂树；珠排华阙翥彩飞霞”

小有天匾额“小有天”

楹联“坞暖留云画栏新锦绣；亭虚待月福地小蓬莱”

石舫西侧桥额“荇桥”

荇桥东牌楼题额“蔚翠”“霏香”

西牌楼题额“烟屿”“云岩”

迎旭楼匾额“迎旭楼”

楹联“玉砌朱阑不雨亦润；池台金碧倒影斜阳”

“丽藻星铺雕文锦褥；揄扬盛美宴集横汾”（下层东向）

澄怀阁匾额“澄怀阁”

楹联“水木清华平分瀛润；坐揽风日高处胜寒”

“歌咏升平觞游曲水；池帘夕敞岫幌宵褰”（下层东向）

宿云檐城关题额“宿云檐”“贝阙”

北如意门内建筑匾额“德兴殿”

北宫门匾额“兰馨菊秀”“凤策扬辉”

香岩宗印之阁匾额“香岩宗印之阁”

楹联“高阁周建长廊四起；夕秀方振天葩自芬”

绮望轩石洞题额“蕴奇积翠”

楹联“萝径因幽偏得趣；云峰含润独超群”

赅春园山石题额“清可轩”“香岩室”“留云”

后溪河北岸城关题额“通云”

后溪河北岸庙宇题额“妙觉寺”

后溪河岸上城关题额“寅辉”“挹爽”

景福阁匾额“景福阁”“德耀瀛表”

楹联“密荫千章此地直疑黄岳近；祥云五色其光上与紫霄齐”

“演迪洪畴维有九五福；绥康宝祚至于亿万年”

益寿堂院门匾额“益寿堂”

正殿匾额“松春斋”

楹联“飞宇霞明丹凤翥；潜波月照紫鳞游”

斋内匾额“金镜呈祥”“万物升华”“锦照霞开”“克昌福祚”“尧云舜日”“运期会昌”

东配殿楹联“槛外初篁含绿箨；阶前嫩柳茁青梯”

西配殿楹联“丹蕖宝露呈甘液；翠蒲珠云擢秀苞”

乐农轩匾额“乐农轩”

“永寿斋”（乐农轩北）

“平安室”（乐农轩南）

眺远斋匾额“眺远斋”

楹联“绛阙珠宫三千世界；春城夏国百五光阴”

室内匾额“福绪年新”“紫云扶日”“云霞竞远”“煦色韶光”

谐趣园宫门匾额“谐趣园宫门”

知春亭匾额“知春亭”
引镜匾额“引镜”
楹联“菱花晓映雕栏日；莲叶香涵玉沼波”
洗秋匾额“洗秋”
楹联“宫阙山川金镜里；丹青云日玉壶中”
饮绿亭匾额“饮绿”
楹联“云移溪树侵书幌；风送岩泉润墨池”
澹碧匾额“澹碧”
楹联“窗间树色连山净；户外岚光带水浮”
知春堂匾额“知春堂”
楹联“七宝栏杆千岁石；十州烟景四时花”
堂内匾额“天垂景耀”“图画焕炳”“体清心远”“翰墨清芬”
小有天亭匾“小有天”
兰亭匾额“兰亭”
湛清轩匾额“湛清轩”
楹联“百笏晴山朝北极；九华仙乐奏南熏”
涵远堂匾额“涵远堂”
楹联“西岭烟霞生袖底；东州云海落樽前”
堂内题额“履德之基”
堂内匾额“日有万喜”“光邻斗极”“晴湖远碧”“和气是臻”
玉琴峡题额“玉琴峡”
瞩新楼楹联“瑶阶昼永铜龙暖；金锁风清宝麝香”（下层）
“万年藤绕宜春苑；百福香生避暑宫”（上层）
澄爽斋匾额“澄爽斋”
楹联“芝砌春光兰池夏气；菊含秋馥桂英冬荣”
知鱼桥牌坊题额“知鱼桥”
楹联“回翔凫雁心含喜；新茁苹蒲意总闲”
“月波潋滟金为色；风濑琤琮石有声”

霁清轩匾额“霁清轩”
轩内匾额“九瀛仰化”
轩旁建筑匾额“清琴峡”
紫气东来城关题额“紫气东来”（南）
“赤城霞起”（北）
知春亭匾额“知春亭”
文昌阁城关题额“文昌阁”
楹联“窗迎紫翠千峰月；帘卷玻璃万倾秋”（后上层）
“石窗湖水摇寒月；山峡泉声报早秋”（下层）
“日月往来苍翠杪；烟云舒展画图中”（前下层）
耶律楚材祠匾“元枢宰化”
廓如亭匾额“廓如亭”
新建宫门内牌楼题额“延旭”“舒云”
十七孔桥题额“修蝀凌波”“灵鼍偃月”
楹联“烟景学潇湘细雨轻航暮屿；晴光总明圣软风新柳春堤”
“虹卧石梁岸引长风吹不断；波回兰桨影翻明月照还望”
广润灵雨祠前牌楼题额“虹彩”“澄霁”
东牌楼题额“凌霄”“暎日”
西牌楼题额“镜月”“绮霞”
广润灵雨祠匾额“灵岩霞蔚”
楹联“云归大海龙千丈；雪满长空鹤一群”
祠内匾额“泽普如春”
云香阁匾额“云香阁”
楹联“松阁频招溪上月；茶炉重和卷中诗”
月波楼匾额“月波楼”
楹联“琪花银树三千界；霞影瑶台十二层”（上层）
“一径竹荫云满地；半帘花影月笼沙”（下层）；
楼内匾额“积霭凝晖”“春满瑶枝”“西山致爽”
“琼岛云连”“瑞烟香雨”“捧月楼高”
楹联“明玑良玉荣光起；嘉木名花瑞气敷”
澹会轩匾额“澹会轩”
匾额“风日娱怀”（面南）
楹联“晚晴鹭立波心玉；春暖鱼抛水面纶”
“鸿风懿采”（面北）

楹联“碧通一径晴烟润；蓝涌千峰宿雨收”
鉴远堂匾额“鉴远堂”
匾额“德音惟馨”
“经道纬德”（面北）
“辉音峻举”（面南）
楹联“竹坞移琴穿径远；松亭觅句过桥迟”
涵虚门匾额“涵虚门”
涵虚堂匾额“涵虚堂”
匾额“晴川藻景”（面南）
楹联“天外绮霞横海鹤；月边红树艳仙桃”
匾额“词林春丽”（面北）
楹联“玉案香分花有影；瑶阶月静露无声”
堂内匾额“层峰耸翠”“翠雨停云”
涵虚堂下石洞题额“岚翠间”
对联“刊岫展屏山云凝罨画；平湖环境槛波漾空明”
绣漪桥题额“绣漪桥”
楹联“螺黛一丸银盆浮碧岫；鳞纹千叠譬月漾金波”
“路入阆风云霞空际涌；地临蓬岛宫阙水边明”
畅观堂匾额“畅观堂”
内檐匾额“拱辰握景”
东厢匾额“轩图瑞橘”
西厢匾额“绚霞绮月”
畅观堂临湖建筑匾额“睇佳榭”
玉带桥题额“玉带桥”
楹联“螺黛一痕平铺明月镜；虹光百尺横映水晶帘”
“地到瀛洲星河天上近；景分蓬岛宫阙水边多”
另：1991年重建景明楼，取乾隆御制诗意新拟景明楼匾联如下：
景明楼前檐上层匾“景明楼”
联“谢朓诗情摹霁景；仲淹记语写澄空”
下层匾“水态岚光”
联“汀兰岸芷晴舒暖；绿柳红桃风拂柔”
后檐上层匾“琼岛瑶台”
联“入画未拟到蓬阁；引舟不去限神仙”
下层匾“杨柳湖烟”
联“云霞流丽东西映；天水空明上下鲜”
南抱厦匾“水天一色”
联“回连上下天光碧；分入东西水映红”
北抱厦匾“静影沉璧”
联“鱼頡鸟瞰自飞跃；波光云影相浮沉”
北配楼前檐上层匾“虚明万象”
联“布席只疑天上坐；凭窗何异画中游”
下层联“春秋无尽风兼月；左右何须女与牛”
后檐上层匾“鱼跃鸢飞”
联“开蓬恰喜来澄照；倚栏何殊畅远观”
下层联“泻露珠倾下游鲤；冲烟香散蓦飞凫”
南配楼前檐上层匾“湖芳岸秀”
联“虽是春韶犹酝酿；可知物意已舒苏”
下层联“停桡漪影翻铜凤；倚槛晓光印玉蟾”
后檐上层匾“岸芷汀兰”
联“无端霞意拖红绮；不尽晓光染翠螺”
下层联“鸡鶒凫雁烟波阔；岂必无心独野鸥”

China

10

-TEN-

深圳市仙湖植物园

Shenzhen Fairy Lake Botanical Garden

张　力　张苏州　罗　栋*
（深圳市仙湖植物园）

ZHANG Li　ZHANG Suzhou　LUO Dong*
(Shenzhen Fairy Lake Botanical Garden)

* 邮箱：luodong@szbg.ac.cn

摘　要：深圳市仙湖植物园位于我国改革开放第一炮打响的地方——深圳，是我国改革开放后建成的首家植物园，在生态文明建设中具有重要的意义。本章追溯了仙湖植物园的建设历史（附录大事年表），围绕物种保育、科学研究、科普教育、园林园艺和重要活动五个方面介绍了仙湖植物园开展的工作，并介绍了专类园、主要景点和自然步道的建设情况，可为认识和了解仙湖植物园提供重要的参考。

关键词：建设历史　物种保育　科学研究　科普教育　园林园艺　重要活动

Abstract: Shenzhen Fairy Lake Botanical Garden (SZBG) is located along the coast of Guangdong Province. Shenzhen is one of the first cities in China to carry out reform and opening up policy, and SZBG is the first botanical garden was built after the implementation of the reform and opening up policy. This chapter introduces briefly the history of SZBG, plant conservation, scientific research, science education, landscape and horticulture, important events, themed gardens, scenic spots and nature trails. A timeline of major events is supplied from the very beginning of SZBG to the end of 2023. This article can provide an important reference for knowing SZBG.

Keywords: History, Plant conservation, Scientific research, Science education, Landscape and horticulture, Important events

张力，张苏州，罗栋，2024，第10章，深圳市仙湖植物园；中国——二十一世纪的园林之母，第六卷：547-604页.

深圳市仙湖植物园位于深圳市罗湖区东郊，东倚深圳市最高峰梧桐山，西临深圳水库，占地668hm^2。梧桐山山高挺拔、云雾缭绕、峰峦竞翠；深圳水库烟波浩渺、一碧万顷。此处宛如世外桃源，又有“凤凰栖于梧桐，仙女嬉于天池”之传说，仙意十足（图1）。在规划之初，植物园的主

图1　仙湖植物园航拍图（黄智 摄）

持规划设计师、著名的园林专家、北京林学院（现北京林业大学）的孙筱祥教授（男，1921—2018，浙江萧山人。1946年毕业于浙江大学园艺系，主修造园学。先后在浙江农业大学、北京林业大学任教。孙教授是中国现代风景园林规划设计学科奠基人。2014年获国际风景园林师联合会IFLA杰弗里·杰里科爵士金质奖章，为中国首位获此殊荣的风景园林师）在为植物园相地和取名方面，费心斟酌。孙筱祥教授率领杨赉丽教授等北京林学院深圳设计组工作人员在深圳园林集团冯良才工程师等的带领下，调研了深圳的自然环境，放弃在莲花山建植物园的原规划，选定现址（莲塘大坑塘）为建设植物园的理想位置。经当时深圳市委主要领导梁湘同志等确认批准此变更，并由孙教授主持完成了选址规划。孙教授在勘察梧桐山脉和大坑塘地区的山势地形后，认为这里山环水抱、灵气十足，命名为“仙湖”（图2）。

园区整体地势中间低，四周高，由山地、丘陵、水体等组成，地形多变，具有良好的自然山水骨架。在植物园的规划设计阶段，孟兆祯教授[1]主持总体规划设计。依据我国古代重要的园林理论和造园专著《园冶》中“相地合宜、构园得体”的理念，从相地和构园这两方面入手，构建以山环水抱的“仙湖”为全园之中心。同时，以中国古典造园手法中“因地制宜、随势生机、巧于因借、因境成景”的理法作为规划设计指导思想，在景观视线良好的近水区、山腰和一些小山头处设置亭、台、楼、阁，成为景观点，建筑以北方平正、稳重、大方风格为主，白墙黄瓦（琉璃瓦）。在观景点，近观秀丽仙湖，远眺巍巍群山、深圳水库和市中心区，达到了“极目所至、晴峦耸秀、绀宇凌空”的景观效果（见本章篇章图）；在此基础上，秉承“结合自然、尊重自然”的观念，将一个个富有科学内涵的植物专类园镶嵌在湖区周边和山谷之中，并因山构室、就水安桥，通过各级道路系统把景点、景区、植物专类园有机地联系成一个整体，最终形成一个个生态景观点、一条条生态景观线、一片片生态景观林相互连接的有机体，让仙湖植物园成为一座既风景优美，又富科学内涵的植物园。

仙湖植物园始建于1983年，与深圳特区的规划建设同步，是我国改革开放后建成的第一座植物园。经过40多年的发展，仙湖植物园逐渐由一座风景园林植物园向科学植物园发展，在迁地保育、科学研究、科普教育与园林园艺等方面，取得丰硕成果，逐步奠定了仙湖植物园在业界的影响，成为园林明珠、生态名片。改革开放总设计师邓小平同志1992年在仙湖植物园湖区大草坪亲手种下一棵高山榕（*Ficus altissima*）（图3）；多位党和国家领导人先后视察仙湖植物园；著名植

图2　仙湖

1 孟兆祯，男，1932—2022，湖北武汉人。1952—1956年就读于北京农业大学造园专业，1956年起在北京林业学院任教；1999年当选中国工程院院士。孟院士长期从事园林艺术、园林设计、园林工程、园冶例释等课程的教学与科研工作。2004年获得首届林业科技贡献奖；2011年获得首届中国风景园林学会终身成就奖。

物学家吴征镒院士[2]、彼得 · 雷文（Peter Raven）院士[3]、胡秀英教授[4]、王文采院士[5]、洪德元院士[6]、杨焕明院士[7]等先后多次到访仙湖植物园。仙湖植物园也是深圳最受欢迎的游览地之一，2007年被评为国家AAAA景区，2018年荣获“2018年度中国最佳植物园”称号，近年年均接待游客超过400万人，位居全国植物园之首。

仙湖植物园位居特区，秉持特区敢闯敢创勇为人先的精神，在我国改革开放后植物园的建设和发展上，影响深远。在改革开放初期充分发挥特区窗口的作用，积极加强与港澳台的联系。1990年3月，深圳、珠海、香港、澳门、台湾植物学家学术交流联谊会在仙湖植物园召开，这是首次在内地举办类似的学术交流活动；作为一家

图3　邓小平手植树

2 吴征镒，男，1916—2013，江苏扬州市人。1937年毕业于清华大学生物系，1955年6月当选为中国科学院学部委员（院士）。吴院士是我国植物分类学、植物系统学、植物区系地理学、植物多样性保护以及植物资源研究的权威学者，是发现和命名植物最多的中国植物学家。2008年获得2007年国家最高科学技术奖。

3 彼得·雷文，男，1936年出生于上海，美国国籍。1960年获得美国洛杉矶加利福尼亚大学博士学位，1977年当选美国国家科学院院士，1994年当选中国科学院外籍院士。雷文院士是全球植物多样性和保护研究的领袖人物，在植物进化和系统植物学方面有出色的贡献。2017年获得首届深圳国际植物科学奖。

4 胡秀英，女，1910—2012，江苏徐州人。1933年毕业于南京金陵女子大学文理学院，1937年获广州岭南大学硕士学位，1949年在美国哈佛大学取得博士学位。随后长期在哈佛大学阿诺德树木园（Arnold Arboretum）和香港中文大学从事研究和教学工作，对于冬青科、菊科、兰科、药用植物及《中国植物志》的编写贡献卓越。2001年获香港特别行政区政府颁授铜紫荆星章。

5 王文采，男，1926—2022，山东掖县人（今山东莱州）。1949年毕业于北京师范大学并留校任教，1950年起长期在中国科学院植物研究所工作，1993年当选为中国科学院院士。中国植物分类学和植物地理学领域的引领者之一，著名的植物分类学家，是毛茛科、苦苣苔科、荨麻科等类群分类研究的集大成者。1987年和2009年两次获国家自然科学奖一等奖。

6 洪德元，男，1937年生，安徽绩溪人。1962年毕业于复旦大学，1962—1966年就读于中国科学院植物研究所，随后长期在该所工作，1991年当选为中国科学院学部委员（院士），2001年当选为第三世界科学院院士（发展中国家科学院院士）。主要从事植物分类学研究，在系统与进化植物学研究领域做出了开拓性的贡献。2017年获国际植物分类学会颁发的“恩格勒金质奖章”。

7 杨焕明，男，1952年生，浙江乐清人。1978年毕业于杭州大学，1982年获得南京铁道医学院硕士学位，1988年获得丹麦哥本哈根大学博士学位。2007年当选中国科学院院士，2014年当选为美国国家科学院外籍院士。长期从事基因组学研究，为中国基因组学规模化研究的发展起到了重要作用。2002年被《科学美国人》评为年度科研领袖人物，2017年获得全国创新争先奖。

地方性植物园，勇担重任，几以全园之力深度参与第19届国际植物学大会（2017）的筹备工作。会议期间，数千位代表到仙湖植物园参观、交流，在仙湖植物园发展历史上留下了浓墨重彩的一笔；在植物迁地保护工作方面，特别是苏铁种质资源的收集，于2002年获国家林业局（现国家林业和草原局）批准设立“国家苏铁种质资源保护中心”，是我国第一个珍稀濒危植物迁地保护中心；在景观建设方面，化石森林在世界范围内独树一帜；在科普教育方面，苔藓植物的相关科普工作跨入世界前沿水平。

2021年10月12日，习近平总书记在联合国《生物多样性公约》第十五次缔约方大会领导人峰会上，宣布启动国家植物园体系建设，迎来了植物园发展的春天。深圳市仙湖植物园积极参与并开展深圳国家植物园创建工作，提升植物类群的系统全面收集，推进植物科学的高水平研究，实现植物资源的可持续利用，助力深圳市打造可持续发展先锋、建设美丽中国典范，助力我国构建中国特色、世界一流、万物和谐的国家植物园体系，为国家植物多样性保护和生态文明建设作出深圳贡献。

1 历史

深圳在1978年建立经济特区之前，只是一座小渔村。在深圳市建立特区不久，市政府意识到需要建立一座现代化的植物园，满足市民和游客休憩，开展科研、科普和生产活动之需。因此，1982年4月选点在福田区的莲花山，计划建设植物园，取名莲花山植物园，并随后聘请孙筱祥教授主持规划设计工作。在正式建设工作开始前，1983年1月，市政府专门邀请孙筱祥教授和中国科学院华南植物园的唐振缁工程师等10位专家组成规划设计小组再勘现场（图4、图5）。规划设计小组通过实地考察发现莲花山现状条件难以符合建设风景植物园所需，而介于深圳水库东畔和梧

图4　1983年孙筱祥教授（右一）陪同梁湘同志（右二）考察仙湖植物园选址（何昉、冯良才 供图）

图5　1983年梁湘同志（右）与杨赉丽教授讨论规划方案（何昉、冯良才 供图）

桐山西北山麓的莲塘大坑塘（当时的深圳林场内）地形起伏较大，有丰富的微地形，还有终年不竭的山涧溪流，为植物的生长提供了丰富生境，并且现存植物种类丰富，遂建议将植物园选址从莲花山改到大坑塘。同年8月，深圳市政府批准了此方案，将园址从莲花山迁至大坑塘，园名亦由深圳市莲花山植物园更名为深圳市仙湖植物园，正式启动园区的规划和建设。

1983年9月，深圳市规划局确定仙湖植物园红线范围。孙筱祥教授提出将仙湖植物园建设成为风景植物园的设想，将仙湖植物园定性为“以风景旅游为主，科研、科普和生产相结合的风景植物园”。随后，市政府聘请孟兆祯教授主持总体规划设计，白日新、黄金锜、杨赉丽等教授通力合作完成了总平面和主要景点的设计，何昉等中青年教师和研究生参加了设计工作，并由何昉担任设计代表。该方案于1984年2月获得市规划局批准，正式建设工作于同年12月1日启动。历经数个寒暑，仙湖植物园于1988年5月1日正式对外开放。

20世纪90年代中期，因应发展的需要，仙湖植物园也逐渐由一座专注园林景观和旅游休闲为主的植物园，向科学植物园发展，在科学研究、物种保育和科普教育等方面，引进高水平人才队伍，完善研究设施，加大投入力度，成果频出，逐渐奠定了仙湖植物园在业界的影响。

过去十余年，仙湖植物园经历了3次重要的扩增：2011年深圳市园林科学研究所的并入、2017年罗湖区林果场的并入和2022年部九窝园区的加入，既扩充了专业队伍，也增大了园区面积，为进一步的发展提供了新的机遇。罗湖区林果场作为仙湖植物园西片区的初步规划设计已完成，建设工作将逐步展开。根据《深圳市公园建设发展专项规划（2021—2035年）》，将在部九窝园区开展第二植物园建设，目前正在进行部九窝生态修复和城市苗圃建设。

图6　1985年孟兆祯（设计总负责，中）、何昉（设计代表，右）与陈开树（建设单位工程师，左）在仙湖植物园工地上（何昉 供图）

尤值得一提的是，2017年7月在深圳召开的“第十九届国际植物学大会”，仙湖植物园多方面参与会议的筹备及会务工作，园区也成为大会期间举办各类卫星会议和参观活动的重要场所。2019—2023年以仙湖植物园为主场举办的“粤港澳大湾区花展”，从无到有，从有到强，已经成为花展行业具有影响力和知名度的品牌盛会和大众喜闻乐见的花事文化活动。举办了四届的“深圳森林音乐会”（2018—2020）让市民在森林中享受天籁之音，充分展示了自然生态与高雅音乐相融合的艺术之美。

2 物种保育

物种保育是植物园承载的重要功能之一。植物的引种、编目、物候观测、数字化及网络化管理是保育工作的主要内容。仙湖植物园自建园起就一直致力于植物的收集与保育工作，坚持南亚热带重点类群收集和与科研工作相结合两个引种基本原则；引种区域立足于粤港澳大湾区，覆盖我国热带、亚热带地区，辐射东南亚和南太平洋岛屿，兼及非洲东部；重视与自然保护地的就地保护工作相互配合，以及与国内外迁地保育机构的交流合作。

目前，依托仙湖植物园的两个国家级保护中心，即国家苏铁种质资源保护中心和国家蕨类种质资源库。园区的专类园共23个，大都结合保种与景观功能，代表性的有阴生园、木兰园、苦苣苔园、药园、棕榈园、蝶谷幽兰、珍稀树木园、竹园等。在主园区外，还有1个不对公众开放的保种中心基地（图7）。上述场所共收集保育的活植物已达12 766个分类群（包括种及种下分类等级和品种，至2023年12月）。其中苏铁类植物先后收集有240余种，是世界上收集保育苏铁类植物最多的植物园之一；蕨类植物收集超过1 000种，约占全世界蕨类植物种类数量的10%，是内地保育蕨类种类最多的机构。此外，仙湖植物园在木兰科、苦苣苔科、秋海棠科、苔藓、球兰属等12个植物类群的收集保育上，均处于国内先进水平。

保种中心基地是仙湖植物园最重要的保育场所，位于主园区北面的新平村，距主园区2km，占地约3hm^2，集保育、科研、科普和生产繁育功能于一体。该基地目前拥有10座植物保育温室，总面积约1hm^2，包括亚高山植物低温温室和热带植物越冬温室，共保育蕨类、苦苣苔科、秋海棠科、兰科、苔藓、药用植物、凤梨科、球兰属、天南星科等类群及深圳本地植物约5 000种（含栽培种）。

2.1 主要保育类群

2.1.1 苏铁类

苏铁类是一群起源古老的孑遗裸子植物，也是现存最古老的种子植物，其最早的化石记录出自中国山西距今约2.8亿年前的晚二叠纪地层中。苏铁类植物繁盛于中生代，与恐龙时代同期。现存的苏铁类植物2科10属约375种，零星分布于世界的热带与亚热带地区，它们对于研究种子植物

图7　仙湖植物园保种中心

的起源演化、古地质和古气候的变迁以及动植物间的协同进化等都具有十分重要意义，因而受到全世界的重点保护。苏铁类也是重要的园林观赏植物，历来受到人们的喜爱（图8、图9）。仙湖植物园自1989年开始收集和繁殖苏铁类植物，并一直将其作为核心保育类群，迄今已先后收集2科10属240余种；出版了专著《中国苏铁》。仙湖植物园于2007—2014年承担实施了我国首个由政府主导的珍稀濒危植物回归自然项目——德保苏铁回归自然。该项目的实施对我国野生植物保护具有重要意义，为规范我国植物珍稀濒危物种回归的管理和实施提供了科学依据，成为我国珍稀濒危植物物种回归自然的典范。仙湖植物园专家主持编写的林业行业标准《珍稀濒危植物回归指南》（2016）已发布并实施，为我国开展珍稀濒危植物回归提供科学的指引和规范。

2.1.2 蕨类

蕨类植物是最原始的维管植物，起源于大约4亿年前，曾经是地球上的优势类群。现代的蕨类植物多数为草本，不开花、不结果，以孢子繁殖，是优良的观叶和耐阴植物，有广泛的用途（图10至图12）。仙湖植物园自1988年起开始进行蕨类植物的引种工作，主要收集热带亚热带地区来源清晰的野生蕨类、有保育价值的受威胁和濒危的蕨类、有科普教育价值的特殊形态、特殊生境的蕨类和有观赏价值的园艺栽培蕨类，同时开展以珍稀濒危蕨类及观赏价值高的野生蕨类为主的人工繁殖工作，目前收集了约1 100种，约占全世界蕨类种类数量的10%，是内地蕨类保存种类最多的机构，已建成“国家蕨类种质资源库”。其中包括中国特有种95种，国家一级保护蕨类4种，国家二级保护蕨类57种。此外，保育深圳野生蕨类植物126种。

图8 德保苏铁（*Cycas debaoensis*）

图9 大型双子铁（*Dioon spinulosum*）

图10 笔筒树（*Sphaeropteris lepifera*）

2.1.3 苔藓类

中国是世界上苔藓植物多样性最为丰富的国家之一，约有3 000种，占全球的15%。苔藓植物是地球上最早的陆生植物，它们体形小、结构简单，没有维管组织，不开花，用孢子进行繁殖。苔藓是自然界的拓荒者，在维持水分平衡、减缓温室效应等方面，发挥重要功能。仙湖植物园于2009年建立了国内第一个苔藓引种苗圃，开展了苔藓的迁地保护、科学研究、科普教育和园艺应用。保存的物种主要以受威胁生境的物种、处于系统发育重要地位的珍稀物种及具有园艺、科普和药用价值的物种为主（图13、图14）。到目前为止，保育了主要来自华南和西南地区的苔藓约90种，并开展了园艺方面的应用，在阴生园、幽溪和植物学家雕像园分别设有兼具保种功能的苔藓景观展示区。

2.1.4 苦苣苔科

苦苣苔科是开花植物中物种数量中等大小的一个科，约有151属3 800多种，主要分布在世界的热带、亚热带地区。我国的苦苣苔科植物资源很丰富，共有45属854种（含种下分类等级），近1/4的种为中国特有。苦苣苔科植物大部分为多年生草本，具花、叶、姿、韵于一身，多数耐阴，喜生长在阴暗潮湿的石灰岩岩壁上，常与秋海棠

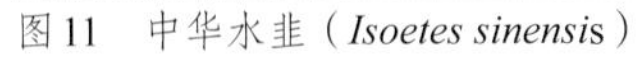

图11　中华水韭（*Isoetes sinensis*）

图12　福建观音座莲（*Angiopteris fokiensis*）

图13　桧叶白发藓（*Leucobryum juniperoideum*）

图14　圆网花叶藓（*Calymperes erosum*）

属和苔藓植物伴生；可作花坛、花境材料，有的还可以入药。

仙湖植物园目前已收集来自世界各地的苦苣苔科达1 200余种（原生种470余种，含中国特有种约300种），国家二级保护植物2种。经过多年的引种驯化、适应性研究，共筛选出可应用于园林绿化的苦苣苔科有10属42种，其中原生种35种，栽培品种7种（图15至图17）。2017年在国际植物学大会期间举办了"脆弱之魅——喀斯特地貌特色植物展"，在2023年粤港澳大湾区花展期间，举办了仙湖特色植物展——"脆弱之魅——苦苣苔展"等系列展览，深受公众喜爱。2021年，在

图15　百寿报春苣苔（*Primulina baishouensis*）

图16　滇南芒毛苣苔（*Aeschynanthus austroyunnanensis*）

图17　兴义石蝴蝶（*Petrocosmea xingyiensis*）

第十届中国花卉博览会中，选送参展的苦苣苔科作品获得金奖1项、银奖3项、铜奖1项和优秀奖6项。2022年建成集物种展示、科研科普为一体的苦苣苔园，是世界上首个以苦苣苔科为主题的综合性专类园。

2.1.5 秋海棠科

秋海棠属为被子植物世界排名前十的大属之一，全球已知种类2 100余种，主要分布在热带地区。秋海棠属植物是集观叶、观花、观果和观型多重效果于一体的优良园艺花卉，栽培历史悠久，现培育的园艺品种已上万种，是世界五大花坛植物之一。自2008年开始，仙湖植物园已陆续收集400余种秋海棠属种质资源，成为目前国内秋海棠属种质资源收集最多的单位之一（图18至图20）。仙湖植物园利用收集的秋海棠资源以“幻彩缤纷——秋海棠展”“行走吧——植物星球”“喀斯特原生植物展”“多彩的阴生植物——秋海

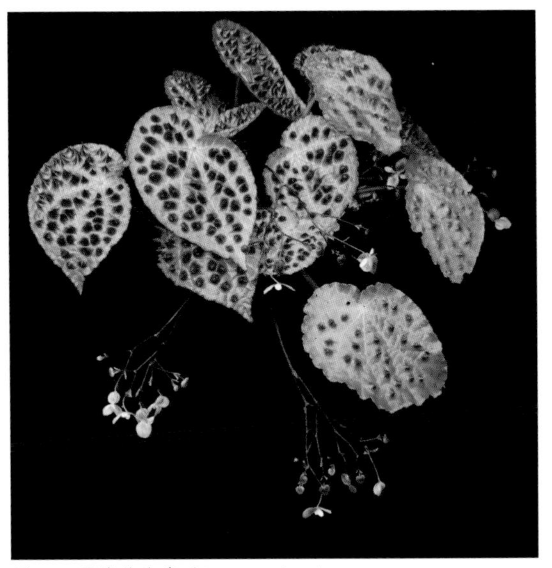

图18　黑峰秋海棠（*Begonia ferox*）

图19　铁甲秋海棠（*Begonia masoniana*）

图20　钟扬秋海棠（*Begonia zhongyangiana*）

棠”“墨染琼华——秋海棠属植物展”等为主题分别在第19届国际植物学大会会场、仙湖植物园及中国（深圳）国际文化产业博览交易会展场等地举办了多场秋海棠科普展，深受公众喜爱。

此外，仙湖植物园借助资源和地理优势，率先在华南地区建立了秋海棠多场景应用评价体系，筛选出一批适合在华南地区应用的种类，并以此为基础，筛选出优良亲本用于新品种培育，目前已在国际上登录秋海棠新品种5个。

2.1.6 木兰科

仙湖植物园自1991年开始进行木兰科植物的引种与保育工作，是国内木兰科植物保育种类最多的植物园之一。木兰园位于园区南部，保育木兰科11属130余种，定植25 000余株，包括国家一级保护木兰科植物3种，国家二级保护木兰科植物16种，如华盖木（*Pachylarnax sinica*）、峨眉拟单性木兰（*Parakmeria omeiensis*）、焕镛木（*Woonyoungia septentrionalis*）、大叶木莲（*Maglietia dandyi*）、长蕊木兰（*Alcimandra cathcartii*）、广东含笑（*Michelia guangdongensis*）（图21至图23）等。

2.1.7 兰科

兰科是被子植物中最大的科之一。全世界约有800多属27 500多种，我国有190多属1 700多种。许多兰科植物花色美丽、花型奇特，具有很高的观赏价值，还有不少种类具有药用和经济价值（图24至图27）。在我国，兰花栽培历史悠久，具有十分深厚的文化底蕴，是我国著名的传统花卉。兰科植物在进化过程中，与昆虫、真菌等形成了密切的协同进化关系，是生物链中的重要一环，有重要的科学研究和生态保护价值。但由于许多兰科植物不仅种群数量少，而且分布地域狭窄，长期以来的生境破坏、盗挖盗采、保护意识淡薄、监管机制不健全等原因，野生兰科植物的生存状态不容乐观，属于珍稀濒危物种，因而所有的兰科植物均被收录于《濒危野生动植物种国际贸易公约》（CITES）。2021年我国发布的《国

图21 广东含笑（*Michelia guangdongensis*）

图22 景宁木兰（*Yulania sinostellata*）

图23 世植含笑（*Michelia* ‘IBC2017’）

图24 纹瓣兰（*Cymbidium aloifolium*）

图25 血叶兰（*Ludisia discolor*）

图26　秀丽兜兰（*Paphiopedilum venustum*）

图27　鼓槌石斛（*Dendrobium chrysotoxum*）

图28　簕杜鹃 *Bougainvillea* 'Lady Mary Baring'

图29　簕杜鹃 *Bougainvillea* 'Golden Summer'

家重点保护野生植物名录》收录23属349种中国野生兰科植物。仙湖植物园致力于热带和亚热带地区，尤其是中国华南和西南地区兰花的收集保育，共保育兰科植物400多种，其中深圳本地野生兰科植物42种。近年来，仙湖植物园送展的兰科植物屡次在我国各地举办的展览活动中荣获奖项；同时，仙湖植物园利用保育的兰科植物在粤港澳大湾区花展上分别打造了主题为“幽兰弥馥”（2019）、“破茧成蝶”（2021）、“春韵”（2021）的兰花展，也颇受市民喜爱。

2.1.8 簕杜鹃

簕杜鹃是深圳市的市花，其苞叶色彩艳丽、灿烂夺目。簕杜鹃为紫茉莉科植物，原产南美洲，约18个野生种，栽培品种超过300个。因其适用性强、易于养护、色彩艳丽和花期长，在世界热带亚热带地区被广泛栽种。仙湖植物园自20世纪90年代末先后引种了大部分的栽培品种，建立了品种保育圃，并陆续开展了扩繁及推广应用，丰富了我国的簕杜鹃品种。保种中心基地有一个户外展示簕杜鹃的场所，保育品种30余个，每到花期，争奇斗艳，美不胜收（图28至图30）。在植物园大门左侧多层停车场的露台边缘，种有成列的簕杜鹃，开花季节成为一道特别的风景。

图30　簕杜鹃 *Bougainvillea* 'Scarlet O'Hara'

3 科学研究

科学研究是植物园的重要职能。仙湖植物园的科学研究主要依托深圳市南亚热带植物多样性重点实验室和广东深圳城市森林生态系统国家定位观测研究站两个平台开展，并拥有深圳最大的综合性植物标本馆和植物学专业图书馆等基础设施，研究涉及植物学多个领域，以综合植物学和植物资源与人居环境为优势学科，致力于成为推动区域生物多样性研究、保护，支撑粤港澳大湾区城市群生态景观建设、植物产业孵化发展的创新型植物科学研究机构。

3.1 研究平台

3.1.1 深圳市南亚热带植物多样性重点实验室

深圳市南亚热带植物多样性重点实验室（以下简称“重点实验室”），是深圳市目前唯一一家进行综合植物学研究的重点实验室，是一个专注热带和亚热带植物多样性研究与保育、提供城市园林绿化新技术、开展高水平科普教育的专业平台（图31、图32）。重点实验室包括17个专业实验室，下设6个研究组：4个侧重基础研究，集中在苏铁、木兰、苔藓、蕨类、苦苣苔、秋海棠、本地植物多样性等，研究手段包括经典分类、形态解剖、分子系统学、细胞遗传学、植物化学、基因组学等；2个侧重应用研究，涉及屋顶及垂直绿化新技术的研发、观赏类优良乔灌草的筛选和培育、药用植物开发等。

3.1.2 广东深圳城市森林生态系统国家定位观测研究站

广东深圳城市森林生态系统国家定位观测研究站（以下简称“深圳城市站”）是国家林业和草原局在广东省布局的第一个城市站。深圳城市站采取“一主七辅”的形式对深圳城区、近郊、远郊进行梯度布点监测，形成联网监测格局，既服务国家生态环境监测大局，关注深圳城市生态环境问题，同时为深圳生态环境建设、科研、科普提供数据和平台。深圳城市站紧密围绕“城市发展、人居环境、生态福祉”主题，结合深圳市打造低碳可持续园林建设要求，开展城市绿地碳汇、空气质量、负氧离子、城市热岛效应等数据监测，研究城市森林生态系统结构、格局、功能及其对城市生态环境的调控作用，评价城市森林生态服务功能，从而为改善深圳城市森林生态系统服务功能提供技术支撑（图33）。

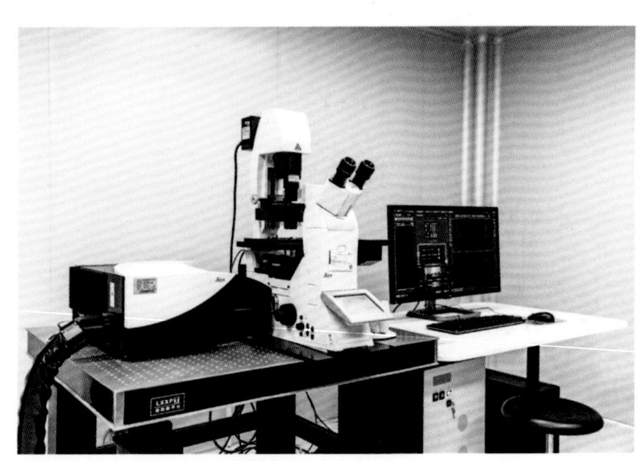

图31　激光共聚焦扫描显微镜

图32　自动聚焦声波样本处理仪和生物分析仪

图33　标准地面气象观测场

3.2 基础设施

3.2.1 深圳市仙湖植物园标本馆（国际标本馆代码：SZG）

成立于1989年，是深圳市目前最大的综合性植物标本馆，收藏植物标本约13.5万份，馆藏标本几乎涵盖所有深圳野生植物的种类，是研究本地及珠江三角洲地区植物多样性最重要的标本馆之一。标本馆在苔藓植物的收集上别具特色，是世界上收藏香港和澳门地区苔藓植物标本最多的标本馆（图34）。

图34　标本库

3.2.2 图书馆（缅栀书吧）

以收集植物学文献为主，馆藏植物学相关书籍超过20 000册，国内外植物学相关领域学术期刊120余种。特别是收藏了胡秀英教授2004年捐赠的大批文献资料和手稿，成为本馆的珍藏（图35、图36）。

3.3 研究成果

仙湖植物园科研团队基于本园的活植物收集，对苏铁、木兰、苔藓类、蕨类、苦苣苔、秋海棠等重要植物类群和基因组开展了多层次的基础研究，取得了丰硕的研究成果；在垂直绿化、城市生态等应用领域，也有高水平的成果和示范应用。

图35　图书馆一角

图36　胡秀英文献收藏室

2012—2023年，仙湖植物园科研人员承担了132项科研课题，出版学术专著和科普著作53部（篇），发表科研论文363篇［包括世界顶级学术期刊*Nature*（《自然》）3篇、*Nature Plants*（《自然·植物》）3篇、*Nature Communications*（《自然·通讯》）3篇、*Nature Genetics*（《自然·遗传》）1篇］（图37），发表及合作发表植物新种、新变种16个，培育植物新品种11个，授权专利及软件著作权62项，发布行业标准16项，获得国际、国家级、省部级和地方奖励67项。2021年张力研究员获得国际苔藓学会颁发的葛洛勒奖（Grolle Award），他是第二位获此殊荣的中国科学家（图38）。到目前为止，全世界有8位获奖者。

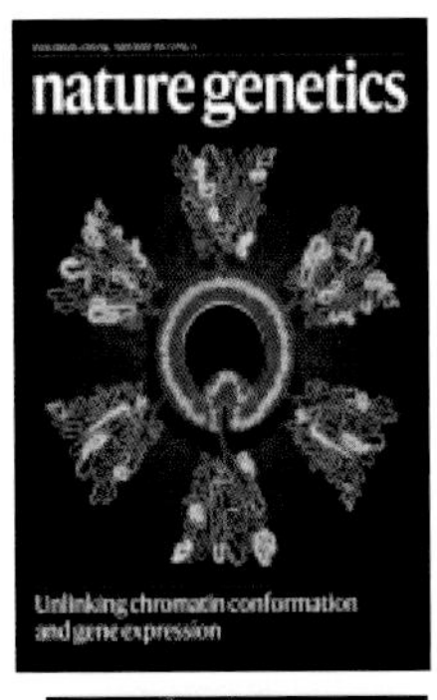

nature communications

The *Welwitschia* genome reveals a unique biology underpinning extreme longevity in deserts

Abstract

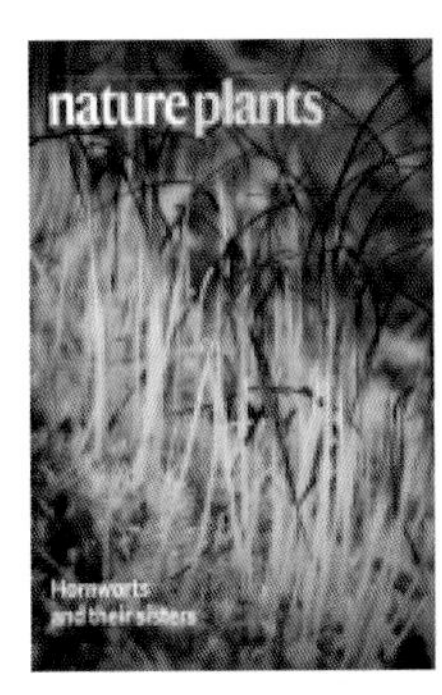

nature communications

Resolution of the ordinal phylogeny of mosses using targeted exons from organellar and nuclear genomes

Abstract

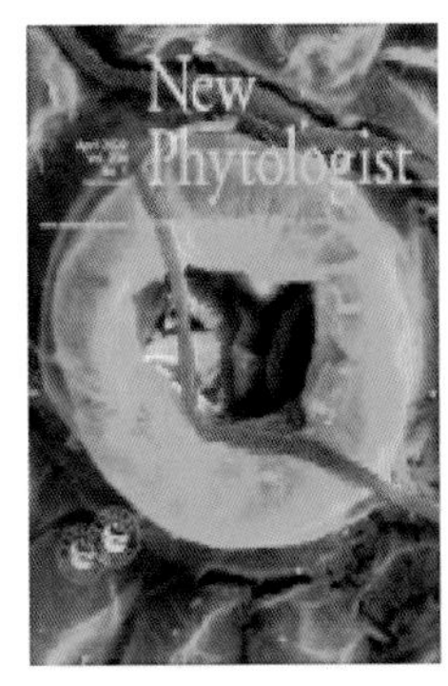

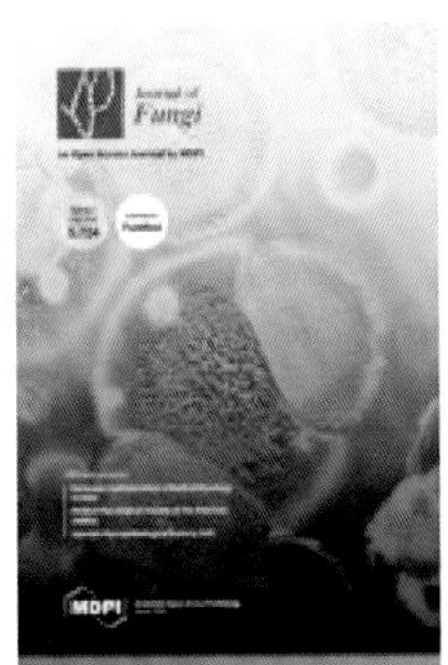

图37　仙湖科学家发表的部分重要论文期刊封面和首页

图38 张力研究员获得国际苔藓学会颁发的葛洛勒奖（Grolle Award）（2021）

图39 《深圳植物志》（第1—4卷）书影

3.3.1 摸清深圳本地植物家底

仙湖植物园两代植物科学工作者，付出巨大努力，历时13年，于2017年完成全套《深圳植物志》共4卷的编研及出版工作，摸清了本地植物多样性家底，成为全国地方植物志中水平最高的志书之一（图39）。书中收录了深圳野生和常见栽培植物共2 732种，是对深圳植物多样性最系统、最完整的总结。近年来，以《深圳植物志》为基础的各项拓展工作也陆续开展，包括开发了网络版《深圳植物志》及移动版"深圳植物志APP"，出版了《深圳野生植物识别手册》（2017）等书籍。

3.3.2 领先的植物系统发育基因组学研究

仙湖植物园在植物生命之树构建和基因组研究方面具有鲜明特色。近年来，仙湖植物园充分利用资源收集优势，主持或参与了角苔、苏铁、买麻藤、百岁兰、秋海棠、木兰等多种关键进化节点及药用、园林观赏花木的基因组研究，重点围绕植物起源进化及适应性演化等科学问题进行了深入研究，发表多篇高水平论文。

2013—2020年期间，仙湖植物园科研团队牵头开展了裸子植物买麻藤类的大型国际合作研究项目，同英国皇家植物园邱园、比利时根特大学、中国科学院植物研究所等国内外十余家单位开展联合攻关，发表高水平研究论文超过30余篇。在国际顶尖学术期刊《自然·植物》《自然·通讯》发表重要论文，为相关植物的遗传信息提供了重要数据来源和分析。

2015—2019年期间，仙湖植物园科研团队联合包括美国康涅狄格大学、杜克大学、芝加哥植物园、英国爱丁堡皇家植物园、瑞典自然历史博物馆等多家国际知名科研机构对藓类植物系统关系重建取得重要进展，相关研究于2019年发表于国际顶尖期刊《自然·通讯》杂志，绘制了到目前为止最完整、可靠的藓类系统关系。

2019—2022年期间，仙湖植物园科研团队联合22个机构65位科学家共同完成苏铁基因组研究项目。《自然·植物》杂志以封面文章在线发表了题为*The Cycas genome and the early evolution of seed plants*的研究论文，标志种子植物各大分支的基因组均已覆盖，为后续比较基因组学的开展奠定了基础（图40）。

2017—2021年期间，仙湖植物园联合深圳国家基因库，在全球率先启动了秋海棠属植物全基因组测序工作，先后获得近80种野生秋海棠属基因组数据，从分子层面解析了秋海棠属多样化演化和耐阴适应性形成机理，并从中挖掘出了一些

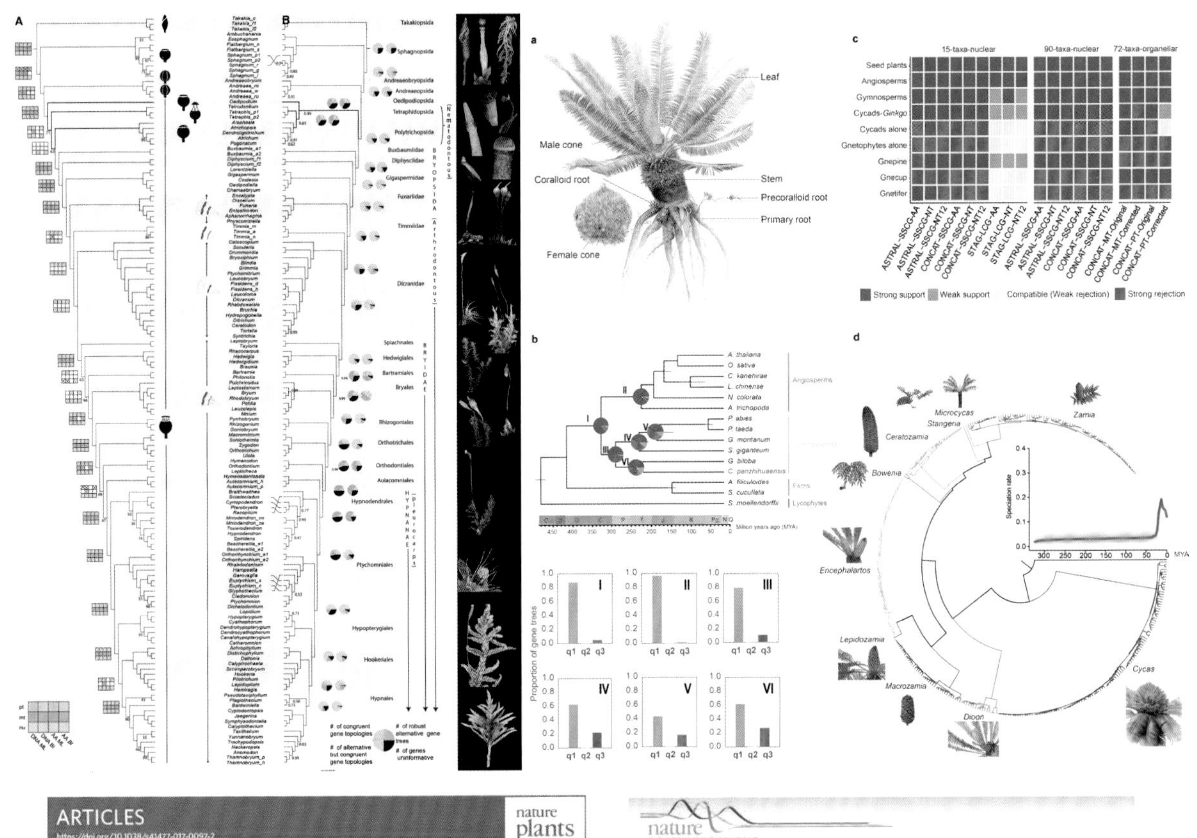

ARTICLES
https://doi.org/10.1038/s41477-017-0097-2
nature plants
OPEN

A genome for gnetophytes and early evolution of seed plants

Tao Wan[1,2,18], Zhi-Ming Liu[3,18], Ling-Fei Li[1,18], Andrew R. Leitch[4,18], Ilia J. Leitch[5,18], Rolf Lohaus[6,7], Zhong-Jian Liu[8,18], Hai-Ping Xin[2,9], Yan-Bing Gong[10], Yang Liu[1], Wen-Cai Wang[4], Ling-Yun Chen[2,11], Yong Yang[12], Laura J. Kelly[4], Ji Yang[13], Jin-Ling Huang[14,15], Zhen Li[6,7], Ping Liu[1], Li Zhang[1], Hong-Mei Liu[1], Hui Wang[1], Shu-Han Deng[3], Meng Liu[3], Ji Li[3], Lu Ma[4], Yan Liu[3], Yang Lei[3], Wei Xu[3], Ling-Qing Wu[3], Fan Liu[2], Qian Ma[10], Xin-Ran Yu[3], Zhi Jiang[3], Guo-Qiang Zhang[8], Shao-Hua Li[16], Rui-Qiang Li[3], Shou-Zhou Zhang[1], Qing-Feng Wang[2,11*], Yves Van de Peer[6,7,17*], Jin-Bo Zhang[3*] and Xiao-Ming Wang[1*]

ARTICLE
https://doi.org/10.1038/s41467-021-24528-4 OPEN

The *Welwitschia* genome reveals a unique biology underpinning extreme longevity in deserts

Tao Wan[1,2,3], Zhiming Liu[3], Ilia J. Leitch[4], Haiping Xin[1,2], Gillian Maggs-Kölling[5], Yanbing Gong[6], Zhen Li[7,8], Eugene Marais[5], Yiying Liao[3], Can Dai[9], Fan Liu[2,10], Qijia Wu[11], Chi Song[12], Yadong Zhou[1,2], Weichang Huang[13], Kai Jiang[13], Qi Wang[13], Yong Yang[14], Zhixiang Zhong[1,2], Ming Yang[3], Xue Yan[1,10], Guangwan Hu[1,2], Chen Hou[15], Yingjuan Su[16], Shixiu Feng[3], Ji Yang[17], Jijun Yan[18], Jinfang Chu[18], Fan Chen[18], Jinhua Ran[19], Xiaoquan Wang[19], Yves Van de Peer[7,8,20,21], Andrew R. Leitch[22] & Qingfeng Wang[1,2]

图40　仙湖科学家发表的部分重要论文插图和首页

重要性状基因资源，为推动秋海棠属资源保育与分子育种提供了重要研究基础。

3.3.3　助力东非植物多样性研究和保护

仙湖植物园科研人员承担了中国科学院中—非联合研究中心的重点项目“非洲重要植物资源南方保育基地维护与运行”，参与了《肯尼亚植物志》编研。《肯尼亚植物志》是首次由我国科学家主持开展的境外国家植物志编撰，意义重大，将为东非地区的植物多样性保护和可持续利用提供重要的基础信息和科学依据。仙湖植物园和中—非联合研究中心科研人员共同编写的《东非常见观赏乔灌木》（2021）和*Handbook of Common Ornamental Trees & Shrubs in East Africa*（2022）

图41　仙湖植物园科研人员赴肯尼亚进行野外调查（2018）

图42　仙湖植物园加入中国—拉丁美洲农业教育科技创新联盟（2023）

为介绍东非常见观赏植物和资源提供了基础资料。

3.4　对外交流与合作

仙湖植物园积极参与国际交流与合作，包括野外科考、项目合作、研究生和博士后培养。近年来，仙湖植物园与西班牙、新加坡、英国、美国、肯尼亚、欧盟、菲律宾等多个国家和地区的科研机构陆续签订了合作框架协议或备忘录。2013年，仙湖植物园参与在肯尼亚的“中—非联合研究中心”共建（图41）；2019年，参与了欧盟“地平线2020计划”“中欧城市森林应对方案”项目，与全世界11个国家26个科研机构共同为修复、重建城市森林生态系统提供数据和开发工具；

图43　仙湖植物园成为南方科技大学的深圳首个校外实习实践基地（2022）

2019年，与西班牙马德里皇家植物园、菲律宾国家博物馆等机构签订了合作备忘录，并在人员互访和项目合作等方面开启合作，特别就某些珍稀濒危植物的分类和保护开展研究；2021年，与新加坡植物园签订合作备忘录；2023年，加入中国—拉丁美洲农业教育科技创新联盟，通过搭建合作平台、创新合作机制、促进与拉美国家农业教育科技领域互惠互利、融通发展（图42）；2023年，与马来西亚登嘉楼大学科学与海洋环境学院签订了合作备忘录，就科学研究、共建实验室及人才培养等方面开展合作，同年接收了一批登嘉楼大学的实习生来我园开展学习和交流。

仙湖植物园长期与香港特别行政区渔农自然护理署、澳门特别行政区市政署、中国台湾辜严倬云保种中心等港澳台地区的机构，国家基因库、中国农业科学院农业基因组研究所、中国热带农业科学院等科研机构，中国科学院直属植物园及其他地方植物园，如厦门市园林植物园、贵州植物园等保持紧密的交流与联系，进行资源共享、联合科考、科研合作，充分发挥各自在植物学前沿科学的技术优势和植物多样性上的资源优势，形成植物研究与保护的“大协作”。

仙湖植物园与国内多所高校合作，建立实习实践基地。通过南方科技大学及多所高校在我园开展实习课程，探索室内专题讲座结合植物园专类园现场学习的模式，将传统生物学野外实习教学融入精心设置的植物园实习课程中，成效显著，让师生教学相长，得到了广泛好评（图43、图44）。

仙湖植物园备受国外友人青睐，不时接待高级别外宾：2023年接待了匈牙利总理夫人、赞比亚共和国总统夫人、乌兹别克斯坦总统夫人等嘉宾，共谋在植物多样性保护、科普教育等领域开展交流与合作（图45）。

仙湖植物园也积极参与承办或协办大型的学术会议，包括中国植物学会第十二届会员代表大会暨65周年学术年会（1998）、第五届亚洲蕨类植物学大会（2010）、第九届国际苏铁生物学大会（2011）、第19届国际植物学大会（2017）、2019全球青年创新集训营、2023年中国植物园学术年会等重大学术交流活动。

仙湖植物园不定期举办较为专业的培训，满足业界所需。比如2014年4月21～26日举办的“全国国际植物命名法规暨植物学拉丁文培训班”在仙湖植物园开班，吸引了数十人参加，并得到国际植物分类学会的支持。2015年3月25～27日举办了

图44　仙湖植物园与北京林业大学签订了教学实习与就业实践基地协议（2023）

图45　匈牙利总理夫人、赞比亚共和国总统夫人分别参观仙湖植物园（2023）

BGCI国际植物预警网络项目组（IPSN）植物病虫害鉴定与诊断培训班。该培训班依托国际植物预警网络项目，是IPSN在全球举办的第2次培训班。

2001年，仙湖植物园创办了《仙湖》杂志（*Journal of Fairylake Botanical Garden*，季刊，国际刊号为ISSN 1815-4832）。杂志主要刊载植物分类与系统学、园林园艺领域研究论文以及国内外最新研究动态，设有专论与综述、研究论文、研究简报、技术与方法、学术简讯等栏目。《仙湖》与国内外一些植物园建立了交流和交换关系，深受各层次科研人员、学者和植物爱好者的欢迎。后因故于2017年停刊，共出版55期。

4 科普教育

仙湖植物园依托高水平的专家队伍、丰富的物种收集和完善的基础设施，定期开展形式多样的科普教育活动，打造了国家级自然学校，设立了完整的志愿者培训课程体系，开发了一套自然教育读本，组建了一支124位志愿者队伍，形成了仙湖植物园全国科普日和科普讲解导赏活动等具有影响力的品牌。同时，仙湖植物园是粤港澳大湾区多所大专院校的实习基地，也是深圳中小学校外科普教育基地。仙湖植物园先后被评为“深圳十佳科普基地”“深圳市自然教育中心”“全国科普教育基地”“广东省科普教育基地”“广东省自然教育基地”和“深圳市中小学生综合实践（劳动）教育基地”等称号（图46）。仙湖植物园数位专家因在科学传播领域做出突出贡献而享有盛誉：张力研究员荣获“2017年广东十大科学传播达人”称号；张寿洲研究员、张力研究员、李楠研究员先后被中国科学技术协会聘为系统与进化植物学、苔藓和苏铁领域首席科学传播专家。

图46 获得的部分科普基地称号

4.1 科普展览与文化活动

仙湖植物园利用丰富的植物收集与科研资源，通过多样化的方式，将生涩难懂的知识或枯燥乏味的研究通过图文并茂加实物的方式呈现给公众，让公众能有更多的互动参与，进而达到寓教于乐的目的。一种是在相对固定的场馆，如深圳古生物博物馆、苏铁化石馆、阴生园展厅以及蝶谷幽兰的栩然室和猗兰室展厅，长期进行古生物、苏铁类化石、阴生植物、兰花、蝴蝶等的展出。另一种是按展览主题的需要，在室外或室内进行不同类别的展出。如在盆景园举办“植物王国的小矮人——苔藓植物探索”（2008）“探索植物基因的奥秘——仙湖植物园基因科研成果展”（2022），在天上人间大草坪进行热带雨林（2008）、青蒿素（2015）、木兰科植物（2016）等展览（图47）。

仙湖植物园也在不断探寻一些新的展示形式，比如结合科学与艺术以及挖掘各类文化资源。在第19届国际植物学大会期间举办的“苔藓之

图47　探索植物基因的奥秘——仙湖植物园基因科研成果展（2022）

图48　“南门—天上人间”自然导览

美”展览，尝试用艺术的手法，向公众介绍苔藓植物的独特的美和多样性；“当红学遇上植物学”（2016）、“第19届国际植物学大会植物艺术画展”（2017）、“探秘科学 筑梦仙湖——深圳市仙湖植物园自然科学探索营”（2022、2023）、“全国科普日系列活动”等科普文化活动，则是以文化为载体诠释植物与人文的关系，提供特别的文化活动，同时满足公众在精神层面的高层次需求。

仙湖植物园也积极与园内外机构合作，包括澳门市政署、上海自然博物馆、浙江自然博物馆、上海植物园等机构联合举办科普展览，进一步扩大影响范围。

4.2　导览

通过预约，植物园专家可为儿童、大中学生和公众提供科学导览或实习课程。最新的导览项目是幽溪探秘，主要介绍本地的沟谷生态系统和孢子植物多样性。“南门——天上人间”自然导览向公众讲解沿途30余种本地及常见归化植物特殊的习性与“聪明才智”（图48）。此外，植物园还推出了阴生园、苏铁园、仙人掌与多肉园、化石森林等主题导览活动，引导公众系统了解植物园，认识植物园与公园的区别，理解植物园的科学价值和保护意义，推动公众了解自然、热爱自然、亲近自然并积极参与生物多样性保护，共建人与自然和谐共处的美丽家园。

4.3 仙湖自然学校

仙湖自然学校于2014年12月成立，是深圳市首批自然学校之一，也是“国家级自然学校试点单位”，通过打造一间教室、编制一套教材、培训一支环保教师志愿者队伍，为青少年与市民提供与植物和植物园有关的环境教育（图49）。常规活动由志愿老师带领进行，平均频率为每月1～3次，通过预约模式招募参与者，主要是亲子家庭与游客，每次活动参与人数为20～25人。仙湖自然学校主要包括3个专题的教育活动：①室内课程。如“绿色工厂——叶子”“果实甜美浪漫季”等。目的是了解植物叶片、水果甜度测试的知识，增加参与者探索与观察的能力和动手能力，激发想象力，提升审美能力。②户外课程。如“阴生植物探索之旅”“多肉园特种植物大作战”“苏铁——古老的活化石”和“棕榈”等。主要在阴生园、仙人掌与多肉园、苏铁中心、棕榈园等专类园进行，目的是了解专类园保育的主要植物、生存策略，提升参与者的观察、发现、沟通交流以及应用知识的能力。③动物及昆虫专题课程。如“蝴蝶——身边的精灵”“仙湖飞羽”。介绍蝴蝶和鸟类的基本知识、多样性、如何区分蝶和蛾及本地常见蝴蝶的识别等。

仙湖植物园已编写出版了5本自然学校教材：《苔藓——你所不知道的高等植物》《苏铁——神奇的活化石植物》《蝴蝶——大自然的舞者》《苦苣苔——深山明珠 花卉之王》和《木化石——远古的记录者》。

4.4 参与拍摄科教片

利用自身丰富的植物资源、科普展厅、专家队伍等优越条件，协助媒体进行科教、儿童节目的拍摄工作。如2014年协助中央电视台科教频道“走进科学”栏目组，合作拍摄“探秘墨脱”。2017年2月，中央电视台少儿频道的少儿科普节目“芝麻开门”在仙湖植物园进行了为期一周的“仙湖植物密码”主题节目拍摄（图50）。近两年还协助中国国家地理、凤凰卫视、湖南卫视、深圳卫视等媒体拍摄介绍仙湖植物园苔藓科研、科普、景观等节目。

4.5 新媒体

近年来，仙湖植物园越来越重视新媒体传播，积极运用网站、微信平台、网络直播、微博等新媒体技术。其中，仙湖植物园网站全面升级，包括中、英文双语界面，运用HTML5网络架构构建，实现了全终端可视化网页，是植物园资讯发

图49 自然学校——苏铁主题活动

图50 中央电视台少儿频道“芝麻开门”栏目组在仙湖植物园拍摄“仙湖植物密码”（2017）

布的官方渠道。

仙湖植物园微信公众号（szbgac）自2016年4月创建以来，逐步成为一个集植物科普、旅游服务、资讯发布、活动招募、互动交流等多功能于一体的自媒体平台（图51），超过240万的粉丝量位列国内植物园公众号首位。迄今为止，公众号发表推文超过1 040篇，总阅读量超过850万次。

仙湖植物园微信公众号于2019年开始加强了视频网络直播，2020年全国科普日“蜂采百花，蜜酿生活”系列活动，2021、2022、2023年三届仙湖植物园学术年会，“三点一刻”部分讲座等都采取了直播方式，引起了热烈反响。2023年，仙湖植物园正式启用了视频号，进一步加强短视频在新媒体传播上的运用。

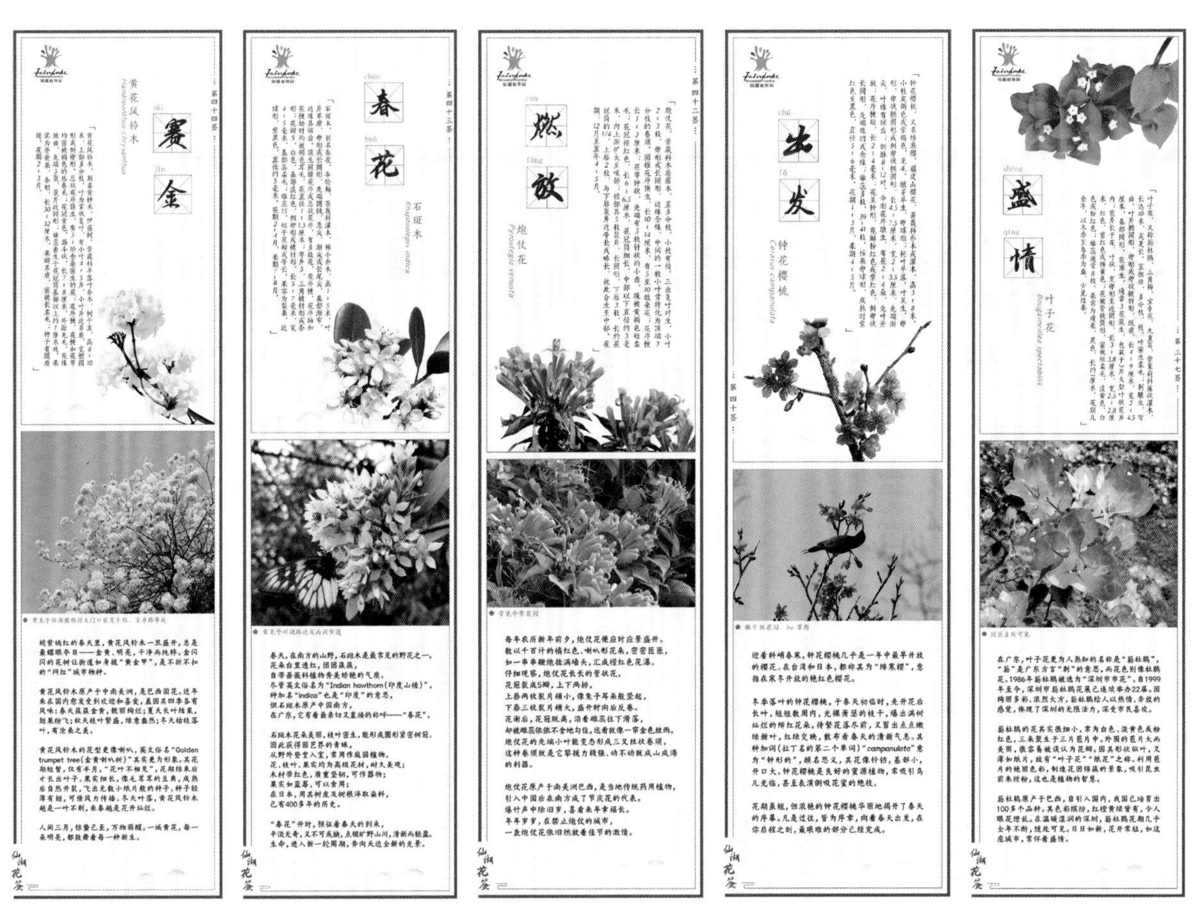

图51 发布在仙湖植物园微信公众号上的“仙湖花签”专栏

5 园林园艺

仙湖植物园重视园林景观建设，以打造最美植物园为目标，致力于为游客提供一流的游览体验。自2016年以来，仙湖植物园逐步进行了全面环境提升改造。在景观布置中，秉承“节约、可持续、生态”理念，以“自然、生命、绽放”为原则，充分考虑深圳亚热带气候特点，尊重植物生境和生长规律，创造性地打造了自然式花境、附生植物造景、花艺与园艺相结合综合布置等多种景观营造技法，成为仙湖一大特色，深受市民和游客喜爱，也为全市开启了混合种植、自然景观营造的探索之路。

5.1 花境与园林相映衬的景观营造模式

经过周密勘察地形、日照、气温等要素，结合特色植物，综合运用各种花境布置手法，如单面花境、双面花境、立体花境、附生花境、滨水花境、混合花境等打造特色花境，融合于优美的天上人间景区自然环境中，宛若天成（图52、图

图52　阶梯花境

53）。如在阶梯花境营造中，以花灌木为骨架，辅以适量应季花卉，与石头和枯木巧妙组合，达到景观缤纷、错落有致之效。

5.2 科研与应用相结合的景观营造模式

仙湖植物园在对各类群植物进行研究的同时，将科研成果与应用紧密结合，为全市园林行业做出示范。比如在粤港澳大湾区·2019深圳花展中，新品种月季'深圳红'在开幕式上向全球首发。仙湖植物园在花展结束后对该新品种月季进行了深入研究，在雕像园、综合楼等多处开展应用造景，并进行病虫害监测（图54）。结合簕杜鹃研究课题，在仙湖植物园立体停车库营造"花海游轮"景观，以基础研究提供支撑，指导景观营造，以实际应用校验科研成果，促进成果示范和推广。

图53 杪椤湖湖滨花境景观

图54 采用新品种月季'深圳红'进行花境营造

5.3 创新与艺术相融合的景观布置模式

仙湖植物园创造性地将自然材料与植物、自然环境与花艺技术、原生态与拟生态融合，尝试性地运用室内观赏的花艺手法将园林废弃物进行艺术加工，应用于景观布置中（图55）。例如采用花艺、园艺和竹艺相结合的方式构建的“种子”景观（2020），呈现出“虽由人作、宛若天成”的效果（图56）。

5.4 生态与节约相并行的景观布置模式

仙湖植物园秉承节约、循环再用的生态环保理念，注重自然、节约、可持续发展。一是模拟

图55　雕像园林下景观

图56　花艺、园艺和竹艺相结合打造的“种子”景观

自然，还原植物生境；二是就地取材，将园区的“植物垃圾”变废为宝，融入花境等园林景观营造中；三是在园林材料使用上多以可重复使用的材料为主，如石头、松鳞、多年生花灌木等；四是在布置过程中尽量避免动用重型机械，避免使用复杂施工工艺。基于上述原则，仙湖植物园的园林造景与周边的自然环境高度融合，呈现出“珠联璧合、相得益彰”的效果。

5.5 花展推动行业发展模式

粤港澳大湾区花展是大型综合性国际花展。仙湖植物园作为粤港澳大湾区花展的承办单位，坚持“以花为媒”“以花会友”，通过展示魅力花园、新优花卉、精湛花艺、精品花境，使粤港澳大湾区花展成为促进园林园艺专业交流、传播新理念、应用新材料、推广新技术、提升园林行业的技术水平和植物园自身的园林景观水平和造园技术的平台（图57）。

图57　粤港澳大湾区·2019深圳花展期间植物园南门花坛景观

6 重要活动

6.1 第19届国际植物学大会

国际植物学大会是国际植物科学领域规模最大、水平最高的大会，它涵盖了植物科学领域所有分支学科。第19届国际植物学大会由中国植物学会和深圳市政府共同承办，于2017年7月23～29日在深圳会展中心召开，这是国际植物学大会首次走进中国，首次在发展中国家举办，翻开了大会历史的新篇章。

本届大会以“绿色创造未来”为主题。有来自世界各地的近7 000名专家学者汇聚深圳，交流植物科学领域最前沿的研究成果，探讨当今植物科学的关键问题，展望植物科学与人类的未来（图58）。主会期前一周（2017年7月17～21日）在深圳大学城北京大学汇丰商学院举行了命名法分会，顺利完成了对《藻类、菌物及植物国际命名法规》的修订，并经第十九届国际植物学大会的全体闭幕会议上决议通过，成为《深圳法规》，并即时生效，有效期至第二十届国际植物学大会通过新版的法规为止。仙湖植物园资助并参与翻译的《深圳法规》中文版已于2021年正式出版。

6.2 粤港澳大湾区花展

粤港澳大湾区花展是由深圳市人民政府主办、仙湖植物园承办的大型综合性国际花展，从2019年开始创办，至今已有5年，共举办了4届（2020年因疫情停办）。花展坚持守正创新，砥砺前行，

图58 IBC2017主会场

图59　粤港澳大湾区·2019深圳花展——精品花园展航拍图

从无到有、从有到强，时至今日，已经成为深圳一张靓丽的“城市名片”以及园林园艺和花卉展览的品牌盛会，产生了良好的社会效应。花展立足湾区、面向世界、对标国际、追求卓越，展示内容涵盖新优花卉、精湛花艺、精品花境、魅力花园等（图59），通过举办学术论坛、开展文化活动，传播新理念、应用新材料、推广新技术，构筑具有国际影响力的园林园艺交流平台。

6.3　深圳森林音乐会

“深圳森林音乐会”是广东省首个大型的户外森林音乐会品牌，在森林环抱的露天草地和星空下聆听天籁之音，与大自然融为一体，展现深圳生态环境保护和绿色发展成果，树立高雅、精致的城市文化形象。2018—2020年，“深圳森林音乐会”在仙湖植物园连续举办了四届，共吸引了超过2万名观众到场欣赏（图60）。每届音乐会均邀请了3个国内外知名交响乐团分3天进行演出。表演过的乐团包括中国国家交响乐团、俄罗斯国家交响乐团、奥地利维也纳之声交响乐团、德国汉诺威交响乐团、意大利米兰交响乐团、深圳交响乐团、深圳大剧院爱乐乐团等。

6.4　2019全球青年创新集训营活动气候行动主题

全球青年创新集训营活动是为了响应联合国可持续发展目标而发起的一项全球性的可持续发展创新盛会，每年在不同国家或地区举办。2019全球青年创新集训营活动是第三届，首次在中国举办，于2019年11月6～13日在深圳举行，由中国科学技术协会和深圳市人民政府联合主办。本次活动主要围绕良好健康与福祉、经济适用的清洁能源、产业创新、可持续城市和社区、优质教育、负责任的消费和生产、清洁饮水和卫生设施、气候行动等8个可持续发展主题，开展为期一周的问题解决和协同创意活动。

罗湖区政府和仙湖植物园共同承办了气候行动主题。100余位来自全球的青年代表参与了此项

图60　森林音乐会现场（2018）

图61　气候行动主题参与人员在综合楼前合影

主题（图61）。仙湖植物园为代表们的创新活动提供了优美舒适的环境，代表们在工作之余与仙湖植物园科学家进行了交流，并参观了蝶谷幽兰、阴生园、苏铁中心和化石森林等景点。

6.5　“治愈春天，芳华归来”感恩主题公益日活动

2020年年初，突如其来的新冠肺炎疫情，让医务工作者们在战“疫”前线与肆虐的病毒展开

了殊死的“搏斗”。为了向深圳市奋战在疫情防控斗争一线的“白衣战士”们表达致敬和感谢，2020年3月21～22日，深圳市城市管理和综合执法局、深圳市卫生健康委员会在仙湖植物园联合举办“治愈春天，芳华归来”感恩主题公益日活动。仙湖植物园在天上人间、湖区等景点精心打造了多样的花境，使用了丰富的球根花卉，搭配鲁冰花、美国石竹、毛地黄、金鱼草、新几内亚凤仙、洋凤仙、大花秋海棠等草本花卉，营造春意绵绵、繁花似锦、清雅宜人的景观。

来自全市各医院抗疫一线的数百名医务工作者代表和家属参加了相关活动，他们在繁忙的工作之余欣赏植物园优美的风景和盛放的花朵，舒缓工作压力，聆听春之花语，共赏芳华美景（图62）。

6.6　植物园规划与建设高端论坛

恰逢仙湖植物园建园35周年、对外开放30周年，“深圳市中国科学院仙湖植物园规划与建设高端论坛”于2018年10月30日在仙湖植物园举行。本次论坛邀请了仙湖植物园的总体规划设计师孟兆祯院士和植物园规划、建设和管理领域的数位资深专家杨赉丽、何昉、陈进、王青峰等莅临，交流植物园规划和建设中的宝贵经验，为植物园的进一步发展提供指导（图63）。

孟兆祯院士回忆植物园选址、规划和建设过程中的艰辛；何昉教授做了题为《中国风景园林的传承与创新——记仙湖植物园的前世今生》的报告。与会嘉宾围绕“园林中的天人合一理念”“植物园规划中如何融入自然教育”“世界一流植物园”“在植物园中平衡自然景观和人工景观”“植物园的国际化”“在世界弘扬中华园林”等问题展开深入探讨，并与现场代表互动，为仙湖植物园未来的发展献计。

6.7　2023年中国植物园学术年会

中国植物园学术年会是我国植物园领域最具影响的全国性会议，每年举办一次。2023年中国植物园学术年会在深圳召开。大会由中国植物学会、中

图62　游园现场

国野生植物保护协会等多家单位共同主办，仙湖植物园承办，会议以“保护中国的植物多样性”为主题，旨在进一步促进中国植物园的高质量发展，加强植物园的管理与技术进步，共有全国150多家植物园、树木园、科研院所、高校及自然教育机构等单位的500多位代表参会（图64）。会议期间在仙湖植物园还举办了“多肉植物科普展”和“‘蕨’处逢生——蕨类植物展”科普展览。

图63　孟兆祯院士等专家参与论坛现场

图64　2023年中国植物园学术年会参会代表合影

7 专类园、主要景点和自然步道介绍

7.1　专类园

专类园既可用于物种保育，也可展示园艺配置和开展科普活动，仙湖植物园的专类园在设计和建设理念上充分考虑了将美观和保育功能相结合，两者兼顾。

7.1.1　国家苏铁种质资源保护中心

国家苏铁种质资源保护中心也称苏铁园，是2002年12月由国家林业局（现国家林业和草原局）

正式批准设立的我国第一个珍稀濒危植物迁地保护中心，也是仙湖第一个正式挂牌的国家级专类园。国家苏铁种质资源保护中心挂牌以来，积极开展苏铁类植物的收集保育、科研、科普和回归等工作。目前，该中心已发展到占地面积近6hm^2，由活体保育区、古苏铁林、攀枝花苏铁展示区、苏铁盆景园、化石馆、苏铁繁殖温室与苗圃等组成（图65、图66）。该中心先后收集国内外苏铁

图65　国家苏铁种质资源保护中心入口

图66　苏铁化石馆

类植物共计2科10属240余种，大部分种类生长良好，其中部分种类已正常开花结实。

苏铁园内建有苏铁化石馆，该馆是目前世界上唯一一座专门展示苏铁化石的展馆，展出了100余件珍贵的产自中国辽西中生代地层的苏铁化石标本，是了解苏铁类植物的前世今生的好去处。化石馆还滚动播放苏铁科普教育片“铁树华开世界香”，介绍了苏铁类植物约2.8亿年的演化历程。

7.1.2 国家蕨类种质资源库

国家蕨类种质资源库包括蕨类植物保育温室和蕨类植物专类园。蕨类植物专类园也称蕨类中心，集物种保育、科学研究、自然教育和旅游观光等功能为一体。该中心面积约2hm^2，是植物园内地势最高的专类园（图67）。园内地势高差变化大，次生林发育良好，近1km的木质栈道环绕着一条陡峭的溪谷，全园设置了喷雾系统，为蕨类植物提供了良好的环境。这里保育了来自全球各地的大约500种蕨类植物，大部分来自我国热带、亚热带地区。园内有“知蕨馆”和“醒蕨屋”，“知蕨馆”内有蕨类景观生态缸及植物拓印台，“醒蕨屋”展示蕨类在景观上的应用场景。公众可以在蕨类中心内了解到蕨类植物的多样性和基础知识。

7.1.3 木兰园

木兰园位于天上人间大草坪西侧和南侧坡地（图68），保育有木兰科植物11属130多种，包括国家一级保护木兰科植物3种，国家二级保护木兰科植物16种，如华盖木、峨眉拟单性木兰、焕镛木、大叶木莲、长蕊木兰、广东含笑等。木兰园大概分为4个片区，木兰区、木莲区、含笑区和杂交苗木区。其间有一条怡人的小径——木兰径穿越其间。

7.1.4 蝶谷幽兰

蝶谷幽兰位于天上人间景区，背倚木兰园，与右侧的阴生园遥相对应，占地面积0.72hm^2，是一个集兰科植物保育收集、园林景观、科学研究为一体的兰科植物专类园。该园区在保留原有地形的基础上，凭借湿润的沟谷，配以天然吸水石和别具造型的树干木桩等，营造适合兰科植物生长的各种生境（图69），栽培各类地生

图67　蕨类中心的树蕨景观

图68　木兰园

图69　蝶谷幽兰

和附生兰科植物约200种，包括姿态优美的兰属（*Cymbidium*）、文心兰属（*Oncidium*）、石斛属（*Dendrobium*）、鹤顶兰属（*Phaius*），花朵奇特的兜兰属（*Paphiopedilum*），花叶俱佳的虾脊兰属（*Calanthe*）、竹叶兰属（*Arundina*），株型可爱的石豆兰属（*Bulbophyllum*）、贝母兰属（*Coelogyne*）等。同时，通过栽种蜜源植物吸引蝴蝶和蜜蜂。园内还建有栩然室和猗兰室两座科普展室，分别介绍蝴蝶和兰花的基本知识。蝶谷幽兰为仙湖植物园的核心景区之一，吸引众多游客慕名而来。

7.1.5 阴生园

也称阴生植物区，在天上人间大草坪西侧，近天池，面积仅1.2hm²，分成了数个形状不规则的小岛，小溪流淌，景色宜人，极为清幽。阴生园面积虽小，却栽培了近千种阴生植物，包括苦苣苔、蕨类、食虫植物、苔藓、天南星、凤梨、秋海棠、球兰、竹类等（图70），其中桫椤（*Alsophila spinulosa*）、福建莲座蕨（*Angiopteris fokiensis*）、金花茶（*Camellia petelotii*）、中华水韭（*Isoetes sinensis*）等属国家重点保护植物。此处也是仙湖自然学校阴生植物（苔藓、苦苣苔等）专题重要的室外课堂。在其入口处右侧是一座专门介绍阴生植物的科普展厅。阴生园抵达便利、科普设施完善，使之成为游客必到的景点之一。

7.1.6 月季园

月季是中国十大名花之一，以其鲜艳的花色、沁人的花香、优美的姿态、长久的花期和繁多的品种，一直是观赏植物中的宠儿。月季园位于原天池区域，面积约0.46hm²，2020年夏动工，2021年3月正式开放。月季园选用百余种不同色系品种，采用不同的构景手法，构建各种艺术廊架，以花坛、花境、花篱、门廊、花架、攀缘等方式进行景观营造，全方位展示月季的个体和群体美（图71）。

图70 阴生园内景

图71 月季园一角

7.1.7 珍稀树木园

位于月季园（天池）东侧、苏铁中心东南侧的山地，面积约10hm^2，1986年开始引种工作，1992年初步建成。园内遍植木本的珍稀树木百余种，包括金花茶、观光木（*Michelia odora*）、穗花杉（*Ametotaxus argotaenia*）、土沉香（*Aquilaria sinensis*）（图72）、银杏（*Ginkgo biloba*）、青梅（*Vatica mangachapoi*）等树种。半山径穿行其间，极为宜人。

图72 土沉香果实

7.1.8 幽溪

原为孢子植物区的一部分，主要保育蕨类植物、苔藓植物和耐阴植物。幽溪起于桫椤湖口，止于湖区大草坪，中间有一条长年不断的小溪流过，生境潮湿，桫椤径曲折贯穿其间（图73）。2018年9月的超强台风山竹对该区域带来巨大破坏，为了恢复景观，另辟蹊径，尽量减少对环境的干扰，沿小溪部分路段建设了特意镂空的钢栅栈道，没有阻隔道路两边的天然生境，为生活在该处的小动物自由穿越提供了生态廊道。在幽溪的下游，地形略微平坦之处，打造了展示苔藓的景观——幽苔园，充满禅意，鸟鸣愈幽。

7.1.9 紫薇园

紫薇园位于苏铁园和湖区大草坪之间的坡地（图74）。紫薇在我国有悠久的栽培历史，宋代诗人杨万里写道："似痴如醉丽还佳，露压风欺分外

图73 幽溪

斜。谁道花无红百日，紫薇长放半年花”。本园收集有紫薇（*Lagerstroemia indica*）、尾叶紫薇（*L. caudata*）、大叶紫薇（*L. speciosa*）、南紫薇（*L. subcostata*）、广东紫薇（*L. fordii*）、川黔紫薇（*L. excelsa*）等6种600余株，其中紫薇老桩造型奇特，花色丰富，有红花、白花、粉花等，花期可达数月。每年仲夏，紫薇花开，红紫莹白，仪态万千，是植物园夏日最美的景致之一。

图74　紫薇园

7.1.10　百果园

百果园位于紫薇路东侧，西与竹园相连，东至丹竹路，建于1987年，面积约2hm²，2018年进行了提升改造。本区自然环境优越，茂密的次生林覆盖大部分区域（图75），在靠竹园区域种植常见果树及观果类树木，包括荔枝（*Litchi chinensis*）、龙眼（*Dimocarpus longan*）、黄皮（*Clausena lansium*）、波罗蜜（*Artocarpus heterophyllus*）、枇杷（*Eriobotrya japonica*）、杨梅（*Myrica rubra*）、洋蒲桃（*Syzygium samarangense*）、铁冬青（*Ilex rotunda*）、假苹婆（*Sterculia lanceolata*）、海红豆（*Adenanthera microsperma*）、山油柑（*Acronychia pedunculata*）等。园内有两条自然步道（采薇径和红荔径）穿越，周边山色葱茏，伴着石泉溪流，幽林秘境，恬静舒适。

7.1.11　棕榈园

棕榈园始建于1986年，是植物园最早建设的专类园之一，位于仙湖南岸。园区错落有致、疏密相间，椰风葵韵，具浓郁的热带风情，是植物园的中心区。共保育原产亚洲、大洋洲、非洲、南美洲及太平洋岛屿的棕榈科植物约60属170种（图76）。有较常见的大王椰子（*Roystonea regia*）、假槟榔（*Archontophoenix alexandrae*）、散尾葵（*Dypsis lutescens*）、蒲葵（*Livistona chinensis*）、三药槟榔（*Areca triandra*），有树形奇

图75　百果园

特、观赏性极高的种类，如酒瓶椰子（*Hyophorbe lagenicaulis*）、贝叶棕（*Corypha umbraculifea*）、霸王棕（*Bismarckia nobilis*）等；还有重要的经济作物，如椰子（*Cocos nucifera*）、油棕（*Elaeis guineensis*）和糖棕（*Borassus flabellifer*）等；以及原产我国、具有较高科学价值的珍稀濒危种类，如琼棕（*Chuniophoenix hainanensis*）等。

7.1.12 药洲

药洲是一座人工小岛，位于仙湖东侧近湖心，岛首竖有汉白玉牌坊一座（图77）。早前遍植多种药用植物，包括山麦冬（*Liriope spicata*）、山银花（*Lonicera confusa*）等，还有野生的白花蛇舌草（*Hedyotis diffusa*）、半边莲（*Lobelia chinensis*）等。因其位处湖中，不允许游客涉足，岛上植物自由

图76　棕榈园

图77　俯瞰药洲

生长，已逐渐抹去人工痕迹，吸引了池鹭、小白鹭、夜鹭、普通翠鸟、白胸翡翠、黑鸢等鸟类驻足、休憩，已成为鸟儿的乐园。

7.1.13 竹园

竹园位于棕榈园北侧，始建于1986年，园区依山就势，在原有的竹林基础上建立而来，保育有原产华南、西南等地竹子200多种，如人面竹（*Phyllostachys aurea*）、泰竹（*Thyrsostachys siamensis*）、黄金间碧竹（*Bambusa vularis* 'Vittata'）、大佛肚竹（*B. vularis* 'Wamin'）、箐竹（*Pseudosasa hindsii*）、花巨竹（*Gigantochloa verticillata*）、麻竹（*Dendrocalamus latiflorus*）等。竹园景观多以竹类结合草地模式，林下空间开阔，密林中预留出景观空间，形成曲径通幽之感（图78）。

7.1.14 罗汉松园

罗汉松园位于竹园西侧的山谷之中，收集有珍珠罗汉松（*Podocarpus pilgeri*）、台湾罗汉松（*P. nakaii*）、兰屿罗汉松（*P. coastalis*）、绿钻罗汉松（*P. macrophyllus* 'Lü Zuan'）、红芽罗汉松（*P. macrophyllus* 'Hong Ya'）等600余株，其中造型罗汉松200余株。本园颇具枯山水园风格，通过配置球状灌木、组合地被、自然起伏的草坪营造“松影

图78　竹园一角

禅境”的意境（图79）。园尽头是一座颇具禅意的水榭——栖心榭，再往里便是镜湖，是一座面积不大的人工湖，因地处偏僻，游人稀少，极为清静。

7.1.15　苦苣苔园

苦苣苔园位于罗汉松园斜对面山谷，于2022年6月建成，面积约0.3hm^2，是世界上首个集展示、科普、互动于一体的综合性苦苣苔科植物专类园。该园处于山坡背阴面，荫蔽潮湿，充分利用地形与吸水石模拟苦苣苔科植物的生境，打造了喀斯特地貌展示区、溪边展示区和林下山地展示区，种植苦苣苔科植物500多种（品种）（图80）。园区还设置了精品展示区和户外课堂，展示苦苣苔珍稀种类以及开展科普活动。

7.1.16　盆景园

盆景园位于仙湖植物园东部的一个山谷，内有典型的中国传统建筑及长廊，并有两个人工湖，收集和展出我国不同风格的树桩盆景和山水盆景300多盆。这些精品均置在亭、台、楼、榭和假山之间，供游人观赏（图81）。该处同时也不定期举办科普和文化活动。

7.1.17　水生园

水生园位于仙湖植物园东北角，始建于1983年，栽培有荷花（*Nelumbo nucifera*）、睡莲（*Nymphaea tetragona*）、柔毛齿叶睡莲（*N. pubescens*）、萍蓬草（*Nuphar pumila*）、梭鱼草（*Pontederia cordata*）、垂花水竹芋（*Thalia geniculata*）、再力花（*T. dealbata*）、凤眼莲（*Eichhornia crassipes*）、旱伞草（*Cyperus involucratus*）等多种水生植物。其中心有一座美丽的听雨亭，是该区的视觉焦点；北岸有船坊，不时举办科普和文化活动。沿岸种有落羽杉（*Taxodium distichum*）、水松（*Glyptostrobus pensilis*）、池杉（*T. distichum* var. *imbricatum*）等冬季落叶植物。夏天以观荷为主。暮冬初春时节，落羽杉叶逐渐变红，碧水青山，嵌以红叶，形成一年中最色彩斑斓的风景（图82）。

7.1.18　仙人掌与多肉园

原称沙漠植物区，1993年筹建，1995年10月对外开放，2016年该园进行了改造提升，并改为现名，共展示数百种仙人掌科、大戟科、夹竹桃科等较高大的沙生植物和多浆多肉植物（图83）。该园分为室内和室外展示区，室外区域有壮观的

图79　罗汉松园航拍图

图80 苦苣苔园一角

图81 盆景园大门

图82　水生园冬景航拍图（陈卫国 摄）

“仙人柱林”和龙舌兰展示区等。室内展示区包括美洲馆、非洲馆、综合馆3座展览馆，各馆之间有风雨连廊相连。该园也是仙湖植物园最受游客欢迎的园区和科普教育基地之一。

图83　美洲馆内景

7.1.19　化石森林

化石森林是世界上规模最大的迁地保存和展示硅化木的景区，分为国内展区和国际展区（图84）。硅化木是真正的木化石，是百万年或上亿年前的树木被迅速埋葬地下后，木材中的有机质被地下水中的二氧化硅（SiO_2）替换，但其木质结构和纹理依然保持不变。国内展区收集了来自辽宁、新疆、内蒙古等地的硅化木400多株，分别模拟戈壁滩和绿洲两种环境布景，再配以古老的硅化木，形成较有震撼力的景观效果。这些硅化木属于松杉类，形成于7 000万年至1.5亿年前的中生代。国际展区在国内展区西侧，收集了来自马达加斯加、印度尼西亚、美国、蒙古、缅甸等地的硅化木200多株，年代最早的是出自晚侏罗纪—早白垩纪地层（即距今约1.35亿年）的松柏类、落羽杉型硅化木，最晚的出自距今约100万年的新生代第四纪地层的龙脑香型硅化木。

7.1.20　香港回归纪念林

香港回归纪念林于1997年3月由深圳与香港两地的青年共同种植，以纪念香港回归祖国，林内种植了1997株国家保护植物——土沉香，纪念林的外貌是一幅中国地图，以象征祖国统一（图85）。土沉香是一种传统的中药材和香料植物，

图84　化石森林（晏博 摄）

图85　香港回归纪念林全景

主产华南地区，尤以珠江三角洲一带的出产最有名。沉香源于老茎受伤后分泌的树脂，可作香料原料，也可治胃病。纪念林内的土沉香长势良好，郁郁葱葱，树姿优美，终年常绿，已成为仙湖植物园具有重要人文价值的景观。

7.1.21 桃花园

桃花园位于化石森林东侧坡地，于2000年建成（图86）。原种植有绯桃（*Prunus persica* 'Feihong-Plena'）、碧桃（*P. persica* 'Duplex'）、寿星桃（*P. persica* 'Densa'）、白花山碧桃（*P. persica* 'Baihua Shanbitao'）等桃花品种。历经20余年，桃花逐渐老化，近年来增加了云南冬樱花（*P. cerasoides*）、福建山樱花（*P. campanulata*）、中国红樱花（*P. campanulata* 'Zhongguohong'）、广州樱（*P. campanulata* 'Canton'）等早春观花植物。“山桃红花满上头”，是春节时桃花园的真实写照，漫山遍野的桃花、樱花、李花盛开，争奇斗艳，吸引了众多游客前来观赏游览，蔚为壮观。

7.1.22 药园

药园又称药用植物区，紧邻植物园北门，2000年对外开放，占地2.15hm^2（图87）。其平面图似一只卧倒的葫芦，设计理念源自“悬壶济世”的传说。该园是专门从事药用植物收集、保育、展示、科普教育的专类园，共收集保育有191科465属700余种来自华南、西南、华中、华东等地

图86 桃花园

图87 药园一角

有地方特色、有科研价值及民间常见常用、珍稀濒危的药用植物，这些植物按药用功效分别种植在清热药、补虚药、芳香化湿药等19个药效区。

7.2 主要景点

从仙湖植物园大门（仙湖广场）开始，沿途即有丰富多样的景致可供欣赏。但最集中之处，是以仙湖为中心的各类园林景观、亭台楼阁和植物专类园。仙湖植物园目前已建成景点和亭台楼阁50余个。本部分着重介绍植物园的主要景点。

7.2.1 仙湖广场

仙湖广场位于仙湖植物园东南角，面积近2hm^2，是从市区进入植物园的必经之处，公交站就在大门外。仙湖广场中央是仙湖门楼，一座传统的中式牌楼，左右对称，高12.75m，宽33.5m，气势庄严、雄伟，将仙湖广场一分为二。门楼正前方有一座花坛，竖有一座仕女飞天的汉白玉雕像（图88）；左侧为游客服务中心和售票处，右侧为安保室和簕杜鹃停车场。停车场模拟邮轮轮廓，在露台处遍植各色簕杜鹃，花期成为一道美丽的风景。穿过门楼，广场上遍植大王椰子、异叶南洋杉（*Araucaria heterophylla*）、贝叶棕等植物，热带风情浓郁；右侧是园区穿梭巴士的起点站；左侧拾级而上是植物园的行政楼。

7.2.2 两宜亭

两宜亭位于植物园大门至弘法寺的半途，游人步行至此可在亭附近歇息（图89）。俯可观瞰深圳水库景色，仰观梧桐山全貌，两全其美，故得其名。两宜亭周边有几株大的木棉（*Bombax ceiba*），早春花期，十分美丽。

7.2.3 龙尊塔

龙尊塔位于桫椤湖南边的小山顶上，塔高21m，共7层，挺拔伟岸。该塔既是森林山火的监察点，又是一处远眺的好去处。登上塔顶向东可观望白云缭绕的梧桐烟云和苏铁园美景，向北可饱览天上人间景区（图90）。

图88　仙湖广场中央的花坛和门楼

图89　两宜亭

图90　龙尊塔

7.2.4　桫椤湖

桫椤湖位于天上人间大草坪南侧，外形似狭三角形，因北岸种植国家保护植物桫椤而得名。桫椤湖南岸打造了以市花簕杜鹃为主题花卉的缤纷赏花路，西南岸及南岸滨水沿线以鸡蛋花、无忧树、簕杜鹃等乔灌木为骨架，搭配水生植物及多年生花草，补以当季草花，营造出色彩丰富、宁静中蕴含生机勃勃的滨水花境，颇受游客喜爱（图91）。

7.2.5　湖区

湖区是仙湖的核心区，包括湖区大草坪、棕榈园和药洲。湖区大草坪上种植了多种棕榈科植物，颇具南国风情（图92）。大草坪最靠湖滨的大树是邓小平手植树，左侧稍远是杨尚昆手植树。湖滨有一尊景石，上书“仙湖”。大草坪是游客喜爱的地点之一，也是不定期举行科普、文化、花事活动的场所。大草坪西侧建筑即为远翠馆，有锁龙桥与大草坪相连。仙湖原是山间的低塘地，建园时借山溪而于山隐之处筑坝拦水而形成湖体，面积约13.8hm^2。每逢节假日，湖区游人如织，周边绿水青山，湖面波光粼粼，一派惬意自在。

邓小平手植树是一棵高山榕，是改革开放的总设计师邓小平同志于1992年1月22日到仙湖植物园参观时亲手种植的。高山榕有强大的生命力，无论在多么恶劣的环境下均能茁壮成长。邓小平同志种植的这株高山榕象征着深圳特区的建设事业就像高山榕一样有强大的生命力，无论遇到什么样的艰难险阻都将勇往直前，蓬勃发展。

图91　桫椤湖

图92　湖区

7.2.6 深圳古生物博物馆

深圳古生物博物馆位于化石森林专类园，是以收藏、研究、展示动植物化石为主题的博物馆。该馆依山而建，远观如同一只巨型恐龙的骨架（图93）。全馆分为动物化石展区和植物化石展区。动物化石展区在一楼，代表展品包括：①张和兽化石（模型），是揭开哺乳动物早期演化路线的谜底，填补卵生动物向胎生动物进化的关键化石；②形态各异的恐龙蛋化石，共3科9属12种388枚，原产于河南南阳，让人可轻易地联想到奇异的恐龙世界。该批化石是深圳边防检查站缉私后捐给本馆的；③长达20m的井研马门溪龙化石，是国内最大的恐龙骨架之一。植物化石展区在二楼，最具特色的是“中华第一朵花”的辽宁古果化石。二楼还有一间可容纳52人的放映室，定期为观众放映科普教育片（本馆因安全隐患整治暂闭馆，预计2025年重开）。

7.2.7 十一孔桥

十一孔桥位于仙湖的西北隅，仿北京颐和园十七孔桥的建筑风格。在湖面上映照着对称的倒影，躺在碧山绿水之间，美不胜收（图94）。

图93 深圳古生物博物馆外观

图94 十一孔桥

7.2.8 揽胜亭

揽胜亭位于仙湖西岸山坡高处、湖区正对面。登揽胜亭，居高临下，可一览仙湖的美丽山水、弘法寺全貌及远处梧桐山的烟云，是仙湖植物园最佳的风景观赏点之一（图95）。周边遍植杜鹃，早春花期极美。

7.2.9 植物学家雕像园

植物学家雕像园位于揽胜亭下方，共有10座中国早期植物学、林学、植物园建设的奠基者汉白玉雕像，并附简短的生平介绍：钱崇澍（1883—1965）、陈嵘（1888—1971）、陈焕镛（1890—1971）、胡先骕（1894—1968）、秦仁昌（1898—1986）、陈封怀（1900—1993）、郑万钧（1904—1983）、俞德浚（1908—1986）、蔡希陶（1911—1981）、吴征镒（1916—2013）。四周以裸子植物的松科、杉科和柏科植物为基调，园内种植了各类月季，为植物学先辈们营造雅致小花园，鸟语花香、宁静宜人。游览该处，既可凭吊先驱，也有助于了解中国植物科学的发展历史。胡秀英教授的手植树——铁冬青（*Ilex rotunda*）也种在此处。

7.2.10 听涛阁

听涛阁位于揽胜亭南面山坡的坡顶，高三层（图96）。在这里可以聆听松涛海鸣，也可以眺望著名的深圳水库和市中心区的高楼大厦，东南面为梧桐山。亭底层有汉白玉石刻录的《望海潮·听涛阁抒怀》。

7.2.11 粧亭

粧亭位于仙湖西岸的杜鹃径，为单檐攒尖顶亭，与对岸水生园相映成趣。粧亭临水照花，可梳妆打扮，因此命名。每年新年过后，对面驳岸处的落羽杉叶色变红，与白墙黄瓦的船坊和听雨亭、碧绿的湖水和翠绿的山林形成的色彩反差强烈且颇具层次感景致，美不胜收（图97）。

7.2.12 吟红瞰碧

吟红瞰碧位于仙湖西岸中央，为单檐歇山顶

图95 揽胜亭航拍图（陈卫国 摄）

图96 听涛阁航拍图

图97 粧亭

榭，与湖中小岛药洲正对，一半伸出水面，近与药洲、远与半山寺庙和佛塔形成对景。此榭是近水观赏仙湖东岸（湖区、梧桐山、弘法寺）的最佳观赏处（图98）。游人在榭中游玩休憩，近可赏花观树，吟奇花异草，俯瞰碧绿湖水及湖中的药洲，远可眺望对岸葱葱山色、雄伟庙宇。

7.3 自然步道

仙湖植物园有近20条人行步道和登山道，全长约25km，连接各景点及植物专类园区，给游客提供探寻植物园深处、体验自然的机会；也有登山道可攀登梧桐山和连接市区的绿道（图99）。下面介绍两条自然步道。

7.3.1 桫椤径

桫椤径位于园区中央，伴幽溪而行，起点位于近桫椤湖出口，终点位于湖区大草坪南侧，长度约300m，宁静幽深。桫椤径大部分被茂密的次生林所覆盖，曲折穿越小溪两侧，上百种植物生活其间，溪流、枯枝、落叶为其他各类生物提供多样的栖息空间，生机勃勃。在这里，可欣赏到充满禅意的苔藓、高大的桫椤、蔽日的印度榕……可以看见大自然中的和谐共处与生存竞争。因道路崎岖、湿滑，加上时有蛇虫出现，出于安全考虑，本处仅对预约的导赏和自然教育活动开放。

7.3.2 植物学家步道

植物学家步道起点为植物学家雕像园，经十一孔桥、化石森林、桃花园、仙人掌与多肉园、盆景园、玉带桥、邓小平手植树、幽溪，终点为蕨园，全长3 200m，是深圳市首条植物主题自然研习步道。步道依山环湖而行，在现有优美的自然景观和浓厚的人文资源基础之上，通过步道指引系统引领游客探寻植物园重要的景点及专类园，让游客在静

图98　吟红瞰碧

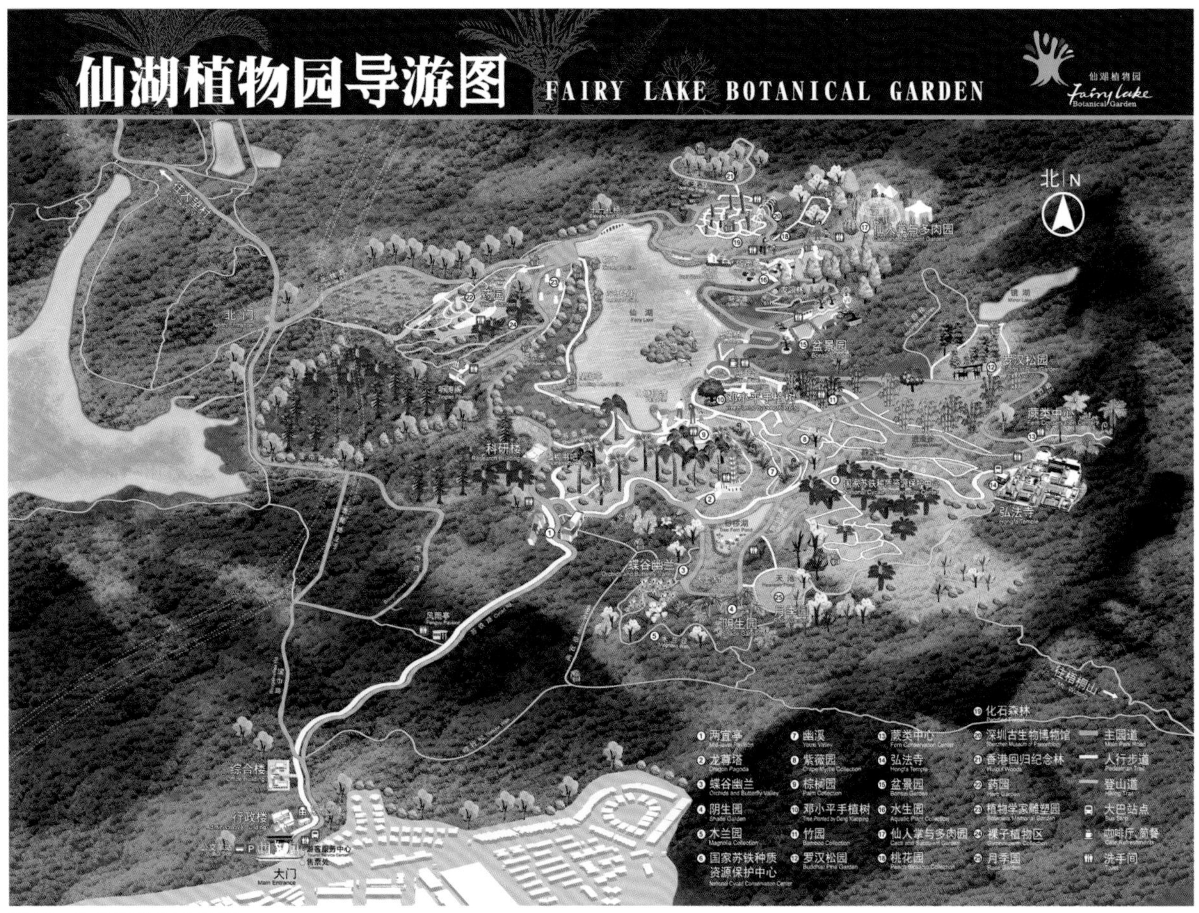

图99　仙湖植物园导游图

谧优美的自然山水间了解植物园的历史、学习植物科学知识、缅怀植物学家卓越贡献，并意识到生物多样性对地球及人类生存的重要作用。

参考文献

陈谭清, 1998. 深圳仙湖植物园建园十五周年纪念文集[M]. 北京: 中国林业出版社.

蒋露, 王晖, 杨蕾蕾, 2017. 深圳野生植物识别手册[M]. 郑州: 河南科学技术出版社.

李沛琼, 2010—2017. 深圳植物志: 第1-4卷[M]. 北京: 中国林业出版社.

廖一颖, 万涛, 2021. 东非常见观赏乔灌木[M]. 武汉: 湖北科学技术出版社.

孟兆祯, 1997. 相地合宜 构园得体——深圳仙湖风景植物园设计心得[J]. 中国园林, 13(5): 2-5.

邱志敬, 2021. 深圳市中国科学院仙湖植物园植物名录[M]. 北京: 科学出版社.

王发祥, 梁惠波, 1996. 中国苏铁[M]. 广州: 广东科技出版社.

LIAO Y Y, WAN T, ZHONG Z X, et al., 2022. Handbook of Common Ornamental Tree & Shrubs in East Africa [M]. Guangzhou: Guangdong Science & Technology Press.

致谢

本章是根据2020年12月印行的《深圳仙湖植物园》（第二版），经补充修订而成，其间得到了仙湖植物园园领导班子、园属各部门的指导和大力协助，是集体智慧的结晶。此版本的汇总和编排工作由张苏州和张力负责。感谢陈瑞龙、黄京丽、赵国华、曾畅、谭江龙、邓丽、李珊、张小凤、廖一颖、黄义钧、郭灵清等同事在部分内容和数据方面提供资料并给予核实；感谢谢锐星、王韬、邱志敬、王茜茜、龚奕青、赵国华、杨蕾蕾等同事提供图片。

作者简介

张力（男，贵州普安人，1967年生），贵州师范大学生物学专业学士（1987），中国科学院昆明植物研究所植物分类学硕士（1990），香港大学博士（2001），现任深圳市仙湖植物园研究员，兼任国际植物分类学会（IAPT）理事会理事（2023—2029）、中国植物学会苔藓专业委员会主任（2018年至今）。2021年获国际苔藓学会（IAB）颁发的葛洛勒苔藓多样性研究卓越奖（Grolle Award）。主要研究领域：苔藓植物多样性调查、系统分类及科普教育。

张苏州（女，广东梅州人，1981年生），中山大学生物科学专业学士（2003），华中科技大学风景园林硕士（2013）。2003年7月至今，就职于深圳市仙湖植物园，现任植物研究中心副主管、高级工程师。主要研究领域：观赏类植物收集和无性繁殖技术研究。

罗栋（男，广西钦州人，1984年生），北京林业大学园艺专业（观赏园艺方向）学士（2006），中国林业科学研究院园林植物与观赏园艺专业硕士（2009），中国农业大学园林植物与观赏园艺专业博士（2013），先后就职于深圳市福田区城市管理和综合执法局、深圳市仙湖植物园，2022年至今任深圳市仙湖植物园主任。主要研究领域：植物生理生态。

附录1　仙湖植物园大事年表

日期	内容
1982年4月10日	深圳市委书记、市长梁湘指示要在深圳建设植物园
1983年1月22日	北京林学院孙筱祥教授率专家组就植物园的选址和规划进行考察，并建议放弃在莲花山的选址，而改到莲塘大坑塘建设
1984年12月1日	正式动工兴建
1987年12月3日	大门落成
1988年5月1日	对外开放
1990年3月30日	深圳、珠海、香港、澳门、台湾植物学家学术交流联谊会在仙湖植物园召开
1991年12月1日	天上人间景区建成

（续）

日期	内容
1991年12月15日	中国植物园协会1991年会召开
1992年1月22日	改革开放的总设计师邓小平同志参观仙湖植物园并植树留念。国家主席杨尚昆同日到访
1994年9月9日	裸子植物区建成
1995年3月16日	听涛阁建成
1995年10月14日	沙漠植物区建成
1997年3月9日	香港回归纪念林建成
1997年6月29日	盆景园建成
1997年7月1日	孢子植物区[8]建成
1998年12月4～7日	中国植物学会第十二届会员代表大会暨65周年学术年会在深圳召开
1998年11月	《深圳仙湖植物园植物名录》出版
1999年9月25日	化石森林景区建成
2000年12月18日	药用植物区、苏铁园开放
2001年4月29日	深圳古生物博物馆开放
2002年12月18日	“国家苏铁种质资源保护中心”挂牌
2003年4月12日	胡锦涛总书记视察我园
2004年1月29日	江泽民总书记视察我园
2004—2017年	《深圳植物志》编研历时13年，共4卷，最后一卷于2017年6月出版
2007年12月	与澳门民政总署在澳门联合举办了《苔藓植物初探》展览，这是第一次在中国举办的以苔藓为主题的专题展览
2008年1月18日	正式跨入深圳市和中国科学院共建系统，加挂“深圳市中国科学院仙湖植物园”铭牌
2008年4月	德保苏铁回归
2009年2月	设立仙湖植物园第一届学术委员会，洪德元院士任主任委员
2009年6月	蝶谷幽兰开园
2010年	首次主持国家自然科学基金项目
2010年12月1～7日	第九届国际苏铁生物学会议在深圳召开
2011年1月19日	深圳市园林科学研究所并入仙湖植物园
2011年7月22～30日	组团参加了在澳大利亚召开的第18届国际植物学大会，考察了会议的组织工作
2012年6月至2015年7月	“深圳市南亚热带植物多样性重点实验室”顺利组建完成，同时成立了学术委员会，李德铢研究员任主任委员
2014年7月1日	“广东省/深圳市博士后创新实践基地”揭牌
2016年12月8日	深圳市中国科学院仙湖植物园暨深圳市南亚热带植物多样性重点实验室第二届学术委员会成立，洪德元院士任主任委员
2016年12月	保种中心保育设施提升工程竣工
2016年12月	科研楼启用
2017年1月	仙人掌与多肉园改造完工
2017年3月	罗湖区林果场并入仙湖植物园
2017年4月15日	苏铁园改造竣工
2017年4月15日	缅栀书吧开放
2017年6月	药园改造竣工
2017年7月19日	“国家基因库深圳市仙湖植物园活体库”揭牌
2017年7月23～29日	第19届国际植物学大会在深圳召开
2018年9月16～23日	超强台风山竹对园区带来严重破坏，闭园一周

8 目前已经划分成3处：幽溪、静逸沟、逍遥谷。

（续）

日期	内容
2018年9月27日	“第19届国际植物学大会国际植物艺术画展”荣获“第七届梁希科普奖”
2018年11月6日	荣获“2018年度中国最佳植物园”称号，荣获“封怀奖”
2019年3月22～31日	粤港澳大湾区 · 2019深圳花展
2019年4月29日	深圳古生物博物馆开始闭馆装修
2019年7月11日	与西班牙马德里皇家植物园签署合作备忘录
2019年9月20日	荣获“全国绿化模范单位”称号
2019年11月6～13日	2019全球青年创新集训营活动气候行动主题
2019年12月25日	“深圳市园林研究中心”揭牌
2020年10月10日	入选国家蕨类种质资源库
2020年12月10日	幽溪开放
2020年12月10日	蕨类中心开放
2020年12月18日	广东广西植物学会联合学术年会暨仙湖植物园第六届学术交流活动
2021年3月20～29日	2021粤港澳大湾区 · 深圳花展
2021年9月	《深圳市中国科学院仙湖植物园植物名录》出版
2021年12月15日	与新加坡植物园签署学术合作备忘录
2021年	被认定为全国科普教育基地（2021—2025年）
2021年	被认定为深圳市科普教育基地（2021年度）
2022年3月20～29日	2022粤港澳大湾区 · 深圳花展（因受疫情影响，以云观赏形式进行）
2022年6月21日	苦苣苔园建成
2022年11月23日	深圳市中国科学院仙湖植物园暨深圳市南亚热带植物多样性重点实验室第三届学术委员会成立，杨焕明院士任主任委员
2023年3月8日	“‘小种子稻出大战略’野生稻科普展系列活动”荣获“第十一届梁希科普奖”
2023年4月8～17日	2023粤港澳大湾区 · 深圳花展
2023年7月	加入中国—拉丁美洲农业教育科技创新联盟
2023年11月24日	深圳市“植物园进校园”活动拉开帷幕，首个“植物园进校园示范学校”也正式揭牌
2023年12月6～7日	2023年中国植物园学术年会在深圳召开

附录2 仙湖植物园历任主任

1982—1989年，叶锡洪（男，1935—2021年）；

1989—2001年，陈谭清（男，1941年），高级工程师；

2001—2010年，李勇（男，1967年），研究员；

2011年，朱伟华（男，1972年），教授级高级工程师；

2012—2015年，王晓明（男，1961年），教授级高级工程师；

2015—2018年，张国宏（男，1969年），博士；

2018—2022年，杨义标（男，1963年），高级工程师；

2022年至今，罗栋（男，1984年），高级工程师。

《中国——二十一世纪的园林之母》
第三卷、第四卷勘误表

卷	页码	原文	更正
3	6	江南油杉 N.S. Albert and H.C. Cheo 720	A. N. Steward and H. C. Cheo 720
3	7	云南油杉 Yunnan, Jiangchuan	Yunnan, Yuanchiang
4	465	Forrest George	George Forrest
4	478	英国著名植物学家李约瑟	英国生物化学家李约瑟

植物中文名索引
Plant Names in Chinese

植物学名索引
Plant Names in Latin

O

P

R

T

U

V

X

Y

中文人名索引
Persons Index in Chinese

西文人名索引
Persons Index